"十二五"普通高等教育本科国家级规划教材

高等院校石油天然气类规划教材

# 石油天然气地质与勘探

(第三版·富媒体)

蒋有录 查 明 刘 华 主编

石油工业出版社

## 内 容 提 要

本书主要阐述石油和天然气在地壳中的生成、运移、聚集成藏的基本原理与分布规律，以及油气勘探的理论、方法、程序及任务。内容体系按照油气藏形成及分布的正演顺序，从认识石油、天然气和油田水的基本特征入手，系统阐述油气成藏的静态地质要素（烃源岩、储集层、盖层）和油气生成、运移、聚集动态地质作用过程，重点阐述油气生成、运移、聚集成藏的基本原理，系统介绍油气藏类型特征、油气聚集单元、油气分布规律及主控因素，在此基础上阐述了油气勘探的理论与技术方法、程序和任务。

本书可作为高等学校资源勘查工程、地质学、勘查技术与工程、地球物理学、地质工程、地球化学及石油工程等专业学习油气地质学的教材，也可供相关科研和生产单位的油气地质与勘探工作者参考。

图书在版编目（CIP）数据

石油天然气地质与勘探：富媒体/蒋有录，查明，刘华主编. —3版. —北京：石油工业出版社，2024.4（2025.8重印）

"十二五"普通高等教育本科国家级规划教材

ISBN 978-7-5183-6567-8

Ⅰ. 石… Ⅱ. ①蒋…②查…③刘… Ⅲ. ①石油天然气地质-高等学校-教材 ②油气勘探-高等学校-教材 Ⅳ. ①P618.130.8

中国国家版本馆 CIP 数据核字（2024）第 052182 号

---

出版发行：石油工业出版社
　　　　　（北京市朝阳区安华里2区1号楼　100011）
　　　　　网　　址：www.petropub.com
　　　　　编辑部：(010)64523693
　　　　　图书营销中心：(010)64523633　(010)64523731
经　　销：全国新华书店
排　　版：三河市聚拓图文制作有限公司
印　　刷：北京中石油彩色印刷有限责任公司

---

2024年4月第3版　2025年8月第2次印刷
787毫米×1092毫米　开本：1/16　印张：24.5
字数：625千字

定价：52.00元
（如发现印装质量问题，我社图书营销中心负责调换）
版权所有，翻印必究

# 第三版前言

《石油天然气地质与勘探》第一版、第二版分别为普通高等教育"十五"、"十二五"国家级规划教材和高等院校石油天然气类规划教材，两版教材先后印刷7次，受到广大师生和油气地质勘探工作者的广泛好评。教材先后获山东省高校优秀教材一等奖、中国石油高等教育优秀教材奖、中国石油和化学工业联合会优秀出版物·教材奖一等奖、山东省教学成果一等奖。

第二版教材自2016年8月出版以来已使用了7年，期间油气地质学科理论及技术取得了长足进展，亟需将前沿理论及方法补充到教材中，并对原有内容进行修订完善，以满足新时期高校油气地质与勘探人才培养的需要。为此，编者在第二版教材的基础上，编写完成了《石油天然气地质与勘探》第三版教材。

与第二版教材相比，第三版教材为富媒体教材，主要进行了如下修改：

（1）加强了非常规油气地质与勘探前沿内容，新增了泥页岩储层、页岩油气勘探等，增加了致密砂岩油气和页岩油气等非常规油气藏的形成特征、类型及勘探程序等。非常规油气地质不再单列讨论，而是与常规油气地质结合起来，将其融入相关章节内容中。

（2）将原第五章"气藏与油藏形成条件的异同"一节内容简化融入油气藏形成条件中，增加非常规油气成藏条件；将第五章"压力场、温度场和应力场与油气成藏关系"简化调整到第四章"三场与油气运移"中。

（3）第六章"油气藏的类型及特征"进行了较大修改，将油气藏分为构造、地层、岩性、复合、特殊类型等五大类，原来水动力油气藏大类归为特殊油气藏大类中的一种类型，将致密油气藏、页岩油气藏、煤层气藏等非常规油气藏归为特殊油气藏大类。

（4）将学科前沿内容融入教材各主要章节中，并删除了部分过时内容，同时在绪论等章节还有机融入了课程思政内容。

本教材由中国石油大学（华东）蒋有录、查明、刘华主编。教材编写大纲及各章节内容体系安排、编写组织工作由蒋有录负责。编写分工如下：前言、绪论、第五章和第六章由蒋有录编写；第一章由曲江秀编写；第二章由杨升宇、丁修建编写；第三章由张立强、刘景东、徐尚编写；第四章由刘华编写；第七章由刘华、刘景东编写；第八章由查明编写；第九章由查明、徐尚编写。全书由蒋有录统稿定稿。

中国地质大学（北京）张金川教授对本教材第5章和第6章非常规油气藏内容提出了宝贵意见，苏圣民博士等参加了部分资料收集整理工作，在此一并表示感谢。

由于编者水平有限，书中错误在所难免，敬请读者批评指正。

编　者<br>2023年10月

# 第二版前言

《石油天然气地质与勘探》第一版为普通高等教育"十五"国家级规划教材及高等院校石油天然气类规划教材，自2006年5月出版以来，受到中国石油大学（华东）和兄弟院校师生及相关科技人员的广泛好评，满足了油气地学类专业人才的培养需求。该教材先后印刷4次，总发行15000册，并先后获得了山东省高等学校优秀教材一等奖、中国石油高等教育优秀教材奖。

第一版教材迄今已出版整10年，期间油气地质学科理论与技术有了长足发展，尤其是非常规油气地质理论与勘探技术有了重大进展，需要将前沿理论成果及勘探实例充实到教材中，同时原教材部分内容需要修订和完善。为此，编者充分吸收油气地质与勘探方面的新进展并结合自己的科研成果，编写完成了《石油天然气地质与勘探》第二版。

第二版教材主要进行了如下修改：

（1）增强了非常规油气藏内容，尤其加强了致密油气藏、页岩油气藏的特征及形成条件等内容。增补了压力在有机质生烃过程中的作用、非常规储层、流体吸附和流体流动类型、油气运移地球化学研究方法、隐蔽油气藏勘探理论和成熟探区油气勘探等内容。

（2）在全面修订基础上，对以下内容作了重要修改：油气地质勘探趋势、温度与时间在有机质生烃过程中的作用、热解法评价烃源岩、油气输导体系、油气差异聚集原理、油气藏保存及次生油气藏形成模式、流体包裹体法确定成藏期、地层油气藏形成特点、含油气系统、油气资源分布特征、油气资源评价方法等。重新编写了主要含油气盆地石油地质特征、油气分布主控因素等内容。

（3）对油气勘探等部分章节进行了精简，删减了部分内容，如流体饱和度概念及内容、孔隙度和渗透率计算方法、油气在不同类型圈闭中聚集的模式、油气勘探理论进展、盆地模拟技术、我国油气勘探的前景领域、区域勘探中的盆地分析与油藏描述评价方法等。

本教材为"十二五"普通高等教育本科国家级规划教材和高等院校石油天然气类规划教材，由中国石油大学（华东）蒋有录教授和查明教授主编。教材的申请立项、编写大纲及各章节内容体系安排、编写组织工作由蒋有录负责。具体编写分工如下：前言、绪论、第五章和第六章由蒋有录编写；第一章由曲江秀编写；第二章由谭丽娟编写；第三章由刘华编写；第四章由张卫海编写；第七章由刘华、刘景东编写；第八章和第九章由查明编写。全书由蒋有录审查定稿。

中国地质大学（北京）张金川教授对本教材第五章第八节非常规油气藏的形成提出了宝贵意见，吕雪莹、赵凯、范婕、胡洪瑾等参加了本教材的资料收集整理及图件清绘工作，在此一并表示感谢。

由于编者水平有限，教材中会存在一些不当或错误之处，请读者批评指正。

编 者

2016年5月

# 第一版前言

油气藏的形成是发生在地质历史中的事件，我们今天要经济、有效地寻找到这些深埋地下的油气矿藏，需要油气地质理论作为指导，搞清油气在地壳中的分布规律，同时还需要先进的勘探技术手段。那么地壳中的油气藏是如何形成及分布的？我们通过何种方法才能有效地找到这些油气藏？这就是本书要回答的主要问题。本教材主要阐述了油气在地壳中的生成、运移、聚集成藏的基本原理与分布规律，以及油气勘探的方法、程序和任务，核心内容是油气藏原理。

本教材的内容体系遵循油气藏形成及油气勘探的"正演"顺序，即围绕油气藏的形成、分布及油气勘探这一主线，按照事物发生、发展的顺序展开论述。教材主要内容分为九章，并建立了以下体系：首先从认识石油、天然气和油田水的基本特征入手；之后讨论石油和天然气的成因，以及生成、储存和封盖油气的烃源岩、储集层和盖层；然后重点阐述油气的运移、聚集与油气藏形成的基本原理；之后介绍油气聚集的最基本单元油气藏及其特征，以及油气田、油气聚集带、含油气盆地，油气在地壳中的分布规律及控制因素；在系统阐述了含油气盆地油气藏形成及分布规律的基础上，最后介绍油气勘探的方法、程序和任务。

石油天然气地质学是矿床学的一个分支，是在石油和天然气勘探及开采的大量实践中总结出来的一门新兴学科。20世纪中叶以来，国内外学者出版了一系列石油天然气地质学及勘探方面的教材及专著。本教材是在参考和综合了国内外代表性教科书基础上，同时补充了国内外油气地质及勘探方面的新进展和作者的科研成果编写而成的。主要参考的代表性教科书包括：张厚福等编（1999）的《石油地质学》、陈荣书主编（1994）的《石油及天然气地质学》、张一伟编（1981）的《油气田勘探》（内部）、胡朝元和张一伟等编著（1985）的《油气田勘探及实例分析》、丁贵明和张一伟等编著（1997）的《油气勘探工程》、A.I.莱复生（1967）的《石油地质学》等。本教材将原来分属于《石油地质学》和《油气田勘探》两本教材的内容统一起来，即将油气地质学原理和油气勘探统一到《石油天然气地质与勘探》一本教材中。

本教材为普通高等教育"十五"国家级规划教材和高等学校石油天然气类规划教材，由中国石油大学（华东）蒋有录教授和查明教授主编。教材的申请立项、编写大纲及各章节内容体系安排、编写组织工作由蒋有录负责。具体编写分工如下：前言、绪论、第五章和第六章由蒋有录编写；第一章由谭丽娟编写；第二章由任拥军编写；第三章由张立强编写；第四章由张卫海编写；第七章由王纪祥编写；第八章和第九章由查明编写。全书由蒋有录审查定稿。

承蒙我国著名石油地质学家、中国石油大学张一伟教授为本书作序，他对我们编者给予了鼓励和鞭策，在此表示衷心的感谢！刘华、张小莉、鲁雪松、曲江秀、陈涛、蔡东梅等参加了本教材的资料收集整理及图件清绘和文字校对工作，在此表示感谢。

本教材采用了新的体系，尽管作了很多努力，但由于编者水平有限，书中错误在所难免，敬请专家和读者批评指正。

编　者<br>
2005年12月

# 目 录

绪论 ········································································································ 1
 第一节 石油和天然气在现代社会中的地位 ·············································· 1
 第二节 人类利用石油和天然气的历史 ·························································· 2
 第三节 近现代油气地质与勘探发展简况 ······················································ 4
 第四节 油气地质与勘探的任务及主要内容 ················································ 12
第一章 石油、天然气及油田水的基本特征 ·············································· 14
 第一节 石油 ···························································································· 14
 第二节 天然气 ························································································ 29
 第三节 油田水 ························································································ 32
 第四节 油气中的稳定同位素 ···································································· 35
 思考题 ································································································ 38
第二章 石油和天然气的成因 ···································································· 39
 第一节 油气成因概述 ············································································ 39
 第二节 生成油气的原始物质 ···································································· 43
 第三节 有机质演化生烃的影响因素与模式 ················································ 53
 第四节 天然气的成因类型及特征 ······························································ 60
 第五节 烃源岩评价 ················································································ 69
 第六节 油源对比 ···················································································· 78
 思考题 ································································································ 82
第三章 储集层和盖层 ················································································ 83
 第一节 储集层概述 ················································································ 83
 第二节 碎屑岩储集层 ············································································ 90
 第三节 碳酸盐岩储集层 ·········································································· 101
 第四节 火成岩及变质岩储集层 ······························································· 110
 第五节 泥页岩储集层 ············································································ 114
 第六节 盖层的类型及其封盖机制 ······························································ 120
 思考题 ································································································ 129
第四章 石油与天然气运移 ········································································ 131
 第一节 油气运移概述 ············································································ 131
 第二节 油气初次运移 ············································································ 135
 第三节 油气二次运移 ············································································ 151
 第四节 油气运移研究方法 ···································································· 168
 第五节 压力场、温度场、应力场与油气运移 ·········································· 175
 思考题 ································································································ 182

## 第五章　油气聚集与油气藏的形成 ……… 183
- 第一节　圈闭与油气藏的概念及度量 ……… 183
- 第二节　油气聚集原理 ……… 189
- 第三节　油气藏的形成与保存条件 ……… 198
- 第四节　油气藏的破坏与再形成 ……… 210
- 第五节　油气藏形成的时期 ……… 215
- 第六节　凝析气藏和天然气水合物的形成机理 ……… 222
- 思考题 ……… 227

## 第六章　油气藏的类型及特征 ……… 229
- 第一节　概述 ……… 229
- 第二节　构造油气藏 ……… 234
- 第三节　地层油气藏 ……… 252
- 第四节　岩性油气藏 ……… 262
- 第五节　复合油气藏 ……… 270
- 第六节　特殊类型油气藏 ……… 272
- 思考题 ……… 280

## 第七章　油气聚集单元与分布规律 ……… 281
- 第一节　油气田 ……… 281
- 第二节　油气聚集带及含油气区 ……… 286
- 第三节　含油气盆地 ……… 289
- 第四节　含油气系统 ……… 303
- 第五节　我国及世界油气资源分布特点 ……… 310
- 第六节　油气分布的控制因素 ……… 316
- 思考题 ……… 323

## 第八章　油气勘探理论与技术方法 ……… 324
- 第一节　油气勘探理论 ……… 324
- 第二节　油气勘探技术 ……… 330
- 第三节　油气资源评价 ……… 338
- 思考题 ……… 345

## 第九章　油气勘探程序与任务 ……… 346
- 第一节　油气勘探程序 ……… 346
- 第二节　区域勘探 ……… 350
- 第三节　圈闭预探 ……… 353
- 第四节　油气藏评价勘探 ……… 362
- 第五节　滚动勘探开发及成熟探区勘探 ……… 367
- 第六节　页岩油气勘探 ……… 372
- 思考题 ……… 376

**主要参考文献** ……… 377

# 富媒体资源目录

| 序号 | 名称 | 页码 | 序号 | 名称 | 页码 |
| --- | --- | --- | --- | --- | --- |
| 1 | 视频0-1 大庆精神(铁人精神) | 8 | 24 | 视频4-5 油气优势运移通道 | 163 |
| 2 | 视频0-2 油气生成、运移、聚集成藏及勘探过程 | 13 | 25 | 视频4-6 单斜输导层中下倾水流条件下的油气运移 | 170 |
| 3 | 彩图1-1 石油蒸馏装置 | 20 | 26 | 彩图4-48 油非均匀运移路径形成过程示意图 | 174 |
| 4 | 彩图1-2 原油样品 | 24 | | | |
| 5 | 彩图1-3 含有不同组分的石油的荧光 | 25 | 27 | 视频4-7 流体封存箱与油气运移聚集动态过程 | 177 |
| 6 | 彩图1-4 油砂和重油 | 26 | 28 | 视频5-1 圈闭充注油气过程 | 183 |
| 7 | 彩图2-4 未成熟I型干酪根构造示意图 | 50 | 29 | 视频5-2 溢出型油气差异聚集 | 192 |
| 8 | 彩图2-9 野外沥青脉体照片 | 59 | 30 | 视频5-3 渗漏型油气差异聚集 | 194 |
| 9 | 彩图2-14 不同类型天然气的鉴别图版 | 68 | 31 | 视频5-4 圈闭位置与油气运移路径关系 | 205 |
| 10 | 彩图2-16 不同岩性的烃源岩(左:暗色泥岩;右:石灰岩) | 70 | 32 | 视频5-5 油气沿断层运移形成次生油气藏模式 | 214 |
| 11 | 彩图2-17 湘西北五峰组—龙马溪组富有机质页岩沉积模式图 | 71 | 33 | 彩图5-37 渤海海域汇聚脊发育与浅层油气富集 | 215 |
| 12 | 彩图2-21 不同成熟度的镜质组反射率图 | 77 | 34 | 视频6-1 油气沿断层运聚模式 | 244 |
| 13 | 彩图3-1 碎屑岩储集层孔隙类型微观照片 | 90 | 35 | 视频6-2 岩体刺穿圈闭形成过程 | 248 |
| 14 | 彩图3-2 碎屑岩储集层典型沉积环境 | 100 | 36 | 彩图6-23 塔里木盆地顺北地区断控缝洞型油气藏模式 | 251 |
| 15 | 彩图3-3 碳酸盐岩储集层孔隙类型微观照片 | 102 | 37 | 彩图6-30 渤中19-6气田成藏模式图 | 257 |
| 16 | 彩图3-4 碳酸盐岩洞穴特征照片 | 105 | 38 | 视频6-3 油气沿地层不整合运移聚集模式 | 259 |
| 17 | 彩图3-5 火成岩储集层孔隙类型微观照片 | 110 | 39 | 视频6-4 水动力油气藏形成机理 | 272 |
| 18 | 彩图3-6 变质岩储集层孔隙类型微观照片 | 112 | 40 | 彩图6-51 陆相源内石油聚集"甜点"主要类型及地质特征 | 275 |
| 19 | 视频3-1 构造活动对盖层封闭性的破坏作用 | 129 | 41 | 视频7-1 油气田概念的实例展示 | 281 |
| 20 | 视频4-1 油气初次运移和二次运移 | 131 | 42 | 彩图7-17 油气调查的四个层次 | 304 |
| 21 | 视频4-2 不同岩石润湿性的油水流动 | 134 | 43 | 彩图7-23 全油气系统的油气藏分布模式 | 310 |
| 22 | 视频4-3 干酪根生烃过程中的微裂纹与烃类注入 | 146 | 44 | 视频8-1 我国页岩气勘探开发潜力 | 330 |
| | | | 45 | 视频9-1 页岩气勘探 | 372 |
| 23 | 视频4-4 异常高压排烃模式 | 150 | 46 | 视频9-2 涪陵页岩气田现场 | 374 |

# 绪 论

## 第一节 石油和天然气在现代社会中的地位

能源是现代工业生命的基础，并广泛地影响着经济。石油和天然气作为一种重要的能源和战略资源，在现代社会中越来越显示其重要性。石油和天然气已渗透到人类生活的方方面面，无论是油气生产国还是非生产国，石油和天然气在世界各国经济发展中都占有非常重要的地位，与粮食、水资源一并被列为影响经济社会可持续发展的三大战略资源。许多产油地区的国际争端，尤其是像中东这样的富油气地区，无论是以何种理由发动战争或引起重大纠纷，其真实意图都与争夺巨大的油气资源有关。未来几十年石油和天然气作为第一能源的地位很难改变，各国仍对油气资源十分重视。

石油和天然气在我国国民经济中占有举足轻重的地位。从中华人民共和国成立初期到大庆油田投入开发前的十几年时间，我国一直需要进口石油。随着大庆油田的开发，我国自产石油除自足外还能出口赚取外汇。20世纪80年代中期，石油创汇曾是我国外汇的重要来源，1985年石油创汇占全国出口创汇总额的26.19%（石宝珩，1999）。近二十年来，随着我国经济社会的高速发展，对石油和天然气的需求也随之持续增加。虽然我国油气产量每年仍不断增长，但已不能满足经济快速发展的需求。1993年以后，我国由石油出口国变为净进口国，石油的进口量逐年上升，2008年进口石油已占我国石油消耗量的50%。自2018年以来，我国石油对外依存度超过70%，天然气对外依存度达40%，而且这种短缺状况还将持续较长时间。因此，我国的石油和天然气能源安全问题已提到重要议事日程。党和政府十分重视石油和天然气这一战略能源，制定了各种措施促进石油和天然气工业的发展。2021年10月习近平在胜利油田看望慰问石油工人时指出："石油能源建设对我们国家意义重大，中国作为制造业大国，要发展实体经济，能源的饭碗必须端在自己手里。"2022年10月，习近平在党的二十大报告中指出，"加大油气资源勘探开发和增储上产力度，加快规划建设新型能源体系""确保能源安全"。

石油是现代工业的血液，从石油中提炼的汽油、煤油、柴油等是优质动力燃料。石油和天然气是优质的化石能源，具有发热量大、燃烧完全、运输方便、空气污染小等优点，使其在世界能源消费结构中占有举足轻重的地位。据统计，从1950年到2022年，世界能源消费结构发生了很大变化，煤炭、石油、天然气、水电和核能所占能源消费的比例分别从1950年的61.2%、26.9%、10.1%和1.8%变化为2022年的26.7%、31.6%、23.5%和10.7%，煤炭所占比例大大降低，而石油和天然气所占比例显著增大（表0-1）。不同国家或地区能源构成不同，经济越发达地区，石油和天然气所占能源消费的比例越高，如2022年北美、欧洲地区的石油占能源消费的36.9%，天然气占29.0%，而煤炭只占10.4%左右。相比之下，我国的能源结构仍然以煤炭为主，2022年煤炭约占能源总消费的54.6%，油气约占27.3%。21世纪前十几年，我国北方地区经常遭受雾霾困扰，这与我国的能源构成及经济总量不断增大有很大关系。近年来，随着我国能源结构天然气占比增加而煤炭占比减少，困扰我国北方地区多年的雾霾已大大改善。因此，降低污染较大的煤炭消耗量，提高石油和天然气在一次能源中的比例，尤其是天然气洁净能源的比例，是改善我国空气质量、实现可持续性发展的重要举措。

表 0-1  世界及我国能源消费结构变化　　　　　　　　　　　单位：%

| 地区 | 年份 | 煤炭 | 石油 | 天然气 | 水电和核能 | 可再生能源 |
|---|---|---|---|---|---|---|
| 世界 | 1950 | 61.2 | 26.9 | 10.1 | 1.8 | / |
|  | 1960 | 49.9 | 33.0 | 14.9 | 2.1 | / |
|  | 1970 | 34.9 | 42.9 | 19.8 | 2.4 | / |
|  | 1980 | 30.6 | 44.1 | 21.8 | 3.5 | / |
|  | 1990 | 27.3 | 38.7 | 22.0 | 11.9 | / |
|  | 2000 | 25.2 | 38.3 | 23.7 | 12.9 | / |
|  | 2010 | 29.6 | 33.6 | 23.8 | 11.7 | 1.3 |
|  | 2020 | 26.8 | 30.9 | 24.5 | 11.6 | 6.2 |
|  | 2021 | 26.9 | 30.9 | 24.4 | 11.0 | 6.7 |
|  | 2022 | 26.7 | 31.6 | 23.5 | 10.7 | 7.5 |
| 中国 | 2000 | 67.8 | 23.2 | 2.4 | 6.6 | / |
|  | 2010 | 70.5 | 17.6 | 4.0 | 7.4 | 0.5 |
|  | 2020 | 55.8 | 19.5 | 8.2 | 10.7 | 5.8 |
|  | 2021 | 54.7 | 19.4 | 8.6 | 10.1 | 7.2 |
|  | 2022 | 54.6 | 18.4 | 8.9 | 9.9 | 8.2 |

注：世界数据来自 Energy Institute 第 72 版世界能源统计年鉴；中国数据来自国家统计局。

随着世界各国能源结构的调整，煤炭在能源构成中的比例继续下降，全球将形成煤炭、石油、天然气、新能源四分天下的局面。多家机构（DNV GL，2020；BP，2022）预测，未来 20~30 年，煤炭和石油占能源构成比例将降低，新能源比例将显著上升，天然气比例略上升，其中，煤炭占 17%~18%，石油占 27%~28%，天然气占 27%~28%，新能源占 27%~28%。可见，油气在能源结构中的比例仍将超过 50%，石油和天然气无疑仍是世界上最重要的能源。

石油又是重要的润滑油料，从微小精密的钟表到庞大高速的发动机，都需要润滑才能转动，所以人们将润滑油料视为机器的"食粮"。石油和天然气还是非常重要的化工原料，乙烯、丙烯等化学工业应用的主要基础原料多来自石油和天然气。作为化工原料，石油和天然气更体现出它们的价值。目前已从石油中提炼出 3000 多种产品，应用到各个领域。由石油和天然气为原料生产的品种繁多的石油化工产品，是国民经济不可缺少的重要材料。

由于人类对环保的要求越来越高，天然气作为更洁净、更高效的能源正越来越受到世界各国的重视，未来几十年天然气有可能将取代石油成为第一能源。

## 第二节　人类利用石油和天然气的历史

石油和天然气是人类为了各种不同目的而最早利用的矿产之一，人类早在开始利用金属和煤以前，就已开始利用石油。世界上关于石油利用和开采的记载最早见于公元前 40 年左右用楔形文字写的美索不达米亚藏书中以及埃及金字塔中用象形文字写的书中（Beckmann，1976）。

我国是世界上最早发现、开采和利用石油及天然气的国家之一。最早的石油记载见于班固著《汉书·地理志》："高奴，有洧水，可蘸"。高奴系指今陕西省延安县一带，洧（音伟）水是延河的一条支流，蘸乃古代燃字。这是描述水面上有像油一样的东西可以燃烧。可见早在近两千年前，我国陕北就发现了能够燃烧的石油。由于天然气比石油更易从地层中逸出，遇到野火、雷鸣就会燃烧，因此，在历史上认识天然气早于石油（张厚福等，1999）。

英文石油"petroleum"一词来源于希腊文 petra（岩石）和 oleum（油），包括液态的石油和气态的天然气。中文科学术语"石油"是北宋著名科学家沈括在《梦溪笔谈》中首次提出的："鄜、延境内有石油，旧说高奴县出脂水，即此也"。"石油……生于水际沙石，与泉水相杂惘惘而出"。他在描述了陕北富县、延安一带石油的性质和产状后，进一步推论了石油的利用远景："此物后必大行于世，……盖石油至多，生于地中无穷，不若松木有时而竭"。

在人类历史上，石油在照明、医药、宗教、建筑、军事等方面都起过重要作用。在不同的时期，石油具有不同的用途。考古学家在近东挖掘出的古老城镇、教堂和坟墓中，发现了大量当时人们借助于石油和沥青做成的很多日常生活用品。如从埃及坟墓中曾发掘出一些用富含硫化物的石油保存下来的木乃伊，墓墙壁上的象形文字叙述了巴勒斯坦死海岸边某些承包人的契约。在电灯发明之前，人们一直用中质和较轻质的石油来照明。几乎在所有的国家都可以看到各种不同形式的小型陶制油灯，而且常常用石油作为燃料。石油在医药方面的应用，首先是药品的包装器材，大部分装药瓶和管都是由一些用石油或天然气生产的塑料物质制成的。

在历史上，石油不仅用于润滑、照明、燃烧和医药，而且很早就用于军事上，石油与战争有着密切关系。我国《元和郡县志》记载，公元 578 年，酒泉人民用油烧毁突厥人攻城的武器，保全了酒泉城。北宋神宗熙宁六年（公元 1073 年），在京都汴梁军器监设有专门的"猛火油作"，加工石油制作兵器。世界上最早的一批燃烧弹是由石油、硫磺和类似物质组成的。这种装在陶器瓶或玻璃瓶中的混合物用手掷出去，当碰着水或湿气时就会突然燃烧起来，其最重要的用途是攻击船只和城镇。起先，这些燃烧弹是手投掷的，后来，这类燃烧弹改为用抛弹机和投射器来发射，这种武器就成了杀伤力很大的武器。第一次世界大战中，士兵们使用了一种称为火焰喷射器的武器，它由装有石油的钢瓶和另外一个含有压缩氧气的钢瓶组成。在第二次世界大战期间，曾有成千上万的平民被装有苯和磷的燃烧弹杀害。从另一方面来说，如果没有石油供给汽车、卡车、坦克和飞机，就不可能进行现代化的战争，所以石油与军事有密切关系。

石油和天然气曾与中东国家拜火教徒的宗教信仰之间具有密切的联系，拜火教徒的名字就是因为其教堂中具有永不熄灭的火而得来的。这些"永恒之火"实际上就是天然气苗。拜火教的祭司们必须使火总是在燃烧着，他们常常用石油或天然气来达到这个目的。古代的旅行者曾记载过，一些教堂用铅制导管从几百米外的油苗处引来天然气点火。由此看来，几千年以前，最早用下套管和井口装置的方法来完成气井并建造天然气管的应该是拜火教的祭司们（Beckmann，1976）。

我国四川劳动人民最早利用天然气煮盐闻名世界。晋朝常璩（音渠）在《华阳国志》

中记载了两千二百年前（公元前221—210年）的秦始皇时代，四川临邛县（即今邛崃市）劳动人民钻井开采天然气煮盐的情况："临邛有火井，夜时，光映上照。民欲其火，先以家火投之，顷许如雷声，火焰出，通耀数十里，以竹筒盛其光藏之，可拽行终日不灭也。"有时一口火井可烧盐锅七百口。天然气煮盐，促进了我国钻井技术的迅速发展。公元前256—251年，秦朝李冰为蜀守时就发明了顿钻，并在四川广都成功地钻成了第一口采盐井。至公元前221—210年，四川邛崃出现了用顿钻钻凿的天然气井（张厚福等，1999）。

近现代，石油和天然气主要用于工业，由石油和天然气提炼或作为原料制成的各种产品转化为工业和民用产品。19世纪后半叶，人们从石油中提炼煤油点灯照明，称为石油工业发展缓慢的"煤油时代"。20世纪初，内燃机的广泛使用促进了石油工业蓬勃发展，1900—1940年，石油主要用于提炼汽油，可称为"汽油时代"。1940年后，化学工业的发展需要利用石油产品作为基础原料，提炼出的3000多种产品渗透到国民经济的各个领域，同时石油和天然气及其产品是世界各国的主要动力燃料，近半个多世纪以来在世界能源消费结构中占55%以上。所以现代石油工业已发展到"燃料和化工原料时期"。

## 第三节　近现代油气地质与勘探发展简况

人类发现和利用石油与天然气的历史悠久，但真正有意识较大规模地寻找和开发油气，只有不到两百年的历史。到19世纪中叶，近代石油工业诞生，标志着人类大规模勘探和开采石油与天然气的开始。人类从最初利用油气苗寻找油气，后来提出了经典的"背斜聚油理论"，到20世纪初诞生了对现代油气勘探发挥了关键作用的地球物理方法，油气地质理论和方法不断发展完善，指导这一勘探活动的理论——油气地质学也得到了突飞猛进的发展。回顾近现代油气勘探与油气地质学发展历史，对认识现代油气地质与勘探理论有重要意义。

**一、世界近现代油气勘探与油气地质理论发展简况**

近现代油气勘探开始于19世纪中叶。俄国（1848年在比比—埃巴特）、美国（1859年在宾夕法尼亚州）相继钻成了各自的第一口产油井后，标志着近代石油勘探开发工业的开始。由于找油的需要，油气地质理论伴随着找油实践而诞生并发展。

一般认为，1859年Drake在宾夕法尼亚州石油溪根据油苗所钻的一口油井标志着近代油气勘探开发工业的开始。尽管这口井钻井深度只有21.69m，产油量每天只有69.5bbl（1bbl=0.158987m$^3$），但由此产生的巨大利润，极大地刺激了投资者，因此迅速掀起了寻找和开采石油的热潮，使油气勘探和开采进入了工业化阶段。由于发现一个高产油田，很快可以发财致富，所以在石油工业初期发展过程中充满着投机与竞争，资本家争先恐后滥采石油，往往一个油田被几家公司分采，不保护油层压力，致使能量过早枯竭，油田遭到破坏。

到19世纪末，世界上只有美、俄等十几个国家产油，石油产量迅速增加，1900年世界总产油量达到2043万吨（表0-2）。当时找油的主要依据是出露于地面的油气显示，这种油气显示被称为油气苗，是地下的油气沿断裂或裂缝运移到地表来的，因此在具有地面油气苗的地方钻井，就可以钻到地下的油气矿藏。随着不断的油气勘探实践，地质家们发现油苗沿背斜分布、油气位于地下背斜构造的高部位等现象。1861年加拿大学者斯泰利·亨特

(T. S. Hunt）初步提出了背斜理论，1885年美国学者怀特（I. C. White）在《科学》上发表论文，系统阐述了"背斜聚油理论"。该理论在19世纪结束前的二三十年期间，在美国、欧洲得到广泛的应用，取得了油气勘探的很大成功。

表0-2 世界历年石油总产量

| 年份 | 产量, 万吨 | 年份 | 产量, 万吨 |
| --- | --- | --- | --- |
| 1860 | 7 | 1945 | 35540 |
| 1865 | 37 | 1950 | 53845 |
| 1870 | 80 | 1955 | 79701 |
| 1875 | 130 | 1960 | 108142 |
| 1880 | 410 | 1965 | 155051 |
| 1885 | 500 | 1970 | 232412 |
| 1890 | 1050 | 1975 | 266155 |
| 1895 | 1420 | 1980 | 299586 |
| 1900 | 2043 | 1985 | 280960 |
| 1905 | 2946 | 1990 | 316410 |
| 1910 | 4490 | 1995 | 325600 |
| 1915 | 5920 | 2000 | 358960 |
| 1920 | 9440 | 2005 | 394150 |
| 1925 | 14640 | 2010 | 397540 |
| 1930 | 19320 | 2015 | 436490 |
| 1935 | 22680 | 2020 | 417550 |
| 1940 | 29450 | 2022 | 440720 |

进入20世纪后，背斜学说已成为油气勘探公司普遍接受的找油理论，地质家们通过地面地质测量圈定背斜构造，使油气勘探取得了巨大成功，找油工作已具有专业性特点，石油地质学家逐渐成为找油不可缺少的专业人才。1917年美国石油地质家协会（AAPG）成立和AAPG会刊出版，标志着石油地质学的诞生，石油地质家从此正式走上油气勘探的舞台。

20世纪20—30年代，地震、重力及其他地球物理方法的发明和应用，使在覆盖区查明地下的背斜构造成为可能，并在勘探实践中发现了地层等圈闭类型，使找油工作可在地面没有任何显示的地区进行，大大拓展了人们找油的领域，油气产量增加很快。地球物理方法使人们不仅可识别背斜圈闭，还可识别地层、岩性等圈闭，1930年发现了东得克萨斯大型地层油气藏，突破了背斜聚油理论，使人们认识到，油气聚集于背斜、地层等圈闭中，除了背斜这种最简单、最常见的圈闭外，还有其他类型的圈闭也可聚油，从而形成了找油的圈闭理论。McColough（1934）提出了圈闭学说，聚油圈闭需要三个条件，即储集层、盖层和遮挡条件，具有统一的油气水界面，该理论指导了20世纪20—50年代的油气勘探。

在第二次世界大战前后发现了一大批油气田和重要的含油气区，尤其是波斯湾巨型富油气区的发现，使世界油气分布格局发生了巨大改变，世界产油国到20世纪50年代末达到60多个。20世纪60、70年代是世界石油勘探的高峰发现时期，产量大幅度增加，1960年世界石油产量突破10亿吨，到1980年接近30亿吨，之后缓慢增长，2000年达35.9亿吨，2010年达39.8亿吨，2022年超过44亿吨（表0-2）。与此同时，天然气勘探开发进入新阶段，产量逐年上升，2022年超过$40×10^{11}$立方米。

近几十年以来，各种先进技术的应用，尤其是地震勘探技术的迅速发展，使人们对地下地质体的刻画和预测更加准确，精度越来越高。在勘探程度较低的地区获得了许多重要突破，在一些勘探程度较高的地区，石油勘探向精细化发展，找到了一大批用常规方法难以发现的隐蔽油气藏。

海上油气勘探开展较晚，真正离岸在浅水区从沉没驳船上钻得的第一批海上钻井，开始于1930年美国路易斯安那州滨外、委内瑞拉马拉开波湖和苏联里海巴库附近，之后许多国家都相继重视开展海上油气勘探，钻探技术设备的进步大大促进了海上油气勘探的迅速发展。世界海洋石油地质储量巨大，累计探明储量约为400亿吨。1995年海洋石油产量占世界总产量的30%，天然气产量占世界总产量的21%；2013年，海上石油产量约占世界总产量的36%，天然气产量占世界总产量的29%；2018年，海上石油产量约占世界总产量的28%，天然气产量占世界总产量的33%。

伴随着大量油气勘探实践，油气地质理论不断发展。这些理论反映在不同时期出版的代表性论著中。除了背斜理论和圈闭理论外，自20世纪50年代以来，建立了一套含油气盆地油气生成、运移、聚集、保存及分布的油气地质理论，出现了盆地找油论、源控论、陆相生油与成藏、复式油气聚集、干酪根热降解生烃等理论，对油气勘探产生了重要影响，提高了勘探成功率。如50—60年代出版了一批经典的石油地质学专著，其中尤以莱复生（A. I. Levorsen）的《石油地质学》（1956，1967）最为重要，成为当代"石油地质学"的经典论著，为培养大批油气地质勘探人才发挥了重要作用。60年代开始发展起来的源控论，使油气勘探进入一个新阶段。70—80年代以有机地球化学方法建立的干酪根热降解生烃理论对现代油气勘探起了重要指导作用，经典的著作包括蒂索（B. P. Tissot）和威尔特（D. H. Welte）（1978，1982）的《石油形成与分布》，Hunt（1979）的《石油地球化学和石油地质学》，Chapman（1982）的《石油地质学》，Hobson（1981）的《石油地质学导论》等。80—90年代，以隐蔽油气藏、层序地层学、含油气系统等为代表的油气勘探理论及方法，有效地指导了油气勘探。与此同时，由于石油与天然气的差异，随着天然气勘探的不断发展，天然气地质学应运而生，建立了天然气生成、运聚理论，出版了一批天然气地质学专著，如戴金星（1996）的《中国天然气地质学》。近二十几年来，随着以页岩气为代表的非常规油气勘探的技术进步和发展，提出了连续型油气聚集等非常规油气地质理论，出版了一大批非常规油气勘探方面的论著，如J. B. Curtis（2002）的《非常规油气系统》，邹才能（2014）的《非常规油气地质学》等。

世界油气勘探经过一个半多世纪，已逐渐形成了日臻完善的油气地质学理论，建立了系统的油气生成、运移、聚集及分布理论，新技术的应用促进了油气地质理论的发展。全球油气勘探领域正在呈现非常规与常规并进、深层与浅层并进、海洋与陆地并进"三个并进"态势。石油勘探开发从常规油气延伸到非常规油气领域，非常规油气地质研究日益受到重视。油气勘探的实践不断验证油气地质理论并提出新的问题，为油气地质的发展提供了依据；反过来，油气地质理论又对油气勘探起指导作用。因此，油气勘探实践—认识—再勘探—再认识，使油气地质理论不断发展完善，油气勘探技术手段不断提高，人类对地下油气藏的认识和勘探逐渐科学化。

## 二、我国近现代油气勘探与油气地质理论发展简况

### (一) 新中国成立前我国油气勘探简况

我国是世界上最早开发气田的国家，四川自流井气田的开采约有两千年历史。《自流井记》关于"阴火潜燃于炎汉"的记载表明，早在汉朝就已在自流井发现了天然气。据《富顺县志》记载，晋太康元年（公元280年）彝族人梅泽在江阳县（今富顺县）自流井发现石缝中流出泉水，"饮之而咸，遂凿石三百尺，咸泉涌出，煎之成盐"。

宋末元初（13世纪），已大规模开采自流井的浅层天然气。1840年钻成磨子井，在1200m深处钻达今三叠系嘉陵江组石灰岩第三组深部主气层，强烈井喷，火光冲天，号称"火井王"，估计日产气量超过40万立方米。"经二十余年犹旺也"。从汉朝末年开始，在自流井大规模开采天然气煮盐以来，共钻井数万口，采出了几百亿立方米天然气和一些石油。这样长的气田开采历史在世界上也是罕见的。

近代以前，我国在认识、利用和开采石油及天然气资源方面一直走在世界前列，积累了丰富的知识和宝贵的经验。但在19世纪中叶近代石油工业诞生以后至新中国成立的近一个世纪，与其他民族工业一样，我国的油气勘探开发工业发展极为缓慢，远远落在了西方国家后面。加上当时国外一些地质学家未对中国石油地质特征做较深入的调研，以唯海相生油论对中国陆相盆地含油气远景的错误推论，认为中国贫油，大大影响了我国油气勘探的进程。

中国近代石油勘探从1878年台湾省钻探第一口油井开始，已有近150年的历史。借助于国外技术力量，1878年清政府在台湾省苗栗钻了中国第一口油井，1907年在陕西延长钻了第一口油井（延1井），1909年在新疆独山子开凿油井。1913年美国某公司组成调查团到我国陕西、山东、河南、河北、甘肃、东北等地进行首次石油地质调查，并于1914年在陕北钻井7口，均未获工业油流。1922年2月，美国地质家E.Blackwelder撰写论文《中国和西伯利亚石油资源》指出："中国没有中、新生代海相沉积，古生代沉积也大部分不生油，除了中国西部、西北部某些地区外，所有各个年代的岩层都已剧烈褶皱、断裂，并或多或少被火成岩侵入。因此，中国决不会生产大量石油"。从此，中国贫油论在世界传播（张文昭，1999）。

1937年抗日战争爆发，石油来源被日本封锁，国民党政府不得不自己加紧勘探、开发石油。1938年冬，孙健初等一行9人骑骆驼、顶寒风，在戈壁滩上开始石油勘探。地质人员在酒泉盆地和河西走廊地区进行地质普查、构造细测，于1939年8月1日1号井钻至88.18m，获日产油10t的工业油流，发现了老君庙油田。

20世纪40年代，中国地质学家李四光、谢家荣、翁文灏、翁文波、潘钟祥、黄汲清等通过亲身的地质考察和勘探实践，指出中国石油勘探前景广阔。在一系列勘探实践的基础上，中国石油地质理论开始萌芽。如1941年潘钟祥在美国石油地质家协会（AAPG）会志发表了《论中国陕北和四川白垩系陆相生油》的论文；1947年黄汲清、翁文波等提出"陆相生油，多期、多层含油的理论"；1948年翁文波撰写了《从定碳比看中国石油远景》。这些杰出的地质学家开创了陆相生油理论，为我国陆相盆地油气田勘探提供了坚实的理论基础。

但在新中国成立之前，我国在石油勘探和开发方面基础极其薄弱。到1949年，除台湾外，全国只有玉门老君庙、陕北延长和新疆独山子3个小油田，以及四川自流井、圣灯山、石油沟3个小气田；油田生产单位只有玉门、延长两个，1949年产原油12万吨，最高年产

石油32万吨（1943年）。从1904年到1949年，累计生产原油不超过310万吨，而同期进口石油2800万吨（张厚福等，1999）。

（二）新中国油气勘探与油气地质理论发展简况

我国石油勘探开发工业在新中国成立之后获得了快速发展。经过半个多世纪几代石油人的艰苦奋斗，石油工业创造了辉煌业绩，成为支撑我国国民经济的支柱产业。回顾新中国70多年的油气勘探历程，可将其分为初期发展阶段、快速发展阶段、稳定发展阶段、常规与非常规油气发展阶段等4个大的发展时期。

1. 初期发展阶段（1950—1959年）

新中国成立初至1959年大庆油田发现，这10年是我国石油勘探的初期发展时期。这一时期的勘探重点在中西部地区的四川、陕甘宁、酒泉、准噶尔、柴达木、吐鲁番等盆地，这些地区地表油气显示较多，已有少数油气田，地层出露较好，构造比较明显。除原有的老君庙、延长、圣灯山等油气田继续详探开发外，又陆续发现克拉玛依、冷湖、油砂山、鸭儿峡、蓬莱镇、南充等油田和川南一批气田，石油工业有了显著发展，尤其是准噶尔盆地西北缘克拉玛依大油田的发现，是新中国石油勘探史上的第一次重大突破。但还没有根本改变进口石油的局面。

2. 快速发展阶段（1959—1985年）

从1959年大庆油田的发现到20世纪80年代中期，我国石油勘探进入快速发展阶段。1959年9月26日，松辽盆地松基3井获得了工业油流，发现了大庆油田，实现了中国石油工业发展史上历史性的重大突破，也标志着我国石油勘探进入了第二个大的阶段，由此中国石油勘探开始战略转移，即重点由中西部地区转向东部地区。

视频0-1 大庆精神（铁人精神）

在当时国家极为困难、探区自然条件恶劣的条件下，石油勘探工作者自力更生，艰苦奋斗，提出"有条件要上，没有条件创造条件也要上""宁可少活二十年，拼命也要拿下大油田"的豪迈誓言，开展了石油勘探大会战，只用了1年多的时间就探明了大庆油田。这场产生于20世纪50年代末至60年代初举世闻名的大庆石油会战，形成了中华民族精神重要组成部分——大庆精神（铁人精神），即：为国争光、为民族争气的爱国主义精神；独立自主、自力更生的艰苦创业精神；讲求科学、"三老四严"的求实精神；胸怀全局、为国分忧的奉献精神。概括地说就是"爱国、创业、求实、奉献"（视频0-1）。

大庆油田发现的理论意义在于突破了唯海相生油论，从实践上证明了陆相盆地具备形成油田的条件，尤其是大型湖泊沉积物不仅能够生油，而且可以形成大型油田。这极大地解放了中国石油地质与勘探工作者的思想，开创了在陆相盆地寻找大油田的新篇章。

继松辽盆地获得勘探成功后，1961年渤海湾盆地陆相盆地东营凹陷的华8井喷油，1962年营2井获高产油流，发现了胜利油田。1964年勘探主力从松辽盆地转移到渤海湾盆地，相继发现和建成了胜利、大港、辽河、华北、中原等石油生产基地。1975年华北任丘古潜山油田的发现，打开了石油勘探的新领域。在松辽、渤海湾盆地勘探和开发取得重大进展的同时，全国其他地区石油勘探工作也蓬蓬勃勃展开，相继在四川、江汉、鄂尔多斯、苏北等盆地进行了较大规模的油气勘探，发现了一大批油气田。

这一时期，松辽盆地和渤海湾盆地的重大发现和全面开发使我国石油工业进入了前所未有的高速发展时期，也是我国石油勘探的黄金时期。该时期石油产量大幅度增长，1965年产量超过1000万吨，1973年超过5000万吨，1978年突破了1亿吨（图0-1），使得中国跃居世界产油大国的行列。

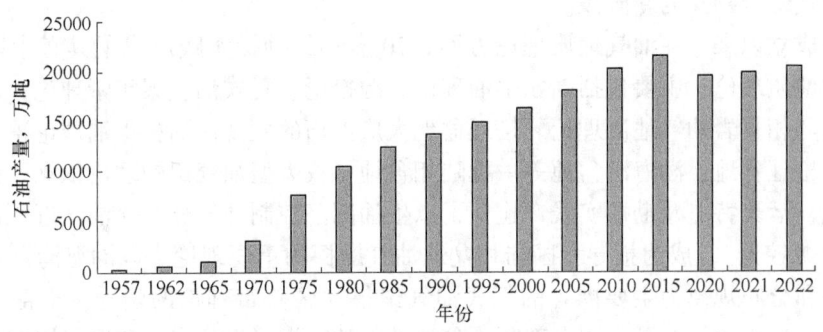

图0-1 我国石油历年产量变化图

3. 稳定发展阶段（1985—2010年）

20世纪80年代中后期至2010年前后，我国石油勘探进入相对稳定的发展阶段，即进入以稳定东部、发展西部、油气并举、大力发展海洋勘探、积极开拓海外石油勘探开发市场为特征的勘探阶段。在东部盆地深化勘探的同时，重点加强了西部地区，特别是塔里木、准噶尔、吐哈、柴达木和鄂尔多斯盆地的油气勘探工作。这一时期发现了一大批大中型油气田，保证了我国原油产量的持续增长，原油产量突破2亿吨，西部盆地探明石油储量较快速增长的趋势还将继续下去。

这一时期天然气勘探获得了重大进展，相继发现了莺琼盆地崖13-1、鄂尔多斯盆地靖边、苏里格、塔里木盆地克拉2、四川盆地普光等一大批大气田，探明天然气储量及天然气产量快速增长。随着钻井技术的进步和天然气成藏理论的发展，我国天然气勘探，尤其是中西部盆地天然气勘探进入一个持续发现的新阶段。

我国海洋石油勘探获得了前所未有的快速发展，储量、产量迅速增长，1996年年产石油超过1500万吨，2003年中国海洋石油产量3336万吨，海洋已成为保持我国石油产量增长的主要领域。与此同时，我国积极开拓海外石油勘探开发市场，在南美、中亚、非洲、中东等地区已取得重要成果。

4. 常规与非常规油气发展阶段（2010年至今）

近十几年来，以四川盆地页岩气、鄂尔多斯盆地页岩油气为代表的非常规油气勘探，以及塔里木等盆地深层油气、东部成熟盆地和海洋常规油气勘探的重大突破，标志着我国油气勘探进入常规和非常规油气资源发展阶段，深层、深水和非常规油气勘探已成为重要勘探领域。2016年在塔里木盆地顺北地区发现了我国第一个超深层（7500m）碳酸盐岩断控储集体——顺北油田，深层和非常规油气逐渐成为增储上产的重要领域。海洋石油勘探持续发展，2015年产量达4773万吨，2022年达5862万吨。

从美国石油地质家年会和中国石油地质年会的主题也可清晰地看到这一发展趋势。2011年AAPG年会主题为"地球科学界的下一次大飞跃"，认同非常规油气资源成为油气工业发展的战略驱动。2011年第四届中国石油地质年会主题为"常规和非常规油气资源——中国石油工业持续发展的基础"；2015年第六届中国石油地质年会主题"更深、更广、更复杂——油气勘探新领域与新技术"，标志着中国油气工业的勘探进入非构造与非常规、深层与深水的"两非两深"，开发进入老区的高含水与高采收率、新区的低丰度与单井低产量的

9

"两高两低"新阶段（邹才能等，2015）。该时期石油年产量相对稳定，保持在 2 亿吨，天然气产量快速增加。目前，非常规油气和深层油气勘探方兴未艾，标志着油气勘探进入常规与非常规油气综合勘探的新阶段。

新中国成立以来，在油气地质理论方面，70 多年的勘探实践形成了具有中国特色的陆相盆地石油地质理论，主要包括陆相生油理论、源控论、复式油气聚集带理论，以及近年来逐渐形成的陆相页岩油气地质理论。松辽盆地大庆油田的发现使陆相生油理论得到实践的检验，并成为松辽盆地、渤海湾盆地等一批陆相盆地寻找大型油气田的理论依据。根据陆相盆地油气生成、运聚特点及勘探实践，建立了以生油凹陷控制油气分布、油气近距离运移聚集为要点的"源控论"，成为指导我国陆相盆地油气勘探的重要理论。以渤海湾盆地断块油气田成藏条件和分布规律为主要内容的复式油气聚集（区）带理论的建立，丰富了中国石油地质理论，并有效地指导了中国东部断陷盆地的石油勘探。近年来，我国相继在准噶尔、鄂尔多斯、渤海湾、松辽等陆相盆地的页岩油气勘探中获得了重大突破，并取得了一系列理论研究成果。中国陆相盆地油气地质与勘探理论及实践丰富了世界油气地质与勘探的理论宝库。

### 三、油气地质勘探发展趋势

截至 2020 年，全球最终常规可采油气资源量分别为 5556.8 亿吨和 653 万亿立方米，可供人类使用 150 多年。据 *Oil & Gas Journal*，2022 年世界石油和天然气剩余探明可采储量分别已达 2406.9 亿吨和 211 万亿立方米，而据该杂志统计，2004 年底世界石油和天然气剩余储量分别为 1750 亿吨和 171 万亿立方米。近 20 年间，世界石油和天然气剩余储量分别增加了 656.9 亿吨和 40 万亿立方米。资料表明，世界石油发现量高峰期在 20 世纪 50 年代末到 70 年代末，平均年增可采储量 50 亿吨/年以上，80 年代平均发现率为 20 亿吨/年（丁贵明，1997）。近 20 多年来，世界剩余油气储量有了大幅度增加，产油气量增加较快。据统计，2022 年，世界共生产石油 44.07 亿吨，生产天然气 40.44 千亿立方米，石油和天然气产量当量比为 1 : 0.92（1 千方天然气约折合 1 吨石油）。同年我国生产石油 2.047 亿吨，居世界第 6 位；生产天然气 2218 亿立方米，居世界第 4 位（表 0-3，表 0-4）。

表 0-3　2022 年世界主要产油国家石油产量　　　　　　　　单位：$10^4$ t

| 位次 | 国家 | 产量 | 位次 | 国家 | 产量 |
| --- | --- | --- | --- | --- | --- |
| 1 | 美国 | 75950 | 11 | 墨西哥 | 9770 |
| 2 | 沙特阿拉伯 | 57310 | 12 | 挪威 | 8900 |
| 3 | 俄罗斯 | 54850 | 13 | 哈萨克斯坦 | 8410 |
| 4 | 加拿大 | 27400 | 14 | 卡塔尔 | 7410 |
| 5 | 伊拉克 | 22130 | 15 | 尼日利亚 | 6900 |
| 6 | 中国 | 20470 | 16 | 阿尔及利亚 | 6360 |
| 7 | 阿联酋 | 18110 | 17 | 安哥拉 | 5780 |
| 8 | 伊朗 | 17650 | 18 | 阿曼 | 5140 |
| 9 | 巴西 | 16310 | 19 | 利比亚 | 5100 |
| 10 | 科威特 | 14570 | 20 | 哥伦比亚 | 3970 |
| 世界总计 | | | 440720 | | |

资料来源：Energy Institute 第 72 版世界能源统计年鉴。

表 0-4　2022 年世界主要产油国家天然气产量　　　　单位：$10^8 m^3$

| 位次 | 国家 | 产量 | 位次 | 国家 | 产量 |
|---|---|---|---|---|---|
| 1 | 美国 | 9786 | 11 | 马来西亚 | 824 |
| 2 | 俄罗斯 | 6184 | 12 | 土库曼斯坦 | 783 |
| 3 | 伊朗 | 2594 | 13 | 埃及 | 645 |
| 4 | 中国 | 2218 | 14 | 印度尼西亚 | 593 |
| 5 | 加拿大 | 1850 | 15 | 阿联酋 | 577 |
| 6 | 卡塔尔 | 1784 | 16 | 乌兹别克斯坦 | 489 |
| 7 | 澳大利亚 | 1528 | 17 | 阿曼 | 421 |
| 8 | 挪威 | 1228 | 18 | 阿根廷 | 416 |
| 9 | 沙特阿拉伯 | 1204 | 19 | 尼日利亚 | 404 |
| 10 | 阿尔及利亚 | 982 | 20 | 英国 | 382 |
| 世界总计 |  |  | 40438 |  |  |

资料来源：Energy Institute 第 72 版世界能源统计年鉴。

从国外油气勘探形势来看，近 20 年来油气勘探领域呈现了新的特点。世界油气勘探的重大发现主要集中在海洋和新区，新增油气储量一部分来自老油气区的深化勘探。剩余常规油气资源多分布在海洋、沙漠、极地地区以及已开发含油气盆地的深层。与此同时，以页岩油气为代表的非常规油气资源越来越受到重视，已成为新的油气勘探重要领域。

近 20 多年来，我国油气勘探不断向深层、深水和非常规油气勘探领域进军，勘探难度越来越大，面临着严峻挑战。在勘探程度较高的地区，新发现油气田规模越来越小。未发现的剩余资源在地面条件较差的地区、深层占比较大，其余剩余资源量中的低渗透和重（稠）油还有相当大的比例。地面条件较好的常规油剩余资源量，受岩性、地层控制的油气藏又占很大比重。

尽管油气勘探的难度在增大，但由于作为第一能源的地位短时期内不会改变，近十几年来，随着油气地质理论和勘探技术的进步，特别是非常规油气勘探及开发的重大突破，加速了油气勘探开发工业的发展。归纳起来，未来世界油气勘探的重要领域主要为海洋深水、陆上深层、非常规油气藏、成熟探区隐蔽油气藏等。

（一）新区及海洋深水油气勘探

新区始终是油气勘探的活跃领域，纵观世界油气勘探历史，大型—特大型油气田往往是在新区或新层系发现的。陆上新区包括沙漠、沼泽等一些地表条件较差的地区。

海洋油气勘探，尤其是深水勘探主要也是新区勘探。随着海洋地球物理勘探和海上钻井技术装置的发展，人类向海洋进军的步伐加快，海洋石油勘探不仅可在浅海大陆架钻探，甚至可到上千米深的水域开展勘探，目前可在水深 3000m 的海洋钻探石油，从而为人类开辟了更加广阔的油气勘探领域。目前海洋油气勘探方兴未艾，将越来越显示其重要性。近 10 多年来，在巴西等地区深水勘探取得了重大突破，发现了多个大型—特大型深水油气田。我国在珠江口盆地发现并已投入开发的荔湾 1-1 气田，水深 1500m，是我国已发现并投入开发的海水最深的气田。

（二）陆上深层油气勘探

随着深层地震和钻井技术的发展，4000m 以下的深层油气资源已成为重要勘探领域。尤其是在一些多层系含油气地区，开展深部层系的油气勘探已取得重要突破。近二十几年来，我国四川盆地、塔里木盆地的深层油气勘探获得了重大突破，已完钻了亚洲最深探井，发现了一大批大型气田，如四川普光气田、塔里木塔河油田等；东部渤海湾及松辽等盆地加强了深层油气勘探，已取得重要成果，尤其是松辽盆地深层天然气勘探已取得重大突破。

（三）非常规油气勘探

非常规油气包括非常规石油和非常规天然气，前者主要包括致密油、重（稠）油、页岩油、油砂油、油页岩油等，后者主要包括致密砂岩气、页岩气、煤层气、天然气水合物等。21世纪以来，随着世界油气地质理论的发展与勘探开发技术的进步，全球非常规油气勘探开发取得一系列重大突破，特别是美国的致密油气、页岩气、煤层气，加拿大油砂，委内瑞拉的重油，发展非常迅速，导致非常规油气资源逐渐成为全球油气储量、产量增长的重点领域和研究热点。近年来，我国鄂尔多斯盆地、四川盆地、渤海湾盆地、松辽盆地等的致密砂岩油气、页岩油气勘探获得了重大发现，未来非常规油气勘探将成为陆上油气勘探的最重要领域。

（四）成熟探区隐蔽油气藏勘探

在一些勘探程度较高的地区（成熟探区），背斜和断层等较大型油气藏被发现之后，较难发现的岩性、地层油气藏为主体的隐蔽油气藏就成为主要的勘探目标。一般大型构造油气藏在勘探的早期基本即可被发现，而寻找大量的、单个规模较小的隐蔽油气藏是中高勘探成熟区油气勘探的主要任务。同时随着三维地震技术的进步，大大提高了勘探家们对地下地质情况的认识，使老区勘探焕发了勃勃生机，如在我国渤海湾盆地东营、沾化、饶阳等富油凹陷的深化勘探已取得巨大成功，近20年来，每年都在这些成熟探区隐蔽圈闭中获得数千万吨至上亿吨的石油探明地质储量，这种富油凹陷的"二次勘探"为成熟探区持续发现及油气稳产提供了保障（赵贤正，2014）。

# 第四节　油气地质与勘探的任务及主要内容

## 一、油气地质与勘探的任务

作为油气地质及勘探工作者，其主要任务是多快好省地寻找到地下的油气矿藏，查明它们的大小和分布，并高效地将其开采出来。

在我国辽阔的陆地和广阔的沿海大陆架，沉积盆地星罗棋布，沉积岩系分布普遍，不仅有面积巨大的陆相碎屑岩沉积盆地，而且拥有海相碳酸盐岩系异常发育的广大区域，蕴藏着丰富的石油和天然气资源。

然而，石油和天然气深埋地下，一般埋深从几百米到数千米甚至上万米；油气又是流体矿产，易于流动，现在赋存的地方一般并不是当初形成的地方；而且从油气矿藏的形成到现今，已经历了漫长的地质历史时间，有些可能已被后期的构造运动改造或破坏，可谓时过境迁。那么油气矿藏的形成原理和分布规律如何？地壳中油气资源的差异富集受哪些条件控制？我们应该到何处去寻找油气矿藏？如何高效地找到油气田？油气勘探的技术方法和程序是什么？这些就是油气地质与勘探课程所要回答的主要问题。

## 二、油气地质与勘探的主要内容

"油气地质与勘探"课程主要阐述油气在地壳中的生成、运移、聚集成藏的基本原理与分布规律，并介绍油气田勘探的方法、程序和实例。内容包括：石油、天然气、油田水的基本特征；储集层和盖层；油气的生成、运移和聚集原理；油气藏类型及特征；油气聚集单元与分布规律；油气勘探的理论、方法与程序等。主要内容可概括为四部分：油气的成因、油气成藏原理、油气分布规律、油气勘探方法与程序，其中核心内容是油气成藏原理。

　　本教材的内容体系遵循"正演"顺序，围绕油气藏形成与分布这一主线，按照事物发生、发展的顺序展开讨论，即首先介绍油气的生成、运移、聚集成藏的基本原理，然后讨论油气的分布和如何寻找油气藏（视频0-2）。按照这种认识规律，除绪论外，本教材内容分为九章，建立了以下体系：首先认识石油、天然气和油田水的基本特征，为后续几章奠定基础；然后介绍石油和天然气是如何生成和储集的，包括油气的成因及烃源岩、储集油气的储层特征、封盖油气层的盖层特征；接下来阐述油气运移、聚集成藏的基本原理，包括油气运移的动力、方向和油气聚集机理、油气藏形成与保存条件、油气成藏时期等；之后介绍油气在地壳中的聚集单元，包括油气聚集基本单元油气藏和油气田、油气聚集带的类型及特征，以及含油气系统、含油气盆地基本石油地质特征和油气分布规律与主控因素；最后介绍油气勘探的理论、方法与程序，包括油气勘探理论、勘探方法及资源评价、勘探程序及任务。

视频0-2　油气生成、运移、聚集成藏及勘探过程

　　"油气地质与勘探"课程的学习，需要综合利用已学过的地球科学概论（普通地质学）、矿物学、普通岩石学、古生物地史学、构造地质学、沉积学等基础地质学科的知识，将油气生、储、盖层静态成藏要素与生成、运移、聚集动态成藏过程结合起来，深刻理解沉积盆地中油气藏的形成与分布规律，掌握油气勘探的程序与方法。

# 第一章　石油、天然气及油田水的基本特征

## 第一节　石油

石油（又称原油）是地下岩石孔隙中天然生成的、以液态烃为主要化学组分的可燃有机矿产。石油的成分非常复杂，现已鉴定出上千种有机化合物，主要为烃类，还含有数量不等的非烃化合物和多种微量元素；以液态为主，常溶有数量不等的烃气、非烃气、固态烃和非烃物质。因此，石油实际上是多种有机化合物的混合物，没有确定的化学成分和物理常数。不同地区的石油，其成分和性质也有所不同。研究石油的化学组成和物理性质，对于查明石油的生成、运移、聚集和分布规律，制定开采、加工方案，评价油品质量等具有非常重要的意义。

### 一、石油的化学组成

（一）石油的元素组成

不同地区、不同时代的石油元素组成比较接近，但也存在一定的差异（表1-1）。组成石油的化学元素主要有碳、氢、硫、氮、氧，其中碳和氢两种元素占绝对优势。

表1-1　国内外某些石油的元素组成（据张厚福等，1999）

| 石油产地 | | 元素组成，% | | | | |
|---|---|---|---|---|---|---|
| | | C | H | S | N | O |
| 中国 | 大庆油田（萨尔图混合油） | 85.74 | 13.31 | 0.11 | 0.15 | 0.69 |
| | 胜利油田（101混合油） | 86.26 | 12.20 | 0.80 | 0.41 | |
| | 胜利油田孤岛地区 | 84.24 | 11.74 | 2.20 | 0.47 | |
| | 大港油田 | 85.67 | 13.40 | 0.12 | 0.23 | |
| | 江汉油田（混合油） | 83.00 | 12.81 | 2.09 | 0.47 | 1.63 |
| | 克拉玛依油田（混合油） | 86.13 | 13.30 | 0.04 | 0.25 | 0.28 |
| 原苏联地区 | 雅雷克苏 | 80.61 | 10.36 | 1.05 | | 8.97 |
| | 乌克兰 | 84.60 | 14.00 | 0.14 | 1.25 | 1.25 |
| | 老格罗兹内 | 86.42 | 12.62 | 0.32 | | 0.68 |
| | 卡拉—布拉克 | 87.77 | 12.37 | | | 0.46 |
| 美国 | 文图拉（加利福尼亚州） | 84.00 | 12.7 | 0.4 | 1.70 | 1.20 |
| | 科林加（加利福尼亚州） | 86.40 | 11.7 | 0.60 | | |
| | 博芒特（得克萨斯州） | 85.70 | 11.00 | 0.70 | 2.61 | |
| | 堪萨斯州 | 84.20 | 13.00 | 1.60 | 0.45 | 0.45 |

1. 碳和氢

从质量分数来看，碳一般为83%~87%，氢一般为10%~14%，这两种元素合计占95%以上，主要以烃类形式存在，是组成石油的主体。由于石油中杂原子的含量相差很大，所以单纯用它的碳含量或氢含量不易进行比较，常采用氢碳原子比 $[n(H)/n(C)]$ 来表示两者

的比例，可以作为反映石油化学组成的一个重要参数。

2. 硫、氮、氧

石油中的硫、氮、氧主要以化合物形式存在。这三种元素及微量元素的总含量一般只有1%~4%，但有时由于硫分增多，这个比例可高达3%~7%。

1) 含硫量

石油的含硫量差异很大，例如我国任丘油田平均为0.33%~0.43%，克拉玛依油田平均为0.05%；但有些油田石油的含硫量可高达4%~5%，如墨西哥石油含硫量高达3.6%~5.3%。依据含硫量通常把开采至地表的石油分为高硫（含硫量大于1%）和低硫（含硫量小于1%）两类；也有人采用三分的方式，将石油分为高硫石油（含硫量大于2%）、含硫石油（含硫量为2%~0.5%）和低硫石油（含硫量小于0.5%）。

石油中的含硫量具有环境指示意义。通常来自海相、近海湖盆相、盐湖相等半咸水—咸水沉积地层的石油含硫量较高，一般大于1%；而来自于内陆淡水湖泊沉积地层中的石油含硫量较低，一般小于1%。

石油中的硫是一种有害杂质，容易形成硫化氢（$H_2S$）、硫化亚铁（$FeS$）、亚硫酸（$H_2SO_3$）、硫醇铁（$[RS]_2Fe$），甚至硫酸（$H_2SO_4$）等化合物，对机器、管道、油罐、炼塔等金属设备具有强腐蚀性，因此含硫量是评价石油品质的一项重要指标。

2) 含氮量与含氧量

石油中氮的含量很低，一般小于0.2%，多数只有万分之几到千分之几，但少数样品含氮量可达0.5%以上，最高可达1.7%（美国文图拉盆地的石油）。通常以0.25%作为贫氮和高氮原油的界线。

石油中氧的含量较少，一般不直接测定，常用减差法估算石油中的含氧量。

3. 微量元素

除上述5种主要元素外，通过对石油的灰分进行分析，还识别出50多种微量元素，其含量变化从十万分之几到万分之几不等。按其含量多少和常见程度列举33种微量元素如下：Fe、Ca、Mg、Si、Al、V、Ni、Cu、Sb、Mn、Sr、Ba、B、Co、Zn、Mo、Pb、Sn、Na、K、P、Li、Cl、Bi、Be、Ge、Ag、As、Gd、Au、Ti、Cr、Cd。

石油中的元素组成与自然界有机物的元素组成十分相似，是石油有机成因的证据之一。尤其是钒（V）和镍（Ni）这两种微量元素分布普遍并具有成因意义，通过分析石油灰分中的钒、镍含量及其比值（V/Ni）可区分海相或陆相成因的石油。

(二) 石油的化合物组成

石油的化合物组成主要分为烃类和非烃类。

1. 烃类化合物

根据结构特点可将石油中的烃类化合物分为三类：烷烃、环烷烃和芳香烃。其中烷烃和环烷烃属于饱和烃，芳香烃为不饱和烃。

1) 烷烃

烷烃又名脂肪族烃、石蜡烃，通式为$C_nH_{2n+2}$，化学性质不太活泼；事实上，"石蜡"这个名称本身就意味着"亲和力不大"。烷烃分子结构的特点是碳与碳原子都以单键C—C相连，排列成直链式。无支链者，为正构烷烃或正烷烃；有支链者，为异构烷烃或异烷烃。在常温常压下，含1~4个碳原子（$C_1$~$C_4$）的烷烃呈气态；含5~16个碳原子

（$C_5 \sim C_{16}$）的正构烷烃呈液态；含17个碳原子（$C_{17}$）及以上的正构烷烃皆呈固态。烷烃的密度、熔点及沸点均随分子量增加而上升。所有烷烃的相对密度都小于1，几乎不溶于水（气态烃除外）。

（1）正构烷烃。

石油中已鉴定出 $C_1 \sim C_{45}$ 的正构烷烃，大多数正构烷烃的碳原子数小于35，但在美国犹他州云塔盆地阿尔塔蒙特和布鲁贝尔油田的石油中也发现了极少数碳原子数超过200的正构烷烃。正构烷烃一般占石油质量的15%~25%，轻质石油中可达30%以上，而重质石油中可小于15%。

在石油中，不同碳原子数的正构烷烃在一定范围内是连续分布的。不同类型石油的正构烷烃分布曲线特征有所不同（图1-1），其中每条曲线上极大值对应的碳数为该曲线的主峰碳。

正构烷烃曲线的特征与生油的原始有机质类型、生油环境以及有机质的成熟度密切相关。一般陆源有机质形成的石油中高碳数（$C_{22}$ 以上）正构烷烃含量高，海生低等浮游生物（细菌、藻类）形成的石油中低碳数（$C_{22}$ 以下）正构烷烃居多。有机质热演化成熟度较高、年代较老、埋深较大的石油中低碳数正构烷烃居多；相反，热演化程度低的石油，正构烷烃碳数偏大。此外，受微生物强烈降解的石油中，正构烷烃常被选择性降解，一般含量较低，低碳数的正构烷烃更少（图1-2）。

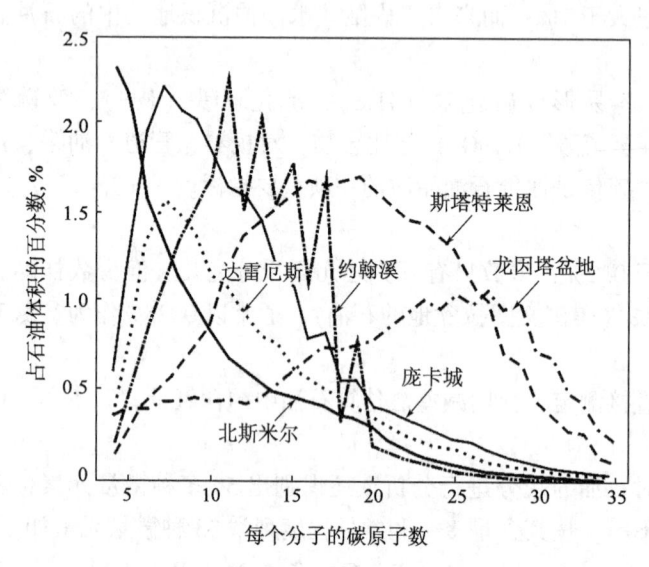

图1-1 不同类型石油的正构烷烃分布曲线图（据Martin，1963）

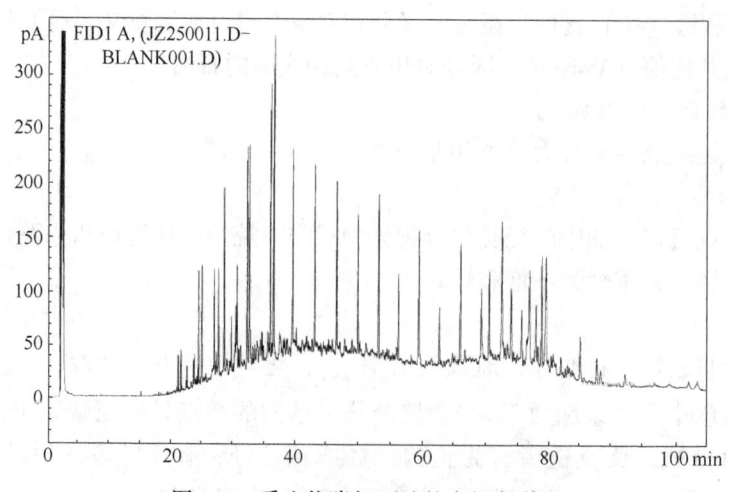

图1-2 受生物降解石油的全烃色谱图

(2) 异构烷烃。

石油中的异构烷烃以不大于 $C_{10}$ 为主，在中等分子量范围内最重要的异构烷烃是类异戊二烯烷烃（$C_9 \sim C_{25}$）。规则的类异戊二烯烷烃的结构特点是每四个直链碳原子上有一个甲基支链（图 1-3），它们是石油中仅次于正构烷烃而普遍存在的化合物。

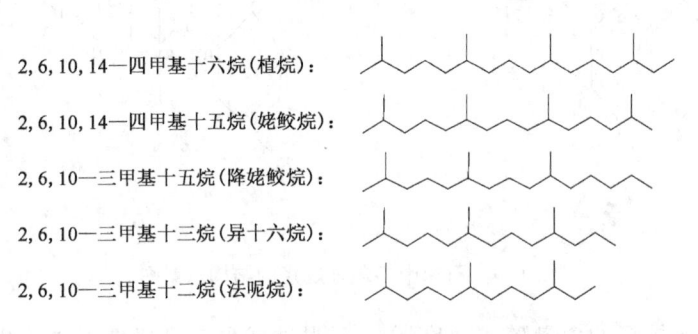

图 1-3 常见的类异戊二烯烷烃结构示意图

由于同源石油所含的类异戊二烯烷烃的类型、含量相近，都直接来自生物体，可用于油源对比，故称为生物标志化合物。所谓生物标志化合物，是指来源于生物体，基本保持了原始组分的碳骨架，记载了原始生油母质特殊分子结构信息的有机化合物。这类化合物又被称为"分子化石"、"地球化学化石"以及"指纹化合物"，其结构的稳定性使其在判别有机质来源、确定原始沉积环境、油源对比、追踪油气运移方向等方面发挥了重要作用。

类异戊二烯烷烃中，姥鲛烷（Pr）和植烷（Ph）是最常用的生物标志化合物，主要来自于叶绿素的植基侧链。姥鲛烷和植烷含量的相对高低，不仅可以反映原始沉积环境的氧化还原条件，还与水介质的酸碱度有关。一般在强还原条件下以形成植烷为主，弱氧化条件下以形成姥鲛烷为主；酸性水介质环境有利于姥鲛烷的形成，而偏碱性水介质环境有利于植烷的形成（表 1-2）。

表 1-2 不同沉积相环境形成的石油的 Pr/Ph 变化（据梅博文，2001）

| 沉积相 | 水介质 | Pr/Ph | 石油类型 |
|---|---|---|---|
| 咸水深湖相 | 强还原 | 0.2~0.8 | 植烷优势 |
| 淡水—微咸水深湖相 | 还原 | 0.8~2.8 | 植烷均势 |
| 淡水湖沼相 | 弱氧化—弱还原 | 2.8~4.0 | 姥鲛烷优势 |

2）环烷烃

环烷烃是分子中含有碳环结构的饱和烃，由许多围成环的多个次甲基组成。根据组成环的碳原子数多少，可相应称为三元环、四元环、五元环等。环烷烃按分子中所含碳环数目，可以分为单环、双环、三环和多环的环烷烃。石油中的环烷烃多为五元环或六元环及其衍生物，以单环和双环为主。多环中以四环和五环环烷烃最为重要，其结构与生物体的四环甾族化合物和五环三萜烷直接相关，是石油有机成因的重要标志，广泛应用于烃源岩成熟度分析和油源对比中（图 1-4）。

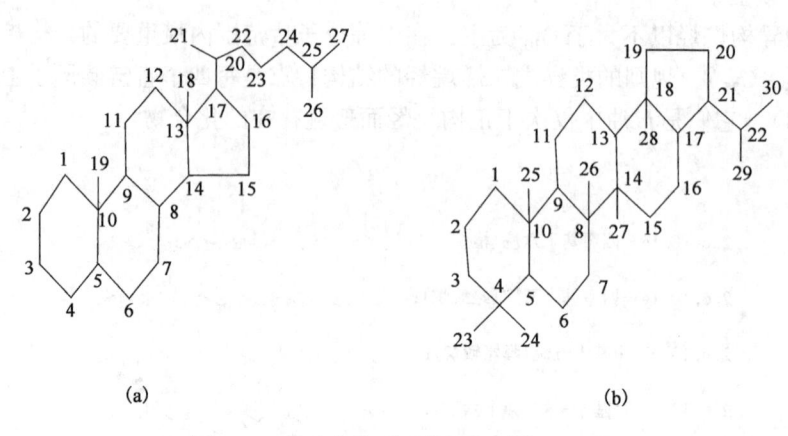

图1-4 石油中多环环烷烃的结构示意图

石油中多环环烷烃的含量随成熟度增加而明显减少，高成熟石油中以1~2环的环烷烃为主。由于碳原子所有的价已被饱和，所以环烷烃和烷烃一样，都是比较稳定的。环烷烃的密度、熔点和沸点都比碳原子数相同的烷烃高，但相对密度仍小于1。

3）芳香烃

芳香烃（简称芳烃）是指分子中含有苯环结构的化合物。根据苯环结构不同，芳香烃可分为单环芳烃、多环芳烃和稠环芳烃（图1-5）。石油中的芳香烃以苯、萘、菲三种化合物含量最多。

环烷芳香烃是一类特殊的芳香烃，它常包含一个或几个缩合芳环，并与饱和环和链烷基稠合在一起。其中，最重要的是四环和五环的环烷芳香烃，它们大多与甾族化合物和萜类化合物结构有关，是生物标志化合物。

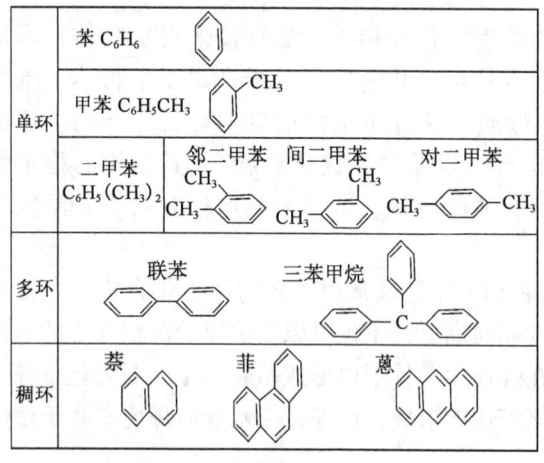

图1-5 芳香烃的基本结构

随着石油成熟度增加，芳香烃系列向低环方向演化。单环芳烃不溶于水，但溶于汽油、乙醚、乙醇等有机溶剂。它们具有特殊气味，有毒，相对密度一般为0.86~0.9，比水轻。

2. 非烃类化合物

石油中的非烃类化合物是指分子结构中除含碳、氢原子外，还含有硫、氮、氧等杂原子的一类化合物。这些非烃类化合物主要集中在高沸点的重馏分中，总含量不多，但种类繁多。

1）含硫化合物

石油中的有机硫化物除元素硫外，主要分为三大类：硫醇、硫醚和噻吩类。

硫醇类是指分子中含有硫基（—SH）的硫化物，是由一个烷基或环烷基取代了硫化氢中一个氢原子而形成的。硫醇类在石油中含量不高，主要分布于低馏分中，其含量随馏分沸点升高而降低。

硫醚类是指分子中含有硫醚键（—S—）的硫化物，是硫化物中两个氢原子被烷基、环烷基或芳香基取代而形成的。硫醚的热稳定性较高，其含量随馏分沸点的升高而增加，在石油中含量相对较多，一般集中在中间馏分。

噻吩类是含有一个硫原子和四个碳原子的不饱和五元环化合物，热稳定性较好。噻吩本身极少，但是苯并噻吩、二苯并噻吩以及苯并萘基噻吩是高硫石油的重要组分。此外，在胶质、沥青质含量较高的石油中，噻吩类衍生物特别丰富。

2）含氮化合物

石油中氮的含量普遍较低，主要以芳香杂环的形式存在。石油中的含氮化合物可分为碱性和中性（非碱性）两大类。碱性含氮化合物主要包括吡啶、喹啉、异喹啉及吖啶的同系物和卟啉。中性含氮化合物包括吡咯、吲哚、咔唑的同系物及酰胺等。含氮化合物绝大多数存在于高馏分中。

石油中的卟啉以钒、镍的金属络合物的形式存在（图 1-6），其含量变化较大，有相当一部分石油不含或仅有痕量卟啉化合物。以东营凹陷为例，在凹陷边部的样品中几乎不含卟啉，而凹陷中部的卟啉含量最高接近 2000mg/L，这与沉积环境和埋藏深度等因素有关。一般中—新生代形成的石油卟啉含量较多，而古生代形成的石油中含量很低甚至不含卟啉。这可能与卟啉的稳定性差有关，高温（>250℃）或氧化条件下，卟啉易发生开环裂解反应而被破坏、分解。因此，卟啉的存在证明石油形成和经受的温度都不太高。

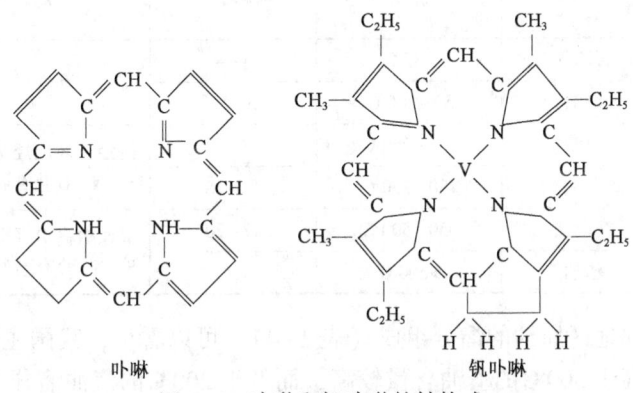

图 1-6 卟啉和钒卟啉的结构式

卟啉作为石油中第一个被分离出来的生物标志化合物，其结构与动物血红素和植物叶绿素非常相似，表现出明显的亲缘关系，为石油的有机成因说提供了有力证据。

3）含氧化合物

含氧化合物可分为酸性和中性两类：前者包括环烷酸、脂肪酸及酚，总称为石油酸；后者有醛、酮等，含量极少。在石油酸中，以环烷酸最重要，约占石油酸的 90%，在石油中的含量多在 1% 以下。环烷酸在水中的溶解度很小，高分子环烷酸实际上不溶于水，但易溶于石油烃中。环烷酸很容易生成各种盐类，其中碱金属的环烷酸盐能很好地溶解于水，在与石油接触的地下水中常含这种环烷酸盐，可作为找油的一种标志。

（三）石油的馏分组成

由于石油是多种有机化合物的混合物，其沸点范围很宽，从常温一直到 500℃ 以上。

**彩图1-1 石油蒸馏装置**

因此，对石油进行研究或加工利用时，必须要进行分馏。所谓分馏，是指根据石油中各种化合物沸点的不同，通过加热蒸馏（彩图1-1），将石油分离成不同沸点范围（即馏程）的若干部分，每一部分就是一个馏分。馏程可以是不等间距的，也可以是等间距的。在实际工作中，常用某个温度范围内（馏程）蒸馏出的馏分的质量分数或体积分数来表示石油的组成，称为石油的馏分组成。

石油的蒸馏过程如图1-7所示。馏分常冠以汽油、煤油、柴油等石油产品的名称，但并非真正的石油产品，蒸馏后还需要进行进一步的加工。

石油中不同馏分的化合物组成极不相同。一般来说，低沸点的轻馏分主要由低碳数、分子量较小的烷烃和环烷烃组成；中间馏分以中分子量和较高碳数的烷烃和环烷烃为主，并含有一定数量的芳香烃以及少量的含硫、氮、氧化合物；而重馏分则由高碳数和高分子量的环烷烃、芳香烃和含硫、氮、氧化合物组成（表1-3）。

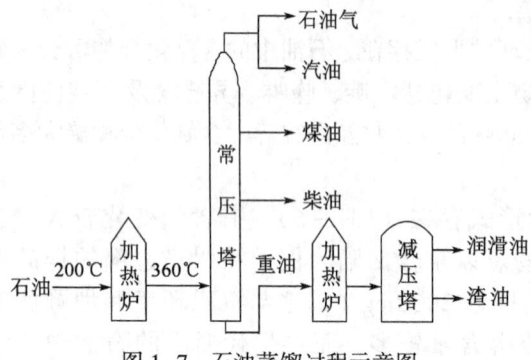

图1-7 石油蒸馏过程示意图

表1-3 石油的馏分组成

| 馏分名称 | | 沸点 | 碳原子数 | 化合物 |
|---|---|---|---|---|
| 轻馏分 | 石油气 | <35℃ | 1~4 | 烷烃、环烷烃 |
| | 汽油 | 50~200℃ | 5~12 | |
| 中间馏分 | 煤油 | 130~250℃ | 12~14 | 烷烃、环烷烃为主，含有芳香烃和含S、N、O化合物 |
| | 柴油 | 180~350℃ | 14~18 | |
| 重馏分 | 润滑油 | 350~500℃ | 18~20 | 高碳数高分子量环烷烃、芳香烃和含S、N、O化合物 |
| | 渣油 | >500℃ | >20 | |

对比国内外不同地区原油的馏分组成（表1-4），可以看出，我国主要油区的原油馏分普遍偏重，特别是高于500℃的渣油含量较高，而低于200℃的汽油馏分含量较少。

表1-4 国内外部分原油的馏分组成（据徐春明等，2009）

| 原油名称 | 馏分组成（质量分数），% | | | |
|---|---|---|---|---|
| | 初馏点至200℃ | 200~350℃ | 350~500℃ | >500℃ |
| 大庆 | 11.5 | 19.7 | 26.0 | 42.8 |
| 胜利 | 7.6 | 17.5 | 27.5 | 47.4 |
| 孤岛 | 6.1 | 14.9 | 27.2 | 51.8 |
| 辽河 | 9.4 | 21.5 | 29.2 | 39.9 |
| 华北 | 6.1 | 19.9 | 34.9 | 39.1 |
| 中原 | 19.4 | 25.1 | 23.2 | 32.3 |

续表

| 原油名称 | 馏分组成（质量分数），% ||||
|---|---|---|---|---|
| | 初馏点至200℃ | 200~350℃ | 350~500℃ | >500℃ |
| 新疆（管输油） | 15.4 | 26.0 | 29.9 | 29.7 |
| 新疆（库尔勒） | 19.6 | 31.1 | 26.1 | 23.2 |
| 新疆（九区） | 2.3 | 18.9 | 28.9 | 49.9 |
| 单家寺 | 1.2 | 12.2 | 18.3 | 68.3 |
| 沙特（轻质） | 23.3 | 26.3 | 25.1 | 25.3 |
| 沙特（轻重混合） | 20.7 | 24.5 | 23.2 | 31.6 |
| 阿联酋（麦瑞波） | 31.5 | 30.6 | 23.2 | 14.7 |
| 英国（北海） | 29.0 | 27.6 | 25.4 | 18.0 |
| 印尼（米纳斯） | 11.9 | 30.2 | 24.8 | 33.1 |

应注意的是，各地区炼厂在分馏时所用的沸点范围（馏程）不完全一致，从而所得馏分中烃类组成也不同。例如，馏程为150~300℃的煤油的烃类组成主要为10~15个碳数的烃，而馏程为190~260℃的煤油的烃类组成主要为12~14个碳数的烃。另外，不同油田的石油原始性质差别很大，导致分馏出的各馏分组成及同一馏分中的烃类组成也相差甚远。

（四）石油的族组分

石油中含有数目繁多的单体化合物，但其组成表示法过于细繁，因此在实际应用中常采用族组成表示法。所谓"族"，就是化学结构相似的一类化合物。利用不同有机溶剂对石油的不同族性成分和结构的化合物类型进行选择性分离所得到的若干物理化学性质相近的混合物，就是石油的族组分。

考虑到轻馏分具有较强的挥发性，在储存、运输过程中常因保存条件不同，造成人为的较大误差，因此在进行组分分离之前，要先对原油进行蒸馏，去掉沸点低于210℃的轻馏分，一律取沸点大于210℃的馏分（即拔顶原油）进行组分分离（图1-8）。经过这一过程，即可将石油分为饱和烃、芳香烃、胶质（在实验分析报告中也称为非烃）和沥青质四种组分。

应注意的是，有机溶剂的选择性溶解不是绝对的，总有一定的混合溶解作用。用正庚烷或正己烷冲洗氧化铝或硅胶柱时，解吸出的除饱和烃外，还混有少量非饱和烃；而用苯冲洗下来的，除芳烃外，还混有胶质。

二、石油的地球化学分类

鉴于研究目的的不同，人们从不同角度对石油进行分类。例如：根据油源环境，将石油分为海相油和陆相油；根据有机质成熟度，将石油分为低成熟（未成熟）油、成熟油、高熟油。石油地质学家则更关注石油组成与烃源岩及其演化作用的关系，其代表性的分类方案是Tissot和Wellte（1978）提出的地球化学分类。该分类采用三角图解，以烷烃（石蜡烃）、环烷烃、芳香烃+含硫、氮、氧化合物的相对含量作三角图解的三端元，并参考了石油中的含硫量；所有数据都指的是常压下、沸点高于210℃的石油馏分的分析数据；分类方案与结果参见图1-9和表1-5。

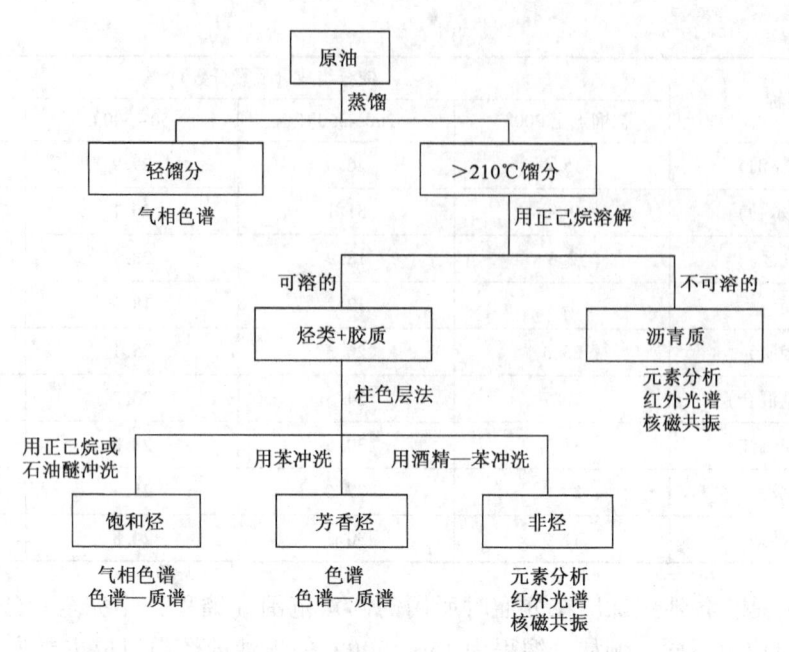

图 1-8 原油组分分离流程图（据陈荣书，1994，有修改）

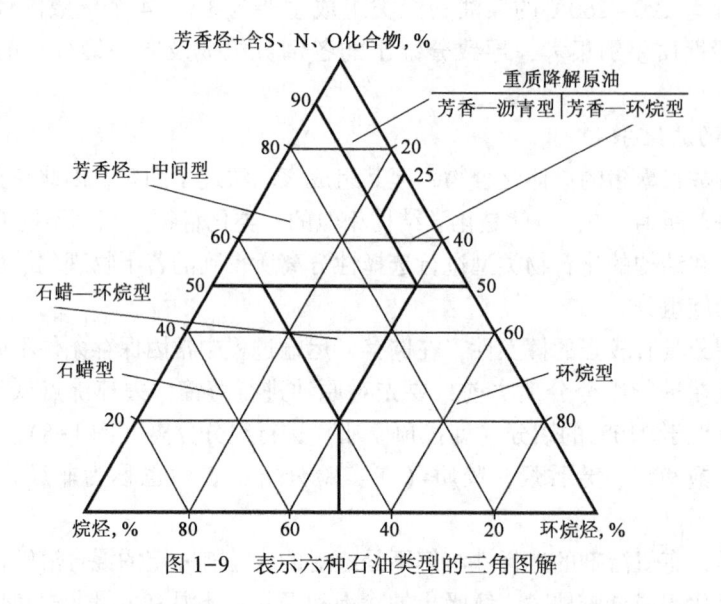

图 1-9 表示六种石油类型的三角图解

表 1-5 Tissot 和 Wellte 的石油地球化学分类方案

| 烃类成分含量 | | 含硫量 | 石油类型 |
|---|---|---|---|
| S>50%<br>AA<50% | P>40%，且 P>N | <1% | 石蜡型 |
| | P≤40%，且 N≤40% | | 石蜡—环烷型 |
| | P<N，且 N>40% | | 环烷型 |
| S≤50%<br>AA≥50% | P>10% | >1% | 芳香—中间型 |
| | P≤10%且 N>25% | <1% | 芳香—环烷型 |
| | P≤10%且 N≤25% | >1% | 芳香—沥青型 |

注：令 S=饱和烃，P=烷烃（石蜡烃），N=环烷烃，则 S=P+N；令 AA=芳烃+含 S、N、O 化合物（胶质、沥青质）。

石蜡型由轻质油和一定量的高蜡、高沸点石油组成，高分子量正构烷烃含量丰富，胶质和沥青质含量低于10%；相对密度一般小于0.85，黏度也较低。石蜡—环烷型的胶质和沥青质相对含量一般为5%~15%，芳香烃为25%~40%，黏度和密度一般高于石蜡型石油。环烷型分布较少，是一种未成熟石油，或是石蜡型和石蜡—环烷型生物降解的产物。

芳香—中间型的胶质和沥青质相对含量可占10%~30%，芳香烃占40%~70%，相对密度一般高于0.85。芳香—环烷型和芳香—沥青型都是经过次生变化的石油，油质重而黏，胶质和沥青质相对含量可高达25%以上。

从出现频率上看，石蜡—环烷型、芳香—中间型和石蜡型三种石油最为常见。

海陆相石油在石油分类三角图上的分布如图1-10所示，它们的化学组成有明显的差异，具体表现如下：

(1) 海相石油以芳香—中间型和石蜡—环烷型为主，饱和烃占石油的25%~70%，芳香烃占总烃的25%~60%。陆相石油以石蜡型为主，部分为石蜡—环烷型，饱和烃占石油的60%~90%，芳香烃占总烃的10%~20%。

(2) 高蜡是陆相石油的基本特征之一。根据我国陆相石油分析资料，其含蜡量普遍大于5%，一般为10%~30%，个别可达40%以上。而海相石油含蜡量均小于5%，一般仅0.5%~3%。

(3) 海相石油一般为高硫石油，特别是海相碳酸盐岩和蒸发岩系中的石油，含硫量更高。而陆相石油一般为低硫石油，但个别盐湖或蒸发岩系中的石油，也可以是高硫石油。

(4) 微量元素钒和镍的含量和比值的差异，是区分海相和陆相石油的重要标志之一。海相石油中钒、镍含量高，且V/Ni大于1；而陆相石油中钒、镍含量较低，且V/Ni小于1。

(5) 海相和陆相石油的碳稳定同位素组成亦有明显的差别。从$^{13}C/^{12}C$比值看，一般海相石油比陆相石油高，具体内容见本章第四节。

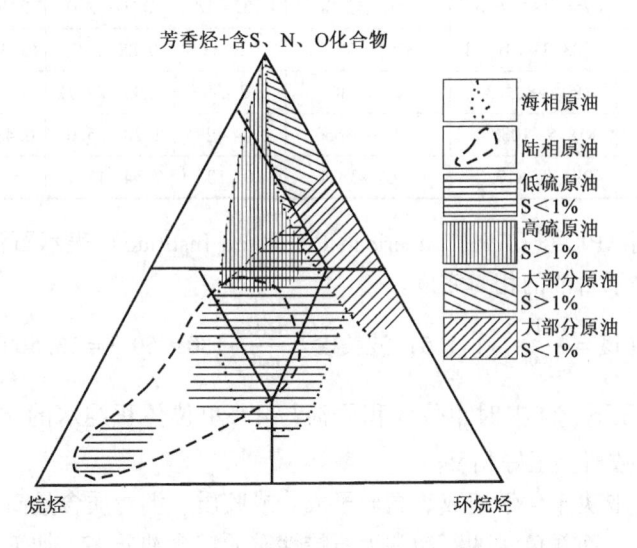

图1-10　海陆相石油在石油分类三角图上的分布

(据Tissot和Wellte，1978，有修改)

### 三、石油的物理性质

石油的物理性质，取决于它的化学组成。不同地区、不同层位，甚至同一层位在不同构造部位的石油，其物理性质也可能有明显的差别。

彩图1-2 原油样品

### （一）颜色

石油的颜色变化范围很大，从无色、淡黄色、黄褐色、深褐色、黑绿色至黑色（彩图1-2）。例如，四川黄瓜山油田和大港板桥油田的部分井产淡黄色石油，克拉玛依油田产出的石油呈褐色至黑色，大庆、胜利和玉门油田的石油均以黑色为主。

石油的颜色与其组分中胶质、沥青质含量有关，胶质、沥青质含量越高，颜色越深。绝大多数的石油都呈现不同深度的深色。

### （二）密度和相对密度

石油的密度是指单位体积石油的质量，其单位为 $g/cm^3$ 或 $kg/m^3$。由于石油的密度随温度升高而减小，因此测定密度时应标明温度。我国通常将石油在20℃时的密度规定为其标准密度，表示为 $\rho_{20}$。

开采至地表的石油的相对密度，是指在1atm下、20℃单位体积原油与4℃单位体积纯水的质量比，用 $d_4^{20}$ 表示。石油的相对密度变化较大，一般介于0.75~1.00之间。相对密度大于1或小于0.75的石油，在自然界也有发现。例如伊朗曾产出相对密度为1.016的石油，而苏联苏拉罕曾产出相对密度为0.71的石油。表1-6为我国部分油田原油的物理性质参数。

表1-6 我国部分油田原油物性参数

| 原油来源 | 层位 | 密度（20℃）$kg/m^3$ | 黏度（50℃）$mm^2/s$ | 凝点 ℃ | 含蜡量 % | 沥青质含量 % | 胶质含量 % |
|---|---|---|---|---|---|---|---|
| 胜利陈家庄油田 | $Ngx$ | 946~1084.4 | 761~107178 | −13~35 | 1.1~31.5 | 3.92~19.41 | 20.36~59.2 |
| 胜利郑家油田 | $Es_{1-3}$ | 930.1~1046.8 | 101~89107 | −11~52 | 1.12~12.77 | 9.1~18.82 | 33.2~41.15 |
| 渤海JZ25-1S | $Es$ | 756.4~896.6 | 1.04~12.24 | −35~18 | 0.4~12.0 | 0.16~5.65 | 1.11~5.84 |
| 渤海LD5-2N | $N$ | 1003.8~1011.4 | 33595~74462 | 22~33 | 0.88~2.23 | 13.39~27.84 | 14.04~23.29 |
| 辽河于楼油田 | $Es$ | 804~883.3 | 2.39~30 | 18~39 | 3.93~29.72 | | 4.71~19.8 |
| 辽河月海油田 | $Es$ | 858.5~1037.8 | 2.15~23660 | −24~28 | 2.28~25.05 | 6.48~41.82 | |
| 新疆石西凸起 | $P_1j$ | 791.8~813.7 | 2.07~3.34 | 0~10 | 2.54~15.19 | | |

在美国，通常用API度（API, American Petroleum Institute）表示石油的相对密度，而西欧一般用波美度表示石油的相对密度：

$$\text{API度} = \frac{141.5}{d_4^{60F}} - 131.5；\quad \text{波美度} = \frac{140}{d_4^{60F}} - 130；\quad 60°F = 15.56℃$$

$d_4^{60F}$，即1大气压下、60℉时单位体积原油与4℃单位体积纯水的质量比。因此，API度和波美度与 $d_4^{20}$ 在数值上正好相反。

石油的密度主要取决于化学组成。高分子成分或胶质、沥青质含量高的石油，其密度较大。一般来说，密度小而颜色浅的石油常为石蜡性质的，含油质多，加工后能获得较多汽油和润滑油；密度大而颜色深的石油则富含高分子量的沥青质。

此外，石油的密度还和溶解气量、温度、压力等因素有关。在其它条件不变时，若油藏中无气顶，石油的密度随温度升高而降低，随压力增大而增大。当油藏中存在气顶时，随着压力的增加，石油中的溶解气量逐渐增多，导致石油的体积增大、密度减小，直至达到饱和压力为止；此后，溶解气量已不能继续增加，若压力继续增大，石油体积开始缩小，密度也随之增大。

（三）黏度

石油受力发生流动时，其内部分子间有一种内摩擦力阻止分子间的相对运动，这一特性被称作石油的黏滞性，其大小用黏度（$\mu$）来度量。石油的黏度越大，就越难流动。石油的黏度是很重要的物理特性，直接影响石油的开采、储存、运输及炼制。

石油的黏度可分为动力黏度、运动黏度和条件黏度三种表示方式。

动力黏度又称为绝对黏度，其定义为：当压差为1Pa的切力作用于液体，使之在相距1m、面积为$1m^2$的两液层间发生相对恒速流动，如果流动的速度恰为1m/s，则该液体的黏度为1Pa·s。石油动力黏度的变化范围很大。例如，大庆油田白垩系石油的黏度为190~220mPa·s，任丘油田中—新元古界石油的黏度为530~840mPa·s，克拉玛依油田三叠系石油的黏度为500mPa·s。

石油动力黏度的大小取决于石油的化学成分和外界的温度、压力条件。分子小的烷烃、环烷烃含量多，动力黏度就低；而石蜡、胶质、沥青质含量高，黏度就高。随温度升高，动力黏度则降低，所以石油在地下深处比在地面黏度小，且易流动；在地下1500~1700m处，石油的动力黏度值通常仅为地表的一半。压力增加，动力黏度也随之增加；而石油中溶解气量的增加则会使动力黏度降低。

石油的运动黏度是其动力黏度与相同温度、压力下该石油的密度之比，其单位为$mm^2/s$。条件黏度则是指采用不同的黏度计所测得的以条件单位表示的黏度，是在一定温度下，测定一定体积的石油从某一仪器中的流出时间（单位为s）或其流出时间与同体积水的流出时间之比作为其黏度值，具体又可分为恩氏黏度、赛氏黏度、雷氏黏度等。

（四）溶解性

由于烃类难溶于水，因此石油在水中的溶解度很低。若以碳数相同的分子进行比较，各种成分在水中溶解度由大到小的顺序是：非烃→芳烃→环烷烃→烷烃。除甲烷外，烃类在水中的溶解度均随分子量增大而减小。温度升高或水中$CO_2$含量增多，石油在水中溶解度增大。若水中含盐量增加，烃类的溶解度会降低。了解石油在水中的溶解度有助于认识石油初次运移的相态。

石油虽然难溶于水，却易溶于多种有机溶剂，如苯、氯仿、二硫化碳、四氯化碳、乙醚等。根据石油在有机溶剂中的溶解性，可以鉴定岩石中的石油含量和性质。

（五）荧光性

石油及其大部分产品，除轻汽油和石蜡外，无论其本身还是溶于有机溶剂中，在紫外线照射下，其中的不饱和烃及其衍生物能吸收紫外线中波长较短、能量较高的电子，随后发出可见光，这种低能量的可见光称为荧光。

石油的荧光性取决于化合物组成。石油中的多环芳香烃和非烃引起发光，而饱和烃则完全不发光。轻质石油的荧光颜色较浅（浅蓝色），重质石油的荧光颜色较深（黄色），沥青的荧光颜色最深（褐色），见彩图1-3。发光颜色随石油或沥青物质的性质而变，不受溶剂性质的影响。而发光强度，则与石油或沥青物质的浓度有关，在低浓度范围下，发光强度与石油类物质的浓度成正比，但浓度超过某一临界值后，发光强度反而降低，这叫做浓度消光。浓度消光是可逆的，用溶剂稀释，发光强度增加。

彩图1-3 含有不同组分的石油的荧光

石油的发光现象非常灵敏，只要溶液中含有十万分之一的石油或沥青物质即可发光。因此，在油气勘探工作中，人们常利用荧光分析来鉴定岩样的含油性，并可粗略确定其组分和含量。这个方法简便快速，经济实用。

（六）旋光性

当偏振光通过天然石油时，偏光面会旋转一定的角度，这个角度叫旋光角，石油的这种特性称为旋光性。石油的旋光角一般为几分之一度到几度，且多数右旋（顺时针方向旋转）。石油具有旋光性的原因是：石油中的含氮化合物、甾烷和萜烷等生物标志化合物，常具有手性碳原子，使石油具有旋光性。含有手性碳原子的有机化合物可以形成两种立体异构体（图1-11），一种分子异构体偏振面向左旋转，另一种分子使偏振面向右旋转。当两种异构体含量相等时旋转被抵消，而当两种异构体含量不等时就产生了旋光性。

图1-11 乳酸分子的两种立体异构体

（七）凝点与含蜡量

石油失去流动能力的最高温度，称为凝点。石油的凝点没有固定的数值，富含沥青质的石油随温度降低而逐渐变稠并无明显凝固现象。

石油中的蜡主要由长碳链的正构烷烃组成，熔点30~35℃。地层条件下，蜡在石油中呈溶解状态，当石油被从油层开采至地面时，随着压力、温度的降低，蜡逐渐从石油中离析出来，黏结在油管壁上，这就是油井的结蜡现象。

石油凝点的高低与含蜡量及烷烃碳原子数具有正相关性，富含蜡的石油在温度下降到结蜡点时，伴随蜡的结晶析出而停止流动。低凝点石油为优质石油，高凝点的石油容易使井底结蜡，给采油工作带来麻烦。因此，在石油运输中，凝点也是必须参考的重要参数。

（八）热值

热值，即发热量。石油燃烧时可产生大量的热量，1kg石油燃烧时可产生10000~11000kcal（1kcal=4.184kJ）的热量，是优质燃料。石油燃烧时产生热量的主要元素是碳和氢。1kg碳完全燃烧时能放出8000kcal热量，1kg氢放出的热量达34200kcal，是碳的发热量的4倍多。石油中的氢含量比煤和油页岩中氢的含量都高，因此热值也高，比烟煤高出40%~60%。

### 四、重油和沥青

重油和沥青（也称天然沥青），通常指黏度大、密度高、油藏条件下不易流动或不能流动的原油，不同国家的定义标准有所不同。本书采用邹才能等（2014）关于重油和沥青的定义：油层温度条件下，黏度大于10000mPa·s、相对密度大于1.0（10°API）的石油为沥青；油层温度条件下，黏度为50~10000mPa·s、相对密度为0.934~1.0（10~20°API）的石油为重油，也称重质油或稠油。油砂，也称沥青砂或焦油砂，是沥青或重油与砂粒、黏土、矿物和水组成的混合物，主要是由于生物降解、轻烃挥发、水洗、游离氧化等稠变作用，造成油质中极性杂原子重组分——胶质、沥青质富集的结果（彩图1-4）。

彩图1-4 油砂和重油

重油和沥青资源在世界油气资源中占有重要地位，广泛分布于世界各地。有些在地表或浅层形成的沥青砂，可成为具有开采价值的沥青砂油田，如西加拿大盆地的阿萨巴斯卡、冷湖、瓦巴斯卡和皮斯河四个油田，其沥青砂地质储量合计超过 $0.177×10^{12}$ t；东委内瑞拉盆地的奥里诺科重油带，作为世界最大的重油聚集区之一，其重油的地质资源量约为 $0.197×10^{12}$ t。我国的重油和沥青资源也非常丰富，已在许多大中型含油气盆地和地区发现数量众多的重油油藏，初步估算仅重油资源量就达 $250×10^8$ t，主要产自中—新生界碎屑岩储层，少部分来自古生界海相地层。

（一）重油和沥青的化学组成

与常规原油相似，重油和沥青也主要由碳、氢、硫、氮、氧5种元素组成，以碳和氢为主，含有微量的镍、钒、铁、铜等金属元素。但其中的氢含量相对较低，氢碳原子比较小，大多在1.7以下。

我国的重油和沥青的化学组成与国外有显著差别。除个别地区外，一般含硫量较低，小于1%，而含氮量较高。同时还具有含镍多、含钒少的特点，与国外的重油和沥青正好相反，说明我国的重油和沥青来自于陆源有机质（表1-7，表1-8）。

表1-7 中国稠油的元素组成（据邹才能等，2014）

| 来源 | C, % | H, % | S, % | N, % | Ni, μg/g | V, μg/g |
| --- | --- | --- | --- | --- | --- | --- |
| 辽河欢喜岭 | 87.2 | 11.8 | 0.27 | 0.37 | 40.0 | 0.5 |
| 辽河曙光 | 86.6 | 12.3 | 0.35 | 0.40 | 60.0 | 0.9 |
| 辽河高升 | 85.8 | 11.5 | 0.56 | 1.06 | 122.5 | 3.1 |
| 胜利孤岛 | 85.1 | 11.6 | 2.07 | 0.33 | 21.1 | 2.0 |
| 胜利单家寺 | 84.7 | 11.2 | 0.45 | 0.69 | 42.3 | 3.4 |
| 胜利八面河 | 84.9 | 12.2 | 1.87 | 0.53 | 32.5 | |
| 胜利草桥 | 85.5 | 12.2 | 1.54 | 0.44 | 47.6 | |
| 新疆九区 | | | 0.15 | 0.35 | 13.9 | 0.2 |
| 新疆乌尔禾 | | | 0.32 | 0.78 | 43.8 | 1.1 |
| 新疆红浅区 | | | 0.09 | 0.21 | 12.2 | <0.1 |
| 河南井楼 | 85.8 | 12.5 | 0.32 | 0.74 | 21.8 | 1.4 |
| 河南古城 | | | 0.36 | 0.73 | 35.4 | 1.1 |
| 大港羊三木 | | | 0.33 | 0.34 | 25.0 | 0.9 |
| 渤海埕北 | | | 0.36 | 0.52 | 22.5 | 0.8 |
| 渤海绥中 36-1 | | | 0.31 | 0.37 | 42.5 | 1.0 |

表1-8 国外重油、沥青化学组成（据邹才能等，2014）

| 来源 | S, % | N, % | 微量元素, μg/g Ni | 微量元素, μg/g V | 胶质含量, % |
| --- | --- | --- | --- | --- | --- |
| 塞洛尼格罗（委内瑞拉 Cerro Negro） | 4.0 | 0.75 | 108.6 | 430 | |
| 乔博（委内瑞拉 Jobo） | 3.9 | 0.52 | 94.4 | 390 | |
| 白奇奎罗（委内瑞拉 Bachaquero） | 2.9 | 0.38 | | 470 | |
| 博斯坎（委内瑞拉 Boscan） | 5.7 | 0.44 | 147 | 1220 | |

续表

| 来源 | S, % | N, % | 微量元素, μg/g ||  胶质含量, % |
|---|---|---|---|---|---|
| | | | Ni | V | |
| 蒂亚胡安娜（委内瑞拉 Tia） | 2.5 | 0.30 | | 397 | |
| 奥里诺科（委内瑞拉 Orinoco） | 4.0 | | | | 35.4 |
| 冷湖（加拿大 Cold Lake） | 4.4 | | | | 28.7 |
| 劳埃德明斯特（加拿大 Lloyminster） | 4.0 | 0.32 | 52.7 | 10.5 | 38.4 |
| 阿萨巴斯卡（加拿大 Athabasca） | 4.9 | 0.43 | 68.1 | 144 | 34.1 |
| 卡亚拉（伊拉克 Qayarah） | 8.4 | | | | 36.1 |

### （二）重油和沥青的物理性质

与常规油相比，重油和沥青的高分子烃和杂原子化合物含量高，具有密度大、黏度高和馏分组成偏重的特点（表1-9）。由表1-9可以看出，重油沥青中低于200℃的馏分含量很少，一般不到5%，而高于350℃常压渣油的含量基本占80%以上，甚至可以高达90%。

表1-9 我国稠油的物理性质（据邹才能等，2014）

| 来源 | 密度（20℃）g/cm³ | 动力黏度（50℃）mPa·s | 运动黏度, m²/s ||| 凝点 ℃ | 馏分组成, % ||||
|---|---|---|---|---|---|---|---|---|---|---|
| | | | 50℃ | 80℃ | 100℃ | | <200℃ | 200~350℃ | 350~500℃ | >500℃ |
| 辽河欢喜岭 | 0.9469 | 268.5 | 287.9 | 33.85 | 17.33 | -20 | 4.3 | 20.3 | 35.3 | 39.1 |
| 辽河曙光 | 0.9123 | 142.3 | 159.0 | 48.5 | | 20 | 6.0 | 16.9 | 28.2 | 46.1 |
| 辽河高升 | 0.9443 | 225.8 | 243.5 | | | 13 | 4.5 | 12.4 | 23.6 | 59.5 |
| 胜利孤岛 | 0.9333 | 201.5 | 219.9 | 56.3 | | 13 | 6.1 | 14.9 | 27.2 | 51.8 |
| 胜利单家寺 | 0.9719 | 6355.4 | 6656.3 | | | 14 | 1.2 | 12.2 | 18.3 | 67.7 |
| 胜利八面河 | 0.9302 | 556.5 | 609.5 | 136.6 | | 4 | 4.0 | 17.7 | 25.0 | 52.9 |
| 胜利草桥 | 0.9268 | 265.8 | 292.2 | 68.6 | | 4 | 2.8 | 15.8 | 23.6 | 57.4 |
| 新疆九区 | 0.9284 | 272.5 | 299.0 | | 66.3 | -22 | 2.4 | 19.4 | 27.1 | 51.2 |
| 新疆乌尔禾 | 0.9622 | | | 1896.6 | 542.9 | 9 | 0.1 | 10.9 | 27.8 | 59.4 |
| 新疆红浅区 | 0.9233 | | | 580.8 | | -19 | 0.1 | 9.8 | 27.8 | 59.4 |
| 河南井楼 | 0.9489 | 1436.8 | 1542.0 | 229.9 | 86.3 | 10 | 0.9 | 8.3 | 32.9 | 58.0 |
| 河南古城 | 0.9437 | 1344.0 | 1442.4 | | 81.1 | 10 | 0.6 | 9.0 | 28.5 | 61.0 |
| 大港羊三木 | 0.9492 | 594.6 | 637.9 | 172.9（70℃） | | -2 | 0.8 | 15.0 | 33.3 | 50.8 |
| 渤海埕北 | 0.9537 | 767.3 | 819.2 | 129.7 | | 10 | 2.23 | 12.0 | 21.9 | 63.4 |
| 渤海绥中36-1 | 0.9677 | 743.2 | 781.8 | 119.0 | | -6 | 3.14 | 17.4 | 21.3 | 58.1 |

### （三）重油和沥青的形成与分布

重油和沥青都是次生的，是低成熟油或成熟油经过水洗、生物降解和游离氧化等稠变作用形成的，使轻组分减少，重组分增加。

重油和沥青的形成与分布，与中—新生代构造运动有密切的关系，受控于全球新生代造山褶皱带的分布。中—新生代构造运动导致古油藏遭到破坏，常规油运移至浅层，甚至地表，遭受稠变作用，形成重油和沥青。目前绝大多数的重油和沥青都赋存于白垩系、古近系和新近系中，平面上则主要分布于盆地（或凹陷）的边缘斜坡、凸起之上或边缘，以及断裂带的浅部。

## 第二节 天然气

广义的天然气是指存在于自然界中的一切天然生成的气体，包括不同成分组成、不同成因、不同产出状态的气体。В. А. Соколов（1971）根据存在的环境将天然气分为八大类：大气、表层沉积物中的气体、沉积岩中的气体、海洋中的气体、变质岩中的气体、岩浆岩中的气体、地幔排出气、宇宙气。

目前油气地质学所研究的天然气（狭义的天然气），是指沉积有机质演化生成的可燃气体，即存在于沉积物或沉积岩中以气态烃为主的气体。

### 一、天然气的化学组分

油气藏中的天然气，主要成分是气态烃，同时含有数量不等的多种非烃气体。

烃气主要为 $C_1 \sim C_4$ 的烷烃，一般以甲烷（$CH_4$）为主，其次是重烃气（2个碳数以上的烃气，常用 $C_{2+}$ 表示）。其中，重烃气以乙烷（$C_2H_6$）和丙烷（$C_3H_8$）最为常见，丁烷（$C_4H_{10}$）及以上组分较少见。

根据重烃气的含量可将天然气分为湿气和干气，即 $C_{2+}$ 含量小于5%的烃气，统称干气，又叫贫气；$C_{2+}$ 含量不小于5%的烃气，统称湿气，又叫富气。不同地区的天然气的化学成分差别较大（表1-10）。

表1-10 国内外某些油气田气的化学成分（据张厚福等，1999）　　　单位:%

| 国家 | 油气田名称 | 产层时代 | $CH_4$ | 重烃气 | $CO_2$ | $N_2$ | $H_2S$ | $H_2$ | $O_2$ | He |
|---|---|---|---|---|---|---|---|---|---|---|
| 中国 | 大庆油田 | $K_1$ | 83.82 | 13.0 | 0.11 | 2.58 | | | | |
| | 大港油田 | $Es_3$ | 75.21 | 23.22 | | | | | | |
| | 圣灯山气田 | $P_1$ | 94.57 | 0.99 | 0.24 | 2.43 | | 0.02 | | |
| | 石油沟气田 | $Tc$ | 97.80 | 0.40 | 0.20 | 1.10 | 0.1 | | | |
| | 盐湖气田 | $Q$ | 95.50 | 0.50 | | 3.5 | | | | |
| 美国 | 莫特儿—道姆 | $J$ | | | 12.2 | 79.7 | | | 0.92 | 7.18 |
| | 八月（堪萨斯） | $C_2$ | 10.5 | 1.6 | 0.1 | 85.6 | | | | 2.13 |
| | 海尔列（犹他） | $J$ | 5.1 | 2.3 | 1.1 | 84.4 | | | | 7.16 |
| | 本得隆起 | $P$ | 0.1 | | 0.8 | 89.9 | | | | 8.6 |
| 前苏联 | 格罗兹尼 | $R$ | 47.0 | 51.3 | 1.7 | | | | | |
| | 伊申巴 | $R$ | 42.9 | 47.3 | 0.3 | 4.8 | 4.6 | | | 0.03 |
| | 杜依马兹 | $D$ | 61.4 | 25.4 | 0.2 | 14.0 | | | | |
| | 克拉斯诺卡姆 | | 19.4 | 48.6 | 0.4 | 21.2 | 0.4 | | | |

地层条件下的非烃气总量不多，但种类不少，主要有氮气、二氧化碳、一氧化碳、硫化氢、氢气等气体。非烃气中还含有微量的惰性气体，如氦气、氩气、氖气等，其含量只有千分之几至百分之几。惰性气体因含量极低，不能单独形成气藏，常与其它气体共存于气藏

中,少部分则溶于石油及地层水中。

## 二、天然气的产出状态

地壳中的天然气,依其分布特征可分为分散型和聚集型,依其存在的相态可分为游离态、溶解态、吸附态和固态气水合物,依其与石油产出的关系可分为伴生气和非伴生气。

分散型天然气属于非常规天然气,主要包括油溶气、水溶气、页岩气、煤层气和固态气水合物等。关于这些天然气的详细情况,请参见后续章节。

聚集型天然气为游离气,即气体单独运移聚集,包括气藏气和气顶气。这是常规气藏或油气藏中天然气存在的基本形式,只有大规模的游离气聚集,才能有效地开发和利用。

### (一) 气藏气

气藏气是指圈闭中具有一定规模的单独天然气聚集,即纯气藏中的气体,基本上不与石油伴生,可为烃气,也可能为非烃气。有些存在于油气田中的气藏气,纵横向上与油气藏保持一定的联系,与下伏或侧向分布的油气藏或油藏有关,这是在特定地质条件下油气运移的结果。

非烃气比较富集时,可成为非烃气藏。如我国冀中坳陷赵兰庄构造古近系的高压硫化氢气藏,硫化氢含量高达92%;济阳坳陷平方王油气田古近系所产天然气中二氧化碳含量高达63%~66%;广东三水盆地沙头圩的二氧化碳气田,二氧化碳含量高达99.53%。

А. Н. Воронов 和 В. В. Тихомировдидр (1976) 根据世界含气及含油气盆地中约2000个气藏、15000个气样的分析资料,总结出气藏气化学成分的分布特点(图1-12):绝大多数气藏气以含气态烃为主,含烃量超过80%的气藏约占气藏总数的85%以上;氮气为主的气藏不到10%;以二氧化碳或硫化氢等酸性气体为主的气藏数量更少,远低于1%。

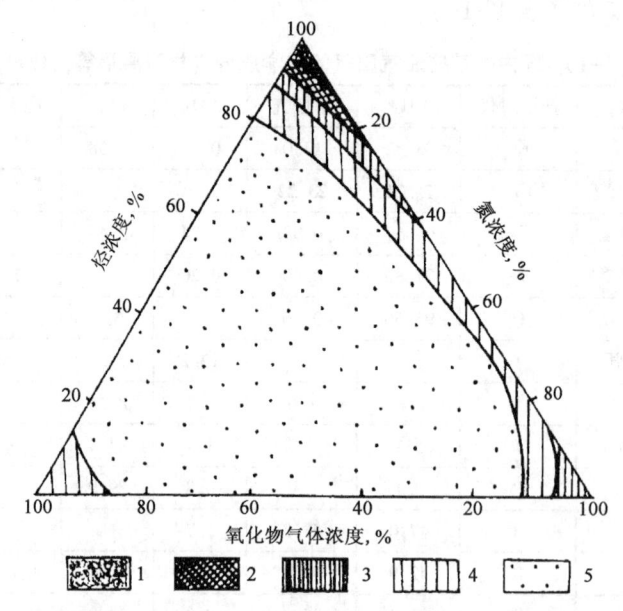

图1-12 世界气藏气成分图(据 А. Н. Воронов 和 В. В. Тихомировдидр, 1976)
1~5代表出现频率,分别对应>50%, 10%~50%, 1%~10%, 0.1%~1%, <0.1%

### (二) 气顶气

气顶气是指与石油共存于油气藏中、呈游离气顶状态的天然气。它在成因和分布上均与石油关系密切,重烃气含量可达百分之几至几十,仅次于甲烷,属于湿气(富气)。随着地层压力的增减，气顶气可溶于石油或析出。油气藏中气顶体积的大小与其化学组成及地层压力有关。

### 三、天然气的物理性质

天然气一般无色，可有汽油味或臭鸡蛋味，可燃。常温常压下，以气态存在的烃类有甲烷、乙烷、丙烷、丁烷及异丁烷，非烃类有氢气、氮气、二氧化碳、硫化氢和惰性气体。在地下较高温度压力下，$C_4 \sim C_7$烷烃及部分环烷烃、芳烃及有机硫化物也可以呈气态存在。

（一）密度和相对密度

天然气的密度定义为单位体积气体的质量。由于湿气含重烃气较多，因此，湿气的密度大于干气。

在标准状态下（$10^5$Pa，15.55℃），地表天然气的各组分密度为 0.6773kg/m³（甲烷）~3.0454kg/m³（戊烷）。天然气混合物的密度一般为 0.7~0.75kg/m³，而石油伴生气特别是油溶气，最高可达 1.5kg/m³，甚至更大。地层温压条件下的天然气密度一般可达 150~250kg/m³，远大于地表温压条件下的天然气密度；凝析气的密度最大可达 225~450kg/m³。

天然气的相对密度一般是指相同温度、压力下（如 $10^5$Pa、15.55℃，$10^5$Pa、20℃）天然气密度与空气密度的比值。天然气中烃类各组分的相对密度为 0.5539（甲烷）~2.4911（戊烷），烃气混合物的相对密度一般为 0.56~1.0。

天然气的密度和相对密度随重烃含量以及二氧化碳和硫化氢含量的增加而增大。

（二）黏度

天然气的黏度反映了其分子间产生内摩擦力的大小，是度量天然气抵抗流动能力的参数，常用的是动力黏度（即绝对黏度）。天然气的黏度很小，地表条件下一般小于 0.01mPa·s，远低于石油。

天然气的黏度与压力、温度和气体成分等有关。在接近常压条件下，黏度与压力无关，随温度增加而变大，随分子量增加而减小；而在较高压力下，黏度随压力增加而增大，随温度升高而降低，随分子量增加而增大。此外，天然气的黏度还随非烃气含量的增加而增大。

（三）溶解性

天然气能不同程度地溶于石油和水中。天然气和水的互溶性较差，而与石油具有较强的互溶能力。

天然气在石油中的溶解度是指在地层温压条件下，液态石油中所溶有的、而在地表温压条件下（温度压力均下降）可析出的气体量（m³ 气/m³ 油）。在石油中溶有天然气时，可以降低石油的密度、黏度及表面张力。

在相同温压条件下，烃气在石油的溶解度远远大于在水中的溶解度，例如甲烷在石油中的溶解度是在水中的 10 倍左右。影响天然气在石油中溶解度的主要因素包括地层压力、气体组成和石油轻组分的含量。当天然气的重烃含量或石油的轻组分含量增加时，天然气在石油中的溶解度增大。降低温度或增大压力，也可以得到同样的效果，直至达到液体被气体饱和的泡点压力为止。

（四）热值

天然气的热值变化很大。烃气含氢量高，因此具有较高热值，燃烧比较充分，是清洁的优质燃料。烃气中碳数高者热值高，如甲烷的热值为 37112kJ/m³，丁烷的热值为 125876kJ/m³。天然气中湿气的热值可高达 83680kJ/m³，而煤和石油的热值分别为 16736kJ/m³ 和 41840kJ/m³。

## 第三节 油田水

广义上，油田水是指油气田区域内与油气生成、运移和聚集相关的地下水，包括油层水和非油层水。油气地质学研究的重点是与油气藏有直接关系、赋存于油气储层或油气藏中、直接与油气层连通的地下水，即油层水，也就是狭义上的油田水。

油田水因溶有多种组分，其物理性质与纯水差异较大。油田水相对密度一般大于1，黏度明显高于纯水，且含盐量越高，密度、黏度也越大；一般透明度较差，呈混浊状，常带有一定的颜色，含 $H_2S$ 时呈淡青绿色，含铁质胶状体时呈淡红色、褐色或淡黄色；当油田水溶有少量石油时，常有汽油或煤油味，含 $H_2S$ 时有臭鸡蛋味，若含有 $MgSO_4$，尝之则有苦味；油田水中因含有较多离子成分，可导电，且离子含量越高，导电性越强。

### 一、油田水的来源

一般认为，油田水的来源主要有4种：沉积水、渗入水、深成水、转化水。

沉积水（也称埋藏水）是指沉积物堆积过程中保存在其中的水，实际上属于古海水或古地表水（如古湖水、古河水等）。因此，沉积水的含盐度和化学组成与古海（湖）水有密切关系，不同环境下形成的油田水矿化度有明显的差别。

渗入水是指凝结水、大气降水和地表水渗入地下孔隙和渗透性岩层中的水。其矿化度低，可淡化高矿化度地下水。在靠近不整合面的油田水中，这种淡化作用特别明显。

深成水（也称初生水）是指来源于上地幔及地壳深部、由岩浆游离出来的原生水和变质过程中产生的变质水。它是一种高温高矿化度、饱和气体的地下水，对金属矿床的形成有重要作用。

转化水（也称再生水）是指在沉积成岩和烃类形成过程中，黏土矿物转化脱出的层间水及有机质向烃类转化时分解产生的水。这种转化的主要影响因素是温度和压力，同时伴随着离子交换等反应。

实际上，油田水可以看作是沉积水、渗入水、深成水和转化水以不同比例混合、经过一系列复杂的物理化学作用，并与油气相伴生的油层水。

### 二、油田水的矿化度

矿化度是指单位体积水中所含溶解状态的固体物质总量，即单位体积水中各种离子、元素及化合物总含量，用 g/L、mg/L、ppm 表示。

油田水的矿化度普遍高于一般地下水，主要是与原始沉积水在相对封闭环境中经受的深部高温蒸发浓缩作用有关。一般封闭性好、水交替缓慢的还原环境中的油田水矿化度较高，且越接近盆地中心矿化度越高；而在渗入水补给的水交替良好的地区，矿化度明显降低。在纵向上，矿化度一般随埋深增加而增大。

由于来源及形成过程等方面的差异，各地区油田水的矿化度差异较大。陆相油田水矿化度一般比海相油田水低，且变化幅度大。例如，科威特布尔干油田白垩系砂岩中的油田水矿化度为 154g/L，我国酒泉盆地某油田的油田水矿化度为 30~80g/L。我国陆相油田水的矿化度一般低于 50g/L，且以低于 10g/L 的占优势。

### 三、油田水的化学组成

油田水的化学组成，实质上是指溶于油田水的溶质的化学组成。在油田水的形成过程中，由于水与油气的相互作用，使得油田水中除了无机组分和溶解气外，还具有一般地下水中不常见的有机组分。

（一）无机组分

油田水的无机组分主要由 $Na^+$（包括 $K^+$）、$Ca^{2+}$、$Mg^{2+}$ 和 $Cl^-$、$SO_4^{2-}$、$HCO_3^-$（包括 $CO_3^{2-}$）等离子构成，其中 $Cl^-$、$Na^+$ 占优势。此外，还含有几十种微量元素，如 I、Br、B、Sr、Ba 等，其富集往往与石油的形成和演化有关，可以指示油田水的来源、水文地球化学环境、含油气性等。

（二）有机组分

油田水中常见的有机组分包括苯、酚及其同系物，二环及稠环芳烃，氨，环烷酸及其盐类。苯、酚及其同系物是石油中的单环芳烃化合物，易溶于水，因其高迁移性、热力学稳定性及与油气成因的密切联系而被视为寻找油气田的直接指标。油田水中的苯、酚及其同系物含量较高，且组成与非油田水差异较大（图 1-13）。二环及稠环芳烃溶解度较高，因此在油田水中含量也较高，可以提供较为可靠的油气信息。氨的高含量同样也是良好的含油气指标。

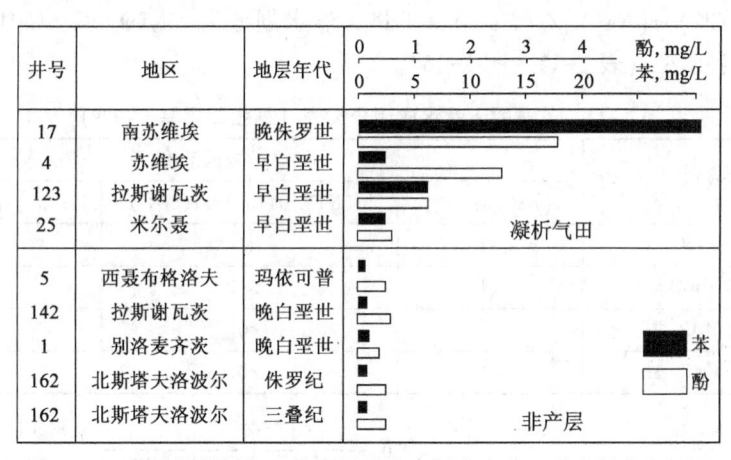

图 1-13 苏联某凝析气田的产层和非产层水中苯、酚含量分布比图
（据张厚福等，1999）

（三）气体组分

油田水中常见的气体组分有烃气和非烃气两大类。烃气以甲烷为主，此外还有乙烷等重烃气体；非烃气种类较多，包括二氧化碳、硫化氢、氮气、氦、氩等气体。油田水中一般不含氧气。含重烃气是油田水的主要特征，可以作为寻找油气田的重要标志之一。硫化氢和二氧化碳气体通常是封闭的还原环境中硫酸盐矿物和有机质的生物地球化学作用的产物，因此也可以作为油田水的标志之一。

四、油田水的类型

自 1911 年美国帕勒梅尔提出第一个油田水分类开始，出现了多种油田水分类方案，大都是以水中所溶解的 $Na^+$（包括 $K^+$）、$Ca^{2+}$、$Mg^{2+}$ 和 $Cl^-$、$SO_4^{2-}$、$HCO_3^-$（包括 $CO_3^{2-}$）含量及其组合关系作为分类基础。在各种分类方案中，由苏联学者苏林提出的苏林分类（Щулин，1946）较为简明，应用广泛。

苏林认为，水的化学成分主要取决于其所处的环境，不同的环境可以形成不同性质、不同化学组成的水。天然水就其形成环境而言，主要是大陆水和海水两大类。大陆水含盐度低（一般小于 0.5g/L），其化学组成具有 $HCO_3^- > SO_4^{2-} > Cl^-$、$Ca^{2+} > Na^+ > Mg^{2+}$ 的特点，且

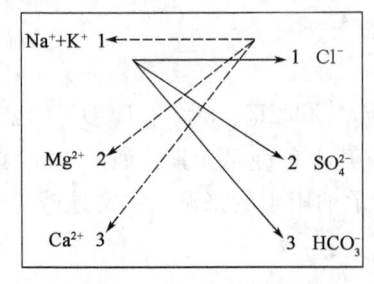

图1-14 离子化合顺序简图
（据刘方槐等，1991）

1—当 $r(Na^+)>r(Cl^-)$ 时，离子化合的顺序
2—当 $r(Na^+)<r(Cl^-)$ 时，离子化合的顺序

$r(Na^+)/r(Cl^-)$（当量比）>1。海水的含盐度较高（一般约为35g/L），其化学组成具有 $Cl^->SO_4^{2-}>HCO_3^-$、$Na^+>Mg^{2+}>Ca^{2+}$ 的特点，且 $r(Na^+)/r(Cl^-)$（当量比）<1。大陆淡水中以 $NaHCO_3$ 占优势，并含有 $Na_2SO_4$；而海水中不存在 $Na_2SO_4$。

通过分析对比，苏林认为，水中主要离子是依据彼此化学亲和力强弱顺序而形成盐类的。按照化学亲和力的大小，各离子之间的化合顺序如图1-14所示。如果 $r(Na^+)>r(Cl^-)$，则多余的 $Na^+$ 就会与 $SO_4^{2-}$ 或 $HCO_3^-$ 化合，可能出现 $Na_2SO_4$ 水型或 $NaHCO_3$ 水型；如果 $r(Na^+)<r(Cl^-)$，则多余的 $Cl^-$ 就会与 $Mg^{2+}$ 或 $Ca^{2+}$ 化合，可能形成 $MgCl_2$ 水型或 $CaCl_2$ 水型。因此，结合 $Mg^{2+}$ 和 $SO_4^{2-}$，利用离子比 $[r(Na^+)-r(Cl^-)]/r(SO_4^{2-})$ 和 $[r(Cl^-)-r(Na^+)]/r(Mg^{2+})$，可将天然水划分为 $Na_2SO_4$ 型、$NaHCO_3$ 型、$MgCl_2$ 型及 $CaCl_2$ 型四种水型（表1-11、图1-15）。

表1-11 苏林的天然水成因分类表（据张厚福等，1999）

| 水的类型 | | 成因系数 | | |
|---|---|---|---|---|
| | | $r(Na^+)>r(Cl^-)$ | $[r(Na^+)-r(Cl^-)]/r(SO_4^{2-})$ | $[r(Cl^-)-r(Na^+)]/r(Mg^{2+})$ |
| 大陆水 | $Na_2SO_4$ 型 | >1 | <1 | <0 |
| | $NaHCO_3$ 型 | >1 | >1 | <0 |
| 海水 | $MgCl_2$ 型 | <1 | <0 | <1 |
| 深成水 | $CaCl_2$ 型 | <1 | <0 | >1 |

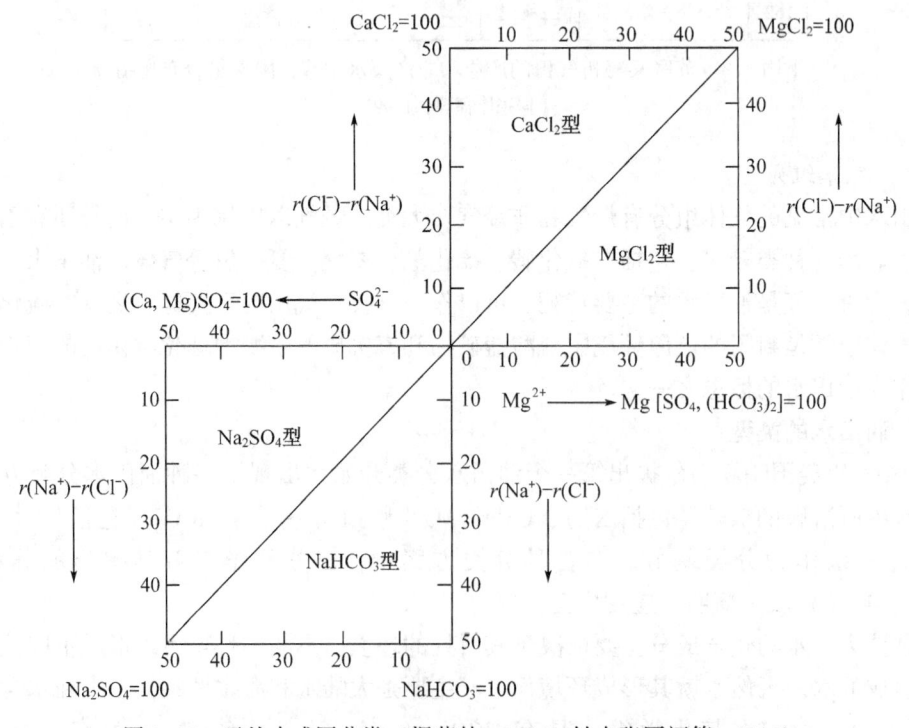

图1-15 天然水成因分类（据苏林，1946；转自张厚福等，1999）

$CaCl_2$ 型水形成于地壳深部封闭性良好、水体交替停滞、利于油气藏保存的还原环境。油田水往往是高矿化度的 $CaCl_2$ 型水，但其与油气物质间无成因联系。

$NaHCO_3$ 型水一般根据矿化度分为高矿化度和低矿化度两种。高矿化度 $NaHCO_3$ 型水是油气物质存在的还原环境的产物，成因上与油气田有关，是油田水的基本水型之一。

$MgCl_2$ 型水主要为海水在潟湖中蒸发浓缩所致；大陆淡水溶滤海相沉积岩中所保留的盐分，亦可形成 $MgCl_2$ 型水；或为来自深层的 $CaCl_2$ 型水与上部的 $NaHCO_3$ 型或 $Na_2SO_4$ 型低矿化度水掺和产生的。$MgCl_2$ 型水环境下一般无或少有油气田。

$Na_2SO_4$ 型水是地表水中分布最广的一类水，一般分布于地表或者地下浅层水活跃区，通常表示地壳的水文地质封闭性差，不利于油气藏的保存，因此，其分布带一般无油气藏。当然，个别油田也有 $Na_2SO_4$ 型水，但此时正是油气藏濒于破坏的阶段。

上述四种类型的天然水，由于其形成条件不同，因此在地壳垂直剖面上它们的分布有一定规律性。一般埋深增大，地下水矿化度增大，水型渐变。在含油气区随埋深增加，油田垂直剖面上自上而下依次出现 $Na_2SO_4$ 型或 $MgCl_2$ 型、$NaHCO_3$ 型、$CaCl_2$ 型。个别地区也有水型倒转情况，即上部为高矿化度水，下部出现低矿化度水，如某些褶皱区。

**五、油田水化学研究在油气勘探中的应用**

（一）根据油田水化学特征寻找有利勘探区

由于油气和油田水的渗滤和扩散作用，使得浅层地下水或地表水的化学成分发生变化，如某些组分含量的增加或减少，或形成特殊组分或组分组合，尤其是在裂缝发育较多的构造高点、转折端等部位，因此可以通过在整个背景值上出现的水化学异常值分布区，大致圈定油气藏的范围。

地层水中含量发生变化的化学成分既包括来自油气或与油气有联系的有机组分，如可溶气态烃、苯、酚、环烷酸等直接指标，也包括由于油田水与浅层水混合或环境变化导致水中出现某些特殊组分或组分组合，如钙镁的碳酸盐及络离子、$CH_4$-$CO_2$-$H_2S$ 组合等，它们虽然不是直接来自于油气的组分，但与油气有一定的成因联系，是指示地下含油气性的间接指标（刘方槐，1991）。

（二）根据油田水化学特征推断油气保存条件

地层水的矿化度、水型、微量组分、氢氧同位素组成以及一些离子比值，尽管不能直接指示油气聚集区，但能够反映地层水的地球化学环境、水文地质封闭程度，据此可以推断油气的保存条件。

油田水一般处在埋藏较深、封闭条件较好、有利于油气生成和保存的还原环境之中。在这种环境中，温度高、蒸发浓缩作用强、盐类矿物溶解多，导致矿化度较高，以 $CaCl_2$ 型水为主。地层水中微量元素的富集既与原始沉积环境、有机质来源有关，往往也标志着封闭性强的蒸发浓缩作用的存在。此外，钠氯系数 $r(Na^+)/r(Cl^-)$、变质系数 $[r(Cl^-)-r(Na^+)]/r(Mg^{2+})$、脱硫系数 $r(SO_4^{2-})/[r(Cl^-)+r(SO_4^{2-})]$、碳酸盐平衡系数 $[r(HCO_3^-)+r(CO_3^{2-})]/r(Ca^{2+})$ 等也常用来研究地层水的运移、变化及其赋存状态，进而对油气的运移、聚集以及保存环境条件进行分析。

# 第四节 油气中的稳定同位素

近年来，同位素地质学在油气地球化学领域得到了广泛的应用，其中最有意义的是碳同位素和氢同位素。所谓同位素，是化学元素周期表上占同一位置，具相同质子数（$Z$）和不同中子数（$N$）的原子。

同位素按其性质可分为稳定同位素和放射性同位素。稳定同位素指原子核结构不会自发改变的同位素，如$^{12}C$和$^{13}C$。自然界仅稳定同位素就有274个。稳定同位素的质子数和原子结构相同，化学性质近似且相对稳定，但它们的中子数不同，原子量也有一定的差别，因此在参与生物、化学和物理作用时存在分馏效应。放射性同位素是指原子核不稳定，能自发地进行放射性衰变或核裂变，形成质子数不同的新原子的同位素，如$^{238}U$衰变为$^{206}Pb$。

研究表明，油气的同位素组成与其母质来源以及母质和产物所经历的地质、地球化学变化有密切关系。因此，了解油气的同位素组成和演化特征，有助于我们判识油气来源、进行油气源对比、追溯油气二次运移路径、分析油气的次生变化等。

表1-12是石油和天然气中主要元素的同位素特征，其中同位素的相对含量多用质谱仪进行分析。

表1-12　石油和天然气中主要元素的同位素特征

| 元素符号 | 元素名称 | 质子数 | 中子数 | 原子量 | 相对丰度，% |
|---|---|---|---|---|---|
| H | 氢 | 1 | 0 | 1 | 99.9844 |
|  |  |  | 1 | 2 | 0.0156 |
|  |  |  | 2 | 3 | — |
| He | 氦 | 2 | 1 | 3 | 0.00013 |
|  |  |  | 2 | 4 | 99.9999 |
| C | 碳 | 6 | 6 | 12 | 98.892 |
|  |  |  | 7 | 13 | 1.108 |
|  |  |  | 8 | 14 | — |
| N | 氮 | 7 | 7 | 14 | 99.635 |
|  |  |  | 8 | 15 | 0.365 |
| O | 氧 | 8 | 8 | 16 | 99.759 |
|  |  |  | 9 | 17 | 0.0374 |
|  |  |  | 10 | 18 | 0.2039 |
| S | 硫 | 16 | 16 | 32 | 95.1 |
|  |  |  | 17 | 33 | 0.74 |
|  |  |  | 18 | 34 | 4.2 |
|  |  |  | 20 | 36 | 0.016 |

### 一、油气中的碳同位素

碳有三个同位素，即$^{12}C$、$^{13}C$和$^{14}C$，其中$^{12}C$和$^{13}C$是稳定同位素，$^{14}C$是放射性同位素。

#### （一）稳定碳同位素的表示方法

稳定碳同位素比值可以用它们的相对丰度比（$^{13}C/^{12}C$）表示；而实际工作中采用相对

测量法，即用待测样品与标准样品相比较的δ值表示：

$$\delta^{13}C = \frac{(^{13}C/^{12}C)_{样品} - (^{13}C/^{12}C)_{标准}}{(^{13}C/^{12}C)_{标准}} \times 1000‰$$

式中　$(^{13}C/^{12}C)_{样品}$——待测样品的$^{13}C$与$^{12}C$比值；

$(^{13}C/^{12}C)_{标准}$——标准样品的$^{13}C$与$^{12}C$比值。

为便于对比，国际上趋于使用统一的标准，即美国南卡罗来纳州白垩系箭石的碳同位素，简称PDB标准，其$^{13}C/^{12}C = 1123.7 \times 10^{-5}$。我国目前普遍以北京周口店奥陶系石灰岩为标准，其$^{13}C/^{12}C = 1123.6 \times 10^{-5}$，与PDB标准接近。

（二）油气中的稳定碳同位素的组成特征

油气中稳定碳同位素的组成主要受生成油气的原始物质、油气生成过程的物理化学条件和次生变化等因素共同影响。生成油气的原始物质的$\delta^{13}C$值越小，生成的油气的$\delta^{13}C$值也越小。油气中的稳定碳同位素组成主要有以下特点：

（1）石油的$\delta^{13}C$一般为$-22‰ \sim -33‰$，其中海相石油$\delta^{13}C$较高，一般为$-22‰ \sim -27‰$；陆相石油$\delta^{13}C$较低，一般为$-29‰ \sim -33‰$。

（2）石油中不同族组分的稳定碳同位素组成有差异。如果石油未遭受生物降解、水洗等次生变化，其族组分由饱和烃→芳烃→非烃→沥青质，$\delta^{13}C$逐渐增大。

（3）天然气各组分$\delta^{13}C$变化范围很大，甲烷为$-3.2‰ \sim -100‰$；乙烷为$-18.5‰ \sim -44‰$；丙烷为$-18‰ \sim -38‰$；丁烷为$-23‰ \sim -34‰$。

（4）$\delta^{13}C$随天然气成熟度的增加而增大，一般低温浅层形成的天然气具有较低的$\delta^{13}C$值；而高温深层形成的天然气$\delta^{13}C$值偏高。

## 二、油气中的氢同位素

氢有三个同位素，即$^1H$（气，H）、$^2H$（氘，D）和$^3H$（氚，T）。其中，$^3H$是放射性同位素，半衰期为12.46年。在放射性分解时，$^3H$放出β质点，形成稳定同位素$^3He$。

通常用$^2H/^1H$比值（即$D/^1H$）或$\delta D$来表示某物质中两种氢稳定同位素的相对丰度大小，$\delta D$可由下式计算：

$$\delta D = \frac{(D/^1H)_{样品} - (D/^1H)_{标准}}{(D/^1H)_{标准}} \times 1000‰$$

式中　$(D/^1H)_{样品}$——待测样品的D与$^1H$比值；

$(D/^1H)_{标准}$——标准样品的D与$^1H$比值。

D/H的标准值取自标准海水，缩写为SMOW。$\delta D$为正值，说明样品比标准富集D，为负值时，表示样品富集$^1H$。

石油的$\delta D$一般为$-80‰ \sim -160‰$，天然气的$\delta D$一般为$-105‰ \sim -270‰$。天然气的$\delta D$与$\delta^{13}C$存在一定的正相关性，一般$\delta^{13}C$高，$\delta D$也高。石油、天然气的$\delta D$与其形成的沉积环境有一定的关系，海相比陆相环境中形成的油气具有更高的$\delta D$值。

此外，在地质领域广泛应用的还有硫、氮和氧稳定同位素，它们的表示方法与前述的几种同位素相近，也可以用$^{34}S/^{32}S$（或$\delta^{34}S$）、$^{15}N/^{14}N$（或$\delta^{15}N$）和$^{18}O/^{16}O$（或$\delta^{18}O$）来表示，但在石油地质学领域的研究相对较少。

## 思考题

1. 石油的元素组成和化合物组成有什么特点？
2. 什么是正构烷烃分布曲线？其曲线形态与哪些因素有关？
3. 什么是生物标志化合物？常见的生物标志化合物有哪些？
4. 石油的地球化学分类的依据和方案是怎样的？如何区分海相石油和陆相石油？
5. 影响石油密度、黏度和溶解性的因素主要有哪些？
6. 什么是石油的荧光性和旋光性？石油具有荧光性和旋光性的原因是什么？
7. 根据产出状态，天然气可分为哪些类型？
8. 什么是油田水？其化学组成和物理性质有何特点？简述苏林的水型划分方案。
9. 油气中的碳、氢同位素如何表示？有何特点？

# 第二章 石油和天然气的成因

## 第一节 油气成因概述

石油和天然气的成因是自然科学中的重要课题，也是石油地质学的根本性问题之一。只有油气生成之后，才会有运移、聚集等一系列地质现象。研究油气的成因不仅具有理论意义，而且只有搞清了油气的成因，才能进一步认识油气藏的形成和分布规律指导油气勘探。

但是对于石油和天然气的成因问题，在原始物质、客观环境及转化条件等方面，长期存在争论，只是随着时间的推移，争论的重点在不断地改变。造成这种现象的原因首先是油气是流体矿产，在地下易于流动，产出油气的地方一般并非生成油气的地方，且油气在地下运移过程中，其组成会不断发生变化；而油气，尤其是石油，是化学成分很复杂的有机混合物，它们对外界条件的变化很敏感，其中不同组分可能有不同的生成演化经历；同时，解决石油和天然气的成因问题，涉及到极其广泛的地质、化学、乃至其它学科的知识。这些为油气成因问题的研究带来了许多困难，但仍吸引了众多的地质学家、地球化学家和天文学家对之进行探讨。

19世纪70年代以来，对油气成因的争论主要体现为无机起源与有机起源两大学派的对峙，其根本分歧在于对成烃母质的认识。前者认为石油及天然气是由无机物转化而来的；后者认为油气来源于有机物质，是在地球上生物起源之后，在地质历史发展过程中，由保存在沉积岩中的生物有机质逐步转化而成的。

### 一、油气无机成因说

自俄国著名化学家 Д. И. 门捷列夫于1876年提出油气成因的"碳化物说"以来，有关油气的无机成因研究，一直有研究者在不断探索。其中石油的无机成因代表性假说有碳化物说、宇宙说、岩浆说和费—托地质合成说，其中以费—托地质合成说影响最大；与石油的无机成因说相比，天然气无机成因认可度更高，国内外学者研究程度也更深。

（一）石油的无机成因说

早在1876年，俄国化学家门捷列夫（Д. И. Менелеевд）就提出了碳化物说，认为地下深处有重金属碳化物（碳化铁等），这些重金属碳化物与水作用，可产生烃类。此后，俄国学者索柯洛夫（В. Д. Соколов）等在莫斯科自然科学研究者协会年会上首次提出宇宙说，认为"碳氢化合物是宇宙间固有的"。20世纪中叶，以著名石油地质学家库德梁采夫（Кудрявцев）为首的一批苏联学者，积极倡导油气成因的"岩浆说"，认为石油的形成与基性岩浆冷却时碳氢化合物的合成有关。目前影响较大的石油无机成因说主要是和费—托地质合成相关的学说。

前伦敦皇家学会主席，化学家Robinson（1963，1966）注意到原油中正构烷烃的分布与费—托（Fischer-Tropsch）合成"临氢重整"油中的相同，据此，他提出地球上原始的石油可能是20亿年前通过如下费—托反应生成的：

$$CO+H_2 \xrightarrow[300\sim400℃]{\text{(催化)} Fe,Co,Ni,V} C_nH_m+H_2O+Q(\text{热})$$

由于费—托合成反应需要满足各种条件，一些学者研究了地质条件下该反应发生的可能性。有研究表明，自然界常见的超镁铁岩蛇纹石化作用过程中有 $H_2$ 的放出，所以地壳中只要有超镁铁岩的蛇纹石化作用，便可以产生大量的 $H_2$，大洋中脊、板块俯冲带和裂谷都是超镁铁岩蚀变产生 $H_2$ 的有利场所。蛇绿岩、科马提岩等超镁铁岩经常有碳酸盐矿物共生，在蛇纹石化过程中，这些碳酸盐矿物有可能释放出 $CO_2$。板块俯冲、岩浆侵入、裂谷等地质环境均适宜 $CO_2$ 的排放。

在费—托合成反应中，不仅金属铁有催化活性，离子化（氧化）的铁有与金属铁一样的催化活性。在合成过程中由于 $CO_2$ 的离解，表层磁铁矿会不断氧化成赤铁矿；同时在 $H_2$ 的作用下，它又重新还原成磁铁矿。研究还表明：在500℃的温度下，氧化铁可以与它的承载物（氧化硅或氧化铝）交换阳离子，即铁离子进入了承载晶格比较稳定的位置，因而获得了良好的催化活性。由此推测铁硅酸盐可能也是费—托合成反应的活跃催化剂，而磁铁矿、赤铁矿、铁硅酸盐都是地壳中常见的矿物，完全可以满足费—托合成反应的需要。

在大陆岩石圈中，只要具备有蛇纹石化产生 $H_2$、脱碳作用生成 $CO_2$，以及费—托反应所需的500℃以下的温度，就可以有费—托合成反应的发生。目前看来，最适宜的部位是俯冲板块的接触带、蛇绿岩推覆体中、裂谷作用所薄化的地壳中。费—托反应合成的烃类伴随着断裂及岩浆活动上升，并运移到储集层中形成油气藏。Klemme经过统计研究发现，世界油气的一半以上与板块俯冲及其伴生的各种断裂有关，在这些断裂附近发现大油气田的几率更高。例如，加拿大近海、北美东部、中部、西部、北海及沙特阿拉伯等，含油气盆地的基底均存在与板块俯冲作用有关的深大断裂。Szatmari（1989）据此提出了费—托地质合成石油的一般模式。需要指出的是，虽然费—托反应是客观存在的，人类也可以通过费—托反应合成类石油物质，但目前为止，尚未在自然界中找到费—托反应存在的直接证据，没有直接证据表明油气是自然界费—托反应产生的。

（二）天然气的无机成因说

无机成因说中影响较大的是地幔脱气论，Gold（1993）等依据太阳系、地球形成演化的模型，认为地球深部存在着大量的甲烷及其它非烃气体。在地球演化过程中，这些气体从地球深部被加热而通过深大断裂等通道或伴随火山活动释放出来并向上运移，部分保存在地壳和上地幔中，形成天然气藏；部分逸散到大气圈中。目前这种火山岩气藏正越来越多地被发现，东太平洋海隆、红海、冰岛、中国五大连池、云南腾冲等火山岩区均有这类成因的天然气。

原苏联科学院地质研究所根据对这种深源气的理论分析和实验模拟提出：在上地幔这种特有的温度和压力条件下，液—气相是 $H_2$ 和烃的巨大储气库。地球深源气向地壳表层运移过程中，$H_2$ 和甲烷的脱气作用受构造控制。热力学计算和在压力为 $65×10^6Pa$、温度为1700℃的条件下的模拟表明：高压一方面可使烃类热分解得以抑制，另一方面则促使烃类发生环化、聚合作用和凝析作用，从而向高分子的烃类演化，这为深源气合成油提供了实验依据。

事实上，这种深源气理论已用于指导超深井的勘探。苏联曾制定了11个地区的超深井规划，以验证地球深源气。其中波罗的海地盾科拉半岛上的SG-3井，1975年5月开工，到1983年12月，钻至12066m，成为世界上最深的井。该井在7000m深处的太古宇科拉群的片麻岩和角闪岩中，发现了沥青包裹体和高浓度$H_2$、$CH_4$、$He$、$N_2$及卤水，证明了地壳深处有非生物成因的甲烷等气体。

此外，在太平洋和大西洋的洋中脊新洋壳形成的地方、云南省腾冲市澡堂河和黑龙江省五大连池火山群都发现了无机成因烷烃气，主要认为是幔源成因的天然气。

## 二、油气有机成因说

早在18世纪中叶，俄国著名科学家罗蒙诺索夫曾提出煤蒸馏说，认为石油是煤在地下经受高温蒸馏的产物，这是石油成因的最早科学假说，也是最早的油气有机成因说。如今占主导地位的油气有机成因理论，主要是在油气勘探及开发的大量生产实践和科学研究中产生、深化和不断完善的，并反过来卓有成效地指导了世界油气勘探实践。

（一）油气有机成因说的主要依据

油气有机成因理论之所以能够确立，除了理论本身的合理性外，全球油气的分布和组成特性也支持这种观点。

（1）世界上已经发现的油气田中，90%以上的石油产于沉积岩中，而大片岩浆岩、变质岩区无石油产出。与沉积岩无关的地盾和巨大结晶基岩凸起发育区，没有找到工业性油气聚集。

（2）从前寒武纪至第四纪更新世的各时代沉积岩层中，都找到了石油，但石油和天然气在各地质时代地层中的分布不均衡，大部分油气分布于分散有机质平均含量较高的中生代以来的地层中。并且，各地、各时期的石油，既有相似性又有区别。煤和油页岩等可燃有机矿产的时代分布，也有这种特征。这表明，石油与煤、油页岩及沉积岩中的分散有机质具有成因相关性。

（3）分析表明，石油灰分与岩石圈平均值比较，大大富集了钒（2000倍）、镍（1000倍）、铜（50倍）和钴（30倍）等元素，甚至还富集了铅、锡、锌、钡、银等元素，富集系数都在10以上，而沉积岩中的基本元素（氧、硅、铝、钙、镁、钠、钾）在石油灰分中的富集系数都不超过5。煤与石油的灰分在微量元素组成上具有相似性；在活的生物体中，微量元素也具有与此相近的分布特征。这些现象可能表明，煤和石油与生物具有成因上的相关性。

（4）大量的油田测试结果表明，油层温度很少超过100℃，石油的轻质芳香烃中，二甲苯含量>甲苯含量>苯的含量，并且石油中含有卟啉等只在低温下稳定存在的有机化合物。石油可能是在不太高的温度条件下生成的。

（5）除卟啉外，在石油中发现了许多如类异戊二烯型烷烃、萜类和甾族等被称为生物标志化合物的物质，这些化合物的化学结构仅为生物有机质所特有。石油的碳同位素组成与生物有机质碳同位素组成的相似性，也反映出它们成因上的相关性。

（6）从现代沉积物和古代沉积岩中检测出了石油中所含的所有烃类。而许多学者对近代沉积物的研究也表明，在近代沉积物中确实存在着油气生成过程，而且生成的油气数量很可观。这些都为油气有机成因学说提供了有利的科学依据。

（二）油气有机成因说的发展概况

油气有机生成学说的建立是一个漫长的过程，许多研究者对此进行了探索，取得了卓有成效的成果。20世纪20年代初期，苏联矿物学家、地球化学奠基人维尔纳茨基（Влад и́мир Ива́нович Верна́дский）就已系统研究了有机质的地质作用，在其主要论著《地球化学概论》和《生物圈》中，详细论述了石油的有机组成和石油有机成因的主要依据，并提出了碳循环的模式。

20世纪30年代，Treibs（1933）首次发现并证实了卟啉化合物广泛存在于不同时代、不同成因的石油、沥青中，认为这些卟啉化合物来源于植物叶绿素，这些叶绿素经生物化学作用和地球化学作用可转化为脱氧叶红初卟啉（DPEP），这一认知为石油有机成因理论找到了一个极重要的依据。除此之外，人们还发现石油有旋光性，这些对有机成因说都是有力的支持，从而迎来了有机说的盛行期，各种有机说应运而生，如"植物说""动植物""混合说""脂肪说""碳水化合物说""蛋白质说"等相继提出。1932年古勃金（И. М. Иван Михайлович Губкин）提出母岩即烃源岩的概念以及"混成说"，他认为，含有各种类型的分散有机质的淤泥是生成石油的母岩，这些分散有机质可来自海洋生物残体，也可来自陆上生物分解产物，母岩在成岩早期主要因细菌作用产生分散状态的石油（微石油），继而在压实过程中和水一起进入多孔岩层，经进一步运聚形成油气藏。古勃金的这些观点被认为是近代有机成油说的雏形。

20世纪40年代，怀特莫尔（F. C. Whitomore，1943—1945）等人在研究海藻和细菌时，发现生物体内有烃。据估计，单从现代海生植物中，每年所形成的烃含量可达$6\times10^8$bbl（1t≈7bbl）。因此他认为，生油过程仅仅是生物体中烃类物质的分离和聚集。1947年，美国的史密斯（P. V. Smith）组成研究小组，对墨西哥湾现代沉积取样（0~7m）分析，发现了与石油烃类组分相似的液态烃。到50年代初（1952—1954），史密斯和苏联的维尔别等人成功地从在现代各种水体沉积物中（咸、半咸、淡）检测出构成石油的各大类液态烃（烷烃、环烷烃、芳烃），从而使石油直接起源于现代沉积物有机质的观点得以广泛流传，出现了早期生油说。该学说认为，沉积物所含原始有机质在成岩过程中逐步转化为石油和天然气，并运移到邻近的储集层中。

20世纪50年代中期以来，随着色谱技术的推广应用以及大量有机地球化学资料的积累和综合分析，人们对地质体中微量可溶有机组分和沉积有机质演化的探讨更加深入。研究发现，现代沉积物和生物体中的正烷烃碳数分布具有奇偶优势，正脂肪酸碳数分布具有偶奇优势，而古老沉积岩和原油（或油田水）中不具有此优势（Bray等，1961）。这一发现有力地批判了沉积有机质直接成油说，更重要的是，它揭开了有机质成岩演化机理及其与石油形成关系研究的序幕。

Abelson（1963）提出：石油是沉积岩中占有机质70%~90%的不溶部分（干酪根）经过一定的埋藏演化，在成岩作用晚期、经热解产生的。Phillippi等（1965）指出，沉积有机质大量转化成烃类需要一定的埋藏深度和温度。Vassoevich（1969）首先提出石油生成有一主要阶段和主要相。Pusey（1973）研究发现，液态烃主要分布于65.6~148.9℃地温间，高于此温度大部分为凝析气田、气田、干气田，低于此温度则为生物成因气。这说明石油的分布有一定的温度和深度范围，并不在地表浅层，从而支持了晚期成油说。普西把地壳中液态烃（石油）存在的这个温度范围称为"液态窗"，它限定了石油聚集的主要范围，地温梯度大的地区，石油分布浅，液态窗很窄，如苏门答腊中部的米纳斯油田，液态窗只有911m；反之，地温梯度小的地区，石油分布深，液态窗很宽。我国东部陆相油田埋深一般在1000~3000多米之间。

20世纪70年代中期，Albrecht和Durand等（1976）对喀麦隆杜阿拉盆地白垩系一个未成熟、成熟到过成熟的完整有机质演化剖面进行了研究，这是迄今最好的有机质演化研究实例之一。

上述研究成果对于油气有机成因晚期说理论体系的建立和完善起到了重要作用。20世纪70年代,法国著名地球化学家蒂索(Tissot)等在综合归纳前人研究成果的基础上,建立了干酪根热降解生烃演化模式,提出并完善了干酪根晚期生烃学说,总结了油气形成、演化与分布规律。至此,石油生成的现代成因理论已基本建立,它不仅符合客观地质事实,逐渐被广大的石油地质工作者接受,而且在指导油气勘探中发挥了重大作用。

石油和天然气的成因是一个非常复杂的理论问题,尽管目前油气有机成因理论日臻完善,在油气勘探实践中发挥了重要的作用,但并不能由此否定油气无机成因理论的科学价值。近20多年来,宇宙化学和地球形成新理论的兴起、板块构造理论的发展和应用,以及同位素地球化学研究的深入,为油气无机成因理论提供了新的理论依据。更值得一提的是,越来越多的研究者注意到,地球深部来源物质对沉积有机质转化为油气所起的重要作用(加氢和催化),这可以说是油气有机和无机成因说的相互融合。

总之,无论是油气有机成因理论还是无机成因假说,都还有许多问题尚待进一步研究,诸如地球深部和宇宙空间烃类的成因及分布、各种原始物质(包括有机物与无机物)转化为油气的详细机理、不同原始物质生成的石油或天然气有哪些特征、定量确定烃源岩层及其生烃数量和排烃效率等问题。相信现代科学技术和实验手段的发展,必将使油气成因理论的科学研究更加深入。

## 第二节 生成油气的原始物质

现代油气有机成因理论指出,油气是由经沉积埋藏作用保存在沉积物中的生物有机质经过一定的生物化学、物理化学变化而形成的,而且油气仅是这些被保存的有机质在埋藏演化过程中诸多存在形式的一种。

### 一、生物有机质及其化学组成

生物体内除水以外,主要是四种生物化学组分:脂类、蛋白质、碳水化合物、木质素和丹宁。这些基本组分都具有相对稳定的化学组成和结构(图2-1)。此外,还有一些数量不大但有重要作用的物质,如核酸、维生素、酶等。与石油相比,生物有机质含有较多的硫、氧、氮,但碳、氢仍为主成分,说明石油与这些有机组分的相似性。这些组分只要去掉硫、氧、氮等杂元素,就可转化为石油(表2-1)。

表2-1 生物有机质与干酪根、石油的元素组成对比

| 有机质类型 | 元素组成,% ||||| 
|---|---|---|---|---|---|
| | C | H | O | S | N |
| 脂类 | 76 | 12 | 12 | / | / |
| 蛋白质 | 53 | 7 | 22 | 1 | 17 |
| 碳水化合物 | 44 | 6 | 50 | / | / |
| 木质素 | 63 | 5 | 31.6 | 0.1 | 0.3 |
| 干酪根 | 79 | 6 | 8 | 5 | 2 |
| 石油 | 84.5 | 13 | 0.5 | 1.5 | 0.5 |

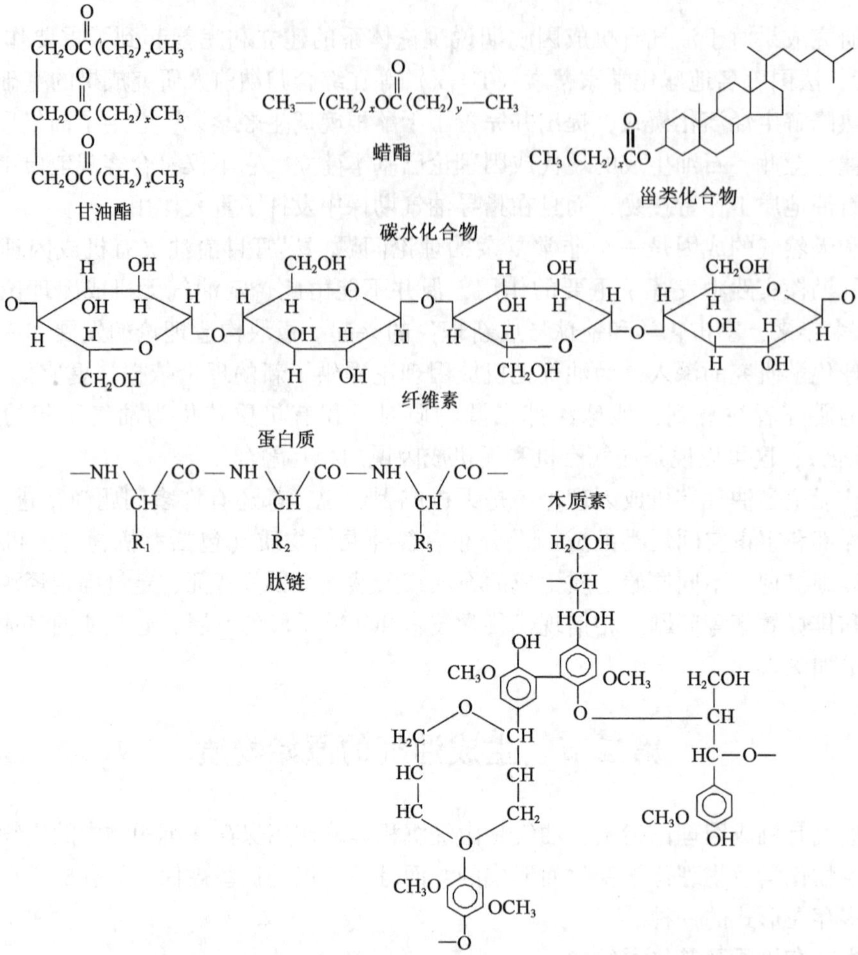

图 2-1　若干生物化学聚合物的结构示意图（据 Huc，1980；转引自张厚福等，1999）

（一）脂类

脂类又称类脂化合物，是生物体在维持其生命活动中不可缺少的物质之一，包括脂肪、有机酸、甾萜类化合物、蜡、色素等，主要元素为碳和氢。一般由脂族的链或环与少量含氧官能团，如酯基、羟基、醚基和羧基等组成；主要来源于繁殖率高、生物量大、含类脂最丰富的低等水生生物（菌、藻类）。

脂类化合物不溶于水，易溶于乙醚、氯仿、苯等低极性有机溶剂。这类化合物是生物有机质中氢相对含量最高的，在地质体中易于水解为简单有机化合物，常以酸、酯、烯等形式存在，所以在地质体中发现的脂类化合物，常是各种形式的有机酸和醇。

脂类化合物化学性质稳定，具有较强的抗腐蚀能力，多能在地质条件下作适当转化而得以保存于沉积物中；而且是化学成分和结构与石油最接近的生物有机质，只需发生简单的化学变化去掉少量的含氧官能团即可转化为石油，因而历来被多数人认为是最重要的生油母质。

（二）蛋白质

蛋白质是由多种氨基酸组成的高度有序的聚合物，是生物体中一切组织的基本组成部分，是生物体赖以生存的物质基础。蛋白质是生物体中氮的主要载体，氮约占蛋白质质量的

16%，石油中的含氮化合物可能与生物体中的蛋白质有成因联系。

蛋白质的元素构成中以碳、氧、氮含量最高，其化学性质不稳定，在脱离生物体进入水体、土壤及沉积物之后，在酸、碱或酶的作用下，易分解成氨基酸而被破坏。氨基酸的性质相对较稳定，经水解、低温热解等过程，通过脱羧基和氨基可以转化为低碳数烃和含氮化合物；也可以通过缩合反应形成化学结构更为复杂的地质聚合物。

一般认为蛋白质较有利于生油，是石油中低碳数烃和含氮化合物的主要来源。

（三）碳水化合物

碳水化合物，即糖类，包括葡萄糖、麦芽糖、蔗糖、淀粉、纤维素等，元素组成主要为碳、氢、氧，是自然界中分布极广的有机物质，在植物中含量最多。作为成烃母质，碳水化合物以其丰富的数量而引起注意。

碳水化合物被氢还原后可得到烃类，但大多易被喜养细菌消耗或被水解为水溶物质，在水体、土壤及沉积物中不能稳定存在，直接转化为烃类的可能性很小，可能不是主要成油物质。但由于容易被各种微生物分解利用而转化为微生物有机体，或被微生物利用直接转化为甲烷气体，从而参与油气的生成。稳定性相对较好的纤维素等若处于水体停滞的沼泽环境，可堆积演化成煤，其次是芳烃和天然气的来源之一。

（四）木质素和丹宁

木质素和丹宁都具有芳香结构特征，来源于高等植物，成分以具有酚的结构为标志。其中木质素是一种高分子量的多酚化合物，为高等植物木质部分的基本组成，是一种芳香族高分子化合物，抗腐能力强（强于纤维素），性质十分稳定，不易水解，但可被氧化成芳香酸和脂肪酸；在缺氧水体中经水和微生物的作用可发生分解，并与其它化合物生成腐殖质；是成煤的主要物质，也可生成天然气和芳烃。丹宁的组织和特征介于木质素与纤维素之间，主要出现在高等植物中。此外，还有一系列酚类和芳香酸及其衍生物广泛分布于植物中。它们是沉积有机质中芳香结构的主要来源，也是成煤的重要有机组分。

不同生物所含的生物化学组分不同，因而在不同地质历史时期和不同沉积环境中，由不同生物所提供的有机质组成和特征也必然是不同的。植物富含碳水化合物而动物富含蛋白质，脂类在生物体中含量变化较大，一般在动物、低等植物和高等植物的某些组织中有较高的含量。木质素是高等植物的特征组分。纵观地球生物的演化发育历史，不同类型生物提供生油母质的地位是不同的，浮游植物由于繁殖迅速、生存空间巨大和漫长的演化历程，被认为是地质历史中有机质的主要提供者；细菌由于其生理上巨大的多变性和对环境的适应性，使其几乎无处不在，它们对有机质的贡献仅次于浮游植物；高等植物开始出现于志留纪，比浮游植物和细菌要晚得多，对有机质的贡献居第三位。浮游动物也被认为是地质历史上有机质的主要提供者，由于他们的生存依赖于浮游植物的发育，所以在浮游植物高产区，浮游动物对有机质贡献具有重要意义；其它的大型游泳动物和陆生动物对有机质的贡献实际上可以忽略不计。

二、沉积有机质

广义上的沉积有机质是指被保存在沉积物或沉积岩中的一切有机质。它们是生物遗体及生物分泌物、排泄物随无机质点一起沉积之后，被直接保存下来或者进一步演化而形成的所有有机物的总称。

从生物物质的发源地来说，沉积有机质有三种来源：主要来源于盆地自身的原地有机质，经河流、风等自陆地携带入盆地的异地有机质，已沉积的有机质由于岩石风化等因素再次沉积而形成的再沉积有机质。

进入沉积物中的生物有机质，在不同的氧化还原条件下，发生不同程度的分解。分解产物中的一部分会被微生物当作能源利用，从而参加了生物圈有机碳的再循环。另一部分分解产物经过物理—化学作用而变为简单的分子，如 $CO_2$、$H_2O$ 等。只有剩下的极小部分没有经历完全的再循环和物理—化学分解而形成了沉积有机质。这样形成的有机质，有的是由生物先质经选择性分解得到的分子产物，并部分或全部继承其母质的原始结构，如氨基酸、肽、单糖、多糖、脂类、酚、木质素等；有的则未经过较大的改造，直接以生物组织的形式被保存了下来。沉积物中的这些化学组分不同的有机质，随着沉积物埋藏深度的增大，在不同的成岩阶段中又可重新合成为一些复杂的组分，如腐殖酸、干酪根等，随之又演化成各种类型的产物及伴生物，从而构成了沉积剖面上的沉积有机质系列（图2-2）。

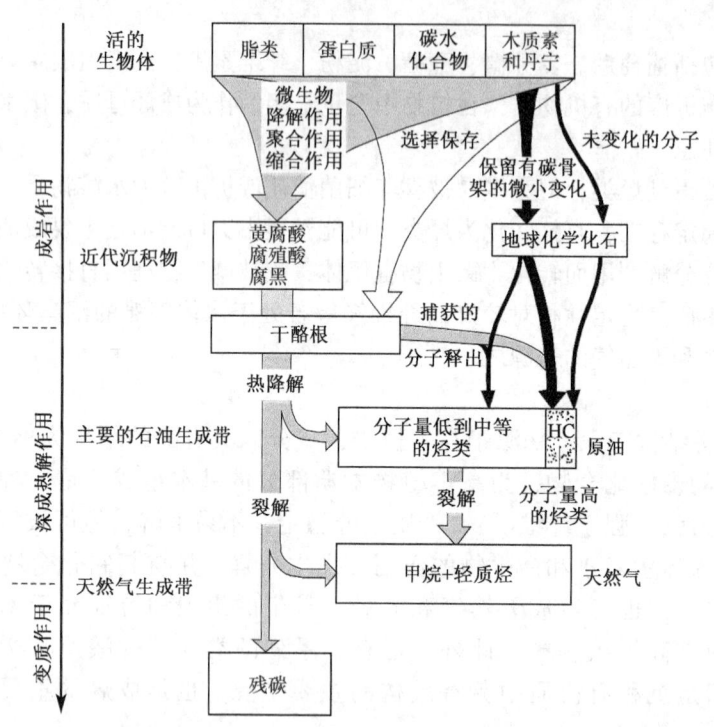

图 2-2 自然界中有机质的转化作用（据 Tissot 和 Welte，1984，有修改）

### 三、干酪根

#### （一）干酪根的定义、分布和形成过程

干酪根（kerogen）一词来源于希腊语 keros，意为能生成油或蜡状物的物质。1912 年 A. G. Brown 第一次提出该术语，用于表示苏格兰油页岩中的有机物质，这些有机物质在干馏时可产生类似石油的物质。之后这一术语多用于代表油页岩和藻煤中的有机物质。直到 20 世纪 50 年代才明确规定为代表沉积岩中的不溶有机质。1979 年，亨特将干酪根定义为沉积岩中所有不溶于非氧化性的酸、碱和常用有机溶剂的分散有机质。与其相对应，岩石中可溶于有机溶剂的部分，称为沥青（bitumen）。

干酪根以细分散状分布于沉积物和沉积岩中，为棕色到黑色粉末，镜下观察呈球状、棒状、无定形等；主要存在于黏土岩、泥晶碳酸盐岩中，是地壳中有机碳最重要的存在形式。它比煤和储集层中石油的有机碳总量高 1000 倍，比非储集层中分散的可溶有机碳总量高 50 倍。按有机质数量统计，干酪根是沉积有机质中分布最普遍、最重要的一类，约占地质体总有机质的 95%（图 2-3）。估计岩石中平均含干酪根 0.3%，地壳中干酪根总量约为 $10^{16}$t。

干酪根的形成是一个复杂的问题。传统的观点认为，在沉积物沉积后至成岩作用早期，

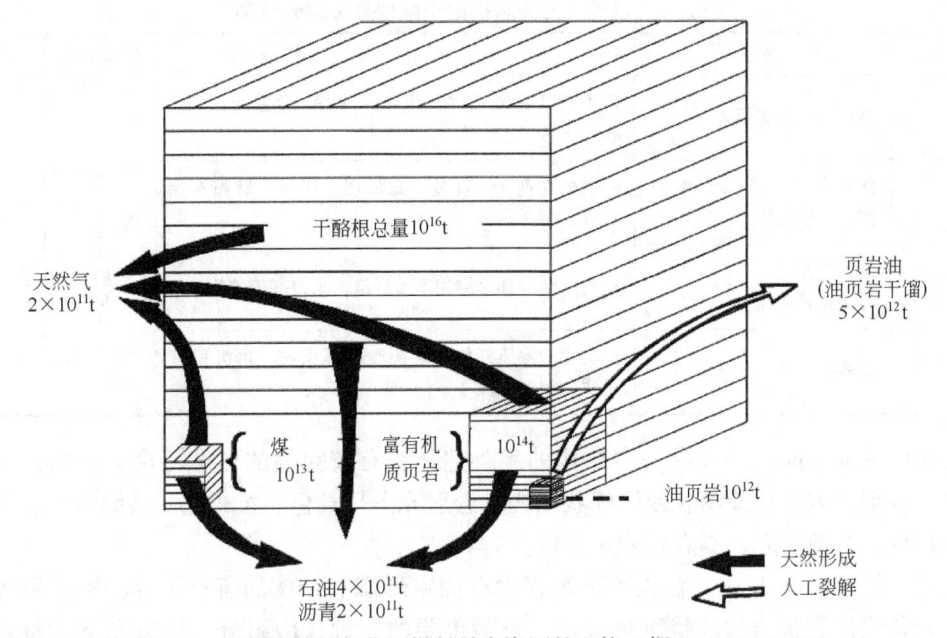

图 2-3　干酪根数量与化石燃料最大资源的比较（据 Durand，1980）

来自水环境中的各种生物聚合物将经历一系列改造。大分子的生物聚合物（木质素、碳水化合物、蛋白质、脂类）通过水解和微生物酶的作用，降解为可溶的生物单体有机质（酚、单糖、氨基酸、脂肪酸），这些单体有机质中：一部分被微生物菌解、氧化、消耗掉，一部分在细菌作用下转化为生物气 $CH_4$，一部分以脂肪酸为主体的成分经腐泥化作用后转化为腐泥性物质，包括少量石油烃、含硫、氮、氧的非烃化合物等及其它不溶类脂聚合物，原脂类经纯化学分解也可合成少许可溶性腐泥物质。其余大部分经腐殖化作用，转化为腐殖物质（黄腐酸、腐殖酸、腐黑），不溶性的腐黑等成分经过再次缩合，一些含氧基团和含氮基团以 $H_2O$、$CO_2$ 和 $NH_3$ 等形式脱除，而环境中的硫在还原条件下也会加入有机结构中来，从而形成少许可溶沥青（烃、非烃）和大量不溶于酸、碱、有机溶剂的中性有机聚合物干酪根。

但是越来越多的研究表明，上述成因只适用于干酪根中那些无定形组分，而对于干酪根中大量存在的具有明显生物结构的组分却无法解释，为此人们提出了选择性保存理论。该理论认为，在生物体中存在大量的稳定组织，如孢子、花粉、角质层、木栓层和藻类体等，这些组分具有相对较强的抵抗蚀变和微生物降解的能力（Nip 等，1986）。虽然它们在生物体中含量较少，但在成岩过程中，随着含量较高、能快速水解的生物聚合物（如蛋白质和碳水化合物）的不断降解而相对富集起来，成为干酪根的一部分。

（二）干酪根的显微组成

在各种显微镜下观察干酪根可以发现，干酪根是由颜色、形态和结构各异的显微组分组成的（表2-2）。腐泥组主要来源于藻类和其它水生生物及细菌；壳质组源于陆生植物的孢子、花粉、角质层、树脂、蜡和木栓层等；镜质组来源于植物的结构和无结构木质纤维；惰质组来源于炭化的木质纤维部分。其中壳质组亚显微组分虽然较多，但在干酪根总量中仅占 2%~10%。

表 2-2　以透射光为基础的干酪根显微组分分类

| 显微组分 | 亚组分 | 原始有机质 | 生油潜力 | 反射率 |
|---|---|---|---|---|
| 腐泥组 | 藻质体、无定形体 | 藻类和其它低等水生生物及细菌。腐泥化产物，相对富氢 | 生油潜力降低 ↓ | 反射率增高 ↓ |
| 壳质组 | 孢粉体、角质体、树脂体、木栓质体 | 陆生植物孢子、花粉、角质层、树脂、蜡和木栓层等，相对富氢 | | |
| 镜质组 | 结构镜质体 无结构镜质体 | 植物的结构和无结构木质纤维，来自高等植物 | | |
| 惰质组 | 丝质体 | 丝炭化的木质纤维，来源于森林火灾、再沉积有机质，相对富氧 | | |

藻质体（alginite）是具有一定结构的藻类遗体，有较完整的形态，轮廓清晰；群体藻类外缘不规则，表面呈蜂窝状或海绵状结构。透射光下呈黄色、黄褐色、淡绿黄色；反射光下呈深灰色，有微突起。具有强烈荧光性。

无定形体（amorphous）泛指镜下观察没有固定形态和结构的有机组分，多呈不规则的团块、絮状或云雾状结构。就重量来说，是最重要的一种显微组分。透射光下为鲜黄、褐黄、褐色，透明至不透明。电镜观察呈团粒（或微粒），相互重叠或堆积状。无定形体的来源比较复杂，一般认为是水生生物（如藻类）彻底分解的产物。

孢粉体（sporo-pollinite）包括草本、木本、水生和陆生的孢子花粉体。常呈圆形、椭圆形、三角形、多角形等单体，有时呈结合体，表面具有各种纹饰或突起，颜色从黄绿色至棕褐色。

角质体（cutinite）来源于植物表皮组织，通常由一层细胞构成，包裹着叶、草木茎、芽和幼根。镜下多呈细长带状，外缘平滑，内缘呈锯齿状、波纹状。

树脂体（resinite）形状很多，常呈椭圆形、纺锤状，轮廓清晰无结构，镜下多呈柠檬色。

木栓质体（suberinite）具有明显的细胞壁和细胞腔结构。细胞似板状、大网格状，排列规则，细胞之间无间隙。轮廓线一般较平直。颜色为黄色、褐黄色。

结构镜质体（telinite）具较清晰的木质结构，即使经强烈分解后仍可用颜色区分出细胞痕迹的凝胶化组分。

无结构镜质体（collinite）是经强烈分解后、细胞结构完全消失的凝胶化组分的通称。透射光下常呈均匀长条板块状、小块段、不规则或规则的条带状，颜色大多为橙红色至褐红色，透明至半透明。因这种显微组分是典型的腐殖质，结构比较均一，故常用来测定反射率值，其反射率（$R_o$）可反映有机质演化成熟程度。

丝质体（fusinite）由高等植物木质部分经强烈炭化而成。形状有断块状、碎片状、条带状、卵圆状。在透射光下为黑色，不透明。

（三）干酪根的元素组成和化学结构

1. 干酪根的元素组成

干酪根主要由碳、氢、氧和少量硫、氮元素组成，其平均质量分数分别为 76.4%、6.3%、11.1%、3.65%、2.02%，即碳、氢含量比石油低，氧、硫、氮含量比石油高得多（表 2-3）。就干酪根中各组成元素原子之间的相对比率来看，每 1000 个碳原子约对应 500~

1800个氢原子，25~300个氧原子，5~30个硫原子和10~35个氮原子。表2-3为国内外一些代表性干酪根的元素组成。

表2-3 国内外某些陆相油源层中干酪根元素组成（据胡见义等，1991）

| 干酪根类型 | 盆地或地区 | 层位 | 质量分数，% |||||  原子比 ||
|---|---|---|---|---|---|---|---|---|---|
| | | | C | H | O | N | S | H/C | O/C |
| I₁ | 泌阳 | 渐新统核桃园组 | 63.14 | 8.68 | 13.54 | 1.36 | | 1.68 | 0.16 |
| | 南阳 | 渐新统核桃园组 | 62.96 | 8.71 | 11.33 | 0.86 | | 1.66 | 0.14 |
| | 大庆 | 下白垩统青山口组 | 79.95 | 9.21 | 3.61 | | | 1.39 | 0.03 |
| | 尤因塔盆地 | 绿河页岩（E₂） | 78.4 | 9.6 | 8.6 | 0.7 | 2.7 | 1.44 | 0.12 |
| I₂ | 泌阳 | 渐新统核桃园组 | 76.55 | 8.85 | 12.91 | 2.03 | | 1.37 | 0.13 |
| | 南阳 | 渐新统核桃园组 | 77.85 | 8.49 | 7.86 | 1.54 | | 1.32 | 0.08 |
| | 大庆 | 下白垩统青山口组 | 72.40 | 8.06 | 7.65 | | | 1.34 | 0.08 |
| | 抚顺 | 古近系油页岩 | 75.65 | 9.04 | 11.56 | 2.40 | 1.35 | 1.43 | 0.12 |
| II | 南阳 | 渐新统核桃园组 | 74.47 | 7.78 | 19.86 | 1.89 | | 1.25 | 0.20 |
| | 抚顺 | 古近系油页岩 | 71.82 | 7.94 | 15.95 | 2.73 | 1.56 | 1.33 | 0.17 |
| | 茂名 | 古近系油页岩 | 73.74 | 8.22 | 13.30 | 2.69 | 2.05 | 1.34 | 0.14 |
| | 巴黎盆地 | 下托阿尔统 | 72.7 | 7.9 | 12.5 | 2.1 | 4.8 | 1.30 | 0.13 |
| III₁ | 鄂尔多斯 | 三叠系延长统 | 68.28 | 5.47 | 13.01 | | | 0.96 | 0.14 |
| | 鄂尔多斯 | 三叠系延长统 | 79.47 | 5.55 | 9.23 | | | 0.84 | 0.09 |
| III₂ | 鄂尔多斯 | 侏罗系延安统 | 77.56 | 5.08 | 15.04 | | | 0.79 | 0.15 |
| | 抚顺 | 古近系次烟煤 | 69.62 | 5.39 | 21.03 | 3.43 | 0.53 | 0.93 | 0.23 |
| | 茂名 | 古近系褐煤 | 70.54 | 5.45 | 20.21 | 2.83 | 1.01 | 0.92 | 0.22 |
| | 杜阿拉盆地 | 上白垩统 | 72.8 | 6.01 | 18.9 | 2.28 | | 0.99 | 0.19 |

无论是干酪根的显微组分还是元素组成，都不是固定不变的，它不仅随干酪根的原始母质、生成环境的改变而改变，而且也随干酪根所遭受的地质、地球化学作用而发生改变。所以通常所测得的显微组成和元素组成，只是干酪根所处的某一特定地质时空点的组成特征。

2. 干酪根的化学结构

研究表明，干酪根是一种高分子聚合物，没有固定的化学成分，也没有固定的分子式和结构模型。所以干酪根的结构是指利用各种分析手段获得的干酪根内部组成信息，通过合理综合而人为构建的一种结构模型。

蒂索和埃斯皮塔利（1975）根据各种分析技术提供的资料，提出了适用于无定形干酪根的一般结构模式。一般无定形干酪根是一种呈三维网状系统的大分子，它很可能是由桥键交联的核组成，核和桥键都可以具有官能团。此外，脂类化合物分子能被俘获在干酪根基质中，类似分子筛的作用（图2-4）。

1）核

每个核由2~4个不同平行程度的基本砌块堆积组成，每个基本砌块一般包含两层芳香族片状体，每个芳香族片状或层状体含有较小数量（小于10个）的稠合芳香族环状化合物和少量含硫、氮、氧杂环化合物，片状体直径小于$10×10^{-10}$m。每个堆积体的层数经常是两个，两层片状体层间距约为$3.4×10^{-10}$m。该间距浅层较宽，深层则较窄，最大值约为$3.7×10^{-10}$m。堆积体是干酪根的基本结构单元。

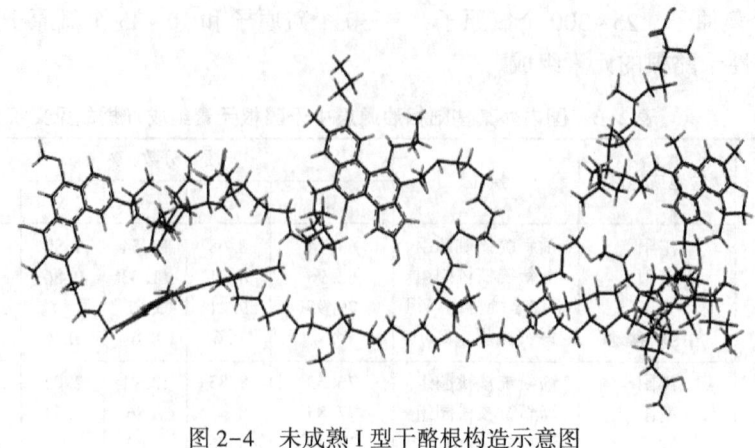

图 2-4　未成熟 I 型干酪根构造示意图

黑色为碳，灰色为氢，红色为氧，蓝色为氮，黄色为硫（据 Ungerer 等，2014）

2）连接核的桥键

核和核之间通过各种桥键连接起来，桥键一般为脂肪链，含硫或含氧的官能键等。如：酮 —C—，酯 —C—O—，醚 —O—，硫化物—S—或二硫化物—S—S—，脂族
　　　‖　　　　‖
　　　O　　　　O

酯 —C—O—R。
　　‖
　　O

3）位于核上或桥键上的表面官能团

核或桥键上可以有各种官能团，如羟基—OH，羧基 —C—O—H，甲氧基—O—CH$_3$ 等。
　　　　　　　　　　　　　　　　　　　　　　‖
　　　　　　　　　　　　　　　　　　　　　　O

4）干酪根具有分子筛的特性

与在煤中所观察到的情况相似。样品经充分抽提后，用酸处理分离出的干酪根，再抽提干酪根仍可释放出烃类分子。

（四）干酪根的分类

由于干酪根的组成受形成环境和原始有机质来源的控制，所以在客观上存在着不同的类型。干酪根的类型问题是生油母质的质量问题，它既控制了干酪根的演化方向，又控制了烃类的生成速度和数量。

1. 根据原始生物和成矿方向分类

根据原始生物和成矿方向的不同，有机质分为腐泥型和腐殖型两类。腐泥型有机质主要是脂肪族有机质在缺氧条件下分解和聚合作用的产物，主要来源于水中浮游生物、底栖生物及水生植物等，形成于滞水还原条件的水盆地中，可以形成石油、油页岩、藻煤等。腐殖型有机质主要是植物泥炭化产物，主要来源于陆生植物（尤其是高等植物）有机质，形成于有氧沉积环境中，包括沼泽、湖泊或与其有关的沉积环境，富含芳香结构的木质素、丹宁和纤维素，主要可以形成天然气和腐殖煤，在一定条件下也可以生成液态石油。

这种分类方法过于简单，远不能满足油气勘探的需要。随着分析技术的发展，不同专业的研究者从不同角度提出了干酪根类型的划分方案。目前被广泛采用的分类，主要为显微组分分类和元素分类。

2. 根据显微组分相对含量分类

根据干酪根中各显微组分的相对含量将干酪根划分为若干类型（表2-4），主要采用两种方法：一种是统计腐泥组和壳质组之和与镜质组的比例；另一种是根据干酪根中各显微组分的相对百分含量计算类型指数（$T$值），根据$T$值来划分干酪根类型，即

$$T=\frac{腐泥组含量\times100+壳质组含量\times50+镜质组含量\times(-75)+惰质组含量\times(-100)}{100}$$

分类标准见表2-4。

表2-4  干酪根镜下鉴定分类标准                              单位:%

| 类型 \ 指标 | 相对含量法 ||  $T$值法 |
|---|---|---|---|
| | 腐泥组+壳质组 | 镜质组 | |
| Ⅰ | >90 | <10 | >80 |
| Ⅱ$_1$ | 65~90 | 10~35 | 40~80 |
| Ⅱ$_2$ | 25~65 | 35~75 | 0~40 |
| Ⅲ | <25 | >75 | <0 |

3. 根据元素组成分类

法国石油研究院根据干酪根样品的碳、氢、氧元素分析结果，利用范·克雷维伦（D. W. van Krevelen）图解，将干酪根划分为三种主要类型（图2-5）。

1）Ⅰ型干酪根

此类干酪根具有高的原始H/C原子比（1.25~1.75）和低的原始O/C原子比（0.026~0.12）。链状结构多，富含脂类和蛋白质分解产物，芳香结构和杂原子键含量低。主要源自藻类等水生低等生物和细菌遗体，富$^{12}$C；主显微组分为腐泥组。通常形成于静而少氧的浅水富有机质淤泥中。热解分析表明，此类干酪根具有很高的生油潜力，是最主要的生油母质。

与其它类型相比，Ⅰ型干酪根在自然界中出现较少，典型实例如美国科罗拉多州、犹他州及怀俄明州的始新统绿河油页岩中的干酪根，我国松辽盆地下白垩统青山口组一段和嫩江组一段，以及泌阳盆地古近系核桃园组等典型湖相沉积的干酪根等。

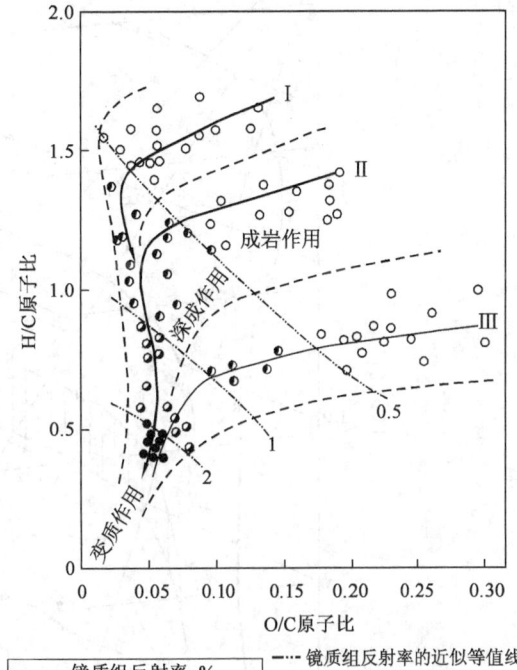

图2-5  干酪根类型范氏图
（据Tissot和Welte, 1984，有修改）

2）Ⅱ型干酪根

Ⅱ型干酪根是一类最为常见的干酪根，原始H/C原子比为0.65~1.25、O/C原子比为0.04~0.13。含大量中等长度直链烷烃和环烷烃，也含较多的多环芳香烃及杂原子官

能团,是主要来海相浮游生物、植物和微生物的混合有机质。热解时产生的烃类比Ⅰ型干酪根要少,生油潜能中等。法国巴黎盆地侏罗系下托尔统、北非志留系、中东白垩系、西加拿大泥盆系,以及我国东营凹陷古近系沙三段的干酪根均属此类。

3) Ⅲ型干酪根

Ⅲ型干酪根具有较低的原始 H/C 原子比（0.46~0.93）和较高的原始 O/C 原子比（0.05~0.30）。芳香结构及含氧官能团多；饱和烃很少,只含有少数脂族结构,且主要为甲基和短链。主要来源于富含木质素、纤维素和丹宁的陆生高等植物有机质。与Ⅰ、Ⅱ型干酪根相比,热解产物很少,生油能力差,但在高成熟阶段可形成可观的甲烷气体,主要成矿产物为煤、芳烃、天然气。喀麦隆杜阿拉盆地上白垩统及我国陕甘宁盆地下侏罗统延安组的干酪根属此类。

除了上述三类干酪根外,人们将来源于森林火灾后的残余有机质和再沉积成因的有机质定为Ⅳ型干酪根（残余型）。此类干酪根原始 H/C 原子比异常低（0.5~0.6）、O/C 原子比高达 0.25~0.3；含大量芳香核和含氧基团,主显微有机组分为惰质组；几乎不生油,但能生成少量的气。

结合我国陆相烃源岩的特点,胡见义和黄第藩（1991）提出了被我国石油地质界广为接受的五分法分类方案,即划分为三类五型：标准腐泥型（$I_1$）、含腐殖的腐泥型（$I_2$）、中间型（Ⅱ）、含腐泥的腐殖型（$Ⅲ_1$）和标准腐殖型（$Ⅲ_2$）。具体的划分标准见表 2-3 和图 2-6。

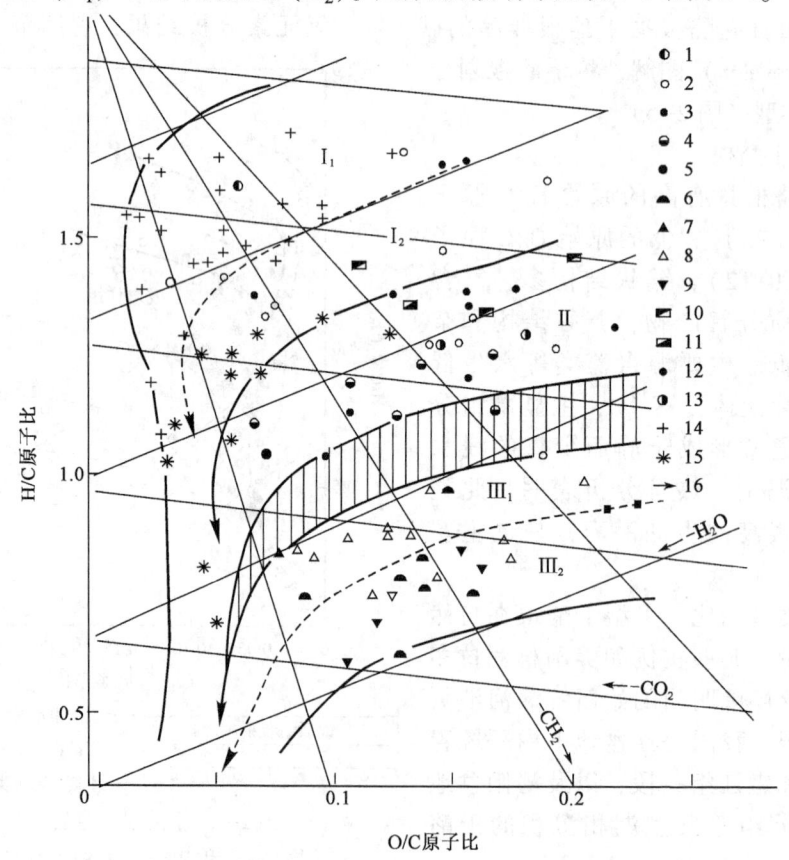

图 2-6 陆相干酪根类型演化图（据胡见义和黄第藩,1991）

1—大庆油田；2—南阳油田；3—泌阳盆地；4—廊固凹陷；5—辽河坳陷；6—柴达木盆地；7—四川盆地；8—鄂尔多斯盆地（T）；9—鄂尔多斯盆地（J）；10—抚顺油页岩；11—茂名油页岩；12—抚顺和茂名煤；13—东营凹陷；14—绿河油页岩和藻；15—下托尔统页岩；16—演化途径

## 第三节 有机质演化生烃的影响因素与模式

### 一、有机质演化生烃的影响因素

地壳上原始有机质数量很大，种类繁多，结构复杂。沉积岩中的这些有机质要转化为烃类，必须经历一个去氧、加氢、富集碳的过程（表2-5）。包括干酪根在内的沉积有机质演化形成石油和天然气的过程，其实质是一系列复杂的化学反应，而化学反应的实现，是诸多环境因素综合作用的结果，所以，油气的生成也必须在特定的环境条件下才能实现。世界各国的油气勘探实践和理论研究表明，温度和时间是影响油气生成的一对主要因素，其它诸如细菌、催化剂、放射性和压力等也有一定的影响。

表 2-5 不同深度沉积物中有机质与石油的元素组成（据 ZoBell）

| 深度 | 物质类型 | 碳，% | 氢，% | 氧，% | 氮，% | 硫，% |
|---|---|---|---|---|---|---|
| 浅↓深 | 海洋腐殖泥 | 52 | 6 | 30 | 11 | 0.8 |
| | 近代沉积 | 58 | 7 | 24 | 9 | 0.6 |
| | 古代沉积 | 73 | 9 | 14 | 0.3 | 0.3 |
| | 石油 | 85 | 13 | 0.5 | 0.4 | 0.1 |

#### （一）温度和时间

通过研究人们发现：沉积有机质向石油的转化是一个热降解过程，温度的升高有利于加快化学反应的速率。法国学者 Connan（1974）提出：沉积有机质向石油转化的作用符合化学动力学的一级反应，即反应速率只与反应物浓度的一次方成正比。也就是说，在任何一瞬间，反应速率只与该物质的浓度有关：

$$-dC_A/dt = KC_A \tag{2-1}$$

式中 $C_A$——反应物（干酪根）在 $t$ 瞬间的浓度；

$t$——反应时间；

$K$——反应速率常数（降解速率）；

负号——反应物浓度随反应的进行和生成物的增加而减少。

$K$ 值可由阿伦尼乌斯（Arrhenius，1889）方程求得

$$K = A \cdot e^{-\frac{E}{RT}} \tag{2-2}$$

式中 $A$——指数前因子（频率因子），单位时间单位容积内粒子碰撞次数，次/(s·cm³)；

$R$——气体常数，取 8.315J/(K·mol)；

$E$——反应物活化能；

$T$——绝对温度，K；

$e$——自然对数的底，取 2.71828。

根据阿伦尼乌斯方程，有机质热解生油的速率随温度增加呈指数增加。升高温度或降低活化能，可使反应加快。当温度太低时，$K$ 很小；随温度增高，$K$ 增大、热解成烃增快。

将式(2-1)与式(2-2)建立联系,经过换算,可得时间—温度定量关系式:

$$\ln t = \frac{E}{R} \cdot \frac{1}{T} - 常数 \tag{2-3}$$

即反应时间的对数 $\ln t$ 与反应温度 $T$ 成反比,这说明在石油形成过程中,时间与温度存在着互相补偿的关系。

有机质的热演化程度就相当于反应进行的程度,对于确定类型的沉积有机质向油气演化的反应,地温是决定反应速率的重要因素。要达到相同的反应程度,当反应速率快时,所需的时间就短,而当反应速率慢时所需的反应时间就长。因此温度和时间共同决定着有机质演化的程度,温度与时间可以互为补偿。法国石油研究院所做的人工模拟试验,证明了实验室高温快速模拟与自然界低温慢速演化,所得结果和规律都是吻合的。

当温度升高到一定数值,有机质开始大量转化为石油天然气,这个温度界限称为有机质的成熟温度或门限温度,其相应的深度称为门限深度,此即生烃门限。烃源岩时代、干酪根类型、地温梯度等都对生烃门限温度有影响。Connan(1974)综合分析了世界若干不同类型含油气盆地不同时代生油气岩石的门限温度发现,年龄越大的生油气岩石,其生烃门限温度越低,而年龄越小的生油气岩石,其生烃门限温度就越高。黄第藩等(1991)总结了我国主要含油气盆地不同时代生油气岩石埋藏深度与油气生成的关系(图2-7),也表明生油气岩石的年龄越大,生烃门限温度越低。这些研究都证实了时间在油气生成过程中的补偿作用。

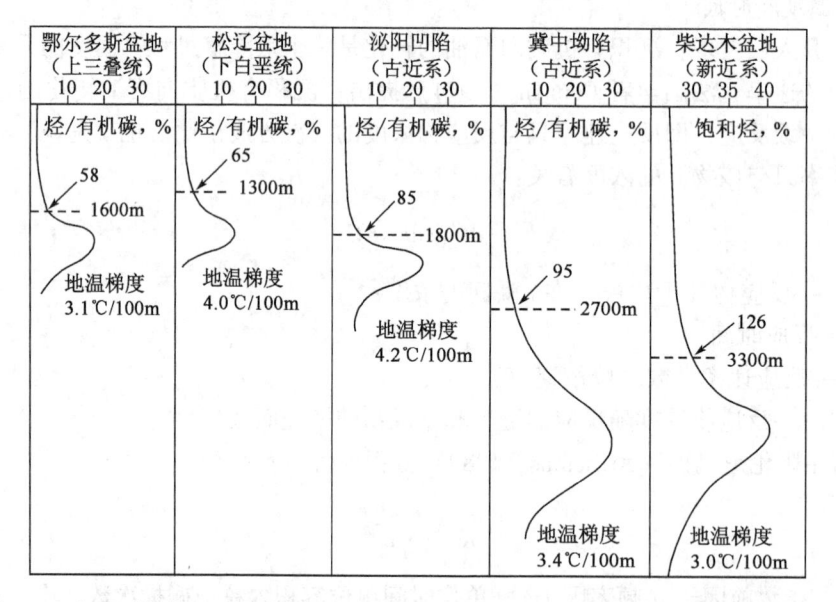

图2-7 我国不同盆地不同时代烃源岩埋藏深度与油气生成的关系(据黄第藩,1991)

需要强调的是,在温度和时间两因素中,温度对油气生成的影响是决定性的,时间的作用居次要地位。当温度低到一定程度时,油气生成的速度将非常缓慢,有机质演化达到成熟所需的时间非常长,对于油气生成来说已没有意义,实际上将不会有商业意义的油气生成。这表明对于油气生成的化学反应,只有温度达到一定程度时,时间的补偿才有意义。有利于油气生成并保存的盆地应该是年轻的热盆地(地温梯度高)和古老的冷盆地(地温梯度低)。

(二) 其它影响因素

1. 细菌活动

细菌是地球上分布最广、繁殖最快的一类生物，遍布于大多数的天然水系和埋藏较浅（小于1000m）的沉积物中，它们对有机质的转化、油气的生成和降解过程起重要作用。细菌在油气生成过程中的作用实质是将有机质中的氧、硫、氮、磷等元素分离出来，使碳、氢特别是氢富集起来，并且细菌作用时间越长，这种元素分离与富集进行得越彻底。

对油气生成来说，最有意义的是厌氧细菌。在缺乏游离氧的还原条件下，一方面通过消耗原始沉积有机质中的碳水化合物，并不断加入细菌遗体，从而使有机质的含氧量降低，含氢量增加，使之向更加有利于生油的方向转化；另一方面细菌活动直接参与到油气的生成过程中来，有机质被厌氧细菌分解而产生甲烷、氢气、二氧化碳以及有机酸和其它碳氢化合物。细菌还可将植物选择性分解，使其中原来合成的大量烃类分离出来，直接埋藏于沉积物中。

2. 催化作用

在20世纪60年代，地质学家发现石油的富集与临近地层中蒙脱石的含量具有一定的正相关性。实验模拟显示，黏土矿物在干酪根热裂解过程中有不同程度的催化作用，其中蒙脱石的催化能力最强，伊利石次之。通常情况下，黏土矿物的存在会提高油气总产率以及气态烃和芳香型化合物的相对比例。近年来，研究显示黏土矿物的催化作用与实验升温速率具有一定的相关性，即快速的升温会放大黏土催化作用。因而地质升温条件下的黏土催化作用比热模拟条件下更加温和。

除此之外，Mango（1992）指出过渡金属是正构烷烃（加氢）转化为轻烃和天然气的关键催化剂。重金属元素对烯、炔、芳烃的加氢，烃脱氢环化、芳构化、异构化、C—C键的氢解等均有明显的催化作用。Leventhal（1986）通过热模拟实验，发现铀元素的存在会促使干酪根在更低的温度条件下向油气转化，并且气油比高于未添加铀元素的对照组的热解产物。

3. 压力作用

随着油气地球化学的发展和深层油气的勘探突破，压力在有机质生烃过程中所起的作用受到越来越多的重视。从化学理论上讲，压力的增加可以抑制体积增加的化学反应的进行。干酪根的生烃反应，尤其是较高温度下生成气态烃的反应，显然是体积增加的反应，所以从理论上讲，高压将阻碍或降低油气生成的进程。但各国学者进行的大量模拟试验和实例观测却发现，一些模拟试验表明压力可以抑制有机质热演化，而另一些模拟试验表明压力对镜质组反射率等热演化参数无明显的影响；在很多盆地中证明了超压对有机质热演化的抑制作用，又在很多盆地中证明超压对镜质组反射率等有机质热演化参数未产生可识别的影响（郝芳，2004）。由此出现三种矛盾的观点：压力对有机质热演化和生烃作用无明显影响（Tissot，1984）；压力的增大促进有机质热演化特别是烃类的热裂解（Braun，1990）；压力的增大抑制有机质热演化和生烃作用（Blanc，1992）。

在静水压力环境，有机质的热演化由时间和温度控制，压力的增大不会对有机质热演化产生抑制作用；而在超压环境，超压可成为有机质热演化的重要影响因素，即对生烃进程产生抑制作用（郝芳等，2003）。不同增压机制以及相同机制的不同阶段对有机质生烃的影响是不同的。当压力的增加表现为沉积有机质受到的有效应力增加时，可以促进有机质生烃，如压实作用的早期阶段以及由于构造应力作用形成的高压；当压力的增加表现为孔隙流体压力增加以至于出现异常压力时，有机质生烃过程将受到抑制，如进入欠压实阶段以及由于有机质裂解体积膨胀而造成的超压（王兆云等，2006）。因此，在有机质演化的早期阶段，由于压力的增加主要增加了地层的有效应力，因而可以促进大分子烃裂解、增加黏土矿物催化活性，从而促进有机质的生烃；而在有机质演化的生气阶段，异常压力的产生往往会抑制液态烃的裂解，降低液态烃向气态烃的转化。

因此，目前主流观点认为，异常高压对有机质演化生烃过程主要表现为抑制作用。自然界中也发现，当存在异常高压时，即使地层温度超过了200℃，仍可有液态烃的赋存，而在正常压力下，都为气态烃。如华盛顿湖油田（6540m）、巴尔湖油田（6060m），地层温度超过200℃，仍为油田，这可能正是由于异常高压阻止了液态烃的裂解所致。

**4. 放射性作用**

在页岩中，有机质含量与放射性铀元素含量具有明显的正相关性，这主要归因于二者具有相似的沉积富集条件。除此之外，烃源岩中还有不同含量的钍和钾等具有放射性的元素。放射性元素对于油气的生成和演化会起直接或间接的影响。铀等元素在衰变过程中释放的α粒子，可以对干酪根或石油分子的结构造成改变，进而形成石油或进一步将石油裂解成气（Yang等，2018），这是辐射作用对生烃的直接作用机理；放射性元素在衰变过程中会伴随着热量的释放，而辐射热是促进油气热演化的动力之一，这是放射性作用对生烃的间接作用机理。

## 二、有机质演化生烃阶段及一般模式

随着埋藏深度逐渐加大、地温不断升高，沉积有机质将发生有规律的演化，逐步地连续地向石油天然气转化，而油气的生成就是此演化过程的有机组成部分，或者说，油气是沉积有机质在一定环境条件下的存在形式。由于在不同深度范围内，沉积有机质所处的物理化学条件不同，致使有机质的转化反应及主要产物都有明显的区别，即原始有机质向石油和天然气的转化过程具有明显的阶段性。为此国内外学者提出了许多有机质生烃阶段划分方案（表2-6），但其基本内涵大同小异。本书主要借鉴张厚福（1999）的四阶段划分模式，把油气生成过程划分为四个逐步过渡的阶段：生物化学生气阶段、热催化生油气阶段、热裂解生湿气阶段、深部高温生气阶段，分别与沉积有机质演化的未成熟阶段、成熟阶段、高成熟阶段和过成熟阶段相对应（图2-8）。

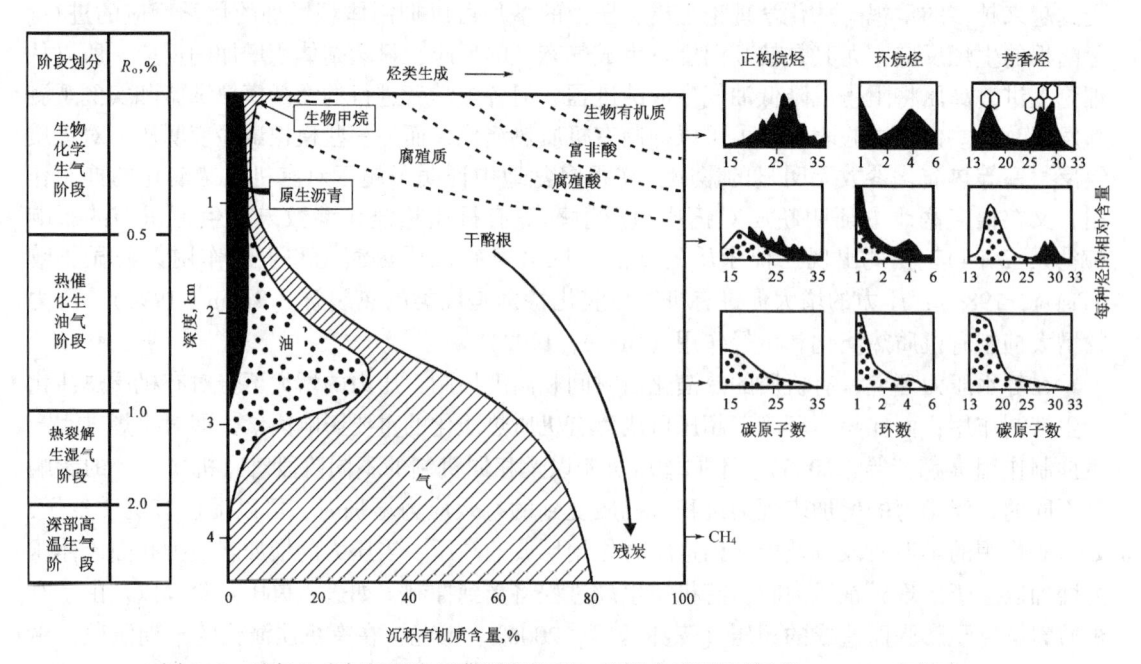

图2-8 油气生成与烃源岩埋藏深度关系一般模式（据张厚福等，1999，有修改）

表 2-6 有机质演化及烃类形成阶段划分（据张厚福等，1999）

| 深度，km (温度，℃) | 煤阶 | 镜质组反射率 $R_o$, % | 孢粉相颜色 (Gutjahr, 1966) | 干酪根颜色 (Peters, 1977) | Н. Б. Вассоевич (1970) | 普西 (1973) | 傅家谟 (1975) | 张厚福 (1981) | 蒂索、威尔特 (1984) | 潘钟祥等 (1986) | 黄第藩等 (1991) |
|---|---|---|---|---|---|---|---|---|---|---|---|
| <1.5 (10~60) | 泥炭 褐煤 | 0.5 | 黄色 | 黄色 浅黄色 褐色 | 准备阶段 | | 最初甲烷气阶段 | 生物化学生气阶段 | 成岩作用阶段 | 生物甲烷气阶段 | 未成熟阶段 |
| | | | | | | | 油气形成期 | | | | |
| 1.5~4.0 (60~180) | 长焰煤 气煤 肥煤 | 1.0 | 黄—暗褐色 | 暗褐色 深褐色 | 早期成岩甲烷 | | 低成熟 | 热催化生油气阶段 | | 重质—轻质油阶段 | 低成熟 |
| | | | | | 主要阶段 | 液态窗 | | | 深成作用阶段 | | 成熟阶段 |
| 4.0~7.0 (180~250) | 焦煤 瘦煤 | 1.5 2.0 | | 深暗褐色 | 石油伴生湿气 凝析气、湿气 | | 高成熟原油阶段 | 热裂解生凝析油气阶段 | | 凝析气—湿气阶段 | 中成熟 高成熟 |
| 7.0~10.0 (250~375) | 贫煤 半无烟煤 无烟煤 | 2.5 3.0 | 黑—暗褐色 | 深褐色 黑色 | 最终阶段 高温深成甲烷 | | 最终甲烷气阶段 | 深部高温生气阶段 | 后生作用阶段 | 干气阶段 | 过成熟阶段 |

（一）生物化学生气阶段（未成熟阶段）

沉积有机质从形成就开始了生物化学生气阶段。这个阶段的深度范围是从沉积物顶面开始到1500~2500m，温度介于10~60℃，与沉积物的成岩作用阶段基本相符，在浅层以细菌生物化学作用为主，到较深层以化学作用为主。

沉积末期至成岩早期，埋藏深度较浅，温度、压力较低，适于各类细菌的生存，原始沉积有机质通过水解和微生物的作用，降解为可溶性生物单体有机质（脂肪酸、氨基酸、单糖、酚）。这些单体有机质中：一部分作为养料被微生物吞食消耗掉；一部分在细菌（生物甲烷菌）的生物化学作用下，转化为$CO_2$、$CH_4$（生物成因气）、$NH_3$、$H_2S$和$H_2O$等简单分子；大部分经聚合、缩合，转化为干酪根，由于有机质未成熟，干酪根黄—浅褐色，Ⅱ型干酪根$R_o$小于0.5%；少量单体有机质（尤其是脂类化合物）通过简单反应形成保留了部分原始生物化学结构的特殊烃类，即生物标志化合物。到本阶段后期，埋藏深度加大，温度接近60℃，开始生成少量液态石油。

在这个阶段生成的生物气，称生物化学气，甲烷含量在95%以上，属干气；甲烷稳定碳同位素$\delta^{13}C_1$值异常低，介于-55‰~-85‰。保存条件适宜时可富集成大型气藏，埋藏深度浅，易于勘探和开发，是经济效益高的研究对象。

本阶段形成的烃类组成在有机质中所占的比重较小，典型产物以甲烷为主，通常缺乏轻质（$C_4$~$C_8$）正烷烃和芳香烃。然而，某些富氢（如树脂体、木栓质体和丛粒藻）、富硫或受到过细菌改造的大分子有机化合物，由于具有较不稳定的化学性质和较低的生烃活化能，可以在本阶段对应的深度和温度范围内生成液态石油，称为未成熟油。

（二）热催化生油气阶段（成熟阶段）

随着沉积物埋藏深度逐渐加大，地温逐渐升高，有机质的演化进入热催化生油气阶段。这一阶段深度超过1500~2500m，直到4000~4500m；有机质经受的地温升至60~180℃。在这一阶段，促使油气生成的主要因素为热催化作用，起催化作用的主要是岩石中的黏土矿物。在热力和催化剂的作用下，干酪根演化达到了成熟（进入生烃门限）；大量化学键开始断裂，杂原子（O、N、S）键破裂产生二氧化碳、水、氮气、硫化氢等挥发性物质，同时获得大量中低分子量液态烃（碳数范围$C_{15}$~$C_{30}$）及一定量的气态烃，进入主要生油时期，在国外常称为"生油窗"。随着埋深加大，可溶有机质在达到最大数量后，又迅速降低，并且在埋深达到3000m以下时，降到了很低的数值，这是由于热裂解作用生成轻烃所致。残余的干酪根更加紧密，更富C而少H、O及其它杂原子。

此时生成的液态烃与前期产出的烃类不同，$R_o$一般为0.5%~1.3%，产生的烃类中，正构烷烃碳原子数及分子量递减，主要组分是中低分子量碳氢化合物，奇数碳优势消失；环烷烃及芳香烃原子数也递减，以低环和低碳原子数分子占优势为特征，多环及多核芳香族化合物显著减少。

（三）热裂解生湿气阶段（高成熟阶段）

当沉积物埋藏深度超过3500~4000m，地温达到180~250℃，有机质进入热裂解生湿气阶段。此时地温超过了液态烃类物质的临界温度，除残余干酪根继续断开杂原子官能团和侧链，生成少量水、二氧化碳、氮气和低分子量烃类外，主要反应为大量C—C链的断裂，包括环烷的开环和破裂，液态烃急剧减少，$C_{25}$以上高分子正烷烃含量渐趋于零，只有少量低碳原子数的环烷烃和芳香烃；低分子量正构烷烃剧增。该阶段的反应包含了两种不同机理的过程：一种是干酪根在高温的作用下进一步裂解，形成一些短链的烃类；另一种是已形成的液态烃由于 C—C 键断裂而形成低分子量的气态烃。无论哪种机理，该阶段的主要产物都是甲烷及其气态同系物，其中乙烷以上的重烃气占有较大比例，为湿气。这一时期的干酪根残渣结构更紧密，暗褐色，干酪根 $R_o$ 一般为 1.3%~2.0%。有研究表明，此阶段早期（$R_o$<1.6%），干酪根生气占重要地位；而在此阶段后期（$R_o$>1.6%），原油裂解成气占主导地位。

（四）深部高温生气阶段（过成熟阶段）

当深度超过 6000~7000m，沉积物已进入变生作用阶段，达到有机质转化的末期，为有机质演化的过成熟阶段，Ⅱ型干酪根 $R_o$ 大于 2.0%。温度超过了 250℃，以高温高压为特征，干酪根的裂解反应继续进行，由于氢以甲烷的形式脱除，干酪根进一步缩聚，H/C 原子比降到很低，生烃潜力逐渐枯竭，已形成的液态烃和重烃气体也将裂解为热力学上最稳定的甲烷，最终干酪根将形成碳沥青或石墨。近年来，德国地学研究中心 Horsfield 院士团队研究发现，在 $R_o$ 为 3.0%左右，页岩还具备额外的生烃潜力（late gas），机理为干酪根上的具有超高活化能的短链烷基在高温条件下发生断裂，产物以甲烷为主（Horsfield 等，2021）。

这些现象在实验室、野外观察和深井钻探结果中都得到了证实。中国科学院地球化学研究所对石油进行了高温高压试验，发现当压力固定不变，石油随温度升高向两极明显分化，最后形成气体与固态沥青。演化过程是：石油→油+气→油+气+固态沥青+液态沥青→气体+固态沥青（图 2-9）。这一试验结果同野外观察现象吻合甚佳。如在四川盆地威远隆起震旦系白云岩中见到石油热演化的最终产物甲烷和固态沥青，后者呈不规则浸染状或粒状分布于白云岩的裂缝或洞穴中，成熟度高，通常为碳沥青和焦沥青。

图 2-9　野外沥青脉体照片　　彩图 2-9

有机质演化和油气生成的四个阶段是以蒂索为代表的科学家通过对实际盆地有机质演化情况的研究和大量模拟试验结果的总结，它反映了有机质演化和油气生成的一般规律，称为干酪根热降解生烃模式。该模式阐明了有机质演化和油气生成的阶段性，强调了生烃门限的概念，指出生烃门限有机质是开始大量生油的起始点，也是有机质从不成熟到成熟的转折点。值得指出的是，对不同的沉积盆地而言，由于其沉降过程、地温历史及原始有机质类型的不同，沉积有机质向油气转化的过程所对应的深度、温度、镜质组反射率界限都可能有所变化。例如，近年来我国的油气勘探实践不断在超深层地区取得突破，特别是塔里木盆地在8000m以深的高温地层发现液态石油，开辟了新的勘探领域。这主要归因于该地区早期长期浅埋和晚期快速深埋的埋藏历史、深埋期较低的地温场、超压环境对有机质生烃和裂解的抑制作用。此外，对于地质发展史较复杂的沉积盆地，可能经历过数次升降作用，烃源岩中的有机质可能由于埋藏较浅尚未成熟或只达到较低的成熟阶段就遭遇抬升，有机质没有生烃或没有完全生烃，如果有机质在抬升中不被破坏，到再度沉降埋藏到相当深度，温度再次增高并达到有机质再次活化所需的临界热动力学条件，达到了生烃温度后，有机质仍然可以生成石油天然气，即所谓"二次生烃"。

## 第四节 天然气的成因类型及特征

随着多种类型天然气的勘探突破，以及天然气成因机理的研究发展，人们日益认识到天然气有比石油更广泛的形成条件。天然气不仅能伴随石油的形成过程而产生，而且能在许多不适于生油的条件和环境中大量形成。

### 一、天然气的成因类型

天然气的来源多种多样，从形成天然气的基本物质着眼，可将天然气划分为无机成因和有机成因两大类（表2-7）。

表2-7 天然气成因类型划分表（据戴金星等，1997，略改）

| 无机成因气 | 幔源气、岩浆成因气、放射成因气、变质成因气、无机盐类分解气 ||||||
|---|---|---|---|---|---|---|
| 有机成因气 | 母质类型 \ 天然气成因类型 | 成熟度 | 未熟阶段 | 成熟阶段 | 高成熟阶段 | 过成熟阶段 |
| | Ⅰ~ⅡA | 腐泥型气 | 生物气 | 油型气 |||
| | | | | 原油伴生热解气 | 裂解凝析气（湿气） | 裂解干气 |
| | ⅡB~Ⅲ | 腐殖型气 | | 煤型气 |||
| | | | | 热解气（凝析气） || 裂解干气 |
| 混合成因气 | 异源多源混合气、同源多阶混合气 ||||||

（一）无机成因天然气

无机成因天然气是指不涉及有机物质反应的一切作用和过程所形成的天然气体，即非生物成因的天然气，主要包括地球深部岩浆活动、变质作用、无机矿物分解作用、放射作用等产生的气体以及宇宙空间所产生的气体，有烃类气体，也有非烃气体。

无机成因天然气按其来源和气体形成特点划分为两大亚类，幔源气和岩石化学反应气。幔源气，也称深源气，指地球形成初期捕获的、从地幔通过构造岩浆活动上升到沉积圈的气体，其中含有$CH_4$和非烃气体。岩石化学反应气是指无机矿物在演化过程中形成的气体，如无机盐类和矿物在高温条件下形成的气体和壳源成因的稀有气体。

无机成因的烃类气体中，甲烷为主，$C_{2+}$很少，甲烷的碳同位素丰度$\delta^{13}C_1 \geqslant -20‰$。无机成因形成的烃类为主的气藏很少，在烃类为主的气藏或含烃类气体的气藏中，烃气以$CH_4$为主，即干气。

无机成因气往往含有较多的非烃气体,主要为$CO_2$、$CO$、$N_2$、$H_2S$、$H_2$等,其中以$CO_2$最为多见;还有$He$、$Ar$、$Hg$、$Ne$、$Kr$、$Xe$、$Rn$等稀有气体和惰性气体。非烃气体既是重要的资源,又是天然气形成演化和成因类型识别的重要指标。来自幔源的气体,其氦同位素丰度$^3He/^4He$相当于$8R_A$($R_A$为空气中的$^3He/^4He$比值,约为$1.4×10^{-6}$)。目前一般将$δ^{13}C ≥ -20‰$,$^3He/^4He ≥ 8R_A$作为无机成因天然气的标志。以二氧化碳为主的天然气,常与碳酸盐岩无机盐类热分解或岩浆成因有关,无机成因的$CO_2$的碳同位素$δ^{13}C$一般在7‰~-10‰之间。

无机成因天然气的分布通常与深大断裂活动有关,常沿深大断裂运移至浅层,或沿结晶岩与沉积岩之间的不整合进入紧邻结晶岩的沉积岩中,聚集成藏。构造活动单元,特别是古老地层更有可能分布无机成因天然气。尽管无机成因的天然气难以形成独立的商业气藏,但全球有多个气藏具备无机成因气和有机成因气混合的特征。无机成因天然气在丰富天然气形成机理和解释非典型性气藏来源等方面都具有重要的理论研究价值。

(二) 有机成因天然气

有机成因天然气,主要强调成气的原始母质来源于有机物质,这些有机物质在沉积地层中的存在形式可以是分散有机质,也可以是可燃有机矿产。我国不同学者对有机成因气的详细划分方案存在一定的差别,但基本上采用母质定型、演化阶段定名的分类方法。首先依据母质类型分为两大类型,即以腐泥型有机质为主生成的腐泥型气和以腐殖型有机质为主形成的腐殖型气。在两大亚类划分的基础上,根据有机质演化的阶段或由有机质转化为天然气的主要外生营力的特征,进一步细分天然气的成因类型。

有机成因天然气的形成机理主要包括生物化学作用、热裂解作用和辐射作用等。生物化学作用主要是指产甲烷菌用二氧化碳、氢、甲酸、醋酸和甲醇等形成甲烷的过程。热裂解作用是指在温度作用下有机质降解成烃及大分子烃热裂解成更小分子烃的过程。辐射作用是指干酪根受到放射性元素(如铀、钍、钾等)衰变过程中释放的$α$和$β$粒子攻击以后,发生断裂并生成轻烃的过程。目前按热演化阶段,一般将有机成因天然气分为三类:生物化学气、热降解气和热裂解气。也有学者划分出了过渡类型,如生物-热催化过渡带气。

## 二、生物气

生物气是指在地壳浅部、成岩作用或有机质演化早期、低温(<75℃)还原条件下,由微生物(厌氧细菌)对沉积有机质进行生物化学降解所得的富甲烷气体,又称生物化学气、生物成因气等。无论是腐泥型还是腐殖型有机质都可被生物降解而形成生物气,但总体上生成生物气的有机质以混合型(Ⅱ型)、腐殖型(Ⅲ型)为主。

20世纪60年代以来,在俄罗斯西西伯利亚北部白垩系砂岩中,发现了一系列特大气田和大气田,经甲烷碳同位素鉴定确认为生物气,形成了目前世界上最大的生物气产区;后来,在意大利、加拿大、美国和日本也发现了生物气大气田,其中美国密歇根盆地的Antrim页岩富含典型的生物成因页岩气。我国柴达木盆地东部三湖地区第四系砂岩储集层中也已发现多个生物气田。目前已发现的生物气以白垩系居多,其次为古近—新近系和第四系;80%以上的生物气储量集中在西西伯利亚地区。这种气藏埋藏深度浅,一般在1500m以内。

(一) 生物气的形成

根据生物代谢类型的不同,可把微生物分为喜氧性、厌氧性和兼性微生物。Rice等

(1981)研究富含有机质的开阔海沉积物中微生物代谢作用的生物化学环境后认为，水—沉积物剖面可划分出喜氧的和厌氧的两种生物代谢环境、四个生物化学作用带，即光合作用带、喜氧带、硫酸盐还原带和碳酸盐还原带。不同生物化学作用带的微生物种属、代谢类型、溶解物和生物化学性质不同（图2-10）。

在喜氧环境中，有机质被喜氧细菌通过有氧呼吸作用转化为 $CO_2$ 和 $H_2O$ 等简单无机物分子而破坏；当游离氧完全消耗掉时，则进入厌氧环境，硫酸盐还原菌首先将硫酸盐还原为元素硫或 $H_2S$，与此同时，其它厌氧微生物可以通过发酵作用，将有机质转化为有机酸、醇、$CO_2$ 和 $H_2$；当硫酸盐几乎全部被还原后，进入了碳酸盐还原带，此时甲烷菌开始发育，它可以把有机酸、醇等直接分解为 $CH_4$，也可以利用 $CO_2$ 和 $H_2$ 合成 $CH_4$。因此，只有在无游离氧和无硫酸盐存在的严格还原环境中细菌甲烷气才能形成。

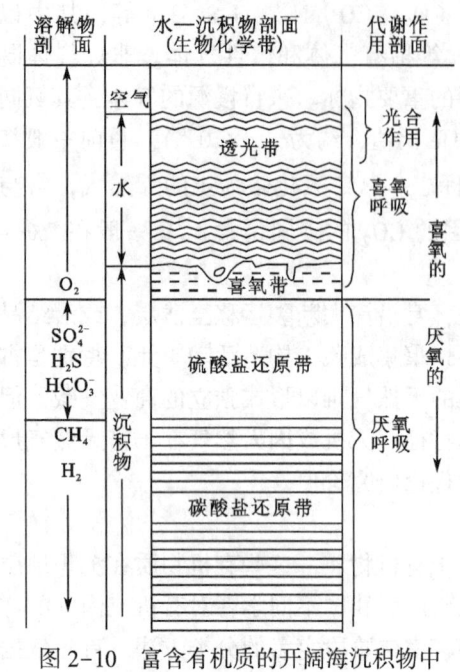

图2-10 富含有机质的开阔海沉积物中微生物代谢作用的生化环境剖面图
（据Rice和Claypool，1981）

要生成大量生物气，需具备丰富的原始有机质、适于产甲烷菌发育的物化条件以及合适的沉积环境。

1. 丰富的原始有机质

拥有丰富的原始有机质特别是腐殖型和混合型有机质，是产生大量甲烷气的物质基础。甲烷生产菌的营养来源主要是纤维素、半纤维素、糖、淀粉、果酸等碳水化合物，这些物质在草木植物中含量最丰富，这就决定了生物气的母质主要是以草木腐殖型为主的混合型有机质。

2. 适于产甲烷菌发育的物化条件

还原环境和中性水介质条件有利于生物气形成。硫酸盐还原形成的 $H_2S$ 的毒害，对产甲烷菌的繁殖有明显的抑制作用；严格的缺氧、缺硫酸盐还原环境，是产甲烷菌繁殖的必要条件。产甲烷菌生存的地温范围是0~75℃，主要限于4~45℃，最适宜值为35~42℃（Zeikus，1977）；有利于产甲烷菌生长的最佳水介质pH值为6.5~7.5。

3. 合适的沉积环境

淡水湖泊沉积物中含盐量低，缺 $SO_4^{2-}$，pH值中等呈中性，腐殖型和混合型有机质易分解成 $H_2$、$CO_2$，有利于产甲烷菌繁殖，因此产甲烷菌出现较早，在近地表浅层即开始大量生成 $CH_4$，但因埋藏太浅、封存条件差，大部分生物气散失或被氧化，难以形成大规模的气藏。若在富有机质黏土层下存在良好砂层，有可能形成小规模气藏。

半咸水或咸水湖泊特别是碱性咸水湖，是生物气形成聚集的最有利环境。这种沉积环境可抑制产甲烷菌过早大量繁殖，也有利于有机质保存。当埋深到一定深度后，有机质分解使介质pH值降到6.5~7.5时，产甲烷菌才能大量繁殖，此时生成的 $CH_4$ 容易保存，并可在一定条件下聚集成工业气藏。柴达木盆地第四系生物气藏的形成就得益于半咸水的沉积环境，使大量生气的深度埋藏较深。

### （二）生物气的主要特点

生物气的成分主要是甲烷，一般含量超过98%，重烃气（$C_{2+}$）含量极低，干燥系数（$C_1/C_{2+}$）在数百以上，属于干气。有时可含有痕量的不饱和烃以及少量的$CO_2$和$N_2$。

生物气的甲烷以富集轻的碳同位素$^{12}C$为特征。其甲烷碳同位素$\delta^{13}C_1$的范围为−55‰~−100‰，多数为−60‰~−80‰（表2-8）。在有热解气混入以及厌氧氧化时，可使同位素变重。

表2-8  世界部分地区生物气的组成（据包茨，1988）

| 地区或气田 | 储层时代 | 深度，m | $C_1$，% | $C_{2+}$，% | $CO_2$，% | $N_2$，% | $\delta^{13}C_1$，‰ |
|---|---|---|---|---|---|---|---|
| 中国长江三角洲 | 第四纪 | 8~35.5 | 90.62~94.61 | 0.11~0.89 | 1.85~4.04 | 1.47~3.35 | −73.6 |
| 青海柴达木涩北 | 第四纪 | 79.4~1141 | 98.94 | 0.09 | / | 0.97 | −66.4 |
| 吉林红岗 | 白垩纪 | 370~390 | 93.63 | 0.21 | 0.442（包括$H_2S$） | 5.63 | −56.3 |
| 俄罗斯乌连戈伊 | 白垩纪 | 1117~1128 | 98.50 | 0.10 | 0.21 | 1.10 | −59.0 |
| 俄罗斯麦德维热 | 白垩纪 | 1122~1132 | 98.60 | 0.36 | 0.22 | 0.73 | −58.3 |
| 美国基奈 | 新近纪 | 1128 | 99.70 | 0.18 | / | / | −57.0 |
| 美国库克湾北 | 新近纪 | 1280 | 98.70 | 0.23 | 0.134 | 0.9 | −60.7 |

生物气的氢同位素资料报道较少，Schoell（1983）认为，生物气的$\delta D$也呈低值，腐殖型生物气的最低，介于−210‰~−280‰，腐泥型生物气的约为−150‰~−210‰。

### 三、油型气

油型气是指腐泥型有机质（主要是Ⅰ型和Ⅱ型）在热演化过程中达到成熟、高成熟和过成熟阶段时形成的天然气，包括伴随生油过程干酪根热降解形成的湿气，以及高成熟和过成熟阶段由干酪根和液态烃热裂解形成的凝析油伴生气和热裂解干气。

油型气分布甚广，在含油气盆地中只要发现了油藏，都有可能找到数量不等的油型气，它们可以呈不同状态存在。

#### （一）油型气的形成

油型气的形成过程包括两个演化途径：一是干酪根热解直接生成气态烃；另一是干酪根热降解为石油，在地温持续升高的条件下，石油进一步裂解为气态烃。

干酪根的热演化过程可以看作是一个歧化反应，它同时包含形成贫氢的聚合芳香结构的缩合作用与形成富氢的低分子烷烃的裂解作用两个方向相反的过程（图2-11）。前者从低分子的菲逐渐缩合稠化为稠环芳香烃，直到石墨，放出大量氢，同时残余干酪根也变得贫氢；后者是石油热裂解生成较高氢含量的甲烷及其气态同系物等轻烃类，最终产物是甲烷。

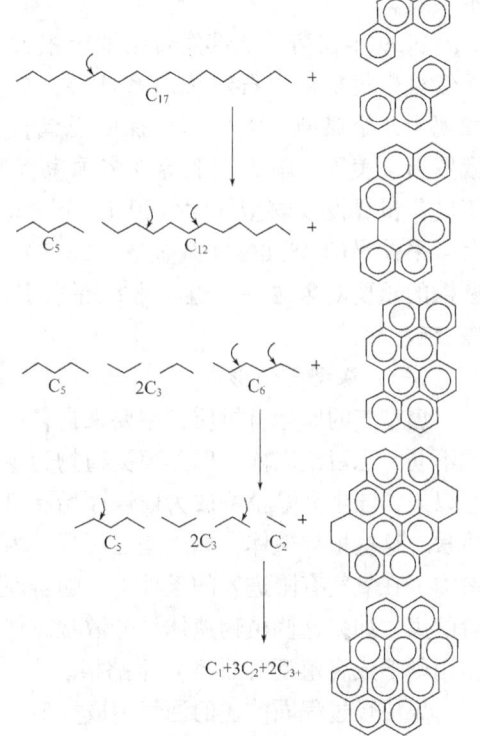

图2-11  石油热演化的歧化反应
（据Connan等，1975）

## (二) 油型气的主要特点

各种油型气是在干酪根不同热演化阶段的产物，其化学成分存在差别。石油伴生气和凝析油伴生气的共同特点是重烃气含量高，一般超过 5%，有时可达 20%~50%，其中，$iC_4/nC_4$ 比值明显小于 1，在热催化生油气阶段约为 0.7~0.8（Héroux 等，1979）；甲烷碳同位素含量 $\delta^{13}C_1$ 介于 −55‰~−40‰，石油伴生气偏轻，$\delta^{13}C_1$ 约为 −55‰~−45‰，凝析油伴生气偏重，$\delta^{13}C_1$ 约 −50‰~−40‰。过成熟的裂解干气，以甲烷为主，重烃气极少，小于 1%~2%，甲烷碳同位素大于或等于 −35‰~−40‰。我国若干油型气的组成特点见表 2-9。

表 2-9　我国若干油型气的组成特点（据陈荣书，1989）

| 油田或油区 | 天然气组成主要参数分析 ||||  $\delta^{13}C_1$ (PDB) ‰ |
|---|---|---|---|---|---|
|  | $CH_4$ | 重烃 | $C_1/C_{2+}$ | $C_1/\sum C$ |  |
| 大庆油田（石油伴生气） | 53.9~95.61 | 2.64~38.51 | 1.40~36.22 | 0.58~0.975 | −37.72~−49.97 |
| 东濮凹陷（凝析油伴生气） | 71.04~87.43 | 10.63~26.91 | 3.21~20.3 | 0.75~0.96 | −38.9~−45.1 |
| 板桥凝析气田 | 82.88 | 15.29 | 5.42 | 0.844 |  |
| 川东相国寺气田（热裂解干气） | 98.15 | 0.89 | 110.3 | 0.991 | −33.55 |

### 四、煤型气

煤型气是指由各种产出状态的腐殖型有机质在热演化过程中（即煤化作用过程中）形成的天然气。形成煤型气的原始有机质以陆生高等植物为主，有机组成主要是碳水化合物及木质素。

1959 年在荷兰北部发现格罗宁根大气田，之后查明二叠系赤底统风成砂岩中的巨大天然气聚集来自中石炭统煤系地层，煤型气开始被人们所重视。后来，在北海盆地南部发现十几个煤型气大气田，探明总储量逾 $4.5 \times 10^{12} m^3$，成为世界第二大产气区。从此，俄罗斯、美国、澳大利亚等许多国家普遍注意在含煤盆地中寻找煤型气气藏。截至 2017 年底，世界发现煤型气大气田 13 个，总原始可采储量 $49.995 \times 10^{12} m^3$，为该年世界总剩余可采储量的 25.8%（戴金星，2019）。我国有着丰富的煤炭资源，煤型气是我国天然气勘探的重要对象之一。近年来在鄂尔多斯盆地、柴达木盆地和南海均有较大的煤型气勘探突破。

（一）煤型气的形成

煤型气的原始有机质，主要来自各种门类植物的遗体，不同时代参与成煤作用的植物门类不同。志留纪以前，以藻菌类植物为主，仅形成腐泥煤；志留纪开始出现陆生植物，石炭纪以来，陆生高等植物成为成煤原始有机质的主要来源，这些有机质主要为碳水化合物和木质素。这些植物遗体，如果是在沼泽、内陆浅水湖盆及海盆边缘大量堆积，几乎没有矿物质参加，在氧气有限进入的条件下，随着埋深的增加，经泥炭化及煤化作用，可演变成不同煤阶的煤。如果这些植物遗体呈分散状态伴随矿物质一起沉积下来，随着埋深的增加，经成岩作用则形成腐殖型（Ⅲ型）干酪根。

煤成烃过程同前述的油气生成类似，主要差别在于煤层或腐殖型干酪根在化学成分上具低的 H/C 比（小于 1.0）和高的 O/C 比。结构上以含带许多短烷基侧链和含氧官能团的缩合多核芳香结构为主，所以在热演化过程中以产气态烃为主。腐殖型有机质的生气作用大致可分四个阶段（图2-12）。

第一个阶段为泥炭—褐煤早期阶段（带1；泥炭—$O_1$煤阶），$R_o<0.4\%$，地温一般小于75℃，相当于生物化学生气阶段，该阶段早期以脱水和脱羧基作用为主，主要生成$CO_2$，$CH_4$产率很低，晚期$CH_4$产率明显增加。这个阶段生成的是生物气。

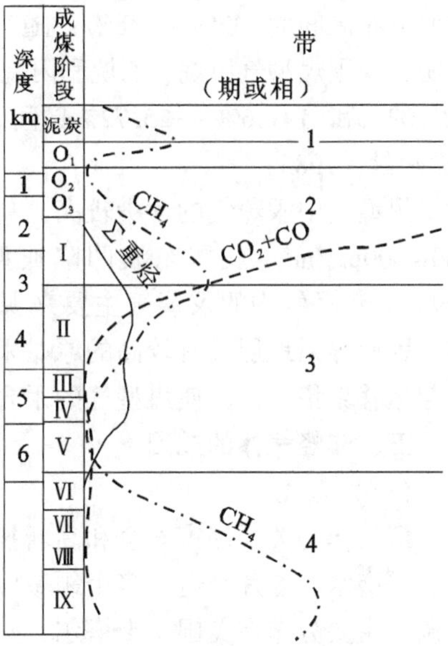

第二个阶段为褐煤中期—长焰煤阶段（带2；$O_2$—$O_3$—Ⅰ煤阶），$R_o$为$0.4\%\sim0.6\%$，地温一般为70~90℃，该阶段天然气生成的总量最大，组成上仍主要形成$CO_2$，随地温增加$CH_4$含量逐渐增加，重烃气的含量也增加，在该阶段的后期才开始热解气的形成。

第三阶段为气煤—瘦煤阶段（带3；Ⅱ—Ⅴ煤阶），$R_o$为$0.6\%\sim1.7\%$，地温一般为90~190℃，该阶段天然气的组成以烃类气体为主，是煤型湿气和煤型油的主要形成期。

第四阶段为贫煤—无烟煤阶段（带4；Ⅵ—Ⅸ煤阶），$R_o$大于1.7%，地温超过190℃，形成以甲烷为主的煤型干气。

图2-12 腐植型有机质煤化过程的阶段与成气模式

（据Высоцкии，1979）

### （二）煤型气的主要特点

煤型气主要分布含煤盆地和煤系地层发育的盆地，原始母质主要为煤及煤系中的Ⅲ型干酪根。产物以烃气为主，主要为甲烷气，重烃含量很少超过20%；普遍含有一定量的非烃气，如$N_2$、$CO_2$等（表2-10）。但煤化过程的不同阶段，形成的产物组成有所不同。另外，由于有机质母质原因，与煤型气一起形成的凝析油中，常含有较高的苯、甲苯以及甲基环己烷和二甲基环戊烷。

表2-10 国内外若干煤型气的组成（据陈荣书，1989）

| 气田名称 | | 产层时代 | 气源层时代 | 天然气组成,% | | | | $\delta^{13}C$（PDB）‰ | 资料来源 |
|---|---|---|---|---|---|---|---|---|---|
| | | | | $C_1$ | $C_{2+}$ | $N_2$ | $CO_2$ | | |
| 格罗宁根 | | $P_1$ | $C_2$ | 81.2 | 3.48 | | | -36.6 | 据Stahl，1977 |
| 拉策尔 | | $P_1$ | $C_2$ | 89.9 | 6.10 | 14.4 | 0.87 | -29.2 | |
| 达卢姆 | | $P_1$ | $C_2$ | 86.06 | 0.44 | | | -25.4~-22.0 | |
| 圣胡安 | | K | K | | | | | -42.0 | 据Stahl，1983 |
| 库珀盆地（澳） | 木姆巴9井 | $P_1$ | $P_1$ | 66.02 | 0.67 | | 33.27 | -28.8 | 据Rigby，1981 |
| | 图拉奇9井 | $P_1$ | $P_1$ | 71.76 | 11.62 | | 14.40 | -36.3 | |
| 东濮文留22井 | | $E_2$ | C-P | 96.35 | 2.35 | | | -27.9 | 据朱家蔚等，1983 |
| 鄂尔多斯盆地 | 刘庆1井 | $P_{1x}$ | C-P | 95.0 | 0.64 | 4.13 | | | 据王少昌，1983 |
| | 任4井 | $P_{1x}$ | | 92.52 | 6.97 | 0.49 | 0.01 | -30.47 | |
| 四川盆地 | 中坝4井 | $T_{3x}$ | | 90.8 | 8.20 | 0.17 | 0.40 | -34.8 | 据陈文正，1982 |
| | 中坝7井 | $T_{3x}$ | | 87.33 | 12.23 | 0.41 | 0.03 | -36.0~-35.9* | |

*为中坝7井邻近数据。

不同研究者推算出的煤型气的甲烷碳同位素值变化较大，$\delta^{13}C_1$一般为-24‰~-52‰，主要分布区间为-32‰~-38‰；随有机质成熟度增大，$\delta^{13}C_1$增大。戴金星等（1985）研究表明，我国煤型气甲烷、乙烷和丙烷的碳同位素值分别变化在-24.9‰~-41.8‰、-23.81‰~-27.09‰和-19.16‰~-25.72‰区间。煤型气甲烷的氢同位素值变化在-161.4‰~-171‰区间（徐永昌，1985）。

煤型气中汞蒸气的含量较高，一般含量超过1μg/m³。中欧盆地的煤型气含汞量可高达180~400μg/m³，我国东濮凹陷典型煤型气气藏的汞含量为1.1~51μg/m³（徐永昌等，1994）。煤型气中的汞蒸气主要来源于煤系地层，由于腐殖型有机质对汞有较强的吸附能力，因此煤系地层具有较高的原始汞丰度，在热演化过程中，吸附的汞变为蒸气与烃类气体一起运移聚集，从而使煤型气的汞含量增高。

### 五、非烃气体的成因

（一）氦气

氦气作为关系国家安全和高新技术产业发展的关键性稀有气体资源，在液体燃料火箭发射、深潜水、芯片制造等多个领域应用广泛且无可替代。全球天然氦气资源和产量分布极不平衡，主要分布在美国、卡塔尔、阿尔及利亚等国。

氦气是铀和钍等放射性元素在衰变过程中形成的。优质氦源岩是形成富氦天然气藏的物质基础，目前发现的天然氦气以壳源型为主，少数为幔源型，主要分布在板块边缘隆起、陆内裂谷和深大走滑断裂带3类构造环境。古老的富铀页岩可以在地质历史时期中释放规模性氦气，并与页岩油气伴生，形成页岩型氦气聚集（聂海宽等，2023）。

（二）氢气

氢气燃烧后只产生水，并释放出巨大能量，因而被认为是最具潜力的可持续能源载体之一。同时，氢气在化石燃料处理、氨生产、金属冶炼和航空航天等领域也具有广泛的应用。在"双碳"背景下，氢气正受到各国政府的高度重视。天然氢气在地层中广泛存在，特别是在构造活动活跃的地区。非洲的马里共和国是少数实现氢气商业性开采的国家，1987年，在该国首都北部50km左右，发现了氢气纯度为98%的天然氢气藏，并开采至今。

天然氢气主要包括无机（地幔脱气、水岩反应、水辐射分解）和有机（生物作用、热作用和辐射分解）两大类来源。近年来，研究表明页岩有机质在高过成熟（$R_o>3.0\%$）条件下，可以裂解产成氢气，并可在适当的地质条件下形成天然氢气藏。

（三）二氧化碳

二氧化碳作为重要温室气体，在空气中的含量并不高。在地质体中，偶有富二氧化碳气藏的发现，且大多集中在火山活动频繁或基地断裂发育的地区。地质二氧化碳的形成主要包含无机和有机成因。

无机成因包括化学成因和岩浆成因两种机制。前者是指碳酸盐等矿物在高温热解、低温水解或地下水酸性溶解过程中生成$CO_2$。后者是岩浆上升过程中，由于温度和压力降低，析出的大量$CO_2$。有机成因主要有以下三种情况：有机物在厌氧细菌作用下，受生物化学降解生成的大量$CO_2$；干酪根特别是Ⅲ型干酪根热降解和热裂解形成的$CO_2$；烃类的氧化作用也可形成$CO_2$。

（四）氮气

氮气在天然气中比二氧化碳更常遇到，含量通常不超过10%（经常为2%~3%）。我国南方页岩气勘探过程中，钻遇多个富氮气藏（氮气含量最高可达95%）。

天然气中氮气的来源一般认为有生物来源、大气来源、岩浆来源和变质岩来源等。研究发现，天然气中的氮气主要是沉积有机质或石油中的含氮化合物在生物化学改造或热催化改造过程中生成的，此即生物来源；一般生物气中相对更富含 $N_2$。大气中的氮气可通过地表水与地下水的循环作用被带入气藏中，往往富集在浅部地层中。

（五）硫化氢气

天然气藏中多数不含或仅含极微量 $H_2S$ 气体，以 $H_2S$ 占优势的气藏较为罕见。$H_2S$ 集中分布在碳酸盐岩和硫酸盐岩储集层中。$H_2S$ 含量大于10%的气田，几乎都在碳酸盐岩及蒸发岩中，如冀中赵兰庄 $H_2S$ 气藏（$H_2S$ 含量达92%）。目前认为 $H_2S$ 气体的成因主要为生物成因、热化学成因和岩浆成因。

自然界中生物作用生成 $H_2S$ 的过程有两种不同的途径。一是通过微生物同化还原作用和植物的吸收作用形成含硫有机化合物，而后在一定条件下分解而产生 $H_2S$，这一过程即是腐败作用过程，如此形成的 $H_2S$ 仅限于埋深较浅的地层中，其保存条件较差，大量 $H_2S$ 会逸散掉，故一般来说，这种成因形成的 $H_2S$ 气藏，其规模和含量都不会很大。生物作用生成 $H_2S$ 的另一个途径是通过硫酸盐还原作用直接形成 $H_2S$，此类 $H_2S$ 形成的先决条件是有硫酸盐和硫酸盐还原菌的存在，硫酸盐还原菌利用硫酸盐中的结合氧进行厌氧呼吸作用，将硫酸盐还原生成 $H_2S$。

热化学成因的 $H_2S$ 从形成机理上分为热解成因和热还原成因两种类型。热解成因 $H_2S$ 是含硫有机化合物在热力作用下，含硫的杂环断裂所形成。在这一形成过程中，含硫有机质先转化为含硫烃类和含硫干酪根，当温度升高到一定程度（大约80℃）时，干酪根中的杂原子逐渐断裂，可生成一定量气体，其中包括 $H_2S$，但浓度较低，当温度继续升高达到深成热解作用阶段（130℃）时，开始发生含硫有机化合物的分解，产生大量 $H_2S$，故这种成因的 $H_2S$ 往往存在于干气中，属热解成因。热还原成因 $H_2S$ 是在高温作用下，有机质或 $H_2$ 使硫酸盐还原生成 $H_2S$。高含硫化氢的气藏大多分布于埋藏深度较大的区域，这一点反映出热化学成因对硫化氢的形成可能具有更大的意义。

岩浆上升过程中也可析出 $H_2S$ 气体。国内外许多学者对火山气的研究已证明了这一成因 $H_2S$ 的存在。例如日本茶臼岳火山和俄罗斯谢维乌奇火山喷出的气体，扣除水分后，$H_2S$ 含量分别占所剩气体的37.5%和61%（戴金星等，1989）。

六、不同成因类型天然气的判别

天然气的成因信息主要包含在其气体组分的组成特征中，所以天然气成因类型的识别主要通过分析其气体组分的各种组成特征和碳氢同位素特征来进行。

（一）无机和有机成因甲烷及其同系物的判别

无机成因和有机成因两大类型天然气划分、判识的最主要标志是甲烷的碳同位素组成特征，通常将 $\delta^{13}C_1 >$ $-20‰$作为无机成因甲烷的标志之一。戴金星等（1992）根据中国天然气烷烃气 $\delta^{13}C$ 值的实测结果，编制了中国天然气中烷烃气的 $\delta^{13}C$ 展布图（图2-13），他提出在无煤系地层存在

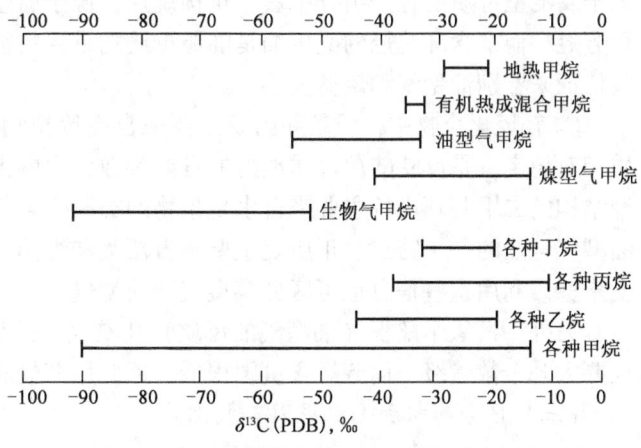

图2-13 中国天然气中烷烃气 $\delta^{13}C$ 值展布特征（据戴金星，1992）

时，此值可扩展至 $\delta^{13}C_1>-30‰$；但煤系有机质热演化程度达过成熟时甲烷的 $\delta^{13}C$ 可大于-20‰。

甲烷同系物碳同位素间的关系也是两大类烷烃气划分的重要依据，通常有机成因气具有 $\delta^{13}C_1<\delta^{13}C_2<\delta^{13}C_3$ 的特征；而无机成因则具有倒转序列，即 $\delta^{13}C_1>\delta^{13}C_2>\delta^{13}C_3$，即 $\delta^{13}C$ 值随烷烃气分子碳数增加而减少。

### （二）煤型气和油型气的判别

#### 1. 应用烷烃碳同位素组成特征区分煤型气与油型气

煤型气和油型气由于受各自成气母质同位素继承效应的制约，导致两大类烷烃气同位素组成特征不同。戴金星（1992）统计了国内外多种天然气的同位素特征，归纳总结出了可以通过甲烷和乙烷碳同位素（辅以丙烷碳同位素）高效区分油型气、煤型气和混合气的模板（图2-14）。该模板在我国鄂尔多斯盆地、渤海湾盆地、四川盆地和塔里木盆地等天然气识别研究中效果显著。

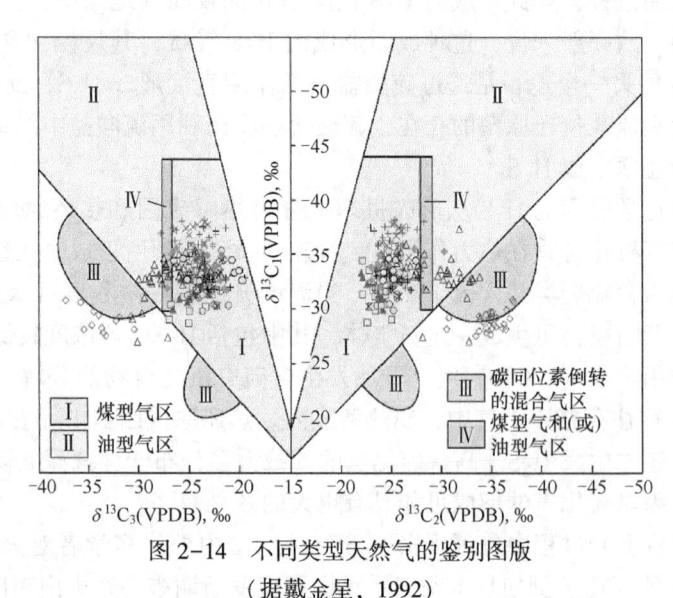

图2-14　不同类型天然气的鉴别图版
（据戴金星，1992）

#### 2. 应用轻烃化合物区分煤型气与油型气

天然气中往往含有或多或少的 $C_1 \sim C_7$ 轻烃化合物，这些成分含有重要的地球化学信息。源于腐泥型母质的轻烃组分中富含正构烷烃，源于腐殖型母质的轻烃组分中则富含异构烷烃和芳烃，而富含环烷烃的凝析油是陆源母质的重要特征。可以利用不同母质所生成轻烃的这些特征来鉴别油型气和煤型气。

$C_7$ 轻烃化合物中，甲基环己烷主要来自高等植物木质素、纤维素和糖类等，热力学性质相对稳定，是反映陆源母质类型的良好参数，它的大量存在是煤型气轻烃的一个特点。各种结构的二甲基环戊烷主要来自水生生物的类脂化合物，并受成熟度影响，它的大量出现是油型气轻烃的一个特点。正庚烷主要来自藻类和细菌，对成熟作用十分敏感，是良好的成熟度指标。利用这些信息也可区分煤型气和油型气。

另外，富氢干酪根（油型气的母质）比贫氢干酪根（煤型气的母质）生成的 $C_2 \sim C_7$ 烷烃要大几个数量级，而芳烃含量则很低。因此用芳烃和支链烷烃也可区别油型气和煤型气。

### （三）区分有机和无机成因二氧化碳

有机和无机成因 $CO_2$ 的主要区分标志是稳定碳同位素组成。我国有机成因 $CO_2$ 的 $\delta^{13}C$ 区间值为-8‰~-39‰，主频率段为-12‰~-17‰；无机成因 $CO_2$ 的 $\delta^{13}C$ 区间值一般为 7‰~-10‰，主频率段为-3‰~-6‰。此外，有机成因 $CO_2$ 在天然气藏中的含量很少超过 20%，所以富含 $CO_2$（大于 20%）的烃类气藏和 $CO_2$ 气藏中的 $CO_2$ 几乎都是无机成因的。戴金星（1989）根据国内外 300 多个不同成因气藏中 $CO_2$ 的 $\delta^{13}C$ 值和百分含量编绘了图 2-15，可作为有机与无机成因二氧化碳的鉴别图版（图 2-15）。

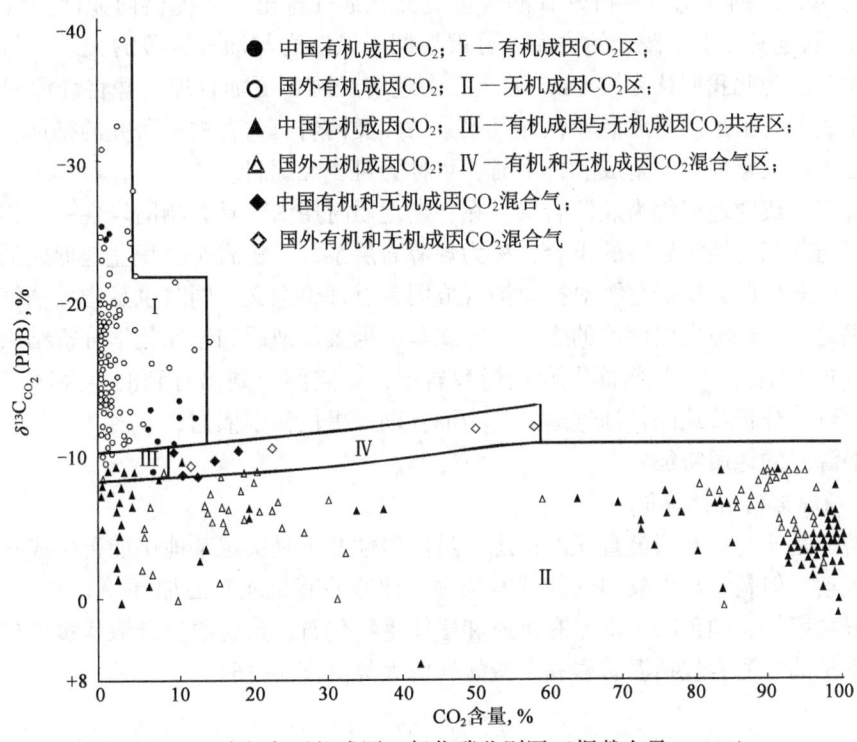

图 2-15　有机与无机成因二氧化碳鉴别图（据戴金星，1989）

值得注意的是，在探讨天然气的来源和成因类型时，应科学地综合应用各项地球化学指标，结合具体气藏的地质和地球化学背景来进行分析。

## 第五节　烃源岩评价

### 一、烃源岩的基本概念

烃源岩的英文为 source rock 或 hydrocarbon source rock。不同研究者给出的定义存在一定差别。Tissot 等（1984）将之定义为"已经生油的、可以成为生油的、或是已具备了生油能力的岩石"。Hunt（1979）则定义为"曾经产生并排出足以形成工业性油气聚集之烃类的细粒沉积"。这个概念在翻译时国内研究者使用"生油（气）岩"、"油气源岩"和"烃源岩"等不同术语，同样在内涵上也有差别。张厚福等（1987）将"能够生成石油和天然气的岩石称为生油气岩（或生油气母岩、烃源岩）"。王启军等（1987）将"具备了生油气的条件，已经生成并能排出具有工业价值的石油及天然气的岩石称为油（气）源岩"。

对于概念名称本身，上述这几种名称在中文文献中均存在，但"烃源岩"使用的频率近年来明显高于其它，且更与英文名称的直译相符，所以在本教材中使用"烃源岩"这个术语。对于概念的内涵，从油气成因理论研究的角度，Tissot 的定义是有其合理性的，因为只要岩石中存在有机质，在一定的条件下都可以形成或多或少的烃类物质，同时我们在实际的烃源岩研究对象中也包含了"所有具有潜在生烃能力的岩石"。但是从油气地质勘探实践出发，我们研究烃源岩的目的，就是确定沉积盆地中是否存在能形成工业性油气聚集的岩石，以及这些岩石的时空分布，为勘探提供指导。正是基于这一点，近来有很多研究者提出了"有效烃源岩"的概念，特指既有油气生成又有油气排出，能提供商业性油气聚集的岩石。而 Hunt 的定义减少了概念的内涵，着重强调了烃源岩与油气成藏的关系，与油气勘探实践密切相关。为此我们认为按 Hunt 的定义去理解烃源岩更加合理，并将烃源岩定义表述为：已经生成并排出足以形成商业性油气聚集的烃类的岩石。在进行研究的初期，尚未确定研究对象是否有大量烃类的生成和排出时，可称为可能烃源岩。

由烃源岩组成的地层称为烃源岩层。在一定地质时期内，具有相同岩性—岩相特征的若干烃源岩层与其间非烃源岩层的组合，称为烃源岩层系。烃源岩是沉积盆地形成油气聚集的必备条件，因此烃源岩层研究既对探讨油气成因具有理论意义，同时也是指导油气勘探实践的主要根据之一。烃源岩层评价的主要目标就是根据大量地质和地球化学分析结果，在一个沉积盆地（或凹陷）中，从剖面上确定烃源岩层，在空间上划出有利的生烃区，作出生烃量的定量评价，分析盆地的含油气远景，为油气勘探提供科学依据。

### 二、烃源岩的地质特征

#### （一）烃源岩的岩性特征

岩性特征是研究烃源岩最直观的标志。虽然岩性并不是决定某地层能否生成石油和天然气的本质因素，但是它与生成油气的基本条件，即原始有机质和还原环境，有一定的联系。烃源岩一般粒度细、颜色暗、富含有机质和微体生物化石，常含原生分散状黄铁矿，偶见原生油苗。常见的烃源岩包括泥质岩和碳酸盐岩两大类（图 2-16）。

彩图 2-16　　图 2-16　不同岩性的烃源岩（左：暗色泥岩；右：石灰岩）

#### 1. 泥质岩类烃源岩

泥质岩类烃源岩主要包括泥岩和页岩，是在一定深度的稳定水体中形成的，要求沉积环境安静乏氧，在此环境背景下，由生物提供的各类有机质能够伴随黏土矿物质大量堆积、保存，为生成油气提供物质保证。由于这些泥质岩类富含有机质及低价铁化合物，使颜色多呈暗色。我国主要陆相盆地如松辽、渤海湾、准噶尔、柴达木等含油气盆地，主要烃源岩层多为灰黑、深灰、灰及灰绿色泥岩、页岩；国外的烃源岩也以此类最多。

#### 2. 碳酸盐岩类烃源岩

碳酸盐岩类烃源岩以低能环境下形成的富有机质普通灰岩、生物灰岩和泥灰岩为主，岩石中常含泥质成分，多呈灰黑、深灰、褐灰及灰色；隐晶—粉晶结构，颗粒少，灰泥为主；多呈厚层—块状，水平层理或波状层理发育；含黄铁矿及生物化石，偶见原生油苗，有时锤击可闻到沥青臭味。我国四川盆地丰富的天然气资源，部分与二叠系和三叠系的石灰岩有关；华南、塔里木地台广泛发育的古生界碳酸盐岩，以及华北地台中—新元古界和下古生界的许多碳酸盐岩，都具备良好的生烃条件。波斯湾盆地的上侏罗统阿拉伯组和古近—新近系阿斯马利石灰岩，都是重要的碳酸盐岩烃源岩层。

（二）有机质富集与烃源岩形成

烃源岩的形成伴随着有机质富集，有机质是沉积物中常见的成分，但它们在沉积物中的含量变化很大，从几乎是均质堆积的有机矿层，到几乎不含有机质的沉积层，在自然界都存在，绝大多数的沉积有机质是以含量不等的分散状态存在于沉积岩（物）中。

1. 有机质富集的古构造、古气候和古地理背景

板块边缘的活动带，板块内部的裂谷、坳陷以及造山带的前陆盆地、山间盆地等大地构造单元在地质历史上曾经发生长期持续下沉的区域，是利于烃源岩形成的主要构造带。长期持续稳定沉降的区域，如果沉降速度与沉积速度相近或者前者稍大，能够长期提供适于生物大量繁殖和有机质免遭氧化的有利水体深度，从而保障了丰富的原始有机质沉积并保存下来（图 2-17）。

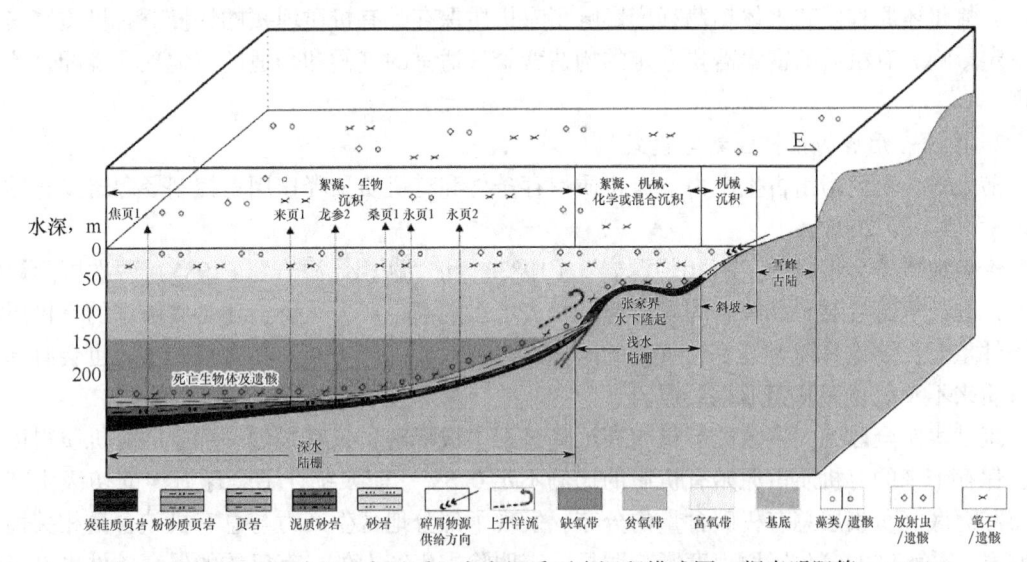

图 2-17　湘西北五峰组—龙马溪组富有机质页岩沉积模式图（据秦明阳等，2019）

此外，在大型沉积盆地内，由于断裂分割或沉降速度的差异，造成盆地起伏不平，出现许多次级凸起与凹陷，使有机质不必经过长距离搬运便可就近沉积下来，避免途中氧化。所以，沉积盆地的分割性对有机质的堆积与保存有利。

丰富的生物有机质是形成富有机质沉积的物质基础，生物有机质的量主要取决于生物的繁育情况，适宜的温度、充足的光照、湿润的气候是生物发育的有利气候。生物有机质在进入沉积物之前大多分布于沉积物上方的水体中，其进入沉积物的主要途径有两条，颗粒和密度较大的有机碎屑直接通过自由沉降方式沉积到水底，分散状的小颗粒有机质通过与黏土矿物吸附结合成较大颗粒沉降。无论哪种沉降方式，都受水体深度及水动力状况的影响，有机质颗粒越大、水体越浅、水体越安静，越有利于沉降。沉积的有机质只有在还原环境中才能

稳定保存，所以水体底部缺氧环境的存在和适时的掩埋是有机质保存的必要条件。

对已知含油气地区烃源岩的岩相特征的研究表明，有机质富集和烃源岩形成最有利的地理环境是浅海、前三角洲和深水—半深水湖泊。

浅海的碳酸盐岩沉积和泥质岩沉积都可以成为烃源岩，这些岩石一般形成于广海大陆架和潮下带的局限海，属持续低能环境。由于盆底长期稳定沉降、气候温暖湿润、生物繁盛、水体安静、水介质属弱碱性且长期保持还原环境，使丰富的有机质得以顺利堆积、保存。

海岸线以外的前三角洲带属于长期快速沉降地区，以富含有机质的暗色泥页岩沉积为主，由河流搬运来的细粒黏土悬浮物质和胶体物质沉积而成，既含海相生物化石，也含陆源有机质，它们都迅速埋藏、保存下来。非洲的尼日尔河古近—新近系三角洲，是闻名世界的产油气区，这里的前三角洲相暗色泥页岩是非常有利的烃源岩层。

深水—半深水湖泊区有机质来源丰富，水流弱、波浪小、能量弱、水底为还原环境，是陆相烃源岩层系发育的有利环境。我国的陆相烃源岩层系以各种组合的泥岩剖面为特征，特别是以深水湖相沉积的泥岩型剖面最有利。如松辽盆地下白垩统和渤海湾盆地古近系沙河街组均属于这种深水湖相泥岩型烃源岩层，都形成了丰富的油气。

综上所述，有机质的富集是一个复杂的过程，任何影响有机质生产、保存、埋藏的因素都会影响富有机质沉积物的形成，例如气候、温度对浮游生物生长影响较大，影响了有机质生产，氧化还原程度和水体动荡程度影响了有机质保存，有机质埋藏的快慢对有机质富集也有一定影响。有机质的富集需要一定的构造背景、适宜的气候和合适的古地理环境配合才能实现。

2. 烃源岩形成的主控因素与模式

前人综合研究指出古生产力、有机质保存条件和有机质稀释作用是控制烃源岩发育的主要因素（Katz, 2005）。

伦敦地质学会组织的"海相烃源岩"（1983）和"湖相烃源岩"（1985）两次国际讨论会上，曾经争论过对于烃源岩的发育究竟是表层水的高生产力重要，还是底层水的有机质保存条件重要，结论是前者是更为本质的问题，因为只要生产力高，在含氧的水底也会有部分有机质来不及氧化而富集形成烃源岩。

统计表明全球绝大多数的有机质在沉降过程中被降解，只有很少一部分的有机质得以保存，保存下来的有机质占原始有机质的比例不足0.5%。前人统计了全球海洋的初级生产力分布和海底沉积表层总有机碳含量的分布，发现了部分地区生产力与总有机碳含量相关性并不明显，受水体的氧化还原程度影响明显，表明除古生产力外，有机质的保存条件也是影响烃源岩发育的重要因素。

针对生产力和保存条件两种控制因素，分别建立了"生产力"模式和"保存"模式两种烃源岩发育的典型模式。"生产力"模式下烃源岩形成主要受控于古生产力。大西洋中生代黑色页岩和全球白垩系黑色页岩发育过程中的主控因素均以生产力为主。"生产力"模式最为典型的则为现代海洋中上升洋流带来的丰富营养物质，显著提升了生产力，富有机质沉积主要位于高生产力区域，例如秘鲁式海岸上升洋流和东太平洋赤道式上升洋流都可形成高生产力带，有机质富集明显。此外，其它显著提升生产力的因素也可能促进烃源岩形成。例如近年来研究表明火山灰进入水体可以带来丰富的营养元素，促进藻类勃发等，显著提升生产力，有利于烃源岩形成。

烃源岩发育的"保存"模式则强调烃源岩主要形成于有机质保存较好的强还原环境。

在挪威峡湾、不列颠哥伦比亚和黑海等地均发现了还原环境中烃源岩发育较好。"保存"模式较为典型的实例为黑海，高盐度水体引起分层，在水底形成稳定的强还原环境，促进了有机质保存和烃源岩形成。高盐度水体容易引起水体分层，促进强还原环境形成，这也是咸水湖泊普遍发育优质烃源岩的主要原因之一。

除了古生产力和有机质的保存条件以外，有机质的稀释作用也是影响烃源岩发育的重要因素。有机质的稀释作用是指伴随物源输入的过程中，大量非有机质的输入会稀释原始的有机质丰度，一般认为沉积速率越大稀释作用越大，沉积速率越小稀释作用越小。稀释作用较大时带来大量的物源碎屑稀释了烃源岩中有机质的丰度，从而导致有机碳含量降低，不利于烃源岩的发育。

综上所述，烃源岩的形成是多种因素影响的结果，高生产力、静水还原环境以及中等沉积速率最有利于烃源岩形成。

### 三、烃源岩的地球化学特征

要评价一个沉积盆地中烃源岩的生油气能力，仅进行烃源岩层的地质研究是不够的，还必须对烃源岩中所含有的有机质的数量、类型及其所经历的热演化阶段进行系统研究。

#### （一）有机质的丰度

烃源岩中的有机质是形成油气的物质基础，其在岩石中的含量是决定岩石生烃能力的主要因素。有机质在岩石中的相对含量称为有机质的丰度，目前常用的丰度指标主要包括有机碳含量（$TOC$）、岩石热解生烃潜量和沥青含量。

1. 有机碳含量（$TOC$）

有机碳含量是指岩石中所有有机质含有的碳元素的总和占岩石总重量的百分比。有机碳含量的测定，首先用盐酸去除样品中的无机碳，然后在高温氧气流中燃烧，使总有机碳转化为二氧化碳，最后利用红外检测器对有机碳进行定量。样品有机碳的含量与有机质的含量之间有一定的比例关系，即有机质含量=有机碳含量×$K$，$K$为转换系数，主要取决于碳氢化合物中的氢碳原子比。Tissot 等（1978）综合多方面的资料认为，不同类型的干酪根在不同演化阶段的 $K$ 值是不同的（表2-11）。

**表2-11 从有机碳计算有机质丰度的转换系数（$K$）**

| 演化阶段 | 干酪根类型 | | | 煤 |
|---|---|---|---|---|
| | Ⅰ型 | Ⅱ型 | Ⅲ型 | |
| 成岩阶段 | 1.25 | 1.34 | 1.48 | 1.57 |
| 深成阶段末期 | 1.20 | 1.19 | 1.18 | 1.12 |

现代油气运移学说认为，烃源岩中形成的烃类，必须在满足了岩石本身吸附容量以后，才能有效地排驱出去，所以烃源岩存在一个有机质丰度的下限值，该值是指单位重量烃源岩中有机质的生烃量，等于岩石饱和吸附烃量时所要求的有机质含量。因此，烃源岩的吸附烃量越大，其要求的有机质含量下限值就越高，而有机质类型好、热演化程度高时，相应的有机质含量下限值就低。

在油气勘探工业界（SY/T 5735—2019《烃源岩地球化学评价方法》），以最常见的泥岩和碳酸盐岩烃源岩为例，$TOC$ 低于 0.5% 为无效烃源岩，高于 0.5% 为有效烃源岩。其中，$TOC$ 介于 0.5%~1.0% 为一般烃源岩；$TOC$ 介于 1.0%~2.0% 为好烃源岩；而 $TOC$ 大于 2.0% 则为优质烃源岩。值得指出的是，有机碳含量的高低并不能直接反映烃源岩的生油气能力，还要考虑有机碳中可以转化为油气那部分"活性"碳的比例。

2. 岩石热解生烃潜量

热解法是利用岩石热解仪（Rock-Eval）评价烃源岩的一种重要手段，是现代油气勘探的常规分析手段之一。其分析原理是，烃源岩中含有尚未排出的残余烃类和未生成烃类的活性和惰性有机质（主要是干酪根）。因此将粉碎的烃源岩样品置于特定加热炉中的惰性气体环境中，进行程序升温，在不同温度段内，会释放出不同的物质，记录这些物质的数量，从而得到岩样热解的谱图（图2-18）。$S_1$ 是较低加热温度（<300℃）下岩石释放的、在地质条件下已经生成并残留在样品中的油气组分。$S_2$ 是较高热解温度（650℃）下，烃源岩有机质人工裂解生成的烃类物质，代表了干酪根的生烃潜力；$S_2$ 最高峰对应的温度被称为 $T_{max}$，可以反映干酪根转化为油气的难易程度。$S_3$ 代表干酪根中的含氧基团热解生成的 $CO_2$ 的含量。$S_4$ 则是通过对样品的持续高温加热（高达850℃）而获得的干酪根中惰性碳（不易于生成油气的碳）的含量。通过将 $S_1$、$S_2$、$S_3$ 和 $S_4$ 中各种类型碳相加的方式，可以求取页岩中总有机碳的含量。

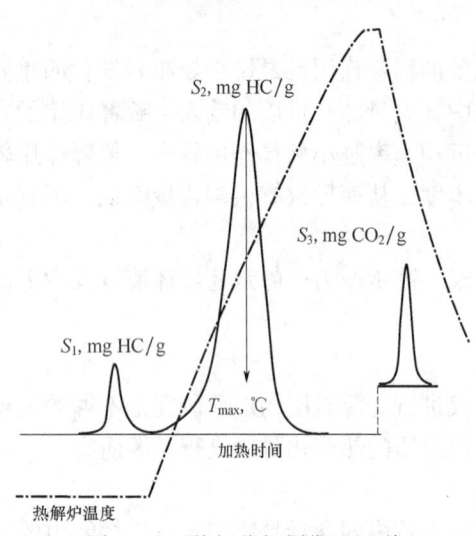

图2-18 热解分析周期和图谱

3. 沥青含量

沥青是指烃源岩中可以通过常规有机溶剂抽提的有机质，与不溶的干酪根相对应。20世纪常用氯仿作为抽提试剂，故将抽提物称为氯仿沥青"A"；而现今多采用毒性更低的二氯甲烷等溶剂进行抽提。沥青含量反映的是样品中可溶有机质的比例，而不是总有机碳的含量，它是重要的评价含油性的指标。我国陆相淡水—半咸水沉积中，主力烃源岩的氯仿沥青"A"含量均在0.1%以上，平均值为0.1%~0.3%。图2-19为我国主要含油气盆地的386个烃源岩样品的氯仿沥青"A"含量分布频率图，其中大部分数值在0.1%左右，高者可达1%，非烃源岩含量低于0.01%。应该注意的是，沥青含量受烃源岩有机质的类型和成熟度的影响较大，过成熟的烃源岩中，由于发生了严重的二次裂解，沥青含量较低。

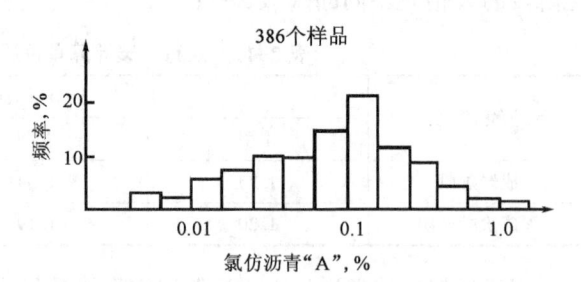

图2-19 我国中—新生代主要含油气盆地烃源岩氯仿沥青"A"含量频率图（据尚慧云等，1982）

（二）有机质的类型

烃源岩中有机质的类型是其生烃品质的关键指标，也是评价烃源岩生烃能力的重要参数。不同类型的有机质具有不同的生油气潜力，形成不同组分的产物，因此，准确区别有机质的类型是烃源岩研究的又一关键问题。目前烃源岩有机质类型研究一般分两个方面：干酪根的类型研究和可溶有机质的类型研究。

干酪根类型的确定是有机质类型研究的主体，主要研究方法有元素分析、显微组分分析和岩石热解法等。元素分析和显微组分分析法分类方案在本章第二节中已有介绍。利用热解分析所得出的 $S_2$ 和 $S_3$，结合样品的有机碳含量，可以计算如下两个用以分析有机质类型的参数：氢指数（HI）和氧指数（OI）。HI = $S_2$/TOC；OI = $S_3$/TOC。

研究表明，HI 与 H/C 原子比之间、OI 与 O/C 原子比之间，存在着良好的相关性（Espitalie 等，1977），因此在干酪根类型划分的 van Krevelen 图中可以用 HI 代替 H/C 原子比，OI 代替 O/C 原子比（图 2-20），并可用类似的方法来解释。

烃源岩可溶有机质的族组分（饱和烃、芳香烃、非烃和沥青质）的相对含量是烃源岩有机母质性质和演化经历的反映，因此烃源岩中可溶抽提物族组成特征对划分有机质类型也有参考意义，尤其是低成熟烃源岩，其应用效果较好，较常用的信息有：烃源岩氯仿抽提物中组分组成特征、饱和烃气相色谱特征、色谱—质谱分析数据等（表 2-12）。烃源岩中的生物标志物特征也能反映有机母质的性质。

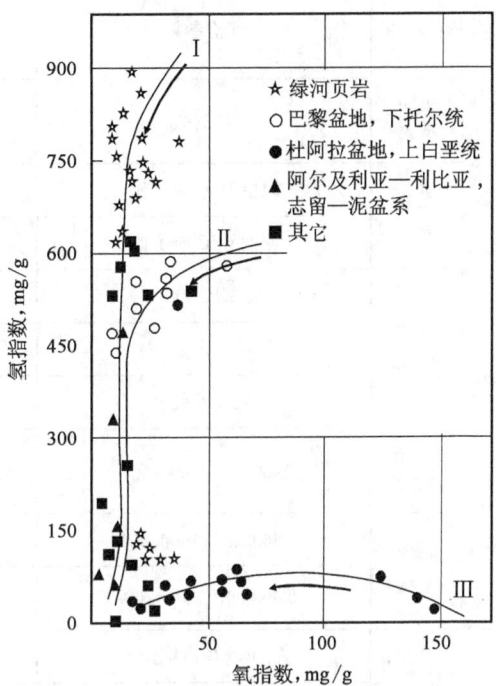

图 2-20 应用氢指数和氧指数划分烃源岩有机质类型（据 Espitalie 等，1977）

表 2-12 中国中—新生代油（气）源岩有机质类型划分方案汇总表
（据黄第藩，1991；许怀先等，2001；秦建中，2005）

| 分析项目 | 评价参数 | Ⅰ型 | Ⅱ₁型 | Ⅱ₂型 | Ⅲ型 |
|---|---|---|---|---|---|
| 氯仿沥青"A" | 饱和烃，% | 40~60 | 20~40 | 20~30 | 5~17 |
| | 芳香烃，% | 15~25 | 5.0~15 | 5.0~15 | 10~22 |
| | 饱和烃/芳烃，% | >3.0 | 1.0~3.0 | 1.0~1.6 | 0.5~0.8 |
| | 非烃+沥青质，% | 20~40 | 40~50 | 50~60 | 60~80 |
| | （非烃+沥青质）/总烃 | 0.3~1.0 | 1.0~3.0 | 1.0~3.0 | 3.0~4.5 |
| 饱和烃色谱特征 | 峰型特征 | 前高单峰型 | 前高双峰型 | 后高双峰型 | 后高单峰型 |
| | 主峰碳数 | $C_{17}$、$C_{19}$ | | | |
| | $(nC_{21}+nC_{22})/(nC_{28}+nC_{29})$ | >2.0 | 1.5~2.0 | 1.0~1.5 | 1.2~1.5 |
| | 奇偶优势比 OEP | 1.2~0.9 | >1.2 | | >2.0 |
| 单体烃碳同位素 | $\delta^{13}$C，‰ | <-29.5 | -28~-26.5 | -28~-25 | >-25 |

续表

| 分析项目 | | 评价参数 | 有机质类型 | | | |
|---|---|---|---|---|---|---|
| | | | Ⅰ型 | Ⅱ₁型 | Ⅱ₂型 | Ⅲ型 |
| 干酪根 | 碳同位素 | $\delta^{13}C$,‰ | <-28 | -29.5~-2 | -26.5~-25 | >-25 |
| | 元素分析 | 原始 H/C 原子比 | >1.5 | 1.5~1.2 | 1.2~0.7 | <0.7 |
| | | 原始 O/C 原子比 | <0.1 | 0.1~0.2 | 0.2~0.3 | >0.25 |
| | 显微组分特征 | 壳质组含量，% | 70~90 | 70~50 | 50~10 | <10 |
| | | 镜质组含量，% | <10 | 10~20 | 20~70 | 70~90 |
| | | 类型指数 $T$ | >80 | 80~40 | 40~0 | <0 |
| | 红外光谱分析 | 2900cm⁻¹/1600cm⁻¹ | >1.5 | 0.9~1.5 | 0.4~0.9 | <0.4 |
| | 热解分析 | 1460cm⁻¹/1600cm⁻¹ | 1.2~0.45 | | 0.45~0.25 | <0.25 |
| | | 氢指数 HI, mg/gTOC | >600 | 600~250 | 250~130 | <130 |
| 生物标志化合物 | | $C_{27}\alpha\alpha\alpha R$ 甾烷，% | >55 | 55~35 | 35~20 | <20 |
| | | $C_{28}\alpha\alpha\alpha R$ 甾烷，% | <15 | 15~35 | 35~45 | >45 |
| | | $C_{29}\alpha\alpha\alpha R$ 甾烷，% | <25 | 25~35 | 35~45 | >45~55 |
| | | $C_{27}\alpha\alpha\alpha R$ 甾烷/$C_{29}\alpha\alpha\alpha R$ 甾烷 | >2.0 | 2.0~1.2 | 1.2~0.8 | <0.8 |

注：适用范围为 $R_o$<0.8%。

除上述几种方法外，还可以依据饱和烃气相色谱、生物标志化合物、单体烃稳定同位素 $\delta^{13}C$、干酪根热失重、红外光谱（官能团）、生物演化史及有机质来源等，来辅助确定有机质类型。

### （三）有机质成熟度

有机质的成熟度是指烃源岩有机质的地质热演化程度。由于沉积有机质在不同演化阶段会生成不同的烃类，勘探实践证明，只有在成熟烃源岩分布区才有较高的油气勘探成功率，因此，成熟度评价是烃源岩研究的又一主要内容。

在沉积岩成岩后生演化过程中，烃源岩中的有机质的许多物理性质、化学性质都发生相应的变化，并且这一过程是不可逆的，因而可以应用有机质的某些物理性质和化学组成的变化特点，来判断有机质热演化程度，划分有机质演化阶段。目前用于评价烃源岩成熟度的常规地球化学方法主要有镜质组反射率法和岩石热解 $T_{max}$ 法等。

#### 1. 镜质组反射率（$R_o$）

镜质组是一组富氧的显微组分，化学组成上以芳香环为主，带有不同的烷基支链，在热演化过程中，镜质组的烷基支链热解析出，芳环稠合，出现微片状结构，芳香片间距逐渐缩小，致使反射率增大、透射率减小、颜色变暗（图2-21），且该趋势不可逆转。

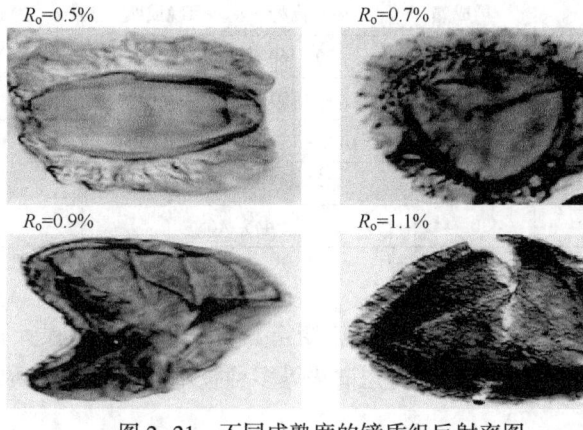

图 2-21　不同成熟度的镜质组反射率图

镜质组反射率不仅受古地温的变化控制，而且还受时间的影响，要达到相同的反射率，温度越高时所需的时间越短，反之所需的时间越长。所以，镜质组反射率是一项研究烃源岩经历的时间—古地温史、衡量有机质成熟度、划分油气形成阶段的良好指标。不同类型的干酪根具有不同的化学结构，达到各演化阶段所需的地温条件不同，因而在应用镜质组反射率判断有机质的成熟度时，对不同类型的干酪根应有所区别（图 2-22）。

应用镜质组反射率研究成熟度具有一定的局限性。第一，镜质体颜色的判断具有主观性；第二，在腐泥型或沉积早于泥盆纪（裸子植物出现的时代）的样品中难以找到镜质体；第三，处于高过成熟阶段的样品，镜质组反射率已到达最大值，难以再进行成熟度的区分；第四，镜质组反射率在富氢和高有机碳含量的样品中具有被抑制的现象，数值偏低。

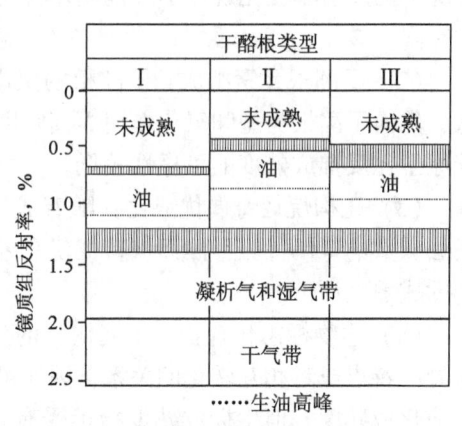

图 2-22　根据镜质组反射率确定的油和气带的近似界限（据 Tissot 等，1984）
根据时间—温度关系以及不同来源有机质的混合情况，界限可略有变化

2. 岩石热解 $T_{max}$

烃源岩的热演化程度越高，残余干酪根的可降解碳就越少，岩石热解 $S_2$ 峰越小，$S_2$ 峰最高点对应的热解温度（$T_{max}$）也就越大。$T_{max}$ 法因实验流程方便快捷、实验数据获取人为干预少、实验结果可重复性强等优点，已被石油工业界广泛地应用于有机质的成熟度评价。

然而，$T_{max}$ 的数值会受到多种非成熟度因素的影响，例如高过成熟、富氢、富硫、富铀或富含重质油的样品通常会呈现出 $T_{max}$ 异常偏低的现象；而受到氧化和降解或者富含黏土矿物的样品则通常呈现出异常高的 $T_{max}$ 值（Yang 和 Horsfield，2020）。同时，不同类型的有机质在各个生烃阶段也对应于不同的 $T_{max}$ 值，学者们提出了多种利用 $T_{max}$ 划分生烃阶段的方案（表 2-13），其中 Peters 和 Cassa（1994）的方案应用最为广泛。

表 2-13　不同学者提出的 $T_{max}$ 值指示的生烃阶段　　　　　单位：℃

| 文献出处 | 未成熟 | 早成熟 | 生油高峰 | 晚成熟 | 过成熟 |
|---|---|---|---|---|---|
| Espitalie，1986 | <430 |  | 430~460 |  | >460 |
| Peters 和 Cassa，1994 | <435 | 435~445 | 445~450 | 450~470 | >470 |
| Baskin，1997 | <430 | 430~435 | 445~450 | 450~460 | >460 |
| Dellisanti 等，2010 | <434 |  | 434~465 |  | >465 |
| Killops 和 Killops，2013 | <430 | 430~445 | 445~465 |  | >465 |

**3. 其它成熟度评价指标**

除了上述最常用的两个成熟度指标之外，还有热变指数（TAI）、干酪根元素组成、正构烷烃奇偶优势比、生物标志化合物、激光拉曼光谱法等多种技术可以对有机质的热成熟度进行评价。

（1）热变指数（TAI）：孢粉或藻类的热变指数反映成熟度的原理类似于镜质组反射率，都利用了烃源岩显微组分的颜色会随成熟度的增大而变深这一规律。然而孢粉和藻类在受热情况下的反射率变化规律不及镜质体稳定，与生烃阶段的对应性较差，因而热变指数应用非常有限。

（2）干酪根元素组成：干酪根的氢碳原子比和氧碳原子比都会随着成熟度的增大而降低，然而干酪根类型和氧化作用等其它因素也会影响这两个参数，因而通过氢碳原子比和氧碳原子比反推成熟度的可靠性较低。

（3）正构烷烃奇偶优势比：随着成岩演化的加深，烃源岩抽提物中的正构烷烃会逐渐失去碳数的奇偶优势，然而该特征仅在未成熟或早成熟阶段有明显体现，无法用于主力生烃期的成熟度评价。

（4）生物标志化合物：不同构型的生物标志化合物在生烃演化过程中具有生成速率有差异的特点或者相互转化的关系，因而可以利用相关的生物标志化合物比例来指示有机质的热演化成熟度。但生标成熟度指标受有机质类型、沉积环境、矿物含量和降解等多因素影响，缺乏统一的与生烃阶段对应的标准，且多数生标难以应用于高热演化的样品之中。

（5）激光拉曼光谱：烃源岩中沉积有机质的缩聚程度及结构有序度随着热演化程度的增加而加强，激光拉曼光谱的一阶震动峰参数能够反映碳物质的晶格结构与化学键合成、断裂的信息，与烃源岩沉积有机质的热演化程度具有较好的相关性，可以指示烃源岩沉积有机质的成熟度。然而该方法分析成本较高，数据结果分析复杂，主要用高过成熟样品的精细表征。

（6）TTI：时间—温度指数法（TTI）由前苏联研究生洛帕廷提出，并由美国学者 Douglas Waples（1980）发扬光大。该方法基于"有机质成熟度的增加与时间呈线性关系与温度呈指数关系"的理论假设，提出了成熟度的计算公式。然而，有机质在地质埋藏过程中，经历的温度处于变化的过程，TTI 法评价成熟度通常应用于盆地模拟研究之中。

## 第六节　油源对比

油源对比是依靠地质和地球化学证据，确定油气和烃源岩间成因联系的工作，包括油气源岩之间的对比以及不同储层油气之间的对比两方面。通过对比研究，可以判断油气运移的方向和距离，了解油气的次生变化特征，从而进一步圈定可靠的油气源区，确定勘探目标，有效地指导油气的勘探和开发工作。

烃源岩中的干酪根演化形成的石油和天然气，一部分运移到储集层中，其余部分则保留在源岩之中。因此，源岩中的干酪根、沥青与来自该层系的油气有着亲缘关系，来自同一源岩的油气在化学组成上具有相似性，而非同源的油气则会表现出较大的差异。这一现象从宏观特征到单体化合物的范围内都存在，这种相似性就是进行油源对比的基本依据。可以选择适当的参数，识别烃源岩中可溶抽提物组成与油气相似、相同或不同的"指纹"型式，根据其相似的程度来证明油气与烃源岩之间有无亲缘关系。

在进行油源对比时，对比指标的选择是最关键的。通常选用油气和烃源岩共同含有的，并且不受运移和热变质作用影响的特征化合物的含量比值，作为油源对比指标。目前所用的方法主要有正构烷烃分布特征分析、稳定碳同位素组成特征分析和生物标志物分析等。

**一、应用正构烷烃分布特征进行油源对比**

正构烷烃是油气的主要烃类组成，可作为油气成熟度和有机质来源的标志，同时也可作为油气对比的"指纹"化合物。该分析方法在油—油和油—源对比中得到了广泛的应用。

正构烷烃的碳数分布范围、主峰碳数，特别是碳数分布型式是十分有用的油气源对比参数。可根据正构烷烃气相色谱图计算单个组分的百分含量，以碳数为横坐标，百分含量为纵坐标，绘出正构烷烃碳数分布曲线图。一般来讲，具有亲缘关系的油气，其正构烷烃碳数分布曲线特征相似。图2-23是Williams（1974）应用正构烷烃对威利斯顿盆地三种类型石油和三套可能烃源岩层所作的对比图，对比表明，三类石油与三套烃源岩分别具有亲缘关系。

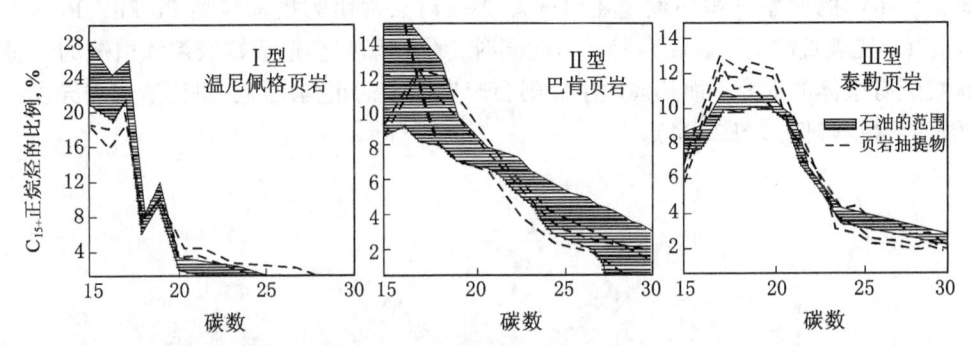

图2-23　威利斯顿盆地石油和烃源岩抽提物$C_{15+}$正构烷烃对比图（据Williams，1974）

需注意的是，由于正构烷烃对细菌降解和热力作用最为敏感，并受选择性蒸发和运移分馏影响，因此正构烷烃指标一般只对中低成熟度、生物降解不明显、未经历强烈蒸发的原油才有较好的效果。

**二、应用稳定碳同位素组成特征进行油源对比**

油气、沥青和干酪根的同位素成分之间的关系，是一个性质特殊的对比参数，其重要性在于，将油气和可能烃源岩中的干酪根和沥青直接联系起来。使用最多的参数是稳定碳同位素组成，即$\delta^{13}C$。天然化合物中同位素的组成是同位素分馏的结果，当原始有机质和热演化条件相同时，油气与源岩之间的碳同位素组成是可比的。

在干酪根热演化过程中，由于热分解，产物中的碳同位素较残余物中的碳同位素轻。因此，同层沥青中的碳同位素一般要比干酪根中的轻，但$\delta^{13}C$值的差不会大于2‰~3‰。而由干酪根形成的石油，其$\delta^{13}C$值与沥青的相同或稍轻。这个差异也不会大于2‰。大量统计资料表明，$\delta^{13}C_干 > \delta^{13}C_沥 \geq \delta^{13}C_油$，$\delta^{13}C_干 \geq \delta^{13}C_沥青质 \geq \delta^{13}C_非烃 \geq \delta^{13}C_芳烃 \geq \delta^{13}C_饱和烃$。由于运移、热转化、脱沥青等次生作用对所有馏分的同位素组成都有影响，实际研究中常可以看到各种不规则的同位素类型曲线。具有相同成因和次生变化影响的石油样品，其同位素类型曲线仍应相近。

### 三、应用生物标志化合物进行油源对比

生物标志化合物因其特征和稳定的结构而具有独到的溯源意义，被广泛应用于指示生源输入、母质类型和沉积环境，并作为油气源对比、油气运移分析、生物降解分析以及油藏流体非均质性描述等方面的评价和研究指标。同时，它们在地质演化过程中的一定变化，如构型异构化、重排、芳构化、侧链断裂等，又使得它们成为评价成熟度、沉积速率及热历史的灵敏指标。

**（一）类异戊二烯型烷烃**

这是一组由叶绿素的侧链植醇或类脂化合物衍生的异构烷烃化合物，在结构上每隔三个次甲基出现一个甲基侧链，很像是由若干个异戊二烯分子加氢缩合而成，故称类异戊二烯型烷烃。20世纪60年代以来，在原油和沉积物中陆续发现了 $C_9 \sim C_{25}$ 类异戊二烯型烷烃，其中的 2,6,10,14—四甲基十五烷称为姥鲛烷（Pr），2,6,10,14—四甲基十六烷称为植烷（Ph），二者的含量通常最丰富且最稳定。

类异戊二烯型烷烃几乎在每个原油与烃源岩抽提物中都出现，尽管它们通常不及饱和烃含量高，但是由于结构比较稳定，能够比正构烷烃更好地抵抗微生物的降解，是一类重要的对比参数。通常情况下，姥鲛烷的相对含量越高，指示的原始沉积环境越氧化；植烷的相对含量越高，指示的原始沉积环境越还原（图2-24）。常用的指标包括 Pr/Ph、Pr/$n$C$_{17}$ 和 Ph/$n$C$_{18}$（$n$ 代表直链正构烷烃）等。与此同时，生物降解会造成姥鲛烷和植烷的含量相对于正构烷烃有整体的提升；而热演化生烃则会产生更多的正构烷烃，进而造成类异戊二烯型烷烃的相对含量降低（图2-24）。

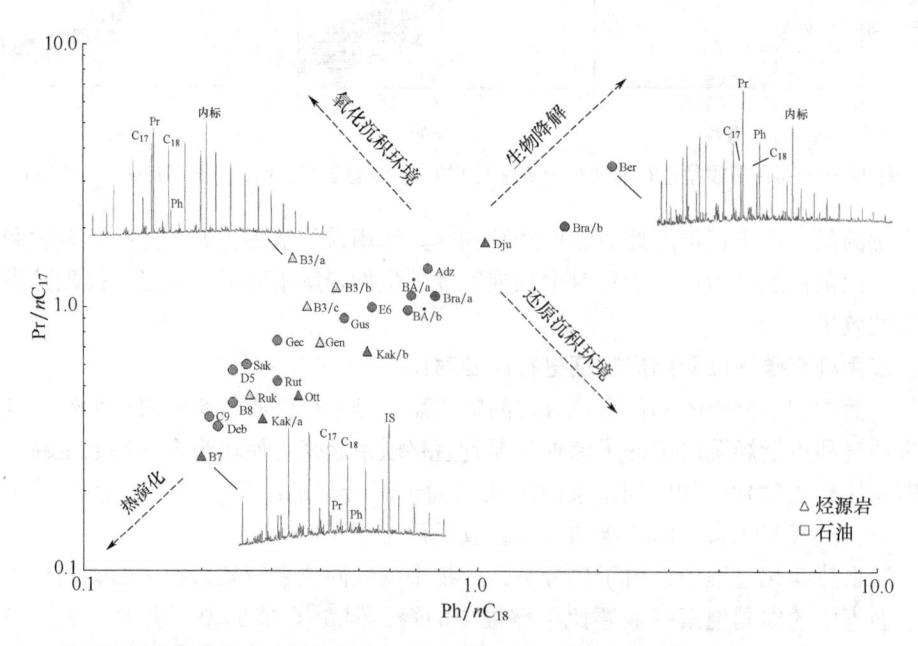

图2-24 北欧波罗的海盆地古生界烃源岩和石油的类异戊二烯型烷烃分布特征（据Yang等，2017）

## （二）甾、萜化合物

甾、萜类化合物结构独特，性质稳定，抗微生物降解能力强，在油源对比中起着很大的作用。有亲缘关系的烃源岩与原油，甾烷、萜烷的相对含量和组合特征应是相似的，因此可以根据甾、萜烷系列化合物的分布规律来进行油源对比，几乎所有用于指示沉积环境、母源输入和有机质成熟度的甾萜烷参数，同时也是油源对比的良好参数。一些特征化合物及其分布曲线（如升藿烷分布曲线）、同系物组成三角图和相关图，是进行油源对比的非常有效的手段。

利用生物标志物组成参数特征进行油源对比是最常用的方法。由于影响生物标志物组成的因素是十分复杂的，任何单一指标都具有局限性。如果烃源岩与原油具有亲缘关系，那么二者在母源性质、沉积环境、成熟度上都应具有相似性，因此在选择参数时，必须同时考虑上述三个因素。最常用的是 $m/z217$（甾烷）和 $m/z191$（五环萜烷类）质量色谱图。如反映母源的参数有 $C_{27}$—$C_{29}$ 甾烷的相对含量（图 2-25）、（霍烷+莫烷）$C_{29}/C_{30}$、奥利烷指数（OI）等；反映沉积环境的参数有伽马蜡烷/$C_{30}$（莫烷+霍烷）和 $C_{35}$ 霍烷/$C_{34}$ 霍烷等；反映成熟度的参数有 Ts/Tm、$C_{31}$ 霍烷 S/R、$\alpha\alpha\alpha C_{29}$ 甾烷 S/(S+R)、$C_{29}$ 甾烷 $\beta\beta/(\alpha\alpha+\beta\beta)$ 等，这些都是对比时可以使用的参数，可以使用其中几个，也可以同时使用。

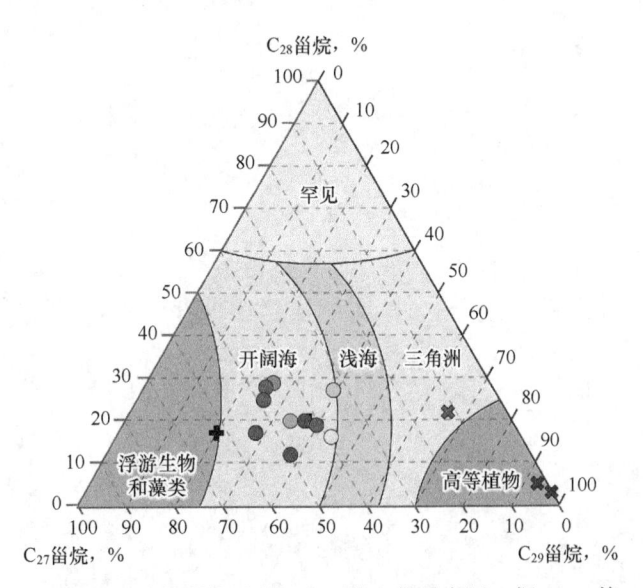

图 2-25　甾烷相对含量所指示的沉积环境和物质来源（据 Yang 等，2022）

油气形成的漫长性和本身的可流动性，使其在运移、聚集甚至储层中都会经历一系列的变化。这样就会模糊甚至完全掩盖油—源间的相似性，从而大大增加对比的多解性和复杂性。因此在进行油源对比时，要充分考虑到对比参数在不同地区或不同层位的适用性，灵活掌握，反复实验，找出最有效的对比方法，并将各项指标加以综合应用。在对比研究中，所用的参数越多，对比结果越可靠；与此同时，还必须从油气形成的整个成因体系来考虑，只有充分考虑到古环境、成熟度和运移作用，甚至生物降解作用的影响，才能辩证地认识油—源之间的成因联系。

## 思考题

1. 油气成因两大学派的根本分歧是什么？油气无机成因理论的主要观点有哪些？油气有机成因理论的主要观点有哪些？主要证据有哪些？
2. 生物有机质有哪些主要类型？成烃潜力如何？
3. 何谓沉积有机质？沉积物（岩）中沉积有机质的丰富程度取决于哪些因素？
4. 何谓干酪根？如何对干酪根进行类型的划分？干酪根的演化特点如何？
5. 影响油气生成的主要因素有哪些？它们是如何影响油气生成的？
6. 有机质向油气转化的过程可以分成哪几个阶段？各阶段有何特征？
7. 何谓生油门限和生油窗？
8. 何谓生物气、油型气、煤型气？如何判识不同成因的天然气？
9. 何谓烃源岩、烃源岩系？有利于烃源岩发育的大地构造条件和岩相古地理条件应是怎样的？
10. 如何根据地质和有机地化特征评价烃源岩？
11. 何谓油源对比？其基本原理和目的是什么？目前常用的方法有哪几类？

# 第三章 储集层和盖层

## 第一节 储集层概述

### 一、储集层定义与分类

（一）储集层的定义

具有一定储集空间，能够储存和渗滤流体的岩石称为储集岩。由储集岩所构成的地层称为储集层，简称储层。若储集层中含有工业价值的油、气流则称为油层、气层或油气层。从理论上讲，任何岩石都可以作为油气储集层，但99%以上的油气储量集中在沉积岩中，其中又以砂岩和碳酸盐岩储集层为主。油气层是油气藏的核心，它的岩性、发育特征、内部结构、分布范围以及物性变化规律等，与油气储量、产能、产量密切相关，直接影响油气勘探、开发的部署。

储集岩必备的两个特性为孔隙性和渗透性。孔隙性即岩石具备由各种孔隙、溶洞、裂隙所形成的储集空间，孔隙性的好坏直接决定岩层储存油气的数量，通常用孔隙度表示。渗透性，即在一定压差下流体可在岩石中流动的能力，渗透性的好坏控制了流体通过储层的渗流能力，通常用渗透率表示。

（二）储集层的类型

根据研究目的及油田生产实践的需要，对储集层有多种分类方案：

（1）按岩性分类，可将储集层分为三大类，即碎屑岩储集层、碳酸盐岩储集层和特殊岩类储集层（包括岩浆岩、变质岩、泥质岩等）。

（2）按照储集空间类型分类，可分为孔隙型储集层、裂缝型储集层和孔缝型储集层、缝洞型储集层、孔洞型储集层和孔缝洞复合型储集层等。

（3）按照渗透率分类，根据渗透率的大小可将储集层分为高渗储集层、中渗储集层和低渗储集层等。

（4）按照油气藏特征分类，可将储集层分为常规储集层和非常规储集层两大类，其中泥页岩、致密岩以及煤岩等均为非常规储集层。

### 二、储集层孔隙度

孔隙度反映岩石中孔隙的发育程度，是指孔隙体积与储集层岩石体积之比，它是一个无量纲的值，可用小数或百分比表示。这里的孔隙是广义的孔隙，是指岩石中未被固体物质所充填的空间，包括孔隙（狭义）、溶洞和裂缝。其中，狭义的孔隙是指岩石中颗粒（晶粒）间、颗粒（晶粒）内和填隙物内的空隙。

（一）孔隙的类型

依据孔隙成因，将孔隙划分为原生孔隙和次生孔隙两种。原生孔隙是沉积岩经受沉积和压实作用后保存下来的孔隙空间，如砂岩中的粒间孔。次生孔隙是指受构造挤压或地层水循环作用而形成的孔隙，如溶蚀孔隙、收缩孔、裂隙等。

根据岩石中的孔隙大小及其对流体作用的不同，可将孔隙划分为三种类型。

1. 超毛细管孔隙

孔隙直径大于0.5mm，或裂缝宽度大于0.25mm。在自然条件下，流体在其中可以自由流动，服从静水力学的一般规律。岩石中一些大的裂缝、溶洞及未胶结或胶结疏松的砂层孔隙大部分属于此种类型。

2. 毛细管孔隙

孔隙直径介于0.5~0.0002mm之间，或裂缝宽度介于0.25~0.0001mm之间。流体在这种孔隙中，由于受毛细管力的作用，已不能自由流动，只有在外力大于毛细管阻力的情况下，流体才能在其中流动。微裂缝和一般砂岩中的孔隙多属于这种类型。

3. 微毛细管孔隙

孔隙直径小于0.0002mm，或裂缝宽度小于0.0001mm。该类孔隙主要由微米和纳米级孔隙组成，其中，微米级孔喉指直径大于$1\mu m$的孔隙，纳米级孔喉指直径小于$1\mu m$的孔隙。在这种孔隙中，由于流体与周围介质分子之间的巨大引力，在通常温度和压力条件下，流体在其中不能流动；增加温度和压力，也只能引起流体呈分子或分子团状态扩散。页岩、致密砂岩中的孔隙多属此类型。

从上可知，对于常规储集层，岩石中的孔隙按其对流体渗流的影响可分为两类，即有效孔隙和无效孔隙。其中有效孔隙为连通的毛细管孔隙和超毛细管孔隙，而无效孔隙有两种，一为微毛细管孔隙，另一为死孔隙或孤立的孔隙（图3-1）。

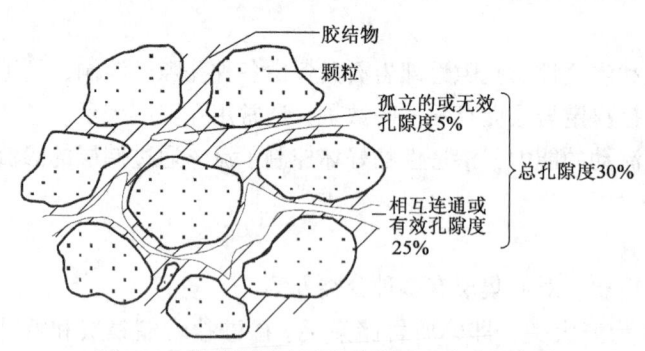

图3-1 净砂岩的连通孔隙和孤立孔隙示意图

（二）孔隙度

根据孔隙的大小和连通情况，可将孔隙度分为总孔隙度和有效孔隙度两类。

1. 总孔隙度

岩样中所有孔隙体积之和与该岩样总体积的比值，称为总孔隙度，表示为

$$\phi = \frac{\sum V_\phi}{V_r} \times 100\% \qquad (3-1)$$

式中 $\phi$——孔隙度，%；

$\sum V_\phi$——岩样中所有孔隙体积之和，$cm^3$；

$V_r$——岩样总体积，$cm^3$。

储集岩的总孔隙度越大，说明岩石中储集流体的空间越大。

2. 有效孔隙度

有效孔隙度是指岩样中能够储集和渗滤流体的连通孔隙体积（有效孔隙体积）与岩样总体积的比值，其表达式为

$$\phi_e = \frac{\sum V_e}{V_r} \times 100\% \qquad (3-2)$$

式中 $\phi_e$——有效孔隙度，%；

$\sum V_e$——有效孔隙总体积，$cm^3$。

在常规储集层的生产实践中,连通孔隙才具有实际意义;而非常规储集层采用的压裂开采,可以让微毛细管孔隙或孤立孔隙中的油气得以流动。

在相同条件下,同一岩样的总孔隙度大于有效孔隙度,而对于未胶结或胶结作用弱的砂岩来说,二者相差不大。在储集层评价及储量计算时,一般采用有效孔隙度作为标准,习惯上简称为孔隙度。常规储集层的孔隙度多分布在20%~30%,但也有一些如石灰岩裂缝型储集层孔隙度可以高达70%,也可以低于5%。

### 三、储集层渗透率

在一定压力差下,岩石本身允许流体通过的能力称为岩石的渗透性。地层压力下流体能较快通过其连通孔隙的岩石称为渗透性岩石;反之为非渗透性岩石。岩石渗透性的好坏,是以渗透率的数值大小来表示的,可分为绝对渗透率、有效渗透率和相对渗透率。

#### (一) 绝对渗透率

绝对渗透率是指岩石孔隙中只有一种流体(单相)存在,流体不与岩石起任何物理和化学反应,且流体的流动符合达西直线渗滤定律时所测得的渗透率。

当单相流体通过孔隙介质呈层状流动时(图3-2),单位时间内通过岩石截面积的液体流量与压力差和截面积的大小成正比,而与液体通过岩石的长度以及液体的黏度成反比:

$$Q = \frac{K(p_1 - p_2)F}{\mu L} \quad (3-3)$$

式中 $Q$——单位时间内液体通过岩石的流量,$cm^3/s$;

$F$——液体通过岩石的截面积,$cm^2$;

$\mu$——液体的黏度,$mPa \cdot s$;

$L$——岩石的长度,cm;

$p_1-p_2$——液体通过岩石前后的压差,MPa;

$K$——岩石的渗透率,D(达西),$10^{-3} \mu m^2$,$1mD \approx 1 \times 10^{-3} \mu m^2$。

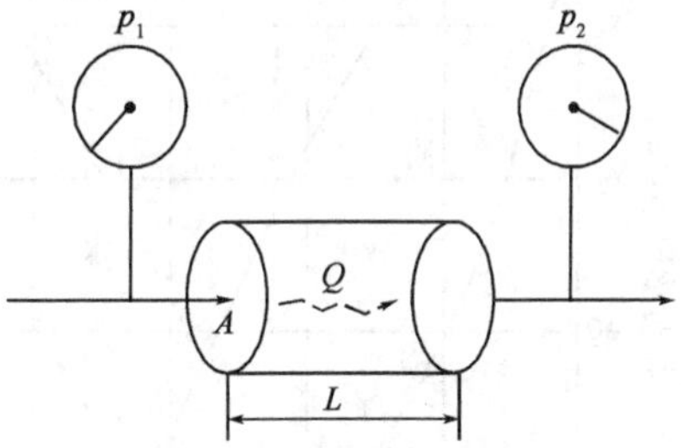

图3-2 实验室测量渗透率的基本装置示意图

对液体来说,渗透率计算公式为

$$K = \frac{Q\mu L}{(p_1 - p_2)F} \quad (3-4)$$

当$p_1$、$p_2$、$F$、$L$、$\mu$均为常数时,流量($Q$)与渗透率($K$)成正比,即流体通过的量取决于岩石本身使流体通过的能力。

理论上,绝对渗透率仅与岩石性质有关,与流体性质和测定条件无关。但在实际测定工作中,人们发现同一岩样、同一种气体,在不同的平均压力下,所测得的绝对渗透率不同。液体作为介质测的渗透率总是低于气体测的渗透率。对于气体来说,由于它与液体性质不同,受压力影响十分明显,当气体沿岩石由高压($p_1$)流向低压($p_2$)时,气体体积要发生膨胀,其体积流量通过各处截面积时都是变数,故达西公式中的体积流量应是通过岩石的平均流量。于是气体渗透率的公式可写成

$$K = \frac{2p_2 Q_2 \mu_g L}{(p_1^2 - p_2^2)F} \quad (3-5)$$

式中 $\mu_g$——气体的黏度;

$Q_2$——通过岩石后,在出口压力($p_2$)下,气体的体积流量。

## （二）有效渗透率

在自然界的实际油层内，孔隙中的流体往往不是单相，而是呈油、水两相或油、气、水三相并存。在此情况下，各相之间彼此干扰，岩石对其中每相流体的渗滤作用与单相流有很大差别。为了与岩石的绝对渗透率相区别，人们提出有效渗透率的概念。

有效渗透率又称为相渗透率，是指在多相流体存在时，岩石对其中每相流体的渗透率。用符号 $K_o$、$K_g$、$K_w$ 分别来表示油、气、水的有效渗透率。一般来说，岩石对每一相流体的有效渗透率小于该岩石的绝对渗透率。

## （三）相对渗透率

有效渗透率不仅与岩石的性质有关，也与其中流体的性质和它们的数量比例有关。在实际应用上常采用有效渗透率与绝对渗透率的比值表示多相渗滤特征，称为相对渗透率：

$$相对渗透率 = 有效渗透率/绝对渗透率$$

油、气、水的相对渗透率分别为 $K_o/K$、$K_g/K$、$K_w/K$。

储集层岩石孔隙空间中，一般为水和烃类等流体所占据。油、气、水在储集层孔隙中的含量分别占总孔隙体积的百分数称为油、气、水的饱和度，常用 $S_o$、$S_w$、$S_g$ 表示，若油层中含水、油、气三相，则 $S_o+S_w+S_g=1$。

实验证明：有效渗透率和相对渗透率不仅与岩石性质有关，而且与流体的性质和饱和度关系密切，随着该相流体饱和度的增加，其有效渗透率和相对渗透率均增加，直到全部为某种单相流体所饱和（图3-3），其有效渗透率等于绝对渗透率，相对渗透率则等于1。相反，随着该相流体在岩石孔隙中的含量逐渐减少，有效渗透率则逐渐降低，直到某一极限含量，该相流体停止流动。因此，相对渗透率的变化值在 0~1 之间。

相对渗透率曲线与岩样的润湿性和岩心的非均质性密切相关。当岩石润湿性由亲水向亲油转化时，油的相对渗透率趋于降低，水的相对渗透率趋于升高（图3-3）。岩心的非均质性则影响渗透率的方向，对指导油气开发十分重要。

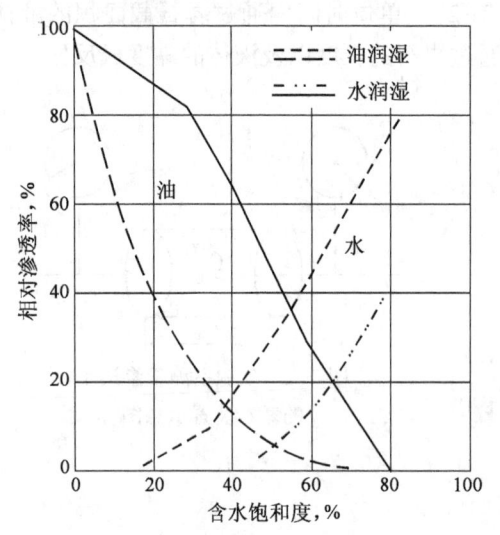

图3-3 典型水湿性和油湿性油藏中含水饱和度与相对渗透率的关系曲线
（据 Luca Cosentino，2001）

### 四、储集层孔隙结构

#### （一）孔隙结构的定义

岩石中未被颗粒、胶结物或杂基充填的空间可分为孔隙和喉道。一般可以将岩石颗粒包围着的较大空间称为孔隙，而仅仅在两个颗粒间连通的狭窄部分称为喉道。孔隙结构就是指孔隙和喉道的几何形状、大小、分布及其相互连通的关系。当流体沿着复杂的孔隙系统流动时，要经历一系列交替着的孔隙和喉道，会受到流体通道中最小的断面（即喉道直径）的控制。因此，喉道的形状、大小控制着孔隙的渗滤能力。

喉道与孔隙的不同配置关系，可以使储集层呈现不同的性质。例如，以喉道较粗和孔隙直径较大为特征的储集层，一般表现为孔隙度大、渗透率高；以喉道较粗、孔隙较上类偏小为特征的储集层，一般表现为孔隙度低—中等、渗透率偏低—中等；以喉道较上两类细小、孔隙粗大为特征的储集层，一般表现为孔隙度中等、渗透率低；以喉道细小、孔隙亦细小为特征的储集层，孔隙度及渗透率均低。

（二）孔隙结构的研究方法

对于常规储集层，孔隙结构的研究方法主要包括毛细管压力曲线法、铸体薄片分析、扫描电镜、核磁共振技术。毛细管压力曲线法耗时较长，铸体薄片与扫描电镜是针对二维断面进行观察，核磁共振技术能对岩石进行三维成像，但辨识能力较粗，是一项间接测量方法，需要将核磁共振谱与毛细管压力曲线相结合，对两者间关系及其相互转化进行研究，然后对孔喉大小作出准确评价（图3-4）。

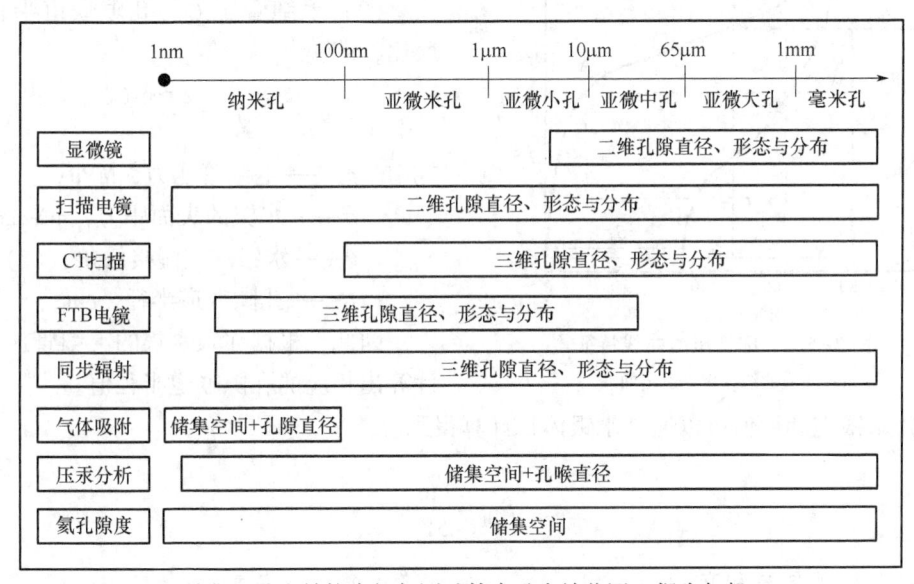

图3-4 储集层孔喉结构表征与测试技术及有效范围（据朱如凯，2016）

在孔隙结构描述理论方面，目前研究较多的是孔隙结构分形几何表征。岩石孔隙具有分形结构的特征，砂岩等各种储集层的孔隙尺寸范围内具有良好的分形性质，分形维数可以表征孔隙结构的特征，分形维数越小，说明孔喉表面越光滑，均质性好，反之表明孔隙结构的复杂程度越大，孔径分布越不均匀。

与常规砂岩储集层相比，致密储集层具有孔喉尺寸小、非均质性强、孔隙结构复杂的特征，因此常规的储集层孔隙结构表征方法，如光学显微镜、钨灯丝扫描电镜、常规压汞技术等，受分辨率限制，难以对致密储集层孔隙结构进行全面评价。因此，大量具有更高分辨率与表征精度的技术被用来研究致密储集层孔隙结构，包括场发射扫描电镜、聚焦离子束场发射扫描电镜、透射电镜、CT扫描、高压压汞、氮气吸附、小角X射线散射等。这些新技术可以系统表征三维纳米级孔喉系统。

数字岩心表征与孔隙网络模型是基于高精度三维孔隙结构成像与计算机技术相结合而诞生的两类数字岩石物理技术，可以直观再现岩石的三维孔隙结构，能对孔隙结构特征参数进行量化统计。

（三）压汞曲线及孔隙结构参数

压汞曲线又称为毛细管压力曲线，是目前定量研究岩石孔隙结构最主要的方法之一。它是根据实测的水银注入压力（$p_c$）与相应的岩样含水银体积（$V_{Hg}$），并经计算求得水银饱和度值（$S_{Hg}$）和孔隙喉道半径（$R$）之后，所绘制的毛细管压力、孔隙喉道半径与水银饱和度的关系曲线（图3-5），基本原理如下：

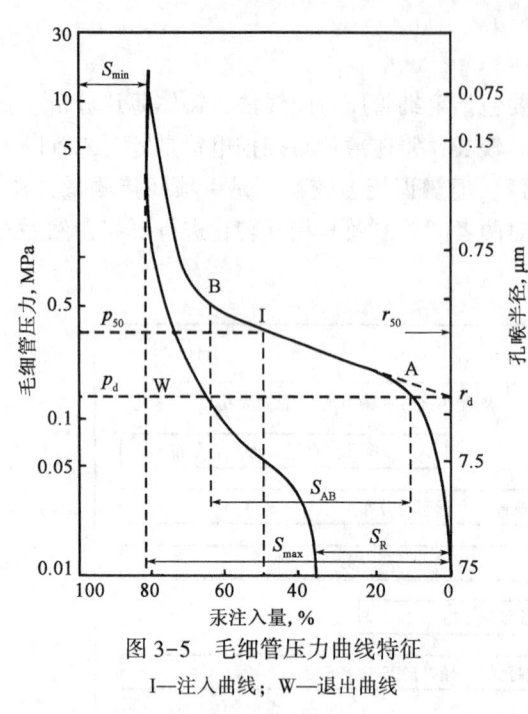

（1）对岩石而言，水银为非润湿相，如欲使水银注入于岩石孔隙系统内，即必须克服孔隙喉道所造成的毛细管阻力。因此，当求出与之平衡的毛细管力$p_c$和压入岩样内汞的体积，便能得到毛细管力和岩样中汞饱和度的关系。

（2）毛细管压力与孔隙喉道半径$R$成反比，即

$$p_c = \frac{2\sigma\cos\theta}{R} \quad (3-6)$$

式中 $p_c$——毛细管压力，MPa；
$\sigma$——水银的表面张力，mN/cm；
$\theta$——水银的润湿接触角，(°)；
$R$——孔隙喉道半径，cm。

因此，根据注入水银的毛细管压力就可计算出相应的孔隙喉道半径值。

图3-5 毛细管压力曲线特征
I—注入曲线；W—退出曲线

（3）水银饱和度值可以通过水银体积计算得到

$$S_{Hg} = \frac{V_{Hg}}{\phi V_f} \quad (3-7)$$

式中 $S_{Hg}$——水银饱和度，%；
$V_{Hg}$——孔隙中所含水银的体积，cm³；
$\phi$——岩样的孔隙度，%；
$V_f$——岩样的体积，cm³。

排替压力（$p_d$）是指润湿相流体被非润湿相流体排替所需要的最小压力。$p_d$越小，说明岩样中最大连通孔喉越大，大孔喉越多，孔隙结构越好。非润湿相汞饱和度为50%时对应的毛细管压力，称为饱和度中值压力（$p_{50}$），它所对应的孔喉半径约等于平均喉道半径（$r_{50}$）。$p_c$达到一定程度时，注入汞量基本不再增加。残余水未被汞注入的孔隙体积，称为最小非饱和孔隙体积（$S_{min}$）。

不同毛细管曲线形态反映不同孔隙大小和分布，从而可以识别出岩石的分选性和孔隙发育程度（图3-6）。

根据毛细管压力曲线可以求得排替压力（$p_d$）、孔隙喉道半径中值（$r_{50}$）、毛细管压力中值（$p_{50}$）、最小非饱和孔隙体积百分数（$S_{min}$）以及孔隙喉道半径频率分布直方图（图3-7）。孔喉半径直方图中$r$越集中越大，孔隙结构越好。

### 五、孔隙度与渗透率的关系

岩石的孔隙度与渗透率存在一定的关系，但是两者并无严格的函数关系。一般情况下，绝对渗透率随有效孔隙度的增大而增大，但也不是无限的。孔隙度与渗透率的关系视储集层

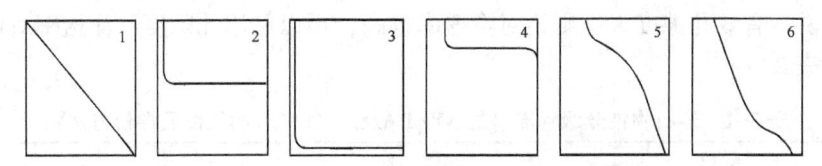

图 3-6　不同分选和歪度下毛细管压力曲线
1—未分选；2—分选好；3—分选好，粗歪度；4—分选好，细歪度；
5—分选差，略细歪度；6—分选差，略粗歪度

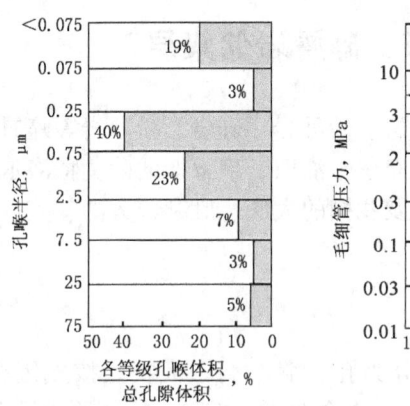

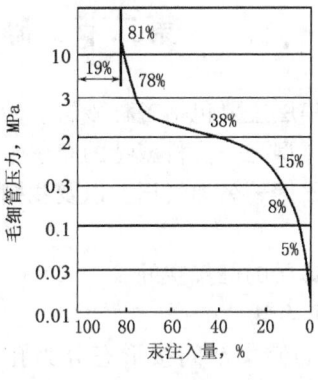

图 3-7　毛细管压力曲线与孔隙喉道分布直方图

岩性和孔隙空间类型的不同而不同（图3-8）。

**碎屑岩储集层**：有效孔隙度与绝对渗透率有较好的正相关关系。渗透率随孔隙度的增加而增加，大体上呈指数函数关系（图3-8）。

**碳酸盐岩储集层**：孔隙度与渗透率关系变化很大，无明显关系。对于一些裂缝发育的泥灰岩、致密石灰岩储集层等，裂缝要比孔隙对渗透率的影响大得多，所以，虽然在实验室分析的孔隙度很低，只有5%~6%，但渗透率却很高。部分生物灰岩等，发育粒内溶孔或体腔孔隙，但孔隙连通性差或喉道细小，往往表现为高孔、低渗储集层（图3-8）。对于以粒间孔隙为主，洞、缝不发育的颗粒灰岩、晶粒白云岩等，与碎屑岩具有相似的规律，渗透率随着有效孔隙度的增加而有规律地增加（Coalson 等，1990）。

**火成岩、变质岩储集层**：储集空间以溶蚀孔、裂缝为主，裂缝的影响较大，二者相关性差。如果裂缝发育，则渗透率很高；如果裂缝不发育，则为特低孔渗性储集层。

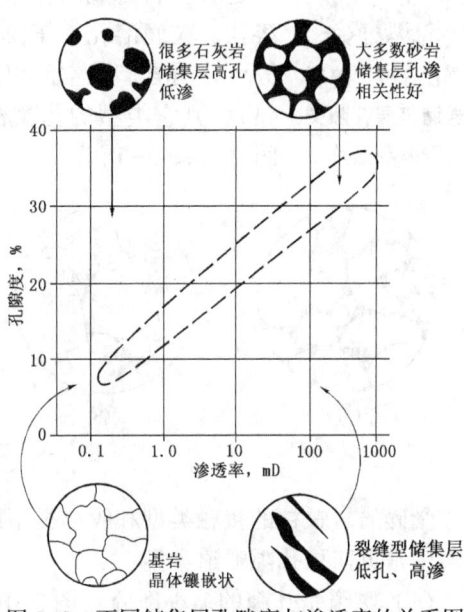

图 3-8　不同储集层孔隙度与渗透率的关系图
（黑色为孔隙；据 Selley, 1998）

孔隙和喉道的不同配置关系，也可以使储集层呈现不同的性质。在有效孔隙度相同的条件下，孔喉直径小的岩石比孔喉直径大的岩石渗透率低，孔喉形状复杂的岩石比孔喉形状简单的岩石渗透率低。

一般来说，有效孔隙度大，则绝对渗透率也高，可以利用孔隙度和渗透率对储集层进行分类评价（表3-1）。

表3-1 岩石物性分级标准（据SY/T 6285—2011《油气储层评价方法》）

| 项目 \ 级别 | 特高 | 高 | 中 | 低 | 特低 | 超低 |
| --- | --- | --- | --- | --- | --- | --- |
| 渗透率，mD | ≥2000 | 500~2000 | 50~500 | 10~50 | 1~10 | <1 |
| 孔隙度，% | ≥30 | 25~30 | 15~25 | 10~15 | 5~10 | <5 |

## 第二节 碎屑岩储集层

常规碎屑岩储集层主要包括各种砂岩、砂砾岩、砾岩、粉砂岩等碎屑沉积岩，是世界油气田的主要储集层类型之一。科威特的布尔干油田、俄罗斯的萨莫特洛尔油田以及美国阿拉斯加普鲁德霍湾油田等著名油气田，以及我国的大庆、胜利、大港、克拉玛依等油田的主要储集层均属于此类。

### 一、碎屑岩储集层的储集空间

（一）储集空间类型

碎屑岩储集层的储集空间按形态分为孔、缝、洞三大类。按成因机制，分为原生孔隙和次生孔洞两大类，12个亚类（表3-2）。原生孔隙主要包括粒间孔隙、矿物解理缝、层理层间缝等（图3-9）；次生孔洞是指沉积作用过程之后，岩石成岩作用中所形成的孔隙、溶洞和裂缝，包括颗粒及粒内溶孔、粒间溶孔、铸模孔、超粒孔、晶间、构造裂缝、成岩裂缝、溶洞等。碎屑岩储集空间以粒间孔隙为主（包括原生粒间孔隙和次生粒间孔隙），其它类型的孔隙相对较少，但在有的储集岩中可成为主要储集空间（彩图3-1）。

彩图3-1 碎屑岩储集层孔隙类型微观照片

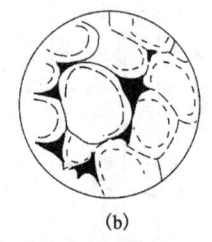

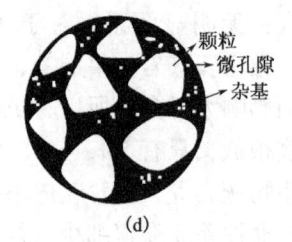

图3-9 碎屑岩原生孔隙类型

受碎屑岩颗粒的接触类型和胶结类型以及砂岩颗粒本身的形状、大小、圆度等影响，碎屑岩中常见四种孔隙喉道类型：

（1）喉道是孔隙的缩小部分［图3-10(a)］：发育在粒间孔隙或扩大粒间孔隙为主的砂岩中，几乎都是有效孔隙。常见于颗粒支撑、漂浮状颗粒接触以及无胶结物式类型。

（2）可变断面收缩部分是喉道［图3-10(b)］：当颗粒被压实而排列比较紧密时，使喉道大大变窄，具有高孔隙度、低渗透率的特点，常见于颗粒支撑、接触式、点接触类型。

（3）片状或弯片状喉道［图3-10(c)、(d)］：当砂岩进一步压实，或者由于压溶作用使晶体再生长时，其再生长边之间包围的孔隙变得较小，一般小于1μm，具有孔隙小、喉

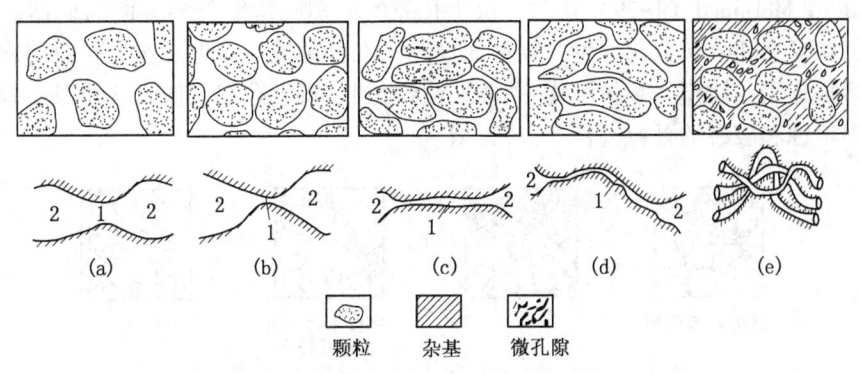

图 3-10 孔隙喉道的类型（据罗蛰潭，1986）
(a) 喉道是孔隙的缩小部分；(b) 可变断面收缩部分是喉道；
(c) 片状喉道；(d) 弯片状喉道；(e) 管状喉道；1—喉道；2—孔隙

道极细的特征。常见于接触式、线接触、凹凸接触式类型。

(4) 管束状喉道 [图 3-10(e)]：在杂基及胶结物中的许多微孔隙本身既是孔隙又是连通通道。这些微孔隙像一支支微毛细管交叉地分布在杂基及胶结物中。其孔隙度较低，渗透率则极低。常见于杂基支撑、基底式及孔隙式、缝合接触式类型中。

表 3-2 碎屑岩储层储集空间类型及其特征

| 类 | 亚类 |  |  | 空间大小 | 特征 |
|---|---|---|---|---|---|
| 原生孔隙 | 孔 | 原生粒间孔 |  | <2mm | 原生粒间或残留孔隙 |
|  | 缝 | 原生粒内孔 |  |  | 岩屑粒内微孔、喷出岩岩屑内的气孔、杂基内微孔等 |
|  |  | 矿物解理缝、层间缝 |  |  |  |
| 次生孔洞 | 孔 | 粒间溶孔 | 颗粒边缘溶解 | <2mm | 长石、岩屑等颗粒边缘、局部溶解 |
|  |  |  | 胶结物及晶内局部溶解 |  | 如方解石等胶结物局部溶解 |
|  |  |  | 杂基溶解 |  | 黏土杂基的局部溶解 |
|  |  | 组分内溶孔 | 颗粒粒内溶孔 |  | 如长石、岩屑等粒内溶解 |
|  |  |  | 杂基内溶孔 |  | 黏土杂基的局部溶解 |
|  |  |  | 胶结物内溶孔 |  | 方解石等胶结物或其晶体内的局部溶解 |
|  |  |  | 超大孔 |  | 由胶结物及颗粒一起被溶解所致 |
|  |  | 铸模孔 | 粒模、晶模、生物模 |  | 颗粒、晶体或生物屑溶解而保留外形 |
|  |  | 晶间孔 |  |  | 晚期形成的高岭石、白云石等晶间的孔隙 |
| 次生孔洞 | 洞 | 溶洞 |  | >2mm | 多与表生淋滤作用有关 |
|  | 缝 | 收缩缝 |  | >0.01mm | 成岩收缩作用 |
|  |  | 成岩缝及其溶蚀 |  |  | 无方向性，缝细，延伸范围小 |
|  |  | 构造缝及其溶蚀 |  |  | 平整延伸，组系分明，相互切割 |

（二）次生孔隙的发育特征

碎屑岩次生孔隙的研究始于 20 世纪 30 年代，但一直未受到重视，70 年代以来，人们在砂岩成岩作用研究中获得突破，认识到次生孔隙在砂岩孔隙中占有较大比例，并建立了识别标志。

Schmidt 和 McDonad（1979）认为，次生孔隙的识别应借助于多方面的证据，次生孔隙一般较大，在形态和分布上比原生孔隙更无规律。在显微镜下，识别次生孔隙的岩石学标准包括部分溶解作用、铸模、颗粒不均一和漂浮状排列、特大孔隙、伸长状孔隙、颗粒边缘溶蚀、颗粒内溶蚀和破裂的颗粒（图 3-11）等。

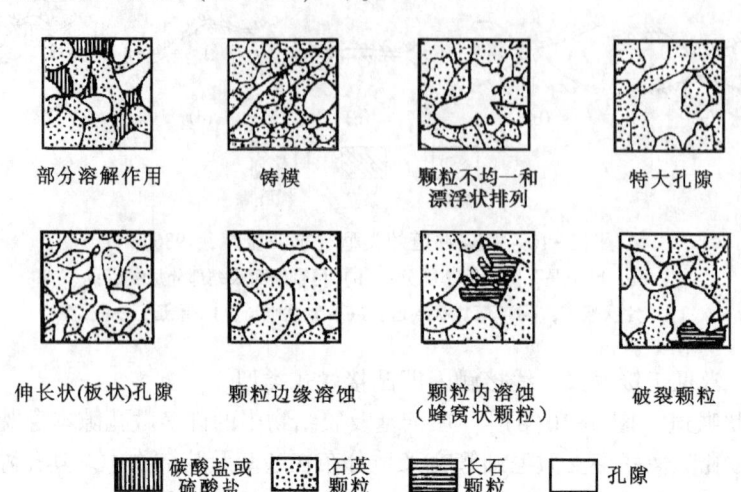

图 3-11 鉴别砂岩次生孔隙的岩石学标志（据 Schmidt 等，1979）

（三）次生孔隙的形成机制

溶蚀作用是形成次生孔隙的主要成岩过程。次生孔隙的成因有碳酸盐或硅酸盐的溶蚀作用、岩石组分的破裂和收缩等（表 3-3）。

表 3-3 使砂岩产生次生孔隙的成岩作用（据 Schmidt 等，1979）

| 成岩作用 | | 形成的次生孔隙量 |
|---|---|---|
| 岩石破裂作用 | | 较少，个别地层可能较多 |
| 颗粒破裂作用 | | 很少 |
| 收缩作用 | | 较少 |
| 溶解作用 | 方解石 | 较多 |
| | 白云石 | 较多 |
| | 菱铁矿和铁白云石 | 较多 |
| | 硫酸盐 | 较少 |
| | 其它蒸发岩 | 较少 |
| | 长石等铝硅酸盐 | 较多 |
| | 其它非硅酸盐 | 很少 |

1. 有机酸对岩石组分的溶解

（1）有机酸对碳酸盐矿物有两种溶解机理：一是有机酸经脱羧产生 $CO_2$，溶于水形成碳酸，从而使碳酸盐溶解［图 3-12(a)］；二是有机酸解离出的 $H^+$ 对碳酸盐发生溶解作用［图 3-12(b)］。

（2）有机酸对铝硅酸盐矿物的溶解作用：有机酸与 $Al^{3+}$ 的络合，导致对铝硅酸盐矿物

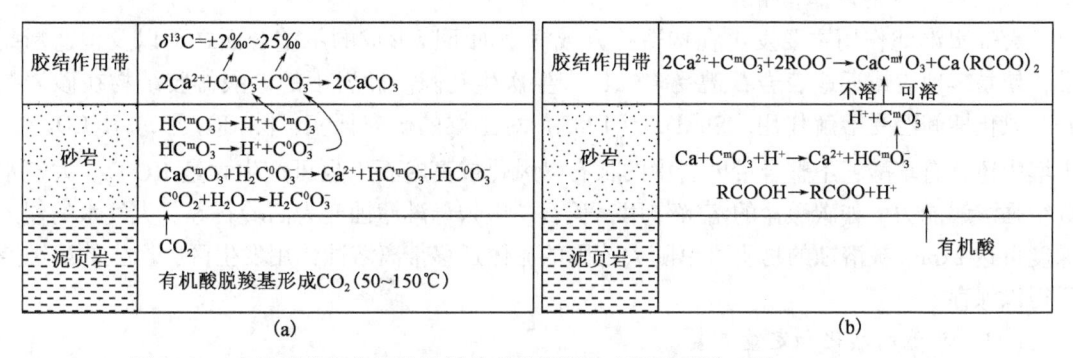

| 胶结作用带 | $\delta^{13}C=+2‰\sim25‰$<br>$2Ca^{2+}+C^mO_3^-+C^0O_3^-\rightarrow 2CaCO_3$ | | 胶结作用带 | $2Ca^{2+}+C^mO_3^-+2ROO^-\rightarrow CaC^mO_3+Ca(RCOO)_2$<br>不溶　可溶 |
|---|---|---|---|---|
| 砂岩 | $HC^mO_3^-\rightarrow H^++C^mO_3^-$<br>$HC^0O_3^-\rightarrow H^++C^0O_3^-$<br>$CaC^mO_3+H_2C^0O_3\rightarrow Ca^{2+}+HC^mO_3^-+HC^0O_3^-$<br>$C^0O_2+H_2O\rightarrow H_2C^0O_3$ | | 砂岩 | $H^++C^mO_3^-$ ↑<br>$Ca+C^mO_3+H^+\rightarrow Ca^{2+}+HC^mO_3^-$<br>$RCOOH\rightarrow RCOO+H^+$ |
| 泥页岩 | $CO_2$ ↑<br>有机酸脱羧基形成$CO_2$（50~150℃） | | 泥页岩 | 有机酸 ↑ |
| | (a) | | | (b) |

图 3-12 有机质热演化溶蚀机制的碳酸假说和有机酸假说（据 MeshriID, 1986）
(a) 有机质脱羧的碳酸假说；(b) 有机酸离解作用的有机酸假说

很强的溶解作用。以钾长石与乙二酸（$H_2C_2O_4$）的反应为例，反应方程式如下：

$$KAlSi_3O_8+H_2C_2O_4+2H_2O+2H^+ \Longleftrightarrow 3SiO_2+[AlC_2O_4\cdot 4H_2O]^++K^+ \quad (3-8)$$
钾长石　乙二酸　　　　　　　　　　　石英络合物
（108.77cm³）　　　　　　　　　　　（68.1cm³）

反应方程式（3-8）中，每 1mol 乙二酸络合 1mol 铝离子，从而溶解 1mol 长石，同时沉淀 3mol 石英，摩尔体积减小 37%（40.67cm³），即 1cm³ 的钾长石在有机酸存在的情况下被溶蚀可形成 0.37cm³ 的孔隙空间。

有机酸与长石、蒙皂石等铝硅酸盐反应可发生蚀变作用，体积减小，使孔隙增加。以钾长石为例：

$$钾长石+2H^++H_2O \Longleftrightarrow 高岭石+石英+2K^+ \quad (3-9)$$
（217.45cm³）　　　　　　（99.5cm³）（90.88cm³）

### 2. 碳酸的形成及对岩石组分的溶解

碳酸的形成分为有机成因说及无机成因说。有机成因说认为，有机质通过氧化作用、细菌对硫酸盐矿物进行的还原作用、生物的发酵作用、热脱羧基作用、矿物氧化还原反应以及碳酸盐矿物的热分解（如菱铁矿的分解）等均可产生 $CO_2$，形成酸性水。随后酸性水选择性溶解岩石组分。

$CO_2$ 的无机成因说（Maffler 和 White，1969；Hutcheon，1980）认为在成岩作用的深埋阶段，黏土矿物和碳酸盐反应产生 $CO_2$，如高温条件下高岭石转化为绿泥石、伊利石蚀变为长石或绿泥石的反应等都能释放出一些 $CO_2$。

### 3. TSR（热化学硫酸盐还原作用）假设

烃类与硫酸盐之间发生 TSR 反应的主要产物是有机酸、碳酸氢根离子、硫化氢及固体沥青，其总反应方程式可以表示为

$$SO_4^{2-}+烃类+H_2O \xrightarrow[R_o>1.3\%]{>100\sim135℃} H_2S+S+沥青+有机酸+HCO_3^-+热 \quad (3-10)$$

由 TSR 反应生成的有机酸和二氧化碳等酸性物质，可以对发生 TSR 反应附近层段中的方解石、白云石和硬石膏等矿物产生广泛的溶解作用。

4. 大气降水的淋滤作用

大气水淋滤作用主要发生在构造抬升或海平面下降形成的不整合面之下以及构造断裂带，使暴露地表或近地表岩石遭受溶蚀，产生次生孔隙。砂岩中的碳酸盐胶结物在砂岩抬升、风化期间经受溶解作用。Surdam（1983）对土壤的研究证实：除 $CO_2$ 形成 $H_2CO_3$ 外，土壤中还含有草酸；不整合带砂岩中的长石易风化成高岭石，也可产生大量 $HCO_3^-$。大气水具很强溶解能力，如碳酸盐的溶解作用，长石、黑云母淋滤蚀变为高岭石等。大气水的侵入深度可达 2km，被溶蚀的物质可以随大范围的流体迁移带离溶蚀作用发生区，产生的溶蚀空间得以保存。

（四）孔隙的演化和定量恢复

碎屑岩的孔隙演化与成岩阶段密切相关。以济阳坳陷的古近系砂岩为例，早成岩阶段，以机械压实作用为主，原生孔隙急剧减少，早成岩 B 期开始有次生孔隙形成。中成岩 A 期是次生孔隙发育带，形成于生油高峰之前和生油高峰，可为油气提供良好的储集空间。中成岩 B 期由于有机酸热裂解作用，$CO_2$ 大量生成，并伴随着黏土矿物的第三次转化，可形成第二个次生孔隙带，并有裂缝形成。晚成岩期，原生孔隙和次生孔隙都很少发育，孔隙度很低，但可发育裂缝，为天然气的储集提供有利空间。

目前，储集层孔隙度的恢复研究多为半定量化，借助岩石铸体薄片，分析不同岩石相的成岩时间序列，以成岩演化序列为约束，定量统计不同期次各种自生矿物和溶解孔隙的含量，逆时推演，获得这些岩石相在不同阶段或不同油气成藏期的古物性或古孔隙度（罗晓容等，2022）。具体的流程是：在岩石薄片中，先将最后一期油气充注之后的成岩作用产物识别出来，利用下式估算出该期沥青充注前的古孔隙度：

$$\phi_{古} = \phi_{当前} + \Delta\phi_{胶结} - \Delta\phi_{溶蚀} + \Delta\phi_{压实} \tag{3-11}$$

式中 $\phi_{古}$——该期沥青充注时的孔隙度；

$\phi_{当前}$——当前观测孔隙度；

$\Delta\phi_{胶结}$——该期沥青充注后胶结减孔量；

$\Delta\phi_{溶蚀}$——该期沥青充注后溶蚀增孔量；

$\Delta\phi_{压实}$——该期沥青充注后压实作用减孔量。

然后，令 $\phi_{当前} = \phi_{古}$，利用式（3-11）估算出倒数第二期沥青充注前的古孔隙度 $\phi'_{古}$。再令 $\phi_{当前} = \phi'_{古}$，同样估算出倒数第三期沥青充注前的孔隙度 $\phi''_{古}$。依次类推，直到全部期次沥青充注时的古孔隙度被恢复。利用研究区砂岩孔隙度渗透率经验关系，估算出不同期次的古渗透率。

二、碎屑岩储集层储集物性的影响因素

碎屑岩储集层的储集性质好坏主要取决于沉积环境、成岩作用、成岩环境等因素的影响。

（一）沉积环境

每一种沉积环境都形成不同的沉积物和沉积岩。不同的岩石类型具有不同的成分、结构和构造，岩石的成分、结构和构造影响储集物性。

1. 碎屑颗粒的矿物成分

碎屑岩的矿物成分主要以石英、长石、岩屑为主，对储集岩孔隙度和渗透率的影响，主要表现在两方面：一是矿物颗粒的耐风化性，即性质坚硬程度和遇水溶解及膨胀程度；二是矿物的润湿性，矿物颗粒与流体的吸附力大小，即憎油性和憎水性。

一般性质坚硬、遇水不溶解不膨胀、遇油不吸附的碎屑颗粒组成的砂岩，储油物性好；反之则差。石英和长石在碎屑岩中颗粒中最为常见且占95%以上，其含量对碎屑岩储集性质的影响最为显著。在相同成岩条件下，石英砂岩比长石砂岩的储油物性好。

2. 碎屑颗粒的粒度和分选程度

对未固结湿沙，粒度对原始孔隙度的影响很小，而颗粒分选对孔隙度的影响很明显，其关系式（Beard 和 Wely，1973）为：

$$原始孔隙度 = 20.91 + 22.9/S_o \tag{3-12}$$

式中 $S_o$——Trask 分选系数，由在累计曲线上25%处的粒径（$R_1$）和75%处的粒径（$R_2$）之比的平方根求得。

若组成岩石的颗粒粒径大小不等，不同粒径的颗粒则具有复杂的排列，大颗粒间的大孔隙会被小颗粒所充填，而使得孔隙变小，岩石孔隙度和渗透率降低。一般情况下，颗粒的分选程度越好，储集层物性越好，孔隙度和渗透率也越大（图3-13）。

当分选程度一定时，储集层绝对渗透率与碎屑颗粒的粒度中值成正比，粒度越大，孔隙度和渗透率越大。

3. 碎屑颗粒的排列方式

假设碎屑颗粒为均等小球体。立方体排列堆积最疏松，孔隙度最大，理论孔隙度为47.6%，孔隙半径大，连通性好，渗透率也大；斜方体排列最紧密，孔隙度最小，理论孔隙度为25.9%（图3-14）。

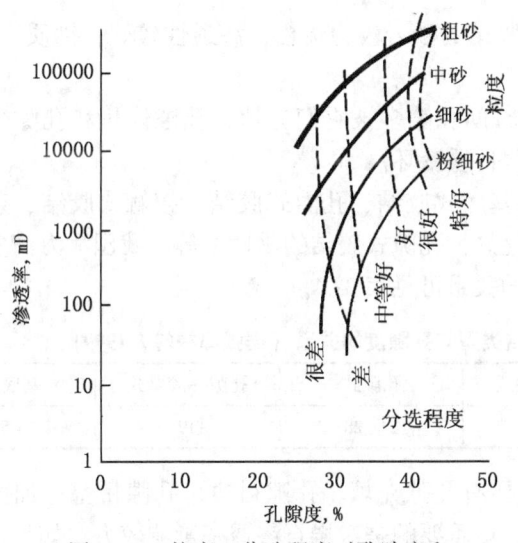

图3-13 粒度、分选程度对孔隙度和渗透率的影响（据Brayshaw，1996）

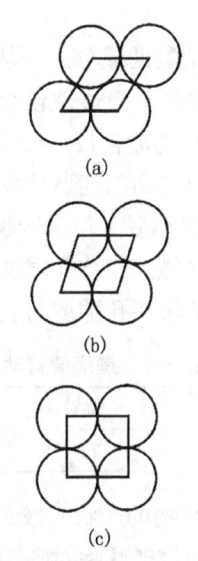

图3-14 岩石球体颗粒排列的理想型式
(a) 最密排列型式；(b) 中等密度排列型式；(c) 最不密排列型式

沉积条件决定了岩石碎屑颗粒的排列方式。若沉积时的水介质较平静，颗粒多呈近立方体排列；若水介质动荡性较强，如在河流、冲积扇、滨岸相带，颗粒多呈斜方体堆积。另外，沉积物在上覆地层负荷的压力作用下，颗粒定向排列。

4. 杂基含量对砂体原始孔渗性影响

杂基含量对砂体原始孔渗性影响很大，对渗透率影响更大。杂基内微孔隙发育，但对渗透率贡献很小。一般来说，黏土杂基含量与孔隙度和渗透率成反比；杂基含量小于5%时，原始孔隙度和渗透率很高；杂基含量超过15%，渗透性很低。

5. 沉积构造

碎屑岩储集层的沉积构造也会影响物性，如具水平层理、波状层理的细砂岩和粉砂岩，往往是泥质含量较高、颗粒较细，储集性质不好，渗透性具明显的方向性，平行于层面的水平渗透率较大，垂直于层面的垂直渗透率较小。斜层理砂岩，平行于斜层理面方向的渗透率最大，垂直方向的渗透率最小。砂岩中若含有泥质条带也会影响储集性质，尤其是垂直渗透率。

(二) 成岩作用

成岩作用对砂体孔渗性有较大的影响。导致孔渗性能降低的成岩作用主要有压实作用和胶结作用，改善岩石储集性能的成岩作用主要为溶解作用。

1. 压实作用

一般说来，随埋深增加，岩石所受的压实作用加大，砂岩的孔隙度明显降低。影响压实作用的因素很多，如岩石的抗压程度、地温和地层压力等。对于粒级较小、分选程度较差的岩石压实作用的影响程度极大，很难成为常规油气储层。

2. 胶结作用

胶结作用会堵塞孔隙，使孔隙度降低。胶结物的成分、含量及胶结类型、产状都会影响储集性能。

(1) 胶结物的成分。一般来说，泥质胶结的砂岩较为疏松，渗透性较好；钙质、硅质、铁质胶结较致密，渗透性较差。

(2) 胶结物的含量。胶结物含量高，粒间孔隙多被它们充填，孔隙体积和孔隙半径都会变小，孔隙之间的连通性变差，导致储集性质变坏。

(3) 胶结类型。碎屑岩胶结类型分为基底式胶结、孔隙式胶结、接触式胶结、杂乱式胶结。一般接触式胶结孔隙度高，储集物性好；孔隙式胶结的物性中等。我国渤海湾盆地古近系碎屑岩储集层孔隙度与胶结类型之间的关系可见表3-4。

表3-4 渤海湾盆地古近系砂岩胶结类型与孔隙度的关系（据张厚福等，1999）

| 胶结类型 | 接触式 | 孔隙—接触式 | 孔隙式 | 孔隙—胶结式 | 基底式 |
|---|---|---|---|---|---|
| 孔隙度, % | 29~34 | 25~30 | 24~28 | 19 | <5 |

(4) 胶结物的产状。胶结物的产状主要有孔隙充填、孔隙衬边、孔隙桥塞、加大胶结等类型。胶结物产状除对孔隙度有影响外，更重要的是对岩石渗透率影响较大，如衬边式胶结或加大胶结，虽然对岩石总孔隙度影响不是很大，但它们对孔隙喉道的堵塞会大大降低岩石的渗透率（图3-15）。而黏土薄膜胶结，特别是完整的绿泥石黏土膜能够有效地将石英颗粒表面与孔隙流体隔离，阻止自生石英在骨架颗粒表面的增生作用、抑制压溶作用，储集层物性较好。例如，挪威陆架深埋的中—下侏罗统砂岩中，富含绿泥石黏土膜砂岩的孔隙度比按区域孔隙度—深度趋势预测的高10%~15%。

3. 溶解作用

在我国许多油田，均发现以次生溶蚀孔隙为主的碎屑岩储集层。次生溶孔的形成可表现

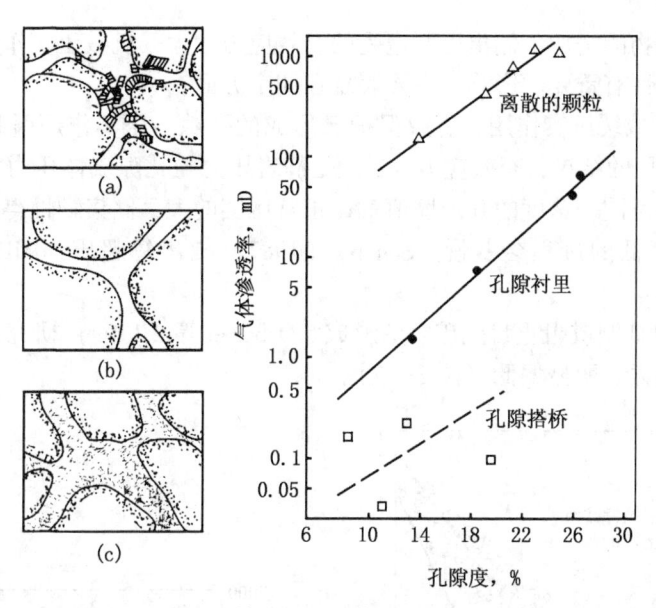

图 3-15 黏土矿物类型及其产状对孔渗性的影响（据 Damsleth，1992）
（a）分散状高岭石；（b）孔隙内衬里式绿泥石或伊利石；（c）孔隙搭桥式纤维状伊利石

为对碎屑颗粒的溶解、对填隙物的溶解和对自生交代矿物的溶解（表 3-2）。

具次生孔隙的砂岩，由于次生孔隙性质的不同，其渗透性可以高于也可以低于具相同原生孔隙体积砂岩的渗透率。当次生孔隙的喉道较大，形状更适于增进孔隙的连通性时，渗透性则较高；相反，若次生孔隙主要是颗粒印模等孤立的孔隙，渗透性则较低。

（三）成岩环境

成岩作用受岩性、流体、温度和压力等介质及环境的影响。

1. 地温梯度

温度对成岩作用的影响主要表现在四个方面：（1）地温影响矿物的溶解度，大多数矿物的溶解度随温度增加而增大，不断增高的温度让孔隙水可以和更多的离子达到饱和；（2）影响矿物的转化；（3）影响孔隙流体和岩石的反应，许多成岩反应速率在每 10℃ 增加 1 倍，每 100℃ 增加 1000 倍（Wilson，1994）；（4）古地温控制有机质的成岩演化。

古地温主要依赖于地温梯度，图 3-16 是具有不同地温梯度的两口井的砂岩孔隙度—深度关系图。具有较高的地温梯度的井相对较低地温梯度的井孔隙度较低，在 7000ft 深度，二者孔隙度相差 10%（Wilson，1994）。

地温梯度是控制砂岩压实作用的一个重要因素，地温梯度的降低可显著减弱砂岩压实作用，对深层储集层孔隙的保存很重要。较低地温梯度对应较小的砂岩压实量或较大的孔隙保存量，高地温梯度区砂岩孔隙度随埋深的降低率或压实量随埋深的增加率要高于低地温梯度区。相同成岩温度下，储集层孔隙度有很大的不同，例如准噶尔盆地和松辽盆地白垩系（长石）岩屑砂岩的孔隙度，在相同成岩温度下有较大变化，尽管准噶尔盆地白垩系储层的埋深（约 4500m）远大于松辽盆地（约 2000m），相似成储条件下，准噶尔盆地白垩系的砂岩孔隙度要高于松辽盆地。

2. 异常流体压力

伴随上覆沉积物的增加，储集层所遭受的有效应力增大，机械压实作用加强，孔隙度减小。超压对储层物性有重要的影响，主要表现在四个方面：

（1）超压通过减缓压实作用，有效保护已形成的孔隙。压实作用引起的孔隙度减少是有效应力（$\sigma$）作用的结果，有效应力（$\sigma$）是静岩压力与孔隙流体压力之差。当存在超压时，有效应力减小，同一深度的孔隙度值就比正常压实的大，储集物性得到明显改善。孔隙度随着埋藏深度降低的过程会变慢。Scherer（1987）提出每超压50MPa约保存2%的孔隙度。

（2）超压可以抑制或阻止自生矿物的形成。Osborne等（1999）研究发现，超压带石英加大含量比正常压力区明显偏低（图3-17）。

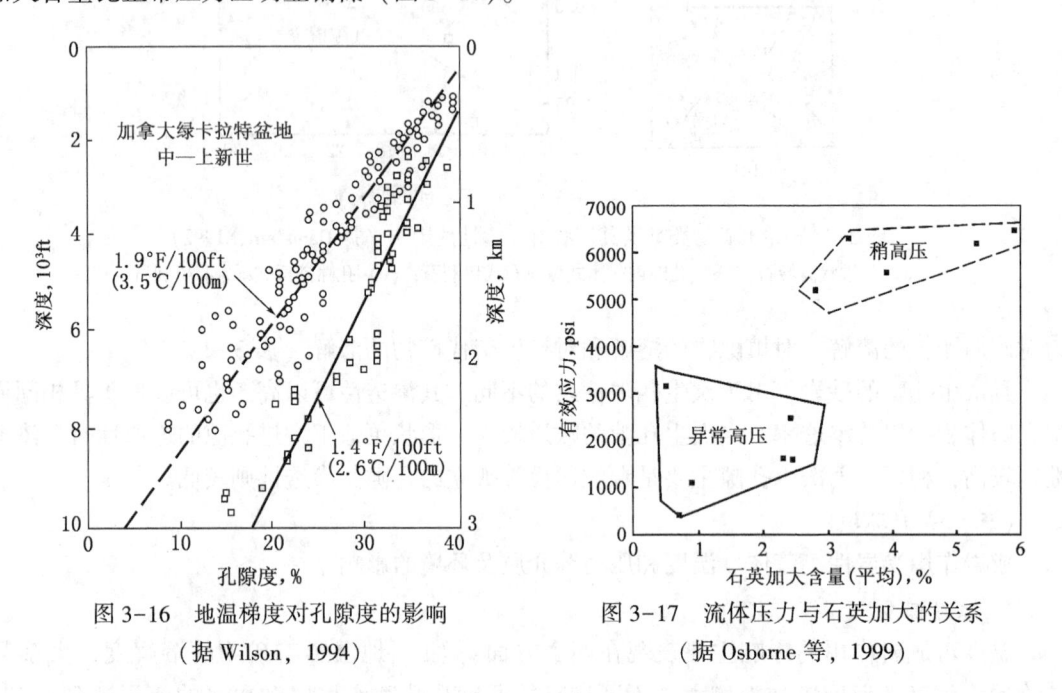

图3-16　地温梯度对孔隙度的影响
（据Wilson，1994）

图3-17　流体压力与石英加大的关系
（据Osborne等，1999）

（3）超压改变了岩石破裂时的应力条件，导致泥岩、碳酸盐岩产生超压裂缝。同时能维持已有的成岩收缩裂缝，为烃类聚集提供良好的渗流通道及储集空间。

（4）超压通过增强溶解作用产生次生孔隙。异常高压抑制了油气的生成，扩宽了生油窗的范围，在有机质热演化生成油气的过程中，产生大量的有机酸和无机酸，超压增加了酸溶解碳酸盐胶结物的时间和强度，产生大量次生孔隙（图3-18）。

压力对孔隙度的影响还依赖于可以形成超压的压实作用阶段。虽然目前还没有建立起超压与孔渗性的具体的、可靠的关系，但异常高孔隙度与超压共存的现象非常普遍。

3. 埋藏史

一般情况下，地下温度随深度增加而增加，化学反应速度随温度的升高而加快，因此孔隙度与热成熟度有一定的对应关系，即在一定的深度，低热成熟度地区的孔隙度比高热成熟度地区的高得多。在同样埋藏深度的储集层，即使它们的现地温一样，但由于埋藏史的差异，其热成熟度的差别很大，这是因为热成熟度除与温度有关外，还与受热时间有关。埋藏史的差异可以导致储集层物性存在显著差别（图3-19），长期浅埋后期快速深埋的储集层可以保存大量的原生孔隙，对深部储集层尤为重要，是深埋优质储集层的重要成因机制之一。

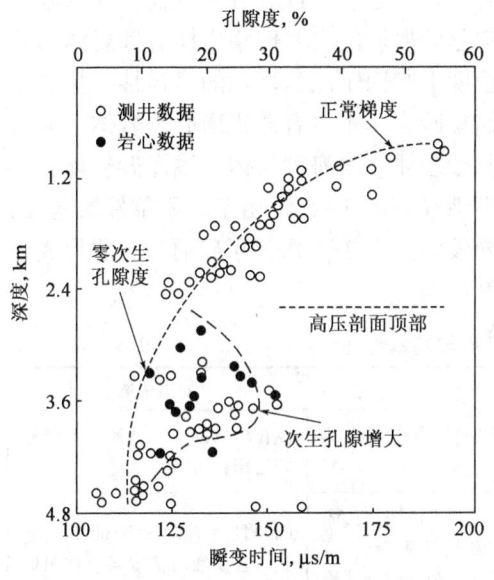

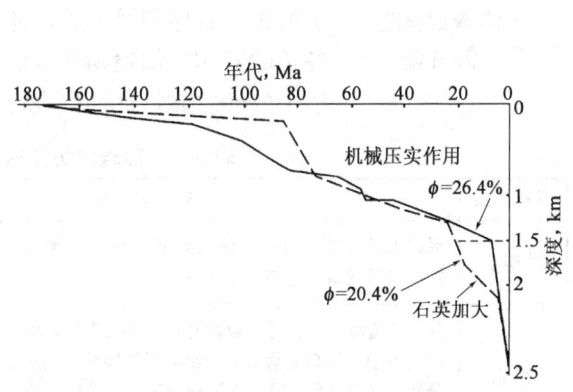

图 3-18 得克萨斯州南部 McAllenRanch 油田异常高压层孔隙度与深度的关系（据 Berg）

图 3-19 埋藏史与孔隙演化（据 Bloch，1994）

塔里木盆地中石炭系、三叠系和侏罗系等主要油气储集层，埋深都在 3500m 以下，甚至达到 6000m 左右（东河塘地区石炭系东河砂岩），但储集性能十分良好，埋深近 6000m 的东河砂岩平均孔隙度达 15%，最高达 24%；平均渗透率达 $64.04 \times 10^{-3} \mu m^2$，最大为 $1911 \times 10^{-3} \mu m^2$。在这样深埋的条件下有如此优越的储集性能在世界石油地质史上是罕见的。其原因是长期浅埋藏和快速短期的深埋，以及低地温梯度，利于原生孔隙的保存（顾家裕，1998）。

4. 构造因素

构造条件对储集层物性的影响非常重要。构造变动剧烈地区岩层易产生裂隙，有利于储集性能的改善；构造运动产生的断裂对改善储集层的储集性能也有重要的影响。

总之，沉积条件和成岩作用是控制碎屑岩储集性能的最主要地质因素，对于不同岩性及埋深的碎屑岩，二者的相对重要性可能有变化，成岩作用可以成为最主要控制因素，成岩环境对其影响也较大，如低地温梯度的塔里木盆地与高地温梯度的渤海湾盆地，同样 5000m，前者仍发育较高孔隙度碎屑岩储层，后者的碎屑岩储集层已致密化。

盆地深层储集层在埋藏过程中往往遭受了多期盆地构造运动改造和多期盆地流体活动变迁，物性演化过程复杂。深层碎屑岩储集层发育特征与中浅层存在一定差异，通常表现为高温、高压、物性差、孔隙结构与成因类型复杂、成岩作用强且差异大、非均质性明显等特征。一般来说，中浅层储集层以原生和宏观次生孔隙为主，在深层，微孔隙在总孔隙中所占的比重显著上升。不同学者从不同视角提出了多种深层优质储集层发育机理，浅层—深层多成因溶解成孔作用控制了深层—超深层储集层次生孔隙的发育，构造作用控制了裂缝的发育，绿泥石包壳等早期胶结作用、浅层流体超压、烃类早期充注、盐岩发育和低时间—温度指数（TTI）型埋藏史—热演化史控制了不同地质背景下储集层中孔、缝在深层—超深层的有效保存。

### 三、碎屑岩储集体类型及其特征

彩图 3-2 碎屑岩储集层典型沉积环境

某一沉积环境下形成的具有一定形态、岩性和分布特征，并以砂质为主的沉积岩体称为砂岩体，它是碎屑岩的主要储集岩体。砂岩体的差异性、非均质性等特征在很大程度上归因于沉积环境的多样性。从陆相冲积扇到深海浊积扇，形成的储集砂岩体主要有冲积扇砂砾岩体、河流砂岩体、三角洲砂岩体、滨浅湖砂岩体、滨海砂岩体、浅海砂岩体、深水浊积砂岩体和风成砂岩体等类型（彩图 3-2）。由于沉积条件的差异，各类砂岩体在储集物性方面差异较大。表 3-5 概括了碎屑岩主要形成环境中的砂岩体特征及代表性油气田。

表 3-5　砂岩储集体形成环境与基本特征

| 沉积体系 | | 砂体类型及特点 | 油田实例 |
|---|---|---|---|
| 冲积扇 | | 平面上呈扇形，剖面呈楔状或透镜状；颗粒粗、分选差；扇中储集性好；辫状河道和心滩渗透率较高 | 克拉玛依油田三叠系、大港枣园油田孔店组 |
| 河流 | | 分为曲流河、辫状河、顺直河和网状河四种类型，包括河道、心滩、边滩（点砂坝）、决口扇等砂体，剖面上呈透镜状。河床砂体呈狭长不规则状，可分叉，剖面上平下凹，近河心厚度大；结构、粒度变化大，分选差。非均质性严重，孔渗性变化大，河道砂岩的原生孔隙发育、孔渗性较好 | 阿拉斯加普鲁霍湾油田二叠系、长庆油田侏罗系、济阳坳陷新近系 |
| 风成砂 | | 沙丘和沙席砂体是砂质纯净、分选极好、磨圆好、细—中粒砂岩为主。渗透性稳定，一般形成优质储集层和区域性输导层。沙丘间为分选较差的砂岩、粉砂岩、泥岩、蒸发岩、石灰岩等 | 北海格罗宁根气田赤底统砂岩、美国阿拉巴马 MaryAnn 气田侏罗系 Norphlet 砂岩 |
| 湖泊 | 三角洲 | 分布在湖盆缓坡带，包括分流河道砂、河口沙坝、前缘席状砂等。平面上呈鸟足状、朵状。剖面透镜状，砂质纯净、分选好，物性好 | 大庆油田白垩系、东营凹陷沙三段、美国犹他州 RedWash 油田古新世 |
| | 滩坝 | 滩砂体层薄、席状，坝砂层厚、带状或透镜状，砂质纯净、分选好，物性好 | 胜利纯化油田沙四段、胜利王家岗油田沙四段 |
| | 扇三角洲 | 湖盆陡岸，前缘水下辫状河道砂体发育，物性较好 | 辽河曙光油田沙四段 |
| | 辫状河三角洲 | 多发育在湖盆的缓坡带或者长轴方向，表现为毯状或席状、朵状（陀状）和枝状（鸟足状）等形态，物性较好 | 珠江口盆地陆丰凹陷恩平组 |
| | 水下扇 | 发育在近岸陡坡带，以扇中辫状沟道、扇端席状砂为主 | 胜利渤南油田古近系等 |
| | 浊积砂体 | 包括远岸浊积、断槽浊积、滑塌浊积等，砂体形态为扇形、带状、透镜状等 | 胜利梁家楼油田沙三段、胜利五号桩油田沙三段等 |
| 三角洲 | | 包括河道砂、分支河道砂、河口沙坝、前缘席状砂。三角洲前缘相带砂体发育。在不同动力作用下可呈鸟足状、朵状和弧形席状。砂质纯净、分选好，储集物性好 | 沙特阿拉伯 Safaniya 油田白垩系、科威特巴尔干白垩系、西西伯利亚乌连戈伊气田白垩系 |
| 滨海 | | 包括超覆与退覆砂岩体、滨海沙堤、潮道砂体。成分和结构成熟度高，分选和磨圆好，储集物性好。滨海沙堤狭长，平行海岸线，剖面透镜状，底平顶凸，分选好，储集物性好 | 东得克萨斯油田古新世 Frio 砂岩、圣胡安盆地 Bisti 油田、北海的 Piper 油田 |
| 深水海底扇 | | 主水道、辫状水道砂体发育。成分和结构成熟度差、分选差。储集物性变化大 | 英国北海盆地 Forties 油田古新世、洛杉矶盆地中新世、巴西 Marlim 油田渐新世 |

世界上产油最多的砂岩储集层是三角洲分流河道和河口坝砂岩，往往多期叠加，纵向厚度很大。其次是滨浅海相砂体，海底扇是有巨大潜力但未充分勘探的一种储集类型。

我国主要含油气盆地的碎屑岩储集层多为陆相，绝大部分属浅湖相、滨湖相、河流相、三角洲相、（扇）辫状河三角洲相及半深湖—深湖相浊积扇相等。与海相盆地相比，陆相盆地具有多物源、多沉积体系、砂岩体类型多、各相带大致呈环形分布等特点。纵向上，不同时期、不同成因的砂岩体相互叠加。对砂岩体的岩性、岩相、厚度、几何形态及古地理恢复等研究尤为重要。

## 第三节　碳酸盐岩储集层

碳酸盐岩油气储层在世界油气分布中占有重要地位。碳酸盐岩储集层中的油气储量，约占全世界油气总储量的50%，其油气产量达全世界油气总产量的60%以上。碳酸盐岩储集层构成的油气田常常储量大、单井产量高，容易形成大型油气田，如波斯湾盆地的加瓦尔油田，可采储量高达$107×10^8$t，是目前世界上可采储量最大的油田。世界上共有9口日产量曾达万吨以上的高产井，其中8口属碳酸盐岩储集层。如墨西哥黄金巷油区塞罗阿苏耳-4井，储集层为中白垩统的礁灰岩，最高日产量曾达37140t。在我国，碳酸盐岩储集层分布也极为广泛，如华北任丘油田、四川威远气田等。

### 一、碳酸盐储集层的储集空间

碳酸盐岩的储集空间通常分为孔隙、溶孔（洞）和裂缝3类。由于碳酸盐岩的易溶性和不稳定性，碳酸盐岩储集层储集空间类型多、次生变化大，裂缝常常很发育，与砂岩储集层相比，具有更大的复杂性和多样性（表3-6）。

表3-6　砂岩与碳酸盐岩储集空间比较（据 Choquette 和 Pray，1970，有修改）

| 对比内容 | 砂岩 | 碳酸盐岩 |
| --- | --- | --- |
| 沉积物中的原始孔隙度 | 通常为25%~40% | 通常为40%~70% |
| 岩石中最终孔隙度 | 常为原生孔隙度的一半或更多，一般为15%~30% | 通常不是原生孔隙，储集岩内一般为5%~15% |
| 储集空间的类型 | 粒间孔隙为主。裂缝较少，一般没有溶洞 | 类型多、变化大，发育大量的溶洞和裂缝 |
| 储集空间的大小、形状及分布 | 分布均匀，储集空间以组构选择性孔隙为主 | 变化很大，从完全取决于岩石的组构要素（组构选择性），到毫不相关 |
| 储集空间的大小、形状的影响因素 | 与碎屑岩的粒度、分选程度等有关，孔隙形状依存于颗粒形状 | 一般孔隙大小与粒度、分选程度等无关；形态变化大，从依存于颗粒形状到完全不依存于颗粒形状 |
| 储集空间的成因 | 与沉积环境有关 | 复杂、多期、多样。受到强烈的成岩作用和后期构造作用的影响。裂缝型储集层、缝—洞型储集层等与环境没有直接的关系 |
| 成岩作用的影响 | 影响较小，压实、胶结作用使原生孔隙度降低 | 影响大，能创造、消除或完全改变孔隙度，胶结作用和溶蚀作用重要 |
| 裂缝作用的影响 | 一般不重要 | 在储集性质上很重要 |
| 孔隙度与渗透率的关系 | 相对一致，正相关关系 | 变化大，一般相关性差 |

碳酸盐岩的孔隙分类有很多种，其中 Choquette 和 Pray（1970）按照组构的选择性，划分为组构选择性、非组构选择性和部分组构选择三大类型，可以根据孔隙大小、形状、成因或与其它结构组分的相关性等特征加以区分。

Ahr等（2005）提出的一种碳酸盐岩孔隙成因分类方案。碳酸盐岩孔隙由三个过程产生，包括沉积、成岩和机械裂缝作用。每个过程都是独立的，但是多成因孔隙类型的存在是由于在成岩史中有超过一种以上的成岩作用能影响地层中已有的孔隙系统。例如，沉积期孔隙受成岩作用而改变，但原有的沉积结构、组构或层理仍旧可以辨认，这可以归类为沉积作用主控的混合成因孔隙。裂缝尤其是裂缝强度受矿物成分、晶粒大小（成岩作用影响）、地层厚度和颗粒大小（沉积成因）影响。

彩图3-3 碳酸盐岩储集层孔隙类型微观照片

遭受成岩作用改造的沉积成因孔隙可以归类为混合孔隙类型、沉积和成岩作用混合成因孔隙、成岩和裂缝作用混合成因孔隙、沉积和裂缝作用混合成因孔隙。

结合我国普遍应用的孔隙类型的形态及成因分类，可将孔隙类型分为原生孔隙和次生孔隙两大类（表3-7，彩图3-3）。

表3-7 碳酸盐岩储集层孔隙类型表

| 类 | | | 亚类 |
|---|---|---|---|
| 原生孔隙 | 孔 | 受组构控制的 | 粒间孔、粒内孔、壳体掩蔽孔隙、生物骨架孔隙、晶间孔 |
| | | 非组构控制的 | 生物钻孔、砾间孔、鸟眼孔隙 |
| | 缝 | 受组构控制的 | 矿物解理缝、收缩缝 |
| 次生孔洞 | 孔 | 受组构控制的 | 粒间或晶间溶孔、粒内溶孔、晶间孔 |
| | | | 铸模孔（粒模、晶模、生物模）、窗格孔隙、岩溶角砾孔隙 |
| | 洞 | 非组构控制的 | 溶沟、溶洞、洞穴 |
| | 缝 | 非组构控制的 | 古风化缝、成岩收缩缝、压溶缝、构造缝、区域裂缝 |

（一）原生孔隙

碳酸盐岩原生孔隙类型包括粒间孔隙、粒内孔隙（生物体腔孔隙）、生物骨架孔隙、生物钻孔孔隙、鸟眼孔隙和晶间孔隙等类型。原生孔隙的发育受岩石的结构和沉积构造控制。

（1）粒间孔隙：鲕粒灰岩、生物碎屑灰岩和内碎屑灰岩等颗粒石灰岩常具有的孔隙，其特征与砂岩相似，孔隙度的大小与颗粒大小、分选程度、灰泥基质含量和亮晶胶结物的含量有密切关系，世界上有相当多的碳酸盐岩油气储集层属于粒间孔隙类型。

（2）粒内孔隙：指碳酸盐颗粒内部的孔隙，生物灰岩常具有这种孔隙，故又称为生物体腔孔隙，如腹足类介壳的体腔孔隙。个别鲕粒内部也有这类孔隙。

（3）生物骨架孔隙：由原地生长的造礁生物，如群体珊瑚、层孔虫、海绵等在生长时形成的坚固骨架，在骨架之间所留下的孔隙，孔隙形状随生物生长方式而异，在骨架之间构成疏松多孔的结构，如各种生物礁灰岩，常具有高的孔隙度和渗透率。

（4）生物钻孔孔隙：由某些生物的钻孔所形成的孔隙，较为少见，孔隙常被充填。

（5）鸟眼孔隙：一种透镜状或不规则状孔隙，常成群出现，平行于纹层或层面分布。鸟眼构造留下的孔隙，常比粒间孔隙直径大，多发育在潮上或潮间带，在成岩后期，由于气泡、干缩或藻席溶解而成，是网格状或窗孔状孔隙的一种类型。

（6）晶间孔隙：指碳酸盐岩矿物晶体之间的孔隙。如砂糖状白云岩具有这种孔隙。晶间孔隙可以是沉积时期形成的，但更多的是在成岩后生阶段由于重结晶作用、白云岩作用等形成的。

## （二）次生孔洞

次生孔洞是指碳酸盐矿物或伴生的其它易溶矿物被地下水、地表水溶解后形成的孔、洞。溶蚀孔隙的类型包括粒内溶孔、铸模孔隙、粒间溶孔、溶沟、溶洞。溶洞是指溶解作用超出了原来颗粒的范围，不再受原来组构的控制，形成一些大小不等、形状不规则的洞穴。在溶孔或溶洞的内壁上，常沉淀有晶簇状的方解石或其它矿物的晶体，又称为晶洞孔隙。

## （三）裂缝

裂缝是碳酸盐岩中储集空间的一种重要类型，依据裂缝的成因，划分为构造裂缝、区域裂缝、成岩裂缝、压溶裂缝、风化裂缝等类（纳尔逊，1990）。

（1）构造裂缝：构造应力超过岩石弹性限度后破裂而成的裂缝，是最主要的裂缝类型。其特点是边缘平直、延伸较远、具有一定的方向和组系。

（2）成岩裂缝：由于上覆岩层的压力和本身的失水收缩、干裂或重结晶等作用形成的裂缝。成岩裂缝的分布受层理限制，不穿层，多平行层面，缝面弯曲，形状不规则。

（3）压溶裂缝：由于成分不太均匀的石灰岩，在上覆地层静压力下，富含 $CO_2$ 的地下水沿裂缝或层理流动，发生选择性溶解而成，如缝合线。

（4）风化裂缝：又称溶蚀裂缝，是古风化壳由于地表水淋滤和地下水渗滤溶蚀所形成或所改造的裂缝，此类裂缝的发育与潜水面深度有关，裂缝边缘具有明显的氧化晕圈，裂缝提升了岩层的渗透率。

## （四）碳酸盐岩储层的喉道类型

喉道为白云岩或方解石晶体间的缝隙。在碳酸盐岩储集层中常见的喉道类型有三种（图3-20）。

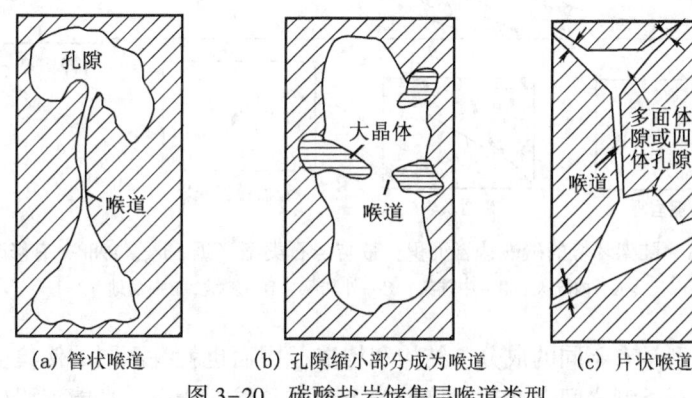

(a) 管状喉道　　(b) 孔隙缩小部分成为喉道　　(c) 片状喉道

图3-20　碳酸盐岩储集层喉道类型

（1）管状喉道：孔隙与孔隙之间由细而长的管子相连，其断面接近圆形[图3-20(a)]。如鲕粒灰岩鲕粒内空间的相互连通通道即为此种类型。

（2）孔隙缩小部分成为喉道：孔隙与喉道无明显界限，扩大部分为孔隙，缩小的狭窄部分即为喉道[图3-20(b)]。由于孔隙内晶体生长，或其它充填物等各种原因导致孔隙缩小形成喉道。喉道与孔隙相比较，其直径（等效）相差不大。

（3）片状喉道：在白云岩或方解石晶体之间的缝隙一般为片状喉道。片状喉道连通着多面体或四面体孔隙[图3-20(c)]。片状喉道一般很窄，只有几微米到十几微米，这是碳酸盐岩中最常见的喉道类型。片状喉道成因可不同，如构造裂缝型，表现为喉道相对较长且平直；而由白云石或方解石晶体间的裂缝形成的片状喉道则具有窄、短、平的特征。

**二、碳酸盐岩储集层影响因素**

碳酸盐岩储集空间的形成贯穿于沉积过程与成岩过程的始终。孔隙类型多且变化快，储层空间往往经受几种因素的作用和改造。原生孔隙受沉积作用明显，其次为成岩作用；而溶蚀孔洞的形成受成岩作用影响显著；裂缝的形成与构造作用密切相关。

（一）沉积环境的影响

每一种沉积环境都形成不同的沉积物和沉积岩。图 3-21 为缓坡陆架环境碳酸盐岩基本相带格架（Sarg，1988），划分为五个相带，即位于正常浪基面以下向海方向的斜坡和盆地相带、波浪与沉积物相互作用的高能外陆架相带、向陆方向的低能中陆架和内陆架相带。颗粒灰岩主要发育在外陆架等高能条件下的生物礁和浅滩环境，低能盆地环境以灰泥岩为主，中陆架和斜坡带主要发育粒泥灰岩、砾屑灰岩等。

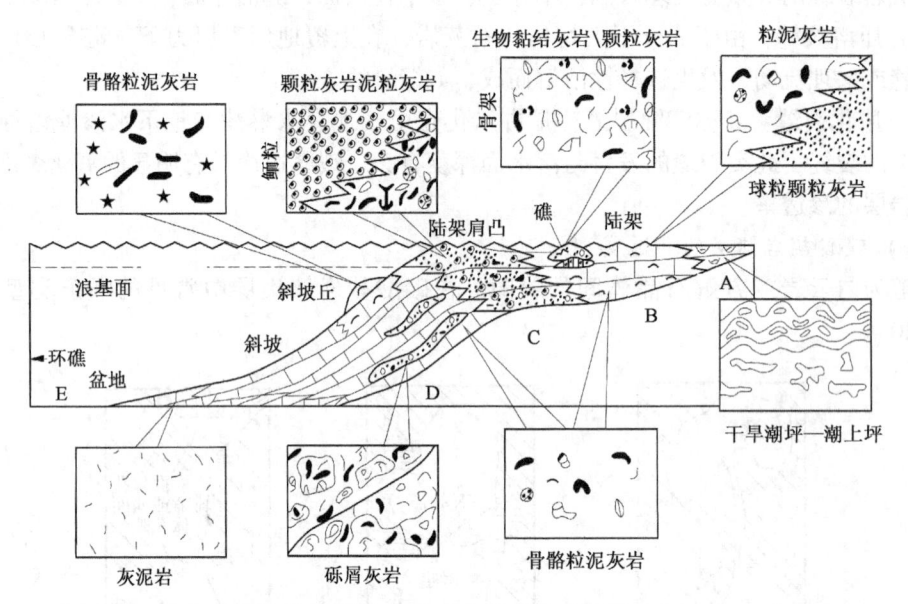

图 3-21 陆架环境的碳酸盐岩沉积相带与岩石类型（据 Sarg，1988，有修改）
A—内陆架；B—中陆架；C—外陆架；D—斜坡；E—盆地

不同的岩石类型具有不同的成分、结构和构造，因而也就有不同的储集空间。尤其是原生孔隙的发育与岩石类型之间存在着直接的关系。在碳酸盐岩中，高能沉积相带有利于原生孔隙的发育，如滨海、浅滩、礁等相带，多发育岩石结构比较粗的岩类，粒间孔隙与颗粒大小、分选程度、基质含量有关；生物骨架形成于生物礁生物黏结岩中，往往与生物个体大小和排列状况有关；晶间孔隙大小与晶粒大小及均匀性关系密切。一般机械成因的碳酸盐岩以粒间孔为特征，生物成因的以骨架孔、生物钻孔为特征，潮坪沉积以窗格孔为特征。粒间孔隙与生物骨架孔隙的发育程度决定了碳酸盐岩原生孔隙的质量。

（二）成岩作用的影响

成岩作用对碳酸盐岩的储集性能有着重要的影响。压实作用对碳酸盐岩孔隙度减小的影响上要大于碎屑岩，但是不同岩性存在差异，通常压实作用对颗粒灰岩、白云岩影响较小，而对泥灰岩等细粒岩石的影响大（图3-22）。有利于次生孔洞形成的成岩作用主要为溶解作用、白云石化作用，高压异常同样有利于原生孔隙的保存（图3-23）。

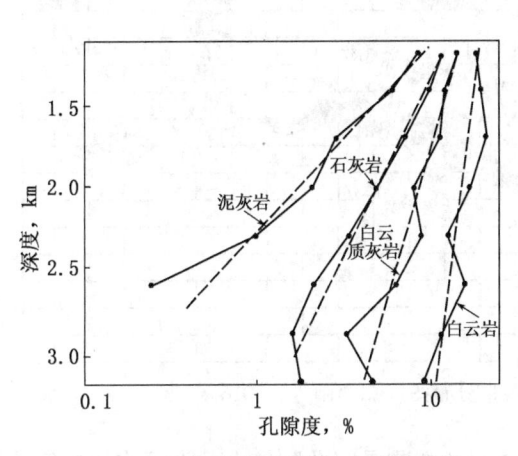

图 3-22 半对数图解上孔隙度变化趋势
（据 Brown，1997）

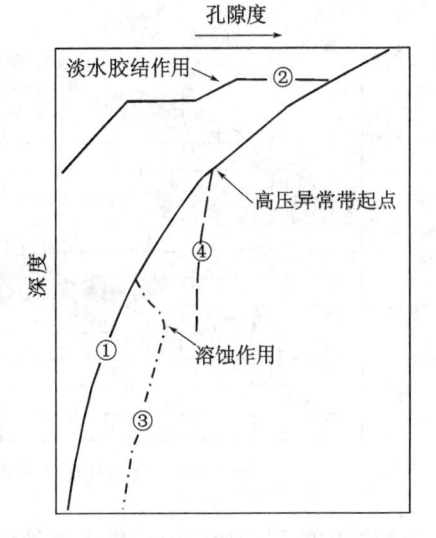

图 3-23 碳酸盐岩成岩作用与孔隙演化
（据马永生，1999，有修改）
①"常规"压实曲线；②存在早期淡水胶结作用时的压实曲线；③由于后期溶蚀作用形成的"理想的"孔隙度与埋深关系曲线；④存在异常高压时的压实曲线

### 1. 碳酸盐岩的溶解作用

广义的溶解作用包括溶解、淋滤和岩溶作用，其中淋滤和岩溶作用主要发生在表生环境中，对次生孔隙的形成具有重要意义。

溶蚀作用需要不饱和水（通常为潜流带或者混合带中的水）与碳酸盐岩反应，形成渗流带和潜流带的洞穴体系（彩图3-4）。

我国鄂尔多斯盆地奥陶系大气田、华北震旦—奥陶系古潜山油气田、塔里木盆地寒武—奥陶系古潜山油气田等碳酸盐岩储集层都经受了岩溶作用的改造（图3-24），岩石的储集性能大大提高。溶孔和溶洞的发育程度主要受岩石本身的溶解度、地下水的溶解能力、热动力条件（气候、地貌与构造变动）等有关因素控制。

彩图 3-4 碳酸盐岩洞穴特征照片

#### 1）碳酸盐岩的溶解度

碳酸盐岩溶解度与其成分的 Ca/Mg 比值、所含黏土的数量、颗粒大小、白云石化、重结晶程度等因素有关。

在地下水富含 $CO_2$ 的一般情况下，溶解度与 Ca/Mg 比值成正比关系，即石灰岩比白云岩易溶。碳酸盐岩中黏土等不溶残余物的含量与溶解作用成反比关系，即碳酸盐岩的溶解度随黏土含量的增加而减小。因此，碳酸盐岩的溶解度按下列顺序递减：

石灰岩→白云质灰岩→灰质白云岩→白云岩→含泥石灰岩→泥灰岩

硫酸钙含量对白云石和方解石的溶解度也存在影响，一般白云石的溶解度与硫酸钙含量增加关系不大，而方解石的溶解度随之明显下降。

岩石的结构和构造对碳酸盐岩的溶解度也有影响。一般说来，随着颗粒变小，溶解度降

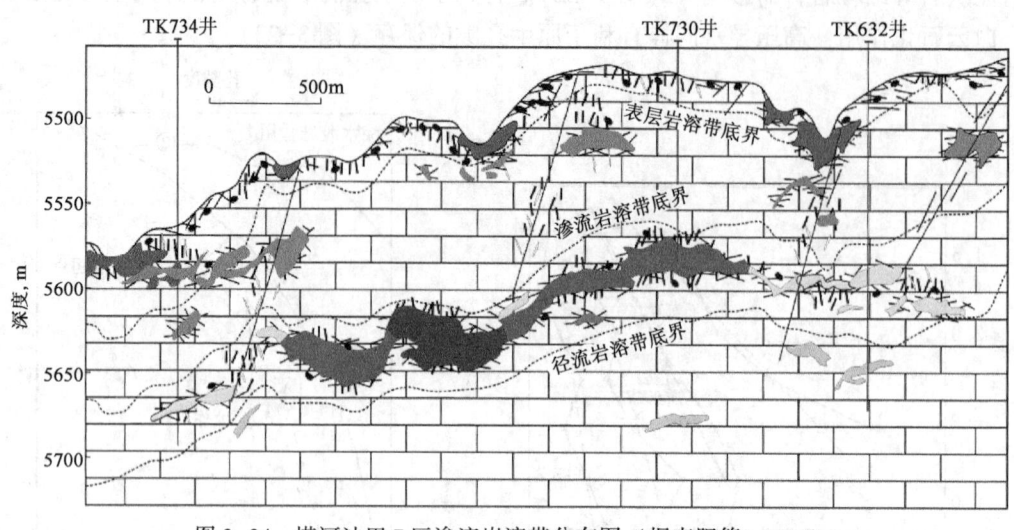

图 3-24　塔河油田 7 区渗流岩溶带分布图（据李阳等，2016）

低。粗粒结构的碳酸盐岩中，黏土含量较少，粒间孔隙或晶间孔隙较大，地下水比较容易通过，易于产生溶蚀孔洞。厚层岩石一般形成于相对稳定的环境下，黏土含量少，质纯且多为中—粗粒结构，因而溶解度大，孔洞发育；薄层岩石为不稳定环境沉积，含有较多的不溶残积物，降低了溶解度，不利于溶蚀孔洞发育。

2）地下水的溶解能力

当地下水中含有 $CO_2$ 时，水溶液呈酸性，随着 $CO_2$ 溶解量的增加，溶液的酸性增强，对碳酸盐岩有较强的溶解能力。当这种酸性水在碳酸盐岩地层中流动时，便逐渐将岩石溶解，形成重碳酸盐被地下水带走。反之，当水中缺乏 $CO_2$ 时，发生碳酸盐沉淀，堵塞孔隙、胶结岩石。水的运动状况对溶解能力也有影响，水活动性好，有利于岩石溶解形成重碳酸盐而被带走。另外，岩石的溶蚀程度还与地下水的温度和压力有密切关系。一般认为，地温每增加 10℃，溶蚀程度可能增加两倍。

3）地貌、气候和构造的影响

地下水的运动是造成溶蚀作用的重要原因，与地貌、气候和构造等因素有关。地貌上，溶蚀带多在河谷和海、湖岸附近地区较为发育，这些地区的碳酸盐岩层内部往往发育有很大的暗河。

在温暖潮湿的地区，溶蚀作用最为活跃，气候干燥及降雨少的条件下岩溶发育较差。在雨量充沛和气候温暖的地区，岩溶作用形成良好的土壤和红土、大量的落水洞和垮塌角砾岩；在温暖的半干燥气候条件下常形成钙结壳。

从构造角度看，在古风化壳地带，地表水沿断层、裂缝渗入地下，产生大量溶孔、溶洞、溶缝、溶道，形成规模巨大、错综复杂的溶蚀空间，称为岩溶带。如果该区经历了多次沉积间断，有若干个不整合面，则相应可形成数个岩溶发育带。

2. 白云岩化作用

与白云岩有关的晶间孔可形成于许多背景条件下，并可成为重要的储集层类型。关于白云岩化在孔隙的形成和破坏中的作用，长期以来都是争论的焦点。

白云岩的孔隙度一般随着白云石化作用的强度而变。Powers（1962）指出，当白云石含量超过75%时，孔隙度随着白云石含量的增加而增加，在白云石含量达到大约77%的时候，白云石晶体的晶间缝开始变大，而有效的晶间孔隙发育。当白云石含量达到80%的时候，平均孔隙度可达19%，当白云石含量再增加的时候，则孔隙度和渗透率相对地衰减。当白云石含量达到95%以上时，孔隙度变得很小。

白云岩化作用可强烈改变岩石结构，灰泥为主石灰岩转变为中或粗晶白云岩时，孔隙增大；颗粒为主石灰岩在白云岩化过程中的孔隙变化程度极小（图3-25）。通常情况下，颗粒灰岩的组成颗粒远大于白云石晶体，白云岩化作用对颗粒灰岩孔隙的大小特征不会产生重大的影响。但是，颗粒为主泥粒灰岩颗粒被大于100μm的白云石晶体所取代时，它的岩石物理性质一定会改善。

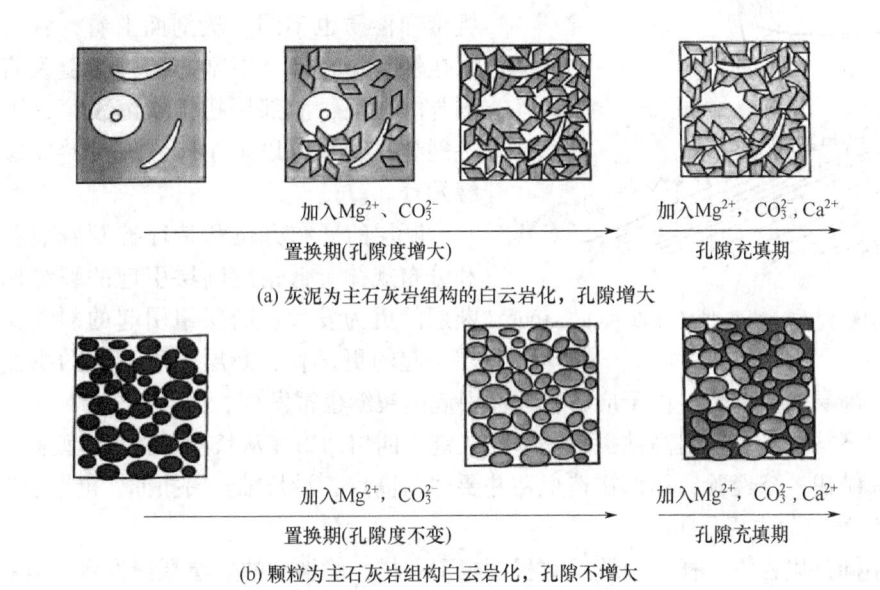

图3-25　灰泥为主石灰岩和颗粒为主石灰岩在白云岩化过程中孔隙结构的变化

### 3. 其它成岩作用

碳酸盐岩在成岩后生作用阶段，因温度和压力不断增加，会发生重结晶作用，结果晶体变粗，孔径增大，使晶间孔隙变大，且岩石强度增大，有利于形成溶蚀孔隙。

当含硫酸钙的地下水经过白云石发育地区时，将交代白云石，产生次生方解石，形成去白云石化的次生石灰岩。其中方解石晶粒变粗，孔隙度增大，但分布比较局限，常呈树枝状或透镜状出现于白云岩中。

### （三）构造作用的影响

构造作用的影响主要表现在使岩石破裂而形成裂缝。裂缝的存在对碳酸盐岩储集层具有双重作用，一方面，裂缝本身可作为储集空间；另一方面，裂缝可作为成岩水的渗流通道，有利于溶解作用的进行，因而有利于溶蚀孔洞的发育。构造裂缝的发育程度和分布规律受岩性和构造两方面因素控制。

### 1. 控制裂缝的构造因素

当地层岩石在不同的应力作用下，由于承受不住某一种应力而产生破裂，进而在整个岩体内形成裂缝。而引起地下应力变化的因素主要有褶皱作用、断层作用、不整合剥蚀作用（图3-26）。另外，压实作用使成岩矿物变化和失水收缩产生层间缝或收缩缝。

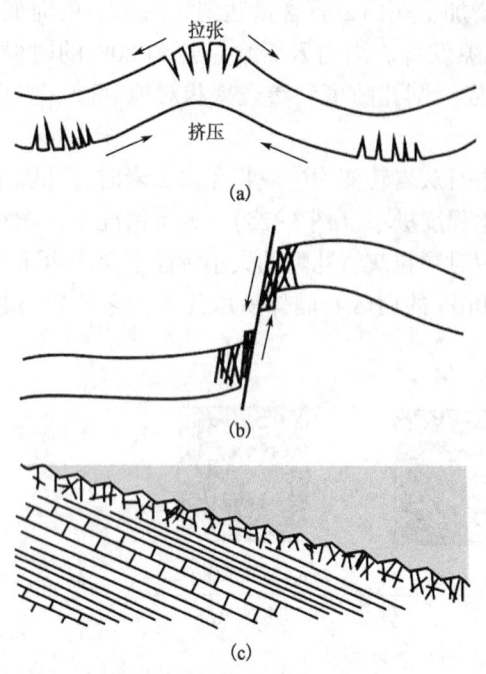

在不同构造以及构造的不同部位，裂缝发育差异较大。背斜的高点、长轴、扭曲和断层带等部位，都是裂缝最发育的地方。在狭长形长轴背斜构造上，裂缝沿长轴成带分布，在高点最发育，裂缝以张性纵缝为主，高点部位尚有张性横缝和层间缝；两翼不对称者，张性横缝偏于缓翼。在短轴背斜上，裂缝沿轴部分布，在高点最发育。

背斜与向斜中应力的分布不一样，裂缝的类型和性质也不同。从剖面上看，背斜的上部张扭性裂缝发育，下部压扭性裂缝发育；向斜则与之相反，上部压扭性裂缝发育，下部张扭性裂缝发育。所以，在向斜地带储集层下部裂缝发育。

断层的展布方位和特征控制着裂缝的发育和分布规律。低角度断层引起的裂缝比高角度断层的更为发育；断层组引起的裂缝比单一断层引起的更发育；断层牵引褶皱的拱曲部位裂缝最发育；断层消失部位，由于应力释放而引起的裂缝也很发育。

图 3-26 裂缝发育的构造背景（据 Selly, 1998）

搞清地下构造形态是提高钻探成功率的关键。四川油田在从长期寻找裂缝型高产油气田的实践中总结出一条经验，局部构造上钻井要"占高点，沿长轴，沿扭曲，沿断层"。

2. 裂缝发育的内因

岩性不同，脆性不一样，裂缝发育程度也不一样，脆性大的岩层裂缝发育。岩石脆性受岩石的成分、结构、层厚及其组合、成岩后生变化等因素的影响。

各类碳酸盐岩和化学岩的脆性由大到小有这样的顺序：白云岩或泥质白云岩→石灰岩、白云质灰岩→泥灰岩→盐岩→石膏。碳酸盐岩中泥质含量增加时，会降低岩石的脆性，减弱裂缝的发育。相反，硅质含量增加时，会增加岩石的脆性，有利于裂缝的发育。质纯粒粗的碳酸盐岩脆性大，易产生裂缝，并且开缝较多。

（四）成岩环境对孔隙改造的影响

沉积物沉积之后的孔隙改造和演化发生在三个带，分别为早成岩、中成岩和晚成岩作用带。对于碳酸盐岩孔隙的形成和改造主要有三大成岩环境：大气淡水、海水和埋藏成岩环境，分别对应早成岩作用带、晚成岩作用带和中成岩作用带。

1. 大气淡水成岩环境

该环境的特点是碳酸盐矿物相的饱和度变化很大，可以从饱和到过饱和，这与沉积物或地层暴露于地表环境和相对稀释水的出现有关。流经渗流带的大气淡水相对于绝大多数的碳酸盐矿物相都是强烈不饱和的，将驱动文石溶解和胶结物的沉淀。流经潜流带相对较快的大气淡水流体的流速会大大增加大气淡水成岩环境孔隙改造的潜力（Back 等，1979）。

2. 海水成岩环境

海水成岩环境是潜在的通过海水胶结物强烈破坏孔隙的场所。在间冰期，海水相对于文石是不饱和的，而相对于方解石却是过饱和的。该时期文石颗粒可以被溶解，并导致次生孔隙的形成和方解石胶结物的沉淀，方解石胶结物的沉淀在大气淡水环境和深海环境中常见（Palmer 等，1988）。

3. 埋藏成岩环境

埋藏成岩环境的成岩流体以海水和大气淡水的混合水或高温高压条件下长期的岩石—水相互作用形成的化学成分复杂的盆地卤水为特征。在埋藏成岩环境的高温高压状态下，压溶作用是非常重要的孔隙破坏作用，由于孔隙中的流体总量是过饱和的，压溶的产物可以以胶结物的形式在邻近的孔隙中沉淀而破坏孔隙。最后，局部与烃的热降解相关的欠饱和场所也可以通过溶解作用形成次生孔隙。埋藏成岩作用进展迟缓，但是经历的地质时间跨度大，可以彻底改造岩石。而造山后期处于埋藏成岩环境下的地层由于受大气淡水补给的影响，可遭受剧烈的变化。

### 三、碳酸盐岩储集层的类型

（一）基于储集空间组合的储集层分类

按照储集空间及其组合类型，可将碳酸盐岩储集层大体分为五种基本类型。

1. 孔隙型储集层

储集空间以各种类型的孔隙为主。包括各种粒间孔隙、晶间孔隙、生物骨架孔隙等。这类储集层多分布于潮下带—开阔台地、浅滩和生物礁相等。如加瓦尔油田储集层为砂屑灰岩，孔隙度高达21%，渗透率为4000mD。

2. 裂缝型储集层

储集空间以裂缝为主，孔隙和溶洞较少。裂缝既作为主要的油气储集空间，又是油气渗滤通道。当裂缝构成纵横交错的裂缝网络时，可成为良好的储集层。

3. 裂缝—孔隙型储集层

储集空间为各类孔隙和裂缝。基质岩块的孔隙为主要的储集空间，裂缝除提供部分储集空间外，最主要的作用是连通基质岩块，提高储集层渗透率。

4. 裂缝—溶洞型储集层

储集空间以各种大小不同的溶洞为主，孔隙不发育，但裂缝发育。溶洞是主要的储集空间，裂缝为渗流通道，钻井过程中常常伴有放空、井喷等现象。

5. 孔洞缝复合型储集层

储集空间为各种成因的孔隙、溶蚀洞穴和裂缝。孔隙、溶洞为主要的油气储集空间，裂缝主要发挥渗流通道作用，构成统一的孔隙—溶洞—裂缝系统。

（二）基于成因、主控因素的储集层分类

碳酸盐岩具有易变化特性，储渗空间形成机制多样，储集层形成的主控因素各不相同。马永生等（1999）根据储集层岩相、储集空间成因、演化及其主要控制因素将中国碳酸盐岩储集层划分为粒屑滩（礁）型、白云石化—生物礁型、溶蚀孔洞白云（灰）岩型、古风化溶蚀型、裂缝型五种类型储层。

结合前人分类和我国勘探实践，按储层成因及主控因素将碳酸盐岩储集层分成4类：礁滩型灰岩储集层、白云岩储集层、岩溶型灰岩储集层、裂缝型储集层，其中，白云岩储集层最为常见。

白云岩储集层占全球碳酸盐岩油气资源的一半以上，北美地区高达80%以上，我国深层碳酸盐岩油气也主要发育于白云岩储集层中，储集空间发育白云石晶间孔、晶间溶孔、粒间溶孔、溶洞及裂缝等。白云岩储集层成因模式包括萨布哈白云岩储集层、回流渗透白云岩储集层、埋藏白云岩储集层、热液白云岩储集层、微生物白云岩储集层和构造裂缝型白云岩储集层等。按照溶蚀机制分为相控准同生溶蚀型白云岩、断控溶蚀改造型白云岩、表生岩溶型白云岩。有利相带、白云石化作用发生阶段、溶蚀作用改造等是白云岩优质储集层发育的关键要素。

## 第四节　火成岩及变质岩储集层

火成岩及变质岩为两类以裂缝、次生溶蚀孔为主要储集空间的储集层，两类在储集层特征及演化过程具有相似性，又各有特色。目前，火成岩和变质岩油气藏都已成为全球油气资源勘探开发的重要领域。

**一、火成岩储集层**

火成岩又称岩浆岩，是指岩浆经侵入作用或火山作用等冷凝固化后形成的岩石，包括侵入岩、火山熔岩（狭义火山岩或喷出岩）、浅成岩或次火山岩、火山碎屑岩。其中，火山熔岩、火山碎屑岩和次火山岩统称为广义火山岩。已发现的火成岩储集层以广义火山岩为主，岩石类型多样，其中，中—基性喷出岩储集层占有重要地位。

（一）火成岩储集层的分布

目前，在50多个国家（地区）的300余个盆地（区块）内发现了火成岩油气藏或火成岩油气显示，其中，在13个国家的40个盆地内的火山岩中获得了工业性油气流和大规模的储量。火山岩油气藏多集中在中生代—新生代（约占70%），古生代次之。我国多个盆地都发现了火山岩中高产油气藏（邹才能等，2014）。

我国火山岩油藏总体受深大断裂控制，沿裂隙呈串珠状分布，在断裂交会处厚度较大；主要发育有石炭系—二叠系、侏罗系—白垩系和古近—新近系三套火山岩。中国东部盆地中生界火山岩以酸性为主，新生界火山岩以中—基性为主；西部盆地古生界火山岩发育，以中—基性为主。

（二）火成岩储集层的储集空间和储集层类型

1. 储集空间类型

火成岩储集物性的好坏是决定其含油气程度的基本条件。火成岩的储集空间包括孔隙和裂隙两种类型，根据成因划分为原生孔隙和次生孔隙（表3-8，彩图3-5）。原生孔隙有气孔及没被杏仁体充填的残余孔隙、晶间孔、火山角砾间孔等；次生孔隙主要是球粒流纹岩脱玻化孔、长石和火山灰及黏土矿物的溶蚀孔等；裂缝主要是构造裂缝和风化裂缝等。

彩图3-5　火成岩储集层孔隙类型微观照片

火成岩的储集空间具有孔隙多样、几何形态各异，孔、洞、缝交织在一起；孔隙分布不均、连通性差，裂缝起改善储集物性的重要作用等特点。火成岩油藏具有部分油井单井产量高，产量下降快，油井产能平面差异大，显示出裂缝渗流的特征。

2. 火山岩储集层成因类型

火山岩储集层的形成受控于火山、成岩和构造三种作用，依据成因特征可将火山岩储层划分为原生孔隙型、风化壳型、裂缝型三种储层类型，也有学者将火成岩储集层划分为构造裂缝型、风化淋滤型、原生孔隙型和埋藏溶蚀型。

表 3-8  火成岩储集空间类型（据邹才能等，2014，有修改）

| 储集空间类型 | | 对应岩类 | 特点 | 含油气性 |
|---|---|---|---|---|
| 原生孔隙 | 气孔 | 安山岩、玄武岩、角砾岩、角砾熔岩 | 多分布在溢流层顶底，大小不一，形状各异 | 与缝、洞相连者含油气性较好 |
| | 粒（砾）间孔 | 火山角砾岩、集块岩、火山碎屑岩 | 火山碎屑岩中多见 | 含油气性好 |
| 原生孔隙 | 晶间孔及晶内孔 | 玄武岩、安山岩、自碎角砾熔岩 | 多分布在溢流层中部，空隙较小 | 大多不含油 |
| | 冷凝收缩孔 | 玄武岩 | 无一定方向性，形状常常不规则 | 与气孔连通时充填油气 |
| 次生孔隙 | 脱玻化孔 | 球粒流纹岩 | 微孔隙，但连通性较好 | 较好储集空间 |
| | 长石溶蚀孔 | 各类岩石 | 孔隙形态不规则 | 主要储集空间之一 |
| | 火山灰溶孔 | 凝灰岩、熔结凝灰岩、火山角砾岩 | 孔隙虽小，但由于数量多，连通性好 | 能形成好的储集层 |
| | 碳酸盐溶孔 | 各类岩石 | 孔隙较大 | 含油气性好 |
| | 溶洞 | 玄武岩、安山岩、角砾熔岩、角砾岩 | 沿裂缝、自碎碎屑岩带及构造高部位发育 | 含油气性好 |
| 裂缝 | 炸裂缝 | 自碎角砾化熔岩、次火山岩 | 有复原性 | 含油气性较好 |
| | 收缩缝 | 玄武岩、安山岩、自碎角砾熔岩 | 柱状节理，呈张开型式，面状裂开，但少错动 | 含油气性较好 |
| | 构造缝 | 各类岩石 | 近断层处发育，较平直，多为高角度裂缝 | 与构造作用时间有关 |
| | 风化裂缝 | 各类岩石 | 溶蚀孔缝洞和构造缝相连 | 储集意义不大 |

1）原生孔隙型火山岩储集层

储集空间以原生孔、裂缝为主，主要发育在溢流相，一般近火山口的火山岩气孔发育程度好，物性好，远离火山口的物性差，如松辽盆地白垩系营城组火山岩储集层、准噶尔盆地西北缘夏 72 井区流纹质熔结角砾凝灰岩油气藏。

2）风化壳型火山岩储集层

火山岩储集空间以风化淋滤和构造改造的次生孔隙为主。准噶尔盆地、三塘湖盆地石炭系—二叠系火山岩储集层为该类型的典型代表。

3）裂缝型储集层

裂缝型火山岩储集层主要与构造运动有关，岩性复杂，致密和脆性较强的火山岩易受构造应力而发育裂缝。储集层的分布受大断裂控制，呈条带状分布，构造强烈的地区裂缝密度大，多为裂缝—孔隙复合型储层。

(三) 火成岩储集空间的影响因素

火山岩储集层的储集空间具有多样性，非均质性强。岩相类型（火山作用）、构造运动、风化淋滤及溶蚀作用是火成岩储集层储集空间发育的主要控制因素。

1. 岩相类型

不同的火成岩岩相，岩石性质、组分、岩石结构、抗风化改造的能力不同，孔隙发育程度不一样。一般来说，气孔孔隙多发育在喷溢玄武岩中，晶间孔用多发生在喷溢相的熔岩中。最有利于孔隙发育的相带是中距离火山斜坡相（过渡相带），近火山口和远火山斜坡相次之。单元熔岩流中，下部易形成裂缝、中上部气孔发育。

2. 构造作用

一般喷出岩原生孔隙发育，以孤立的气孔为主，在后期构造运动的影响下，原来并不连通的气孔会被纵横交错、相互切割的多期裂隙沟通，形成储集层。

3. 风化淋滤作用

一般来说，火成岩的风化程度与储集物性呈正相关，在风化侵蚀带和构造破碎带，孔缝发育。自上而下，风化强度减弱，微裂隙密度降低，物性随之降低。风化淋滤影响的地层厚度与所处的古地貌以及下伏岩石组构密切相关，一般在古地形高部位影响深，下伏地层原生孔缝发育的区域影响更深。

4. 溶蚀作用

溶蚀、淋滤作用可使岩石破碎，可形成新的矿物。溶蚀作用主要有溶解、氧化、水化和碳酸盐化等形式。溶解作用可增加储集空间，提高储集层的孔隙度、渗透率。先形成的原生孔隙、裂缝和构造裂缝为后期流体作用于岩石提供通道，控制着次生孔隙的发育。

## 二、变质岩储集层

变质岩往往是盆地中沉积盖层的基底，岩性致密坚硬，不具备对油气储集有意义的孔隙空间。如果这些岩石受到长期而强烈的风化或构造破裂作用，表层出现风化孔隙带，岩石的孔隙性和渗透性大大增加，可成为油气储集的良好场所。

（一）岩石类型

目前，全球变质岩潜山油气藏多分布在前寒武系，储集层岩性主要为变质花岗岩、片麻岩和混合岩。我国已发现的代表性的变质岩油气藏，岩石类型以混合岩类为主，其次是板岩、千枚岩、片岩、片麻岩、变粒岩等区域变质岩类和碎裂岩类。

彩图 3-6 变质岩储集层孔隙类型微观照片

（二）储集空间

根据成因和阶段性，变质岩类储集层的储集空间可划分为变晶的、构造的、物理风化的和化学淋滤的储集空间，仍以风化孔隙、裂隙、构造裂缝为主，这类储集层多发育在不整合带，在盆地边缘、斜坡以及盆地内古突起上，溶蚀孔隙发育，同时形成有一定方向性和连通性的裂隙密集带，为油气储集提供了良好的场所（表 3-9，彩图 3-6）。

表 3-9 变质岩储集体中常见的储集空间

| 类型 | 储集空间类型 |
| --- | --- |
| 变晶成因 | 变晶间孔隙、变余粒间孔隙、解理缝隙 |
| 构造成因 | 构造裂隙、破碎粒间孔隙 |
| 物理风化成因 | 风化裂隙、风化破碎粒间孔隙 |
| 化学淋滤成因 | 溶蚀孔隙、溶蚀缝隙 |

变质岩储集层储集空间主要为孔隙和裂缝两类，孔隙型储层主要分布在潜山风化壳顶

部，潜山内幕主要发育裂缝型储集层。垂向分带划分为风化淋滤带、缝洞溶蚀带和致密基岩带，优质储集层主要分布在风化淋滤带。

渤海太古宇变质岩按照埋深分为浅埋型和深埋型潜山：浅埋型潜山自上向下分为黏土带、砂化带、砂化砾石带、裂缝带和基岩带，储集空间以孔隙和裂缝为主；深埋型潜山自上向上分为风化裂缝带、内幕裂缝带和基岩带，储集空间以裂缝为主。

（三）影响因素

变质岩潜山储集层受构造作用、风化淋滤作用、古地貌、岩石类型、深部热流体等因素控制。

1. 构造应力控制裂缝形成

构造作用对变质岩潜山储层的形成有两方面的作用。构造抬升使潜山暴露地表遭受风化淋滤，潜山顶部形成风化壳型优质储集层；另外，多期次、多方向构造应力叠加，强烈改造变质岩，产生破碎带以及动力变质带，形成大量裂缝型优质储集层。以渤中19-6油田为例，太古宇变质岩受印支期、燕山期和喜马拉雅期三期构造运动影响，岩石破碎作用强烈，形成了变质岩潜山多期构造裂缝叠加的大规模裂缝体系，发育开启或方解石半充填裂缝的变质岩有效储集层。

2. 风化淋滤控制溶蚀孔形成

风化淋滤影响矿物差异溶蚀作用及变质岩储集层品质，风化作用形成大量的次生孔隙和裂缝，改善变质岩岩石物性，其中，长石溶蚀是长英质变质岩类优质储集层形成的主要机理。如渤中19-6油田太古宇潜山储集层，储集空间主要为构造裂缝、风化缝，其次是溶蚀缝、溶蚀孔等。

变质岩发育风化淋滤成因的长石溶蚀孔隙，长石的黏土矿化降低了岩石机械抗压强度，也提供了大量微孔隙空间。风化作用也会改造先期形成的裂缝，一般来说，在裂缝段岩石风化破碎严重；在裂缝不发育的部位，花岗片麻岩等基本保持了原岩的致密面貌。

变质岩潜山储集层纵向有分带性，自上向下，分为风化砂砾岩带、风化裂缝带、内幕裂缝带和基岩带（图3-27）。风化砂砾岩发育在变质岩潜山顶部，储集空间为孔隙，

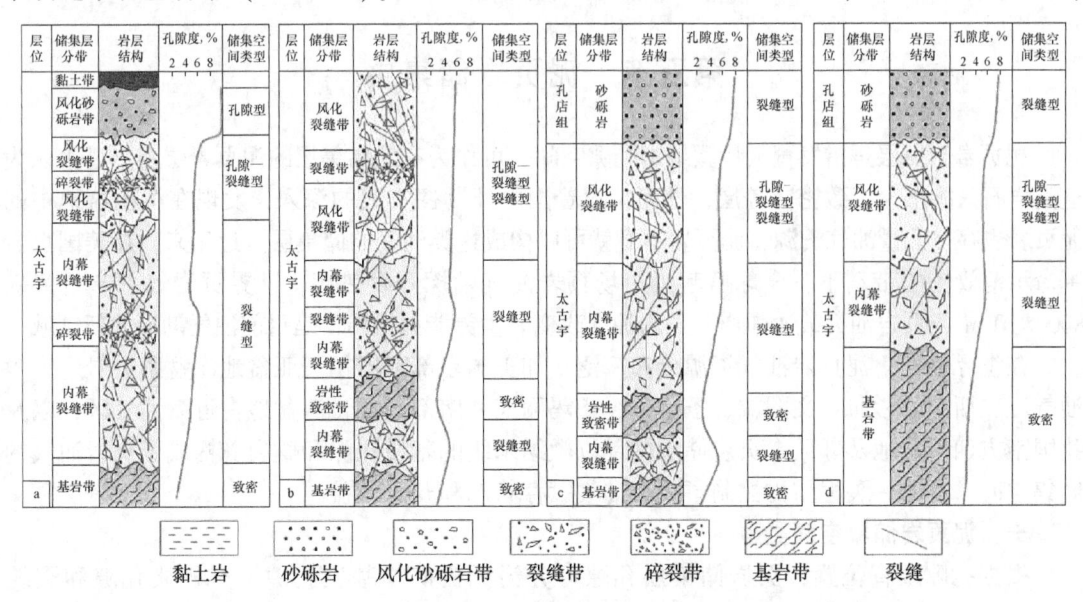

图3-27 变质岩潜山储集层纵向分带特征（据徐长贵，2020）

裂缝少，物性好；风化裂缝带受构造应力和风化作用共同控制，发育在风化砂砾岩带下部，储集空间以孔隙—裂缝和裂缝为主；内幕裂缝带发育在潜山内幕，分布在断裂带附近，岩性以碎裂化变质岩、碎裂岩为主，通常是裂缝发育的优质储集层和致密储集层间互发育；基岩带基本不受风化作用和构造作用影响，位于潜山储集层下部，裂缝不发育，为非储集层。

3. 古地貌控制不同类型储集层分布

古地貌控制风化壳发育程度。一般来说，古地貌构造高部位储集层厚度大，低部位储集层厚度减薄。在构造坡顶以及陡坡带上部风化砂砾岩带不易保存，储集层以风化裂缝带为主；在宽缓的平台、坡度较小的斜坡，风化砂砾岩带容易保存；构造相对低部位，构造应力相对薄弱，裂缝带不发育。

4. 岩石类型控制缝孔发育程度

岩石类型是影响潜山储集层发育的重要内因。据前人研究，黑云母、角闪石等暗色矿物为韧性矿物，不易形成构造裂缝，暗色矿物含量越高越不利于裂缝型储层的形成。一般来说，长英质岩石，如花岗质片麻岩、变质花岗岩和混合岩，脆性较强，同等构造应力条件下会优先产生裂缝，后期也更容易发生流体溶蚀改造，形成优质储集层；而铁镁质岩石，如角闪岩、黑云斜长片麻岩、黑云变粒岩等，暗色矿物含量较高、长英质矿物含量低，岩石塑性强，不易形成裂缝，也不易发生溶蚀作用。

5. 深部热流体对储集层具有双重控制作用

盆地中的深部热流体包括与火山活动等地质事件伴生的热流体和烃源岩排出的有机酸，对潜山风化及内幕裂缝带均有影响。深部热流体对储集层的影响与潜山内部裂缝密切相关，裂缝发育部位深部流体改造作用强。一方面，含幔源$CO_2$的酸性热流体以及烃源岩排出的有机酸会溶蚀长石和方解石等易溶矿物，形成储集层中晶体内微孔和沿裂缝的溶蚀扩大孔；另一方面，深部含有大量的富硅、富铁以及富钙热流体，会在裂缝中沉淀形成石英脉、燧石脉以及菱铁矿、铁方解石等矿物，充填孔隙和裂缝，对储集层起到破坏性作用。

# 第五节　泥页岩储集层

泥页岩储集层是指发育大量微纳米孔隙空间，可作为有效储集层的泥页岩层系。过去认为这类岩石只能作为"致密"盖层，然而，随着国内外勘探实践的深入，发现在沉积盆地中的泥页岩也存在大量油气资源，泥页岩本身就可以构成这类油气的储集层。近年来，在美国页岩革命示范效应的带动下，全球掀起了一场页岩油气勘探开发热潮，世界页岩气总产量突破$8000 \times 10^8 m^3$，页岩油突破$4 \times 10^8 t$，页岩油气改变着世界能源格局，是目前油气勘探的新领域。

在世界范围，泥页岩油气资源分布广泛，如美国东部阿巴拉契亚盆地泥盆系页岩广大含油气区，西部洛杉矶、文图拉、圣华金、圣玛丽亚和南部墨西哥湾盆地古近系油气区，以及我国南方四川盆地及邻区。页岩储层内部以微纳米级的基质孔隙和微裂缝构成了页岩油气的储集空间，孔隙—裂隙结构控制了页岩油气赋存状态和开采效益。

## 一、泥页岩储集空间类型

根据孔隙发育位置，页岩储集层孔隙可分为无机矿物基质孔隙、有机质孔隙和裂缝孔隙3种基本类型（图3-28），无机矿物基质孔隙可进一步细分为粒间孔和粒内孔。裂缝孔隙由于不受单个矿物颗粒控制，故不在基质孔隙分类之列。

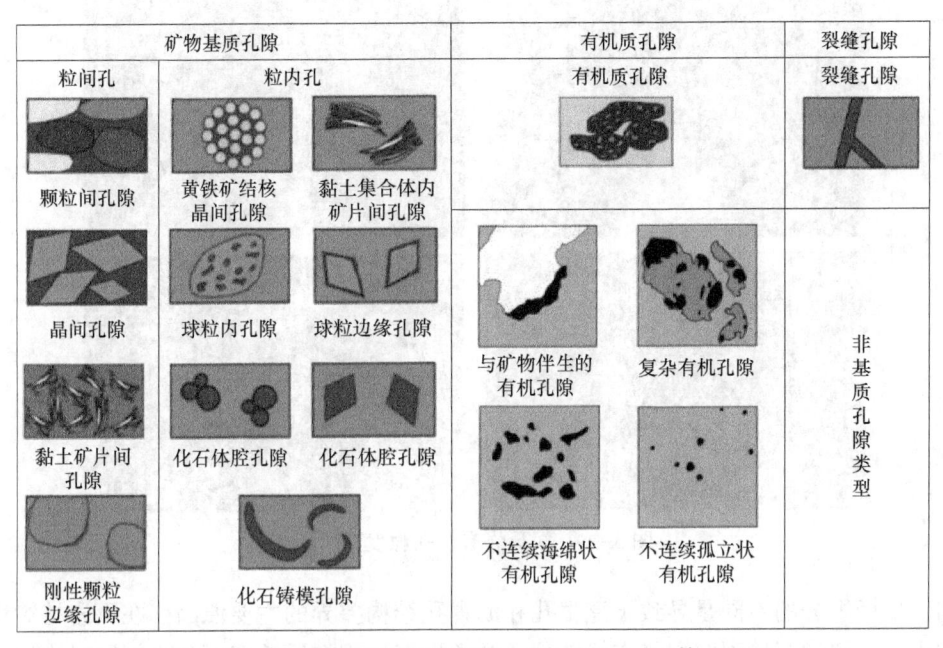

图 3-28 泥页岩储集层类型划分方案（据 Loucks 等，2012）

## （一）有机孔隙

页岩气勘探实践证实，有机孔是北美和我国南方海相页岩气储层的主要孔隙类型，是页岩气富集的关键要素（Gou 等，2021；Loucks 和 Reed，2014）。二维图像上，有机孔具有不规则状、椭圆状和气泡状等多种形态（图 3-29）。富有机质页岩内部的有机孔可分为干酪根孔和沥青孔。在生油窗内，干酪根热解形成原油并排出到相邻的粒间孔隙或粒内孔隙，这一过程中，干酪根内部会形成有机质孔，但由于早期原油的滞留和充注，这些孔隙很难被发现。在生气窗内，干酪根内部的沥青以及迁移到干酪根外部的沥青经历二次裂解，转化成富含纳米孔隙的固体沥青或焦沥青。干酪根热演化过程中烃类的生成和排出控制了干酪根孔隙发育程度。同时，部分学者通过透射电镜分析发现，不同类型有机质内部的有机孔形态和发育程度有所差异，固体沥青孔是有机孔的主要组成部分。有机孔的成因和来源存在干酪根生—排烃（即干酪根孔）和滞留原油裂解（即沥青孔）等不同观点（Bernard 等，2012；Löhr 等，2015）。

干酪根孔在有机质内部多呈强非均质性、分布不均匀，孔隙形状为不规则棱角状，但大小相对均一［图 3-29(a)、(b)］。在生烃演化过程中，干酪根始终处于固相状态，不同部位因结构和组分不同，加之分解或缩聚反应强度差异，导致同一干酪根颗粒内部孔隙发育程度表现出强非均质性。在生油窗范围内，干酪根中的富氢组分以分解生成液态烃为主，脂肪族、杂环官能团等逐渐脱落并以烃类、挥发物形式逸出而产生孔隙。随着热演化程度的增加，缩合反应开始增强，干酪根内部芳香核的缩合可进一步生成更多的纳米微粒体并重排产生多边形有机质孔隙，大小相对均一，多呈棱角状。干酪根孔隙发育程度取决于有机质性质、排烃效率和缩合程度的综合作用。

沥青孔隙多呈海绵状或蜂窝状、大小共存的复合型圆形或椭圆形孔隙，孔隙发育特征相

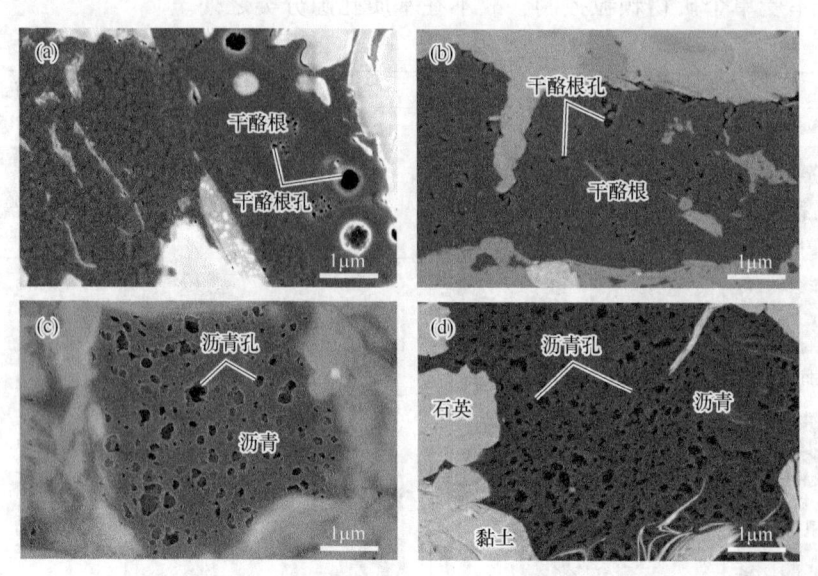

图 3-29　泥页岩有机孔隙发育特征

对均匀。生烃组分的不同是导致干酪根孔和沥青孔结构差异的主要原因。在页岩持续埋藏升温过程中，滞留油开始裂解向气态烃转化。此类生气过程在原油表面和内部同时进行，孔隙形态主要为圆形或椭圆形（Gou 等，2022；Xu 等，2020）。由于液态烃的组分和结构相对均一，因此生成的孔隙密度、形态相对均匀，在气泡密集产生或持续产生的部位通常会出现多个相邻小孔合并产生圆形或椭圆形的较大气泡孔，表现为"大孔套小孔，孔中有孔"的现象［图 3-29（c）、（d）］。

（二）无机孔隙

1. 粒间孔隙

粒间孔在浅埋藏的沉积物中较丰富，且连通性好，通常呈细长状，没有明显的定向性。此类孔隙随着埋深增加、上覆压力和成岩作用的加强而不断演化。在埋藏过程中，塑性颗粒可发生变形并挤入孔隙喉道，进而封闭粒间孔隙。因此，对于埋深较大的泥页岩，粒间孔隙由于压实和胶结作用而显著降低，许多孔隙呈三角形或不规则多边形［图 3-30（a）］，被认为是经压实和胶结作用的刚性颗粒之间的残余孔隙空间。特别是在成岩环境（温度、压力）发生改变的情况下，黏土矿物会发生相应的转化，造成层间水的逐渐排出，在黏土矿物颗粒间形成大量粒间孔隙，长度大多数在 1μm 以内，宽度从几十纳米到数百纳米不等［图 3-30（b）］。此外，部分不稳定矿物颗粒（如长石和方解石等）因溶蚀作用的影响可在颗粒边缘形成环带状的粒间孔隙［图 3-30（c）］。粒间孔隙不仅仅由于压实作用而降低或破坏，还受石英、方解石、长石、黏土等矿物颗粒次生改造作用的控制，因此不同地区、不同层系和不同类型页岩粒间孔发育程度及其几何形态差异明显。

2. 粒内孔隙

粒内孔发育在矿物颗粒内部，孔径变化范围较大，从几纳米到数百纳米或数微米不等［图 3-30（d）-（f）］。尽管这些孔隙大多数与成岩改造作用相关，但也有部分为原生成因。根据孔隙发育位置和形成机制的不同，粒内孔主要可以划分为：（1）由颗粒部分或全部溶解形成的孔隙；（2）保存于化石内部的孔隙；（3）草莓状黄铁矿结核内晶体之

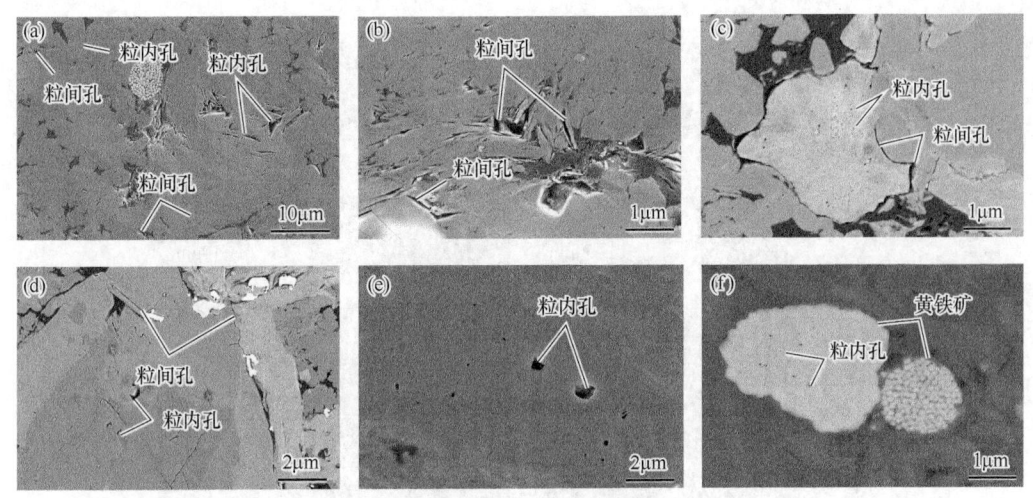

图 3-30　泥页岩无机孔隙发育特征

间的孔隙；(4) 黏土和云母矿物颗粒内的解理面（缝）孔；(5) 颗粒内部孔隙（如球粒或粪球粒内部）。

(三) 微裂缝

页岩气在页岩储集层中主要以游离态和吸附态两种方式存在，其中游离气主要赋存在较大的孔隙和裂隙体系中，因此页岩储集层中裂缝相关孔隙的发育特征在一定程度上影响了页岩气的富集和保存。此外，裂缝相关的孔隙网络可以作为气体运移的良好通道，其发育程度是油气开采和井网部署非常重要的地质指标。根据微裂缝是否受构造作用的影响可将其分为非构造缝和构造缝。

1. 非构造缝

非构造微裂缝主要是指页岩在沉积固化过程中经不同的成岩作用形成的微裂缝，包括层间缝、收缩裂缝和颗粒边缘缝等。层间缝主要是指页岩沉积过程中形成的纹层间的微裂缝 [图 3-31(a)]，从力学性质角度来讲，层间缝为力学性质薄弱的界面，通常极易剥离。这类微裂缝在现今广泛开采的纹层状页岩油储层中被大量报道。收缩缝主要指有机质和黏土矿物等由于体积发生变化，形成与张应力有关的微裂缝。一般在有机质、黏土矿物颗粒内部出现，规模通常不大，延伸方向性不明显，延伸范围较短且无系统性，缝宽介于几纳米到几百纳米不等 [图 3-31(b)]。颗粒边缘缝一般是指在塑性有机质与石英、长石等碎屑颗粒之间形成的微裂缝，这类微裂缝常绕过碎屑颗粒发育，其形态与碎屑颗粒大小和位置密切相关 [图 3-31(c)]。

2. 构造缝

构造相关的微裂缝通常是岩石经历构造作用，在某一方向应力超过了岩石所能承受的最大强度后形成的微裂缝，其方向、分布和形成均与局部构造作用有关。构造相关的微裂缝长度不受矿物颗粒大小的限制，通常穿过数个矿物颗粒。一般来说，构造裂缝在后期成岩作用中易被方解石等次生矿物所充填，对于页岩气的储集无贡献作用。但方解石脆性大，在生产和开发过程中会对诱导裂缝的扩展产生强烈影响，对页岩气的开采起到积极的作用（Gou 等，2019）。构造作用强度是此类裂缝形成的关键因素，构造应力强的地区，如背斜轴部、向斜轴部和地层倾没端，地层应力大且集中，构造相关的微裂缝则相对较为发育（Xu 等，2020）。

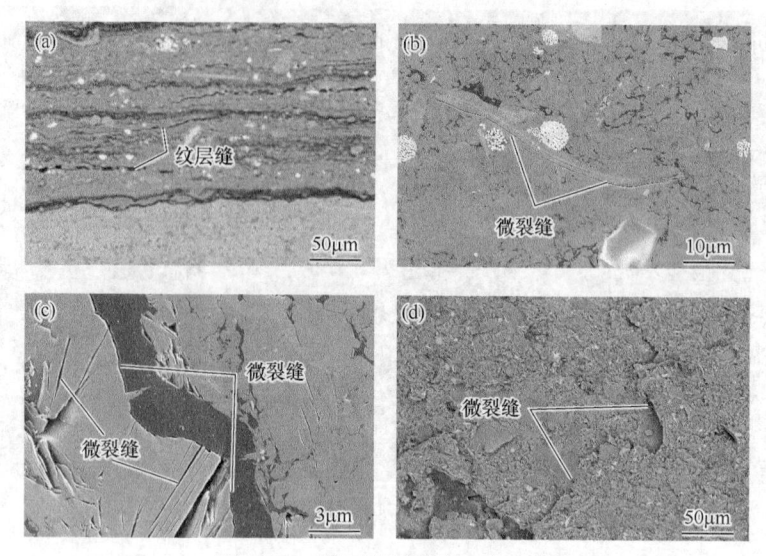

图 3-31 泥页岩微裂缝发育特征

### 二、泥页岩孔隙发育影响因素

（一）有机质的生孔作用

1. 有机质类型

部分学者利用高分辨率扫描电镜观察典型页岩气储集层特征，发现不同有机质颗粒经历相同的热演化程度和埋藏改造历史，其孔隙发育情况可能完全不同。同一个视域下，有的有机质发育丰富的有机质孔隙，有的却并不发育。此外，有机质类型会影响有机酸的产生，进而影响酸性流体与页岩储层中的不稳定矿物组分反应强度，控制储集层质量。

2. 有机质热演化程度

目前，有机孔具体在哪个阶段开始初次出现还存在较大的争论。Curtis 等（2012）对不同热演化程度的 Woodford 页岩样品进行扫描电镜观察后发现，在低热演化阶段（$R_o$<0.9%）的页岩样品中有机质孔隙不发育。而在高成熟阶段（1.0%<$R_o$<1.67%）有机质孔隙大量出现，并且在 $R_o$ 为 3.6%时，页岩样品孔隙度达到最大，随后随着热演化程度的增加孔隙度逐渐降低。也有部分研究认为有机孔开始出现时对应的 $R_o$ 为 0.5%~0.6%、0.5%~0.7%或 0.5%~0.8%。此外，基于自然成熟的页岩样品观测结果显示，在 $R_o$ 为 0.65%~1.15%时，随着成熟度的增加，页岩孔隙体积因沥青充注和原油裂解等地质作用也可能发生间歇性减小和增大。随着成熟度的进一步增加，大孔体积明显减小，微孔体积和总孔体积具有增加的趋势（图 3-32）。通过统计国内外典型页岩气储集层的有机质热成熟度与孔隙度之间关系，发现 $R_o$>3.5%时，残存有机质普遍开始发生碳化作用，有机质内部孔隙逐渐坍塌减少，介孔和宏孔体积快速降低。同时，黏土等塑性矿物层间孔隙、成岩收缩缝储集空间等也逐渐被压实或坍塌消失，页岩孔隙度显著降低（程璇等，2019）。

（二）矿物颗粒的支撑作用

1. 脆性矿物含量

富有机质页岩主要由石英、长石、碳酸盐、黏土和黄铁矿等矿物组成，受矿物组分和结构的影响，这些矿物颗粒具有不同的化学稳定性和物理抗压性。黏土矿物多为塑性矿物且化学性质不稳定，它们一方面容易受机械压实和形变作用而影响孔隙数量和形态。热演化程度

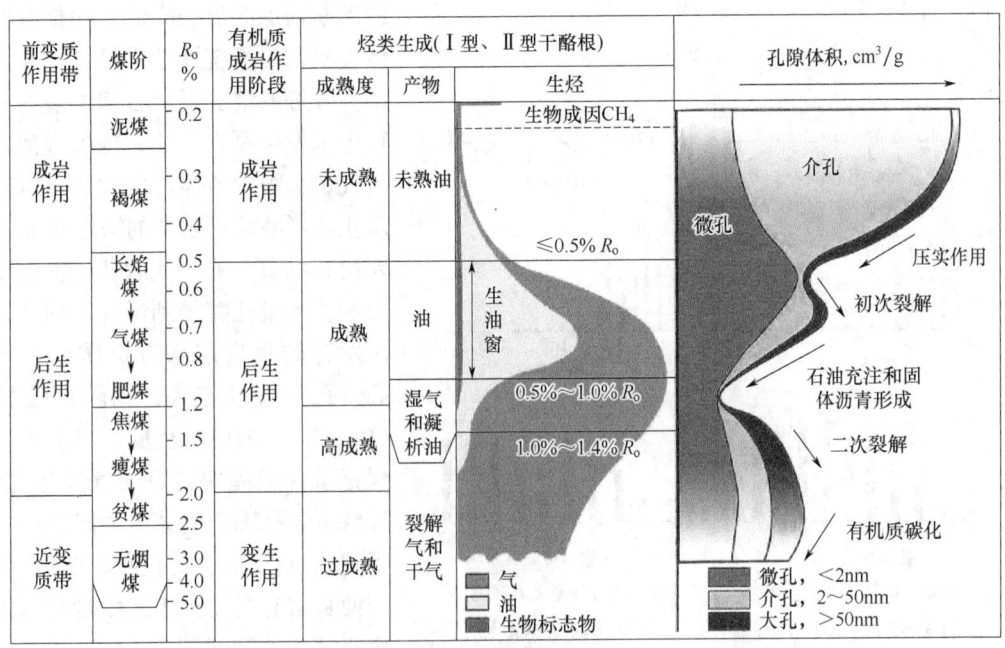

图 3-32 有机质热成熟度对页岩孔隙结构的影响（据 Mastalerz 等，2013）

的增高也会使蒙脱石逐渐向混层矿物和伊利石转化，从而使硅质从黏土矿物中释放出来形成新的自生矿物，进而控制页岩孔隙结构和岩石性质（孙龙德等，2021）。刚性矿物主要可以分为两类：一类是化学性质比较稳定的石英和黄铁矿等，这类矿物一般不易被溶蚀，抗压实能力较强，黏土矿物和有机质等韧性颗粒常常围绕它们分布；另一类是化学性质不稳定的长石和碳酸盐矿物，抗压实能力也较强，但易受溶蚀作用等影响，常在矿物周缘或内部形成溶蚀相关的孔隙或裂隙。不同岩性页岩会在储集层内部发育不同种类和数量的孔隙空间。一般来说，富硅质页岩中广泛发育的石英为化学性质较为稳定的刚性颗粒，能抵抗压实作用，可有效保护储集层内部孔隙（Xu 等，2020）。

2. 刚性颗粒支撑机制

刚性矿物是保护富有机质页岩储集层中微纳米孔隙的重要支撑颗粒，颗粒的填充、胶结和排列机制相互作用，共同维持了页岩储集层孔隙结构和支撑性能，对页岩油气富集具有重要意义。不同类型刚性颗粒紧密、均匀接触时，可以构成有效的刚性骨架，在页岩内部形成一种支撑网络，防止孔隙坍塌，有助于形成连通的孔隙网络。这种连通性使得烃类流体能够在页岩储集层中更容易流动并充注在这些残留的孔隙空间中，从而提高页岩油气的富集程度。相反，如果刚性颗粒排列松散或不规则，不完全接触的颗粒可能导致孔隙之间往往被黏土等韧性矿物充填，造成孔隙结构的不连续性，限制烃类流体在页岩储集层中的运移，降低页岩储集性能和油气产能。

（三）孔隙的保存与破坏

1. 压力的保护作用

在地质历史演化时期，封闭流体系统中超压的形成与演化影响了储集层孔隙承载的有效应力和孔隙内部压力的变化，进而控制页岩储集层中孔隙的形态、大小和连通性等特征。通过对比我国南方地区五峰组—龙马溪组优质页岩段不同埋深的孔隙度后发现，在相同埋深层段内，具有高孔隙度的页岩储集层通常具有超压特征，而常压含气型页岩储集层的孔隙度则随着埋深

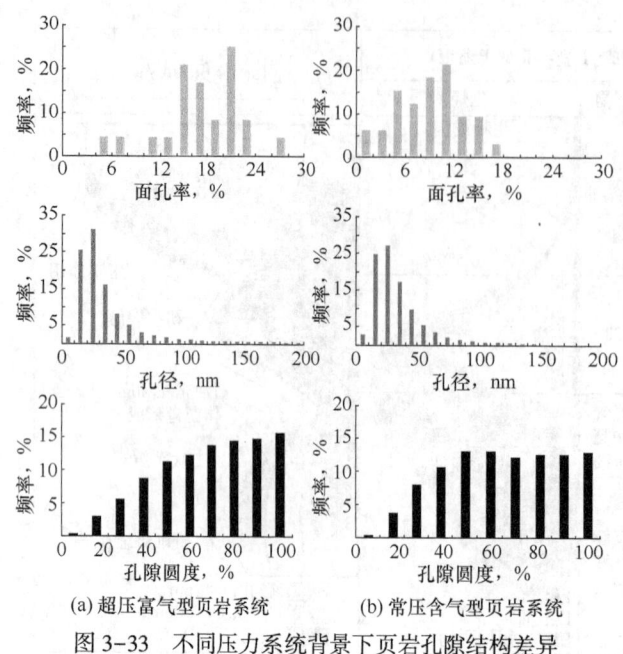

图 3-33 不同压力系统背景下页岩孔隙结构差异

(a) 超压富气型页岩系统　(b) 常压含气型页岩系统

的不断增加而显著降低。扫描电镜图像观察和定量统计结果显示，在保存条件较好的情况下，后期构造抬升过程中未发生页岩气的大规模逸散，页岩气层孔隙内流体压力大，可以有效防止或者减缓页岩中的塑性孔隙（主要指有机质孔隙）受后期压实作用的影响，大量孔隙得到保存。因此，超压发育的页岩层系有机质面孔率较高，孔隙直径较大，孔隙圆度较大（Gou 等，2021）。相反，当页岩系统保存条件较差时，页岩气发生逸散，导致页岩孔隙内流体压力降低，失去了超压对孔隙的保持及较强的压实作用使页岩有机孔大小、数量与圆度均小于超压地区（图 3-33）。

2. 应力的破坏作用

我国南方地区页岩具有时代老、埋深大，沉积后普遍经历了多期构造运动等特征。在强烈的构造应力影响下，页岩有机质和矿物结构受到改造，继而影响孔隙和裂隙结构特征。近年来，广大学者对不同构造应力背景下微观孔隙变形特征进行了大量的定性观测和定量表征。研究结果显示，有效应力的增强通常形成以高角度剪切和张剪性为主的构造裂隙，导致甲烷气体的逸散和孔隙压力周期性降低或连续降低。而甲烷气体已全部或部分泄漏的固体沥青孔隙则会靠缩小孔隙尺寸，从而增加孔隙压力以防止被全部压扁塌陷。因此，在应力相对强的区域，页岩有机孔在应力挤压作用下发生变形和闭合，有机孔发育程度较低，而在构造应力相对较弱的区域，页岩有机孔发育程度较高、孔隙形态完好（Gou 等，2022）。

## 第六节　盖层的类型及其封盖机制

覆盖在储集层之上能够封盖油气使其免于向上逸散的岩层或地质体称为盖层。与储集层作用相反，盖层具备相对低的孔隙度和渗透率，是阻碍油气逸散的一种地质体，影响油气在储集层中的聚集效率和保存时间。在油气源充足条件下，盖层的分布与封盖性能控制油气的运移、聚集与保存，良好的盖层可以阻滞油气渗流运移、降低天然气的扩散散失，使其在盖层之下聚集成藏，是油气成藏的必要条件。

### 一、盖层类型

根据盖层的岩性、分布范围、盖层与油气藏的位置关系等将盖层分为不同的类型。

（一）按照盖层岩性分类

按岩性可将盖层划分为泥质岩类、蒸发岩类、碳酸盐岩类及其它岩类盖层。对我国 34 个大中型气田盖层岩性进行统计分析表明，以泥岩为盖层的大中型气田约占总数的 60%，膏盐岩约占 18%，而以泥页岩和石灰岩、白云岩为盖层的较少，分别占总数的 11%（胡国艺等，2009）。

1. 泥质岩类盖层

泥质岩类盖层包括泥岩、页岩、含砂泥岩、钙质泥岩等，粒度细、致密、渗透性低，具有可塑性、吸附性和膨胀性等特性，是良好的盖层岩性。该类盖层是油气田中最常见的一类盖层，它们分布最广、数量最多，几乎产于各种沉积环境。大多数油气田的盖层均属此类。

2. 蒸发岩类盖层

蒸发岩类盖层主要包括盐岩和膏岩，是一类最佳的盖层。膏岩在很广的深度范围内都具有良好的封盖能力，如美国密执安盆地 Belle River Mills 气田（埋深 762m）、阿拉巴马州 Chatom 油田（埋深 4900m）等均为膏岩盖层；我国库车前陆盆地、渤海湾盆地东濮凹陷等都广泛发育膏盐岩盖层。

3. 碳酸盐岩类盖层

碳酸盐岩类盖层主要包括含泥灰岩、泥质灰岩和致密灰岩等，如鄂尔多斯盆地发育碳酸盐岩盖层。由于碳酸盐岩易被水淋滤、构造破坏或溶蚀等而形成缝洞，会影响盖层的封闭性能，因此碳酸盐岩能否作有效盖层，与其缝洞的发育程度密切相关。

4. 其它岩类盖层

铝土岩、火成岩、煤层等岩性地层也可作为盖层。如鄂尔多斯盆地、渤海湾盆地冀中凹陷发育铝土岩盖层，辽河盆地东部凹陷荣兴屯构造发育玄武岩盖层，松辽盆地徐家围子断陷发育火山岩盖层等。另外，甲烷水合物、油藏破坏形成的重质沥青等非岩石类物质在一定条件下也可以成为盖层，如美国东南海域布莱克海岭的水合物气藏（Dillow 等，1980）。

（二）按照盖层分布范围分类

1. 区域性盖层

区域性盖层指遍布在含油气盆地或坳陷的大部分地区，厚度大、面积广且分布较稳定的盖层。区域性盖层对盆地或坳陷的油气聚集起重要作用，控制油气纵向的展布、烃类相带分布及其油气丰度（戴金星，1996）。如渤海湾盆地天然气主要分布在沙一段和沙三段的区域性盖层之下（图3-34）。

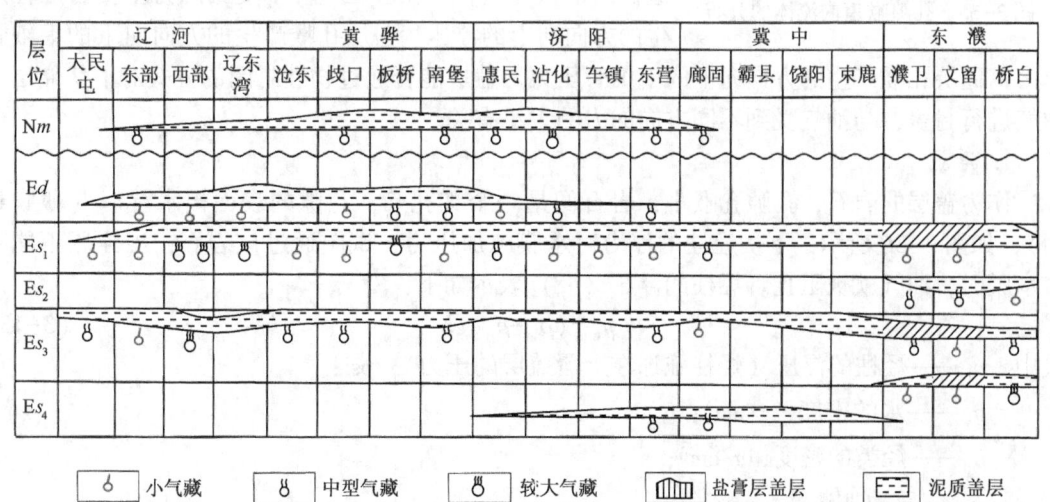

图 3-34 渤海湾盆地天然气分布与区域盖层关系图（据王涛，1997）

### 2. 局部盖层

局部盖层直接位于圈闭储集层的上面，横向分布不如区域盖层稳定，分布面积也相对要小得多。局部盖层控制油气藏的规模与丰度。

### (三) 按照盖层与油气藏的位置关系分类

#### 1. 直接盖层

直接盖层是紧邻储层之上的封闭岩层。直接盖层可以是局部盖层，也可以是区域性盖层。

#### 2. 上覆盖层

上覆盖层是直接盖层之上的所有非渗透性岩层，一般指区域性盖层，对区域性的油气聚集和保存起重要的作用。

## 二、盖层封闭油气机理

前人曾根据盖层阻止油气运移的方式，把盖层的封闭机理分为物性封闭、异常压力封闭和烃浓度封闭。随着对盖层封闭机理的深入认识，认为物性封闭和超压封闭是可能存在的封闭机理，而且物性封闭是最基本也是最重要的，超压封闭只有在封盖层有超压的情况下起到加强封闭性能的作用。对于烃浓度封闭，则可能是不存在的，这主要是因为扩散是通过分子热运动进行的，而天然气分子的热运动无时无刻不在进行中，因此对天然气分子的扩散进行封闭是很难的，以前提出的所谓烃浓度封闭气藏，实际上可能是生烃层系盖层或其上部的致密盖层主要依靠物性封闭机理对下伏气藏进行的封闭。因此，这里主要介绍物性封闭和超压封闭的机理。

### (一) 物性封闭

物性封闭是指依靠盖层岩石的毛细管压力封堵油气，又称毛细管力封闭（Bern，1975；Howalter，1979），或薄膜封闭（Watts，1988；Jon Gluyas，2003）。盖层岩石具有很小的孔隙喉道半径（图3-35），从而产生较大的指向储层方向的毛细管压力，是毛细管压力封闭的主要原因。

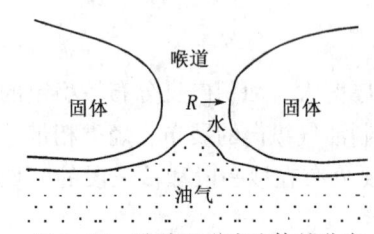

图3-35 孔隙喉道内流体的分布

实际上，由于地层中的岩石一般是亲水的，对于盖层遮挡的下伏油气，其在静压条件下受到的力主要有烃柱产生的方向向上的浮压、盖层孔喉产生的方向向下的毛细管压力、储层孔喉产生的方向向上的毛细管压力。盖层能否通过物性封闭的方式对下伏储层中油气进行封盖，与油气受到不同方向的力的大小有关。

#### 1. 浮压

作为盖层的岩石，孔隙孔喉小，岩石像是一个细孔筛，孔隙的表面被水湿润（薄膜封闭），如图3-36所示，下伏烃柱的浮力对水膜施加压力，试图通过该岩石，当浮压不能克服水膜时，油气就被阻止。烃柱的浮压（$p_b$）表示如下：

$$p_b = (\rho_w - \rho_p)gh \tag{3-13}$$

式中  $p_b$——烃柱的浮压（烃柱施加在上覆盖层的压力），psi；

$\rho_w$——水的密度，g/cm$^3$；

$\rho_p$——烃类的密度，g/cm$^3$；

$g$——重力加速度，cm/s$^2$；

$h$——烃柱的高度，m。

油（气）柱在任何深度点的浮压是水压与油（气）压的差值。浮压的大小与烃类—水的密度差负相关，与烃柱高度正相关；烃柱高度相同的条件下，储集层中天然气产生的浮压要大于石油产生的浮压。对于特定的烃柱，最大浮压在油（气）柱顶部，在自由水界面处浮压为0（图3-36）。

2. 毛细管压力与薄膜封闭

岩石在水饱和情况下，产生的毛细管压力（$p_c$）是烃—水表面张力（$\sigma$）、润湿角（$\theta$）及最大孔喉半径（$R$）的函数：

$$p_c = \frac{2\sigma\cos\theta}{R} \quad (3-14)$$

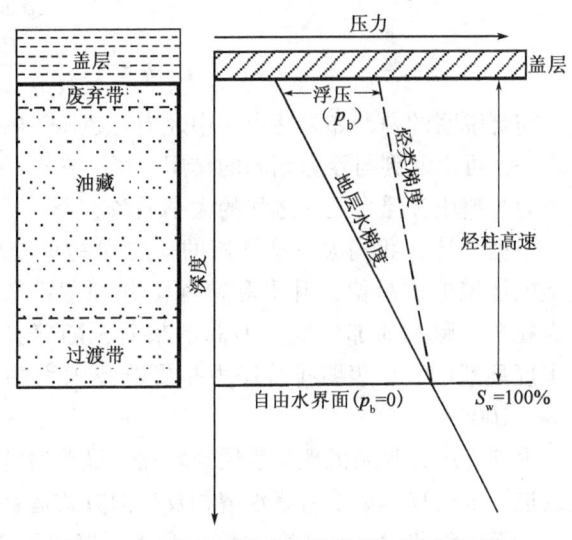

图3-36 孔隙喉道内流体浮压与深度关系图
（据Jon Gluyas，2003，有修改）

式中 $p_c$——毛细管压力，MPa；
　　 $R$——岩石孔喉半径，cm；
　　 $\theta$——固液相接触角，（°）；
　　 $\sigma$——两相界面张力，$10^{-3}$N/cm。

毛细管压力（封闭能力）与岩石孔喉半径、润湿性、界面张力等有关，一般随岩石孔喉半径的减小而增加，随水润湿性的增强而增大，随烃—水界面张力的增加而增加。这里需要注意的是，岩石的润湿性虽然多数情况下以水润湿为主，但在特定的岩石组成或烃类等物质赋存的情况下，润湿性可能会由水润湿向油润湿转变；而烃—水界面张力则与烃类性质和介质温压条件密切相关，相同温压条件下，气水界面张力比油水界面张力更大，且随着温度压力的增加，无论是气水界面张力还是油水界面张力都呈现出降低的趋势。

与储集层相比，盖层的孔喉半径通常要小几个数量级，因此在其他条件相似的情况下，盖层产生的向下的毛细管压力要比储集层产生的向上的毛细管压力大得多，一般认为储集层孔喉产生的毛细管压力大小可以忽略不计。

在特定时刻，油气要通过盖层进行运移，必须首先排替其中的水，克服毛细管压力的阻力，即油气的浮压必须要达到进入毛细管的最小压力（毛细管压力）。如果油气的浮压小于毛细管压力的阻力，则油气就被遮挡于盖层之下。

在评价毛细管压力封闭能力时常引用排替压力的概念，即盖层岩石最大连通孔隙所具有的毛细管压力，排替压力越大代表盖层的封闭能力越强。不同粒度的沉积物往往具有不同的排替压力，粒度越大，所具有的排替压力越小。由于储层物性和封盖流体性质的差异，认为盖层是相对的，只要上覆岩层与储集层之间存在物性差异或排替压力差，即可形成盖层。

3. 最大烃柱的理论高度

当浮压大小等于排替压力（$p_b=p_d$）时，盖层下面聚集的烃柱高度达到最大值。如果浮压（$p_b$）超过排替压力（$p_d$），烃类将通过盖层发生泄漏，如果浮压（$p_b$）小于排替压力（$p_d$），作为有效盖层，它还有可能封闭更高的烃柱。盖层能封闭的最大烃柱的理论高度（$h$）为：

$$h=\frac{p_\mathrm{d}}{p_\mathrm{b}}=\frac{\dfrac{2\sigma\cos\theta}{R}}{(\rho_\mathrm{w}-\rho_\mathrm{p})g} \tag{3-15}$$

需要说明的是，如果储集层中烃类有超压等特征，那么超压作为驱动油气运移的动力条件之一，可以起到与浮力相同的作用，所以在这种情况下，盖层能否封闭，就取决于盖层排替压力与超压和浮力之和之间的大小关系。

根据统计，我国大中型气田的盖层均具有较高的排替压力，最小为8.7MPa，如松辽盆地的汪家屯、昌德、升平和徐深1井气藏；最高可达28MPa，如塔里木盆地库车坳陷的克拉2气藏和迪那气藏。但总的来看，随着盖层排替压力的增大，我国大中型气田储量丰度逐渐增大，表明排替压力是影响我国大中型气藏封盖条件优劣的重要因素（吕延防等，2005）。

毛细管压力封闭机理是盖层封堵油气最普遍的机理。一般情况下，它只能阻止游离相油气的进一步运移，难以封堵水溶相及扩散方式运移的油气。但当渗透率非常小，其排替压力之高以至于除非发生构造变动使之产生裂缝才能破坏盖层的封闭性时，则不仅能阻止游离相，也能阻止水溶相油气的运移。

### （二）超压封闭

异常高流体压力（又称"异常高压"或"超压"）是指地层孔隙流体压力比其对应的静水压力高。这种依靠盖层异常高孔隙流体压力封闭油气的机理称为流体压力封闭，简称超压封闭。引起泥岩超压的因素很多，如泥岩欠压实作用、有机质生烃作用、黏土矿物脱水作用以及孔隙流体热增压作用等。

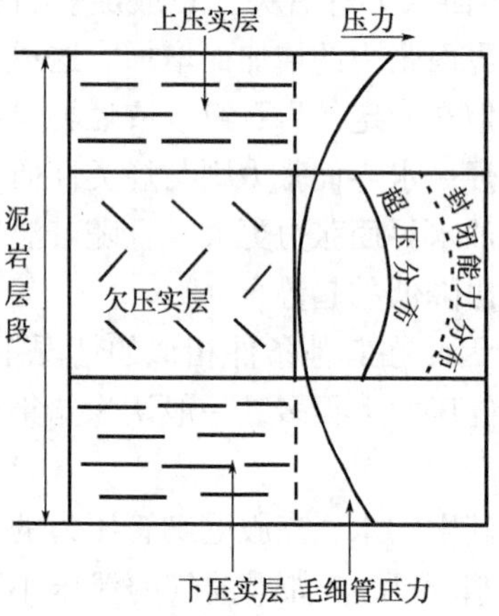

在压实过程中，泥岩段顶、底靠近储集层处，孔隙水可以充分排出，形成上、下压实段；而中间，由于顶底孔喉变小，而使孔隙流体排出受阻，形成欠压实带。上下压实段的毛细管压力大于中间欠压实段的毛细管压力，起着物性封闭作用。中间欠压实段内部存在着异常高的孔隙流体压力，使毛细管压力与孔隙流体压力之和明显大于上下压实段的毛细管压力，其封闭能力更强（图3-37；郝石生，1995）。由于超压层本身往往是致密岩层，通常具有物性封闭的作用，所以超压层往往是物性封闭和超压封闭同时起作用。

图3-37 欠压实泥岩封闭能力示意图
（据郝石生，1995）

超压盖层实际上是一种流体高势层，它能阻止包括油气水在内的任何流体的体积流动，因此，它不仅能阻止游离相的油气运动，也能阻止溶有油气的水流动，从这个角度看，超压盖层是一种较为有效的盖层。根据刘方槐（1992）计算，压力系数为1.3的欠压实泥岩，依靠异常孔隙流体压力封闭的气柱高度比依靠毛细管阻力封闭的气柱高度大11倍。如北海北部34/1-35井泥岩盖层超压发育，受物性和超压封闭控制，下部储集层具有油气富集（图3-38；Nordgard Bolas，2005）。

需要注意的是，超压封闭是一种动态封闭。超压盖层的封盖能力取决于盖层超压和毛细管压力之和的大小，在毛细管压力一定时，如果超压越高，其封盖能力越高。一旦超压盖层因某种原因而恢复到正常的静水压力状态，则盖层封闭全部为毛细管压力封闭作用。

## 三、影响盖层有效性的因素

盖层的封盖机制反映了封闭油气的基本机理,但不能全面反映盖层作为封闭地层的特征。一套岩层能否作为有效盖层受很多因素的影响,如盖层的岩性、韧性、厚度、沉积环境及连续性、成岩作用以及构造活动等。

### (一)盖层岩性

理论上讲任何岩性均可充当盖层,只要其排替压力大于下伏油气藏中烃柱的浮力或向上运移的动力。实际上,绝大多数的有效盖层是蒸发岩、细粒碎屑岩和富含有机质岩。页岩、泥岩盖层常与碎屑岩储集层并存;蒸发岩盖层则多发育在碳酸盐岩剖面中;在构造变动微弱的地区,裂缝不发育,致密的泥灰岩及石灰岩也可充当盖层。这主要是因为盖层的岩性不同,其封盖能力不同。一般来说,封盖能力的优劣次序大致为:盐岩、膏岩、各种含盐的混合岩、泥页岩、粉砂质页岩、钙质页岩、泥灰岩、碳酸盐岩、致密砂岩等。蒸发岩、细粒碎屑岩和富含有机质岩孔喉半径小、排替压力大,均具有很强的封盖能力。

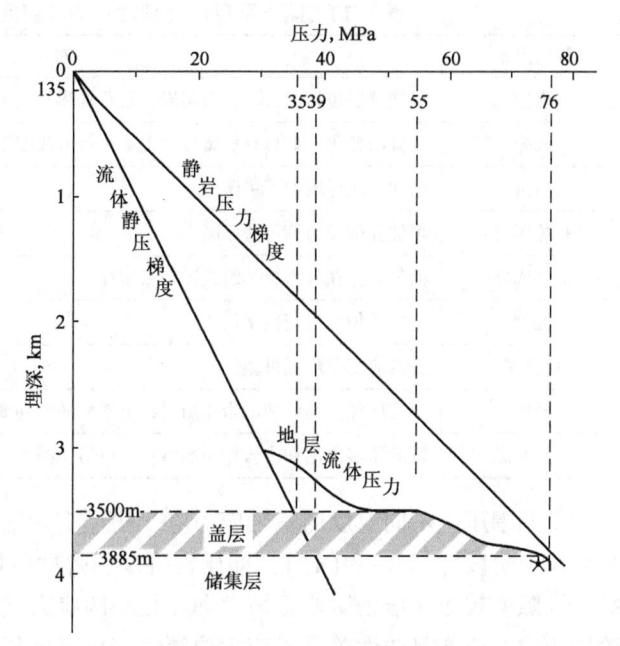

图3-38 北海北部34/1-35井泥岩盖层超压示意图
(据Nordgard Bolas,2005)

Grunau(1981)统计了世界上176个大气田的盖层,几乎所有气田都依赖于其具有的页岩或蒸发岩盖层。Klemme(1977)统计了世界上334个大油气田的盖层,页岩、泥岩盖层的大油气田占总数的65%,盐岩、膏岩盖层占33%,致密灰岩盖层占2%。我国松辽、渤海湾等盆地多以黏土岩为盖层;四川、江汉等盆地的油气田则多以蒸发岩为盖层。

### (二)盖层韧性

由于脆性岩石易出现裂缝,而韧性岩石则会发生塑性变形,盖层的韧性对油气的保存尤其重要,特别是在褶皱带和逆冲断裂带等环境中。岩石的韧性受岩性、围压、孔隙压力、流体成分、温度等多种因素影响(表3-10)。不同的岩石具有不同的韧性,在通常的地质条件下,常见岩石韧性的顺序是:盐岩>膏岩>富含有机质页岩>泥岩>石灰岩。

泥岩在一定深度范围内(一般在3000m左右)随深度增加韧性变好。超过该深度范围,随深度再增加,泥岩韧性又逐渐变差。泥岩韧性的减小,容易产生微裂缝,微裂缝形成会使渗透率增加,从而降低封闭性。从这个角度看,泥岩盖层应该存在一个有利封闭深度区间。

膏盐岩的岩石力学特征明显与碎屑岩不同,特别是盐岩,其内在原因是膏盐岩本身在不同温度、不同围压下具有明显不同的脆性和塑性。一般随埋深或温度增加,塑性增强,受力流动而不易破裂,甚至使已产生的断裂、裂缝在盐层间消失弥合或焊接封闭。

表3-10 盖层可塑性（韧性）的控制因素（据Edward，2001）

| 控制因素 | 对塑性的控制作用 |
| --- | --- |
| 岩性 | 脆性盖层包括白云岩、石英岩、硬石膏和一些页岩，塑性盖层包括盐岩、某些页岩和某些石灰岩 |
| 成分 | 成分的变化，如总有机碳和黏土矿物等可改变塑性 |
| 围压 | 增加围压即增加了可塑性 |
| 孔隙压力 | 增加孔隙压力使可塑性减小 |
| 流体成分 | 流体的存在与否及其组成影响可塑性 |
| 温度 | 温度增加，可塑性增加 |
| 应变率 | 高的应变率降低可塑性 |
| 时间 | 当盖层经受埋深和成岩作用时，可塑性随时间变化 |
| 压实状态 | 随着压实作用和成岩作用的增强，可塑性减小 |

不同围压、不同温度的三轴应力应变物理实验结果表明，膏岩和盐岩应力应变过程均可分为4个阶段[图3-39(a)]，即压密阶段、弹性阶段、塑性阶段、破坏阶段。由于膏岩和盐岩孔隙度较小，压密阶段很短，即在很小的应力状态下盐岩即达到其压密强度；弹性变形阶段应力与应变呈线性关系，应力取消时变形可恢复原状；当受力超过屈服强度时，膏岩和盐岩变形进入塑性阶段，应力取消岩石应变无法恢复，应力与应变关系为非线性；当受力超过岩石抗压强度时，膏岩和盐岩进入破坏阶段，其中，当岩石为脆性时，破坏阶段表现为脆性破裂，岩石轴向应力突然下降，应变不连续；当岩石为塑性时，破坏阶段表现为塑性流变，岩石轴向应力不减小，应变连续。以库车前陆冲断带库车组膏盐岩为例，不同埋深膏岩和盐岩的三轴应力应变曲线[图3-39(b)]表明，膏岩和盐岩均具有低温脆变、高温塑变特征，但膏岩的屈服强度和抗压强度远大于盐岩，即盐岩塑性强、膏岩硬度大，盐岩发生塑性变形所需的应力较小，一定温度下呈塑性流动。

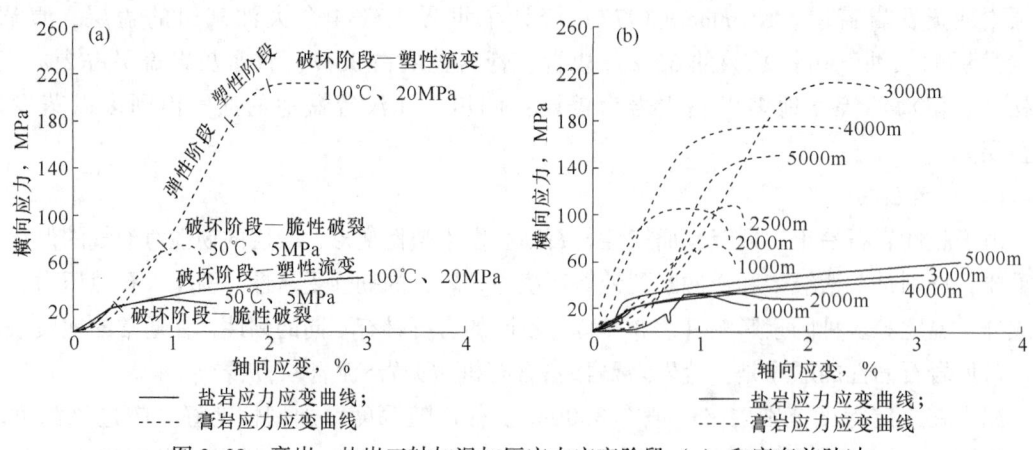

图3-39 膏岩、盐岩三轴加温加压应力应变阶段（a）和库车前陆冲断带库车组膏盐岩应力应变曲线（b）（据卓勤功等，2014）

（三）盖层厚度

盖层厚度对封闭能力或烃柱高度没有简单的对应关系。盖层可以很薄，厚度小于1m的盖层能够封盖单个油藏。从理论上讲，封闭能力主要取决于盖层岩石的排替压力。如Hubbert（1953）的研究认为，颗粒大小为$10^{-4}$mm的一套几英寸厚的黏土岩盖层，大约具有

600psi（1psi≈6.895kPa）的排替压力，理论上足以封住915m高的油柱。但从沉积条件看，盖层薄时，横向上能够连续、完整、均一和无裂缝的可能性几乎没有，形成大油气田的可能性就小。因此，从保存油气的角度，盖层应该存在一个受其他地质条件影响的有效下限，越厚越有利。其原因如下：

（1）薄的盖层横向上的连续性较差，容易发生破裂。厚盖层横向连续性好，不易形成连通的微裂缝，从而保证了在整个含油区的整体连续性。

（2）厚盖层使油气通过盖层的渗滤和扩散速率减慢，从而对油气向上逸散起阻碍作用。

（3）对于断层圈闭，厚度大的盖层不易被小断层错断。断层两侧泥岩接触机会大，容易形成侧向封堵；而且盖层的厚度直接影响圈闭油气藏的高度。

（4）盖层厚度大，其中的流体不易排出，易形成欠压实层，从而形成地层超压，增强盖层对油气的封盖能力。

实际上，盖层的厚度一般可从几十米到几百米。国内外已发现的大油（气）藏往往都和较厚的盖层相关联，盖层的厚度与封盖能力（烃柱高度）有着一定的相关性。国内外很多学者进行了研究和讨论。Ziegler（1992）等认为盖层厚度与烃柱高度之间并无相关性，也有一些学者认为盖层厚度与所封盖的烃柱高度之间具良好的正相关线性关系（童晓光等，1989；吕延防等，1996）。前苏联学者依诺泽姆采夫提出了盖层厚度的有效下限标准为25m。

蒋有录（1998）通过对济阳坳陷的孤岛、孤东、盐家、飞雁滩等7个新近系气（油）田纯气藏的烃柱高度与上覆直接盖层厚度之间的关系研究，认为，在通常情况下，对于某一具有一定烃柱高度的油（气）藏而言，它需要有一定厚度的上覆盖层，保证油气在其下得以聚集和保存。由于地下地质情况的千差万别，这一盖层的厚度可厚可薄，但要求盖层达到一个最低值，可称其为盖层最小厚度或临界厚度。盖层临界厚度所封盖的烃柱高度，可理解为该盖层所能封盖的最大烃柱高度（临界烃柱高度）。气藏的气柱高度与所需泥岩盖层的最小厚度（或称临界厚度）之间存在着正相关关系，要封盖一定高度的气柱至少需要大于或等于相应临界厚度的泥岩盖层（图3-40）。如气柱高度为5m的气藏，盖层厚度最小为3m，而气柱高度为10m的气藏，其最小盖层厚度为6m。随气藏气柱高度的增加，所需的泥岩盖层的最小厚度也逐渐增大。而"盖层厚度与所封闭的烃柱高度呈直线正比关系"的说法是不恰当的。

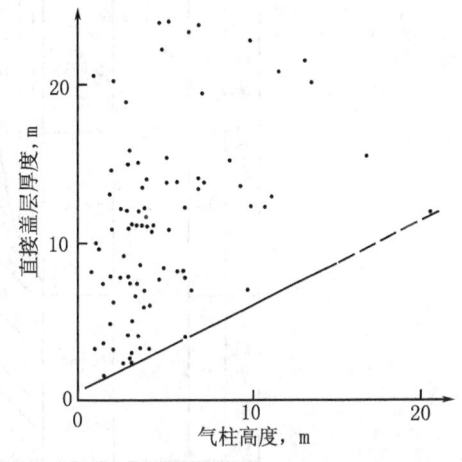

图3-40 气藏盖层厚度与所封闭气柱高度关系图（以济阳坳陷新近系浅层气藏为例；据蒋有录，1998）

（四）沉积环境及连续性

沉积环境对泥质岩盖层封闭性的影响，主要表现在盖层的物质组成、结构、盖层厚度和横向分布的连续性及稳定性受沉积环境控制。水体深、面积大、相对稳定的沉积环境，易形成质纯、粒度细、连续性好的区域性泥质岩盖层；水体动荡的沉积环境中形成的泥岩质不纯、砂质含量高，连续性和稳定性差，只能作为局部盖层，盖层质量相对较差。

陆相沉积环境中，泥质岩封闭能力与沉积环境之间有着较好的对应关系。深湖和半深湖相泥质岩盖层分布面积大、封闭性能较好，常形成区域性盖层；滨浅湖相、三角洲相等近岸环境中形成的泥质岩盖层分布面积相对较小，封闭性能较差，一般形成局部盖层；河流相和冲积扇相等近源环境，一般只能形成储集层。海相沉积环境中，泥质岩盖层分布面积较大、封闭性能好，常形成区域性盖层。

（五）成岩作用对盖层的影响

对于常见的泥岩盖层，成岩作用对盖层的影响主要表现在岩石的压实作用、黏土矿物的转化、有机质演化程度、岩石的塑性等，如处于不同成岩阶段的泥岩盖层，具有不同的封闭能力（图3-41）：

| 成岩阶段 | | $R_o$, % | 黏土矿物 | | $\rho$ g/cm³ | $\phi$, % | $p$ MPa | 可塑性 | 封闭性 |
| --- | --- | --- | --- | --- | --- | --- | --- | --- | --- |
| 段 | 期 | | I/S混层蒙脱石含量, % | 含量, % 20 40 60 80 | | | | | |
| 早成岩阶段 | A | 0.35 | >50 | | 1.32~2.28 | 30~20 | <4 | 中 | 差—中 |
| | B | 0.5 | | | | 20~10 | | 大 | 中—好 |
| 中成岩阶段 | A | 2.0 | 50~35 | | 2.28~2.4 | 10~8 | 4~7 | 大中 | 好 |
| | | | | | | 8~5 | | 小 | 中—好 |
| | B | 2.0 | 35~50 | | 2.4~2.57 | | 7~10 | 很小 | 差 |
| 晚成岩阶段 | C | | <20 | | | | >10 | | |

1—蒙脱石；2—伊蒙混层；3—伊利石；4—绿泥石；5—高岭石；6—绿蒙混层

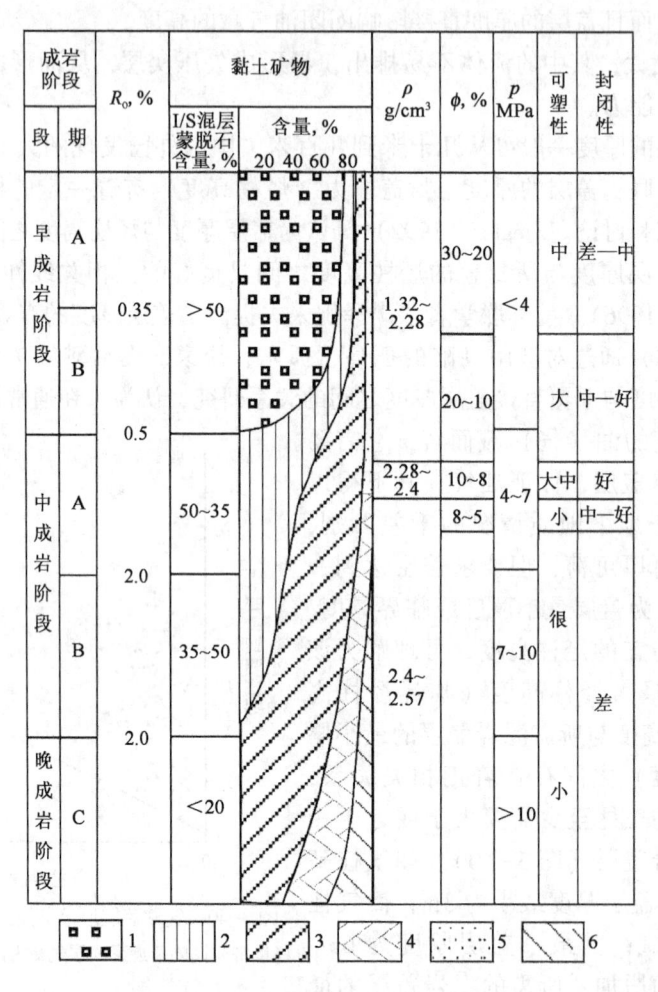

图3-41 泥质岩盖层封闭性演化模式（据陈章明等，2003，有修改）

（1）早成岩阶段A期：埋藏较浅，泥岩成岩程度差，盖层封闭能力较低。

（2）早成岩阶段B期：随着压实程度增高，颗粒排列更紧密、孔喉半径减小、孔隙度降低，排替压力增大，封闭性能不断增强。具备中等—较好的封闭能力。

（3）中成岩A期：随着埋深增大，地温增高，泥岩中蒙脱石向伊/蒙混层及伊利石转化，析出大量的层间水或结晶水。在厚层泥岩顶底与砂层相邻的部分形成致密带，厚层泥岩内部形成超压带。此时，物性封闭和异常压力封闭共同作用，泥质岩的封闭能力最强。

（4）中成岩 B 期—晚成岩阶段：随着压实程度进一步增强，泥质岩中的黏土矿物以伊利石和绿泥石为主，泥岩的可塑性降低、脆性增大，构造作用下易产生裂缝，使其封闭性能减弱。

对于膏盐岩盖层，前已述及膏盐岩岩石结构致密、孔隙度低，一般随埋深或温度增加，塑性增强。以库车前陆冲断带为例，物理实验证实埋深浅于 3000m 的膏盐岩在强烈、快速挤压应力作用下会产生断裂和裂缝，或使老断裂复活，油气将沿穿盐断裂垂向运聚、散失；埋深大于 3000m，随盖层埋深的增加其岩石塑性增强，穿盐断裂在盖层段内消失或焊接封闭，亦或新生断裂顶端消亡于塑性盖层中，油气在膏盐岩盖层下聚集成藏（卓勤功等，2014）。所以，膏盐岩盖层的封闭性是动态演化的，在盆地构造活动一定时，膏盐岩盖层封闭性取决于脆、塑性（埋深）。

（六）构造活动对盖层封闭性的破坏作用

构造活动对盖层封闭性的破坏作用主要表现在以下几方面（视频 3-1）：

（1）地壳抬升，盖层遭受剥蚀，随着剥蚀程度的增加，盖层厚度减小、封闭性变差甚至消失。

（2）断裂作用对盖层的封闭性起着破坏作用。当断裂将盖层完全错开时，盖层失去了横向连续性，盖层的封闭性完全丧失，对油气的保存十分不利。当断裂未将盖层完全错开时，盖层并未失去横向连续性，但其封闭油气的有效厚度减小，可使盖层的封闭能力降低，而此时断裂本身包括断层岩、诱导裂缝等发育情况也会影响封盖性，当断层岩为较高渗透性岩石或断裂带高角度裂缝较为发育时，会导致油气沿断裂散失从而间接使盖层部分或全部丧失封堵油气能力。如在断层发育的地区，我们根据盖层排替压力所确定的顶部封闭能力（烃柱高度）一般都大于油藏中实际的高度，这是因为，油藏中的油柱高度可能受控于与断层有关的溢出点（Allard，1993）。

视频 3-1 构造活动对盖层封闭性的破坏作用

（3）岩浆或者岩体等侵入作用对盖层封闭性能产生破坏作用。一方面高温使烃类活动性增强，扩散速度加快，利于散失，使盖层有效性变差。另一方面，上侵产生巨大的拱张作用，使盖层破裂从而降低封闭能力或丧失封闭能力。

可见，断裂、岩浆或者岩体侵入等构造活动可以使盖层产生破裂，但需要注意的是，除了构造活动，如果当盖层地层流体压力超到岩石破裂压力时，盖层也会产生裂缝，同样可以使盖层的封闭性变差，这种情况在深层、超深层的超压地层中发育相对较多。

总之，盖层对油气聚集以及油气藏的保存有重要作用，盖层封盖的有效性又受到很多因素的影响。盖层的岩性及组构特点是控制盖层封闭能力的基础，它们都是由沉积环境和沉积条件决定的；成岩作用及构造活动是影响盖层封闭有效性的重要原因。

## 思考题

1. 什么是储集层？储集层具备哪些基本特性？
2. 什么是总孔隙度、有效孔隙度、绝对渗透率、有效渗透率（或相渗透率）、相对渗透率？孔隙度与渗透率的相互关系是什么？

3. 什么是储集层孔隙结构？它对储集层物性有哪些影响？
4. 毛细管压力曲线研究孔隙结构的原理是什么？常用的孔隙结构参数有哪些？什么是排替压力？其大小取决于哪些因素？
5. 影响碎屑岩储集物性的主要因素有哪些？
6. 砂岩体的成因类型有哪些？各自的主要特征是什么？
7. 影响碳酸盐岩储集层储集空间发育的主要因素有哪些？
8. 碳酸盐岩储集层主要类型有哪些？
9. 影响火山岩储集层储集物性的主要因素有哪些？
10. 影响变质岩储集层储集物性的主要因素有哪些？
11. 影响泥质岩储集层储集物性的主要因素有哪些？
12. 试比较碎屑岩、碳酸盐岩、火山岩、变质岩、泥质岩类储集层储集空间的差异。
13. 什么是盖层？可分为哪些类型？盖层封闭油气的机理有哪些？
14. 影响盖层封闭性的主要因素有哪些？试分析盖层封闭油气的相对性？

# 第四章 石油与天然气运移

## 第一节 油气运移概述

### 一、油气运移的概念

石油和天然气是流体矿产，具有可流动性，当受到某种驱动力作用时就会在地壳中发生流动。我们把油气在地壳中的任何移动称为油气运移。我们知道油气是在富含有机质的细粒沉积岩中形成的，而大部分储集在孔隙度、渗透率比较好的岩石中，油气从烃源岩中的分散状态到储集岩中的聚集状态，其间必有一个运移的过程。油气运移是连接油气生成和聚集成藏的重要环节，是石油地质学的重要内容之一，对于油气勘探具有重要意义。

根据运移特征，把油气运移划分为初次运移和二次运移。初次运移是指油气排出烃源岩的运移（简称排烃），它包括油气自烃源岩排向储集层或输导层的运移，也包括油气在烃源岩内部的运移。对于页岩油气来说，部分从有机质内孔表面解吸的油气进入基质孔隙中，达到过饱和后再运移至相邻无机页岩孔隙中，这个过程属于初次运移；而在有机质孔隙和无机页岩孔隙中聚集的油气向相邻砂岩地层中的运移，亦属于初次运移的范畴。二次运移是指油气进入储集层或输导层后的一切运移。它包括油气经输导层至圈闭的运移，也包括业已形成的油气聚集由于外界地质条件的变化而引起的再次运移（图4-1，视频4-1）。

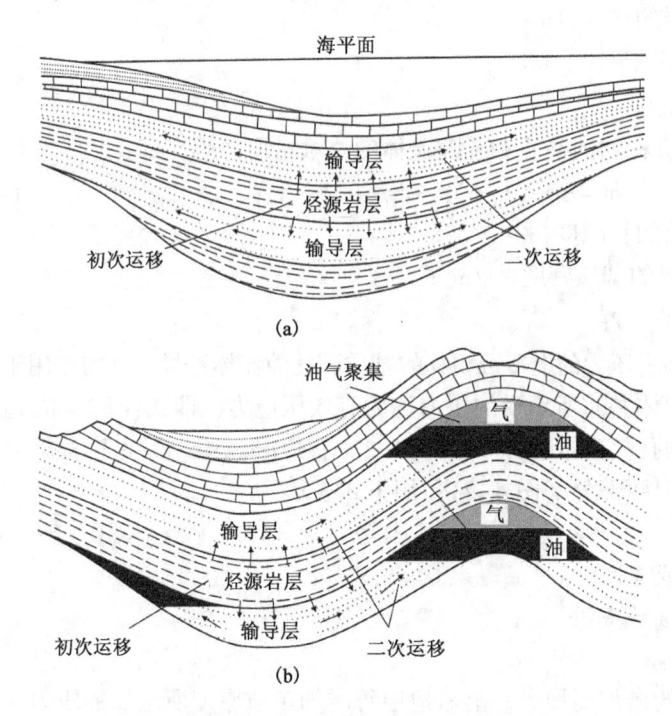

图4-1 油气运移示意图（据 Tissot 和 Welte，1984）
(a) 油气运移早期；(b) 油气运移晚期及油气藏的形成

视频4-1 油气初次运移和二次运移

上述定义是人为地把一个自然连续的运移过程在时空上划分成两个阶段。实际上我们很难确定油气运移有先后之分,它们是一个几乎同时发生的连续过程。对于一个油气质点来说可以分为先后两个运移过程,若对整个油气运移过程而言,二次运移是紧随着第一个油气质点进入输导层后发生的。

油气运移包括动力学和运动学两方面内容。动力学探讨油气运移的动力,运动学探讨油气运移的相态、通道、方向、主要时期和数量等。也就是说,油气运移研究的是油气在地下是以怎样的状态、在什么动力作用下、在什么时期进行大规模运移的,运移的路径是什么,运移的主要方向是怎样的,受什么地质因素控制,运移的数量是多少等等。

## 二、与油气运移有关的几个问题

（一）压力

压力是垂直作用在物体单位面积上的一种力,它存在于气体、液体、固体的内部或流体与固体、固体与固体的接触面上。油、气、水等地下流体都处在一定的承压环境中。石油地质学中所称的压力实际上是物理学中的压强。压力的国际单位是帕（Pa）,也可用大气压（atm）表示,$1atm = 101.3kPa$。

1. 静岩压力与静岩压力梯度

1) 静岩压力

静岩压力是指由上覆地层岩石及岩石孔隙中流体的总重量所引起的压力,也称上覆岩层压力。通常用下式计算：

$$p_r = H\rho_r g \tag{4-1}$$

式中 $p_r$——静岩压力,Pa 或 MPa;

$H$——上覆沉积物或岩层的厚度,m;

$\rho_r$——上覆沉积物或岩层的密度,$t/m^3$;

$g$——重力加速度,$9.8m/s^2$。

实际上静岩压力是由上覆沉积物的基质和孔隙流体的总重量所产生,即

$$p_r = Hg[(1-\phi)\rho_g + \phi\rho_f] \tag{4-2}$$

式中 $\phi$——上覆沉积物或岩层的孔隙度,%;

$\rho_g$——上覆沉积物或岩层的基质密度,$t/m^3$;

$\rho_f$——孔隙中的流体密度,$t/m^3$。

在正常压实情况下,产生静岩压力的上覆沉积物的基质和孔隙流体重量,分别作用于下伏地层的固体基质和孔隙流体。固体基质所承受的压力称为有效压应力,即式(4-2)右边第一项;孔隙流体所承受的压力称为孔隙流体压力,即式(4-2)右边第二项。因此静岩压力可分解为有效压应力和孔隙流体压力两部分（图4-2）,用下式表示：

$$p_r = \sigma + p_f \tag{4-3}$$

式中 $\sigma$——有效压应力,Pa 或 MPa;

$p_f$——孔隙流体压力,Pa 或 MPa。

2) 静岩压力梯度

静岩压力随上覆地层厚度的增加而增大。上覆地层每增加单位厚度所增加的压力称为静岩压力梯度。通常指每增加 1m 沉积物厚度所增加的压力,用 Pa/m 表示。若取上覆沉积物的平均总体密度为 $2.3t/m^3$,则静岩压力梯度约为 $2.3×10^4 Pa/m$。

2. 静水压力与静水压力梯度

1) 静水压力

静水压力是指由上覆地层孔隙中静水重量所造成的压力，即由地层孔隙中连通水柱所产生的压力，由下式计算：

$$p_w = H\rho_w g \quad (4-4)$$

式中　$p_w$——静水压力，Pa 或 MPa；
　　　$H$——上覆水柱的高度，m；
　　　$\rho_w$——水的密度，t/m³；
　　　$g$——重力加速度，9.8m/s²。

2) 静水压力梯度

静水压力梯度是指当地层孔隙中连通水柱增加单位高度所增加的压力。通常指每增加 1m 水柱高度所增加的压力，用 Pa/m 表示。如果取水的密度为 1t/m³，则静水压力梯度约为 $0.1 \times 10^5$ Pa/m。

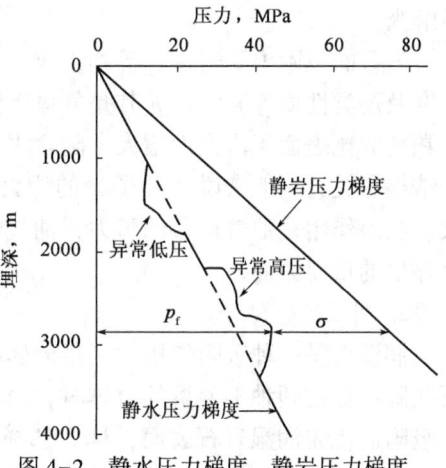

图 4-2　静水压力梯度、静岩压力梯度、地层压力和异常压力示意图

3. 地层压力与异常压力

1) 地层压力

地层压力是指作用在岩石孔隙内流体上的压力，又称为孔隙流体压力（$p_f$）。地层压力可以由静水压力、动水压力、浮力、毛细管压力、膨胀压力、渗透压力等地下多种压力组成，实测的地层压力往往是上述各种压力的综合体现。如果地层水处于静止状态，产生静水压力；当静水压力平衡遭到破坏，地层水发生流动，就产生动水压力。在开放的地层体系中，地层压力主要反映静水压力，可由地表至地下任意点地层的静水压力来表示。在相对封闭的地质环境里，地层压力将超过静水压力（异常高压）或低于静水压力（异常低压）。

2) 异常压力

异常压力是地下某一深度范围的地层中，由于地质因素引起的背离正常地层静水压力趋势线的地层流体压力（图 4-2）。当地层压力等于静水压力时为正常压力，高于静水压力的地层压力称为异常高地层压力，低于静水压力的地层压力叫异常低地层压力。正常压力与异常压力之间的压力递变带，称为压力过渡带。

压力系数是判别异常压力的重要参数，它是指实测压力与静水压力的比值。正常压力的压力系数为 0.9~1.1，异常高地层压力的压力系数大于 1（或 1.1）；异常低地层压力的压力系数小于 1（或 0.9）。

(二) 岩石的吸附和润湿性

1. 吸附

吸附是流体与固体之间的一种界面现象。吸附就是在分析吸引力（范德华力）和静电引力作用下，流体分子附着在固体表面的现象。前者属于物理吸附，后者属于化学吸附。物理吸附过程中没有电子转移、化学键的生成与破坏、原子的重排，可以形成单分子层或多分子层的吸附，不稳定，易解吸；化学吸附是化学键引起的静电引力，只形成单分子层吸附，比较稳定，不易解吸。两者往往是过渡的，如在黏土矿物表面可以形成多个水分子吸附层，紧靠黏土矿物层的分子层为化学吸附，很难解吸，往外就过渡为物理吸附，且吸附力较小，易解吸。

岩石的吸附力受岩性、矿物组成、结构、粒度、有机质含量、温度、地层压力、含水饱和度及烃类性质等影响。尤其是气体吸附量，随温度升高而降低，随压力升高而增加，随矿物颗粒的比表面积增大而增大，随含水饱和度增大而减少。烃类的吸附性还与烃类性质和分子结构有关，一般来说随分子量的增大吸附能力也增加，正构体烃比异构体烃的吸附能力大。吸附作用是油气运移的阻力，油气吸附量更是页岩油气和煤层气资源潜力评价和开采工程评价的重要方面。

2. 润湿性

润湿性是一种吸附作用，是指流体在表面分子力的作用下在固体表面流散的现象。当岩石孔隙中存在两种不混溶的流体时，由于岩石对不同流体的吸附力不同，结果产生某一种流体吸附而优先润湿岩石表面，称为选择性润湿。易附着在岩石上的流体称润湿流体（又称润湿相），不易附着的流体称为非润湿相流体（又称非润湿相）。例如，在油水两相共存于岩石孔隙中时，如果水易附着在岩石上，称水为润湿相，油为非润湿相，岩石则具亲水性（或憎油性）；如果油易附着在岩石上，称油为润湿相，水为非湿润相，岩石具亲油性（或憎水性）。

岩石的润湿性与岩石矿物组成及流体性质有关。无机矿物多为亲水，有机质和金属硫化物多为亲油；石油中的不同组分对相同矿物的润湿性也不同；表面活性物质可以改变岩石的润湿性，使原来亲水变为亲油，或原来亲油变为亲水；岩石颗粒表面粗糙，尤其在棱角凸出的部分使润湿性变得更加复杂。因此，岩石和流体的非均质性必然导致润湿性的非均质性。

润湿性大体上可以分为水润湿、油润湿和中间润湿3类。一般认为，由于沉积岩大多在水体中形成，水又是极性分子，因此岩石颗粒大多为水润湿的，并在颗粒的表面形成吸附水。原始的沉积物可能都是亲水的，后来由于烃类的生成和运移，油与岩石颗粒表面长期接触以及颗粒表面上的某些变化，油可以附着在颗粒表面上，使其成为亲油。烃源岩本身就有许多亲油的有机质颗粒，且能在一定条件下生成烃，因此可以认为是部分亲水、部分亲油的中间润湿。

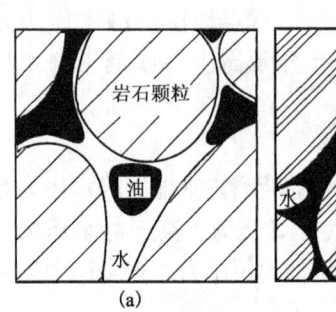

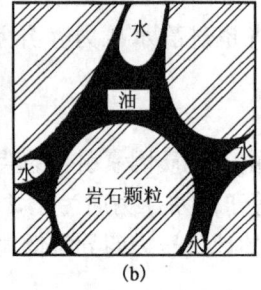

图 4-3 孔隙介质中油水的分布形式
(a) 亲水孔隙介质；(b) 亲油孔隙介质

岩石的湿润性影响油气在其中的运移难易程度，不同的润湿性造成油、水两相在孔隙中的流动方式、残留形式和数量不同。在亲水岩石中，孔壁及颗粒表面为水所润湿，水会在颗粒间形成液环，而油相不能以薄膜形式残留在孔壁上，而是被挤到孔隙中心部位。当油相饱和度很小时就会形成孤立的油珠（图4-3，视频4-2）。这种油珠可以堵塞孔隙喉道阻碍流体运移，除非有相当大的推力使油珠变形方能克服这种阻力。在亲油岩石中，油以薄膜形式附着在孔壁上，成为不能移动的残余油。可见，亲水介质中残留油的数量要比亲油介质中少，但油相在亲水介质中的流动却比在亲油介质中难。

视频 4-2 不同岩石润湿性的油水流动

（三）流体流动类型

流体流动类型是指地下岩石中的流体在一定外力作用下进行运移的动力学方式。不同的流体流动类型符合一定的流体动力学规律，并决定流体的流动效率。油气运移的流动类型有渗流、浮力流、涌流和扩散流等。

1. 渗流

流体通过多孔介质的流动称为渗流。当流体的流动为直线稳定渗流（即层流）时，可以用达西定律和流体势表征。油气运移可以呈单相渗流和多相渗流。

在多孔介质中多相流体渗流时，由于不同流体之间、流体与岩石之间的相互作用，不同流体会具有不同的相对渗透率和相应的饱和度，其连续流动需要有临界运移饱和度和相对渗透率。实验表明，油水两相必须达到一定的相对渗透率和饱和度才能发生渗流，亦即分别要超过残余油饱和度和束缚水饱和度。我们把油（气）水共存时，油（气）呈游离相运移所需的最小饱和度称为油（气）运移的临界饱和度。一般认为，石油的初次运移临界饱和度为5%，油水两相石油的二次运移临界饱和度为10%~20%。

2. 浮力流

浮力流是烃类在水介质中的上浮，它只取决于烃类与水的密度差，与水是否流动无关。分为自由上浮和有阻上浮，在上浮过程中，烃类可以是断续的，因此不要求临界运移饱和度，也不能用达西公式来表征。

3. 涌流

涌流是指当地层中异常高压流体封存箱破裂，或封闭断层重新开启时，油、气、水在强压差作用下以湍流方式涌出，又称混相涌流、势平衡流、喷射流或破裂流，是多相渗流的一种特殊情况。经过流体涌出封闭系统压力得以释放，又可重新蓄压，再次发生混相涌流。所以，涌流是间歇性的、幕式的。涌流对各相饱和度没有要求，也不能用达西公式计算。

4. 扩散流

扩散流主要指在浓度差作用下所发生的轻烃分子扩散流。轻烃扩散是单分子的流动，可以在纳米级的微孔中发生，特别是对于致密砂岩储集层，扩散流成为主要的油气运移方式。油气以水溶相（即油气溶于水中以水为载体）运移时，在动水条件下主要是渗流，在静水条件下主要是扩散流。

## 第二节　油气初次运移

### 一、初次运移相态

运移相态是指油气在地下发生运移时的物理状态。石油初次运移的相态主要有水溶相、游离油相和气溶相，其中游离相运移占主体。天然气初次运移的相态主要有水溶相、油溶相、游离气相和扩散相，四种相态可以完全存在，但其重要性有差异。

（一）水溶相运移

石油呈水溶相运移是指石油溶解在水中呈真溶液或胶体溶液进行初次运移。在亲水烃源岩中呈单相流动的水只存在分子之间的内摩擦阻力而不存在毛细管阻力，当有驱动水存在时，水溶液可以沿细小的孔隙喉道运移。因此，从物理学角度来看，水溶相似乎是最理想的运移状态。但是，石油在水中的溶解度很低、大量生油期难以提供充足水源、石油中的组分与其水溶解度不相称等问题导致水溶相不能成为油气初次运移的主要相态。

与石油不同，天然气在水中具有较高的溶解度。在常温常压下，烃类气体在水中的溶解度一般比石油在水中的溶解度大100倍（Bonham，1978），在高温高压条件下还要更大，因此，天然气可呈水溶相运移。在烃源岩未成熟和成熟阶段早期，烃源岩中存在大量的孔隙水,此时生成的生物气和低成熟气都可以呈水溶相发生初次运移。

(二) 游离相运移

游离相运移是指石油或天然气在烃源岩中呈游离相态进行初次运移。游离相是石油初次运移最重要的相态。石油以游离相运移的直接证据主要有:(1)对烃源岩进行显微组分观察,特别是页岩油研究表明,石油大多数以游离相存在于孔隙或裂隙中;(2)在较厚的烃源岩剖面中,可测定出烃源岩中氯仿抽提物含量随着远离烃源层—储集层接触界面而增多,接触面附近氯仿抽提物含量最少;(3)游离相可以合理解释烃源岩生成大量油气的排出,克服了水溶相运移假说所存在的种种难以解释的现象。

天然气也可呈游离相运移,特别是当烃源岩大量生气而地层水很少的情况下,游离相成为天然气主要的运移相态。

(三) 气溶相和油溶相运移

石油与烃类气体有互溶性,气溶相运移就是石油溶于天然气以气相运移,油溶相运移就是天然气溶于石油以油相运移。

一般来说,石油的组分越轻在天然气中的溶解度就越大,并且随温度和压力的增加而增加。Price(1983)对Denver盆地Spinde油气田的原油在甲烷中的溶解度进行了系统测定发现:在中等温度和较高压力下(100~150℃、70~100MPa),原油在甲烷中的溶解度为0.5~1.5g/L。因此,气溶相也是石油进行初次运移的重要方式。

烃类气体在石油中的溶解度比在水中大得多,并且烃类气体在石油中的溶解度随压力的增加而增加,直至达到饱和压力(泡点压力)。因此,在地层条件下,油溶相也是天然气进行初次运移的重要方式。

(四) 扩散相运移

扩散作用是分子热运动的结果,分子的扩散作用对气体和轻烃是有效的,而对石油作用很小,尤其是$C_{10}$以上组分几乎是没有意义的。天然气的扩散作用是以单分子形式进行的,由于处于生气高峰阶段的烃源岩中天然气的浓度高于烃源岩外的天然气浓度,天然气以单个分子的形式发生初次运移是一种必然的过程。人们推断,在低孔渗烃源岩,甚至超压烃源岩和低成熟烃源岩中,扩散相很可能是烃类气体运移的重要方式,甚至是唯一方式。

(五) 油气初次运移相态演化

对于腐泥型有机质烃源岩来讲,在低成熟阶段,埋深较浅,孔隙度较大,地层水较多,生烃量较少且胶质、沥青质含量高,这时石油以水溶相运移可能性最大;该阶段所生成的生物甲烷气可呈水溶相和游离气相运移。随着埋深增加,在烃源岩成熟阶段,孔隙水不足以完全溶解所生油气,石油主要以游离相运移,气多以油溶相运移。在烃源岩高成熟阶段,液态烃裂解成湿气,烃源岩中含水非常有限,此时少量液态石油主要以气溶相运移,而天然气主要以游离相。在过成熟阶段,烃源岩大量生气,这时,天然气则以游离相或扩散相运移(图4-4)。

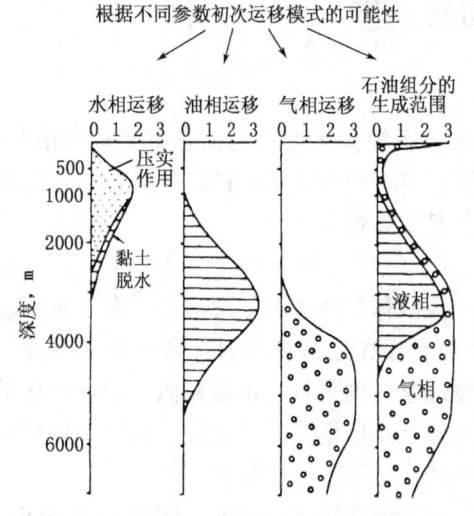

图4-4 油气初次运移过程中的可能相态
(据 Tissot,1978)
可能性:0=无;1=少量;2=大;3=极大

对于腐殖型有机质烃源岩来讲，整个生烃演化阶段以生气为主，生油潜力有限，油气初次运移表现出不同的相态演化规律。主要区别表现在成熟阶段，由于腐殖型烃源岩的生油量小于生气量，生成的少量液态石油可能主要是以气溶相运移，而不能形成游离相和油溶气相。而在低成熟阶段、高成熟阶段和过成熟阶段，初次运移相态与腐泥型烃源岩类似。

## 二、初次运移动力和方向

烃源岩由于其粒度小、比表面积大，对烃类具有较强的吸附力；烃源岩中广泛存在细小的孔隙系统，油气在烃源岩内部运移必须克服孔喉之间巨大的毛细管阻力。因此，油气要从烃源岩中运移出来，必须存在克服吸附力和毛细管力的驱动力。

一般认为，烃类从烃源岩层中排出的动力主要为各种作用在烃源岩内部产生的剩余压力，从而驱动孔隙流体沿剩余压力变小的方向运移。能够产生剩余压力的作用主要有正常压实、欠压实作用、蒙脱石脱水作用、流体热增压作用、有机质的生烃作用、渗透作用等，此外，烃源岩内外的浓度差也是天然气初次运移的一种动力。

### （一）正常压实作用与瞬时剩余压力

1. 瞬时剩余压力形成机理

压实作用是沉积物最重要的成岩作用之一。压实作用导致孔隙度减少，孔隙流体排出，如果此时岩石孔隙中有油气存在，油气也将随水从孔隙中排出烃源岩，完成油气初次运移。正常压实作用是指沉积物处于压实平衡状态，此时，上覆地层的岩石骨架重量产生的骨架压力由岩石骨架承担，孔隙流体只承担上覆孔隙水静水柱产生的压力。当上覆地层产生新的沉积物时，其重力载荷作用于下伏地层，促使颗粒重新紧缩排列，孔隙体积缩小，在这一变化瞬间，孔隙流体承受了部分本应由颗粒承受的有效压应力，使流体产生了超过静水压力的剩余压力，称为剩余流体压力。剩余流体压力是产生于正常压实过程中的异常压力，随着孔隙流体的排出又很快消失，因此称为瞬时剩余流体压力。

正是在剩余流体压力作用下，孔隙流体才得以排出，排出流体后孔隙流体压力又恢复到静水压力，沉积物达到新的压实平衡。正因如此，在一个不断沉降、不断沉积、不断压实的沉积埋藏过程中，沉积物的压实过程就是压实平衡—压实不平衡—压实平衡的动态过程，孔隙流体压力则是静水压力—瞬时剩余流体压力—静水压力的变化过程，在此过程中流体不断排出，上述过程随着上覆新沉积物的堆积周而复始。

从烃源岩成岩作用整个过程看，压实作用下的初次运移主要发生在成岩早期。在连通的孔隙系统中，当烃类含量达到临界饱和度时，烃类和水将在瞬时剩余压力作用下克服毛细管阻力，以混相排出烃源岩。剩余流体压力产生于地层的正常压实阶段，对于我国东部大多数陆相断陷盆地古近系烃源岩来说，烃源岩尚未或刚进入生油门限，油气尚未大量生成，此时排出的孔隙流体主要是水和其中的溶解烃，除部分有机质特别丰富的烃源岩外，游离的油气很难排出。

2. 压实流体排出的方向

在剩余流体压力作用下，孔隙流体排出的方向与剩余流体压力递减的方向一致。对于新沉积物横向厚度均等时，横向剩余压力相等，均为

$$E = (\rho_{b0} - \rho_w) g l_0 \quad (4-5)$$

而不存在横向剩余流体压力，只存在垂向剩余压力梯度，则

$$dp/dZ = E_1/l_0 = [(\rho_{b0} - \rho_w) g l_0]/l_0 = (\rho_{b0} - \rho_w) g \quad (4-6)$$

因此，在均一岩性的地层里，压实流体的流动方向是垂直向上。

如果新沉积层厚度横向有变化时，那么在水平方向上剩余流体压力值也就有横向上变化。如图4-5所示，新沉积物为楔状时，由于$l_0>h_0$，则$E_l>E_h$，因此流体除了向上排外，还要在水平上由$l_0$处向$h_0$处运移排出。如果$l_0$与$h_0$两处之间的距离为$X$，则由楔状沉积物负荷引起的水平剩余流体压力梯度为

$$dp/dX=[dp_1-dp_h]/x=[(\rho b_0-\rho_w)gl_0-(\rho b_0-\rho_w)gh_0]/x=(\rho b_0-\rho_w)g(l_0-h_0)/x \quad (4-7)$$

据Magara（1978）研究，该值变化在1/200~1/20之间，亦即水平剩余压力梯度只是垂直方向的1/200~1/20。可见，大部分流体沿垂直方向运移，只有很少一部分流体沿水平方向运移。在烃源岩中，由于受到运移通道的限制，这种横向运移也是很有限的。

在砂泥岩互层剖面中，由于压实使泥岩孔隙度减小速率比砂岩快，在相同负荷下泥岩所产生的瞬时剩余流体压力比砂岩大，因此，流体的运移方向是由泥岩到砂岩。尽管砂岩同样要被压实，但由于所产生的瞬间剩余压力比上、下泥岩小，压实流体不能进入泥岩，只能在砂岩层中做侧向运移（图4-6）。当然，如果泥岩存在厚度差异，压实流体也可做侧向运移。

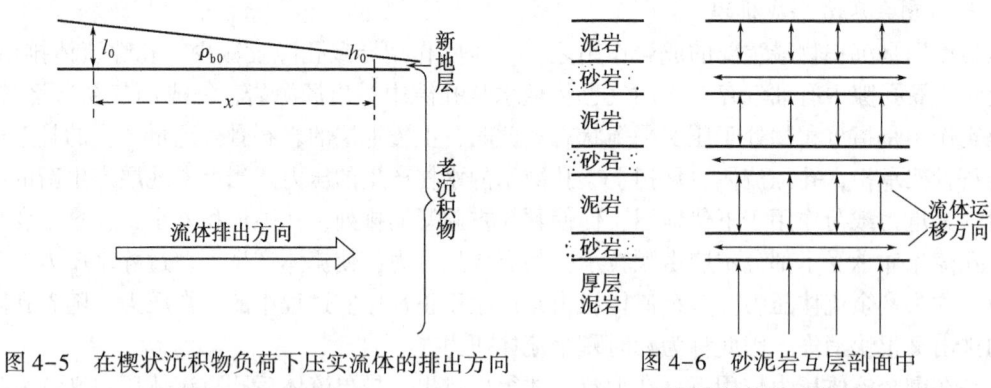

图4-5 在楔状沉积物负荷下压实流体的排出方向
（据Magara，1978）

图4-6 砂泥岩互层剖面中压实流体的运移方向

综上所述，对于一个碎屑岩沉积盆地，从微观上看，在剩余流体压力作用下，压实流体总是由泥岩向砂岩运移，在泥岩内部也可存在一定范围的横向运移；从宏观上看，压实流体总是由深部向浅部、由盆地中心向盆地边缘运移。

（二）烃源岩内部产生的异常高压

处于成熟—高成熟阶段的细粒烃源岩孔喉半径非常小，烃源岩已经处于封闭或半封闭状态，为异常高压的产生提供了前提条件。其中，欠压实作用、黏土矿物脱水、烃类的生成、流体热增压作用等都可以在烃源岩内部形成异常高压，成为油气初次运移的主要动力。

1. 欠压实作用与异常高压

1）欠压实作用

泥质岩类在快速压实过程中形成许多微小的孔隙，特别是顶部与底部边缘部分的孔隙先行封闭，使孔隙流体排出受阻或来不及排出，孔隙体积不能随上覆负荷增加而减小，孔隙流体承受了部分上覆沉积物的有效压应力，使孔隙流体具有高于其相应深度静水压力的异常高压，而岩石骨架则承受较低的有效压应力，这种现象称为欠压实。

沉积物的负荷压力是由岩石颗粒和孔隙流体共同承担的，因此颗粒有效支撑应力与孔隙流体压力呈消长关系。欠压实带的孔隙变化、孔隙流体压力与颗粒有效支撑应力的关系可用

图4-7表示。

欠压实是相对于正常压实而言的，是没有达到某一深度上应当压实的程度。正常压实到什么程度也很难回答，所以欠压实不是一个具有严格定义的概念。欠压实表现为地层具有偏离正常压实趋势的较大孔隙度。由于压实曲线受很多因素影响，其正常压实趋势也难以求得，通常可根据声波时差、密度、孔隙流体压力等测井资料来综合判断欠压实是否存在。如果在相应深度段上密度值偏低或孔隙度偏大或声波时差偏高而孔隙流体压力又异常偏高，则可以认为在该深度段上发生了欠压实（图4-8）。

2) 欠压实作用排烃机理

由烃源岩欠压实作用形成的异常高压可以促使流体的运移。其原理是：在封闭的烃源岩中，当孔隙流体压力超过岩石破裂强度，岩石便产生微裂隙，使流体以涌流方式排出；随着流体排出，孔隙超压被释放，微裂隙重新闭合，此后流体压力再次积蓄岩石再次破裂而排液，如此周而复始直到欠压实和异常压力消失为止。可见，异常压力的形成与排液释放具有幕式特征，只是由欠压实作用产生的异常压力在强度上比正常压实形成的瞬时剩余压力要大得多。

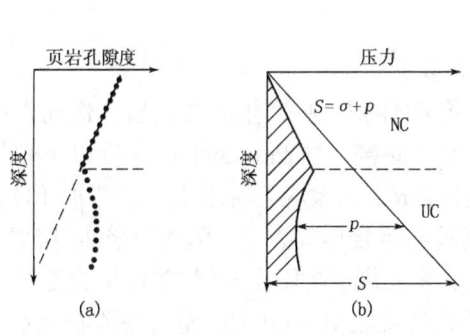

图4-7 正常压实带（NC）和异常压实带（UC）
上覆沉积物负荷压力（$S$）、流体压力（$p$）
和颗粒支撑的有效应力（$\sigma$）关系图
（据Magara，1978）

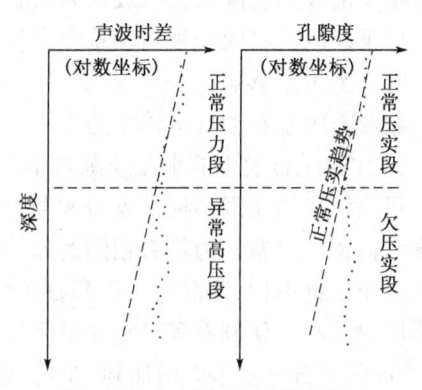

图4-8 欠压实在声波时差和
孔隙度曲线上的表现

在连续沉降的盆地中，烃源岩产生欠压实的深度一般都在生油门限以下，此时烃类已开始大量生成，而异常高压又足以克服烃源岩中的各种阻力使油气排出。

3) 欠压实带中流体的排出方向

欠压实带中异常高压驱动油气水从欠压实中心向上、下排出。图4-9表示欠压实段中剩余孔隙流体压力及孔隙度的垂向分布示意图。图中的$\Delta p_a$表示剩余流体压力值，$\Delta p_{max}$表示最大剩余压力值。流体排出的方向由最大剩余压力点向上、下运移。由于烃源岩内部与边部及邻近的输导层相比更易于产生欠压实，因此在欠压实作用下，流体的运移方向是由高剩余流体压力区向低剩余流体压力区运移、由烃源岩内部向边部运移、由烃源岩向邻近的储集层或输导层运移。

2. 蒙脱石脱水作用与异常高压

蒙脱石脱水作用是指蒙脱石向伊利石转变的成岩过程中释放层间水的作用。蒙脱石是一种膨胀性黏土矿物，含有较多的层间水，一般含有4个或4个以上的水分子层，这些水按体积计算可占整个矿物的50%，按重量计可占22%。这些层间水在压实和热力作用下会有部

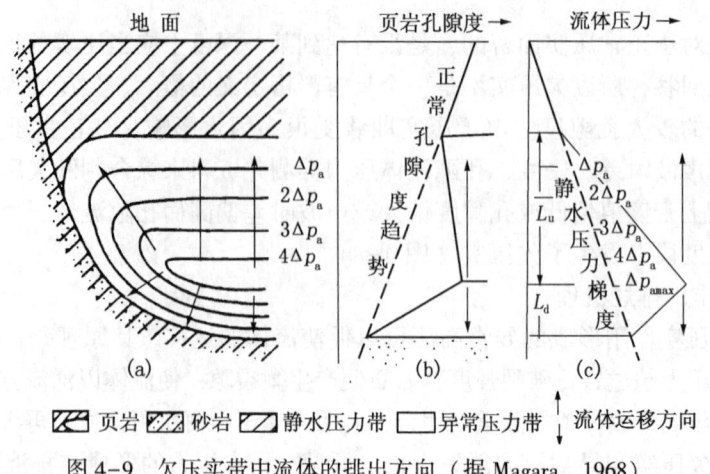

图4-9 欠压实带中流体的排出方向（据 Magara，1968）

分其至全部成为孔隙水，一般认为蒙脱石大量向伊利石转化的温度范围是 99~143℃。在温度作用下蒙脱石将脱去相当于总含水量 10%~50% 的层间水，如此多的水进入孔隙中将对油气运移产生重大影响。

蒙脱石脱水在油气运移中的作用主要可归纳为以下三点：

（1）蒙脱石脱出的水在烃源岩中占有一定的孔隙体积，将产生异常高压，进而产生裂缝，可为油气初次运移提供动力和通道。准噶尔盆地腹部马桥凸起 3900m 深度以下普遍存在异常高压，异常压力具有相同的起始深度，其主要成因是蒙脱石脱水作用（图4-10）。该地区黏土矿物以伊/蒙混层—伊利石—绿泥石—高岭石组合形式为主，随埋深增加伊/蒙混层含量明显减小，伊利石等矿物含量明显增大。如盆参 2 井在高压层段伊/蒙混层含量减少到 8%，而伊利石含量最大增加到 25%；该段对应的古地温是 70~110℃，适合蒙脱石脱水。这一黏土矿物变化带与异常高压段有很好的对应关系，黏土矿物脱水既造成异常高压带的形成，也促进异常高压带中烃源岩的排烃。

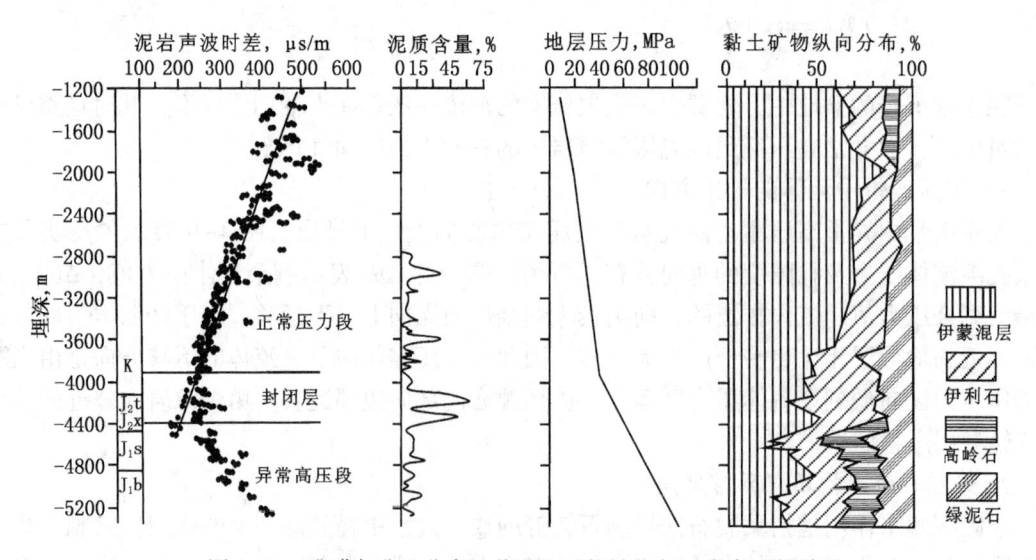

图4-10 准噶尔盆地盆参 2 井黏土矿物转化与异常高压的关系

(2) 当烃源岩中的蒙脱石脱水时，由于水的相变和膨胀作用可以使烃类从矿物表面解脱到粒间孔隙水中而相对集中；同时由于蒙脱石的层间水变为自由水，矿物颗粒体积相应收缩，从而提高了有效孔隙度和渗透率；蒙脱石脱水后其对烃类的吸附能力也将大大减小。

(3) 蒙脱石脱水可以提供泥岩总体积10%~15%的水量，特别是脱水段在成油门限深度以下更为有利，这样可以提供生油岩成熟后的深部水源。

由于烃源岩中比输导层中含有更多的蒙脱石，因此蒙脱石脱水作用将促使流体从烃源岩向邻近输导层中运移。

3. 流体热增压作用与异常高压

流体热增压作用是指在封闭的地层孔隙系统中，流体由于温度升高引起体积膨胀，从而增加孔隙流体压力的作用。随着温度的增大，地下水的比容（即单位质量水的体积）增大。如图4-11所示，地温梯度线与水的等密度线相交，交点的密度值随压力或埋深增加而减小（比容增大），即水随温度增加而膨胀。

不同地区，地温梯度不同，水的膨胀情况也不同，图4-12表示在三个地温梯度下水的膨胀情况。在20000ft（6096m）的深度，地温梯度为1.8℃/100m时，水发生的膨胀约为3%；地温梯度为2.5℃/100m时，水膨胀约为7%；地温梯度为3.6℃/100m时，水膨胀约为15%。水的这种膨胀将促使烃源岩封闭的孔隙系统形成，其积蓄到一定程度即破裂排烃。

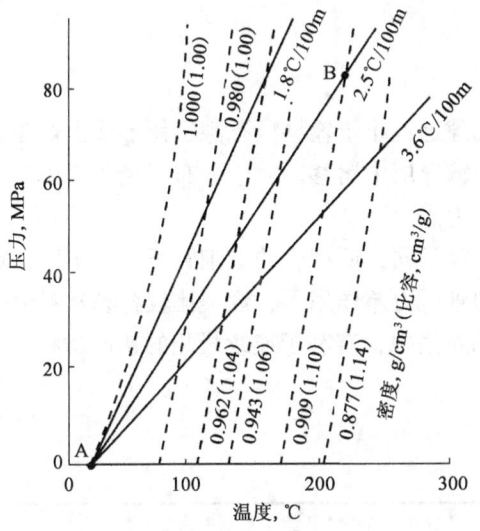

图4-11 水的压力—温度—密度（比容）的关系曲线（据Baker，1978）

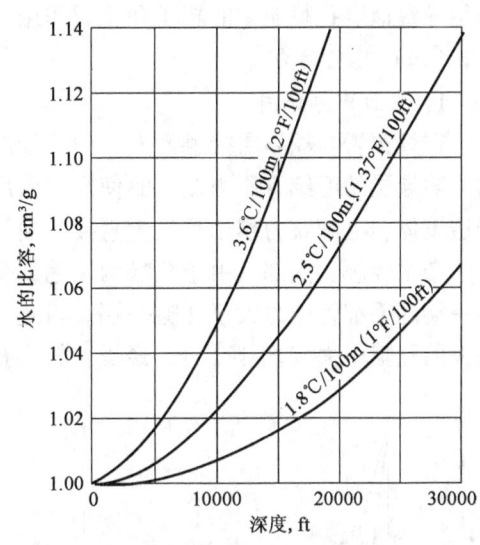

图4-12 正常压力带的三个地温梯度情况下比容与深度关系（据Magara，1978）

在砂泥岩剖面中，砂、泥岩孔隙中的流体都会发生热增压效应。但是由于砂岩渗透性好，是一个相对开放的系统，往往不会导致压力的异常升高；而泥岩中流体往往排泄不畅，容易产生异常高压。因此，泥岩中的流体总是向邻近的砂岩中运移。

4. 有机质的生烃作用与异常压力

有机质生烃作用导致的流体异常高压现象十分普遍，被认为是最为有效的排烃动力。这种超压产生的实质是密度较大的固体干酪根转化为低密度的液态烃或气态烃，干酪根成熟后所形成的油、气、水体积超过原干酪根本身的体积，导致岩石中流体体积膨胀的结果（Osborne和Swarbrick，1997）。Harwood（1977）计算过，有机碳含量为1%的烃源岩，所生流体的净增体积大约是 $(6\sim6.8)\times10^{-4}m^3$，相当于孔隙度为 10% 的页岩总孔隙体积的 4.5%~5%。这些不断新生的流体进入孔隙中，必然会不断驱替孔隙中原有流体向外运移；流体不能及时排出时，则会导致孔隙流体压力增大，形成局部范围的异常高压促使排烃。对于碳酸盐岩烃源岩来说，生烃增压是主要的排烃动力。因此，烃源岩生烃过程也孕育了排烃的动力，油气的生成与初次运移是一个必然的连续过程。

生物气的生成被认为是埋藏早期低温阶段（<50℃）泥页岩超压发育主要原因之一（Meng 等，2021）。生物甲烷菌利用有机化合物合成会产出生物甲烷，持续的生气会引发孔隙水中甲烷气体的过饱和，当额外的甲烷气体进入固定孔隙体积的岩石时，就可能会出现流体压力的大幅增加。因此，生物气的生成可以有效地产生超压，并通常表现为泥火山和页岩底辟的现象（Etiope 等，2009）。

压力—体积—温度模拟计算表明，在封闭体系下气态烃的生成伴随的体积膨胀会导致烃源岩内流体压力急剧地增加，产生极端的流体超压，压力规模可以显著地超过上覆岩石的载荷（Tian 等，2008），甚至可达静岩压力的两倍（图 4-13；Meng 等，2021）。

根据导致超压形成的主控因素不同，异常压力的幕式压裂过程可分为生烃压裂和水力压裂：生烃压裂主要是由于烃类的生成作用和液态烃的热裂解作用导致孔隙流体的超压和流体压裂作用。水力压裂主要是由于泥质沉积物的欠压实作用、黏土矿物的脱水作用及水热增压作用导致地层孔隙流体的超压和压裂作用。

（三）其它动力

1. 毛细管力作用

在烃源岩与输导层接触面上，由于烃源岩的孔隙远远小于输导层孔隙，便形成由烃源岩指向输导层的毛细管压力差，驱使烃类由烃源岩向输导层中运移。对于分布于烃源岩中的砂岩透镜体，毛细管力作用是最为直接的油气充注动力。

亲水烃源岩内部，由于孔喉两端毛细管曲率半径不同，所产生的毛细管压力也不同，喉道一端的毛细管压力大于孔隙一端。因此，在毛细管压力差作用下，烃类比较容易从喉道排到大的孔隙中去（图 4-14）。烃类在较大孔隙中相对集中，有利于连续烃相的初次运移。

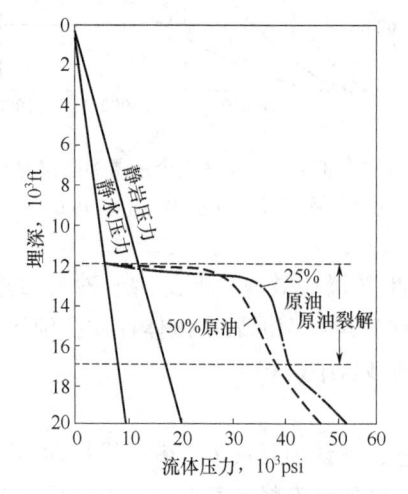

图 4-13 原油热裂解过程中的压力演化，25%、50% 为初始原油饱和度（据 Meng 等，2021）

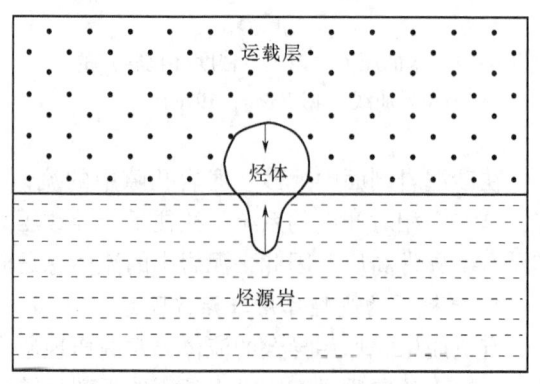

图 4-14 烃源岩与运载层接触面上的毛细管压力差示意图

但是，在亲水介质中以游离相态进行初次运移的烃类又将受到毛细管阻力的作用。若以烃源岩微孔孔径为 10~50nm 计算，其毛细管阻力为 1.2~2.4MPa，烃类运移至少要克服如此大的阻力才能进行，这一普遍存在的阻力似乎使得烃类的初次运移难以进行。但实际上，烃源岩的初次运移是在多种动力条件作用下，在温度、压力、岩石组构、运移通道等多种因素作用下的最终结果，阻力具有局限性和暂时性，而排烃是必然的。

2. 构造应力

烃源岩孔隙度和流体压力的变化，不仅可以由上覆岩层的负荷产生，也可以由水平的构造应力产生。地应力实测表明，水平构造应力不仅普遍存在而且非常强大。当水平构造应力大于垂直的负荷应力时，最大主应力则为水平方向，流体将沿最小主应力方向流动（图 4-15）。水平构造应力对岩石的作用可以理解为侧向的压实作用，与负荷应力产生的垂向压实作用一样可以引起瞬时剩余压力和岩石的破裂，只是压力梯度和破裂方向有所不同，当地层倾角不大时，破裂方向是烃源岩的水平方向。泥质烃源岩水平方向渗透率一般大于垂向渗透率，水平裂缝的发育可以大大提高烃源岩沿侧向的初次运移效率。构造应力也可以导致岩石致密而产生流体的异常高压。随着应力的积蓄和释放周期性发生，同样可以引起烃源岩的幕式排烃。

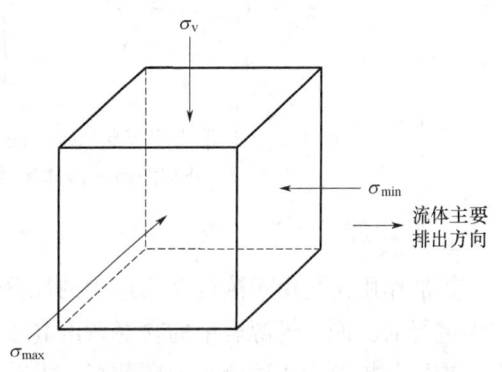

图 4-15 最大主应力为水平应力时的主要排烃方向（据王新洲，1996）

3. 渗透作用

渗透作用是指水由盐度低的一侧通过半透膜向盐度高的一侧运移的作用，随着盐度差消失渗透作用逐渐停止（图 4-16）。渗透作用是由盐度差引起的，是自然界普遍存在的现象。

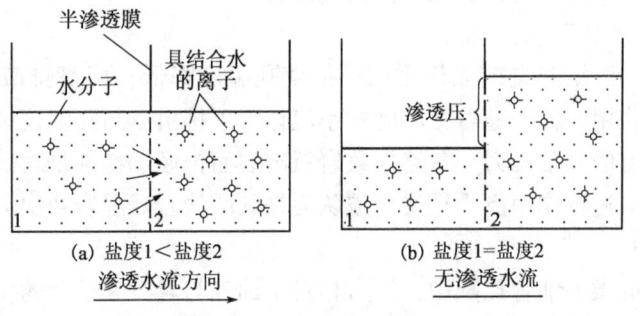

图 4-16 渗透作用示意图

溶液的盐度越高蒸汽压力越低，水的活动性也就越低；反之，水的活动性越高。因此水体由低盐度、高活动性的地方流向高盐度、低活动性的地方，形成渗透流。这种作用的大小用渗透压力来衡量。在渗透压力差的作用下流体发生流动，直到盐度差消失为止。

在砂泥岩互层剖面中，在压实作用下流体总是从泥岩排向相邻砂岩，这样在砂岩中就会积留下更多的盐分，造成泥岩孔隙水的盐度比相邻砂岩低得多；在泥岩内部，由于边部较中部压实得快，孔隙迅速变小，在边部会过滤下更多的盐分，造成泥岩边部的盐度大于中部。因此，在渗透作用下，流体由泥质岩向邻近的砂岩、由泥岩内部向边部运移。在欠压实泥岩中含有更多的流体，盐度更低，具有更高的渗透压力，最终导致蓄压破裂排出流体（图 4-17）。

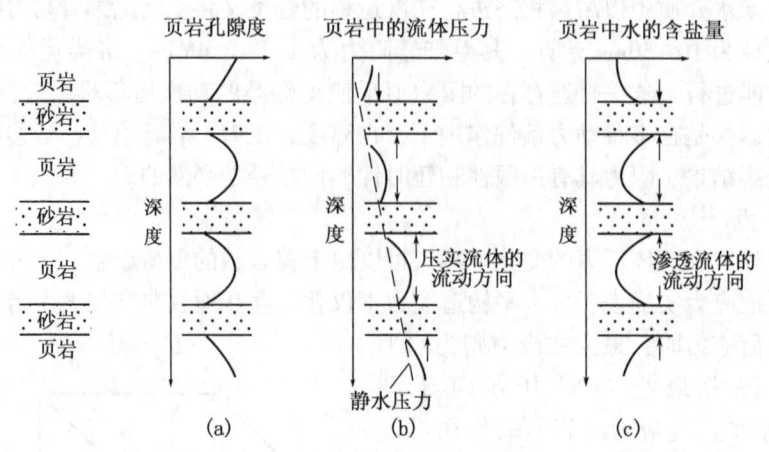

图4-17 砂泥岩间互层层组中泥岩的孔隙度、流体压力和孔隙水盐量的
分布曲线及流体运移方向（据 Magara，1978）

#### 4. 扩散作用

扩散作用是指由于浓度差而产生的烃分子的扩散。烃源岩中烃类的扩散作用是在微孔介质中进行的，而且烃源岩中的含烃浓度高于周围岩石，所以烃类的扩散作用方向是由烃源岩指向围岩。扩散作用适合于低碳数烃，尤其对气态烃具有更重要的意义。

虽然扩散作用在烃类物质运移方面的效率比较低，但是只要有浓度差存在，扩散作用就会发生，甚至在烃源岩和异常高压状态下也能无阻碍地进行。特别是在干酪根中最初生成的烃类要脱离有机质母体进入孔隙，以及当烃源岩埋深增大而异常致密、流体的渗流很微弱或停止时，分子扩散几乎是烃类初次运移的唯一方式。扩散流和渗流在地下孔隙空间中可以互相转换，即在微小孔隙中是分子扩散流，到达较大微孔中再转换成渗流，再遇到微小孔隙再转换成分子扩散流，如此不断转换最终排出烃源岩。

#### 5. 胶结和重结晶作用

在成岩过程中，胶结和重结晶作用同样能使孔隙度降低，堵塞排液通道，形成成岩封闭，其结果和压实作用一样，随着孔隙度减小流体得以排出，当孔隙流体排出不畅时也产生异常压力或加剧原有的异常压力，最终导致岩石破裂而排烃。特别是对以化学成岩为主的碳酸盐岩烃源岩来说，这种作用更为重要，被认为是碳酸盐岩烃源岩初次运移的有效动力。

#### 6. 浮力作用

在烃源岩细小的微毛细管孔隙中，浮力相对于油气与岩石分子间的作用力和毛细管阻力来说是很小的；此外，在烃源岩复杂的孔隙结构中，油气很难连成较大的长（高）度以产生足够的浮力进行初次运移。因此，在初次运移中一般较少考虑浮力，但在烃源岩局部较大的毛细管孔隙或构造裂隙中浮力的作用还是存在的，是油气以游离相向上或向上倾方向排烃的一种动力。

#### （四）油气运移动力演化

促使油气初次运移的动力多种多样，在烃源岩的不同演化阶段，主要排烃动力是不同的。这种差异主要受烃源岩的成岩作用及有机质演化程度的影响，因为它们将导致初次运移动力条件、通道条件、烃类相态和数量的改变。总体来讲，在中—浅层深度，压实作用为主要动力，中—深层以异常压力为主要动力。由于油气大量生成主要发生在中—深层，因此，异常压力显得更为重要。

以泥质烃源岩为例：在成岩作用阶段，孔隙度较高，原生孔隙水较多，主要形成少量的低成熟—未成熟石油，这一阶段以压实作用为主；在成熟作用的初期，大量原生孔隙水被排出后，泥岩的孔径和渗透率变小，流体渗流受阻，这时有机质开始生烃，蒙脱石大量脱水，因此这一阶段欠压实作用、有机质生烃作用、蒙脱石脱水作用、流体热增压共同作用，迫使流体排出烃源岩；至成熟作用中期，有机质进入生油高峰时期，同时也是黏土矿物脱水的第二个阶段，大量新生流体（油、气、水）不断进入孔隙，孔隙压力不断增加，最终导致孔隙异常高压形成、破裂、释压、涌流排烃；进入高成熟—过成熟期，有机质进入生气高峰期，烃源岩相对致密，排烃动力主要依靠有机质生气、气体热增压形成的超高压和扩散作用（表4-1）。

表4-1　泥质烃源岩不同热演化阶段的排烃动力

| 埋藏深度，m | 温度，℃ | 有机质热演化阶段 | 油气运移动力 |
| --- | --- | --- | --- |
| 0~1500 | 10~50 | 未成熟 | 正常压实、渗透、扩散 |
| 1500~4000 | 50~150 | 成熟 | 正常压实—欠压实、蒙脱石脱水、有机质生烃、流体热增压、渗透、扩散 |
| 4000~7000 | 150~250 | 高成熟—过成熟 | 有机质生气、气体热增压、扩散 |

### 三、初次运移通道

运移通道是影响油气初次运移的主要因素之一，通道的类型、大小、性质、形成时期、分布特征等将影响烃类运移的相态、流动类型、运移数量、时期及运移效率，因此它是油气初次运移研究的重要问题。油气初次运移的主要通道包括较大孔隙与微层理面、微裂缝、有机质或干酪根网络、构造裂缝与断层。

（一）较大孔隙与微层理面

孔隙和微层理面是有机质未成熟—低成熟阶段的主要运移途径。较大的孔隙是指烃源岩中孔径大于100nm以上的孔隙，包括微毛细管中的大微孔和少量的毛细管孔隙（孔径小于2μm），虽然后者只占泥质烃源岩孔隙的极少数（平均不到5%），但它不仅能顺利地让扩散流通过，而且还能发生达西流，因此是最重要的排烃通道。

对烃源岩组构特征的认识是了解初次运移通道的前提。岩石组构研究表明，烃源岩都具有一定的孔渗性。泥质烃源岩主要由各种黏土矿物、各种碎屑和非碎屑矿物以及有机质组成，其中黏土矿物含量占了绝大部分，并具有很强的非均质性。在显微镜下观察可以看到由不同大小的孔隙、喉道、晶洞和裂隙所组成的多孔系统，并具有网络状和有限连通的特征。石灰岩、泥质灰岩、生物灰岩等碳酸盐岩烃源岩为晶质结构，晶间孔隙、晶内孔隙、生物骨架孔隙及微裂缝等发育，也具有一定的有限连通特征。尽管碳酸盐岩的排烃机理尚有不少争议，但这种孔隙裂缝的存在无疑对运移是有益的。

Maffhews（1997）对泥质岩的孔隙和烃类分子大小做了比较（图4-18），认为只有水和甲烷分子能够通过亚微孔—超微孔（孔径为0.3nm~1nm），低分子的烷烃、芳香烃和沥青烯分子可以通过中微孔—小微孔（孔径为1nm~10nm），而大分子的集合体和呈胶体状的烃类只能通过大微孔（孔径大于50nm）和张裂隙。微层理面是沉积物垂向变化的界面，具有较好的渗透性，是泥质烃源岩重要的横向运移途径，在有机质成熟—过成熟阶段它可以与微裂缝和干酪根网络构成三维运移通道系统。

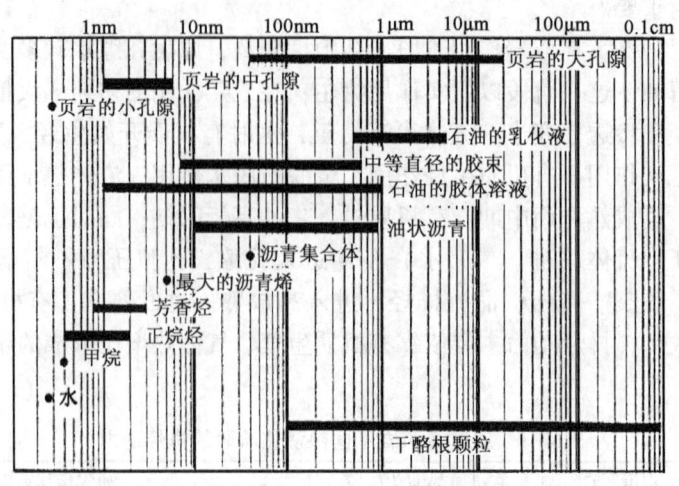

图 4-18 页岩的孔隙大小与烃、水和干酪根分子的比较
（据 Maffhews，1997）

### （二）微裂缝

微裂缝一般是指宽度小于 $100\mu m$ 的裂隙，实际测量的宽度大多为 $10\sim25\mu m$，最小的宽度可为 $3\sim10nm$，是成熟—过成熟阶段的主要运移途径。该阶段由于烃源岩埋藏深度已经很大，孔隙度和渗透率极低，基本不存在较大的孔隙，孔隙空间中流体已经基本不能通过狭小的孔隙发生初次运移，烃源岩内部已成为封闭或半封闭的体系。此时，烃源岩内部孕育的异常高压成为油气初次运移的主要动力，同时促使微裂缝的形成。

异常高流体压力能导致烃源岩形成微裂缝的观点已被人们所普遍接受。当流体压力超过静水压力的 $1.42\sim2.4$ 倍时，烃源岩即可产生微裂缝（Snarsky，1962）。当裂隙周围介质的孔隙压力等于裂隙中的孔隙压力时，裂隙可长期保持开启；当周围介质孔隙流体压力低于裂隙中的初始压力，裂隙会由于其流体渗流到周围的孔隙中而迅速闭合（Rouchet，1981）。在微裂缝张开之后，原先封闭的流体就沿裂缝排出，随后在上覆地层负荷作用下裂缝闭合；此后又可建立新的高压，继而形成新的微裂缝与排烃（Ungerer 等，1983；图 4-19，视频 4-3）。

视频 4-3 干酪根生烃过程中的微裂纹与烃类注入

按照裂缝与泥页岩纹层面的走向差异，裂缝可分为高角度裂缝、低角度裂缝和顺层水平裂缝，这些裂缝在空间上相互连通，可在烃源岩内形成立体的排烃网络。由于泥页岩内平行于纹层方向的抗张强度要远大于垂直于纹层的方向，因此即使在最大压应力为垂向的情况下，当生烃作用产生的流体超压率先超过上覆岩石载荷和垂向抗张强度之和时，水平向的水力压裂裂缝仍会优先形成（Wang 等，2018）。因此，顺层裂缝的开启与烃源岩热演化及生排烃过程往往更为密切（Meng 等，2021）。

当孔隙流体压力很高、导致封闭的

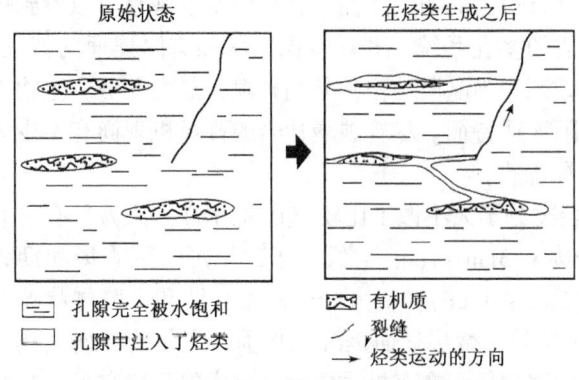

图 4-19 干酪根生成烃类过程中微裂缝的形成与烃类的注入（据 Ungerer 等，1983）

烃源岩产生微裂缝，这些微裂缝与孔隙连接，形成微裂缝—孔隙系统，在异常高压驱动下，流体通过微裂缝—孔隙系统向源岩外涌出。当排出部分流体后压力下降，微裂缝闭合，待压力恢复升高和微裂缝重新开启后，又发生新的涌流。显然，这一过程油气水是呈间歇式、幕式的混相涌流方式排出的。

Tissot 等（1971）曾对含有固定有机组分的黏土岩进行加热、加压模拟微裂缝形成实验（图4-20）。图中实线表示压力变化，虚线表示排气量。开始的机械压力为 44MPa，加热时可驱出的 $N_2$ 量甚微，直到压力增加到 54MPa 时，黏土岩开始破裂，产生微裂缝，驱出的 $N_2$ 量相应急剧增加，同时，压力开始释放，此时驱出的 $N_2$ 的量增加速度降低，表明微裂缝逐渐闭合。

由于泥质烃源岩的可塑性较强，需要有很高的过剩压力才能使其产生破裂，而当流体排出、压力释放后微裂隙闭合，所以不易看到微裂隙。此外，由应力差产生的构造裂隙和由高孔隙流体压力产生的微裂隙在地下很难区分，同时存在相互叠加的现象。一般说微裂隙比微孔隙要大，而且曲折度小、比较平直，烃类运移所受到的毛细管阻力相对也较小，能大大提高烃源岩的排烃效率。

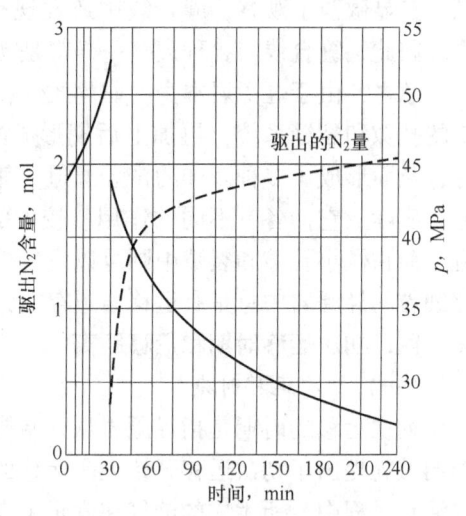

图 4-20 含有机质黏土加压实验表示微裂缝对油气运移的影响
（据 Tissot 等，1971）

如果说烃类的生成是产生异常高压和微裂隙的重要原因，而微裂隙又是初次运移的重要通道，说明生烃和排烃必然是一个连续的地质过程，而这一过程又是幕式的。

### （三）有机质或干酪根网络

烃源岩中的有机质并非呈分散状，而主要是沿微层理面分布，McAuliffe（1979）进一步证实，烃源岩中还存在有三维的干酪根网络。相对富集的有机质又可使微层理面具有亲油性，有利于烃类运移；若在微层理面之间再有干酪根相连，那么在大量生油阶段，不但微层理面本身可以作为运移通道，而且还可以在三维空间上形成相互联通的、不受毛细管阻力的亲油网络，从而成为初次运移的良好通道。

### （四）构造裂缝和断层

这里所指的构造裂缝主要是在地应力差作用下烃源岩中产生的裂缝。但对一个断陷盆地来说，一般认为浅于 2000m 以水平应力为主，而深于 2000m 则以垂直应力为主（李明诚，2004），此时可产生近于垂直层面的张裂缝或剪切裂缝；对于以水平应力为主的挤压盆地来说，则可产生平行于层面的张裂缝或剪切裂缝。张裂缝的宽度一般大于 $100\mu m$，属毛细管孔径，烃类只要克服其毛细管阻力就能顺利通过它。

断开烃源岩的断层可以连通较大孔隙、微层理面和微裂缝等，形成初次运移网状通道系统。很多研究表明，在烃源岩的微裂缝和微层理面上烃类荧光最强，并呈连续分布，且延伸方向上无明显的组分分异，说明是初次运移的主要通道。断层还可以造成烃源岩与其它地层对接并置，使烃类流体横穿断层面进入输导层。此外，地震泵效应有利于初次运移：断层张开时断层带体积扩张，流体压力降低，将烃源岩中流体吸入；断层闭合时其中流体被压缩，并且处于活动期的断层又具垂向开启性，流体将被垂向排出，或进入相邻渗透性地层。显然，这种排烃是呈幕式的。

（五）缝合线

缝合线广泛分布于碳酸盐岩地层中，是成岩后生阶段压溶作用的产物。缝合线往往顺层面分布，与层面呈斜交或正交的也不少，与构造裂缝在岩石中往往交织在一起组成同一体系。在显微镜下观察，缝合线中还发现有张开的微裂隙和微孔隙，其中还有油浸和液体沥青。因此，缝合线与各种裂缝一样都是初次运移的重要通道。

总之，由于烃源岩本身的非均质性，决定了在埋深过程中必然要形成大小不一、纵横交错的孔隙和裂缝系统，再加上后期形成的次生孔隙、微裂隙、干酪根网络、断层、缝合线等，从而形成了多种多样的排烃通道。其中以微孔和微裂隙为主，也存在有较大的孔隙和裂缝，实际上它们各有不同的作用。较大的孔隙和裂缝虽然较少但可以发生效率较高的体积流，而在微小孔隙和裂隙中则可以发生扩散流，两者在时空上可以相互转换、相互补足。因此细粒的烃源岩中总是有运移通道存在，只要有驱动力也总是可以排烃的。

## 四、初次运移时期和运移距离

（一）初次运移时期

初次运移的时期是指烃源岩从开始排烃到终止排烃的整个时期。早在20世纪80年代，李明诚就提出了初次运移开始大量运移的时期，即排烃门限。所谓排烃门限，是指烃源岩在热演化过程中，所生成的油气在满足了自身吸附、孔隙水溶解、油溶和毛细管封闭等多种形式的留存需要之后，开始以游离相大量排出的临界点。研究者们尝试用各种办法来确定排烃门限，如以烃源岩达到临界运移饱和度（5%）的深度或时期作为排烃门限（李明诚，1989），或以地球化学剖面上各种指标，如烃含量、氯仿沥青"A"、总烃/总有机碳、烃源岩平均转化率$[S_1/(S_1+S_2)]$达到25%的深度、不同类型干酪根的$R_o$值对应的深度（如把Ⅰ型干酪根定为$R_o=0.55\%$，Ⅱ型干酪根$R_o=0.75\%$）等。

初次运移的主要时期是指油或气大量排出烃源岩的时期。对于石油来说，只有大量生成石油、以油相运移、具备运移动力和通道条件的时期才是其主要运移时期；对于天然气来说，其生成条件比石油宽泛，运移相态比石油多样，只要满足运移条件，对应于各生气阶段都会有相应的主要运移期。从烃源岩提供的动力条件看，在有机质成熟阶段，压实作用、欠压实作用、黏土矿物脱水作用、有机质生烃作用、水热增压作用等成为重要运移动力，是幕式压裂和幕式排烃的主要时期。因此，油气初次运移的主要时期就是有机质热演化成熟阶段。

分析初次运移主要时期还要考虑油气运移相态问题，因为相态决定运移效率和运移量，是运移机理研究的重要方面。对于石油来说，由于水溶相、气溶相和扩散相都不能构成石油的大量运移，只有油相运移才最有意义。因此，具备能发生油相运移条件的时期就应当是石油初次运移的主要时期。显然油相运移主要发生在大量生油阶段，因为一般在此时才能达到较高含油饱和度以满足形成油相运移的需要。对于天然气来说，它可以以多种相态运移，主运移期的问题不如石油突出，从上述分析可以看出，天然气的初次运移主要时期可以发生在天然气生成之后的任何一个时期。

（二）初次运移距离

实际上也是烃源岩有效排烃厚度的问题。初次运移的距离从宏观上来说取决于生油层的厚度。由于受到渗透率、排烃动力、烃源岩均一性及厚度等因素的影响，烃源岩中排烃是不均匀的，只有在一定厚度范围内才能有效地排烃。在烃源岩与储集层（或输导层）相邻的部位排烃效率高，而越向烃源岩中心部位排烃效率越低，有的甚至根本不能排出而成为死烃。我们把在烃源岩中能够有效排出烃类的厚度称为有效排烃厚度。

烃源岩的有效排烃厚度与烃源岩与相邻输导层的组合方式、输导层的孔渗性有关。烃源岩与相邻输导层的接触面积大、输导层孔渗性越好，则有效排烃厚度越大。因此，烃源岩并不是越厚越好，只有那些烃源岩单层厚度小、与储集层（或输导层）呈频繁互层的生油岩系，才具有高的排烃效率；那些过厚的块状泥质烃源岩并不是最有利的，其中会有相当一部分厚度不能有效排烃。

图 4-21 表示阿尔及利亚地区的储集层上覆泥盆系页岩生油岩中，烃类、胶质、沥青质的含量随远离储集层而逐渐增加，越靠近储集层，含量越小，说明与储集层相接触的一定距离内生油层中的烃类有效地排出了，而远离储集层的生油层中的烃不能有效排出。这段厚度距离就是烃源岩排烃的有效厚度，在该实例中生油层有效排烃厚度约为 28m（上、下距储集层各 14m）。该图所测的是一条经过长时期排烃后，烃含量达到动平衡的曲线。这种烃含量上有差异的连续曲线，正说明生油层中部也并非没有烃类的运移。因此，认为生油层太厚没有意义的看法未必是正确的。目前，多数人所倾向的微裂隙排烃，则更不存在排烃有效厚度的问题，因为微裂隙很可能是从厚生油层异常压力最大的中部首先裂开而排出的。看来，生油层还是厚一些为好，这样在很长的时间里都有烃类的补给和排出。

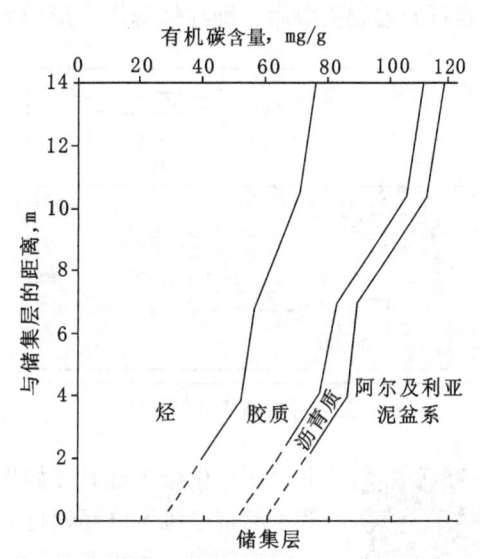

图 4-21 阿尔及利亚储集层上覆页岩生油层中烃类、胶质、沥青质含量分布图（据 Tissot 和 Pelet，1971）

### 五、初次运移模式

根据油气运移的相态、动力机制、运移通道、地层温度、压力、流体性质等条件人们总结出了不同的初次运移模式，从不同侧面阐述运移机理，帮助我们深入认识油气初次运移的本质。张厚福（1999）将油气初次运移归纳为三种模式：正常压实排烃模式、异常高压排烃模式和轻烃扩散排烃模式，三者在运移相态、动力、通道等方面均有差异，可用来描述不同演化阶段烃源岩的排烃特点。

（一）正常压实排烃模式

该模式用于描述烃源岩在未成熟—低成熟阶段处于正常压实状态下的排烃作用。该阶段，源岩层埋深不大，生成油气的数量少，源岩孔隙水较多，渗透率相对较高，部分油气可以溶解在水中呈水溶状态，部分可呈分散的游离油气滴。此时，压实作用所产生的瞬时剩余压力是烃源岩的排烃动力，随压实水流，通过烃源岩孔隙运移到输导层或储集层中。这一模式是基于压实作用对烃源岩排液的影响而提出的。

（二）异常高压排烃模式

该模式用于描述烃源岩在成熟—过成熟阶段处于异常高压状态下的排烃作用。该阶段，烃源岩层已被压实，孔隙水较少，渗透率较低，烃源岩排液不畅，有机质大量生成油气，孔隙水不足以完全溶解所有油气，大量油气呈游离状态；同时，欠压实作用、蒙脱石脱水作用、有机质生烃作用以及热增压作用等各种因素导致孔隙流体压力不断增加形成异常高压，成为排烃的主要动力。异常高压作用下形成的微裂缝成为油气初次运移的主要通道，且裂缝保持开启的持久性以及各走向裂缝之间的连通性控制了排烃的效率（Gale 等，2022）。当破裂发生时，在异常高压作用下页岩裂缝可拓展至基本单元长度的 1.2~2 倍，泥岩中则可拓展至基本单元尺寸的 2~3.5 倍（Su 等，2020）。

由于异常高压会产生微裂缝，所以该阶段的排烃过程具有周期性。当烃源岩的异常高压超过岩石的破裂极限后，即在烃源岩中形成微裂缝，高压的孔隙流体通过微裂缝从烃源岩排出；流体排出后，烃源岩内部的压力降低，微裂缝闭合，排烃过程暂停；当烃源岩内部压力再次积聚，又一次达到烃源岩的破裂极限后，微裂缝重新开启，又发生一次新的排烃过程（Ungerer，1983；视频 4-4）。这种过程可以重复进行，大量烃类即从烃源岩中排出（图 4-22）。因此，异常高压排烃是一种周期性的幕式排烃过程，超压微裂缝排烃是油气初次运移的一种重要方式。

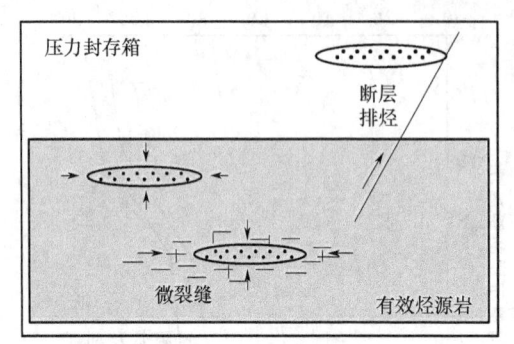

图 4-22 异常高压排烃模式

视频 4-4 异常高压排烃模式

当烃源岩孔隙内部的异常高压还不足以引起岩石产生微裂缝时，如果孔隙喉道不太窄，或因为存在着连续的有机相和干酪根三维网络而使得毛细管力并不太大，那么，油气就可以从烃源岩中慢慢驱出，不需要裂缝存在。在这种情况下，油气在压实作用下被驱动应是个连续的过程。当孔隙流体压力很高导致烃源岩产生微裂缝时，这些微裂缝也可以与原有的孔隙连接，形成微裂缝—孔隙系统，在异常高压驱动下，油气水通过微裂缝—孔隙系统向烃源岩外涌出。

当有断层断至有效烃源岩时，油气还可以在超压的驱替下沿着断层发生初次运移。此时的排烃存在超压主导型和构造主导型两种。超压主导型是指由于超压不断积聚，达到源岩破裂极限时发生剪切破裂，形成破裂断层与大量伴生裂缝，含烃流体注入断层与裂缝，在超压的驱动下发生运移，构成了封闭增压—破裂泄压—封闭增压的反复的幕式排烃过程，沿同一断裂多次的排烃事件会导致断距逐渐增加（邵瑁一等，2019）。构造主导型是指在大规模油气生排烃阶段由于断层自身活动性成为超压流体泄压通道的排烃模式，多期次的构造活动对烃源岩多期次的排烃作用起到了积极作用。

（三）轻烃扩散排烃模式

轻烃，特别是气态烃，具有较强的扩散能力，在源岩中轻烃扩散具有普遍性。许多学者认为，气体依靠扩散进行的初次运移只发生在烃源岩层内比较短的距离中（Hunt，1979；Barker，1980；Leythaeuser，1982）。气体通过短距离的扩散进入最近的输导层后，即转变为其它方式进一步运移。扩散作为在浓度差驱动下的分子运移过程，可以发生在烃源岩演化的任何阶段，只不过在压实排烃和微裂缝排烃起主要作用的阶段，扩散作用的排烃效率太低而显得微不足道了，因此，轻烃的扩散可以作为一种辅助运移模式。但是对于深层储集层非常致密，或者处于流体异常高压状态的地层，流体的渗流几乎不可能进行，这时天然气的扩散作用则显得更为重要，甚至是唯一的方式。

## 第三节 油气二次运移

与初次运移相比，二次运移的介质条件发生了很大的变化，故二次运移与初次运移必然存在许多差异。

### 一、二次运移相态、流动类型和临界饱和度

(一) 二次运移相态

一般来说，油气二次运移初期的相态基本上继承了初次运移的相态，由于二次运移与初次运移在动力学环境的物理条件有所不同，很快就会在运移相态上发生变化和转换（李明诚，2013）。若以聚集成藏为研究目的，油气的二次运移以游离相态占绝对优势（Mann等，1997）。

1. 石油二次运移相态

游离相是石油二次运移最有效、最重要的运移相态，石油以游离相运移有诸多的有利因素：第一，储集层与烃源岩相比有较大的孔径和孔隙空间，烃类分子完全可以不受孔径的限制而自由通过；第二，储集层的孔隙直径较大，石油在水润湿的孔隙中运移受到的毛细管阻力要比在烃源岩中小得多；第三，油在圈闭中的聚集最终表现为油相的聚集，无需相态的转换。因此，游离相必然成为油气二次运移的最主要相态。但是，在二次运移的不同时期，游离相石油的状态有所差异。在初期，油粒较小，显微的和亚显微的油粒比较多。随着运移过程的发展，这些分散的小油粒逐渐相连，最终形成连续的油珠或油体进行运移。

石油以水溶相和气溶相运移进入输导层后，由于温度、压力降低，盐度增高，石油在水和气中的溶解度会降低，从而变为游离相。这些出溶的石油慢慢聚集成大小不等的油珠分散在整个二次运移通道中，需要有机会连结成较大的油体才有可能进行二次运移，但是总的来说石油以水溶相进行运移效率是很低的，很难通过这种方式聚集成藏。

2. 天然气二次运移相态

与石油相比，天然气具有两个独特的物理性质，即天然气的水溶性和扩散性，导致天然气二次运移相态类型多样，既可以呈游离相态运移，又可以呈水溶相态运移，还可以呈分子扩散状态运移。

水溶相天然气进入输导层后由于水量的增加，饱含天然气的水溶液会先变得不饱和，天然气不会立即出溶；由于温度、压力和盐度等因素变化的影响，终将有一部分天然气从水中出溶变成游离相；而游离的天然气由于地层埋藏深度的增加、压力的增大，也会溶解于水中。二次运移过程中，天然气也可以溶解于油中，呈油溶相运移。

天然气在输导层中呈扩散相运移是不同于液态石油运移的最大特征。只要存在浓度差异，天然气的分子扩散就可以发生。在初次运移和二次运移中扩散相不需要相态的转变，特别是在流体渗流停滞或在聚集圈闭状态下，天然气的扩散相运移更为重要。同样，对于油气保存而言，扩散作用将导致天然气的散失。

(二) 二次运移的流动类型

油气二次运移的流动类型取决于烃类自身性质（油气分子大小及汇聚油气体积大小）和运移动力及通道条件。在开放的二次运移输导条件下，以游离相、水溶相、油溶相和气溶相运移的油气可以以渗流方式运移，游离相的油气、气溶相的油和油溶相的气还可以以浮力流方式运移，而轻烃分子则以扩散流方式运移；在封闭的输导条件下（如异常压力封存箱、

地震泵作用等），油气则主要呈涌流运移。

一般情况下油、气、水在地层中都是呈多相共存、多相渗流的，常见的有油—水、气—水两相渗流或油—气—水三相渗流。流体渗流时每种相流体各具有一定的有效渗透率，其大小取决于各自的饱和度，而且油、气要发生运移必须达到一定的临界饱和度。在大多数含油气盆地中油、气、水三相运移是客观存在的，但是由于油、气间互溶性很强，人们很少真正按三相来考虑，常简化为油—水和气—水两相渗流来处理。

（三）二次运移的临界饱和度

同油气初次运移一样，油气要以游离相在输导层中运移必须达到或超过其临界饱和度。因为达到这样的饱和度才能形成连通的运移通道，这部分饱和度主要是以残留油的形式沿运移通道损失了。关于油气二次运移的临界饱和度大小，不同学者研究的结果不尽相同，但差别不大。Levorsen（1954）对亲水的砂岩中进行油水两相吸排水的实验结果表明，油相饱和度低于10%时，油相不能流动。McAliffe（1979）认为，油气沿输导层以游离相横向运移和在浮力作用下上浮的临界饱和度均为20%～30%。Schowalter（1979）和Selle（1993）等通过物理模拟实验证实，对于大部分输导层来说，油相发生二次运移的临界饱和度为10%～30%是适合的。

对于天然气二次运移的临界饱和度也有与石油相似的认识。Hevorsen（1967）用双相渗滤实验验证，非润湿相的气饱和度要达到5%～10%时才能产生气相运移；Schwalter（1979）也认为气运移临界饱和度应达到10%以上；郝石生（1994）认为以10%作为气临界饱和度适用于大多数储集岩。

## 二、二次运移阻力和动力

油气二次运移的环境与初次运移有很大差异，因此相应的运移阻力和动力也有所不同。

（一）二次运移阻力

油气以不同相态进行二次运移将具有不同的阻力。油气以游离相运移时其阻力主要是毛细管压力和与岩石颗粒间的吸附力；以水溶相运移时阻力主要来自水与孔隙内壁的摩擦力；以分子扩散运移时阻力主要来源于分子间以及分子与孔隙内壁间的碰撞；在一定的地层条件下浮力也可表现为阻力。下面我们主要分析游离相油气所受到的毛细管压力和吸附力阻力。

1. 毛细管压力

地下岩石孔隙系统多为水润湿的，游离相油气在其中运移必然要受到毛细管压力的作用。由于岩石的孔隙和喉道半径不同，油气受到的毛细管压力大小不同，并将对二次运移产生影响。如图4-23所示：（a）处浮力不足以使油珠表面变形而进入喉道；（b）处当浮力或其他外力增大时，油珠变形，其上端进入喉道，由于油珠上、下端半径不同（分别代表喉道半径和孔隙半径），两端毛细管压力也不相同，上端毛细管压力大于下端，毛细管压力差方向指向下端孔隙，此时相对于上浮油珠来说毛细管压力差就是阻力；（c）处油珠上、下端曲率半径相同，两端毛细管压力也相等，毛细管压力差为零，无毛细管阻力；（d）处毛细管压力差指向上端孔隙，毛细管力对于上浮油珠不是阻力，而是驱动油珠上浮的附加动力。

在地层条件下，油气通过岩石孔隙系统进行二次运移都要经历上述4个状态，这是一个连续的过程，无论毛细管压力差表现为阻力还是动力，油气的二次运移都是毛细管力与浮力等运移动力对比的结果。油气二次运移的最大毛细管阻力就取决于岩石最小喉道和最大孔隙所产生的毛细管压力差。油气在岩石中会选择最小阻力方向通道运移，即沿最大孔隙和喉道所组成的路径运移。

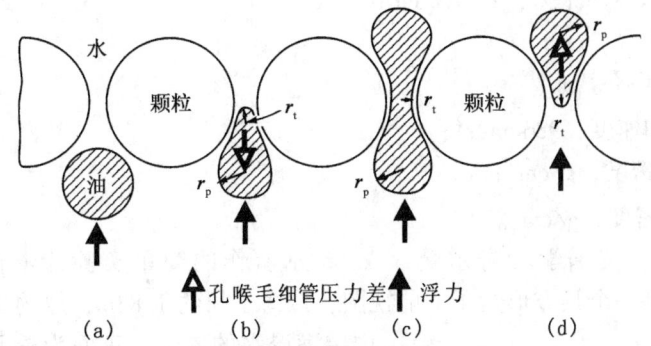

图 4-23 油气在储集层中运移时的毛细管阻力（据 Berg，1975，有修改）

$r_t$—喉道半径；$r_p$—孔隙半径

在一定温压下油—水和气—水的界面张力不同，所以在岩石孔隙系统中石油比天然气的毛细管压力要小（约 1/2 倍），单从毛细管压力角度来说，相同埋深条件下石油比天然气更容易运移。

2. 吸附力阻力

储集岩的吸附性比烃源岩一般弱。砂质储集岩由颗粒状的石英、长石、岩屑及胶结物等组成，很少含有机质，它们主要是由亲水介质对烃类的吸附，其吸附力相对较弱；但对油气仍具有一定的吸附性，尤其是低渗或特低渗储集层具有更强的吸附性，残留油气也就更多。因此二次运移过程中，吸附力仍是一种运移阻力，但远小于烃源岩。

（二）二次运移动力

在地层条件下，油气二次运移的动力有浮力、水动力、构造应力和分子扩散力等，对于不同的流体类型和相态具有不同的动力作用机制。油气以游离相进行二次运移，在静水条件下其动力主要是浮力，在动水条件下除浮力外，水动力要视其大小和方向也有不同程度的作用；以水溶相进行二次运移其动力则主要是水动力。对天然气来说，还存在气体分子的扩散。因为二次运移以游离相最为重要，所以浮力成为最重要的动力。

1. 浮力

在地层水环境中，由于油、气、水存在密度差，游离相的油、气将受到浮力的作用。以油在水中的浮力为例，浮力的大小用公式可以表示为

$$F_{wo} = V(\rho_w - \rho_o)g \tag{4-8}$$

式中 $F_{wo}$——油在水中的浮力，N；

$V$——油相体积，cm³；

$g$——重力加速度，980cm/s²；

$\rho_w$——地层水的密度，g/cm³；

$\rho_o$——石油的密度，g/cm³。

油气在运移过程中必须首先克服毛细管阻力。如图 4-23(b) 所示，一滴油珠在水湿润的地下环境中通过孔隙喉道运移，毛细管压力与浮力相对抗，直到变形的油珠内部曲率半径上、下端相等。只有当油气浮力大于毛细管阻力时油气才能移动，可用下式表示：

$$V_o(\rho_w - \rho_o)g > 2\sigma(1/r_t - 1/r_p) \tag{4-9}$$

式中 $V_o$——油相体积，cm³；

σ——油—水界面张力，$10^{-5}$N/cm；

$r_t$——喉道半径，cm；

$r_p$——孔隙半径，cm；

$g$——重力加速度，980cm/s$^2$；

$\rho_w$——水的密度，g/cm$^3$；

$\rho_o$——油的密度，g/cm$^3$。

关于这个问题，美国学者奇尔曼·A. 希尔所作的简单实验能够得到有力的说明。图4-24所表示的是一个长方形盒子的前视图，该盒子长约1.83m，厚约10cm，宽约30cm，内装满浸水的砂子，正面为透明玻璃，用以观察浮力的作用。第一阶段：将三堆油注入水浸砂中，每堆油大小约10cm，各据一方，互不连结，此时由于油堆体积不大，浮力不足，阻力阻止了油滴向上浮起，停滞不动［图4-24(a)］。第二阶段：又加入了一些油，使三堆油互相连接汇合，此时可见，其上部有指状油流开始向上浮起，此乃油堆体积增大，浮力随之增大，足以克服阻力，而上浮运移［图4-24(b)］。第三阶段：几小时后，整个油堆都上浮运移到盒子的顶部聚集，在下部只残留了很少很小的油滴，其直径只相当几个孔隙大小［图4-24(c)］。

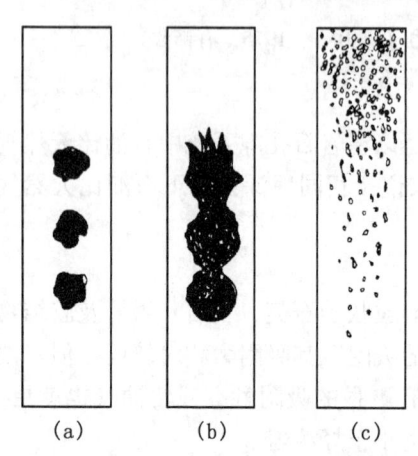

图4-24 奇尔曼·A. 希尔的一个实验的3个连续阶段，说明浮力的作用与油滴数量的关系
（据Levorsen，1967）

油气自烃源岩运移到输导层（储集层）后，首先储存在底部，并逐渐由分散状汇集成块状，成为具有一定体积的油气体。在静水条件下，当聚集的体积足够大，其产生的浮力足以克服毛细管阻力时，油气体才开始垂直上浮，并逐渐到达输导层顶部。如果把石油体积$V_o$变换成单位面积的高度，这样可得到石油上浮的临界高度（$Z_o$，单位cm）：

$$Z_o=[2\sigma(1/r_t-1/r_p)]/[(\rho_w-\rho_o)g] \tag{4-10}$$

同理，我们可以求得气上浮的临界高度。

需要注意的是，油气所受浮力的大小与其密度和温压条件有关，油气运移所需要的临界高度也不同。油气水间的密度差决定浮力大小，在相同水环境和油气柱高度下，气所受到的浮力作用要大于油。因此，对于相同排替压力的储层，天然气二次运移所需气柱高度比油柱高度要小。

静水条件下，如果岩层是水平的，则油气到达输导层顶部后，在盖层的封闭下油体沿顶界面分散，将不再运移；如果岩层是倾斜的，油气在聚集相当于临界高度时，将在浮力作用下继续向上倾方向运移，直至到达圈闭聚集起来。沿上倾方向浮力（$F_1$）的大小将受到地层倾角的影响（图4-25）。地层倾角越大，沿上倾方向浮力也越大，其大小用下式表示：

$$F_1=F\sin\alpha \tag{4-11}$$

浮力作为驱动力的难易程度与储集层渗透性和倾角相关，如果地层的排驱压力较高或倾角较小，所需油气柱的浮力就会较大。在地下条件下，低渗透致密储集层中浮力驱动所需要的油气柱高度是很难实现的，因此，一般说浮力不是低渗透致密储集层中油气运移的主要动力。

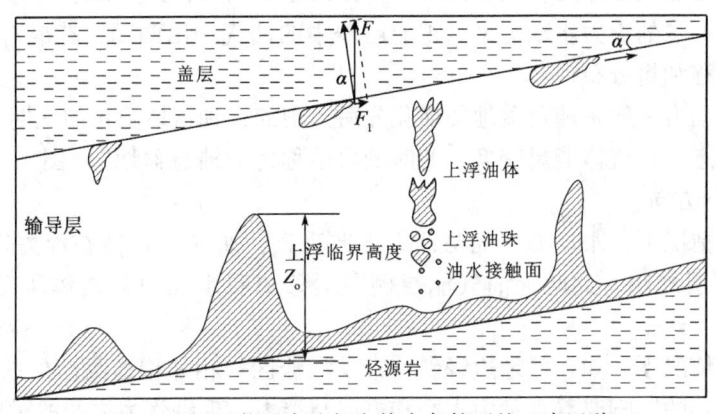

图 4-25 运载层中油气在静水条件下的二次运移

2. 水动力

储层内是充满水的,油气进入储集层(或输导层)后与水共同构成孔隙流体,水的流动必然对油气产生影响,特别是对于水溶相的油气是重要的运移动力。沉积盆地的地下水动力条件对油气二次运移起着宏观控制作用。沉积盆地的水动力主要有压实水动力(压实驱动)和重力水动力(重力驱动)两种。

1) 压实水动力

压实水动力主要来自于盆地内沉积物的压实排水,出现在盆地早期的持续沉降和差异压实阶段和过程中。通常在同一个时期,盆地中心的地层厚、沉积物负荷大,边部地层较薄、沉积物负荷较小,由此产生差异压实水流。在这种盆地中地下水测势面在盆地中心和深部最

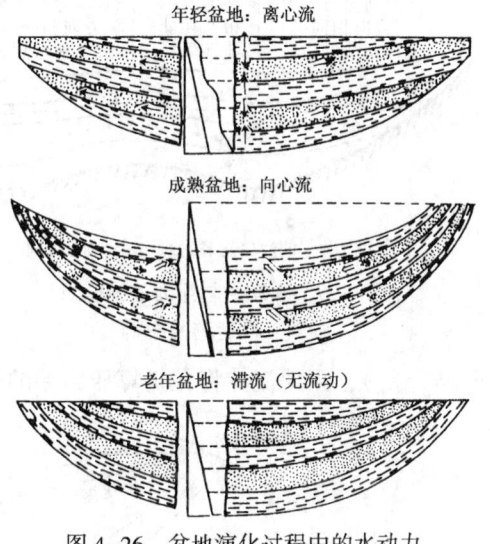

图 4-26 盆地演化过程中的水动力
(据 Coustau 等,1975)

高向边缘和浅部降低,因此形成由凹(洼)陷区指向边缘呈"离心流"状的区域地下水动力场。具有这种水动力场性质的盆地称为"压实流盆地"(图 4-26)。

在压实水动力作用下,油气运移的大方向与油气在浮力作用下运移的大方向基本一致,因此促进了油气在浮力作用下的二次运移,以及地层中的原始聚集与分布。但在局部地区或局部构造,水的流动可以沿水平地层作水平运动,也可以沿倾斜地层向下倾或上倾方向运动。因此,水动力在油气运移过程中到底是动力还是阻力,要看水流动方向与油气浮力方向是否一致。

2) 重力水动力

重力水动力主要产生于盆地演化的成熟阶段。随着盆地沉降的停滞和进一步的成岩变化,压实作用变得越来越不明显,加上后期的地壳运动使得地层翘倾、褶皱,地层在盆地边缘往往出露并与大气水相通,形成由盆地边缘向盆地中心的重力流,并在盆地中心穿层排泄,区域地下水表现为"向心流"的特征,故称为"重力流盆地"(图 4-26)。

在重力水动力驱动下,水流方向主要是由盆地边缘的高势区流向盆地中心的低势区。重

力水流的大方向与油气在浮力作用下的运移大方向正好相反，虽然在适当的条件下可以形成水动力圈闭，但过强的重力水动力又会把业已聚集的油气冲出圈闭，造成对油气藏的破坏，引起油气的再运移和再分布。

上述两种水动力一般是随着盆地的演化先后出现的，到盆地演化的晚期，盆地地下水基本上处于静水状态，无流体能量交换，此时的盆地称为"滞流盆地"（图4-26）。

3）油气运移方向

在水平地层情况下，水动力方向与浮力方向垂直，油（气）体在浮力作用下上浮至输导层顶界面被盖层封闭。此时，油气能否侧向运移要看水动力与油体所受毛细管阻力的对比。

在地层倾斜情况下，如在盆地边缘斜坡带及深洼区与相邻构造高部位的过渡带等区域，水动力对油气运移的影响要看水动力大小和方向与浮力、毛细管力之间的对比（图4-27）。

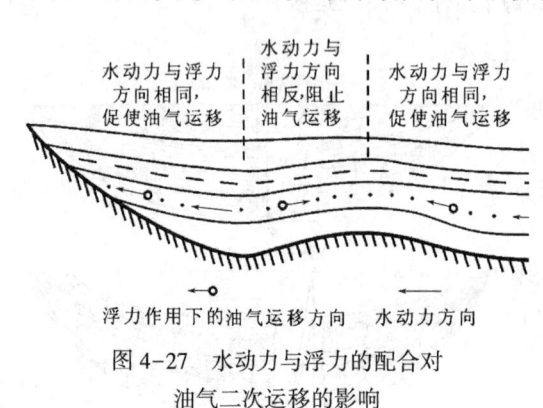

在地层条件下无论各点的绝对地层压力如何，水的流动方向总是从高折算压力向低折算压力方向流动。图4-28表示输导层供、泄水区的海拔高程不同，测压面呈倾斜状，因而折算压力都沿测压面倾斜方向有规律地递减，水是从供水区向泄水区流动。图中A、B两点的绝对地层压力分别为各点静水柱引起的，由于B点的静水柱高度大于A点（$H_B > H_A$），故B点绝对地层压力要大于A点；但是，由于A点的折算高度大于B点（$h_a - h_b = h_o$），因此流体将在折算压力差的作用下从A点向B点流动。

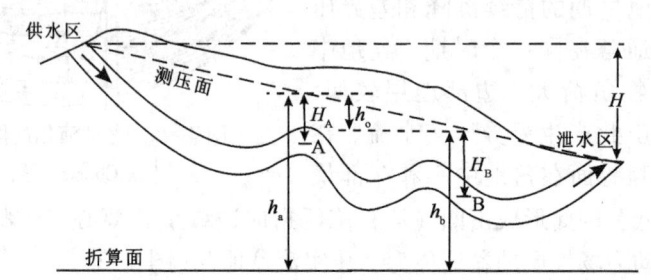

图4-27 水动力与浮力的配合对油气二次运移的影响

图4-28 折算压力与水流方向示意图（据张厚福，1989，有修改）

3. 构造应力

由地壳运动产生的地应力称为构造应力。构造应力是作用在岩石骨架中的压力，而地层压力是岩石孔隙中的流体压力，两者互相作用、互相传递，形成岩石统一的压力系统。作为运移动力，构造应力对油气二次运移的作用主要表现在以下两个方面。

一是构造应力是二次运移的直接驱动力。构造应力使岩石发生应变，使岩石骨架压缩，岩石颗粒和孔隙变形，这一变形过程必然会把作用力传递给孔隙中的流体，使其压力升高，形成高势区，驱使油气向低势区运移；当构造应力有变化时，由于岩石骨架压缩和回弹造成流体压力升高或降低，从而产生应力泵作用，这也是油气二次运移的重要机制和动力。

二是构造应力为浮力和水动力创造条件，造成地下流体势的改变。构造应力可以形成褶皱、断裂，使地层产生翘倾，使浮力得以发挥作用，形成供泄水区及地层动水条件。构造背景及水动力条件的改变,最终将导致地下流体势的改变,从而影响油气二次运移方向。因此,尽管浮力和水动力是油气二次运移的直接动力,但归根结底它们是受构造背景控制,构造应力是促进油气运移的根本条件。

4. 异常压力

异常压力是油气初次运移最重要的动力,对二次运移特别是低渗透致密储集层的二次运移则更是一种不可缺少的动力。

二次运移中的异常压力大多来自相邻烃源岩的欠压实和生烃超压,也可以来自地层本身。具有异常压力的烃源岩,可以将油气排入相邻的运载层,而排到储集层中的油气则由高压向较低压区进行二次运移。对于圈闭中已聚集的异常高压油气,当其盖层或断层在异常高压作用下发生破裂或形成通道时,圈闭中的油气随异常高压的释放进入上覆或侧向的运载层,待异常压力消失后油气将以浮力为主进行二次运移。如果是低渗致密储集层,油气则将滞留在异常压力减弱或消失的地方形成聚集。

5. 分子扩散作用

只要存在浓度差,烃类的分子扩散就可以发生,分子扩散力对初次运移和二次运移都是重要的运移动力。分子扩散受浓度梯度控制,它总是从高浓度区向低浓度区扩散。这种扩散也包括在油气藏形成后天然气通过上覆盖层的扩散,这将导致天然气的散失。相对于浮力、水动力、构造应力,分子扩散力只是一种次要的动力,其效率比油气渗滤来说也小几个数量级,但在致密地层中却是二次运移的主要动力和方式。

### 三、二次运移通道和运移方式

通道是油气从"源"到"藏"的桥梁和纽带,烃源岩生成的油气只有经过有效通道才能进入圈闭聚集成藏,其在运移时期的输导能力与连通性特征直接影响着油气运移的方向和聚集部位。从本质上说,油气二次运移通道是由连通孔隙或裂缝组成的,如油气沿断层破碎带中的连通孔隙和裂缝的运移,或是沿不整合面上、下渗透层的连通孔隙和裂缝的运移等。

(一)运移通道的类型

从微观角度,油气是通过地下岩石中的孔隙、裂缝和孔洞等空隙空间发生运移的,它们是油气二次运移的基本通道空间;从宏观角度讲,在沉积盆地中能作为油气二次运移通道的地质体主要有渗透性地层(输导层)、断层和不整合,这些地质体也是构成油气输导体系的要素。

1. 输导层

输导层是指具有发育的孔隙、裂缝或孔洞等运移基本空间的渗透性地层。输导层中空隙空间发育程度和连通情况对油气在其中运移的难易程度和效率有重要影响。沉积盆地中常见的输导层主要是渗透性的储集层,包括渗透性的碎屑岩砂体,以及孔隙型、裂缝型和溶蚀型的碳酸盐岩地层两类。从输导通道空间来看,前者主要为连通孔隙,有时也会有裂缝;后者的主要为裂缝、溶孔(洞)和连通孔隙,其输导性能复杂多变。

作为油气二次运移通道,输导层的连通性至关重要。从地质研究角度,输导层连通性的确定通常包括两个层次:一是输导层几何连通性,反映了输导层内部各组成部分的空间连接关系;二是流体动力连通性,指输导层内允许流体流动的连通性能,后者才真正反映了流体或油气穿过输导层的特征(罗晓容等,2012)。

在实际地质条件下,影响输导层输导性能的主要因素有岩性及矿物组成、孔隙结构、胶结和溶蚀作用、非均质性和裂缝发育程度等。厚度与输导性能的关联具有不确定性,而孔渗均质性的影响最为显著。在评价输导层的输导性能时，必须在输导层流体连通性的约束条件下考虑其渗透性能才有意义（Lei等，2014）。在非均质较强的输导层中，由于孔渗性分布差异，造成级差运移通道空间，油气总是沿着孔渗性好、毛细管阻力最小的通道运移；均质储集层输导层中，在浮力作用下油气会集中在输导层顶界面附近运移，从而形成确定性的运移路径。

2. 断层

我国油气勘探实践证明，约有80%以上的油气田都直接或间接与断层有关（李明诚，2013）。断层是油气二次运移的重要通道，是油气进行穿层、长距离垂向运移的主要途径。许多垂向上远离深部烃源岩层的它源浅层油气藏的形成、因断层破坏而造成烃类垂向微运移等，断层均起通道作用。断层对于油气运移和聚集具有重要的控制作用，表现出开启和封闭的双重性，既可以作为油气运移通道，也可以作为遮挡层（Gibson，1994）。

断层本身是具有一定宽度和复杂内部结构的带，一般由破碎带和位于破碎带两侧的诱导裂缝带构成。破碎带往往由碎裂岩、断层角砾岩和断层泥构成（图4-29）。断裂带的宽度与断层规模、断层性质、岩性组成等因素有关，其中断层规模和断层性质影响较大。

| 内部结构分带 | 原岩 | 诱导裂缝带 | 破碎带 ||| 诱导裂缝带 | 原岩 |
||||无黏结力破裂带|有黏结力破裂带|无黏结力破裂带|||
| --- | --- | --- | --- | --- | --- | --- | --- |
| 构造岩分带 | 正常岩层 | 碎裂岩化带 | 断层角砾岩断层泥 | 碎裂岩或糜棱岩 | 断层角砾岩断层泥 | 碎裂岩带 | 正常岩层 |
| 胶结程度 | 原始胶结 | 原始胶结 | 未胶结 | 后期胶结 | 未胶结 | 原始胶结 | 原始胶结 |

由断裂中心到被动盘一侧 ← | → 由断裂中心到主动盘一侧

图4-29 断裂带结构示意图（据付晓飞等，2005）

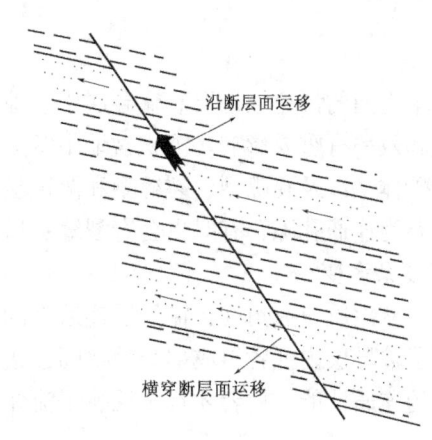

图4-30 以断层为运移通道的油气运移示意图（据Chapman，1983）

油气沿断层存在两种输导方式，即横穿断层的侧向运移和沿断层的垂向运移（图4-30）。侧向运移是指当断层两侧渗透性地层对接时，油气穿过断层带，由一盘运移到另一盘。其前提：一是断层侧向开启（最常见的就是两盘渗透性地层对接）；二是断裂带的排替压力和两盘渗透层相当，存在横向的流体势梯度变化。影响断层侧向输导性的主要因素有断层性质、断层两盘岩层的对置关系、两盘地层产状、泥岩涂抹、断层带渗透性等。张性断层、断层两盘渗透性地层对接且倾向大致一致、泥岩涂抹不发育、断层带具有一定渗透性且与两盘渗透性地层具有相当的排替压力等都有利于断层侧向输导。

断层垂向运移则需要断层垂向开启和断层带存在

垂向流体势梯度，输导性主要取决于断层性质、断层活动性、断层带内部结构、断面所受正压应力、断层带泥含量、诱导裂缝带发育程度及后期成岩充填程度等。一般情况下，张性断层垂向开启性好，有利于输导，而压性和压扭性断层垂向封闭性强；活动期断层有利于垂向输导，静止期趋向于垂向封闭；断面倾角小、断面所受正压应力大、断裂带泥质含量高、诱导裂缝不发育或后期成岩充填强等，趋向于垂向封闭，反之有利于垂向输导。

断层输导与封闭是相对的。人们目前已经达成共识，无论断层性质如何，流体沿断层的流动表现为周期性，断层在活动期间多表现为开启状态，具有较高的渗透率，作为油气运移的通道；而静止期间则往往表现为封闭状态，渗透率降低，对油气起遮挡作用。断层活动往往是不平衡应力和异常压力释放过程，断层本身就成为流体运移的通道。断层活动停止后，因造成岩石扩容作用的应力消失，巨大的围限应力促使断层及派生的裂隙快速闭合，与之对应的渗透率增量全部或部分消失（Luo和Vasseur，2016）。在地壳和断层不断活动中，断层随时间就可以呈现输导封闭再输导再封闭的循环变化规律，同时也说明断层不可能一直保持输导性或封闭性。

3. 不整合

不整合的形成通常是区域性地壳运动、海（或湖）平面升降或局部构造作用的结果，在沉积盆地的埋藏史和构造演化史研究中具有重要意义。沉积盆地中的不整合面一般分布广泛，可以沟通不同时代的烃源岩和储集层，扩大了油气运移的空间范围和层系范围，在油气运移中起着重要的作用。世界上很多含油气盆地中已发现的与不整合有关的大型、特大型油气田，常常都是油气通过不整合面运移聚集而形成的。

不整合作为油气二次运移通道的条件是：原岩易风化并形成良好的风化淋滤带、具有良好的不整合结构类型、发育良好的油气运移通道空间和顶板封盖层。由于构造抬升造成地层出露地表，遭受风化剥蚀、地表水淋滤，风化程度因地形的高低起伏而存在很大的差异，而且不整合面往往穿过不同时代、不同岩性的地层，后期成岩作用改变了不整合面上下地层的孔渗性。因而，不整合附近地层的孔渗特征复杂，其是否能够构成运移通道仍存在很多不确定性（宋国奇等，2010；罗晓容等，2014）。

不整合输导作用的差异与不整合结构类型密切相关。通常，完整的不整合发育不整合面之上岩层、不整合面之下的风化黏土层和半风化岩层三层结构。不整合面之上岩层通常为底砾岩或水进砂体，沿斜坡带上倾方向逐渐超覆，为一套穿时沉积，是良好的骨架砂体输导层。风化黏土层是位于风化壳最上部的古土壤层，是风化形成的细粒残积物，厚度为数米至十余米，局部或因后期再剥蚀缺失；因上覆沉积物压实较致密，具有良好的封盖能力。风化黏土层之下为半风化岩层，可进一步划分为风化淋滤带和崩解带，孔隙、裂缝或溶洞系统发育，厚数米至上百米，最厚可达上千米。半风化岩层孔渗性能取决于被风化地层的岩性和风化程度，一般孔渗性比原岩显著增加，输导性能相应增强，往往发育卸载裂缝和风化裂缝，二者交织切割，与岩石的连通孔隙、溶蚀孔洞构成网状的孔—洞—缝系统，大大增强了输导性能。

不同沉积、构造和风化淋滤背景下形成的不整合输导层结构样式各异，对油气输导作用不同：只发育不整合面上、下渗透层沟通便成为单通道型；不整合面上、下都具输导能力且风化黏土层发育的为双通道输导型；若风化黏土层缺失，可以上、下输导层沟通，也可以成为单通道型。图4-31为渤海湾盆地济阳坳陷新近系底部、古近系底部等不整合面的结构类型，反映出不整合结构在空间上存在变化，不整合面上、下岩层具有多种配置关系，不同结构类型的不整合输导油气能力各异。

（二）输导体系与油气运移方式

1. 输导体系的概念与类型

油气从烃源岩到圈闭的二次运移过程中，除少数经单一通道类型近距离运移聚集外，多数都是沿各种通道组成的系统网络进行运移的。我们把油气从烃源岩到圈闭过程中所经历的所有路径网及其相关围岩称为输导体系，包括连通砂体、断层、不整合及其组合（Magoon 和 Dow，1994）。输导层、断层、不整合等运移通道是组成输导体系的要素，称为输导体。盆地内砂岩地层、断层和不整合等输导体不是孤立的，油气输导体系往往是两种或几种类型输导体在空间上相互搭配组合构成的立体输导格架。

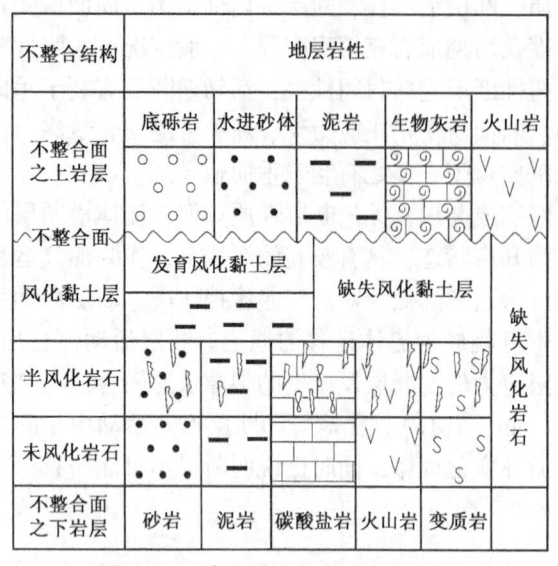

图4-31 济阳坳陷不整合结构类型
（据隋风贵，2009）

当输导体系由单一输导体构成时，称为简单输导体系，根据输导体的类型进一步划分为输导层输导体系、断层输导体系和不整合输导体系；当由两种或多种输导体相互组合时，称为复合输导体系，可以根据组成输导体的类型进行组合命名，如断层与骨架砂体输导层构成的断—砂输导体系。

在陆相盆地中，复合输导体系是最常见的输导体系类型。那些分布在盆地边缘的、或浅层的、或非生烃层系的远源油气藏，都是经历了较长距离和复杂运移路径运移的结果，其输导体系往往都是复合输导体系。李丕龙等（2004）根据济阳坳陷古近—新近系各类输导体的空间组合样式，提出了网毯式、T形、阶梯形和隐蔽式四类输导体系（图4-32），有效指导了新近系、陡坡带、缓坡带和洼陷带的油气勘探。

2. 油气二次运移方式

油气二次运移方式是指油气在一定动力作用下沿输导体系运移的途径和方向，一般可分为侧向运移、垂向运移和阶梯状运移三类。二次运移方式决定了盆地中油气宏观运移方向和运移距离。

1）侧向运移

侧向运移是指油气沿横向展布输导体系的运移，可以将油气运移到远离生烃中心的盆地边缘。侧向运移可以由输导层或不整合面单独构成，也可以由输导层和不整合面共同完成。构成侧向运移的输导体系必须满足以下条件：（1）与烃源岩有良好的时空配置关系；（2）平面分布连续性好且稳定、广泛；（3）输导性能好且古产状有利；（4）盖层发育良好且构造形态有利。侧向运移的规模主要受输导体系本身的连续性限制，还与上覆盖层和断层的发育有关。如果盆地足够大，又有稳定的储盖组合，油气就可以进行较长距离的侧向运移。

大规模的侧向运移主要发育在大型和克拉通盆地或盆地稳定发育期中，如美国的威利斯顿盆地，油气沿孔隙性碳酸盐岩和不整合面向上倾方向的侧向运移可超过100km（Demasion 和 Huizinga，1994）。陆相断陷盆地或凹陷中的古隆起斜坡上或盆地（凹陷）的斜坡上也是侧向运移发生的主要区域。如图4-33所示，东营凹陷南斜坡东段沙三段上亚段发育扇三角

(a) 网毯式输导体系

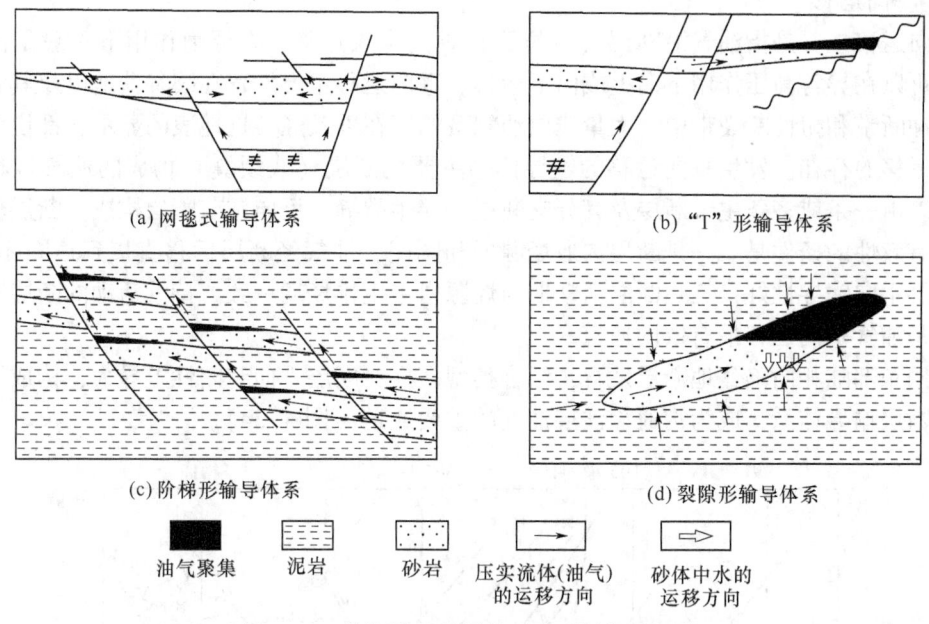

(b) "T" 形输导体系

(c) 阶梯形输导体系

(d) 裂隙形输导体系

图 4-32 济阳坳陷输导体系类型划分示意图
(据李丕龙, 2004)

洲、滩坝等砂体,砂体厚度大,砂体前端呈指状分别插入牛庄生烃洼陷中,连通性和孔渗性好,形成了由强输导能力决定的 4 个优势运移通道,分别形成八面河、王家岗、乐安油田。

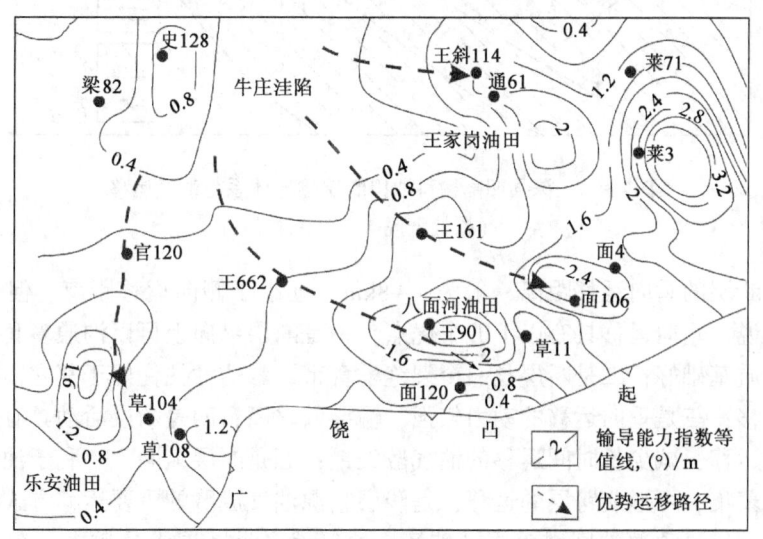

图 4-33 东营凹陷南斜坡东段沙三段上亚段
骨架砂体输导能力指数等值线与油气显示关系(据宋国奇, 2012)

侧向运移是人们认识最早、也是最容易接受的运移方式,由于沟通范围较广,有利于形成大型油气藏。但是相对于其它运移方式来说,侧向运移具有三点不足:第一,长距离的侧向运移造成的油气损耗数量比其它方式要大;第二,相同数量的油气在低角度的侧向运移中,所产生的浮力要小,因此需要更多数量的油气形成足够的浮力才能运移;第三,侧向运移的动力较小,运移的速率一般较慢,效率较低。

2）垂向运移

垂向运移主要是指油气沿断层（或裂缝）垂向穿层运移，在浮力作用下一般是向上运移，也可以在异常高压作用下向上或向下运移。垂向运移主要发育在裂谷盆地以及其它类似盆地的冲断带和扭性断裂带中。大量浅层油气藏的存在以及烃类近地表的显示，都说明了油气垂向运移的存在。发生垂向运移的输导体系主要由断层（或裂缝）构成的油气运移网络系统，多由一条或多条主干断层及其分支断层、伴生裂缝、反向调节断层构成。断层输导体系输导有效性的条件是：一是断层沟通烃源岩和圈闭，油气经断层运移直接到达圈闭聚集；二是断层垂向输导性好；三是断层活动期与烃源岩主生排烃期一致。持续活动的断层和相关的裂缝是油气垂向运移最有效的通道。

我国东部陆相断陷盆地断层发育，组合类型多样，断层垂向封闭性差异大，构成了极为复杂的断层输导体系，成为沟通深浅层油气的重要通道（图4-34）。

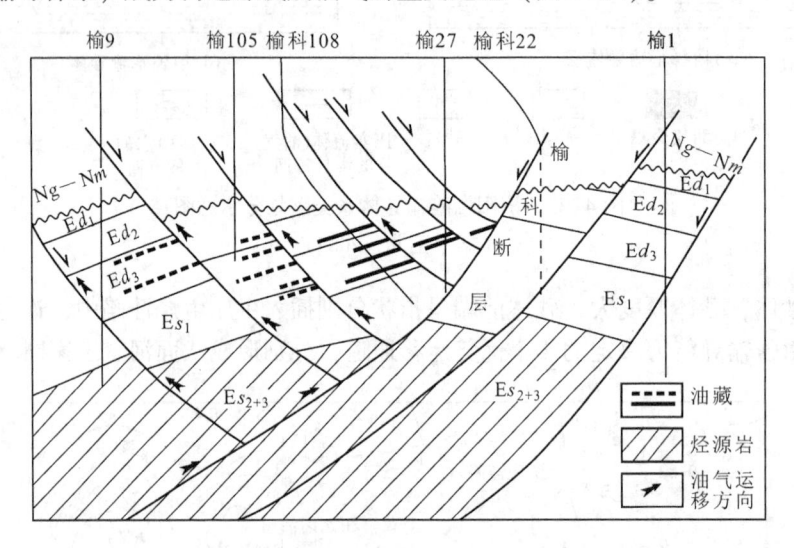

图4-34 深县凹陷榆科油田断层输导体系与油气运移
（据杜金虎等，2007）

盆地中沿断层的垂向运移距离一般为1~8km，远小于侧向运移距离。但是，相对于其它运移方式来说，垂向运移具有以下五个优点：一是断层纵向上可以沟通多套烃源岩，多源供应的油气物质基础好；二是断层是一个裂缝发育带，渗透性往往好于其它输导体，有利于油气的快速运移；三是垂向运移的动力较强，输导效率高；四是断层活动具有周期性，油气可以发生幕式运移，减少长时间运移的油气散失量；五是断层纵向上有利于油气发生穿越不同时代地层的聚集，可形成跨层的运移，是浅层它源油气成藏的重要运移方式。虽然垂向运移效率高，但如果最顶部的区域盖层被破坏，油气就会沿断层大量散失，在地表形成油气苗，所以断层输导体系之上必须有盖层封闭才好。

3）阶梯状运移

阶梯状运移是指油气沿由输导层或不整合与断层所构成的复合输导体系向上倾方向呈阶梯状路径的运移。根据输导体间的配置关系，油气沿储集层—断层型、不整合面—断层型和储集层—断层—不整合型复合输导体系的运移方式都是呈阶梯状运移的。阶梯状运移方式在断层发育的盆地中最为普遍，如陆相断陷盆地的陡坡带断裂发育，以断层垂向运移占优势，沿储集层侧向运移距离短；而在缓坡带，沿储集层和（或）不整合面输导层侧向运移距离较长，不甚发育的断层起垂向调整作用。我国西部的盆地中逆断层发育，油气多是沿骨架砂体和不整合输导层与冲断带构成复合输导体系运移。

阶梯状运移方式也可以用断层所具有的开启性和封闭性来解释。例如，在砂岩层中侧向运移的油气遇到断层，若为另一侧并置的岩性所阻挡，则发生沿断层的向上运移；当进入上覆砂岩层后又开始侧向运移，再遇断层若无阻挡可穿断层面继续运移，有阻挡时则沿断层面向上运移，由此形成了阶梯式运移方式，如霸县凹陷的文安斜坡（图4-35）。

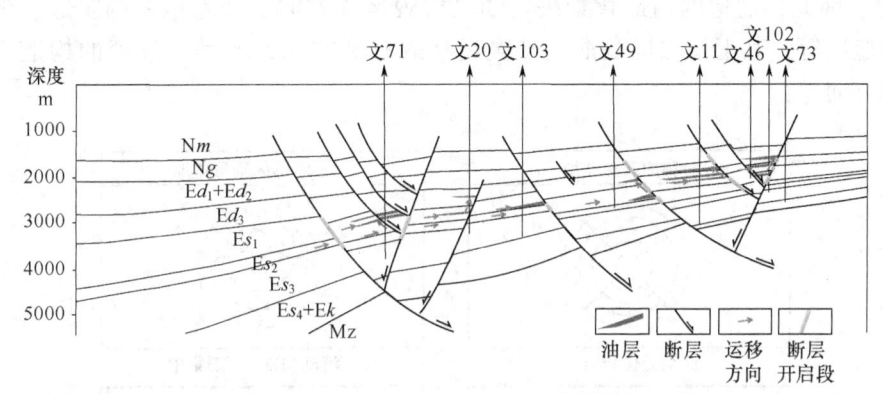

图4-35 霸县凹陷文安斜坡断层封闭性与油气阶梯状运移（据刘华等，2011）

（三）有效输导体系与优势运移通道

油气二次运移不可能在整个输导体系中发生，而总是沿着输导性能较好、运移动力较强、运移阻力相对较小的一部分路径运移。李明诚（2004）将输导层中真正发生了油气运移作用的通道称为二次运移的有效运移空间，即有效输导体系。并通过对我国多个盆地输导层中油气显示的统计分析，指出发生过油气运移的主要层段中，有效运移空间约占整个输导层的 5%~10%。

视频4-5 油气优势运移通道

二次运移中油气自然优先流经的路径称为优势输导体系，即优势通道，是油气二次运移有效输导体系的一部分，是油气运移的主要路径（图4-36，视频4-5）。这里强调的是优势运移通道是油气优先选择运移的路线，而不是趋向，更不是流体势场所表征的油气运移的潜在流向。虽然优势运移通道仅占油气输导体系的极少一部分，但它输导的油气可能占有效输导体系输导油气总量的绝大部分。因此，优势运移通道也可俗称为油气运移的"高速公路"。与其它运移通道相比，优势运移通道具有更畅通的输导条件，即更高的孔渗性、更小的运移阻力和更好的连通性。优势运移通道一旦形成就具有相对的稳定性，但当地质条件发生重大变化，使原来的优势运移通道失去输导油气的优势条件时，油气就要改道沿新的优势运移通道运移。

四、二次运移方向及影响因素

油气二次运移方向宏观上受到区域构造背景与流体势场控制，微观上受运移动阻力、输导体系及运移通道空间的控制。

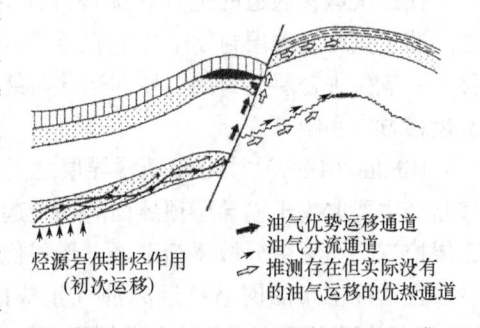

图4-36 油气运移优势通道地质概念模型

（一）盆地的结构和几何形态

盆地的几何形态一般用某一地层的古构造图来描述。构造图中构造等值线的走向分布往往与流体的等势线走向分布近乎平行。垂直等势线的方向是流体运移最省功的方向，也是油气二次运移的优势方向。由于构造形态的变化，造成油气运移流线在凹面一侧聚敛，在凸面一侧发散；在构造等高线密集的一侧流线也密集，相反的一侧流线则稀疏。图 4-37 表示的是盆地几何形态决定油气二次运移方向的示意图，流线集中的区域就是油气二次运移的主要方向，而盆地生烃中心存在的"分隔槽"是油气二次运移宏观方向的"分水岭"。因此，盆地的构造背景决定油气宏观运移方向，如盆地中的隆起、斜坡以及倾斜的构造层等，其上倾方向是油气二次运移的有利方向，而其上发育的构造脊则决定优势运移方向。

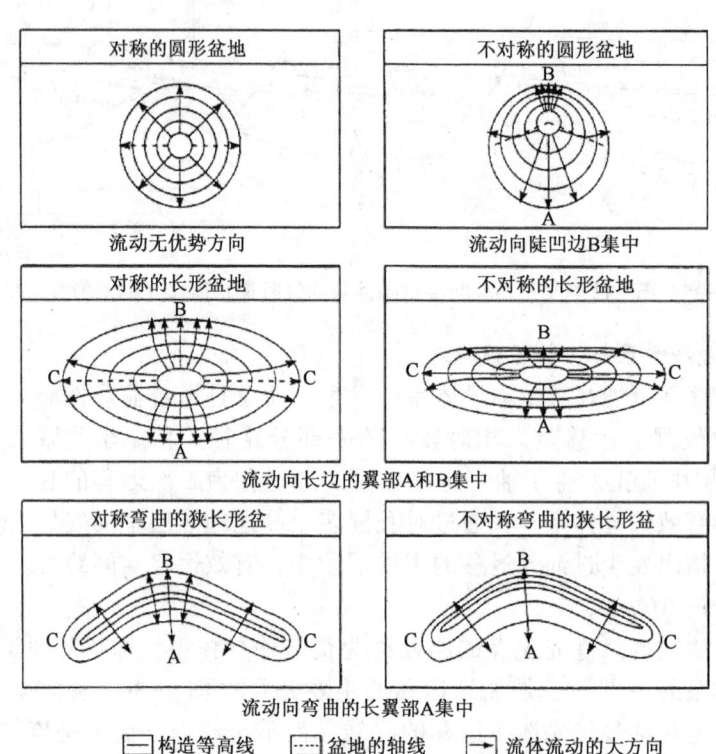

图 4-37　根据盆地几何形态确定油气运移方向（据 Pratsch，1982）

（二）盖层的形态与分布

在二次运移通道的组合和优势方向的分析中，有一个重要的因素不能忽视，那就是盖层。油气只有在盖层封闭下才能在浮力作用下沿输导层顶界面（盖层的底界面）作侧向运移，一旦失去盖层的封闭，侧向运移将终止，转而进行垂向运移。因此，盖层连续性决定二次运移方向和距离。

Hindle（1997）十分强调输导层之上盖层的重要性，认为当盖层条件满足时，油气的运移路径主要取决于输导层顶界面的构造起伏：盖层分隔槽决定了油气宏观运移方向，并且受盖层控制，油气由分散逐渐汇聚，形成优势运移路径。在油气生成区的上方，油气的运移路径多且形成密布的网络；远离油气生成区，油气运移主要是沿有限的、集中的路径运移。图 4-38 中可以看出，凸状的盖层形态有利于优势通道的形成，而凹状和平板状的盖层形态则形成分散的运移路径。对于盆地规模的油气运移来说，区域性盖层的起伏形态决定了油气二次运移方向，盖层的分布决定油气聚集范围。

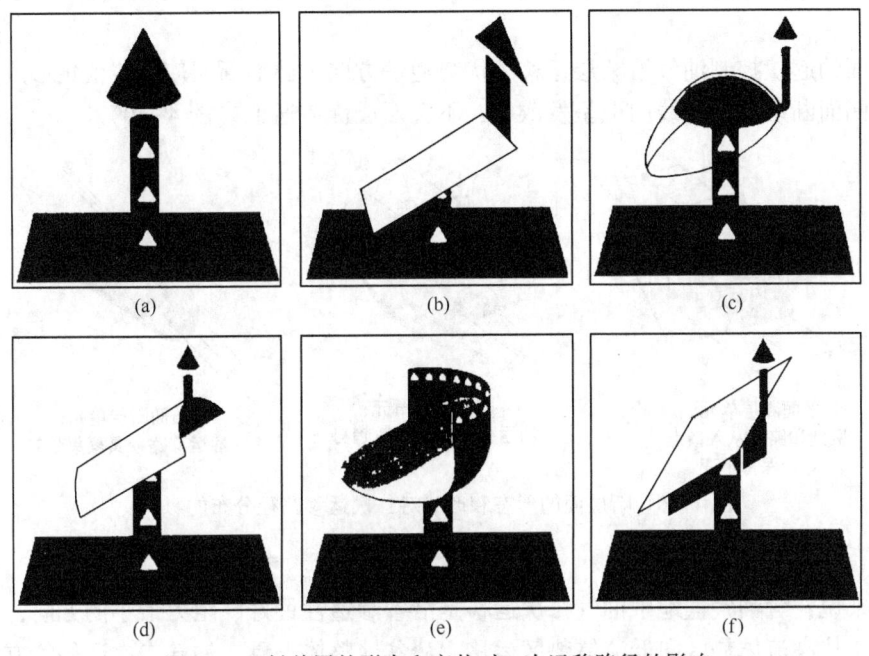

图 4-38　封盖层的形态和产状对二次运移路径的影响
（据 Hindle，1997）

通常情况下，输导层顶面构造与盖层构造是一致的，因此在盖层发育的情况下，输导层顶面的构造脊线便成为优势通道方向。蒋有录（2011）在研究东濮凹陷濮卫地区沙三段油气运移路径研究中，利用目的层顶面古构造脊与砂体分布耦合关系、砂层顶面古构造脊与油气分布关系，并结合含氮化合物示踪，确定砂体顶面古构造脊为优势运移路径。

（三）沉积相分布

油气在岩石中生成、运移和聚集，与沉积岩的关系最为密切。沉积相是沉积环境中沉积作用的产物，是决定输导层平面分布和渗透性的重要因素。对一个穿时的沉积相带来说，油气都有从细粒沉积向粗粒沉积运移的特性，即向陆源方向运移的宏观趋势。图4-39表示的是美国湾岸区得克萨斯州渐新统发育的三角洲体系，前三角洲的暗色泥岩生成的油气，沿着三角洲前缘席状砂向陆源方向的河口沙坝以及三角洲平原的河道砂体运移，就好像是盆地中油气运移的天然通道。这种向源性代表了二次运移的优势方向，同时也反映了油气总是向孔渗性较好部位运移的趋势，也包含了由沉积较厚的沉积中心向沉积较薄的边缘或隆起地区运移的宏观方向。

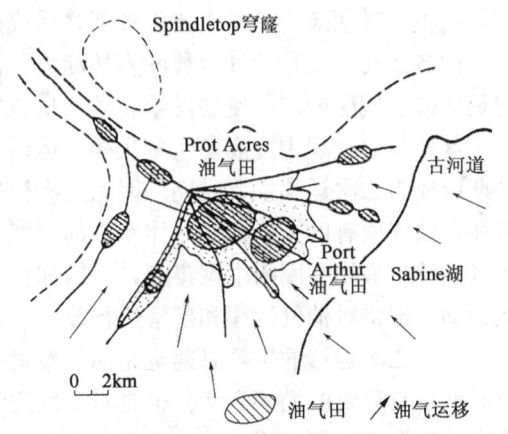

图 4-39　美国湾岸区得克萨斯州渐新统三角洲的油气运移方向及油气田分布
（据 Perrodom，1993）

### (四)断层的形态与产状

断层时盆地中构造活动的最常见产物,断层本身及其活动时间的地震泵效应,使断层成为流体垂向运移的主要通道。同样断层的几何形态和产状对运移方向也有决定性的影响。

断层面的起伏控制油气沿断层运移的优势通道方向。凸面断层使流线汇集形成优势运移通道,而凹面断层则使流线向上呈发散状,不会形成优势通道(图4-40)。

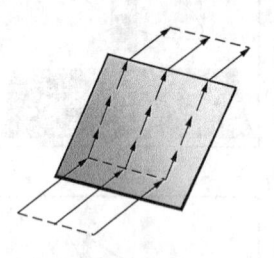

平面断层单元:
聚集和路径从入口点
开始保持不变

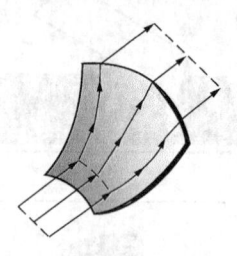

凹面断层单元:
油运移路径具发散趋势

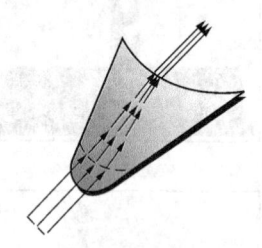

凸面断层单元:
油运移路径具聚集趋势

图4-40 断层面的形态和产状对二次运移路径分布的影响
(据 Hindle,1977)

总的来说,含油气盆地中油气二次运移是沿着渗透性最好、阻力最小的方向,以一定的运移方式,从高流体势区向低流体势区运移。从盆地整体上看,油气二次运移的方向总是由盆地中心向盆地边缘和盆地中的古凸起运移、由深部地层向浅部地层运移。因此,位于生烃凹陷附近的凸起及斜坡带常成为油气二次运移的主要指向,特别是长期继承性发育的正向构造最为有利。我国油气田勘探的实践证明,一些含油气丰富的油气田,如松辽盆地的大庆油田、渤海湾盆地东营凹陷的胜坨油田和东辛油田等,都是位于生烃凹陷附近及油气二次运移的主要方向上。

### 五、二次运移主要时期和距离

#### (一)二次运移主要时期

油气二次运移是初次运移的继续,二者是同时存在的连续过程。但是,大规模油气二次运移的主要时期应该是在主要生油期之后或同时发生的第一次构造运动时期。

构造运动不仅是油气运移的直接动力,而且为浮力和水动力发挥作用提供条件,更主要的是能改变地层的产状使之发生翘倾、褶皱并产生大量断裂,为形成运移通道创造条件。在整个盆地演化过程中可能发生多次构造运动,在主要生排烃期后发生的第一次大规模构造运动期应成为二次运移主要时期。因为这次构造运动使原始地层发生倾斜,甚至褶皱和断裂,破坏了油气原有的平衡,输导体系中的油气在浮力、水动力及构造应力作用下由高势区向低势区运移,最终在圈闭中聚集起来。假如在油气聚集以后又发生二次、三次甚至更多次的构造运动,则将对油气运移和聚集进行改造、调整乃至破坏。

油气二次运移的主要时期也是油气聚集成藏的主要时期,因此,研究油气二次运移的主要时期具有重要的勘探意义,也是石油地质学家关注的重点,也取得了很多进展,这部分的内容将在第五章中介绍。

#### (二)二次运移距离

油气二次运移的距离取决于运移通道、区域构造背景、岩性岩相变化、上覆盖层与断层的发育、运移动力等。油气运移的垂向距离取决于盆地内地层的厚度和断裂在垂向上的延伸距离，最大可达数千米。侧向运移距离变化非常大，有的很小甚至无侧向运移（如致密油气藏、页岩油气藏、煤层气藏等）；有的很大，甚至达到几百千米。对一个盆地而言，油气二次运移的距离是烃源岩区到圈闭的距离，最大距离不会大于生烃凹陷中心到长轴方向盆地边缘的距离。

只要具有足够的油气源，运移通道区域性分布且连续性好，输导盖层好，又具备良好的运移动力条件，油气有可能进行长距离的运移。因此，长距离的油气二次运移主要发育在大型的克拉通盆地或盆地的稳定发育期。加拿大艾伯塔盆地是世界上目前已知的典型长距离油气运移盆地之一，在泥盆系碳酸盐岩和白垩系碎屑岩中油气运移的距离长达500km，并被油气源对比证实（Deroo等，1977；Creaney和Allan，1990）；北美威利斯顿盆地的油气运移距离可能为160~250km（Bethke等，1991）；波斯湾盆地油气运移距离可能为100~500km。

胡朝元（2005）通过对全球200个盆地或凹陷的油气运移距离统计分析，发现其中大部分地区均具有短距离运移的特点，只有10%~20%地区的运移距离大于70km。其中，陆相断陷盆地分割性强，岩性岩相变化较大，圈闭近油源，运移通道分布局限且变化大，油气不可能进行长距离的运移。

我国的含油气盆地具有多构造旋回、分割性强、多属陆相地层，岩性岩相变化大等特点。从目前所发现的油气田情况看，它们多靠近生烃凹陷分布，油气二次运移的距离一般不大，一般在几千米至几十千米。有些大型盆地（如塔里木盆地和松辽盆地等）面积大，最大运移距离相应也大，超过100km。如塔里木盆地塔北地区的哈拉哈塘油田，其南部地区白垩系砂岩储集层中发现的油气来源于库车坳陷三叠系陆相烃源岩，油气主要通过断裂沟通不整合面和白垩系巴西改组的砂体进行长距离侧向运移，运移的直线距离达到130km。表4-2是我国几个主要含油气盆地油气二次运移距离的统计数据。

**表4-2　我国部分含油气盆地油气二次运移距离（据张厚福等，1999，有修改）**

| 盆地名称 | 运移距离，km 一般 | 运移距离，km 最大 |
|---|---|---|
| 松辽盆地 | <40 | 120 |
| 塔里木盆地 | <60 | 130 |
| 鄂尔多斯盆地 | <40 | 60 |
| 渤海湾盆地 | 0~20 | 30 |
| 江汉盆地 | <10 | 15 |
| 南襄盆地 | <10 | 20 |
| 酒泉盆地 | 5~20 | 30 |
| 准噶尔盆地 | 30~50 | 80 |
| 珠江口盆地 | <20 | 60 |

## 第四节 油气运移研究方法

油气运移方向和路径的追索是一个系统、多维、复杂的研究工作，需要采用多种方法进行综合研究。因为油气运移受盆地地质条件控制，因此地质分析是研究油气运移的基础。通过地质分析厘定出可能的油气运移的优势方向和路径，然后结合流体势分析法、有机地球化学方法、实验室模拟与数值模拟等方法，进行综合判识。

### 一、流体势分析法

地下流体在受到浮力、压力和毛细管力作用的同时，也具有其自身的能量。流体在地下流动时，遵循能量守恒原理，流体在流动的同时做了功，则必然要消耗自身的能量，因此，流体总是自发地从机械能高的地方流向低的地方。Hubbert（1940，1953）最早把流体势概念引入石油地质学中，用来描绘地下流体的能量变化和流体运移规律，后来 Dahlberg（1982）比较系统地论述了运用这一方法研究油气运移的方向和聚集位置，引起国内外油气勘探者的广泛重视。流体势反映了水动力、浮力和毛细管力对地下流体运动状态的共同作用，在油气运移理论研究和解决区域性油气运移趋势与分布方面具有重要意义。

#### （一）流体势概念

在地层条件下，地下流体的渗流是一个机械运动过程，油、气、水具有各自的势，并在其作用下运移。Hubbert（1953）将地下单位质量流体具有的机械能的总和定义为流体势（$\Phi$），并用下式表示：

$$\Phi = gZ + \int_0^p \frac{\mathrm{d}p}{\rho} + \frac{q^2}{2} \tag{4-12}$$

式中　$g$——重力加速度，$9.8\mathrm{m/s}^2$；
　　　$Z$——测点高程，m；
　　　$p$——测点压力，Pa；
　　　$\rho$——流体密度，$\mathrm{t/m}^3$；
　　　$q$——流速，m/s。

式（4-12）等号右端第一项表示重力引起的位能，可理解为将单位质量流体从基准面（海拔为0）移动到高程 $Z$ 为克服重力变化所做的功；第二项表示流体的压能（或弹性能），可理解为单位质量流体由基准面到高程 $Z$ 因压力变化所做的功；第三项表示动能，可理解为单位质量流体由静止状态加速到流速 $q$ 时所做的功。

在反映剖面上流体势的变化特征时，常使用测势面的概念，与测压面相似，所谓测势面，是指同一储层各点的流体势连接起来所构成的一个反映该储集层不同部位势变化状况的假想面。

#### （二）势梯度与流体运移方向

Hubbert 把单位质量流体所受的力定义为力场强度，用 $E$ 表示：

$$E = -\mathrm{grad}\Phi \tag{4-13}$$

式中，$\mathrm{grad}\Phi$ 表示 $\Phi$ 的梯度。力场强度是一个向量。

由式（4-13）可分别得到水、油和气在同一点的力场强度：

$$E_{w,o,g} = g - \text{grad}\frac{p}{\rho_{w,o,g}} \tag{4-14}$$

式(4-14)右边的第一项为单位质量流体的重力,在数值上等于重力加速度 $g$,第二项表示单位质量流体体积上的压力,力场强度是两者的向量和。由此可见,因油、气、水三者密度不同,在同样的压力环境中,油、气、水三者的力场强度不同。

在静水环境,水的力场强度为 0,而油和气的力场强度不为 0,两者力场强度方向均向上,但因气的密度比油的小,所以,气的力场强度比油的大。

在动水环境中,作用于单位质量油、气上的力,与静水环境相比,不仅受向下的重力 $g$ 和向上的浮力 $-\text{grad}\frac{p}{\rho}$ 外,还多了一个反映流动条件的水动力 $F_w$。因此,在水动力作用下,由于水、油和气的密度不同导致它们的力场强度的大小和方向不同,三者分别按照自己的方向流动。水动力大小不同运移方向也不同,图 4-41 表示了水动力大小不同的两种情况下,水、油、气的受力合成图解。

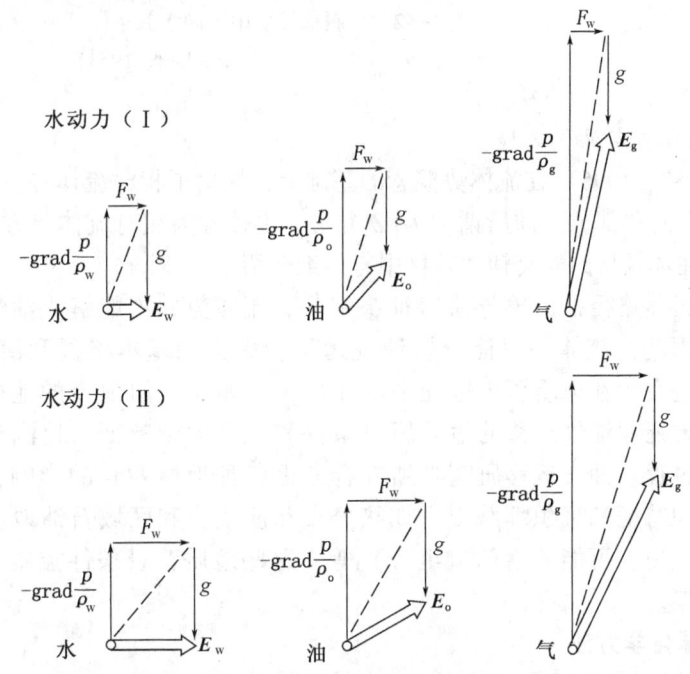

图 4-41 在不同水动力条件下作用于单位质量水、油和气上的各种力的向量分布及力场方向
(据 Dahlberg,1982)

流体势分析是研究油气二次运移方向、确定油气聚集区的常用方法。流体势的分析方法应用的前提是输导层必须是连通的。根据流体势的计算公式,可以计算出某一输导层在不同位置的流体势值,做出流体势等值线图,针对不同的流体,可以分别作出水势、油势和气势等值线图。图 4-42 表示一个均质单斜输导层中,在水动力作用下油和气沿着自己各自势的运移方向(视频 4-6)。图中油和气在沿单斜下倾方向流动的水动力及浮力共同作用下发生分离,即气沿单斜上倾方向运移,油沿单斜下倾方向运移。如果水动力较弱,油和气有可能都向单斜上倾方向运移,如果水动力很强,油和气有可能都向单斜下倾方向运移,只是由于各自力场强度的差异油和气的运移方向有所不同。

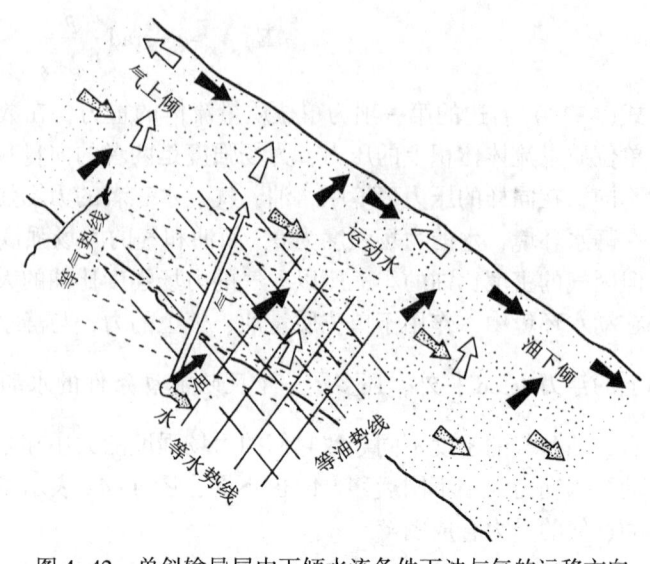

图 4-42　单斜输导层中下倾水流条件下油与气的运移方向
(据 Hubbert，1953)

视频 4-6　单斜输导层中下倾水流条件下的油气运移

**(三) 相对流体势与油气运移**

Dahlberg (1982，1995) 在流体势概念的基础上，提出了相对流体势概念，并用来分析油气运移和聚集方向和部位，即所谓的 UVZ 方法，也被称为相对流体势方法。该方法的介绍以及实例分析在本教材的配套辅助教材中有详细介绍。

由于油气的运移路径是由输导层特征决定的，流体势并不能解决油气在输导层中的具体运移路径，因此，流体势只能分析油气运移和聚集的基本格局和潜在的运移趋势。此外，油气运移是发生在地质历史过程中的作用，不能完全用现今的地质条件和参数来研究和评价。需要还原油气运移的地质历史条件和古动力学特征，追溯油气在各个地质历史时期的运移过程。油气运移研究必须综合考虑各种地质背景的影响，如构造特征和构造演化史、沉积特征和沉积埋藏史、地热分布和演化史和区域石油地质特征（包括烃源岩的发育和生烃史、可能的生储盖组合）等，这些地质背景条件控制了油气运移的时期和基本运移格架。

**二、有机地球化学方法**

石油在运移过程中，随着物理化学条件的变化必然引起自身在成分上、性质上的分异和变化，我们正是利用石油的地球化学指标和物理性质有规律的变化来追索油气运移路线的。

**(一) 有机地球化学方法研究初次运移**

有机地球化学方法研究油气的初次运移主要包括两个方面。一方面用地球化学指标确定排烃深度、排烃时间、排烃效率和有效排烃厚度。烃源岩排烃深度和时间主要通过研究纵向剖面上地球化学指标的突变来确定。李明诚通过对 Albrecht 和 Ourisson (1969) 的研究分析指出，由于初次运移，排烃深度以下的烷烃含量会突然减少，并且非烃、沥青质等和烷烃一起运移。另一方面，Leythaeuser (1984，1986) 通过研究挪威斯匹次卑尔根岛的下白垩统和古新统的烃源岩指出：正烷烃在排烃过程中有明显的分异作用，低碳数烷烃优先排出；根据烃源岩含烃量由中部向紧邻砂岩顶底两边递减，可以计算排烃率、确定烃源岩有效排烃厚度（图 4-21）。

## （二）有机地球化学方法研究二次运移

### 1. 烃类化合物和原油物性的应用

油气运移过程中会出现层析作用或氧化作用。层析作用也称地质色层效应，是指由于矿物选择性吸附作用，导致石油和天然气沿运移方向出现物理性质和化学成分有规律的分异和变化的现象。由于石油中的非烃化合物分子大、极性强，最易吸附于矿物的表面或溶解于水中，芳香烃比正烷烃和环烷烃的极性强，在水中的溶解度也大。因此，沿运移方向原油的密度、黏度、含蜡量和凝点逐渐变小，高分子烃类化合物、芳香烃、非烃化合物和重金属（V、Ni、Ca）等的含量也相应减小。此外，还会导致某些生物标记化合物发生变化，如甾烷化合物中 $5\alpha$，$14\beta$，$17\beta$ 异构体相对 $5\alpha$，$14\alpha$，$17\alpha$ 更易富集，重排甾烷 $13\alpha$，$17\beta$ 相对规则甾烷 $15\alpha$，$14\alpha$，$17\alpha$ 更易富集，$C_{29}$ 胆甾烷 20S 构型相对 20R 构型更易富集等。

由于色层效应，天然气及凝析油族组分甲烷碳同位素在运移过程中会造成明显的碳同位素分馏，据此可以指示油气运移的方向。沿着运移方向，天然气甲烷及凝析油族组分的 $\delta^{13}C$ 值逐渐变轻。石油中 $^{13}C$ 比 $^{12}C$ 具有较强的吸附性，沿运移方向 $^{13}C/^{12}C$ 比值减少，$\delta^{13}C/\delta^{12}C$ 比值沿运移方向降低。如芳香烃中 $^{13}C/^{12}C$ 的比值高于烷烃和环烷烃，随着在油气运移方向上芳香烃的减少，必然导致 $^{13}C/^{12}C$ 比值的减少。

通过对储集层沥青中三环萜烷的变化规律，示踪了济阳坳陷渤南—孤北地区天然气的运移特征。图 4-43 显示，从孤西断阶带的孤古 22 井向孤北潜山带的孤北古 2、渤 93 井方向，三环萜烷（$C_{21}+C_{22}$）/（$C_{23}+C_{24}$）的比值从 0.37 到 0.5，再到 0.72 逐渐增大，说明油气发生了沿着孤西断层的向上运移。

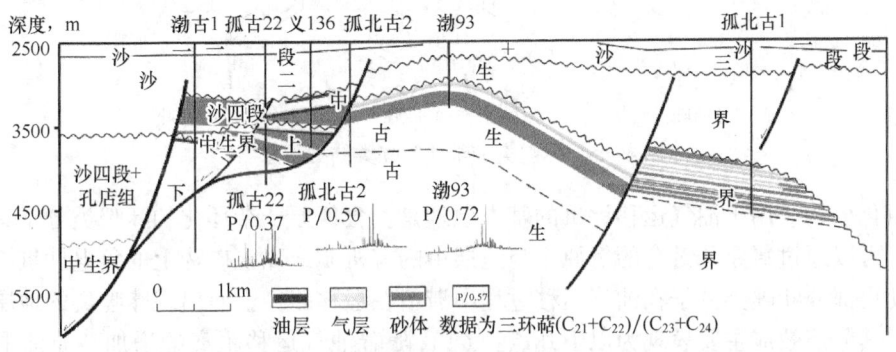

图 4-43 渤南—孤北地区储集层沥青萜烷剖面分布特征图
（据蒋有录等，2010）

必须指出，上述油气性质的变化，只是当沿油气运移方向地质色层效应起主导作用时才能发生。若在运移过程中氧化作用占主导地位，不仅上述规律性不存在，还会出现相反变化规律。霸县凹陷文安斜坡具有随油气运移距离增加原油物性变差的特点，导致原油物性菱形图出现由扁平形到方菱形再到尖菱形的变化规律（图 4-44），导致这种变化的原因是因为随着油气运移距离的增加氧化作用占主导地位。

油气在运移的过程中，除了层析和氧化作用的影响外，其化学成分和物理性质还会受到其它因素的干扰而发生变化，使之影响油气运移方向和路径的追踪。这些因素包括热替变作用、脱沥青作用、水洗作用、生物降解作用、硫化作用等，其中，热替变和脱沥青作用可导致石油变轻，而水洗、生物降解和硫化作用则导致石油变重。因此，在分析油气运移的主要方向时要对各种地质条件进行综合分析，才能得出比较正确的结论。

### 2. 含氮化合物的应用

应用含氮化合物进行油气运移示踪已成为较为成熟的技术。原油中的有机含氮化合物主要是以中性的吡咯类芳香化合物形式出现，应用于油气运移的有机含氮化合物主要是指吡咯型和吡啶型两个系列。吡咯是含有一个氮的五元环化合物，吡咯型化合物指缩聚的吡咯（或吡咯苯并物）及其衍生物，如咔唑、苯并咔唑和二苯并咔唑（图4-45）。根据链烷基（常为甲基）咔唑类化合物1—8位上取代基情况，链基咔唑分为三类：屏蔽型异构体（C—1和C—8均被烷基取代）、半屏蔽型异构体（C—1和C—8仅有一个被烷基取代）和暴露型异构体（C—1和C—8均未被烷基取代）。

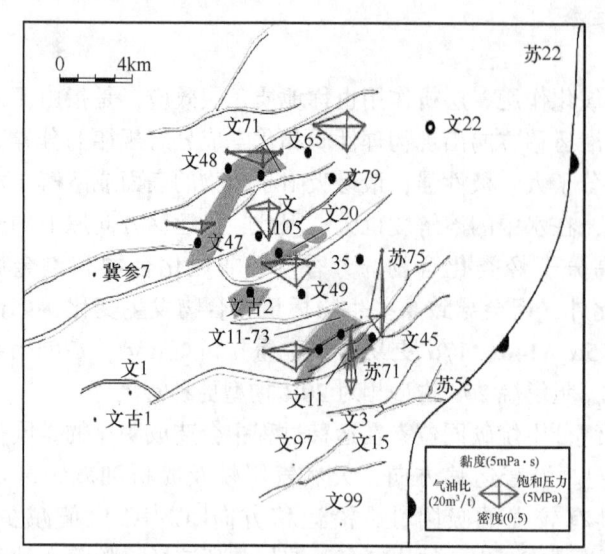

图4-44 霸县凹陷文安斜坡原油物性菱形图与油气运移方向
（据刘华等，2011）

图4-45 咔唑类和苯并咔唑类结构示意图
(a) 咔唑类结构　(b) 苯并[a]咔唑　(c) 苯并[c]咔唑

含氮化合物应用于油气运移评价的基本原理是：含氮原子杂环化的咔唑类分子具有较强的极性，可以通过氮原子键合的氢原子与地层中的有机质或黏土矿物上的负电性氧原子构成氢键，使得部分咔唑类分子在油气运移过程中滞留在运移路径上而出现咔唑类的地层色层分馏效应。其分馏效应主要表现为以下几点：(1) 随着油气运移距离的增加，原油中含氮化合物的绝对丰度降低；(2) 氮官能团遮蔽型异构体相对于半遮蔽型异构体或暴露型异构体富集；(3) 烷基咔唑相对于烷基苯并咔唑富集；(4) 苯并咔唑异构体中，苯并[a]咔唑相对于苯并[c]咔唑富集。

图4-46是在骨架砂体输导能力和断层封闭性研究基础上，应用含氮化合物追索油气运移路径的例子。霸县凹陷文安斜坡带骨架砂体紧邻生油中心霸县洼槽，油气运移受控于骨架砂体、断层封闭性及相互间的配置关系。断层起到垂向调整作用；从含氮化合物分布可以看出，从深洼区向斜坡上倾方向、从$Es_3$烃源岩层系到上覆$Es_1 \sim Ed$，各含氮化合物参数是逐渐增大的，指示油气的运移路径是沿骨架砂体—断层复合输导体系向凹陷边缘呈阶梯状运移的。

咔唑类非烃化合物的丰度与相对分布也会受到原始母质和成熟度等因素的影响，运用时应加以甄别，但其影响程度可能小于甾、萜类等生物标志化合物，因此在国外被称为石油二次运移的化学示踪剂。

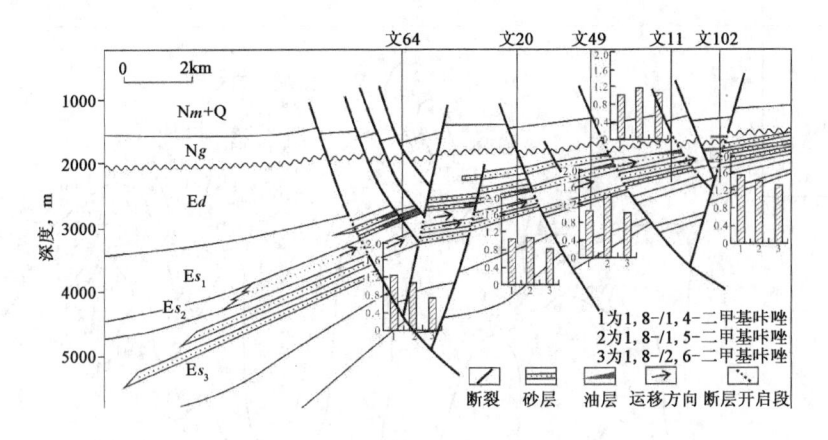

图 4-46 霸县凹陷文安斜坡含氮化合物指示油气运移路径
(据刘华等，2011)

### 3. 成熟度参数的应用

石油运移、充注是一个持续相当长时间的地质过程，先期注入石油的成熟度相对较低，后期注入石油的成熟度相对较高（England 等，1987）。在油藏的充注过程中，实际上是后期成熟度较高的石油驱动先期成熟度较低的石油，以"波阵面"方式，持续向前运移、充注，直到充注过程全部完成，从而导致油藏内部石油存在一定的成熟度差异。因此，在一个油藏内，可以依据先、后期注入石油的成熟度微细差异，表征石油的运移、充注过程。常采用成熟度敏感的地化指标变化来判断油气运移方向，如生物标志化合物的藿烷类和甾烷类指标：$C_{29}$ 甾烷 20S/(20S+20R)、$C_{29}$ 甾烷 ββ/(αα+ββ)、重排甾烷/规则甾烷、$C_{31}$ 升藿烷 22S/(22S+22R)、Ts/Tm 以及 $C_{27}$ 三降藿烷等参数，非生物标志物类的甲基菲指数、噻吩类等和甲基萘比值等参数。

王铁冠等（2005）利用 4-/1-甲基二苯并噻吩比值对塔河油田主体区奥陶系油藏原油充注方向与路径进行了分析。塔河油田奥陶系原油的 4-/1-MDBT 最大值在 S76 井，高值井均位于塔河油田南侧，线状分布，向北呈现成熟度逐渐降低的趋势，表明奥陶系原油由南往北的运移充注方向。4-/1-MDBT 高值井可视作充注点，如由 S76 和 T615 井的 4-/1-MDBT 等值线勾绘出塔河油田西侧区块的两个充注点，即从 S76 井到 T607 井的 S—N 向和从 T615 井呈 NW 向的充注油流，两者在 TK603 井合流并沿 TK610—TK604—S74—TK612 井的 NE 向完成油藏充注（图 4-47）。

### 三、物理模拟法

油气运移的物理模拟方法主要是通过各种实验装置，实时地观察油气的运移过程和状态，验证油气运移理论，深入认识油气运移机理，为定量研究油气运聚提供计算参数，是油气运聚研究直接而有效的方法。

早在 1921 年，Emmons 就用各种粒度的砂岩样品进行了石油运移实验，Hubbert（1953）将浮力、烃动力和毛细管力作为运移的控制因素开展了相应的定量实验，最早提出了流体势的概念。20 世纪 60 年代，开始注意到界面张力、润湿性、喉道半径等微观实验参数对油气运移过程的控制作用。1989 年，Lenormand 等利用微观模型，研究了孔隙介质中非混溶驱替过程，并利用毛细管数和黏性比值系数将毛细管力对油气运移的影响概括为黏性指进、毛细指进、稳定驱替。

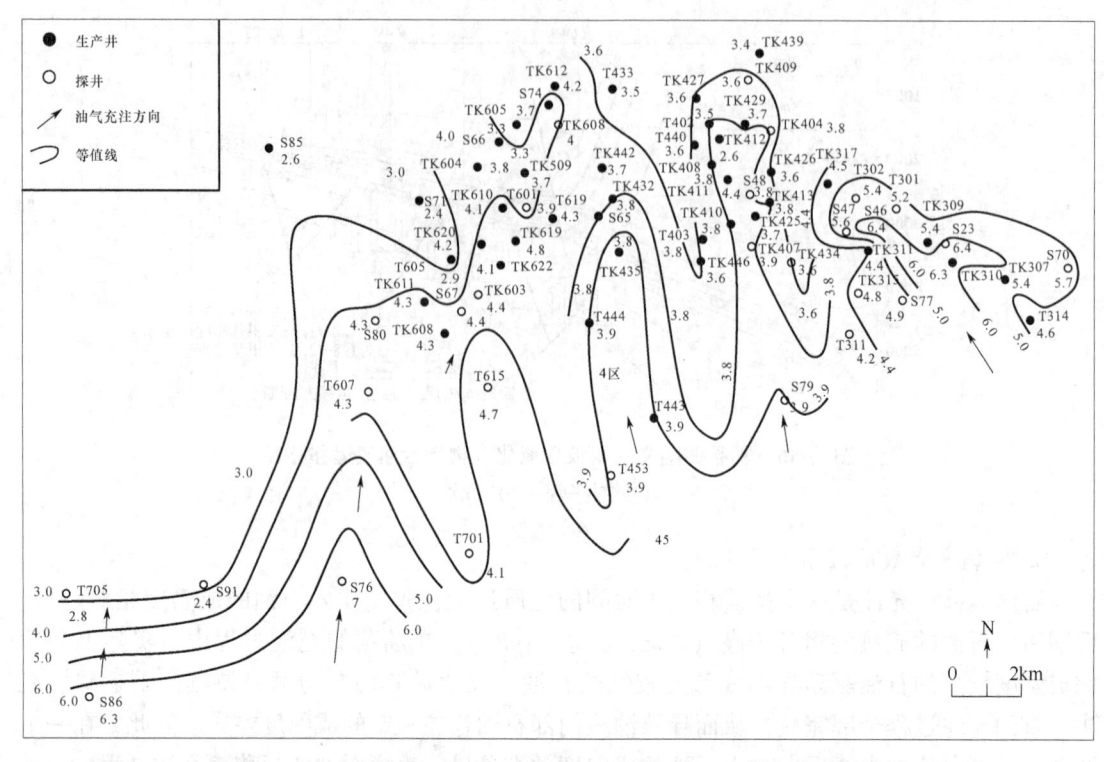

图 4-47　4-/1-甲基二苯并噻吩比值示意塔河油田主体区奥陶系油藏
原油充注方向与路径（据王铁冠等，2005）

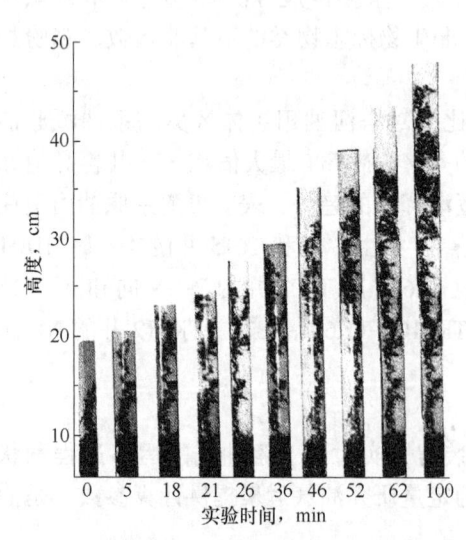

图 4-48　油非均匀运移路径形成过程示意图
（据罗晓容等，2018）

彩图 4-48

我国石油地质研究者主要从 20 世纪 90 年初开始开展油气运移物理模拟研究，成果丰富。曾溅辉等（1999，2000）用岩心制作砂岩微观孔隙模型，进行油气驱水机理的实验研究。结果表明，油驱水时，可见到突进、跳跃、卡断、活塞式驱替和非活塞式驱替等现象；而气驱水过程受毛细管力作用的控制明显。张发强，罗晓容（2004）等利用填装玻璃微珠的管状玻璃管模型，模拟石油在饱和水的骨架砂体中的渗流规律，指出单纯浮力以及相对较小的驱动力就能形成优势运移通道，并且在运移过程中表现出强烈的非均一性。运移路径一旦形成，直到运移结束，其形态和空间展布特征基本一致，再次注入的油仍基本沿原来的路径运移（图 4-48）。姜振学（2005）模拟砂体均质性对运移路径的影响，指出油气总是沿着通道介质中的孔渗性与通道周边介质中的孔渗性之差异优势（级差优势）最大的方向运移。赵文智等（2009）开展了三维温压条件下，煤系烃源岩天然气排驱和运移的模拟实验，模拟了在沉降和抬升的地质背景下，天然气可能发生的大规模充注和运聚过程。

## 四、数值模拟法

数值模拟即数学模拟，主要是利用计算机进行操作，又称计算机模拟。由于石油和天然气主要产在沉积盆地中，所以石油地质的数值模拟主要是进行盆地模拟。盆地模拟是再现油气生成、运移、聚集和散失的全过程，由于模拟技术是动态分析、综合研究的最好体现，因此，也就成为当前定量研究油气运移的最好方法，也是唯一手段。

油气二次运移的主要动力是烃—水密度差产生的浮力，主要阻力是毛细管力，与孔喉半径、界面张力和岩石润湿性相关。应用盆地模拟技术开展油气二次运移模拟，就是在建立三维/二维地质格架的基础上，模拟油气从烃源岩内排出并进入输导体系后，油气在浮力的动力作用下，克服周围毛细管阻力，寻找最优的油气运移路径，在上覆有效盖层的封堵下聚集成藏的过程。

根据油气运移模拟算法的不同，可分为流线法、侵入逾渗法和多相达西流法。流线模拟法主要基于二维构造面的地质高程特征，采用法线法（沿最陡方向），并结合砂岩百分比等因素确定油气的运移方向。侵入逾渗法基于动阻力分析，当油气运移动力大于阻力时，油气持续向前运移，而当动力小于阻力时，运移停止。主要适用于模拟地层几何形状复杂、网格密度高条件下的油气运移，计算效率高。多相达西流模拟法被认为是描述流体在孔隙介质中流动最精确和复杂的物理方法，适用于渗透性较差地层中油气运移的模拟，能有效模拟油气运移路径和烃类聚集量。

图4-49展示的油气运移路径的模拟流线图。可以看出，油气从图中左下角的烃源岩灶中呈发散趋势运移出来，随着远离烃源岩油气运移路径逐渐变窄，形成汇聚，在合适的圈闭中流线汇聚成藏。

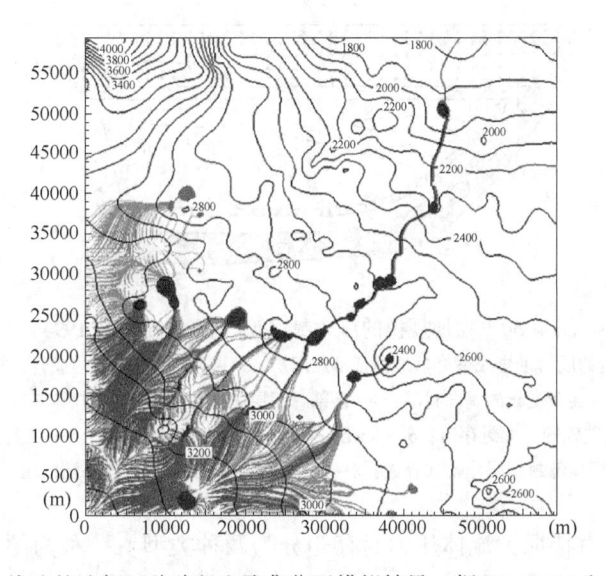

图4-49 基于流线法的油气运移路径和聚集位置模拟结果（据Hantschel和Kauerauf，2009）

## 第五节 压力场、温度场、应力场与油气运移

压力场、温度场、应力场（简称"三场"）是地球内能以不同形式在地壳上的表现。压力场是指地下流体中各个点的压力分布情况。温度场是地球内部热能通过导热率不同的岩

石在地壳上的表现。应力场是指地壳或地球体内，应力状态随空间点的变化情况。"三场"相互之间彼此影响和联系，控制着沉积盆地中流体动力学过程，从而影响着油气的运移与分布。

**一、压力场对油气运移的作用**

异常高压是构成盆地区域流体势场的一种重要动力来源，对油气初次和二次运移具有重要的作用。在压实流盆地中，盆地、坳陷或凹陷中心往往是异常高压发育的主要区域，而剖面上异常高压又主要存在于厚层泥岩中。在压实过程中，高压泥岩可向与其相邻的砂岩传导压力，并在压力差（或势）的作用下向砂岩排水、排烃，这种水动力即是形成区域"离心式"流体势场的主要因素。正是在"离心式"流体势场的作用下，油气从生油坳陷或凹陷中心沿运载层、断层、不整合面等通道，向边缘地区进行以侧向为主的运移并聚集，形成油气围绕生油凹陷呈"环状"分布的格局。

（一）流体压力封存箱与封闭层的成因

异常压力的形成必须具有一个三维封闭的空间，横向可以由断层、相变、盐膏等封闭，纵向可以由岩层封闭，这个被有效盖层封闭阻止压力恢复到静水压力的三维空间称为流体压力封存箱，简称流体封存箱或封存箱。封存箱是沉积盆地内由封闭层分割的异常压力单元，或称压力封隔体。

封存箱内生、储、盖条件俱全，常由主箱与次箱组成。许多沉积盆地在浅部为正常静水压力系统，而在深部则可能存在1个或多个压力封存箱，封存箱中的压力可以高于或低于正常静水压力。在纵向上和侧向上均可出现多重封存箱。图4-50是一个盆地规模的压力封存箱。

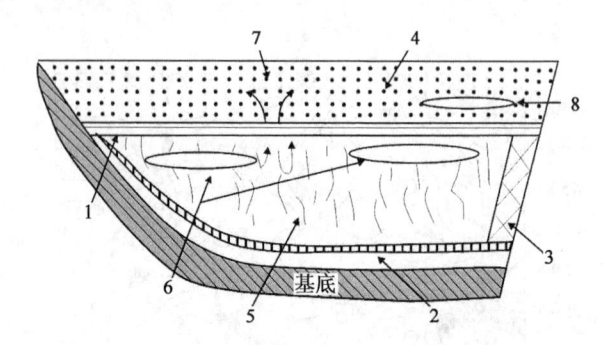

图4-50 盆地规模的压力封存箱（据Ortoleva，1994）
1—中部横穿盆地的成岩带构成整个盆地的顶部封闭层；2—围绕盆地基底的成岩带构成底部封闭层；3—靠近右侧断层有逐渐变化的垂向封闭；4—顶部封闭层之上为正常压力的压实带；5—顶封闭层之下的盆地内形成一个破碎的巨大封存箱；6—内部还存在一些小的压力封存箱；7—在盆地内部不时有一些流体刺穿顶部封闭层作幕式释放；8—在正常压实带中存在一些外围的压力封存箱

根据封存箱的压力特征，流体压力封存箱分为两种类型：一种为超压封存箱，具有异常高压，孔隙流体支撑盖层及上覆岩石—流体的重量；另一种为欠压封存箱，具有异常低压，岩石基质支撑盖层及上覆岩石—流体的重量。图4-51表达了两类封存箱的压力—深度关系。在含油气盆地中，常见的是超压封存箱。

封闭层是形成与分隔流体封存箱的关键。封闭层并不是常说的油气藏的盖层，它常与穿越不同地层界面、岩性岩相界面，在该温度条件下，矿化作用、充填作用等成岩后生作用，造成渗透率近于零的封闭层。封闭层若为碳酸盐岩，多由硅化所致；若为页岩（泥岩）则

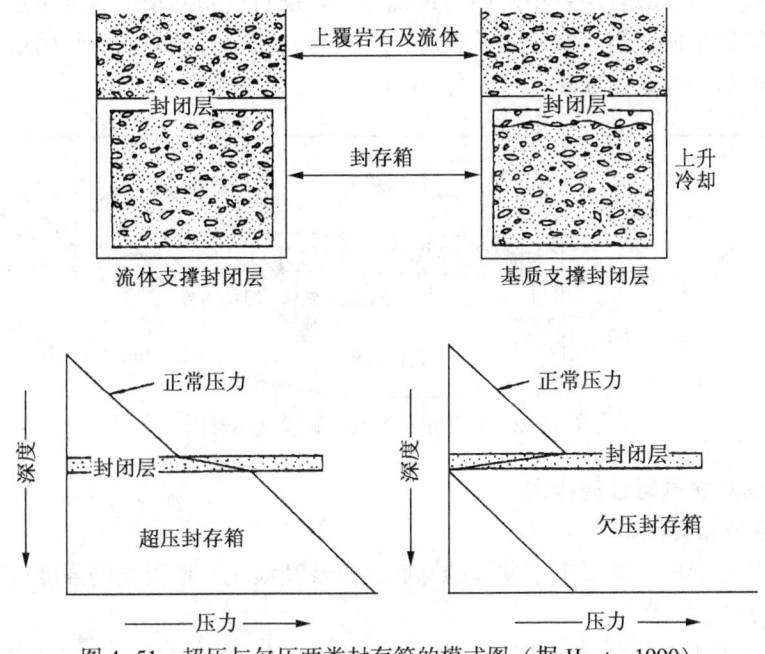

图 4-51 超压与欠压两类封存箱的模式图（据 Hunt, 1990）

常与钙化有关。在镜质组反射率达到 0.9% 时，干酪根已进入生油高峰期，释放大量二氧化碳，有助于碳酸盐大量溶解形成次生孔隙发育带；当这种碳酸盐溶液向上运移至镜质组反射率为 0.4%~0.5% 处，碳酸盐再沉淀，形成顶部封闭层，这恰为生油窗开始处。因此，石油常生成于封闭层之下的封存箱内。

（二）压力封存箱与油气运移

流体封存箱的形成对油气运移具有重要影响。由于封存箱对沉积盆地的分割，使得统一的沉积盆地被分割为许多独立的水动力单元，各单元之间互不连通，阻碍了盆地内大范围的油气运移，从而形成了许多独立的油气运聚单元。油气的侧向运移只能在封存箱内部进行，流体势分析的原理一般也只能在封存箱内部应用。此外，垂向运移也会受到封存箱限制，在一定条件下油气也可以穿过封隔层运移至箱外。因此，在分析一个盆地油气运移方向和运移距离、研究盆地内油气运移格局时，要考虑流体封存箱的分布情况。

由于流体封存箱的幕式开启，使得油气具有幕式运移的特征。当烃源岩中异常高压达到能导致岩石破裂的压力时，可使源岩破裂产生大量微裂缝，油气水沿微裂隙排出。流体排出后，压力随之下降，微裂隙也随之闭合，然后由于生烃过程的继续进行而开始重新孕育压力并使生油岩再次破裂。这样便形成了一个由"生烃—憋压—破裂—排烃—泄压—闭合"构成的多次重复的循环过程，直到生烃潜力耗尽而无力再次压裂源岩为止。

根据异常压力流体封存箱与油气运移聚集的关系，可归为 3 种油气运聚模式：箱外运聚、箱内运聚和箱缘运聚（图 4-52）。箱外运聚模式是指异常高压导致封存箱的破裂，封闭层破裂或切割封闭层的断层周期性开启，油气水向箱外发生脉冲式混相涌流（幕式运移），进入温度和压力较低的层系中（视频 4-7），通常是紧邻封闭层的上覆层系，随温度、压力的降低，油气分异并聚集到封存箱外的常压系统中。箱内运聚模式是指封存箱内生成的油气在箱内合适的通道作用下发生运移，在具较低流体势的

视频 4-7 流体封存箱与油气运移聚集动态过程

圈闭中聚集成藏，如烃源岩层系中的砂岩透镜体。如果封存箱的顶部封隔层系由多层致密层夹多层多孔储集层组成，当箱缘发生破裂时，若只有内封闭层破裂而外封闭层未破裂，油气可在箱缘发生运移，并聚集成藏。

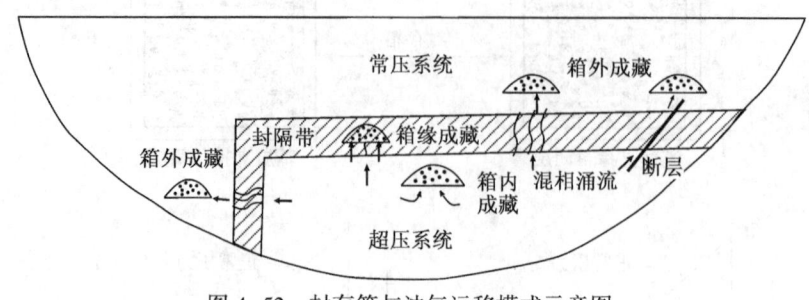

图 4-52 封存箱与油气运移模式示意图

## 二、温度场对油气运移的作用

### （一）地温场相关概念

沉积盆地的温度场主要取决于盆地的基底热流及其演化。地温场的强度可用地温梯度和大地热流值来衡量。

地温梯度又叫地热增温率，是指每增加一定深度所增加的温度，一般用每增加 100m 或 1km 深度所升高的温度表示（℃/100m 或℃/1km）。地温梯度反映了地温随深度的变化情况，其计算公式如下：

$$G = \frac{T_H - T_0}{H} \times 100 \tag{4-15}$$

式中　$G$——地温梯度，℃/100m；
　　　$T_H$——$H$ 处的温度，℃；
　　　$T_0$——地表平均温度或恒温带（地球内热与太阳辐射热的相互影响达到平衡的地带）的温度，℃；
　　　$H$——测温点的深度或测温点与恒温带深度之差，m。

对某一地区，如果尚未取得地表恒温带的深度和温度资料，也可暂时不考虑恒温带的影响，直接从地表开始起计算地温梯度，一般不会造成太大的计算误差。

一个地区地温及地温梯度既与区域地温场特征有关，又与岩石导热能力有关。岩石热导率表示岩石的导热能力，其物理意义为：沿热传导方向在单位厚度岩石两侧的温度差为 1℃时单位时间内通过的热量，其单位为 W/(m·K)。不同岩石的热导率差异较大。一般来说，结晶岩的热导率比沉积岩高；在沉积岩中，煤岩的热导率最低，页岩、泥岩次之，盐岩和石膏的热导率最大，砂岩和砾岩的热导率变化大。孔隙流体和孔隙填充物都是热的不良导体，因此孔隙性将大大降低岩石的热导率。在同一热源下，热导率小的地区和层段的地温梯度较高。

大地热流是指地球内部在一定时间内向地球表面单位面积传递的热量，是地球深部热特征的反映，以 mW/m² 为单位。在具放射性较多的花岗岩体或莫霍面比较浅的地区，热流值一般比较高，全球沉积盆地平均热流值为 60~70mW/m²。大地热流值不受介质的影响，它能从本质上深刻地揭示区域地温场的固有特征，因此，大地热流值是表征区域地温场特征的最重要的地质—地球物理参数，在数值上等于地温梯度与岩石热导率的乘积，即

$$Q = K \times G \tag{4-16}$$

式中　$Q$——大地热流，mW/m$^2$；

　　　$K$——岩石热导率，W/(m·℃)；

　　　$G$——地温梯度，℃/100m。

### （二）地温场的影响因素

实际资料表明，地温场是不均一的，许多因素会直接或间接地影响地温场的分布。研究表明，影响地温场的主要因素包括大地构造性质、基底起伏、岩浆活动、岩性、盖层褶皱、断层、地下水活动及烃类聚集等（杨绪充，1993）。

#### 1. 大地构造性质

大地构造性质及所处构造部位是决定区域地温场基本背景的最重要的控制因素。根据板块构造理论，板块之间的碰撞带、大陆裂谷等界线构成全球地震带、火山带及高温地热带。地壳厚度对地温具有重要的影响。例如我国东部地区地壳普遍薄于西部，故东部各盆地的地温及地温梯度一般均高于西部各盆地。中、西部盆地由于地质年代较早，压实程度较高和热阻变小，因此形成低热背景下相对低温、低地温梯度。东部盆地往往由于地幔上隆、地壳拉张、裂陷，厚度减薄，沉积盖层受到地幔更强烈的烘烤作用，加上地幔物质的上涌、侵入，致使盆地内部地温增高。

#### 2. 基底起伏

在沉积盆地中，隆起与坳陷中不同的地温状况主要由于岩石的热物理性质侧向不均一性引起。它实质上是将来自地球内部的均匀热流在地壳上部实行再分配的结果。由于基底的热导率往往高于沉积盖层，故深部热流将向基底隆起处集中，使其具有高热流、高地温梯度特征，而坳陷则具较低地温特征。

例如渤海湾盆地东营凹陷，盖层较厚的凹陷内部显示较低的地温梯度值，一般为2.8~3.7℃/100m；基底埋藏较深，沉积盖层较薄的凹陷边部及潜山地区则显示较高的地温梯度值，一般为3.7~4.7℃/100m。

#### 3. 岩浆活动

火山活动和岩浆活动对地温分布会产生巨大的影响。世界上许多高温地热田都分布于现代火山区，这些地区火山活动强烈，地壳浅部岩浆作用明显，大多位于板块构造的边缘地区。岩浆活动对地温的影响主要与岩浆侵入的时间、岩体规模、几何形态、围岩产状和围岩热性质有关。

#### 4. 岩性

岩性对地温场的分布有很大的影响。一般来说，同一井中高热阻率、导热性差的岩石具有较高的地温梯度；低热阻率、导热性良好的岩层具有较小的地温梯度。根据大地热流值的概念，在没有外来热源的情况下，同一井中各层段的地温梯度与热导率的乘积为一常数，即该井各层段的热流值相等，所以各层段的地温梯度和热导率具有互为消长的关系。

#### 5. 盖层褶皱

基底之上盖层中沉积岩的褶皱构造对地温场具有明显的影响。地温和地温梯度由背斜两翼向其轴部或核部增高的情况已为大量测温资料所证实。盖层褶皱对地温场的影响与上述基底起伏对盖层中地温场的影响类似。

#### 6. 断层

断裂活动会引起深部高温流体或浅部低温流体的运移，从而导致沿断裂附近的地温分布的局部异常。当深部高温流体沿断层向上运移充注到浅部层系中时会出现高地温异常。倘若由断层摩擦而产生的热量未能及时传递出去,那么地温将升高,并因温度的上升而使孔隙流体压力亦相应增高。

7. 地下水活动

由于地下水和水文地质条件的差异,地下水与围岩的温度场的相互关系是复杂多变的。当地下水侧向活动强烈,地下水补给、径流条件良好时,地下水活动可引起围岩温度降低;而深部循环地下水上升可引起局部地温正异常。

8. 烃类聚集

大量资料表明,在烃类聚集(油气田)上方往往存在地温高异常。该现象的产生是由于油气藏本身提供了附加热源。油气藏的附加热源主要来自烃类需氧和乏氧氧化的放热反应和放射性元素的集中等;此外,流体在向上渗逸时便将油气藏中的过剩热量带至浅部和地表,使油气藏上方增加了一个微小的附加热流值。

(三) 地温场与油气运移

地温场对于油气的运聚具有多方面的影响。烃源岩受热史对其生烃状态和生排烃过程具有决定性作用。而生烃量决定了初次运移量,并对烃源层中的流体压力和流体势产生重要影响,且地温场的变化影响地层中流体的黏度、油气的性质和相态以及天然气在油和水中的溶解度,从而影响油气的运移能力。同时各相饱和度也将发生变化,而饱和度的变化又将影响毛细管压力、浮力等油气运聚动力。因此,含油气盆地中地温场的时空变化不仅是油气运移和聚集过程中的重要物理条件,而且间接构成了油气运移的动力(宋岩等,2002)。

此外,温度场的差异可以产生地层水的对流,当溶解有大量天然气的地层水发生热对流时,可使气体在水的携带下发生运移,从而在温度、压力适宜的地方析出,该模式在碳酸盐岩地层中较为常见(图4-53)。

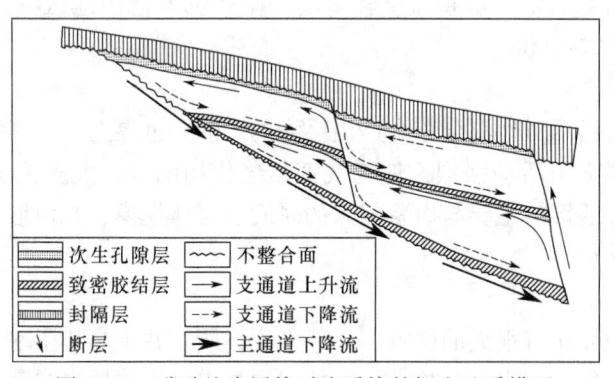

图4-53 碳酸盐岩层热对流系统的概念地质模型

### 三、应力场对油气运移的作用

(一) 地应力场概念

从广义讲,地质构造现象是总地应力决定的,后者包含受重力控制的上覆岩体重量造成的静地应力(垂向压应力)与受地壳构造运动控制的构造应力两部分。构造应力场是变化的,而静地应力场是相对恒定的,可见总地应力的变化主要是由构造应力场的变化引起的。因此,多数学者惯于采用狭义的概念,将静地应力视为地静压力,属地压场的范畴,而将地应力场又称为构造应力场。

地应力场一般随时间变化,但在一定地质阶段相对比较稳定。研究地应力场,就是研地应力分布的规律性，确定地壳上某一点或某一地区，在特定地质时代和条件下，受力作用所引起的应力方向、性质、大小以及发展演化等特征。

（二）地应力场与油气运移

地应力是油气运移、聚集的动力之一，地应力作用形成的褶皱和断裂等构造能够成为油气运移、聚集的通道和场所。古应力场影响和控制着地质历史中油气初次运移和二次运移的方向、通道及强度，现今应力场影响和控制着油气田在开发过程中油、气、水的动态变化。

地震是地应力释放的一种地质现象。人们发现，地震作用对邻近地区单井油气产量会产生一定的影响。例如，距震中 130km 的大港油田 W-11 井喷油与唐山地震及强余震关系密切（图 4-54）。地震发生前后期间出现的油气井产量的突然增加或降低，都是应力场变化对油气运移作用的一种体现。

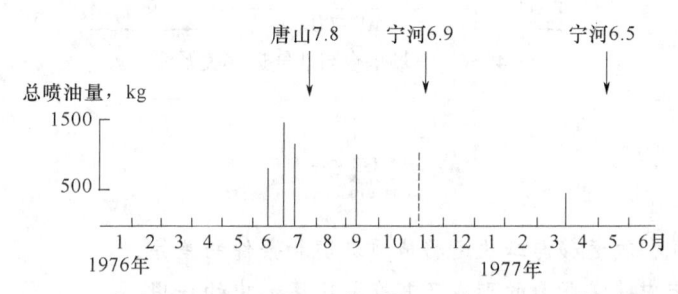

图 4-54 W-11 井喷油与唐山地震及强余震关系示意图（据国家地震局，1983）

应力场与油气的运移关系密切，主要表现为 3 个方面（查明等，2003）：第一，构造应力可以使岩层变形和变位，岩层的变形可以引起流体势场和压力系统的变化，使油气发生运移；第二，构造应力作用可形成油气运移的通道——断层、裂缝和不整合，同时影响油气通道的有效性，可以改变断层、裂缝和基质岩石的渗透率与断层和裂缝的封闭性；第三，构造应力能促使油气发生运移，是油气运移的直接动力。

上述 3 个方面的应力场对油气运移影响的表现方式是不一致的，联系的紧密程度也不一致。从其相关性的紧密程度，可以分为 3 个层次（图 4-55）。其中第一层次的影响最为直接，第二层次其次，第三层次的影响最为间接，因此，在不同层次上研究应力对油气运移的影响应采取不同的思路和方法。

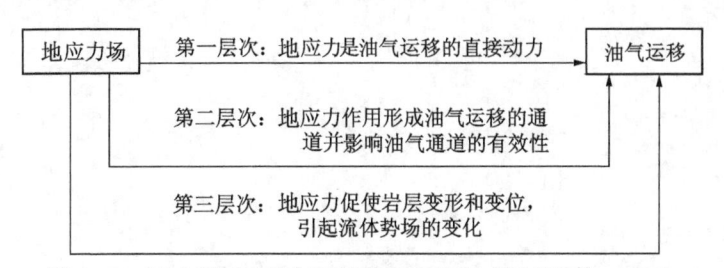

图 4-55 应力场影响油气运移的三个层次（据查明等，2003）

## 四、三场耦合与油气运移

温度场、应力场和压力场三者通过耦合作用形成地下流体势场，从而共同影响油气的运移（图 4-56）。其中，压力场是油气运移的主要动力，温度场则可以改变油气的黏度，从而改变油气运移的黏滞力，应力场则可以提供或改善油气运移，三者共同作用导致了地下油气的运移路径、方式和方向，从而完成地下油气的运移乃至聚集成藏。

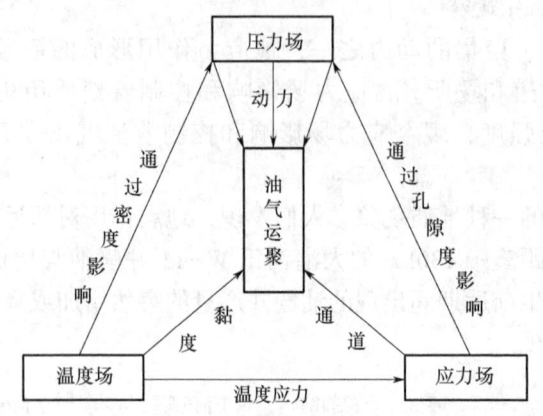

图 4-56　三场耦合与油气运移关系图

## 思考题

1. 试比较油气初次运移与二次运移地质环境和条件的差异。
2. 讨论烃源岩中异常压力的形成及其在初次运移中的作用。
3. 对比讨论油气初次运移和二次运移的相态、动力、通道和距离等问题。
4. 如何确定油气初次运移和二次运移的主要时期？
5. 油气二次运移输导体系有哪些类型？其输导有效性受哪些因素的影响？
6. 何谓输导体系？何谓优势运移通道？两者关系如何？
7. 油气二次运移方向是怎样的？受哪些因素的影响？
8. 油气二次运移方向的主要研究方法有哪些？
9. 何谓异常压力？何谓流体封存箱？分析沉积盆地中异常高压的成因。
10. 三场指什么？如何影响油气的运移？

# 第五章 油气聚集与油气藏的形成

## 第一节 圈闭与油气藏的概念及度量

### 一、圈闭的概念及度量

(一) 圈闭的概念

圈闭（trap）的原义为"陷阱"，是指猎人为捕获猎物而设的陷阱。当地下输导层中运移的油气遇到遮挡物，并在一定条件下停止运移而集中聚集起来，如同猎物进入了陷阱。因此，圈闭可以理解为是适合于油气聚集、形成油气藏的场所。

圈闭通常由三部分组成：(1) 储集层，这是圈闭的主体部分，为油气储存提供了空间；(2) 盖层，位于储集层之上，阻止油气向上逸散；(3) 遮挡物：阻止油气继续侧向运移，构成油气聚集的屏障。盖层和遮挡物都是阻止油气散失的封闭条件，盖层是在垂向上阻止油气散失，而遮挡物是在侧向上阻止油气散失。因此，圈闭实际上是由具有孔隙空间的储集层和能够使储集体封闭起来的封闭条件形成的。

圈闭形成要素的遮挡物，既可以是盖层本身的弯曲变形，如背斜，也可以由断层、岩性或物性变化、地层不整合等构成。因此，圈闭的遮挡物决定了圈闭的成因，根据圈闭的遮挡条件，可将圈闭分为构造、地层、岩性、复合及特殊型等类型，其中背斜圈闭、断层圈闭是最重要的构造圈闭类型。

圈闭是地下能够捕获分散烃类形成油气聚集的地质体，具备储存油气的能力，也可理解为地下可储存油气的容器。但并不是每个圈闭中都聚集了油气，一旦有足够数量的油气进入圈闭，充满圈闭或占据圈闭的一部分，便可形成油气藏。也就是说，油气在运移过程中，如果遇到阻止其继续运移的圈闭，则会停止运移并在圈闭中聚集起来形成油气藏。

油气作为流体在其渗流过程中必然遵循流体运动规律，在由分散到集中过程中，油气具有从高势区向低势区运动的趋势，在到达一个储集层内某个被非渗透层或屏障封闭的相对低势空间时，油气即在其中聚集起来，因此，圈闭实际上是储集层中被油气高势区与非渗透性遮挡（屏障）联合封闭的油气低势区（何生，2010）。尤其在动水条件下，这一动态圈闭的概念更能反映圈闭的实质。

(二) 圈闭的度量

圈闭的大小和规模往往决定着油气藏的储量大小，其大小由圈闭的最大有效容积来度量。最大有效容积是指该圈闭能容纳油气的最大体积，是评价圈闭的重要参数之一。在储集层为正常静水压力条件下，可用下面几个参数描述圈闭的大小。

1. 溢出点

油气充满圈闭后，开始向外溢出的点，称为圈闭的溢出点（spill point）（图 5-1，视频 5-1），它是该圈闭能够储存油气最大量的点，低于该点油气就会向外溢出。

视频 5-1 圈闭充注油气过程

2. 闭合面积

一般将通过溢出点的构造等高线所圈定的面积，称为该圈闭的闭合面积。严格来说，闭合面积应该是通过溢出点的水平面与储集层顶底面或（和）其它封闭面（如断层面、地层不整合面、岩性封闭面）所交切形成的封闭空间的平面投影面积。显然，在储集层厚度一定时，闭合面积越大，圈闭的有效容积也越大。

3. 闭合高度

从圈闭中储集层的最高点到溢出点之间的海拔高差，为该圈闭的闭合高度，简称闭合度。

如图 5-1 和视频 5-1 所示，在一个典型的背斜圈闭中，油气进入圈闭后首先占据背斜的最高点，然后向下充注，当充注到溢出点时，即构造的鞍部时，油气开始向外溢出，沿储集层上倾方向运移。

需要说明的是，构造闭合高度与构造起伏幅度是两个完全不同的概念。闭合高度的测量，是以溢出点的海拔平面为基准的；而构造幅度的测量，则是以区域倾斜面为基准。同样大小构造起伏幅度的背斜，当区域倾斜不同时，可以具有完全不同的闭合高度，如图 5-2 所示。

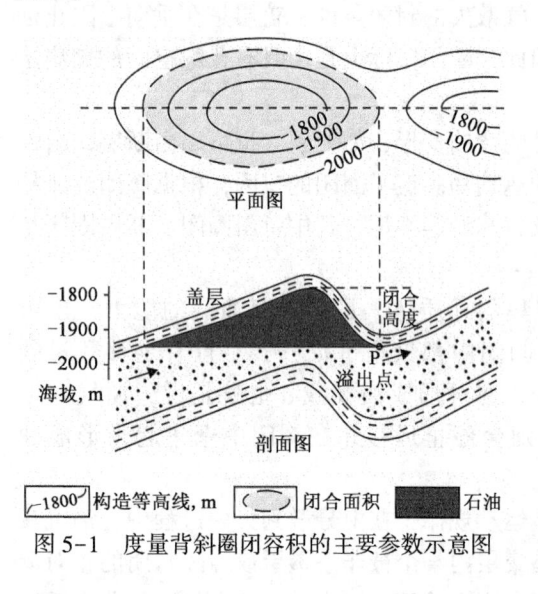

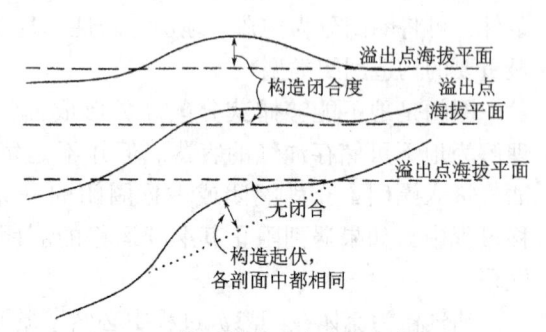

图 5-1 度量背斜圈闭容积的主要参数示意图

图 5-2 构造闭合度与构造起伏幅度

在图 5-3 所示的断层圈闭中，A 断层封闭，B 断层不封闭，圈闭的溢出点为图中的 P 点，与 P 点相切的储集层顶面等高线与 A 断层面闭合时所圈定的面积即为该圈闭的闭合面积。

岩性、地层等圈闭的溢出点、闭合高度和闭合面积的确定方法，与上述两类基本相似。即在平面上，圈闭的范围是储集层顶面等高线与其他封闭面（如断层面、岩性尖灭线、地层不整合面）构成的闭合区，溢出点就位于能够闭合的最低的等高线上（图 5-4）。

显然，一个圈闭的大小（最大有效容积）与圈闭的面积、闭合高度、储集层的厚度、有效孔隙度成正比，大容积的圈闭是形成大油气藏的基础，通常具有闭合面积大、储集层厚度和有效孔隙度大的特点。

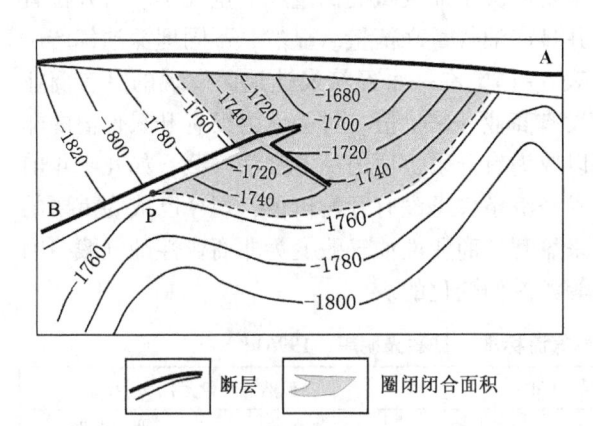

图 5-3　断层圈闭的溢出点、闭合高度和闭合面积示意图
等值线单位为 m

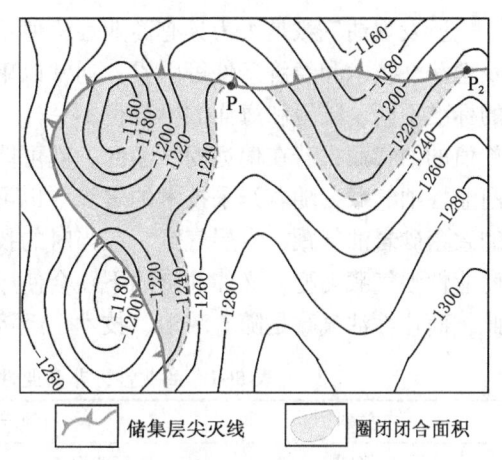

图 5-4　岩性圈闭的溢出点、闭合高度和闭合面积示意图
等值线单位为 m

## 二、油气藏的概念及度量

### (一) 油气藏的概念

油气在地下运移过程中，当遇到岩石的物理性质和几何形态发生变化而形成的圈闭时，油气进入圈闭并在其中聚集起来，形成油气藏。如果在圈闭中只聚集了石油，则称为油藏；只聚集了天然气，则称为气藏；二者同时聚集，且形成游离气顶，则称为油气藏。

油气藏是油气在单一圈闭中的聚集，具有统一的压力系统和油水界面。它是地壳上油气聚集的基本单元，是含油气盆地中油气聚集的最小单元。换言之，油气藏是在地下岩层中具有统一流体动力学系统的最小油气聚集单元。

在图 5-5 中，同一背斜中有 3 个储集层，分别组成 3 个圈闭，3 个不同的压力系统，3 个不同的油水界面，即存在 3 个油气藏。图 5-6 中，断层将储集层错开，但并未完全错开，由断层泥遮挡，形成了靠断层遮挡的两个油藏。

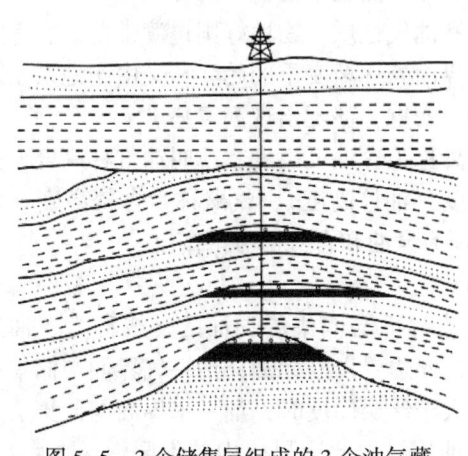

图 5-5　3 个储集层组成的 3 个油气藏

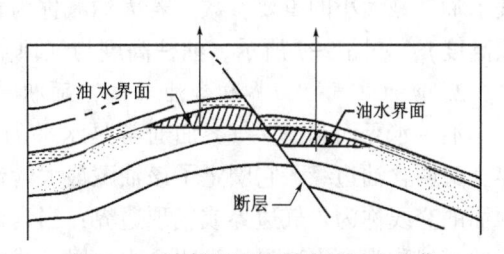

图 5-6　被断层遮挡形成的两个油藏

如果圈闭中油气聚集的数量足够大，具有开采价值，则称为商业油气藏。如果油气聚集的数量不够大，没有开采价值，就称为非商业性油气藏。

所发现油气藏是否为具有商业性价值，主要取决于油气藏的储量和产量大小、所处位置及埋深、技术和经济条件等因素。通常以单井日产油气量来衡量。显然，不同埋深油气产层的标准不同，陆地和海洋的标准也不一样（表5-1）。在一个经济发达地区发现的具有商业价值的油气藏，若在偏远的沙漠区，就可能没有商业开采价值。过去认为没有开采价值的非商业性油气藏，随着开采技术的进步，也可以成为有开采价值的商业性油气藏，如几十年前的致密砂岩油气藏、煤层气藏，在当时的技术经济条件下没有开发价值，现今已成为重要的商业性油气藏类型，又如油价的下跌会使原来盈利的商业性油气藏变为非商业性油气藏。因此，商业性油气藏是随着政治、技术、经济等条件而变化的。

表 5-1  商业性、非商业性油气流标准（据翟光明等，1996）

| 类别 | | 石油产量，t/d | | 天然气产量，$10^4 m^3/d$ | |
|---|---|---|---|---|---|
| | 级别 | 工业性 | 非工业性 | 工业性 | 非工业性 |
| 埋深 m | <500 | 0.3~0.5 | <0.3 | 0.05~0.1 | <0.05 |
| | 500~1000 | 0.5~1.0 | 0.3~0.5 | 0.1~0.3 | 0.05~0.1 |
| | 1000~2000 | 1.0~3.0 | 0.5~1.0 | 0.3~0.5 | 0.1~0.3 |
| | 2000~3000 | 3.0~5.0 | 1.0~3.0 | 0.5~1.0 | 0.3~0.5 |
| | 3000~4000 | 5.0~10 | 3.0~5.0 | 1.0~2.0 | 0.5~1.0 |
| | 4000~5000 | >10 | 5.0~10 | >2.0 | 1.0~2.0 |

（二）油气藏的度量

油气藏大小反映了圈闭中聚集的油气数量的多少，与圈闭描述参数相似，可用含油气面积、含油气高度等参数进行描述。下面以典型背斜油气藏为例说明。

1. 油—水界面、油—气界面和含油气高度

在一个典型油气藏中，由于重力分异作用，油、气、水的分布具有一定的规律：气占据最上部，称为气顶；油居中，呈环状分布，称为油环；水在下；从而形成油—气界面、油—水界面（图5-7）。在一般情况下，这些分界面是近于水平的。但在水动力作用下，油—水界面也可能是倾斜的。由于毛细管压力的作用，这些分界面也不是截然的分界面，而是一个过渡带，过渡带的厚度主要取决于含油气层的物性和油气性质，物性好则过渡带薄。在重力分异作用下，油藏中的石油具有从油藏顶部向油水界面处逐渐变重的趋势，又由于地层水对石油的氧化、冲洗作用，使油水界面处的石油变稀、变重，甚至出现沥青垫。

油气藏中油—水界面至含油气最高点的垂直距离称为含油气高度，或叫油气柱高度，是表示油气藏大小的重要参数。若为油藏称为含油高度（油柱高度），气藏称为含气高度（气顶高度），如图5-7所示，油柱高度与气顶高度分别为含油和含气部分的高度。

2. 含油（气）边界和含油（气）面积

油—水界面和油—气界面通常是水平的，油—水界面与储集层顶面的交线称为含油边界，又叫含油边缘，它圈定了该油藏最大含油范围，此边界以外无油；油—气界面与储集层顶面的交线称为含气边界或气顶边界；当含油高度大于储层厚度时，油—水界面与储集层底面的交线称为含水边界，又叫含水边缘，或叫内含油边缘，此边界以内储集层中无自由水，储集层完全为油充满。通常含油边界和含水边界与储集层顶、底面的构造等高线平行，若为油藏或气藏，含油边界和含气边界所圈定的面积分别称为含油面积和含气面积。若为油气藏，如图5-7所示，则含油边界圈定的面积称为含油气面积。

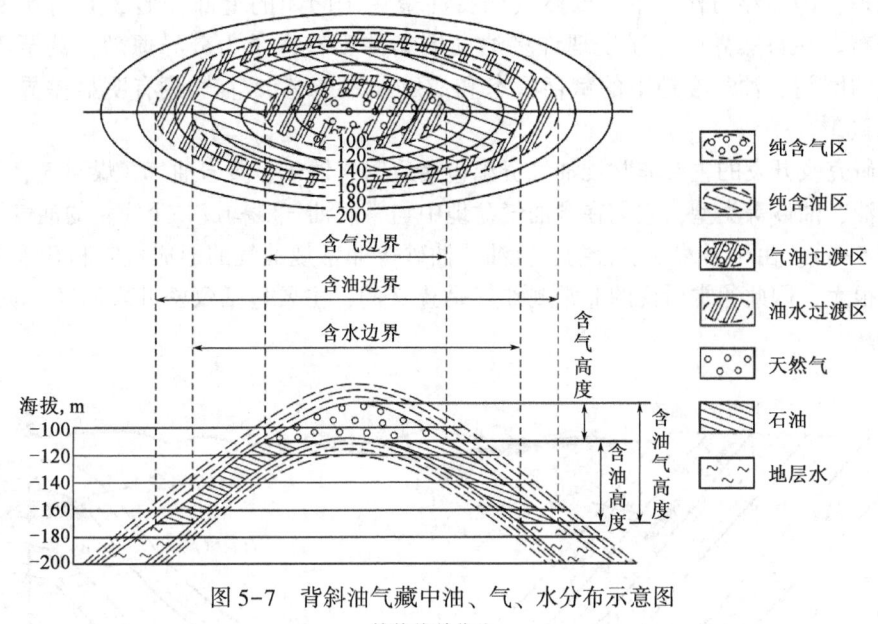

图 5-7 背斜油气藏中油、气、水分布示意图

等值线单位为 m

3. 底水、边水

如果油气藏高度小于储集层厚度时，内含油、气边缘就不存在了，油气聚集于圈闭的顶部，油气藏的下部全为水，这种水称为底水。如果储集层厚度不大，或构造倾角较陡，油气藏高度大于储集层厚度，这时油气充满圈闭的高部位，水围绕在油气藏的四周，即在内含油（气）边缘以外，这种水称为边水。如图 5-8 所示。

在地层较平缓的构造中，油—水接触面较宽广；在地层倾斜较陡的构造中，油—水接触面较狭窄。

4. 充满度

一般将含油（气）高度与圈闭闭合高度的比值定义为充满度或充满系数。另外，也有人将含油（气）面积与闭合面积之比定义为充满度；或者将含油（气）体积与闭合有效容积之比定义为充满度。一般情况下在富含油气区，该系数高；在贫含油气区，充满系数低。

图 5-8 底水、边水与油气藏分布关系示意图

5. 有效厚度和含油（气）饱和度

有效厚度一般是储集层中能产出油气部分的厚度，它的大小直接影响油（气）藏的大小。含油（气）层的孔隙中并非全部为油（气）所占据，还含有部分地层水，油（气）含量越高，含油（气）饱和度越高，其高低也是影响油气藏大小的重要参数。

一个典型油藏在纵向上自上而下大致分为 4 个带，即纯含油带，含油饱和度 55% 以上，无自由水，纯产油；油水过渡带，含油饱和度 10%~55%，油水同产；残余油带，含油饱和度低于 10%，虽含油，但只产水；纯含水带，孔隙中只有水，无油，纯产水。

三、非常规油气藏基本概念

上述关于圈闭与油气藏的概念是基于常规油气藏而言，油气在圈闭中的聚集符合重力分异原理，即在浮力作用下，天然气和石油聚集于圈闭的上部，形成上气（油）下水的常规分布。在自然界中，还发现许多油气聚集并不符合重力分异原理，甚至不需要传统意义上的圈闭，油气在地下的赋存状态和成藏机制与常规油气藏有明显差异，形成非常规油气藏。

目前研究及开发的主要非常规油气资源包括致密岩油气、页岩油气、煤层气、天然气水合物、重油、油砂等类型，它们在含油气盆地中与常规油气藏构成一个完整的油气聚集分布系列（图5-9）。由于天然气水合物、重油、油砂等非常规油气的形成机制和开采方式与前三种差异很大，因此通常所说的非常规油气是狭义的，主要包括致密砂岩油气、页岩油气、煤层气等。

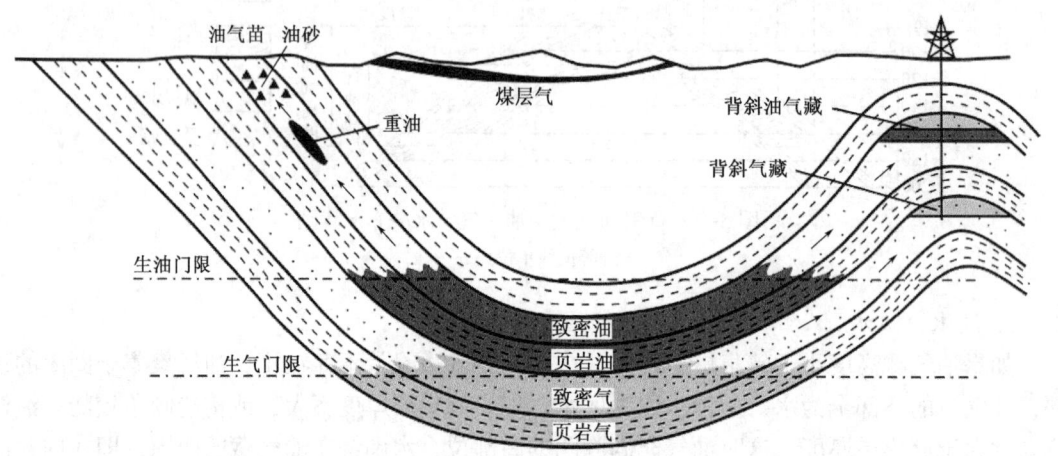

图 5-9 含油气盆地常规与非常规油气资源分布模式示意图

国内外学者从地质、开发和经济等角度，给出了非常规油气的定义。从地质角度，根据油气藏地质特征、成藏机理，狭义的非常规油气可理解为在近源储集体或烃源岩系的低孔、低渗储集空间中大面积分布的油气聚集，为非浮力驱动下形成的油气藏，其分布不受构造、地层或岩性等常规圈闭的控制，圈闭边界模糊，呈区域性连续或准连续分布的形式。

从经济角度，可将经济效益较差的煤层气、页岩油气等看作为非常规油气。从开发角度，非常规油气是指现有经济技术条件下通过常规技术无法效益开发的油气资源，是通过技术改变岩石渗透率或流体黏度，进而能获得经济产能的资源，而常规油气资源是不需要改变岩石渗透率或流体黏度就能获得经济产能的资源。

综合国内外学者的观点，可将非常规油气藏定义为油气藏特征及成藏机理与常规油气藏不同，储集层致密，用传统技术不能获得经济产量，需用新技术改善储集层渗透率或流体黏度才能经济开采的连续型或准连续型油气聚集。

与常规油气藏相比，非常规油气藏的两个关键特征是：（1）油气大面积连续或准连续分布，常表现为源储共生，圈闭界限与水动力效应不明显；（2）储集层致密，无自然商业性稳定产量，达西流特征不明显，需要采用新技术改造储集层或降低流体黏度才能获得经济产量。

从技术经济角度来说，非常规油气是相对于常规油气而言，随着技术进步和经济条件的变化，今天的非常规油气或许在不久的将来就成为常规油气。从油气地质角度，油气性质本身并无常规与非常规之分，只是油气在地下赋存的方式与地质环境、聚集成藏方式有显著不同，并造成了其经济及开采方面的差异。因此，从经典圈闭（trap）和油气聚集（oil and gas accumulation）的概念出发，常规油气藏是油气在经典圈闭中的聚集，油、气、水遵循重力分异原理，而非常规油气藏可理解为是油气在非常规圈闭中的聚集，是一个在非常规（致密）储集层中聚集了油气的地质体，其中的油气即非常规油气。

综上所述，非常规圈闭与传统意义的圈闭概念不同，由于储集层致密，油气在地质体中的赋存方式不同于常规油气藏，且油气聚集不符合浮力驱动机制，呈连续或准连续型分布，通常没有明显的常规圈闭界限。

## 第二节　油气聚集原理

### 一、油气在圈闭中聚集的机理

油气在圈闭中排开孔隙水而积聚起来形成油气藏的过程称为油气聚集。浮力与水动力的联合作用是油气在常规圈闭中聚集的主要动力学机制，主要包括渗滤作用和排替作用，在油气聚集的不同阶段，这两种作用表现不同。

（一）渗滤作用

这种机理（Roberts，1980）认为，含烃的水或游离烃进入圈闭后，因为一般亲水的、毛细管封闭的盖层对水不起封闭作用，水可以通过盖层而继续运移；烃类则因盖层的毛细管封闭而过滤下来在圈闭中聚集。在水动力和浮力的作用下，水和烃可以源源不断地补充并最终在圈闭中形成油气藏（图5-10）。

这种机制可能只适用于一般物性封闭盖层，且发生于烃类聚集的初期阶段，当泥岩盖层具有异常高压或膏盐岩作为盖层时，这种机制不能发挥作用。

（二）排替作用

Chapman（1982）认为泥质盖层中的流体压力一般比相邻砂岩层中的大，因此圈闭中的水难以通过盖层。进入圈闭的烃类首先在底部聚集，随着烃类的增多，逐渐形成具有一定高度的连续烃相。此时在油水界面上，油和水的压力相等，而在油水界面以上任一高度上，由于密度差，油（或气）的压力都比水的压力大（图5-11）。因此产生了一个向下的流体势梯度，使油气在圈闭中向上运移的同时，把水向下排替直到束缚水饱和度。随着油或气不断进入圈闭，油水或气水界面不断向下移动，直至烃类充满圈闭为止，这一过程主要是排替作用。

实际上，当上覆盖层只有毛细管封闭时，油气在圈闭中的聚集大多是上述两种作用都存在的混合机制。因为任何储集层都是非均质的，而油气的充注也是渐进的，在最早被油气占据的连续空间可能发生排替作用，被油排替的水向下排到储集层的含水部分；而仍被水占据的连续空间可能发生渗滤作用，水从上覆盖层中排出。根据两相运移的原理，当储集层中或油水界面处含油饱和度达到60%以上时，则水很难透过油（气）层向上覆盖层继续运移，只能向下方排出（李明诚，2013）。因此，在油气聚集的初期，水可以通过上覆亲水盖层而发生渗流，以渗滤作用占优势；当油气聚集到一定程度之后，水就很难通过上覆盖层，因而主要是被油气排替到圈闭的下方，以排替作用占优势。如果盖层是异常高压段或优质的膏岩和盐岩，则圈闭中的水不能通过上覆盖层发生渗流，只能发生向下的排替作用。

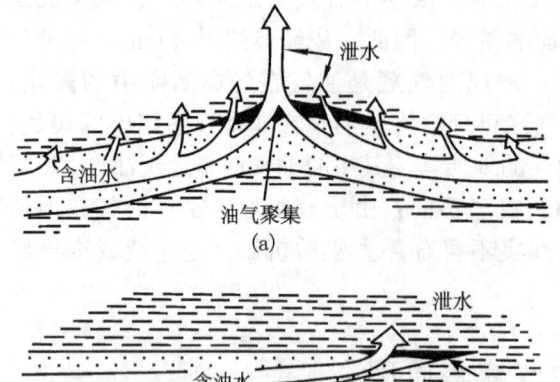

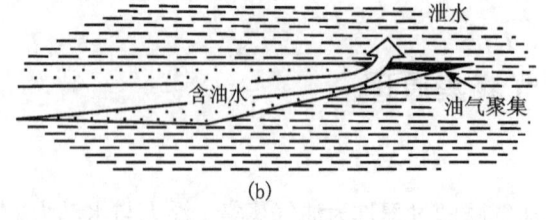

图 5-10　圈闭中油气的聚集（据 Roberts，1980）
(a) 背斜圈闭；(b) 岩性尖灭圈闭

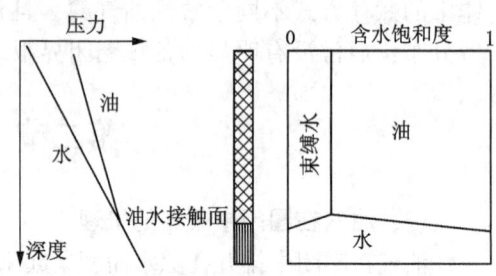

图 5-11　圈闭中油、水的压力及含水饱和度的垂向分布（据 Chapman，1982）

除了上述浮力—水动力为主的油气聚集动力学机制外，异常高压、扩散、渗析等作用，在特殊情况下也可能成为重要的聚集机制，如异常高压驱动下流体幕式运移导致的油气充注过程。

## 二、油气在圈闭中聚集的过程

从时间序列来说，油气在圈闭中的聚集过程可分为油气的充注过程和混合过程。这两个过程是一个连续的过程，有时是缓慢的，有时又是快速的。

### （一）充注过程

现代油气运移聚集理论认为，油气运移既有缓慢的以浮力作用为主的渐进式运移，又有以异常高压为动力的快速的幕式运移。这两种运移方式使油气在圈闭中的充注也表现为两种，即渐进式充注和幕式充注。

以典型背斜圈闭为例，圈闭中储集层的最高部分是油气低势区，油气在浮力或其他作用力驱使下，向圈闭中运移和充注。由于油气是在多孔的含水储集层中运移聚集，因此最初必定沿着阻力最小的运移路径向上运移，高孔高渗段是油气优先充注的部位，然后不断向相对低孔低渗的储集层部分扩展，最后将整个圈闭充满。

England（1989）从地球化学角度提出了圈闭中石油充注的过程（图 5-12）：在石油充注圈闭聚集成藏过程中，石油最初呈树枝状通过储集层中那些较粗的孔隙进入圈闭；当运移进入的石油范围增大时，浮力也随之增大，致使石油向较小的孔隙充注并把残余地层水排出。如果新生成的石油从烃源岩中源源不断地排出，并从圈闭的一侧注入，它则如同一系列波阵面那样，向圈闭内部推进，从而在横向上和垂向上取代以前生成的石油，并阻止石油柱的广泛混合，即一个油藏的充注是以一种顺序方式充注，石油将首先进入具有最低孔隙排替压力的最佳渗透层，并且接着以一组向前推进的石油波阵面方式充注油藏。可见，早期生成的成熟度较低的石油，进入圈闭后被后期生成的较高成熟度的石油驱替，致使石油的成熟度及密度在横向和纵向上表现出不均质性，这是后期石油在圈闭中混合调整的重要原因。

### （二）混合过程

在油气充注圈闭过程中，由于储集层的非均质性及充注过程的差异性，主要是不同充注

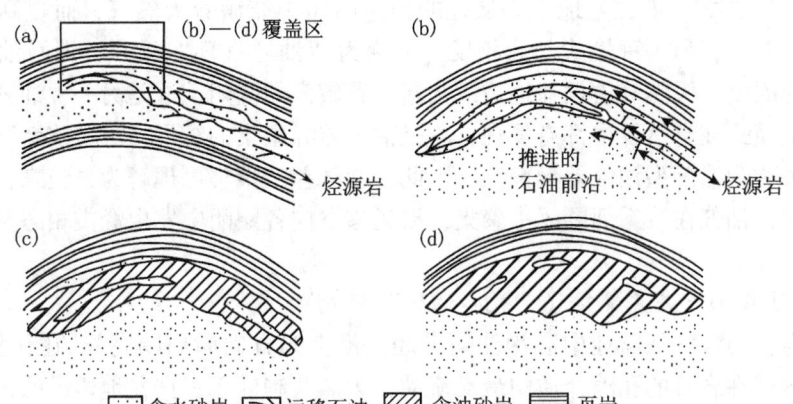

图 5-12 一个典型油藏的充注过程（据 England，1989）

方式（横向或纵向）和不同充注时间及来源的烃类的差异，造成在圈闭中充注的油气存在纵向上和平面上很强的非均质性。这种流体分布的非均质性是不稳定的，是非正常状态，因此必然发生流体的混合，圈闭中石油或天然气发生的混合作用最终达到相对均质的、符合重力分异作用的稳定状态。

England（1989）认为，圈闭中石油发生混合的机制主要有 3 种：密度差异混合、浓度差异混合和热对流混合，其中前两种作用占绝对优势。密度差异混合的原因是圈闭中高部位与低部位石油密度差引起的。不同时期充注的石油成熟度不同，密度也不同。早期充注的成熟度低、密度较大的石油占据圈闭的顶部，而靠近圈闭充注点的翼部或底部的石油成熟度较高，密度较低，形成不稳定的"上重下轻"的密度倒置。因此，发生较重的石油下沉，而较轻的石油上浮。浓度差异混合的原因是圈闭中石油组分的浓度差异引起的，实质是扩散混合作用，扩散混合的效率取决于浓度差大小、烃类分子大小和储集层物性。

混合程度取决于储集层的非均质性和混合的时间，若储集层中存在泥质条带或碳酸盐胶结条带时，将严重影响石油的混合程度。储集层物性越好，非均质程度越低，充注后经历的时间越长，密度差异混合作用进行得越充分，石油物性的均质程度越高，最终建立起由重力分异作用形成的浓度梯度。

实际上，圈闭中的石油或天然气的充注和混合过程是几乎同时进行的两个过程。随着油气不断向圈闭中充注，在重力、扩散和热对流的混合作用下，油气在圈闭中不停地运动，同时也不断聚集起来（李明诚，2013）。油气不断将水从圈闭中储层顶部向下排替，油水界面或气水界面逐渐从圈闭顶部向下移动，油气中压力逐渐增大，作用的结果直至达到圈闭的溢出点为止。与此同时，随着不断充注，烃柱高度逐渐增加，充注动力逐渐增大，能够克服的毛细管阻力增强，油气逐渐从高孔渗部分向低孔渗部分充注，含油饱和度增大，直至达到束缚水饱和度为止。

### 三、油气在系列圈闭中的差异聚集

在含油气盆地中，当存在多个水动力学上相互联系的圈闭且来自下倾方向的油气源充足时，油气在这一系列圈闭中聚集，沿运移方向各圈闭中发生烃类相态及性质的规律性变化，此现象称为油气差异聚集（Gussow，1953）。

实际上，从含油气盆地或生烃凹陷中心或低部位向盆地边缘的系列圈闭，圈闭中聚集的油气相态具有两种截然不同的分布模式：一种是格索（1953）提出的差异聚集模式，可称为"气心油环"模式，即在盆地中心低处的构造圈闭中充满着天然气，而在高处的构造圈闭中却充满着石油；另一种模式与此相反，可称为"油心气环"模式，即石油占据盆地中心构造较低的圈闭，天然气占据盆地边缘构造位置较高的圈闭，这是另一种油气差异聚集模式。两种聚集模式在自然界中都有发现，均是油气差异聚集的结果，可将前者称为溢出型差异聚集，后者称为渗漏型油气差异聚集。因此，油气差异聚集可理解为，当来自下倾方向的油气源充足时，油气在一系列圈闭中聚集，沿运移方向各圈闭中发生烃类相态及性质的规律性变化现象。

(一) 溢出型油气差异聚集（"气心油环"模式）

一般认为，当油气从盆地中心深洼陷供烃区沿上倾方向向周围高处的圈闭中运移聚集时，由于天然气在岩石的孔隙介质中最易流动，天然气趋向于占据盆地边缘的构造环，而石油占据位置较低的构造，故最初人们将这种"油心气环"分布模式作为正常模式。但油气勘探实践发现越来越多的相反实例，即出现"油心气环"分布模式，促使人们重新认识这一问题。Gussow（1953）系统研究了这种现象，提出了油气差异聚集原理。实际上，这两种模式的出现都是正常的，只是发生的地质背景和条件不同而已。

如图 5-13 所示。在静水条件下，油气在单个圈闭中的聚集分成 3 个阶段。初期进入圈闭中的油气，由于重力分异，气体占据顶部，油在中部，下部为水。随着油气数量的继续增加，油水界面逐渐降到溢出点后，一部分石油便从溢出点向上倾方向溢出。之后油气继续进入圈闭，天然气向圈闭上部聚集，把石油推向溢出点，石油不断地被排出，当天然气的数量显然足够占据整个圈闭时，石油便不可能再进入圈闭，而是沿溢出点向上倾方向溢去。在这种情况下，这个圈闭就完全被天然气所充满。

如果盆地中存在同一渗透层相连的系列圈闭，其溢出点海拔依次增高，油气源区来自下倾方向且油气数量较充足，具有区域性倾斜的长距离运移条件，储集层中充满水并处于静水压力条件，油气源源不断地向上倾方向运移。将形成如图 5-14 所示的油气差异聚集情况：在 A 阶段，油气最先充注溢出点最低的 1 圈闭，形成油气藏；在 B 阶段，1 圈闭油水界面到达溢出点高程，天然气可继续充注 1 圈闭，但石油从 1 圈闭中溢出进入 2 圈闭形成油藏；在 C 阶段，气油界到达溢出点高程，1 圈闭完全被天然气充满，2 圈闭被油气充满形成小气顶的油气藏，石油从 2 圈闭溢出进入 3 圈闭形成油藏，天然气持续进入 2 圈闭；在 D 阶段，随着油气的不断充注，1 圈闭不再充注天然气，2 圈闭充满油气形成大气顶的油气藏，石油充满 3 圈闭并从溢出点溢出进入 4 圈闭形成油藏。最终结果是：1 圈闭为纯气藏，2 圈闭为油气藏，3、4 圈闭为油藏，其中 1、2、3 圈闭均被充满，但流体性质不同，4 圈闭未充满，5 圈闭为含水的空圈闭。如果油气源十分充足，运移等条件好，离油源最远的圈闭也可充满油（视频 5-2）。

视频 5-2 溢出型油气差异聚集

由此可得到两点主要结论：(1) 在系列圈闭中的油气的差异聚集，造成离供油气区最近、溢出点最低的圈闭中形成纯气藏，稍远的、溢出点较高的圈闭形成油气藏或纯油藏，距油源区更远的、溢出点更高的圈闭只含水；(2) 一个充满了石油的圈闭，仍然可以聚集天然气，但一个充满了天然气的圈闭，则对聚集石油是无效的。

世界上很多含油气盆地具有溢出型油气差异聚集特点。例如，美国东部的阿巴拉契亚盆地就是这种模式比较典型的实例。在盆地中心周围靠外的部分是大量的气藏，而在盆地近中心部分则是以油藏为主，如图 5-15 所示。

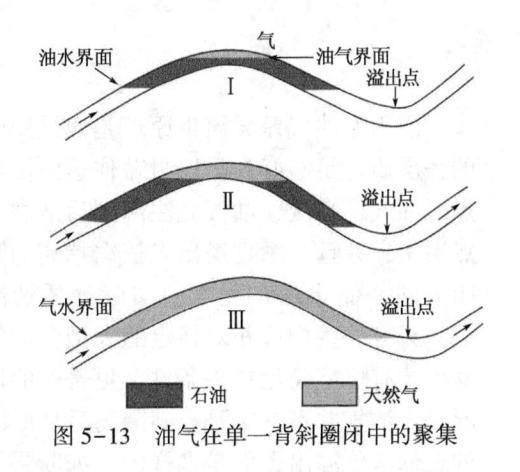

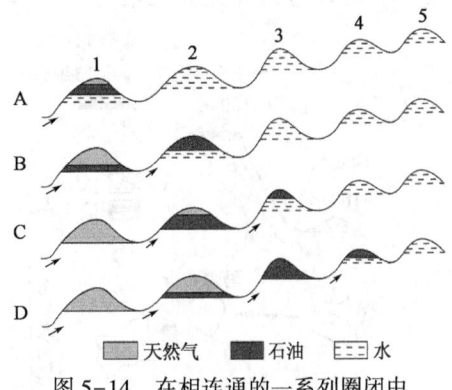

图 5-13 油气在单一背斜圈闭中的聚集

图 5-14 在相连通的一系列圈闭中油气差异聚集示意图

再如美国密歇根盆地志留系礁带中油气差异聚集如图 5-16 所示，澳大利亚埃罗曼加盆地中的油气差异聚集如图 5-17 所示，从构造低部位向构造高部位，依次出现气藏、油气藏、油藏、空圈闭。美国落基山地区的绿河盆地、伊朗扎格洛斯山前坳陷、加拿大阿尔伯塔盆地等地区，都发现有这种实例。

实际上油气的差异聚集受到许多干扰因素影响，主要有以下四方面：

（1）当运移道路上有另外的支流油气供给来源时，则会打乱原来应有的油气分布规律。

（2）气体在石油中的溶解作用，随物理条件（温度、压力）的改变而变化。它可以造成次生气顶，也可以导致原生气顶的消失，因而影响油气的分布规律。

（3）后期地壳运动造成圈闭条件的改变，必然造成油气的重新分配。

（4）区域水动力条件、水压梯度的大小及水运动的方向，直接影响油气的分布规律。

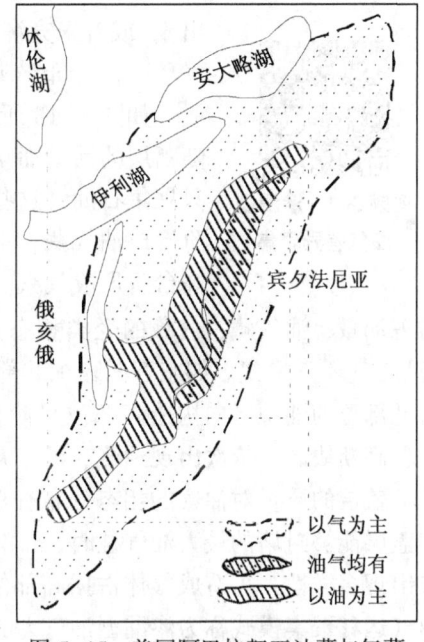

图 5-15 美国阿巴拉契亚油藏与气藏分布图（据 Levorsen）

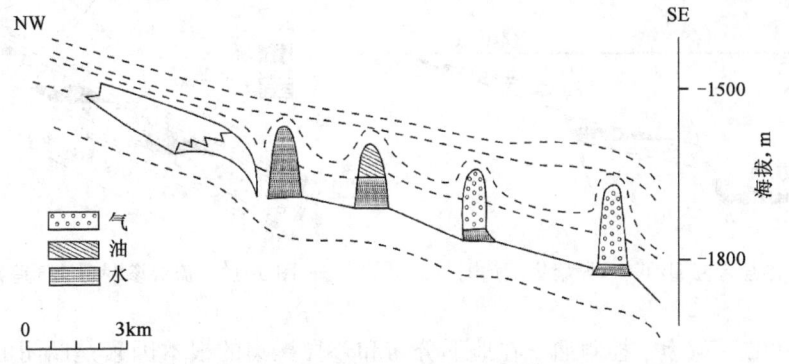

图 5-16 美国密歇根盆地志留系礁带中差异聚集（据 Perrodon，1993）

## （二）渗漏型油气差异聚集（"油心气环"模式）

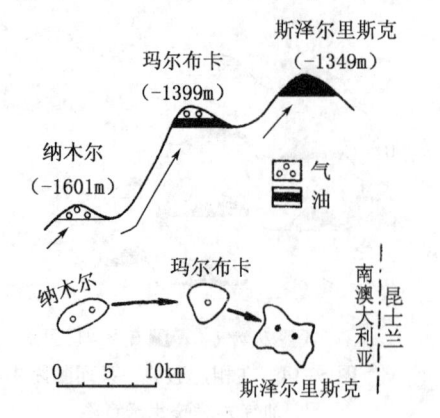

溢出型油气差异聚集原理是假设圈闭的盖层质量足够好、足以封盖住达到溢出点时油气柱高度，油气充注圈闭后从溢出点溢出，并且一系列溢出点依次抬高的圈闭为同一储集层的情况。实际地质情况下，只有一些构造相对稳定的大型含油气盆地才有可能满足这些条件。更普遍的情况是：油气并不一定是充满圈闭后从圈闭的最低部位溢出，而是多样的。如断层活动、盖层质量较差等因素，油气可从圈闭顶部向上倾方向或上方的圈闭渗漏（逸出），或者未充满到圈闭的溢出点即渗漏，从而形成了烃类相态"油心气环"的分布，或者油气相态没有明显分带的分布模式（视频5-3）。

图 5-17 澳大利亚埃罗曼加盆地中的差异聚集图（据 Bowering, 1982）

视频 5-3 渗漏型油气差异聚集

如图 5-18 所示，位于盆地下倾部位（低台阶）的断层油气藏可能随断层的活动而从圈闭的高部位漏失部分油气，多次活动导致圈闭可能只聚集石油；这些漏失的油气继续向上部浅层或上倾方向运移，在中台阶形成油气藏；中台阶的断层油气藏随断层活动主要漏失天然气，并在高台阶形成气藏。从而造成由盆地中心到盆地边缘，随埋深变浅，依次出现油藏、油气藏、气藏的烃类相态分布序列。渤海湾盆地许多富油气凹陷油气分布具有"油心气环"模式。如东营凹陷东北部永安镇地区的油气藏相态分布就是这一种模式，油气由低部位的油源区向构造高部位呈阶梯式运移，造成从邻近油源的低断块到离油源较远的中、高断块区，依次出现油藏、油气藏、纯气藏完整序列（蒋有录，1997）。

盖层的质量对油气的相态分布有重要影响。如果盖层质量不高，当圈闭中聚集的油气达到盖层能够封堵的最大油气柱时，部分油气可突破盖层发生渗漏并向上运移，油气的聚集分布出现多样性，可造成气体占据高部位，石油在最底部，如图 5-19 所示。因此，可将这类油气运移聚集模式称为渗漏型油气差异聚集（图 5-18 和图 5-19）。

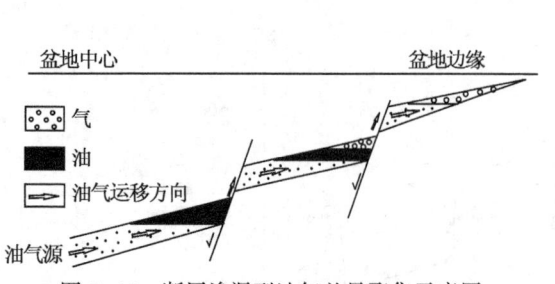

图 5-18 断层渗漏型油气差异聚集示意图

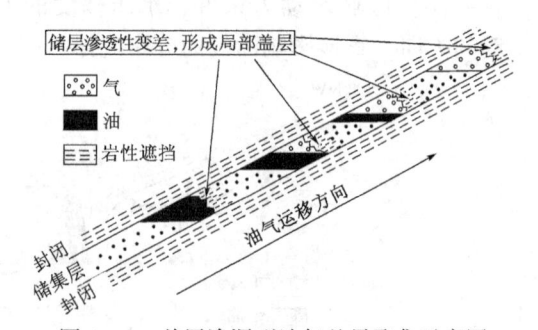

图 5-19 盖层渗漏型油气差异聚集示意图

Sales（1997）认为，控制油气在地下分布和差异聚集的根本因素是圈闭的封盖强度与闭合高度之间的关系，分3种情况：一是封盖强度大于闭合高度，具有剩余的封盖强度，油和气都只能从圈闭底部溢出,但不会从顶部盖层渗漏,且优先聚集天然气;二是具有中等封盖强度,足以封盖住与圈闭闭合高度相同的油柱,但不足以封盖住相同高度的气柱,在动平衡过程中油和气分别从圈闭的底部溢出和顶部盖层渗漏;三是封盖强度小于闭合高度,封盖强度不足以封盖与圈闭闭合高度相同的油柱,油和气均从顶部盖层渗漏(图5-20)。由于各类圈闭在侧向溢出和垂向渗漏上的差异,造成了油气在横向上和垂向上的差异聚集和分布(图5-21)。因此在含油气盆地中,如果这三类盖层均发挥作用,则从盆地中心到盆地边缘,圈闭中油气相态的分布模式变化多样。

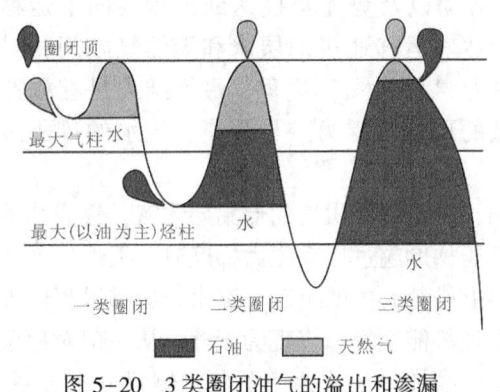

图 5-20 3 类圈闭油气的溢出和渗漏
(据 Sales,1997)

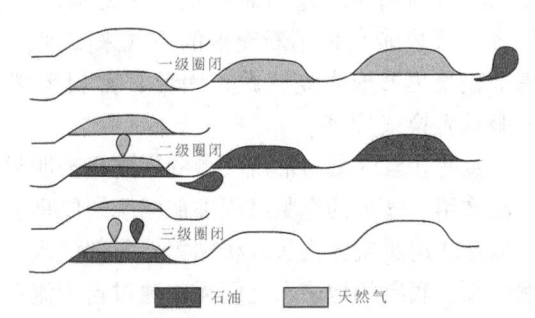

图 5-21 3 类圈闭的油气在横向上和垂向上的差异聚集
(据 Sales,1997)

## 四、非常规油气聚集机理

以上讨论的是基于常规油气藏的油气聚集机制,即在浮力作用下,油气在常规圈闭中充注、聚集。与常规油气藏的形成机理不同,以致密砂岩油气、页岩油气为代表的非常规油气聚集不符合重力分异原理,常规油气聚集理论不能解释非常规油气聚集。因非常规储集层致密、物性差,油气运聚动力以异常高压为主,主要受生烃增压、欠压实作用和构造应力等控制,纳米级孔喉系统限制了水柱压力与浮力在油气运聚中的作用,因而浮力、水动力效应不明显。油气运移距离一般较短,主要为初次运移或短距离二次运移,从而造成非常规油气多为源储共生、源储一体或源储紧邻,主要分布于源内或近源的盆地中心、斜坡等地区,多表现为源内或近源大面积连续或准连续聚集,聚集单元是大面积储集体,不存在明显的圈闭。下面以最常见的致密砂岩油气和页岩气为代表,阐述其聚集机理。

(一)致密油气聚集机理

此处致密油气是指致密砂岩储集层中的天然气,其成藏原动力主要是油气生成后由烃源岩运移至致密储集层中的原始动力。致密油气藏多具有异常高压,地层压力系数一般大于1.2,也有部分致密油气藏为异常低压,但在成藏期仍发育异常高压,说明成藏期生烃源岩的异常高压是致密油气运聚的原动力。可分为致密油和致密气两种情况。

1. 致密油聚集机理

致密油藏的形成具有压差驱替、非达西渗流、连续型聚集的特点。源储界面附近致密油充注动力以生烃增压为主,石油从烃源岩排入致密储集层受生烃增压驱动,生烃增压越大、石油进入源储界面附近致密储集层中小孔喉的能力越强,石油充注孔喉下限越小。石油进入致密储集层后,表现为非浮力运移聚集。在致密储集层中,由于孔隙较小、喉道极细,喉道处毛细管阻力较大,致密储集层孔隙中油珠所受浮力远小于喉道处的毛细管阻力,油水难以发生重力分异。因此浮力不是致密砂岩油运聚成藏的主要动力，而运移动力是以烃源岩超压为主，运移阻力则是毛细管压力。当致密储集层中的流体压力小于毛细管阻力时，石油便发生滞留聚集作用，二者的耦合关系控制着石油聚集过程。

2. 致密气聚集机理

通常情况下，地层孔隙中的天然气具有向上运移的趋势。孔隙中的天然气在浮力作用下克服毛细管阻力向上运移，同时地层水则以多种方式向相反方向流动。这种情况仅发生在天然气聚集体顶、底部的地层水为自由连通状态条件下，即满足地层水分布的连续性条件。通过地层水在天然气顶、底部之间的流动以及势能交换达到天然气向上运移目的，直到遇圈闭遮挡而终止。该种情况下，天然气运移通过地层水和天然气之间相对位置（或势能）的不断交换的方式来实现，表现为"置换式"过程，最终结果是在构造高部位聚集形成常规气藏。因此，常规天然气藏的形成为浮力差异聚集，气水的排驱过程服从置换式原理。

致密砂岩气藏与常规气藏的聚集机理明显不同，因致密砂岩气的储集层致密，浮力几乎不起作用，气水的排驱过程类似活塞式原理。当超压梯度超过启动压力梯度时，天然气就会以低速非达西流方式从致密储集层下部注入，并向上排替其中的可动孔隙水。运移过程中天然气顶、底界的地层水之间无法通过自由流动来实现势能交换，表现为天然气从底部对地层水的整体推移作用，浮力作用无法产生，出现天然气位于地层水之下的气水倒置分布关系。气水之间的毛细管压力和天然气聚集体上覆的地层水柱压力构成了天然气运移的主要阻力，天然气运移时必须克服上述两种阻力，因此致密砂岩气（深盆气藏）的成藏过程应表现为异常高压特征（张金川等，2005）。

天然气对地层水的向上排驱过程需要较小推动力的长时期持续作用，短时期内的高强度注气极易导致微裂缝的大量产生，从而形成充注气或二次运移中天然气沿"高速通道"的窜流现象发生。与此对应，天然气对地层水的排驱过程还需要气水界面具有整体推进条件——致密储集层在天然气运移主方向上的相对均质性，以形成活塞式排替效果。当储集层物性向上倾方向逐渐变好时，毛细管也变得越来越大，最终为粗大的孔隙喉道所代替。当气水界面推进至孔渗性变好的临界区（气水过渡带）以后，相对渗透率大增，游离相天然气的流动阻力越来越小且可以与地层水发生机械能的自由交换，气体在浮力作用下向上倾部位逸散，在上部合适的部位可聚集形成常规气藏（图5-22）。

李明诚（2013）提出，致密砂岩油气成藏属于超压—滞留动力机制。油气在超压驱动下，当超过启动压力梯度时，就会以低速非达西流方式首先进入致密储集层内孔喉较大的部分，并逐渐向更小孔喉部位推进，并向上排替其中孔隙水。由于气、油、水的流度（$K/\mu$）不同，在相同超压梯度下，水最易流动，气次之，油最难，又因浮力不起作用，油气不可能超前上浮，故最终形成了水在上、油气在下的分布状态。在局部浮力起作用的孔渗较好的部位，油气水可呈现常规分布，但在整体上则出现混杂分布的特征。只有当生烃超压足够大，可以充注所有的孔喉，或致密储集层非均质性较低时，才可能形成比较一致的上水下气的分布状态。当超压梯度不足以克服向前推进的阻力时，这种情况可能是生烃超压减弱或是油气在推进中能力被消耗，超压梯度降低，油气就在致密储集层中停止前进滞留下来，从而在三维空间上形成连续展布且具有不规则边缘的油气聚集。其中在构造高点、孔渗较好的甜点处，往往形成富集成藏的局面。

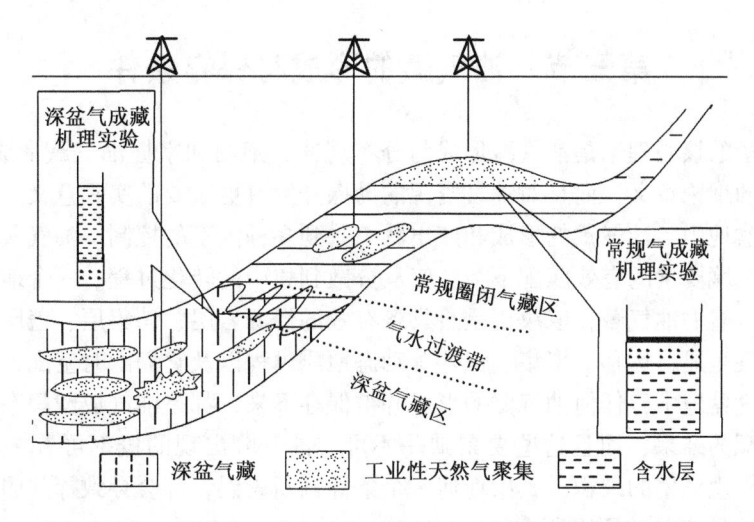

图 5-22 致密砂岩气（深盆气）藏与常规气藏关系示意图（据金之钧和张金川，2003）

## （二）页岩油气聚集机理

页岩油气是赋存于富有机质页岩层系中的油气，主要包括纯页岩型和砂岩夹层中型两种类型。因页岩层系砂岩中的油气也是致密砂岩油气，页岩油主要赋存于页岩层系中的砂岩夹层中，故此处主要讨论纯页岩型天然气聚集机理。

与常规天然气藏的形成机制不同，页岩既是烃源岩又是储集层，因此页岩气无运移或极短距离运移就近聚集成藏，是一种典型的"原位饱和成藏"，即生烃页岩层中各种成因的天然气在原位滞留饱和后，向上运移至无生烃能力的页岩层系中，再饱和后，再向上运移至常规砂岩储集层中（邹才能等，2014）。

页岩气主要在天然裂缝和孔隙中以游离状态存在，或在干酪根和页岩矿物颗粒表面上以吸附状态存在，溶解状态的页岩气较少，即页岩气主体为游离气和吸附气。因此，页岩气的聚集至少存在两种机理：一是游离态天然气的聚集，天然气的分布主要受控于页岩中较大孔隙和裂缝空间的发育和分布；二是吸附态天然气的聚集。尽管页岩气的吸附机理与煤层气相似，但由于页岩与煤岩之间仍存在较大差别，吸附气量在页岩与煤岩中所占的比例相差较大，其聚集机理不同于煤层气。

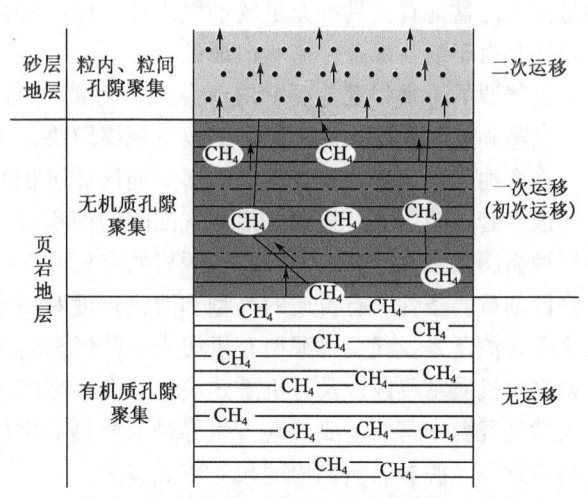

图 5-23 页岩气形成机理与聚集模式
（据邹才能等，2014）

而与致密砂岩相比，页岩更为致密，几乎不相连通的孔隙半径更小。由于有机质的生烃作用对岩石颗粒表面的亲水性进行了适当改造，毛细管力由常规储层中运移阻力改变为页岩储层中天然气运移的动力，这就不同于致密砂岩储层中典型的活塞式原理。同时，扩散作用又为天然气在页岩中的运移提供了另外一种可能的模式，使得页岩气与致密砂岩气在聚集机理上存在较大差异。

# 第三节 油气藏的形成与保存条件

油气地质学的核心理论是油气藏形成与分布规律，阐明和掌握油气藏形成的基本原理，不仅具有科学的理论意义，而且对油气资源的勘探开发有更重要的实际意义。

在含油气盆地中，油气藏的形成和产出状态受到多种因素的控制。油气藏的形成过程实际上是在各种成藏要素的有效匹配下，油气从分散到集中的转化过程。一个地区是否能够形成和保存储量丰富的油气藏，取决于是否具备有效的烃源岩层、储集层、盖层、圈闭等静态地质要素和油气生成、运移、聚集、保存等动态地质过程以及它们的时空配置关系。因此可以说，在含油气盆地中，任何油气藏的形成并被保存下来，都是油气成藏静态要素与动态地质过程有机匹配的结果，而且这些要素缺一不可，油气藏出现的概率可看作是这些成藏的动、静态条件出现概率的乘积，其中任何一个条件判断失误，都会导致探井的失利，这正是预探井成功率不足50%的原因所在。

常规油气藏的形成与保存可归结为4个基本地质条件，即充足的油气源、有利的生储盖组合、有效的圈闭和良好的保存。油气藏的形成是发生于地质历史中的事件，充足的油气来源、良好的生储盖组合和有效的圈闭是基本的成藏地质条件，而油气藏形成过程也需要良好的保存条件，油气成藏后能否保存到现在，保存条件至关重要。因此，要对一个盆地或地区有效开展油气勘探工作，提高勘探成功率，必须首先研究其油气藏的形成与保存条件。

## 一、充足的油气源

油气源条件是油气藏形成的物质基础，也是前提条件，油气源是否充足是任何一个勘探新区或新层系都必须首先明确的问题。如果一个盆地或凹陷的生油气条件欠佳或不具备，油气藏的形成就成为"无源之水"，其它要素再好也没有意义。世界油气勘探实践表明，油气储量巨大的盆地首先具有充足的油气来源，而一些多次进行勘探但没有成效的盆地或凹陷，主要还是由于油气源条件差所造成的。

油气源的丰富程度主要取决于盆地内烃源岩的发育规模和品质，品质包括有机质的丰度、类型和成熟度等，而烃源岩的发育规模取决于生烃凹陷面积的大小及凹陷持续时间的长短。在含油气盆地中，地壳运动的多周期性和沉积的多旋回性，控制了烃源岩系的发育，往往形成多套烃源层系。显然，生油气凹陷的面积大、持续时间长，可以形成巨厚的多旋回性的烃源岩层系及多生油期。同时烃源岩的有机质丰度高，演化程度较高，也是形成充足的油气来源的重要条件。有机质的类型和演化程度对决定了一个地区富油还是富气，影响一个地区主要找油还是找气。腐泥型有机质为主的烃源岩及演化程度适中的盆地，以富油为主，而腐殖型有机质富集区以及有机质热演化程度很高或较低的地区，往往成为富气区。如四川盆地天然气资源丰富，主要与其古生界烃源岩热演化程度高有关，而渤海湾盆地富油贫气，主要与古近系烃源岩热演化程度相对较低有关。

大型油气田赋存于大型沉积盆地中。据统计，世界上61个特大油气田分布在12个大型含油气盆地中，拥有世界石油及天然气一半以上储量，这些盆地都是继承性稳定下沉的沉积盆地，发育巨大体积的沉积岩系，具有面积大、持续时间长的生油气凹陷，具备充足的油气来源（表5-2）。

表 5-2 世界 12 个大含油气盆地 61 个特大油气田的情况简表（据张厚福等，1999）

| 盆地名称 | 盆地面积 $10^4 km^2$ | 沉积岩系发育概况 时代 | 厚度 | 体积/$10^4 km^3$ | 烃源岩发育概况 时代 | 岩性及厚度 | 油气可采储量与特大油气田数 |
|---|---|---|---|---|---|---|---|
| 波斯湾 | 240 | Pz、Mz、Cz，以 J、K、E、N 为主 | 5000~12000m，平均 4000~8000m | 704.1（其中 J 以上 417） | $J_3$、$K_2$、E 为主 | 碳酸盐岩为主，最厚 4000m，主要源岩层厚 1000~1500m | 油 541×10⁸ t；28 个 |
| 西西伯利亚 | 230 | Mz、Cz，以 J、K 为主 | 最厚 4000~8000m，平均 2600m | 600 | $J_2$—K，以 $J_3$、$K_1$ 为主 | 泥岩（前三角洲）500~1000m | 油 60×10⁸ t；8 个 |
| 美国墨西哥湾 | 110 | Mz、Cz | 最厚 12000m，平均 4000m | 545 | $J_3$—$N_1$，以 $N_1$ 为主 | 泥岩为主，部分为碳酸盐岩，厚 1000~2000m | 油 53.4×10⁸ t；1 个 |
| 马拉开波 | 8.5 | Mz、Cz（K—N） | 最厚 10000m，平均 4600m | 395.7 | K—N，以 $E_2$ 为主 | K 为石灰岩，黏土岩，厚 150~200m，E 泥岩厚 2000m | 油 73×10⁸ t；2 个 |
| 伏尔加乌拉尔 | 65 | 以 $Pz_2$ 为主 | 一般小于 2000m，在乌拉尔山前可达 8000m，平均 3100m | 218.2 | 中 $D_2$—$P_1$ | 以泥岩为主，总厚 200~500m | 油 42.7×10⁸ t；2 个 |
| 利比亚锡尔特 | 35 | Pz、Mz、Cz，以 K、E、N 为主 | 古生界 1500m，K 以上最厚 5000m，平均 2500m | 80 | K—E，以 $K_2$、E 为主 | 以石灰岩、泥灰岩为主，部分为泥岩，厚 1000~2000m | 油 40×10⁸ t，气 7790×10⁸ m³；4 个 |
| 阿尔及利亚东戈壁 | 41 | Pz、Mz | 4000~5000m | 160 | S | 页岩，厚 200m | 油 9.9×10⁸ t，气 29940×10⁸ m³；3 个 |
| 北海 | 62 | P—R | 总厚 8000m | 300 | J 和 R，部分 $C_3$ | 泥岩 | 油 34×10⁸ t，气 184080×10⁸ m³；4 个 |
| 尼日尔河三角洲 | 6 | Cz | 一般 4000~6000m，最大 12000m | 30 | N | 泥岩，厚 1000~2000m | 油 27×10⁸ t，气 11200×10⁸ m³；大油气田 6 个 |
| 美国西内部 | 60.2 | Pz、Mz | 9000m | 85 | ∈、C、P | 泥岩为主，厚 200~400m | 1 个（气） |
| 松辽 | 22.6 | K—N | 最厚 6000m，平均 3000m | 77.5 | K | 泥岩，厚 500~1000m | 1 个 |
| 渤海湾 | 25 | Z—Mz、Cz | Cz 最厚达 6000m，其中 E 厚 4500m | 125 | E 为主 | 泥岩大于 500m，最厚 1000~1500m | 2 个 |

上述统计资料表明：拥有丰富油气资源的含油气盆地，均具有较大面积和较大厚度的沉积岩，即具有巨大体积的沉积岩，尤其是具有较大体积的烃源岩。其沉积岩分布面积绝大多数在 $10 \times 10^4 km^2$ 以上，沉积岩体积多在 $50 \times 10^4 km^3$ 以上，烃源岩系的累积厚度最小为 200~300m，一般在 500m 以上，最厚的可达 1000m 以上。最新勘探实践表明，有效烃源岩的厚度可能无须很大也即可生成大量烃类，有些盆地有效烃源岩厚度为几十米，却形成了大油田，烃源岩的质量可能更重要。

当然，有些面积不大，但沉积厚度大，尤其是在这些面积并不很大的烃源岩层系厚度大的盆地，配合其它有利条件，也可形成储量丰富的油气聚集。例如美国西部的洛杉矶盆地，是一个面积仅 $3900km^2$ 的小型沉积盆地。在中新世晚期到更新世短短的时间内，就沉积了厚度达 6000m 以上的沉积岩，在沉积凹陷的中心部位，泥质烃源岩系厚达 2000~3000m，油源极为丰富。在油源区及其附近，砂岩储集层发育，储集层与烃源岩层互层或指状交错，还有断层连通，十分有利于油气运移，且发育有一系列背斜构造，圈闭条件好，圈闭面积及高度也较大。因此，形成数目众多的油气田，且含油厚度特别大，一般可达 1000m 以上，在长滩油田含油厚度最厚可达 1585m。该盆地单位面积发现的石油储量大，每平方公里发现的石油可采储量近 $20 \times 10^4 m^3$，居世界各含油气盆地之首。此外，如罗马尼亚的普洛耶什蒂盆地、美国加利福尼亚的文图拉盆地，都是丰度极高的小型含油气盆地，如图 5-24 所示。

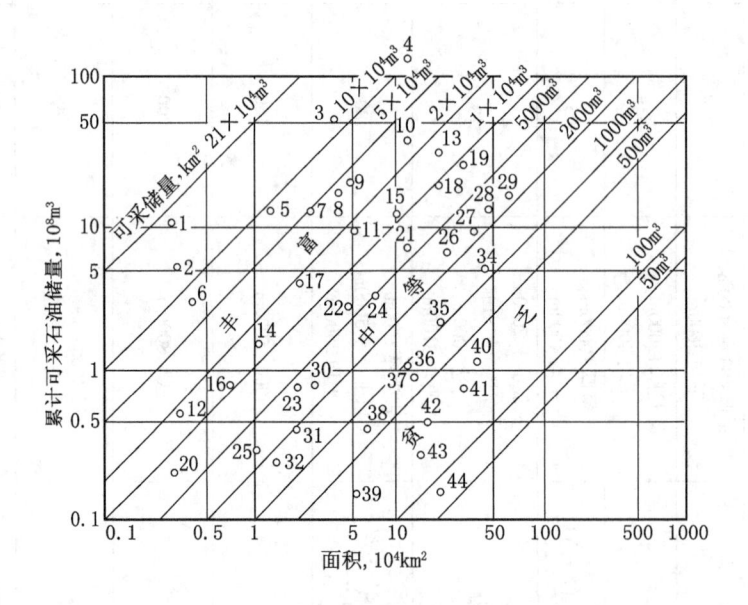

图 5-24 世界部分含油气盆地的丰度（据 Perrodon，1993）

1—洛杉矶（美）；2—普罗耶什蒂（罗）；3—马拉开坡（委）；4—波斯湾（中东）；5—巴库（苏）；6—文图拉（美）；7—山九昆（美）；8—曼格什拉克（苏）；9—苏门答腊（印尼）；10—路易斯安那（美）；11—坦比科湾（墨）；12—吉夫霍恩（西德）；13—锡尔特（利比亚）；14—雷孔卡沃（古巴）；15—东委内瑞拉（委）；16—维也纳（奥）；17—大霍恩（美）；18—阿拉斯加北坡（美）；19—西得克萨斯（美）；20—地拉那（阿）；21—尼日尔河三角洲；22—巨港（印尼）；23—温德河（美）；24—吉普斯兰（澳）；25—拉哈夫（加）；26—怀俄明（美）；27—东戈壁（阿尔及利亚）；28—得克萨斯海岸（美）；29—艾伯塔（加）；30—库克湾（美）；31—帕朗蒂（法）；32—塞尔西培（巴西）；33—加蓬西部；34—阿巴拉契亚（美）；35—威利斯顿（美）；36—帕拉多科斯（美）；37—潘农（匈、南）；38—阿奎坦（法）39—圣胡安（美）；40—蒙大拿（美）；41—密歇根（美）；42—阿马迪瓦斯（澳）；43—丹佛尔（美）；44—拉达米斯（利比亚）

我国东部渤海湾盆地分布有数十个含油气凹陷，一般凹陷面积数千平方千米，如东营凹陷为 5700km²，它们都是相对独立的古近系生油气凹陷，每个凹陷的油气生成、运移、聚集具有相对独立性。在这些面积并不大的生油凹陷中，有些油气资源十分丰富，形成了储量巨大的油气田，如东营凹陷、渤中凹陷、辽河西部凹陷，这些凹陷单位面积发现的石油储量可与世界上含油最丰富的洛杉矶盆地相媲美，被称为富油和极富油凹陷。但还有一些凹陷，由于烃源岩的体积小，烃源岩的有机质丰度和热演化程度较低，或者主要是有机质热演化程度较低，导致生烃量不足，资源量相对贫乏，至今未获得具有规模储量的重大勘探突破，可称为贫油凹陷。如莘县凹陷、德州凹陷等渤海湾盆地西部罗干凹陷，其油气勘探至今没有重大突破，主要与这些凹陷的油气源条件较差有关，尤其与其烃源岩热演化程度较低有关。因此，渤海湾盆地不同凹陷的含油气情况直接与其生烃条件密切相关，据此可将凹陷类型划分为极富油、富油、含油、贫油等四个级别（蒋有录等，2014，2023）。

由此可看出，一个盆地含油气丰富与否，主要取决于该盆地的烃源岩系发育情况，其中影响最大的是烃源岩的体积，其次是烃源岩的有机质丰度、类型和热演化程度。目前常用生烃强度来评价，能够形成商业油气流的生烃强度下限值有两个衡量指标，一是最大生烃强度必须大于 $100 \times 10^4 t/km^2$，另一是平均生烃强度必须大于 $50 \times 10^4 t/km^2$。研究表明，一个含油气盆地生烃强度的大小与其烃源岩层系的累计厚度、烃源岩的有机质丰度、类型及成熟度密切相关。

## 二、有利的生储盖组合

在地层剖面中，烃源岩层、储集层、盖层在空间上和时间上的组合关系，称为生储盖组合，有利的生储盖组合是指烃源岩层中生成的丰富油气能及时地运移到良好储集层中，同时盖层的质量和厚度又能保证运移至储集层中的油气不会逸散。世界油气勘探实践表明，大油气田的形成都具有良好的生储盖组合，因此有利的生储盖组合是含油气盆地形成丰富的油气聚集，特别是形成储量巨大油气田的必备条件之一。

根据生、储、盖三者在空间上的相互配置关系，可将生储盖组合划分为 4 种类型（张厚福等，1999；图 5-25）。

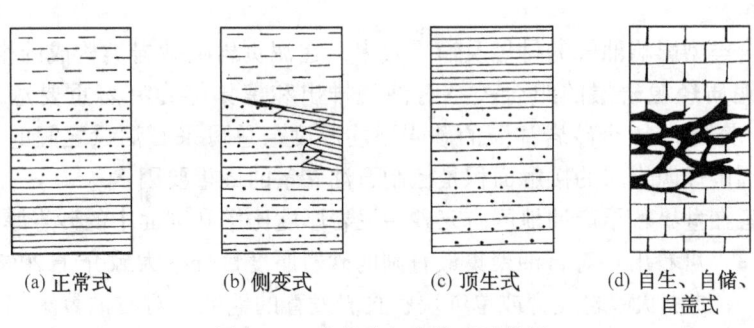

图 5-25 生储盖组合类型示意图

(a) 正常式　(b) 侧变式　(c) 顶生式　(d) 自生、自储、自盖式

（1）正常式生储盖组合：在地层剖面上烃源岩层位于组合下部，储集层居于中部，盖层位于上部。这种组合类型又根据时间上的连续或间断细分为连续式和间断式两种。油气从烃源岩层向储集层以垂向运移为主。正常式生储盖组合是我国许多油田最主要的组合方式。

（2）侧变式生储盖组合：由于岩性、岩相在空间上的变化导致生储盖层在横向上组合而成。这种组合多发育在生油凹陷斜坡带或古隆起斜坡上，由于岩性、岩相横向发生变化，以烃源岩层和储集层同属一层为主要特征，二者以岩性的横向变化方式相接触，油气以侧向同层运移为主。我国新疆准噶尔盆地西北边缘油气田多属该类组合。

（3）顶生式生储盖组合：烃源岩层与盖层同属一层，而储集层位于其下的组合类型。例如华北任丘油田，古近系沙河街组泥岩既是烃源岩层又是盖层，直接覆盖具有孔隙、溶洞、裂缝中的元古宇白云岩及寒武系、奥陶系碳酸盐岩储集层。

（4）自生、自储、自盖式生储盖组合：石灰岩中局部裂缝发育段储油、厚层烃源岩层系中的砂岩储油和一些泥岩中的裂缝发育段储油都属于这种组合类型，最大特点是烃源岩层、储集层和盖层都属同一层。渤海湾盆地沾化凹陷古近系中的泥岩油藏，是泥岩自生、自储的典型代表；柴达木盆地油泉子油田泥岩裂隙油藏等，均属此种组合方式。

根据烃源岩层与储集层的时代关系，又可将生储盖组合划分为新生古储、古生新储和自生自储3种形式，3种形式的盖层都比储集层新。

（1）新生古储：较新地层中生成的油气储集在相对较老的地层中，为新生古储，如冀中坳陷任丘油田，是由古近系沙河街组生油，前寒武系与寒武系、奥陶系碳酸盐储油，形成典型的新生古储组合。

（2）古生新储：较老地层中生成的油气运移到较新地层中聚集，属古生新储。如渤海湾盆地东濮凹陷文留气田，储集层为古近系沙河街组四段，石炭—二叠系煤系为生气源岩，煤成气通过断层从洼陷区运移至文留背斜沙四段储层中聚集成藏，从而形成典型的古生新储组合。

（3）自生自储：烃源岩层与储集层都属于同一层系，既可以是狭义的，即同一套岩层内的自生自储，又可以广义的，是一套连续沉积层系中烃源岩与储集岩交互出现，生烃层系中的油气藏属于此类，如东营凹陷沙四上亚段—沙三下亚段生烃层系，泥页岩生烃，而同一层系的砂体储油，二者属于连续沉积的同一层系。

根据生储盖组合之间的沉积连续性可将其分为两大类，即连续沉积的生储盖组合和被断层或不整合面所分隔的不连续生储盖组合。前者在空间上是相邻的，在时间上是连续的，自生自储属于此类；后者在空间上相邻或不相邻，在时间上不连续，新生古储、古生新储都属于不连续储盖组合。

生储盖组合类型影响油气的排烃及输导效率。在泥页岩—砂岩类构成的生储盖组合中，砂岩储集岩与泥质烃源岩层的组合关系对油气排出和聚集能力有着重要意义。据 Magara（1978）研究，美国7241个砂岩油藏的砂岩平均厚度与总可采石油量之间的关系结果，表明砂岩体与其周围烃源岩层的接触面积是控制石油储量的最重要因素。

从不同学者在世界若干产油地区研究砂—泥岩厚度比率和剖面中的砂岩厚度百分率的统计结果（表5-3）可看出：对石油聚集最有利的砂岩厚度百分率大致介于20%~60%，中值为30%~40%。单纯块状砂岩发育或单纯块状页岩发育的地区，对石油聚集都不利。只有在砂岩厚度百分率介于20%~60%，即砂岩储集层单层厚约10~15m、页岩烃源岩层单层厚约30~40m，二者呈略等厚互层的地区，砂—页岩接触面积最大，最有利于石油聚集。

不同类型的生储盖组合，具有不同的输送油气的通道和不同的输导能力，油气富集的条件也不同。如烃源岩层与储集层成指状交叉组合形式，由于烃源岩层与储集层直接接触的面积大，储集层上、下烃源岩层中生成的油气，可以及时地向储集层中输送，对油气生成和富集都最为有利。当砂泥岩层存在背斜时，油气可从四周向背斜中聚集，形成储量丰富的油气藏。如图5-26所示。

表 5-3  若干地区石油聚集的最佳砂岩百分率（据张厚福等，1999）

| 产油地区及层系 | 砂岩-泥岩厚度比率 | 砂岩厚度百分率,% | 研究人 |
| --- | --- | --- | --- |
| 美国落基山区上白垩统 | 0.25~1 | 20~50 | Krumbein 和 Nagel（1953） |
| 秘鲁帕里纳斯砂岩油藏 | 0.60 | 37 | Youngquist（1958） |
| 美国怀俄明州盐溪区白垩系费朗提尔组 | 0.23~0.41 | 19~29 | Dickey 和 Rohn（1958） |
| 美国俄克拉何马州宾夕法尼亚系阿托卡组 | 0.50~2.0 | 33~67 | |

烃源岩层和储集层为指状交叉的组合形式时，由于烃源岩层和储集层的接触局限于指状交叉地带，在这一地带的输导条件，与互层组合相似。在面向盆地远离交叉带的一侧，由于附近缺乏储集层，输导能力受到一定限制；而在另一侧，则只有储集层，缺乏烃源岩层（油源），油气来源也受到一定限制。故其输导条件和油气富集条件都较互层式组合差，如图 5-27 所示。

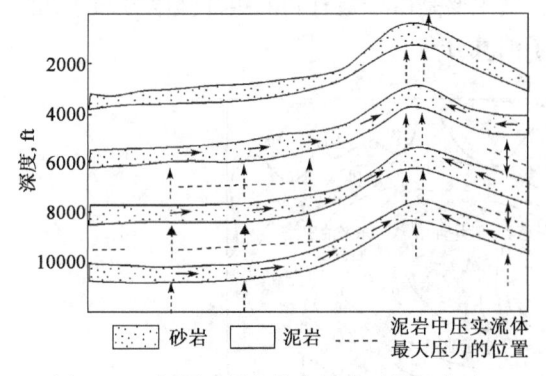

图 5-26  烃源岩层与储集层为互层组合时，油气初次运移和聚集示意图（据 Cordell）
箭头表示压实流动的方向

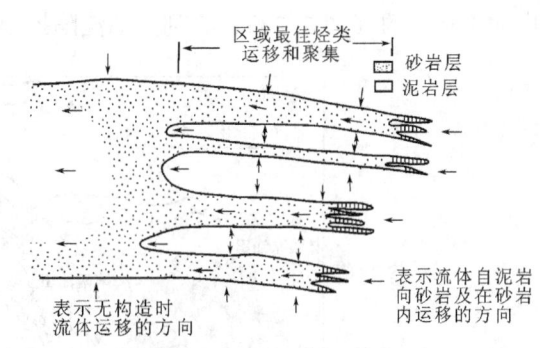

图 5-27  烃源岩层与储集层成指状交叉组合形式时，油气初次运移和聚集的示意图
（据 Cordell）

### 三、有效的圈闭

油气勘探实践表明，在沉积盆地中并不是所有的圈闭都聚集了油气，有的圈闭聚集了油气，有的圈闭只含水，一些油源条件较好的圈闭往往也是"空"的，这就提出了圈闭有效性问题。圈闭有效性可理解为：在具有油气来源的宏观背景下，圈闭聚集油气的实际能力。在什么条件下圈闭是聚集油气有效的？在什么条件下圈闭是无效的？

概括地说，无效圈闭出现的主要原因有以下四个方面：（1）圈闭远离油源中心，缺乏足够的油气源；（2）圈闭不在油气主要运移路径上，或为运移路径中的其它构造所屏蔽；（3）圈闭的形成时间晚于油气运移结束时间；（4）由于较强的水动力作用，以及油气的数量和性质等因素影响，使原来已在圈闭中聚集的油气被水流冲走。因此，圈闭的有效性主要取决于以下条件：圈闭位置与油源区及主要运移指向的关系、圈闭形成时间与油气主要运移期的关系，以及水动力作用和流体性质对圈闭有效性的影响。

#### （一）圈闭位置与油源区的远近关系

一般沉积盆地中长期继承性发育的深凹陷区是盆地内最有利的生油区。大量勘探实践证明，沉积盆地中有利的生油气区控制油气的分布。油气生成后，首先运移至油源区内及其附近的圈闭中,聚集起来形成油气藏,多余的油气则依次向较远的圈闭运移聚集。如果油源有限,则距油源区远的圈闭通常成为无效的圈闭。一般情况下,盆地中储集油气的圈闭容积是充足的,而油气源相对于圈闭的容量来说总是不足的,即不可能满足盆地内所有圈闭的总有效容积。因此,在其它条件相似的情况下,圈闭所在位置距油源区越近,越有利于油气聚集,圈闭的有效性越高,越远则有效性越差。尤其是陆相沉积盆地,储集层岩性岩相变化大,油气横向运移通道受到诸多限制,油气运移距离短,在生油区内及其附近的圈闭是最有利的,油气富集程度高,远离油源区的圈闭往往是无效的。在大型海相沉积地层发育的盆地中,通常储集层岩性较稳定,连通性也较好,油气能较长距离地运移,圈闭所在位置与油源区的远近不像在陆相地层发育的沉积盆地内那么重要。

生油中心制约油气分布的实例,在中国渤海湾盆地众多生油凹陷中表现得非常明显,即使在生油条件很好的富油气凹陷,生烃强度大的邻近地区有利于形成油气富集区,而生烃强度相对较小的地区油气富集程度较低。如东营凹陷是渤海湾盆地含油气最丰富的凹陷,油气最富集的地区在中北部,而南部地区相对较差,这主要是由于最有利的生油洼陷分布于凹陷中北部造成的(图5-28),有利生油洼陷控制了油气分布。

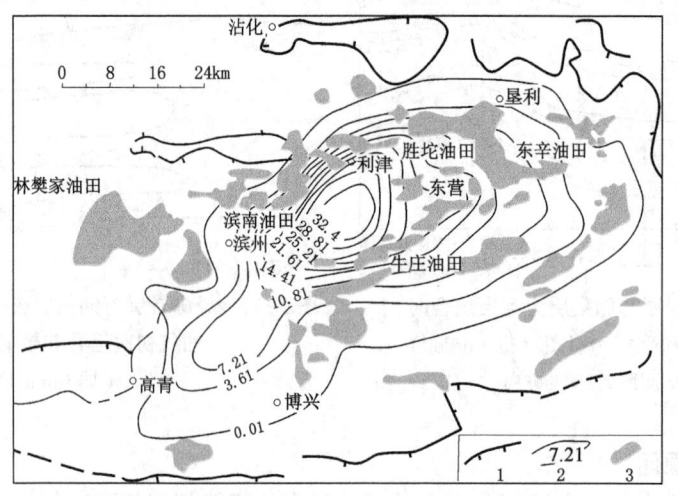

图5-28 东营凹陷古近系生油中心与油气富集关系(据胜利油田)
1—断层;2—生烃强度等值线,$10^6 t/km^2$;3—油田

在陆相断陷盆地中,凹陷的含油气情况主要受控于凹陷的生烃条件。含油气凹陷中的油气分布都明显受生油中心(主力生烃洼陷)的控制,已经成为陆相盆地油气形成分布的基本规律。因此,源控论成为指导陆相盆地油气勘探的重要理论。如在松辽盆地的中央深坳陷油源丰富,大庆长垣位于深坳陷内,油气生成后就近运移聚集其中,形成特大型油田;而远离中央坳陷的若干构造,其含油气情况明显变差。在渤海湾盆地,沉积洼陷作为凹陷中的基本供烃单元,其烃源岩发育规模、有机质丰度、类型及成熟度等最佳生烃条件均分布于洼陷中心区,但不同洼陷的沉积沉降特征差异导致其生烃能力差别很大,凹陷及其周缘的含油气情况主要取决于凹陷中主力沉积洼陷的生烃条件。因此,在很大程度上,凹陷控制油气分布实为生烃洼陷控制油气分布,"源控论"的基本供烃单元为生烃洼陷(蒋有录等,2019)。

由于油气的富集需要一定的汇油气面积，油气田的储量越大，所需要的油气补给面积越大，因此大油气田的形成往往需要较大的供油范围，生油凹陷中大型继承性正向构造往往成为油气富集区。这如同树的生长发育一样，一棵大树较一棵小树的根系范围更广、更深，所谓"树大根深"，这样才能提供树生长发育所需要的充足养分。因此，油源区边界上的圈闭具有更大的汇油气面积，往往是最有利的圈闭，而单靠圈闭范围内的烃源岩提供油气，则难以形成大型油气田（图5-29）。

（二）圈闭位置与油气主要运移路线的关系

油气自生油凹陷向外运移并不是均匀发散式运移，而是有些方向相对较集中，油气沿优势运移通道运移，而另一些方向数量较少，甚至没有油气经过。根据大量研究认为，油气运移的空间小于储集体空间体积的10%。因此无论在面上还是纵向上，油气实际发生运移经过的运移路径是有限的，这种油气沿优势运移路径运移的特性必然使有些方向的油气很富集，而另一些方向的油气较贫乏。显然，位于油气主要运移路径上的圈闭聚集油气的概率远远大于在非主要运移路径上的圈闭，因此前者往往是有效的，而后者往往是无效的。

如图5-30（a）所示，由于实际的油气运移路线是沿构造脊发生的，在生烃凹陷附近，油气运移路径形成密集的网络，远离生烃凹陷，油气在输导层顶面三维几何形态的控制下向构造脊汇集，位于运移路径上的A圈闭和F圈闭首先聚集了油气。油气充满A圈闭后向D圈闭方向运移，并在D圈闭中聚集，油气充满D圈闭后向E圈闭方向运移并E圈闭中聚集；油气未向B圈闭方向运移，致使B圈闭未聚集油气；C圈闭虽然离油源区最近，但由于不在油气运移路线上而成为空圈闭，而在油气运移路线上的圈闭成为有效圈闭（视频5-4）。如果作从生油凹陷油源区到构造高部位的S—S′剖面，仅从C—D—E构造剖面来看，如图5-30（b）所示，往往误认为油气沿该剖面运移，C圈闭最有利，而D、E圈闭中若聚集油气，也是来自于C圈闭。

视频5-4 圈闭位置与油气运移路径关系

根据许多学者的研究，国外很多盆地中大部分的油气藏都集中在主要运移路径上。如墨西哥湾盆地，75%以上的油气聚集在占盆地面积不到25%的主要运移路径上（Pratch，1996）；巴黎盆地有81%以上的油气聚集在占盆地面积13%的主要运移路径上（Hindle，1997）。因此，研究和确定油气主运移路线对评价圈闭的有效性有重要意义。

（三）圈闭形成时间与油气主要运移期的匹配关系

圈闭作为聚集油气的容器，只有圈闭形成后才能有油气的聚集，因此圈闭形成时间与油气发生大规模运移时间的关系，对评价圈闭的有效性有重要意义。只有那些在油气大规模运移以前或同时形成的圈闭，对油气的聚集才是有效的。若圈闭是在最后一次大规模油气运移以后形成的，错过了捕获油气的时间，这种圈闭对油气的聚集是无效的。

在含油气盆地中，不同类型的圈闭形成时间差别很大。发育在烃源岩层系内部的原生岩性圈闭形成时间较早，油气经过短距离的初次运移和二次运移，在圈闭中聚集起来，只要其它条件也优越，这些圈闭往往成为有效的圈闭。对于大多数由地壳运动和构造变动形成的背斜、断层及地层不整合圈闭，其形成时间与盆地区域性油气运移的时间配置关系对圈闭有效性影响很大。如果一个盆地只发生一次大规模的油气运移，在此之前形成的圈闭对油气聚集是有利的，否则是无效的。

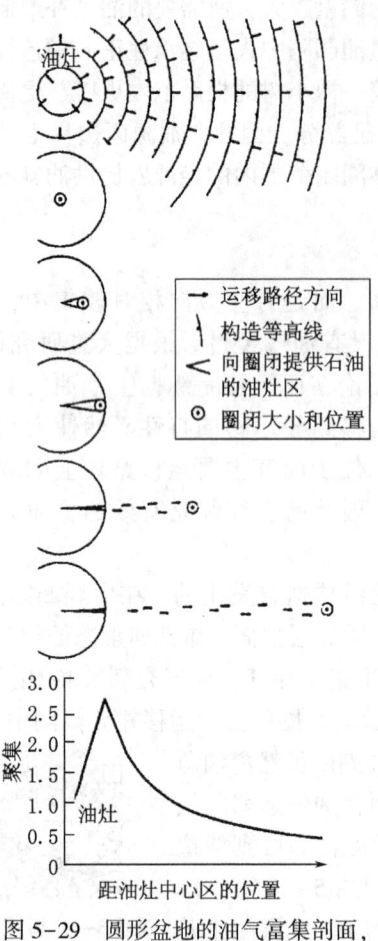

图 5-29　圆形盆地的油气富集剖面，位于烃源岩灶边缘上的圈闭油气富集程度高（据 Hindle，1997）

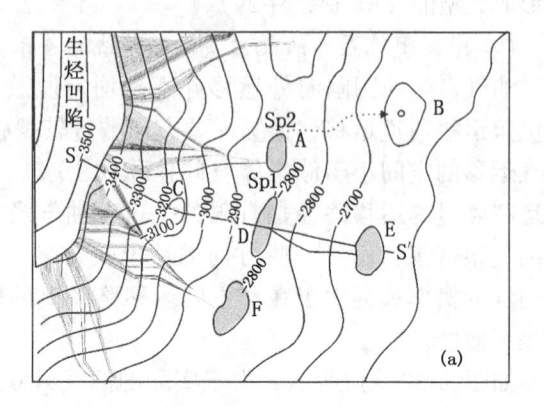

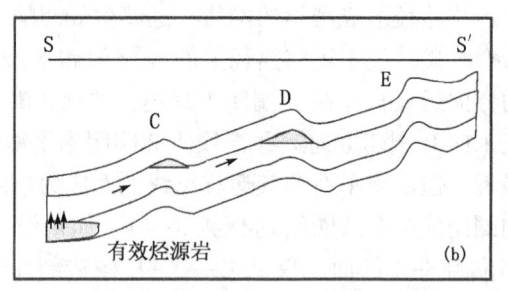

图 5-30　油气运移路径的三维射线追踪（a）及其与二维分析（b）比较（据郝芳，2005）

许多盆地往往发育多套有效烃源岩和多期构造运动，伴随有多个油气运移期和圈闭形成期，在这种情况下，决定盆地内现今构造特征的最后一次构造运动控制了最后一次区域性油气运移时间。在此之前已形成且未遭受破坏的构造圈闭和继承性发育的构造圈闭，对油气聚集是有利的；而新形成的圈闭，往往成为无效的空圈闭。如果地壳运动十分强烈，改变了盆地原来构造面貌和早期圈闭的条件，打破了原来油气聚集的平衡状态，油气发生区域性运移并重新分布，则在原油气藏的上倾方向、具有良好油气运移路径的新圈闭，往往成为有效的圈闭；而早期聚集了油气的圈闭，若圈闭条件遭到破坏，油气逸散，可能成为无效的圈闭。因此，圈闭的有效和无效仅从形成时间上还不能完全判别。

圈闭形成时间晚于油气运移时间而导致成为无效圈闭的现象可以酒泉盆地青草湾构造为代表。如图 5-31 所示，酒泉盆地老君庙和青草湾两背斜都位于南部构造带，其古近—新近系具有相似的背斜圈闭。钻探结果，老君庙背斜具有丰富的油气藏，而青草湾背斜则未发现油气聚集。在对比了两个背斜构造的地质发展历史后，发现除与岩性变化有关外，背斜圈闭形成时间与区域性油气运移时间的对应关系，是一个极重要的原因。酒泉盆地最后一次区域性油气运移时间是上新世，此时老君庙背斜已经形成，油气聚集其中，形成丰富的油气藏。

而青草湾背斜圈闭，是在上新世末期才形成，这时区域性的油气运移已结束，缺乏油气来源，而且其海拔高度又低于老君庙背斜，也不能使油气重新运移其中；因此，青草湾背斜圈闭对油气聚集是无效的，没有形成油气藏（张厚福等，1999）。

（四）水动力作用和流体性质对圈闭有效性的影响

在通常静水压力条件下，圈闭内的油水（或气水）界面呈水平状态。在水动力条件下，地层水沿测压面倾斜方向流动，圈闭内的油水（或气水）界面也顺水流方向倾斜，其倾角的大小取决于水动力强度和流体的密度差。随着水动力强度的增强，油水（或气水）界面的倾角逐渐增大，当倾斜角度超过顺水流方向下倾一翼的岩层倾角时，原来聚集了油或气的圈闭即成为无效圈闭（图5-32）。

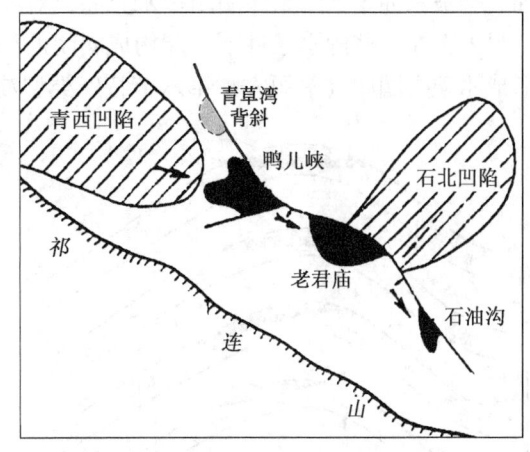

图5-31 酒泉盆地青草湾—老君庙油气聚集区域示意图

除水动力强度外，油水（或气水）界面的倾角还与流体的性质及密度差有关。如图5-32所示，在水动力作用下，油水界面发生顺水流方向的倾斜。

$L$为1号井与2号井间的距离；$\Delta h$为1号井与2号井间测压面高差；$\Delta Z$为1号井与2号井间油气水界面高差；$\alpha$为储集层向水流方向一翼的倾角；$\beta$为测压面的倾角；$\gamma$为油水界面的倾角。

对油藏而言，油水界面倾角可由下式求出：

$$\tan\gamma_o = \frac{\rho_w}{\rho_w - \rho_o} \cdot \tan\beta = \frac{\rho_w}{\rho_w - \rho_o} \cdot i$$

式中　$\rho_w$、$\rho_o$——水、油的密度；
　　　$i$——水压梯度。

对气藏而言，气水界面倾角则由下式求出：

$$\tan\gamma_g = \frac{\rho_w}{\rho_w - \rho_g} \cdot i$$

式中　$\rho_g$——天然气的密度。

从上两式可看出，在水压梯度和流体密度差的作用下，圈闭对石油聚集的有效性与对天然气聚集的有效性是不同的，如图5-32、图5-33所示。设水压梯度不变，则流体密度直接影响圈闭的有效性。设气、油、水的密度分别为$\rho_g = 0.001 g/cm^3$，$\rho_o = 0.8 g/cm^3$，$\rho_w = 1 g/cm^3$，则根据上述两式计算结果，$\tan\gamma_g = i$，$\tan\gamma_o = 5i$，即在水压梯度相同的条件下，由于天然气比石油的密度小，油水界面的倾角相当于气水界面倾角的5倍。

原来在静水条件下已聚集了油气的有效圈闭，在水动力作用下，圈闭无论是聚集石油还是聚集天然气，能够使油或气在圈闭中聚集起来的条件是顺水流方向一翼的岩层倾角大于油水（或气水）界面的倾角。在相同的水动力条件下，对同一圈闭而言，气水界面倾角可能小于圈闭水流方向一翼的岩层倾角（$\gamma_g < \alpha$），天然气能聚集而成气藏，该圈闭对气体的聚集就是有效的。而油水界面的倾角则可能等于或大于圈闭水流方向一翼的岩层倾角（$\gamma_o \geq \alpha$），

石油就会被水冲走，结果该圈闭被水充满，对石油聚集无效，油藏被完全破坏。

另外，在一些静水条件下不能构成圈闭的构造部位，如挠曲带，在较强的动水作用下，可形成水动力圈闭（见第六章第六节特殊类型油气藏中的水动力油气藏）。

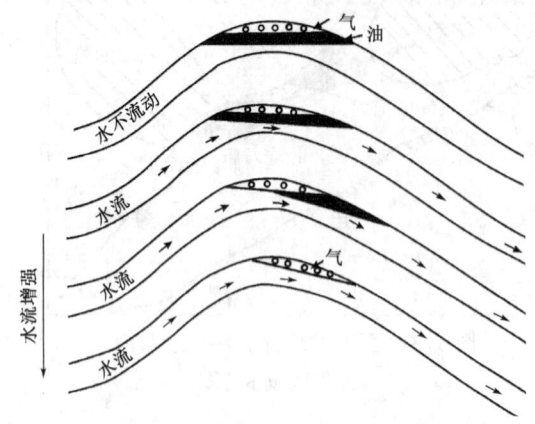

图 5-32 水动力条件下油水界面倾斜情况示意图

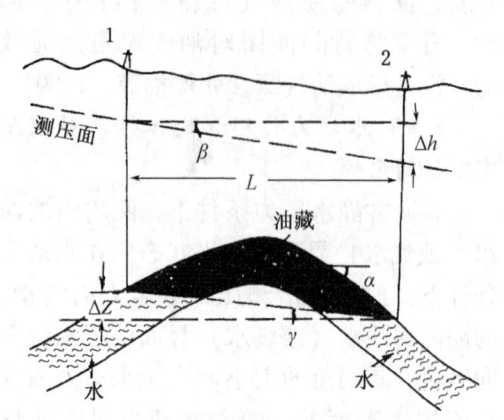

图 5-33 水压梯度与圈闭有效性的关系

### 四、良好的保存条件

从油气藏形成过程来说，在地质历史中，一个地区只要具备了充足的油气源、有利的生储盖组合、有效的圈闭等基本地质条件，就可能形成油气藏。但作为一种流体矿产，油气在地壳中易于运移散失，已形成的油气藏实际上是油气所处地质环境下的一种暂时的稳定状态，一旦环境改变，油气就会运移散失或成分发生改变。因此，油气藏形成后能否被保存下来，尤其是形成较早的油气藏能否保存下来，取决于油气藏形成后所处地质环境的变化，即遭受调整和改造破坏的程度。

地质历史中形成的油气藏随着时间和环境的变化，其中的烃类必然发生相应的变化，其中地壳运动引起的褶皱、断裂、构造抬升及岩浆活动对油气藏的保存及破坏起着关键作用，其它很多因素多数是源于地壳运动引起的褶皱、断裂、抬升而派生的。

在油气藏形成后，由于地壳运动造成的褶皱、断裂和抬升，打破了油气藏的平衡状态，油气发生再次运移，造成部分或全部油气散失。油气生成及成藏的地层温度一般低于250℃，如果遭受高温岩浆侵入，会将油气烧掉，故大规模的岩浆活动对油气藏的保存不利。油气藏通常处在相对封闭的还原环境中，水动力相对停滞，活跃的水动力环境不仅将油气从圈闭中冲走，还因流动的地层水中携带较多的氧，对油气产生氧化作用，形成稠油沥青，从而使油气藏失去商业价值。因此，油气藏形成后，相对稳定的地壳运动，未遭受大规模的抬升，断裂和褶皱作用不太剧烈，岩浆活动相对稳定，相对封闭和停滞的水动力环境，这些都是油气藏得以保存的重要条件。

### 五、气藏与油藏形成条件差异及非常规油气藏形成的关键条件

#### （一）气藏与油藏形成条件的差异

石油和天然气都是流体，易于运移，其生成和运移具有同源同根性，气藏和油藏的形成与保存条件具有相似性。无论是气藏（指烃类气体为主的气藏）还是油藏，其形成首先都需要具有烃源岩提供的烃类来源，油气在具有孔隙性和渗透性的输导层中运移，经过由分散到富集的运聚过程形成烃类矿藏，并要求相对稳定的后期保存条件。因此，在研究油气藏的形成和保存条件时，往往将油藏与气藏笼统讨论。但实际上，石油和天然气的成藏机理既有相同之处，

也存在许多差异，传统的石油成藏条件与天然气成藏条件存在一定差异（表5-4）。

表5-4 天然气藏与油藏形成及保存条件的差异

| 对比内容 | 天然气藏 | 油藏 |
| --- | --- | --- |
| 烃类来源 | 广泛，具多源、多阶段性。既有有机气，又有无机气。各类有机质在不同演化阶段均生成天然气。多源天然气复合成藏 | 来自腐泥、腐殖—腐泥型有机质。主要生成于一定埋藏深度的生油窗中 |
| 储、盖层条件 | 对储集层要求低、对盖层要求高。盖层封闭机理多样，烃浓度封闭可起重要作用 | 对储集层要求高、对盖层要求低。盖层封闭机理为物性封闭、异常压力封闭 |
| 运移方式 | 易于运移且方式多样：渗滤、脉冲式混相涌流、扩散、水溶对流，其中扩散和水溶对流为重要运移机制 | 主要是渗滤和脉冲式混相涌流 |
| 聚集机理 | 多样：游离天然气直接排替地层水成藏，已聚集石油的圈闭被天然气驱替成藏，水溶气脱溶成藏，富含气的地层水可形成水溶气藏 | 较单一。游离相石油排替地层水聚集成藏 |
| 演化和保存条件 | 易于散失，扩散损失重要。气藏形成始终处于聚和散的动平衡中，成藏期晚有利于气藏的保存。聚集效率低 | 主要为渗滤损失。扩散损失不很重要，聚集效率相对较高 |

总体来说，相对于油藏的形成条件，气藏的形成具有以下主要特性：（1）烃类来源多、广泛，往往为多源复合成藏；（2）对储集层要求低、但对盖层要求高；（3）易于运移且运移聚集方式多样，除渗滤外，扩散运移也是重要方式，还可水溶脱气成藏或形成水溶性气藏；（4）保存条件要求高，聚集效率低，扩散损失量较大，气藏形成始终处于聚和散的动态平衡中，如果圈闭中的天然气扩散损失量大于充注量，则气藏会逐渐枯竭，故天然气晚期成藏更有利于气藏的保存（蒋有录等，2000）。

（二）非常规油气藏（致密油气、页岩油气）形成的关键条件

上述讨论的是常规油气藏形成与保存的基本地质条件，其中充足的油气源和有效的圈闭是最重要的成藏条件，油气在圈闭中的聚集符合重力分异原理。非常规油气藏中的油气聚集不符合重力分异原理，甚至不需要传统意义上的圈闭，油气在地下的赋存状态和成藏机制与常规油气藏有明显差异。

对致密砂岩和页岩油气藏的形成来说，因储集层致密、物性差，需要通过技术改造才能具有产能，储集层条件要求较低，具有近距离运移聚集成藏的特点，使得源储共生、近源聚集，烃源岩与储集层呈大面积紧邻或紧密接触，成为致密岩油气规模聚集的有利条件。因此，致密砂岩油气和页岩油气最关键的成藏条件是充足的油气源和良好的封盖保存条件，同时储集层岩性脆性较好，易于改造产生裂缝。烃源岩与储集层在空间上的组合关系对非常规油气富集具有关键控制作用，油气成藏主控因素已从常规油气的"源控论"发展到非常规油气的"源控下的"优势源储组合和保存条件"成藏论（宋岩等，2017），以及页岩气"二元富集"论，即优质泥页岩发育是页岩气"成烃控储"的基础，良好的保存条件是页岩气"成藏控产"的关键（郭旭升，2014）。

优质烃源岩是形成规模性非常规油气藏的物质基础。优质烃源岩有机质丰度高、质量好、热演化适度—较高、生烃总量大，通常要求有效烃源岩 $TOC>2\%$。对油而言，成熟度适中（$R_o$ 为 $0.7\%\sim1.3\%$）；对天然气来说，通常 $R_o$ 大于 $1.5\%$ 或 $2.0\%$，气源充足，供气速率高，这样才能使得天然气大规模进入物性较差的储集层并整体驱替早先占据储集层中的

孔隙水，形成大面积、低丰度天然气富集区。当然不同盆地烃源岩标准存在差异。作为一种流体矿产，良好的封盖保存条件是非常规油气藏形成的关键条件，良好的顶、底封盖层，断裂不太强烈，可减少天然气的散失，有利于天然气富集及保存。另外，作为一种商业性油气聚集，致密砂岩和页岩油气的开发均需要压裂改造，岩石性质（脆性等）往往控制了油气产能大小，通常要求页岩的脆性矿物（石英、长石等）含量在40%以上。

## 第四节 油气藏的破坏与再形成

在地质历史中，已形成的油气藏会随着环境的变化而发生变化，如地壳运动、断裂活动、岩浆活动等，都可对原来的油气藏产生破坏，有些油气藏遭到破坏后完全逸散，有些油气藏遭到部分破坏而成为残留油气藏，部分油气又在新层系重新聚集形成次生油气藏。因此，研究油气藏的破坏与再形成，是含油气盆地油气藏形成与分布的重要研究内容，也是一个地区油气勘探评价重要的一环。

### 一、油气藏的破坏

油气藏的破坏是指原来已形成的油气藏，由于所处地质环境的变化而使其中的油气部分或全部散失，或变成稠油沥青的过程。引起油气藏破坏的主要地质因素包括：地壳运动造成的圈闭完整性被破坏，切过油气藏的断裂作用使油气向上运移，构造抬升使油气藏的盖层遭受剥蚀破坏，油藏埋深变浅引起石油的氧化和生物降解，水动力冲刷和水洗，岩浆作用。

Macgregor（1996）将油藏破坏作用分为垂向渗漏、侧向渗漏和成分变化三大类，并细分为8种机理：断层泄漏、剥蚀、超压导致盖层封闭无效、圈闭倾斜、水动力冲刷、气洗、生物降解、水洗和裂解（表5-5）。不同破坏类型出现的埋深不同，如浅层的破坏作用主要是断层泄漏、剥蚀、水动力冲刷、生物降解和水洗。主要的破坏作用包括断裂作用、构造变动和剥蚀作用、水动力冲刷和水洗作用、生物降解作用。

（一）断裂作用

地壳运动产生的断裂是导致油气藏破坏的最重要地质原因。原来已形成的油气藏若遭到活动断层的切割，封盖条件被破坏，油气藏的平衡条件被打破，油气沿断层向上运移进入其它储集层或运移至地表散失，使原油气藏遭到部分或全部破坏。地表见到的油气苗预示着地下油气藏的存在，是早期油气勘探找油的直接标志。

（二）构造变动和剥蚀作用

地壳运动产生的褶皱作用及其它变动，会使已形成的油气藏的圈闭条件改变，如完整性遭到破坏或圈闭的溢出点抬高，使圈闭的体积变小，油气从其中侧向溢出，这些溢出的油气或重新聚集形成油气藏或直接出露地表形成油气苗。地壳运动使地层的倾斜方向发生改变，其结果造成原有油气藏及其圈闭完整性破坏，油气重新分配，或油气藏的再形成。

地壳运动产生的强烈岩浆活动对油气藏的保存是不利的。当高温岩浆侵入油气藏，会把油气烧毁。因此大规模的岩浆活动不利于油气藏的保存，并最终导致油气藏的破坏。

地壳抬升剥蚀作用使油气藏的上覆地层遭到强烈剥蚀，甚至直接盖层遭到剥蚀，使含油气层直接出露地表，油气藏遭到全部破坏，轻质组分大量散失，而残留下的石油被氧化变质成重油和沥青砂。加拿大阿萨巴斯卡的重油和沥青砂是典型的实例。再如柴达木盆地的油砂山就是由于地壳运动使原有的油气藏遭严重破坏，古近—新近系储油层出露地表，遭到剥蚀风化所致；塔里木盆地志留系的沥青砂也是地壳运动使古油藏遭受破坏的结果；酒泉西部盆地的石油沟油田，其古近—新近系白杨河组油气藏，受喜马拉雅造山运动的强烈影响，使油气藏遭到严重破坏，大量原油流失地面。

表 5-5 影响油藏保存的破坏作用（据 Macgregor，1996）

| 破坏类型 | 机理 | 证据 | 深度范围 | 实例 |
|---|---|---|---|---|
| 垂向泄漏 | 断层泄漏：断层破坏原生盖层，导致油气运移聚集在较高部位，或逸散地表 | 与断层有关的油苗；良好封盖条件下再圈闭成藏的含油气层 | 浅—中等 | Zagros（Dunnington，1985；Beydoun 等，1992） |
| 垂向泄漏 | 剥蚀：与蒸发、氧化等作用有关的地表剥蚀、地表断裂系统的泄漏 | 地表油苗、油渍；出露沥青砂；改造过的沥青沉积物 | 很浅或地表 | Athabasca 沥青砂出露带（Wilson 等，1973）；Zagros 地区的前白垩系（Bedoun 等，1992） |
| 垂向泄漏 | 超压：物性或水动力封闭失败 | 泥火山及其有关的油苗；压裂压力条件下圈闭内剩余油气显示；盖层内的油气显示；年轻圈闭油藏、再圈闭成藏的含油气层 | 一般深度 | 泥火山，如 S. Caspian, North Sea/Haltenbanken 的许多油田 |
| 侧向渗漏 | 圈闭倾斜：原有圈闭因挤压或倾斜，导致油气在溢出点泄漏 | 再次运移的证据（年轻圈闭中的油气）；输导层出露；遭受破坏圈闭中剩余油 | 浅或深 | Alaska（Carman 和 Hardwick，1983）；Papuan 逆冲断层带（Earnshaw 等，1993） |
| 侧向渗漏 | 水动力冲洗：大气水的作用 | 有效圈闭内饱含淡水的储集层中的残余油；油水界面倾斜；水动力圈闭 | 浅（需大气水） | North American 各种例子（Dahlberg，1982），Illiza, Algeria（1996） |
| 侧向渗漏 | 气洗：气顶的增生或扩大 | 气藏发育的渗漏性油田；靠近烃源岩灶的油田内气体量有增大趋势 | 深（偶尔浅） | Alberta（Gussow，1954），Timan Pechora, Russia（Bogatsky 和 Pankratov，1993）；Illizi, Algeria（1996） |
| 成分变化 | 生物降解、水动力冲洗：细菌分解或溶解重组分，分离出轻组分 | 存在重油或沥青砂；油田充注期发生原油降解导致重油遍布油田；石油聚集后的变化使 API 值向 OWC 方向降低；轻烃散失的地化证据 | 浅（需大气水） | Orinoco 沥青带（Demaison，1997）；Alberta 沥青砂（Masters，1984；Creany 和 Allan，1990）；Ugnu, Alaska（Carman 和 Hardwick，1983） |
| 成分变化 | 裂解：高压条件下原油转化为气或凝析油 | 与焦沥青共生的气或凝析气；超过某一温度后原油的缺失 | 深 | Elmworth/Rainbow, Alberta（Masters，1984）；Deep Permian/Delaware 盆地（Holmquest，1965） |

### (三) 水动力作用和水洗作用

水动力环境对油气藏的保存有重要影响。活跃的水动力环境可以把油气从圈闭中冲走，导致油气藏被破坏（图5-33）。同时，地下水沿油—水界面流动过程中会发生水洗作用，即地下水溶解石油中的某些易溶组分，尤其是轻烃组分，从而使原油变稠变重。水动力越强，埋藏越浅，水动力冲刷和水洗作用对油气藏的破坏就越大。因此，一个相对稳定的、停滞的水动力环境，是油气藏保存的重要条件之一。通常具有封闭性的 $CaCl_2$ 型油田水要比具有开放性的 $Na_2SO_4$ 型油田水对油气藏的保存有利。

### (四) 生物降解作用

在油气藏埋藏较浅的地区，地下水中的氧和微生物相对较多，微生物有选择地消耗某些烃类组分而使原油的成分发生改变，这就是生物降解作用。在微生物作用下，油气藏中的轻质组分优先被消耗掉，使原油变稠变重。与水洗作用相似，这种作用一般发生在有大气水侵入的浅层或与地表有连通的地方。

## 二、油气藏的再形成

### (一) 原生和次生油气藏的概念

油气成藏是油气运聚动态平衡过程，已经形成的油气藏，在地壳中处于相对平衡状态。成藏以后的构造运动可以破坏这种平衡，使油气重新分配，达到新的相对平衡。油气藏遭到改造后，有些可能全部遭受破坏，其中的油气散失殆尽；有些只是部分遭受破坏，在原圈闭还残留一部分。除生物降解、水洗等造成的油气藏成分破坏外，其它多数破坏类型都伴随着油气从原油气藏中向外运移，或者垂向运移或者侧向溢出，而从原油气藏中运移出的油气，部分重新聚集起来，另一部分则散失于地层中或地表成为油气显示；油气藏盖层遭到剥蚀时可成为沥青砂或沥青湖。因此，油气藏遭到破坏可能产生多种结果（图5-34）。

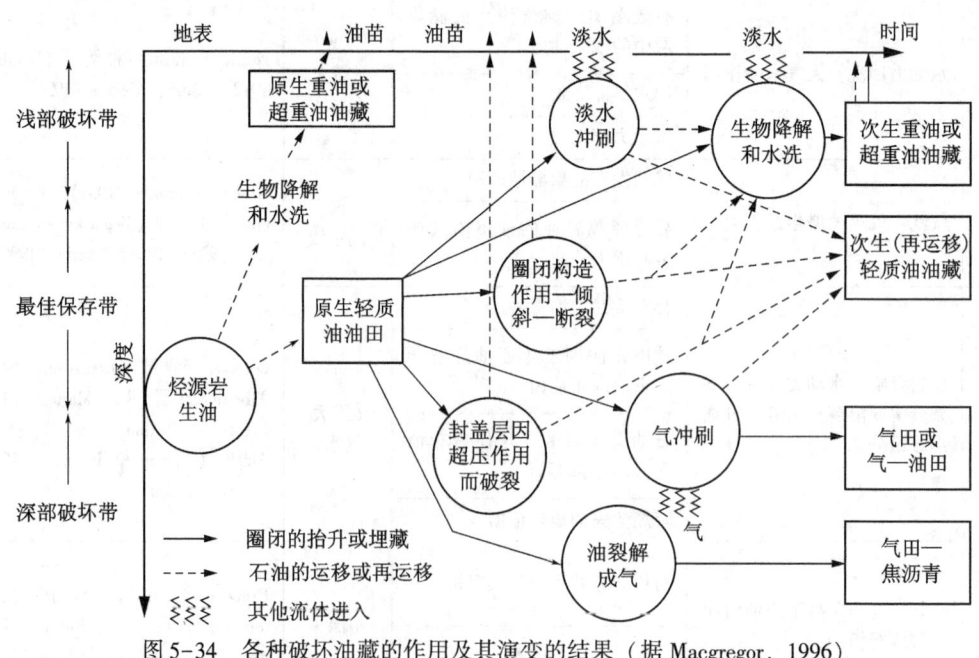

图5-34 各种破坏油藏的作用及其演变的结果（据 Macgregor, 1996）

因此，可以把油气由分散状态经初次运移和二次运移第一次在圈闭中聚集起来形成的油气藏称为原生油气藏，而把原生油气藏遭破坏后油气再次运移、重新聚集起来形成的油气藏称为次生油气藏。通常情况下，次生油气藏分布于原生油气藏的上方（上覆地层）或上倾方向，是由原生油气藏转移出的油气在相对较浅的合适圈闭中聚集形成的。

如图5-35所示，A为原生油气藏，遭断裂破坏后，天然气和少部分石油沿断层运移至地表形成油气苗，部分石油通过断层运移到C圈闭中聚集形成次生油藏，B为原生油气藏A遭破坏后形成的残留油藏。

关于原生和次生油气藏的概念还有另一种理解，即原生油气藏是指在生烃层系中发现的油气藏，油气源于本层系，为自生自储；而将分布在非生烃层系中的油气藏称为次生油气藏，是由生烃层系中的分散和聚集型油气运移至非生烃层系中的圈闭中聚集而成。如"渤海湾盆地古生界原生油气藏的形成和保存条件"这样的提法，此处的原生油气藏是指油气来自于古生界的自生自储式油气藏。

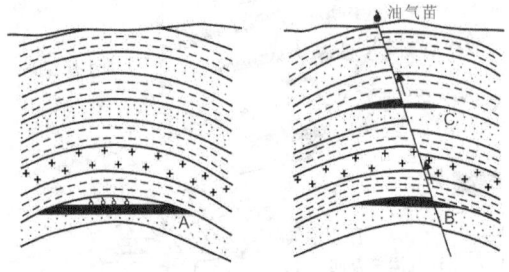

图5-35 原生油气藏与次生油气藏形成模式

渤海湾盆地古近系具有良好的油气生、储及保存条件，其中形成的油气藏应为原生油气藏，而新近系不具备生油气条件，其中的油气藏多为下伏古近系原生油气藏通过断层输导至浅层新近系聚集而成，故为次生油气藏。

一般认为，次生油气藏是原生油气藏遭到破坏后再运移、再聚集的产物。在实际工作中，要严格区分原生和次生油气藏有时是困难的。遭受破坏了的原生油气藏中的油气或全部转移，使原生油气藏遭到彻底破坏，或只转移一部分使原生油气藏储量减少，处在生烃层系中的原生油气藏还可能随断层活动带来的压力降低及周围烃源岩再供烃，使油藏规模保持不变甚至增大。

另外，赋存于古老潜山中的油气多数来自上覆新沉积层系，从油气运移聚集角度，往往是第一次聚集起来，应称为原生油气藏，但从生储配置来说，油气赋存于非生烃层系，又可称为次生油气藏。如渤海湾盆地任丘潜山油藏，油气赋存于震旦系和下古生界碳酸盐岩储集层中，上覆古近系烃源岩生成的油气通过断层和不整合进入潜山聚集成藏，因此既可称为原生油气藏，又可称为次生油气藏。

（二）油气藏再形成的模式

原生油气藏遭改造形成次生油气藏的模式主要有两种：

（1）断裂作用破坏了原来圈闭的完整性和油气藏的平衡条件，油气沿断裂向上运移，重新聚集形成新的油气藏。

如果原生油气藏形成后没有持续供烃，即后期再没有新的油气来源，则原生油气藏遭到断层破坏后，原生油气藏中的油气部分或全部沿断层运移到浅层形成次生油气藏，并伴随油气的部分散失。这种情况下，次生油气藏的形成是以破坏原生油气藏为前提，可以认为断层对油气藏的形成及保存总体上是破坏性的。

如果原生油气藏处于具有异常高压的生烃层系中，且断层活动与大规模油气运聚成藏时期相一致，下部生烃层系中的原生油气藏实际上成为油气的"临时仓储层"或"中转站"，随着断层的活动，油气从原生油气藏中沿断层向浅层转移，原生油气藏的异常压力得到释

视频 5-5 油气沿断层运移形成次生油气藏模式

放，周围烃源岩仍具有异常高压，在高压驱动下，其中的油气可再次充注原生油气藏；随着断层的再次活动，油气再次向上运移（图 5-36，视频 5-5）。由于多期断裂活动，可使油气多次沿断裂聚散，形成沿断裂分布的多层系油气藏。在这种情况下，如果没有断层活动，油气就不能大规模从深部转移到浅部层系，断层对油气藏的形成总体上是建设性的（蒋有录，2014）。

这种断层起建设性作用的次生油气藏形成模式在墨西哥湾盆地和渤海湾盆地的古近—新近系具有很多实例。如渤海湾盆地最大的复杂断块油气田——东辛油气田，由于长期多次的断裂活动，造成了油气沿断裂的多次聚散，原有油气藏多次遭破坏，新油气藏多次再形成，从而形成沿断裂梳状分布的多层系油气藏，主要控油断层含油气井段可达数百米到 2000m（蒋有录，1999）。由于断层的活动和断层封闭性不同，造成纵向上"忽油忽水""忽稀忽稠"等复杂现象。再如黄骅坳陷的港东油田，古近系沙河街组生烃层系中的原生油气藏沿断层向上运移在新近系形成次生油气藏。

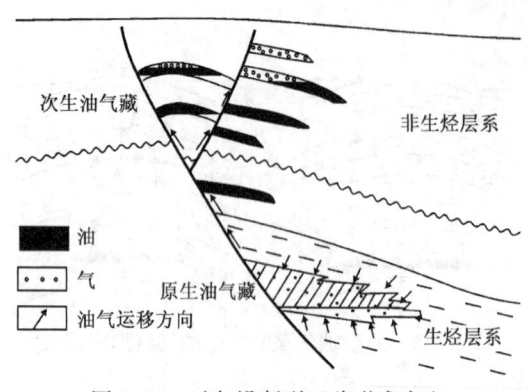

图 5-36 油气沿断裂运移形成次生油气藏的仓储层式模式

渤海湾盆地新近系油气藏为次生油气藏，油气来源于古近系，油气藏的形成主要受断裂控制，即新近系油气藏的形成与断层输导能力密切相关。油源断层输导能力是多因素共同作用的结果，断层延伸长、倾角大、主成藏期活动性强且活动时间长、切割的烃源岩供烃能力强，则断层输导油气能力越强，有利于新近系油气富集（蒋有录等，2022）。通过渤海湾盆地渤海海域大量勘探实践，薛永安等（2021）提出了受断层控制的"汇聚脊"浅层油气藏形成模式（图 5-36）。汇聚脊是指浅层构造下方的脊状的深部地质体，是一个低势区，油气通过断层、砂体等通道向该区运移汇聚。当汇聚脊上沟通深层与浅层的断层活动时，油气沿断层向浅层垂向运移，并在浅层砂体中运聚成藏。如果汇聚脊的储集空间足够大，则汇聚脊本身可以形成深层油气藏，并控制浅层油气富集；若汇聚脊没有足够的储集空间，则汇聚脊起临时仓储的作用，主要控制浅层油气的运聚（图 5-37）。

（2）地壳运动改变了原有圈闭的形态，油气部分向外溢出或全部转移，在新的圈闭中聚集成藏。

后期的地壳运动，产生了新的圈闭，同时也使原来圈闭的溢出点抬高，而新产生的圈闭的幅度又较大，原有油气藏中的油气将从溢出点逸出，并在新圈闭中重新聚集，形成新的油气藏。原有油气藏中的油气可能一部分逸出，也可能全部逸出，这决定于原有圈闭溢出点抬高的程度以及水动力作用的强弱。

后期地壳运动可以使大单斜地层的倾斜方向发生变化，这时油气在圈闭内部发生重新分布，重新聚集，也是油气藏的再形成。如我国四川盆地威远气田震旦系气藏的形成被认为是原生的资阳气藏遭破坏后形成的（图 5-38）。在印支期，威远和资阳两个地区均形成了古油藏，但由于威远构造幅度较低，而资阳构造为较大型背斜，油气主要聚集在资阳地区。但燕山期以后，随着资阳古圈闭的逐渐消失，喜马拉雅期威远背斜逐渐变

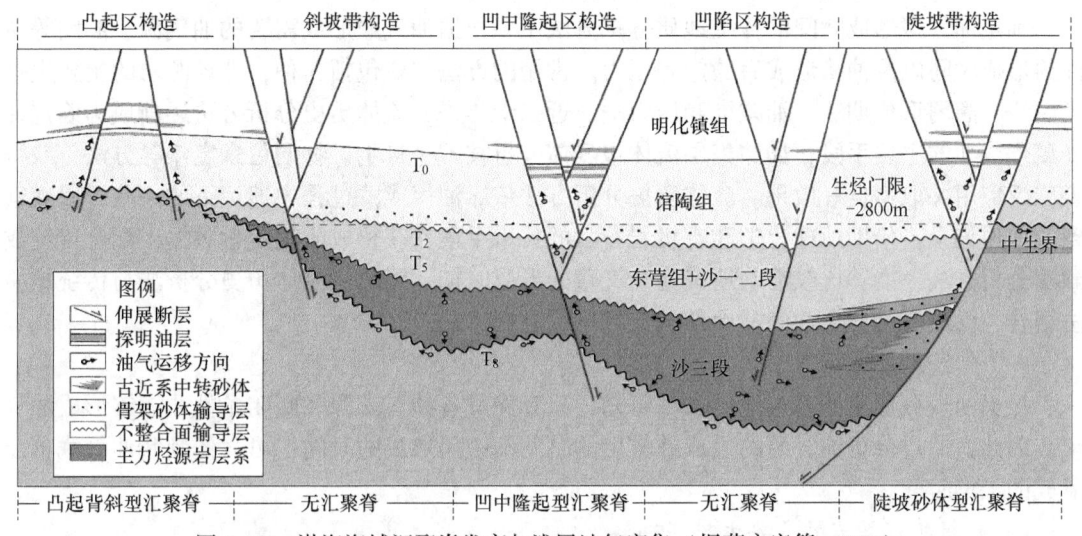

图 5-37　渤海海域汇聚脊发育与浅层油气富集（据薛永安等，2021）

大，使得威远构造得以聚集天然气，主要捕获来自资阳古气藏解体后运移来的天然气（蒋有录等，2003）。

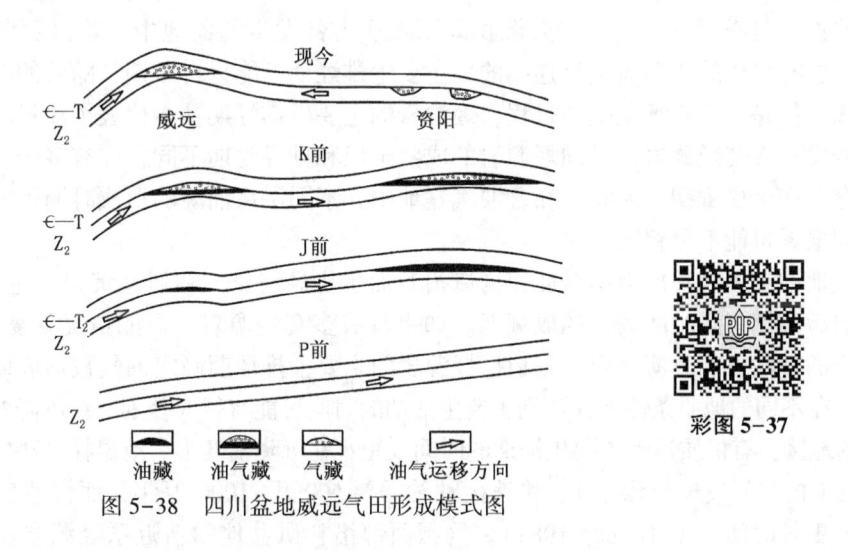

图 5-38　四川盆地威远气田形成模式图

在地壳运动比较频繁的含油气盆地中，油气藏形成过程常是很复杂的，它们可能经过数次的形成—破坏—再形成的过程，才形成了现今的油气藏状况。勘探实践表明，一个地区油气藏形成后的保存条件对其是否具有油气勘探价值是个关键因素，我国下扬子地区的油气勘探长期没有重大突破，可能与油气的保存条件不理想有直接关系。

## 第五节　油气藏形成的时期

油气藏形成期分析是油气成藏研究的重要内容之一，确定油气藏形成的时期及期次对研究油气藏的形成及分布，不仅有重要的理论意义，而且对指导油气田勘探有重要的实用价值。在一个含油气区，如果能确定油气藏是在某一个地质时代形成的，则在该时期以前形成的圈闭就对油气聚集有利；反之，在此以后形成的圈闭，一般对油气聚集不利。

确定油气藏形成时间的传统地质分析方法主要根据油气藏形成需要的油气源、圈闭等条件的形成时间以及油藏形成后的饱和压力。常用的方法主要包括3种，即烃源岩的主要生排烃期法、圈闭形成期法、油藏饱和压力法。近二十年来，流体历史分析方法逐渐成为确定油气藏形成期的主要手段，如储集层流体包裹体分析技术、自生矿物同位素定年等方法，获得了广泛应用并取得良好效果。流体历史分析方法依靠油气成藏过程中遗留下的一些可以观察到的地质记录，借助地球化学和有机岩石学的技术手段，获得成藏期定量数据，配合传统成藏期分析方法，能够比较准确地确定油气藏的形成时期。因此，流体历史分析法与传统地质法结合，已成为确定含油气盆地油气成藏期的通用方法。

**一、传统地质分析方法**

根据油气藏形成的基本地质条件可知，只有先具备油气来源和圈闭条件才能够形成油气藏。因此，通过分析油气源的生成并排出的时间和圈闭形成的时间，可大体判断油气藏可能形成的最早时间。

（一）根据烃源岩的主要生排烃期

油气藏的形成是油气生成、运移、聚集的结果，油气自烃源岩生成后，经过初次运移和二次运移，才可能在圈闭中聚集成藏。因此，烃源岩中油气生成并排出的主要时期，代表了油气藏可能形成的最早时期，即油气藏的形成时期不会早于烃源岩的主要生排烃期。

在一些连续沉降而没有重大抬升沉积间断地质事件发生的盆地中，若只发育一套烃源岩，烃源岩中有机质的成熟演化是连续的，主要生排烃期可能只有一期，随后的油气二次运移聚集应该看作是一个连续发生的过程，烃源岩的主要生排烃期基本代表了油气藏形成的主要时期；若发育多套烃源岩，不同烃源岩的成熟生烃和排烃时期不同，即有多个主要生排烃期，从而存在多个成藏期。因此，在含油气盆地中，不同层系油源的形成时期可能有单期或多期，不同层系可能不尽相同。

许多盆地的烃源岩一次生排烃后因构造抬升而生排烃终止，随后又沉降发生二次生烃，可能存在前后两期相隔时间较长的成藏期。如果具有多套烃源岩，可能情况更复杂。因此，搞清烃源岩的埋藏史、热演化史，是根据烃源岩的主要生排烃期确定油气藏形成期的关键。

烃源岩在不同的地质条件下，达到主要生油期的时间可能有很大差别。在沉降幅度大、地温梯度高的地区，有机质达到主要生油期的时间较短；在沉降幅度小、地温梯度小的地区，达到主要生油期的时间较长。据统计，快速生油约需要500万~1000万年，而慢速生油可能需要1亿年或更长时间（据Tissot，1984）。美国西部洛杉矶盆地的新近系烃源岩及我国渤海湾盆地古近系烃源岩可能都是属于快速生油；北非的哈西—迈萨乌德油田的下志留统烃源岩属于慢速生油实例。从图5-39可见，在最初的300Ma期间（大约在白垩纪以前），烃源岩埋藏较浅，至二叠纪由于盆地上升，埋藏变得更浅，只生成很少的石油；从白垩纪开始，才达到主要生油期，主要成藏期发生在白垩纪及以后的地质时期。

（二）根据圈闭的形成时间

油气藏的形成是油气在圈闭中聚集的结果，只有形成了圈闭，油气才能在圈闭中聚集。因此，油气藏形成时间不会早于圈闭的形成时间，即圈闭形成的时间限定了油气藏形成的最早时间。

在一个地区，不同圈闭的形成时间可能差别很大。一个圈闭的形成，可以是在储集层形成以后不久，也可能是在储集层形成以后很久；它可以是在某一个地壳运动幕形成的，也可能是在漫长的地质历史期间断断续续形成的；并且一个圈闭也可能经过多次改造（张厚福，1999）。

通过地层层序关系、古构造演化等方面的分析，做出圈闭形成和演化的平面和剖面分析图，如发育演化剖面、宝塔图等，可有效地分析圈闭的形成史。图5-40表示圈闭形成的相对时间。在泥岩沉积时期a，其下伏砂岩的上倾尖灭形成了圈闭，它是这里最早形成的圈闭；圈闭2是在断层发生后，即在b时形成的；后来由于风化、剥蚀作用，造成次生孔隙带；在不整合面以上的泥岩沉积时，即c时形成圈闭3；d时在一个被泥岩覆盖的透镜状砂岩体或沙洲中形成圈闭4；圈闭5、6、7都是在e层沉积后，经过褶皱形成的。它们形成的绝对时间，则需根据古构造、岩相古地理和绝对年龄的测定等方面的综合研究结果，才能确定。

### （三）根据油藏饱和压力

地下油藏中的石油一般都含有一定数量的天然气，在一定的地层温度下，石油被天然气饱和时的压力即为油藏饱和压力。人们根据现今很多油藏被天然气饱和或接近饱和的事实，又根据饱和天然气的石油具有更大的运移能力，认为石油在运移和聚集过程中被天然气所饱和，饱和了天然气的石油进入圈闭形成油藏，此时油藏的饱和压力与地层压力相等，而地层压力与埋深有关。如果油藏形成后没有游离气进入，饱和压力将保持到今天而不变，因此，与饱和压力相当的地层埋藏深度所对应的地质时代，就是该油藏的形成时间。换句话说，从现今油藏向上推到与饱和压力相当的埋深，该深度所对应的地质时代即为油藏的形成时间，计算公式为

$$H = p_b / (\rho g)$$

式中 $H$——油藏形成时的深度，m；
$p_b$——油藏饱和压力，Pa；
$\rho$——地层水密度，kg/m³；
$g$——重力加速度，9.8m/s²。

如图5-41所示，某地$K_1$层油藏的饱和压力为20MPa，按静水压力近似计算，其相当的地层埋藏深度$H$（设水的密度$\rho$为$1.0 \times 10^3$kg/m³，重力加速度$g$为9.8m/s²）：

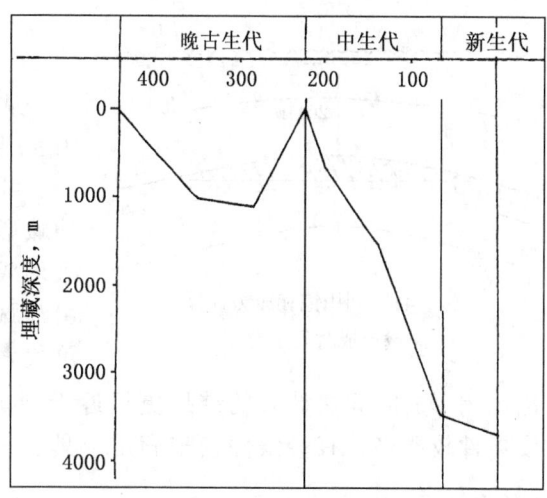

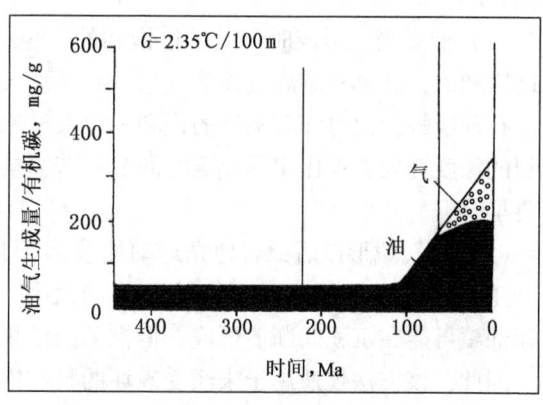

图5-39 哈西—迈萨乌德油田地区志留系烃源岩埋藏历史和烃类生成随地质时代的变化
（据Tissot，1984）

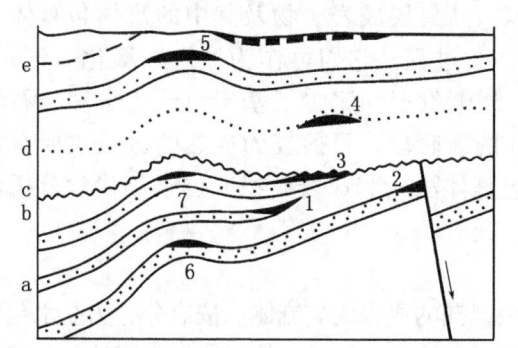

图5-40 圈闭形成的相对时间（据Levorsen，1967）
1~7为圈闭的编号；a~e为地层时代序号

图 5-41 利用饱和压力计算油藏形成时间示意图

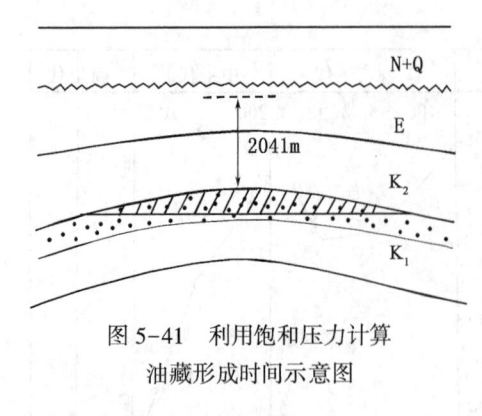

$$H = \frac{p}{\rho g} = \frac{20 \times 10^6}{1 \times 10^3 \times 9.8} = 2041 (\text{m})$$

从油藏顶面上推2041m到E层上段，则可认为$K_1$层油藏是在E层沉积后期形成的。

可见，由于假设油藏形成时为饱和状态，油藏形成时的地层压力等于油藏饱和压力，油藏形成后饱和压力不变，因此从理论上来说，由油藏饱和压力推算的深度所对应的地层时间可代表圈闭中石油聚集过程的时间，饱和压力法比圈闭形成时间法计算的结果更接近于油藏形成的真正时间。但实际上，该方法的假设条件较严格，有些条件较难满足，具有一定的局限性。主要影响因素包括以下两方面：

（1）油藏当初形成时可以是过饱和的，也可以是欠饱和的。若现今的油藏当初形成时为过饱和的，即具有游离气顶油气藏，后来油气藏埋藏深度加大，地层压力增大，游离天然气被石油溶解，此时油藏具有的饱和压力大于原始饱和压力，致使按现今油藏饱和压力计算得到的深度变大，即比实际成藏时间晚；若当初形成时是欠饱和的，则推算的时间比实际时间要早。

（2）油气藏形成后，若地壳运动使该区抬升，上覆地层遭受剥蚀，引起油气藏内的温度、压力发生变化，从而改变饱和压力的大小。若在上覆地层剖面中有较长期的沉积间断，实际油藏可能在沉积间断前形成，但推算的结果可能在沉积间断后。

因此，该方法仅适用于未经受破坏的且在饱和状态下聚集形成的油藏。对现今有气顶的油气藏及地质历史中过饱和、未饱和油藏并不适用。在利用饱和压力法计算油藏形成时间时，必须充分考虑各种因素的影响，并与其它方法配合使用。

**二、流体历史分析方法**

传统的油气成藏期研究方法主要从生、储、盖、运、圈、保各项参数的有效配置，根据构造演化史、圈闭形成史与烃源岩生排烃史来大致推测或确定成藏期次和过程，缺乏对油气成藏过程直接地质记录的研究。

油气成藏是地质历史上的动态过程，岩石与油、气、水流体的相互作用应该留下一定的成藏化石记录。近二十多年来，人们一直试图寻找这种更确切更直接的确定油气成藏期的化石记录，并逐渐形成了这样一种共识：储集层成岩矿物及其中的流体包裹体直接记录了沉积盆地油气成藏的物理和化学条件和过程，它们可作为油气成藏化石记录，用以重塑油气藏形成及演化史。在此基础上，逐渐发展和完善了基于地球化学和岩石学的实验测试手段，使成藏期研究进入定量描述的新阶段。目前较为成熟的方法主要有两种：储集层有机岩石学分析法（储集层流体包裹体法）和成岩矿物同位素年代学分析法（自生伊利石测年法）。

**（一）储集层流体包裹体法**

流体包裹体是矿物结晶过程中从周围介质中捕获的成岩成矿流体，按成分分为盐水包裹体和烃类包裹体，按相态分为液态包裹体、气体包裹体和气液包裹体。流体包裹体纪录了这些自生矿物结晶时介质的性质、组分、物化条件及地球动力学条件。烃类包裹体是油气在储集层中运移聚集过程中，被捕获在储集层中的成岩矿物中而形成的，其存在说明在地质历史时期储集层发生过油气充注事件。因此，根据油气包裹体在成岩序列中的次序，可确定油气充注的相对时间。根据烃类包裹体成分、荧光等特征和与其共生的盐水包裹体的均一温度，结合储集层埋藏受热史，可判断油气充注的时间及期次。

在矿物结晶过程中形成包裹体时所捕获的流体大多呈单一液相，储集层样品采到地面后由于温度、压力的降低，溶于液相的气体分离出来形成气—液两相的包裹体，在实验室将包裹体置于冷热台上加热至气相消失，再恢复成均一液相时的温度称为均一温度，该温度代表了包裹体形成时的温度，结合储集层的埋藏受热史，可确定流体包裹体形成时储集层经受的温度，以及相应的埋深和地质时代等，从而判断油气充注的时间。

当然，理论上含烃流体包裹体的均一温度才能代表烃类充注时的温度，但实际测定过程中除直接测定气液烃或气态烃包裹体的均一温度外，而大量的流体包裹体是盐水包裹体，可以通过测定与含烃包裹体同期形成的盐水包体的均一温度，来推断烃类注入的时间。因此，要利用流体包裹体均一温度推测油气藏形成时间，关键是搞清包裹体的期次及其与烃类包体的关系。除了测定流体包裹体的均一温度外，还可测定包裹体的成分、成熟度、冰点等参数，综合判断油气成藏期次，并用以判断充注方向和进行油气源对比。

利用流体包裹体均一温度判断油气成藏期具有三个假设条件：均相体系、等容体系、封闭体系。由于油相包裹体通常不是均一相态下捕获的，其均一温度比共生的盐水包裹体通常低 10~30℃，故一般选择与烃类包裹体共生的盐水包裹体，测定其均一温度。再结合包裹体所在储集层的埋藏史、热演化史，确定包裹体形成的时间，进而确定油气充注时间。该方法的准确性取决于包裹体形成期次的划分及均一温度测定的精度与储集层埋藏热演化史的准确性。

通过研究油气包裹体的分布、相态、类型、丰度、荧光等特征，结合包裹体宿主矿物的形成时间序列和期次，确定油气包裹体期次，对不同期次油气包裹体的伴生盐水包裹体进行显微测温，利用盐水包裹体均一温度并结合储集层埋藏受热史分析等，确定油气成藏期次及时间。刘可禹（2013）利用油气包裹体丰度、包裹体岩相学、包裹体荧光光谱和显微测温分析，研究塔里木盆地塔中地区奥陶系储集层油气成藏史，认为至少存在两期油充注，并提出了研究程序及注意的问题。首先研究包裹体岩相学，即借助紫外—可见光和荧光光谱划分包裹体组合，再选择包裹体组合内的盐水包裹体和油包裹体开展显微荧光光谱、显微测温研究，最后根据均一温度、冰点温度并结合 PVT 模拟分析油气充注史。

包裹体分析应注意以下几个问题：（1）样品的选择和处理；（2）利用包裹体岩相学，综合包裹体组合和显微荧光光谱分析油气充注期次和成藏史；（3）确定所用盐水包裹体是成岩次生产物且与油气包裹体共生，避免利用数量不足或者没有严格分期次的包裹体数据来解释油气充注期次和时间；（4）结合井底温度，考虑碳酸盐岩中包裹体捕获后的再平衡以及包裹体超压捕获对流体包裹体温度和盐度的影响。

图 5-42 是利用流体包裹体分析并结合烃源岩生烃史确定塔中志留系油气藏的复杂油气成藏过程的实例（鲁雪松等，2012）。综合包裹体赋存矿物、产状、颜色以及相态特征，将研究区烃类包裹体划分为 3 期，结合包裹体荧光光谱和红外光谱分析了不同期次包裹体的成熟度及来源，认为第 II 期包裹体成熟度低、密度大，第 III 期包裹体成熟度较高、密度较小；第 I 期和第 III 期油气来自中—下寒武统烃源岩，第 II 期油气来自中—上奥陶统源岩，现今油气为多期、多源充注油气的混合物。最后，结合包裹体均一温度以及研究区埋藏受热史确定

塔中志留系油气具有3期成藏过程（图5-42），即泥盆纪沉积末期中—下寒武统原油第Ⅰ期成藏（对应黑色沥青包裹体和干沥青），泥盆纪末遭受破坏形成残留沥青，二叠纪沉积末期中奥陶统原油第Ⅱ期成藏（对应发黄褐色荧光的包裹体和褐色沥青），喜马拉雅期中—下寒武统深部调整油气第Ⅲ期成藏（对应发蓝白色荧光的包裹体和油质沥青），现今油气主要为第Ⅱ期和第Ⅲ期成藏油气的混合物。

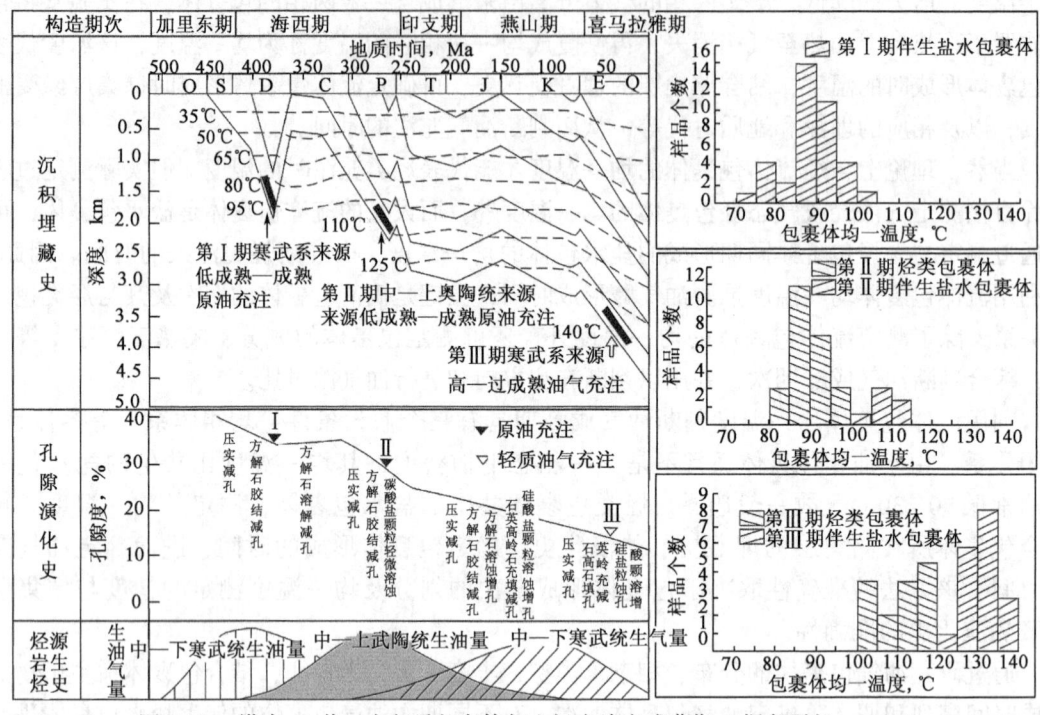

图5-42 塔中11井区志留系包裹体与生烃史确定成藏期（据鲁雪松，2012）

（二）自生矿物伊利石测年法

该方法是利用储集层中自生矿物伊利石同位素年龄分析烃类进入储集层的时间。其基本原理是：砂岩储集层中自生伊利石仅在流动的富钾水介质环境下形成，油气进入储集层后伊利石形成过程便会停止，即当烃类充注到储集层后，由于烃类替代储集层中的地层水，破坏了自生伊利石的形成条件，自生伊利石形成作用便中止了。因此，砂岩储集层中自生伊利石K—Ar年龄将会记录油气注入事件发生的时间。由于自生伊利石是烃类注入之前形成的，而最年轻的自生伊利石应是烃类注入前夕或初期的产物，因此烃类充填储集层的时间应略晚于自生伊利石的同位素年龄。根据平面上和剖面上自生伊利石的同位素年龄分布可以判断成藏的速度（快速或缓慢）以及烃类运移的方向。

利用该方法确定油气藏形成时间的前提是：所研究砂岩储集层中具有自生伊利石，同时伊利石的成岩作用必须与油气注入事件具有成因联系。通常对同一油藏的油水界面上、下的油层和水层中连续取样，油层中的自生伊利石年龄较老，其最下（最新）年龄代表了伊利石结束生长的时间，即代表了烃类充注的时间，而水层中的自生伊利石远较油层中的年轻，是在成藏后含水部分继续生长的结果，因此在油水界面上、下的自生伊利石年龄应有明显的突变。

这种方法在理论上是完全可行的，但不是所有的含油层都具有这种变化规律，通常细砂岩和中砂岩样品效果较好。除了受到取样、测定等操作环节的影响外，该方法还受到储集层非均质性、油水分布、水介质等因素的影响较大，因此在油气藏剖面上自生伊利石的年龄也有很多变化特征。

Hamilton 等（1989）将这些变化归为 6 种类型（图 5-43）。（1）渐变型，即油（气）层中自生伊利石的年龄逐渐变小，说明油气是不断地连续充注的[图 5-43(a)]；（2）恒定型，即油（气）层和水层中的自生伊利石年龄相同，说明伊利石的生长与油气聚集无关，可能是由构造作用（如抬升、降温）引起的[图 5-43(b)]；（3）增加型，即自生伊利石的年龄随深度增加，水层中的年龄反而比油（气）层的大，说明与油气的充注无关，可能是水介质发生了变化不适合伊利石的生长[图 5-43(c)]；（4）两段型，即油（气）层和水层的自生伊利石年龄分别各自相同，这可能反映油气快速充注的结果[图 5-43(d)]；（5）两期型，即油（气）层中自生伊利石年龄具有两个明显不同的值，表明先后有两期明显的油气充注[图 5-43(e)]；（6）波动型，即油（气）层中自生伊利石年龄随深度增加发生波动，这可能反映储集层的非均质性太强，或沿断层有外来流体的侵入[图 5-43(f)]。在 6 种类型的自生伊利石中，只有（a）类属于完全正常的变化，这足以说明该方法受外界地质因素，油水界面和水介质变化、储集层非均质性等方面的影响非常明显。因此在应用时要考虑并排除这些干扰，最好与其它方法一起进行综合分析和判断，以获得较可靠的结果（李明诚，2013）。

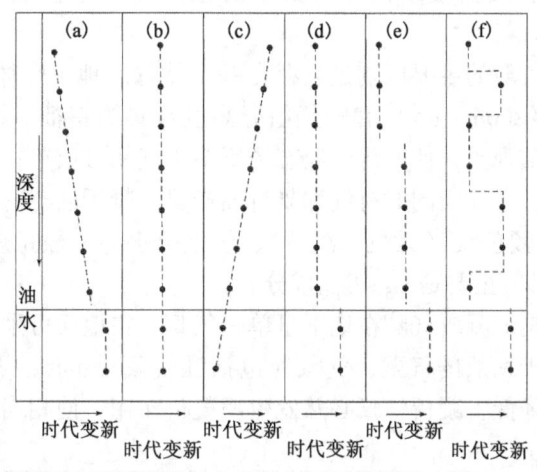

图 5-43 油藏剖面上不同类型的自生伊利石年龄剖面（据 Hamilton 等，1989）

除上述流体包裹体和自生矿物伊利石测年法两种主要方法外，还有诸如锆石 U—Pb、(U—Th)/He 定年、磷灰石裂变径迹定年，以及沥青和原油中的 U—Pb、Rb—Sr、Sm—Nd、Re—Os 等放射性同位素定年法，其中 U—Pb 测年法和 Re—Os 同位素测年是近年来应用较广的方法。U—Pb 测年法尤其对碳酸盐岩层系较为适用，样品中的 $^{238}$U 和 $^{235}$U 经放射性衰变分别形成稳定同位素 $^{206}$Pb 和 $^{207}$Pb，据此可以测定放射性成因的子体同位素含量进而确定其形成年龄。

储集层固体沥青作为特殊的"成岩矿物"也被用于油气藏形成时期的确定。储集层固体沥青是油藏中石油蚀变的产物，记录了油藏被改造、破坏的信息。固体沥青反射率反映了烃类流体转变为固体沥青后所经历的热历史，从储集层固体沥青反射率、沥青反射率化学反应动力学，结合储集层埋藏史和热演化史定量分析，可确定油藏破坏时间。

然而，油气藏是地质历史过程中形成的产物，其形成后往往经历了较复杂的演变过程，目前尚没有一种成藏期确定方法绝对可靠，每一种方法都有一定局限性。因此，油气藏形成的时间和期次需要地质研究与分析测试等多种方法综合判别，才可能得出较为正确的结论。目前广泛应用的程序方法是：首先确定主要烃源岩主要生排烃期，在此基础上，充分利用储层流体历史分析法，主要是成岩矿物流体包裹体测试技术、伊利石测年技术以及其他分析测试技术，结合盆地演化及储层埋藏史，综合判断油气成藏时间及期次。

## 第六节 凝析气藏和天然气水合物的形成机理

凝析气藏和天然气水合物是两种特殊相态的天然气藏，其形成除了需要常规油气藏的基本成藏地质条件外，主要受控于地层压力和温度，在此分别讨论。

### 一、凝析气藏的形成机理

（一）基本概念

在一定温度压力条件下，烃类物质等温加压引起凝结，减压导致蒸发。但超过一定的温度、压力后，出现逆蒸发和逆凝结现象，即等温加压引起蒸发，而等温减压引起凝结。

在油气藏开采中人们发现，某些在地下深处高温、高压条件下为气态的烃类，采到地面后，因温度、压力降低，反而凝结出一定数量的液态油（凝析油），这种气藏称为凝析气藏。

凝析气藏与普通油气藏的主要区别是它存在一个特殊的地下烃体系，称为凝析油体系，以高油气比（大于 $600\sim800\text{m}^3/\text{m}^3$）和轻烃组分高度富集为特征。在一定温度、压力范围内，存在逆蒸发和逆凝结现象，使一部分液态烃反溶于气相形成单一气相。它的最重要特点是在地下烃体系呈气相，在地面同时有气和凝析油产出。凝析油与一般原油相比，具有密度低（<0.78）、黏度小、颜色浅（无色、浅黄）、轻馏分多，一般正烷烃含量大于87%，环烷烃+芳烃含量小于13%，主要是 $C_5\sim C_{10}$ 成分。

与普通油藏不同的是，凝析气藏在地下呈单一气相，在地面可采到部分凝析油和大量天然气。凝析气藏也不同于一般的气藏，气藏（包括湿气藏）也产少量凝析油，但数量远不如凝析气藏多，随压力降低，凝析气藏必然发生反凝析作用，使相当多的凝析油遭受损失。

（二）纯物质的相态

在一定温度、压力条件下，等温加压使气态物质液化；随温度的增高，气体液化所需要的最低压力增大；当达到一定温度时，无论加多大的压力都不能使物质液化，该点就是临界点，临界点的温度是气相物质能维持液相的最高温度，称为临界温度；在临界温度时，该物质气体液化所需的最低压力，称为临界压力。

任何物系处于临界状态的特点是：共存的气、液两相间的差别消失，此时两者的密度、粘度、表面张力等没有差别。

临界温度和临界压力是各种物质的特性常数，一定物质就有其一定数值。如水的临界温度为374.2℃，甲烷的临界温度为-82.1℃，因此，地下甲烷除溶于石油和水以外，呈气态存在；乙烷也大致相似。

温度、压力和物质相态的关系图，称为相图，又称压力—温度图。从丙烷的一些PVT关系曲线（图5-44）中可以看出，当物系在71.1℃、压力由小增大时，气态丙烷体积起初随压力加大而缩小；过 A 点（压力为 2.8MPa）后，体积继续缩小，但压力却保持不变；过 B 点后，即使加极大压力，体积也无多大改变。87.8℃的 p-V 曲线与此条性质相同，所不同的只是水平线段 A'B'随温度升高而渐渐缩短。最后在 96.8℃时缩成一点 K，在此温度以上的曲线，水平线段完全消失（据张厚福等，1999）。

上述现象的物理意义是：在 71.1℃时，丙烷被压缩到 A 点开始液化；随着压力增加，气体逐渐减少，液体逐渐增多，因液体的摩尔体积远小于气体，故体积逐渐减少；达到 B 点时，气体已经全部液化，此时由于液体的压缩性甚小，所以加极大的压力，体积也没有多大变化。从 A 点到 B 点压力并没有改变，这表明液体在一定温度下，有一定的饱和蒸气压。A 到 B 的过程中液相与气相共存。温度升高，液体的饱和蒸气压也增大。

（三）双组分烃类物系的相态

图 5-45 为双组分烃类物质 p-T 图。图中气液两相共存的最高温度 $K_1$ 和最高压力 $B_1$，分别称为临界凝析温度和临界凝析压力。临界点 K 为泡点线与露点线的交点。

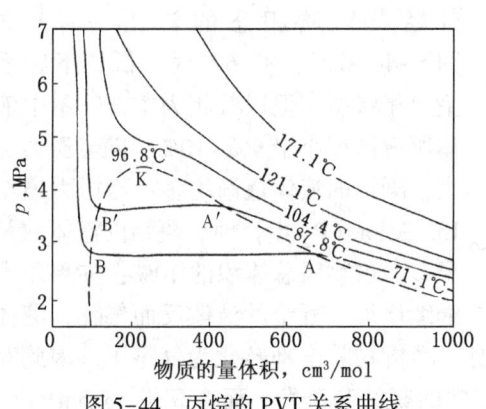

图 5-44 丙烷的 PVT 关系曲线

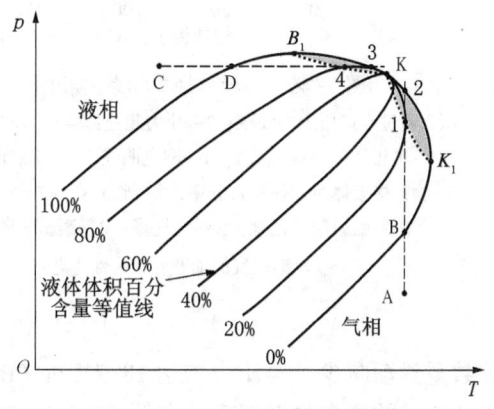

图 5-45 双组分烃类物系相图

在等温加压情况下：A→B→1→2，在 A 点物质为气相，加压至 B 点，开始出液滴（露点），压力继续增加至 1 点，液体数量逐渐增大；但从 1 到 2 点，加压反而使液体逐渐减少，气相增多，至 2 点物质全部气化。由 1→2，等温增压出现气化特征，称为逆蒸发；由 2→1，等温减压出现液化特征，称为逆凝结。

在等压升温情况下：C→D→4→3，C 点为液体，升温至 C 点，开始出气泡（泡点），由 D→4，气体数量逐渐增大；但从 4→3 点，升温反而使气体数量减少直至最终全部液化。由 4→3，为逆凝结；由 3→4，为逆蒸发。

显然，逆凝结和逆蒸发现象出现于临界点与临界凝析温度点和临界凝析压力点之间，常称为"逆行区"（图 5-45）。

可见，双组份烃类物质相态的转化（逆蒸发），是凝析气藏形成的基本原因。

（四）多组分烃类物系的相态与凝析气藏的形成

石油和天然气都是成分复杂的多组分烃类混合物。多组分烃类混合物质的相态特征与上述双组分情况类似，只是更复杂，气液共存区更宽。通常将其简化为两部分：轻组分、重组分。轻组分多，临界点位于临界凝析点的左下侧；重组分多，临界点位于临界凝析点的右下侧。因此，逆行区可为两个，也可能为一个。

图 5-46 表示某种多组分烃类物系在不同温度和压力下的物理状态。K 为其临界点，临

界温度为52.8℃。$K_1$为临界凝结温度。曲线4为气体开始析离液体的泡点曲线，其外为纯液相；曲线5为液体开始凝结脱离气体的露点曲线，其外侧为纯气相；在4、5两曲线所包范围内，混合物处于双相状态（液态和气态），各等百分率线表示物系中液体的百分含量。

在地层埋藏较浅、地层温度低于临界温度时，物系的相态变化符合正常的凝结和蒸发概念。例如，在25℃时（图5-46），随着压力加大，物系中凝结的液体逐渐增多，至压力超过18.0MPa（$C_1$点）时，物系就全部凝结为液体。

当地层埋藏较深、地层温度介于临界温度与临界凝结温度之间的情况下，物系的相态变化就比较复杂，如同双组分烃类物质相态的转化一样。如图5-46所示，82.5℃时，低压下物系呈双相状态，但以气相为主，物系中液体所占体积小于5%~10%；随着压力加大，凝结的液体逐渐增多；当压力增至15.5MPa（$B_2$点）时，凝结的液体数量最多，占物系总体积的10%；如果压力继续增加，凝结的液体反而气化，液体

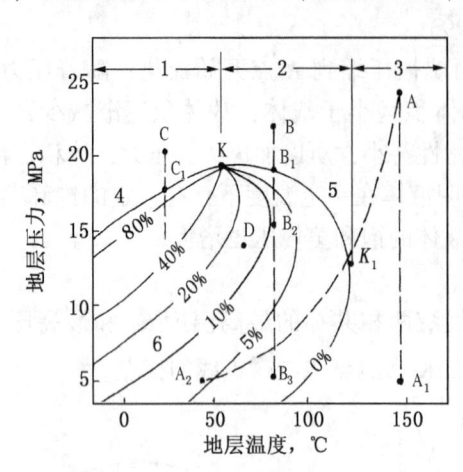

图5-46 多族分烃类物系的相图
1—压力超过泡点压力的油藏；2—压力超过露点压力的凝析气藏；
3—单相气藏（纯气藏）；4—泡点曲线；5—露点曲线；
6—物系中液体所占体积百分率；K—临界点（$T$=52.8℃）；
$K_1$—临界凝结温度；A—纯气藏；B—凝析气藏；
C—含溶解气的油藏；D—油气藏

的数量逐渐减少；至压力增达18.7MPa（$B_1$点）时，凝析物就全部转化为气态了。因此对82.5℃时的这个物系而言，在低于15.5MPa时属正常的凝结和蒸发，而在高于15.5MPa时则属逆凝结和逆蒸发的范畴。换言之，在地层埋藏较深，地层温度介于某种烃类物系的临界温度与临界凝结温度之间，地层压力超过露点压力（图5-46中的B点）时，这种烃类就可以形成凝析气藏（张厚福等，1999）。

因此，凝析气藏的形成必须具备两个条件：

（1）在烃类物系中气体数量必须远大于液体数量，这样才能为液相反溶于气相创造条件。在图5-45所示的某种多组分烃类物系中，气体体积相当于液体体积的5~20倍或更多。

（2）地层埋藏较深，地层温度介于烃类物系的临界温度与临界凝结温度之间，地层压力超过该温度时的露点压力，这种物系才可能发生显著的逆蒸发现象。

在含油气盆地中，随着储集层的埋藏深度加大，地层压力和地层温度都会随之增加。当地层温度达到油—气物系的临界温度后，地层压力越大，油—气物系越易转化为单相气态，大大促进了地下深处储集层内的油气运移和聚集，形成凝析气藏。

形成凝析气藏所要求的特殊条件，决定了它在地壳上的分布必然有一定范围，如图5-46所示，A、B、C、D分别代表4种油气藏类型。A型地层压力为24.6MPa，温度为148.9℃，超过临界凝结温度121.1℃，若等温开发（即压力沿A—$A_1$线降低），物系始终处于气相，为纯气藏；但若采至地面，温度、压力都降低，就如A—$A_2$曲线所示，进入双相区后，便可在地表分离器中析出少量液体（凝析油）。C型的原始地层压力大于饱和压力，温度却低于临界温度，为含溶解气的纯油藏，在等温开发时，随着压力降低至$C_1$后，

溶解气逐渐游离，气油比增大，油藏能量会迅速减小。当原始地层压力与温度的组合位于泡点曲线和露点曲线所包围的双相区时，如 D 点所示，则具有原生游离气顶，为油气藏；其中气体与液体的体积百分比变化范围很大，视地层温度及压力而定。只有 B 型地层温度介于临界温度与临界凝结温度之间，若等温开发，压力沿 B—$B_1$—$B_2$—$B_3$ 逐步降低，当压力降至低于露点压力 18.7MPa（$B_1$ 点）后，在地层中便可逆凝结为液体，即为凝析油，这与 A 型纯气藏不同，属于典型的凝析气藏。

由此可见，凝析气藏和纯气藏的地层温度较高，它们的埋藏深度一般都较大，多分布在地下 3000~4000m 或更深处。如法国拉克气田，在 3500~4000m 深的石灰岩和白云岩中，发现了可采储量达 $2000×10^8m^3$ 的巨大气藏，气体中凝析物含量很高，未发现液态石油。再如美国墨西哥湾盆地，深度超过 4500m，以天然气和凝析气聚集为主，气井占 60%~68%，油井占 32%~40%；在以古生界为钻探对象的二叠盆地，超过 4500m 深处存在着凝析气藏和纯气藏，气井占 90%~100%，油井极少。

实际上，凝析气藏的成因类型可有多种形式。根据多组分烃体系的热力学原理，凝析气藏中的气态烃和液态烃要成为单一气相具有两种形成机理：逆蒸发作用和正常蒸发作用。

逆蒸发作用形成凝析气要求混合烃体系中的气态烃量大于液态烃，如上所述。正常蒸发作用形成凝析气的过程，主要发生在混合烃体系中液态烃数量占主要地位时，随着地层温度、压力降低，气态烃以正常蒸发方式从油相中分离出来，同时，气态烃中将溶解部分液态烃而形成凝析气。

在油气生成、运移聚集成藏过程中，随着烃体系组成、温度、压力的变化，烃体系在适当的环境下通过逆蒸发或正常蒸发作用可以形成初始型和次生型凝析气藏，后者又可分为分异型和富化型两类凝析气藏（陈义才等，2002）。初始型凝析气藏是指烃源岩中生烃产物为凝析气相，并在以凝析气相运移聚集成藏过程中，烃体系的组成、相态基本保持初始状态的凝析气藏。在油气运移、聚集和成藏过程中，烃体系分异、富化，多期成藏，多个烃体系混合，经历不同的相态演化过程也可形成凝析气藏，这种在运、聚、成藏过程中演化形成的凝析气藏称为次生凝析气藏（周兴熙等，1996）。分异型凝析气藏是指油相运移过程中，由于地层温度、压力降低，气态烃从油相体系中分离出来形成的凝析气藏。富化型凝析气藏是由低凝析油含量的凝析气或湿气、干气中混入一定数量的液态烃而形成的混合型凝析气藏。因此，凝析气藏中的天然气并非一定是烃源岩在凝析气阶段生成的凝析气。在适当的温度、压力和油气生运聚条件适宜时，从低成熟到过成熟阶段，都可能形成不同机理、不同相态成因的凝气藏。

## 二、天然气水合物的形成机理

### （一）基本概念

天然气水合物（natural gas hydrate）是一种天然气与水的类冰状固态化合物（俗称"可燃冰"），是在特定的低温和高压条件下，甲烷等气体分子天然地被封闭在水分子的扩大晶格中，形成的冰态、结晶状笼形化合物。它是自然界中天然气存在的一种特殊形式，主要分布在一定水深（通常大于 300m）的海底以下和永久冻土带。自然界中存在的天然气水合物的天然气主要成分为甲烷，所以又常称为甲烷水合物（methane hydrates）。有时乙烷、丙烷、异丁烷、二氧化碳及硫化氢也可与甲烷一起形成固态混合气体水合物，故又称为固态气水合物（solid gas hydrates）。

天然气水合物是甲烷等气体和水分子组成的类似冰状的固态物质，其分子式为

M·$n$H$_2$O，其中 M 是以甲烷气体为主的气体分子数，$n$ 为水分子数。天然气水合物实质上是一种水包气的笼形物，其中的水结晶成等轴晶系，而不是像冰那样的六方晶系。由水分子形成刚性笼架晶格，每个笼架晶格中均包括一个主要为甲烷的气体分子（图5-47）。

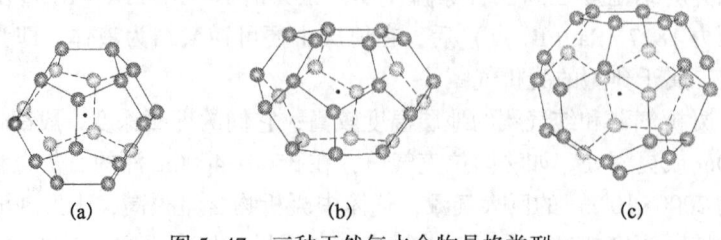

图 5-47 三种天然气水合物晶格类型

天然气水合物是甲烷与水的笼形结构物，其所含的甲烷受结构中甲烷分子与水分子关系的控制。理论上一个饱和的天然气水合物分子结构内，甲烷与水的克分子比为 1:6，换算为标准温压下的体积比是 164:1，也就是说在标准温压下，1m$^3$ 气水合物可含 164m$^3$ 甲烷气和 0.8m$^3$ 的水。可见其蕴藏的甲烷气资源量十分巨大。

（二）天然气水合物的形成及分布

天然气水合物的气体主要有三方面来源：一是沉积物中的有机质在细菌降解作用下产生的生物成因气；二是深部有机物或石油在热裂解作用下产生的热解成因气；三是由火山作用产生的无机成因气。由于目前天然气水合物主要发现在较浅的沉积物中，因而人们认为天然气水合物中的气体大多是生物成因气，特别是形成于大陆外缘的天然气水合物。但随着天然气水合物不断被发现分布于在陆源碎屑较少、有机质总量较低的各大洋洋底，热解成因气和无机成因气在天然气水合物中的比重可能会增大。

天然气水合物的成藏需具备四个最基本条件：（1）充足的天然气和水，天然气主要是生物成因气，其次来源于热成因气；（2）较低的温度，一般温度低于 10℃；（3）较高的压力，一般压力要求大于 10MPa；（4）有利的储集空间。其中最重要的是低温和高压条件，且温度与压力可在一定范围内相互补偿，即形成水合物的温度越低，所需的压力也越低，埋藏深度越浅；温度越高，则需要的压力也越大，埋深越大（图5-48）。但天然气水合物的形成要求压力随温度线性升高而呈对数地增加，而在大多数沉积盆地中，压力随埋深的增大远远无法满足地温升高对天然气水合物形成的压力要求，水合物在 21~27℃ 温度下都将分解，因此，适合水合物形成的地质环境必定为埋藏不太深的低温环境，一般形成天然气水合物的下限深度约为 1500m。

在自然界中，水合物不仅可形成气体水合物气田，还可作为其下游离气体的盖层，例如俄罗斯的梅索雅卡水合物气田，水合物层和游离气层共同成藏。

Katz（1971）提出一幅温度—深度曲线来预测气体水合物出现的深度（图5-49）。图中表示甲烷和相对密度为 0.6 的天然气水合物曲线，假设每英尺深度增加静压 0.435psi；图上画了辛普森角、普鲁德霍湾及梅索雅卡气田的温度资料。阴影部分代表天然气水合物形成的深度及厚度：在辛普森角，地温梯度大，形成的气体水合物带甚薄，厚仅 100m 左右，相对密度为 0.6 的天然气水合物厚 579m；普鲁德霍湾天然气水合物深度为 213~1067m，相对密度为 0.6 的天然气水合物可延至 1219m；梅索雅卡气田实测天然气水合物深度范围为 305~870m，比计算深度略浅。

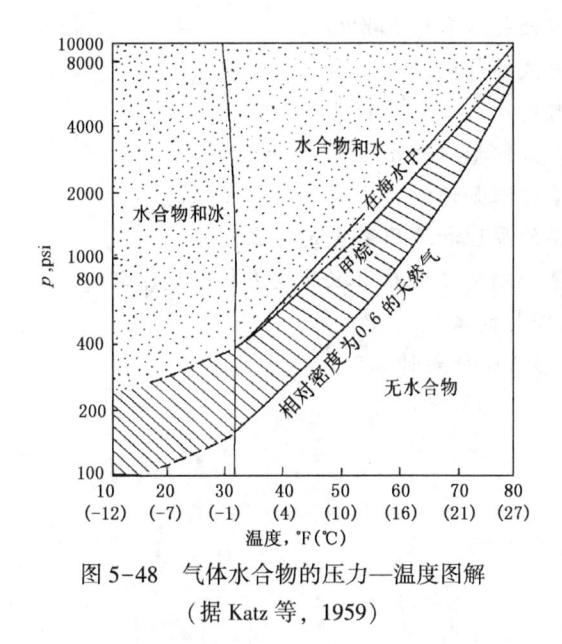

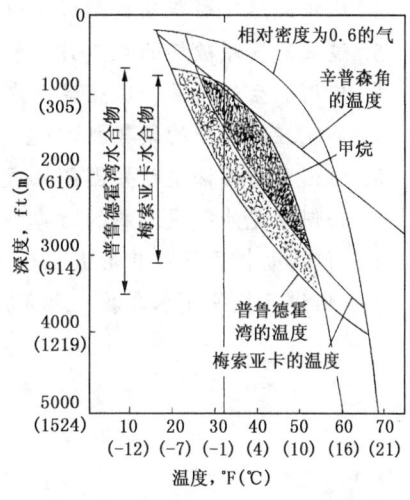

图 5-48　气体水合物的压力—温度图解
（据 Katz 等，1959）

图 5-49　预测气体水合物深度和厚度
的深度—温度曲线（据 Katz, 1971）

天然气水合物的高压低温形成特点决定了其分布的地质环境，主要分布在极地、永久冻土带及大洋海底。北极地区永久冻土带一般厚 250~600m，最厚可达 1000m，永冻层水合物存在于低压和低温区。

20 世纪 60 年代首先在前苏联西西伯利亚北极气田中发现天然气水合物，至 70 年代在该区发现储量巨大的梅索雅卡天然气水合物气田后，才引起人们的重视。后来在北极许多油气田中都见到过天然气水合物。1980 年初美国深海钻探的钻井船，甚至发现在墨西哥和中美洲附近的太平洋中，广泛分布着天然气水合物地层，并取得许多岩心。近 40 年来，在世界多个地区发现了天然气水合物。据统计，在地球上大约有 27% 的陆地是可以形成天然气水合物的潜在地区，而在世界大洋水域中约有 90% 的面积属潜在区域，全球天然气水合物资源量巨大，估算为 $1.05 \times 10^{15} m^3$（Pinero 等，2013）。

我国的天然气水合物主要分布在南海海域、东海海域、青藏高原冻土带和东北冻土带，资源量巨大，已在南海北部神狐海域和青海省祁连山永久冻土带取得了天然气水合物实物样品。2013 年我国海洋地质科技人员在珠江口盆地东部海域，首次钻获高纯度天然气水合物样品，并通过钻探获得可观的控制储量。

天然气水合物是油气勘探的新领域，它的开发利用将可能为人类提供更充足的能源。然而，目前天然气水合物的勘探、开发及研究程度尚较低，仍有许多问题尚待探讨。人类要开采埋藏于海洋的天然气水合物，尚面临着许多新问题和困难，如水合物的开发可能引起海啸、海底滑坡、海水毒化等灾害。可见，天然气水合物要成为未来的重要能源，还需要开展大量研究工作。

## 思考题

1. 何谓圈闭、油气藏？如何度量圈闭和油气藏？
2. 油气藏的形成和保存需要哪些地质条件？

3. 何谓非常规油气藏？其形成条件与常规油气藏有何差异？
4. 比较天然气藏与油藏形成条件及成藏方式的异同。
5. 造成油气藏破坏的主要作用和机理有哪些？
6. 何谓原生油气藏、次生油气藏？它们是如何形成的？
7. 油气在圈闭中的聚集机理是什么？聚集过程如何？
8. 溢出型与渗漏型系列圈闭油气差异聚集的原理和适用条件是什么？
9. 如何确定油气藏形成的时期？各种成藏期确定方法的原理及适用条件是什么？
10. 何谓凝析气藏？其形成机理和形成条件是什么？
11. 何谓天然气气水合物？其形成机理和形成条件是什么？

# 第六章 油气藏的类型及特征

## 第一节 概述

### 一、油气藏分类概述

目前世界上发现的油气藏数量众多、类型各异。为了认识各类油气藏的形成和分布特点，更有效地指导油气勘探工作，多年来，国内外石油地质学家们从不同的研究和使用角度出发，提出了上百种油气藏分类方案。但对油气勘探有重要意义的分类主要是依据圈闭成因、油气藏形态、封盖遮挡类型、储集层类型、储量及产量的大小、烃类相态及流体性质等的分类。此外，还可以根据油气藏的商业价值及油气藏驱动类型进行分类。

（一）按圈闭成因与油气藏形态分类

对我国石油地质与勘探界影响较大的分类主要有以下两种：

（1）圈闭成因分类法：以美国石油地质学家 A. I. 莱复生为代表，将油气藏分为构造、地层、混合三大类型（莱复生，1975）。

（2）按油气藏形态分类：以前苏联学者 И. О. 布罗德为代表，将油气藏分为层状、块状、不规则状等类型（布罗德，1958）。

我国石油地质学家根据中国含油气盆地油气藏形成和分布特点，提出了一系列油气藏分类方案，大多以圈闭的成因为基础。如以圈闭成因为分类标准，而以圈闭形态、遮挡条件和储集岩类型作为划分亚类和细分类的依据，将我国陆相盆地油气藏分为构造型、非构造型、混合型和水动力型四大类及若干亚类和细分类（胡见义，1991）。根据形成圈闭的主导封闭因素，将圈闭分为构造、地层、水动力、复合等四大类，各大类可根据储集层上倾方向的具体封闭因素，结合储集特征，进一步划分出若干亚类（何生，2010）。根据圈闭的成因，将油气藏分为构造、地层、岩性、水动力、复合等五大类及若干类型（蒋有录，2016）。

Milton（1992）提出了根据圈闭封盖油气的机理进行圈闭分类，将圈闭分为单封堵面圈闭和多封堵面圈闭，实质上也是一种圈闭成因分类。单封堵面圈闭（one-seal traps）指顶部封堵地层的底面具有闭合等值线的圈闭；多封堵面圈闭（poly-seal traps）指顶部封堵层的底面不具有闭合等值线的圈闭。从封盖油气机理上来说，按圈闭成因划分的背斜圈闭、潜山圈闭和砂岩透镜体圈闭，其封盖层均具有闭合的构造等高线，都属于单封堵面圈闭。

在油气勘探过程中，背斜、断层等构造圈闭通常具有较明显的特征，易于识别；而那些用常规技术手段较难发现的地层圈闭、岩性圈闭，往往成为盆地勘探中后期重要的勘探目标，尤其是岩性圈闭和规模较小的地层圈闭，不易识别，称为隐蔽圈闭（Subtle trap）。Halbouty（1982）将隐蔽圈闭定义为隐蔽在不整合面下或复杂构造带下不易识别和勘探难度较大的各类潜伏圈闭。通常认为，隐蔽油气藏是指难以被常规技术手段识别的油气藏的总称，主要类型是岩性油气藏和地层油气藏。

（二）按烃类相态分类

根据烃类的相态进行分类，可将油气藏归为油藏、气藏和油气藏三大类，另外还有固体沥青砂矿，也是一种特殊的油气藏类型。但事实上，地下的烃类相态多种多样，呈现众多的过渡类型,这三大类相态的油气藏,每一种都可细分为若干类型。如气藏大类,除了干气藏、湿气藏和凝析气藏外,还有天然气呈吸附状态的煤层气藏和呈固态的天然气水合物藏。

根据相态对油气藏进行分类,不仅对制定不同相态类型的油气藏的开发方案具有重要意义,而且有助于认识一个地区油气藏的形成、演化及分布规律,对勘探评价也具有重要意义。我国油气藏烃类相态分类见表6-1。

表6-1  中国油气藏相态类型划分表（据翟光明等,1996,有修改）

| 油气藏相态类型 | | 原始气油比 m³/t | 相态 | | 地面原油特征 | | | 典型的烃组成 % | |
|---|---|---|---|---|---|---|---|---|---|
| 大类 | 细分类 | | 储层 | 地面 | 颜色 | 相对密度 | 黏度 mPa·s | $C_1$ | $C_5$ |
| 气藏 | 干气藏 | 无油 | 气相 | 气相 | 无油 | 无油 | 无油 | 96 | 0.0 |
| | 湿气藏 | >1500 | 气相 | 气液 | 透明 | 0.6 | <1.0 | 91.6 | 0.94 |
| | 凝析气藏 | >1000 | 气相 | 气液 | 透明—淡黄 | 0.6~0.8 | <1.0 | 87 | 4.6 |
| 临界态油气藏 | 近临界态凝析气藏 | 600~1000 | 气相 | 气液 | 黄—橘黄 | 0.76~0.81 | 1.0~2.0 | 70.4 | 11 |
| | 临界态油气藏 | 526 | 气液 | 气液 | 黄—橘黄 | 0.76~0.82 | 1.0~4.0 | 59.7 | 14.5 |
| | 近临界态油藏（高挥发性） | 350~650 | 液相 | 气液 | 橘黄—浅绿 | 0.76~0.82 | 1.0~1.0 | 64 | 19.7 |
| 油藏 | 轻质油藏 | 10~350 | 液相 | 气液 | 浅绿—褐色 | 0.76~0.83 | 5~10 | 35 | 38.3 |
| | 常规油藏 | 35~250 | 液相 | 气液 | 黑色 | 0.83~0.87 | 10~30 | 49 | 44.7 |
| | 轻度重质油藏 | <35 | 液相 | 气液 | 黑色 | >0.87 | 30~100 | 20 | 71 |
| | 中度重质油藏 | 微量气 | 液相 | 气液 | 黑色 | 0.9~1.0 | 100~4000 | | |
| | 重度重质油藏 | 基本无气 | 液相 | 气液 | 黑色 | >1.0 | >400 | | |
| 沥青质油矿 | | 无气无液 | 固相 | 固相 | 黑色 | >1.0 | | | >90 |

（三）非常规油气藏分类

以上油气藏分类是基于常规油气藏而言,随着非常规油气地质理论及勘探的发展,根据油气在地下的赋存状态和成藏机制,将油气藏分为常规油气藏和非常规油气藏两大类。根据源储组合类型,可将非常规油气（藏）分为源储一体型、源储紧邻型和源储分离型三种:源储一体型包括煤层气、页岩油气等,源储紧邻型主要包括紧邻烃源岩的致密砂岩油气等,源储分离型主要包括油砂油和天然气水合物等（图5-9）。

非常规油气藏与传统意义上的单一圈闭油气藏有本质区别,非常规油气大多呈连续性聚集分布,即在大范围致密储集岩系中油气呈连续分布的油气聚集,这类油气聚集的空间分布范围较大,但边界模糊,称为非常规圈闭油气藏。连续型油气藏主要在盆地中心、斜坡等大面积连续分布,且局部富集。

二、油气藏分类依据和分类方案

（一）油气藏分类依据

对常规油气藏而言,圈闭是决定油气藏形成的基本条件,在不同的构造、地层及岩性条件下,圈闭的成因及油气藏的特点不同,油气藏的类型也就不同。根据圈闭成因对油气藏进行分类,能够较充分地反映各种不同类型油气藏的形成条件,并反映各类油气藏之间的区别和联系。因此,从常规油气勘探的角度,以圈闭的成因作为油气藏分类的主要依据,更有利于认识和寻找油气藏,科学地预测一个新地区可能出现的油气藏类型,对不同类型的油气藏采用不同的勘探方法及不同的勘探开发部署方案。

与常规油气藏一样,非常规油气藏可理解为是油气在"非常规圈闭"中的聚集。但油气在这类圈闭中的赋存方式及聚集机理与常规油气藏有明显差异,以致密砂岩油气藏、页岩油气藏及煤层气藏为典型代表。另外,鉴于多数致密砂岩油气藏和页岩油气藏具有异常压力,说明这类赋存油气的地质体(非常规圈闭)是相对封闭的,应该具有一定的边界,只是这种边界与常规圈闭中油气分布的边界不同而已,应是模糊的、过渡性的边界。因此,在非常规圈闭中聚集了油气可归为一种特殊类型——非常规油气藏。

根据圈闭的成因划分油气藏类型,应该遵循科学性和实用性两条基本原则。科学性,即分类应能充分反映圈闭的成因,有高度的科学概括性,反映各种不同类型油气藏之间的区别和联系;实用性,即分类应能有效地指导油气藏的勘探及开发工作,并且比较简便实用。

(二) 油气藏分类方案

根据圈闭成因和油气藏分类的科学性与实用性原则,本教材将油气藏分为构造、地层、岩性、复合、特殊类型等五大类,再进一步细分为若干类型。关于油气藏的具体分类、名称及其典型示意图,见表 6-2。

表 6-2 油气藏分类表

| 大类 | 类 | 亚类 | 典型模式 |
| --- | --- | --- | --- |
| 构造油气藏 | 背斜油气藏 | 挤压背斜油气藏 |  |
|  |  | 基底升降背斜油气藏 |  |
|  |  | 底辟拱升背斜油气藏 |  |
|  |  | 披覆背斜油气藏 |  |
|  |  | 滚动背斜油气藏 |  |
|  | 断层油气藏 | 断鼻油气藏 |  |
|  |  | 断块油气藏 |  |

续表

| 大类 | 类 | 亚类 | 典型模式 |
|---|---|---|---|
| 构造油气藏 | 岩体刺穿油气藏 | 盐体刺穿油气藏 | |
| | | 岩浆体刺穿油气藏 | |
| | | 泥火山刺穿油气藏 | |
| | 裂缝型油气藏 | | |
| 地层油气藏 | 潜山油气藏 | | |
| | 地层不整合遮挡油气藏 | | |
| | 地层超覆油气藏 | | |
| 岩性油气藏 | 岩性上倾尖灭油气藏 | | |
| | 砂岩透镜体油气藏 | | |
| | 物性封闭油气藏 | | |
| | 生物礁油气藏 | | |

续表

| 大类 | 类 | 亚类 | 典型模式 |
|---|---|---|---|
| 复合油气藏 | 构造—地层油气藏 | | |
| | 构造—岩性油气藏 | | |
| 特殊类型油气藏 | 水动力油气藏 | | |
| | 致密砂岩油气藏 | | |
| | 页岩油气藏 | | |
| | 煤层气藏 | | |

构造油气藏系指地壳运动使地层发生变形或变位而形成的构造圈闭中的油气聚集。构造运动可以形成各种各样的构造圈闭，如背斜圈闭、断层圈闭等，因此，所形成的油气藏类型也就不同，但其共同特点是圈闭的成因均为构造作用的结果。

地层油气藏是指油气在地层圈闭中的聚集。这里地层圈闭的概念是狭义的，是指因储集层纵向沉积连续性中断而形成的圈闭，即圈闭的形成直接与地层不整合有关。根据地层不整合与储集层的相互关系，可将其进一步划分亚类，如潜山油气藏、地层超覆油气藏等。需要说明的是，广义的地层圈闭还包括岩性圈闭（莱复生，1975；何生，2010）。本教材分类采用狭义的概念。

岩性油气藏是指由于储集层的岩性或物性横向变化而形成的圈闭中的油气聚集。由于沉积条件的变化或成岩作用，使储集层在纵向、横向上渐变成不渗透性岩层，从而形成圈闭。如砂岩上倾尖灭、砂岩透镜体等圈闭。

在自然界中，许多现象往往并不是非此即彼、非黑即白的，多数情况是在两极或多极之间存在许多过渡型，如第二章所述干酪根类型，在Ⅰ型和Ⅲ型之间存在多种混合类型，油气藏类型也是如此，除构造、地层等单一因素形成的圈闭，还存在大量复合类型。各种地质因素结合形成圈闭的可能性千变万化，既可形成单一地质因素所控制的构造、地层、岩性圈闭，又可是两种或两种以上的因素相结合，形成复合圈闭，如构造—岩性圈闭、构造—地层圈闭。

特殊类型油气藏与构造、地层、岩性等三大类油气藏的圈闭特征不同，其油气的赋存方式和聚集机理也有明显差别。主要包括水动力油气藏、致密砂岩油气藏、页岩油气藏和煤层气藏。水动力圈闭是靠水动力封闭而成，即由水动力与非渗透岩层联合封闭，使通常静水条件下不能聚集油气的地方形成了油气藏，这类油气藏目前发现数量极少，但其理论意义较大。致密砂岩油气藏、页岩油气藏和煤层气藏的形成机理与常规油气藏不同，是一种非浮力作用下的油气聚集，不需要传统意义上的圈闭。

## 第二节 构造油气藏

由于地壳运动使地层发生变形或变位而形成的圈闭，称为构造圈闭。在构造圈闭中的油气聚集，称为构造油气藏。这种油气藏，在过去和现在都是最重要的一种类型。构造运动可以形成各种各样的构造圈闭，形成的油气藏也就各种各样。按照圈闭的成因，可将构造油气藏划分为背斜、断层、岩体刺穿、裂缝型等4种类型。

### 一、背斜油气藏

（一）背斜油气藏的主要特点

在构造运动作用下，地层发生弯曲变形，形成向周围倾伏的背斜，称背斜圈闭。油气在背斜圈闭中聚集形成的油气藏，称为背斜油气藏。

背斜油气藏在世界油气勘探史上一直占最重要的位置，也是石油地质学家们最早认识的一种油气藏类型。19世纪中后期，美国地质学家I. C. White 提出的"背斜聚油理论"，在油气勘探史上起了重要的推动作用。直到目前为止，在世界石油和天然气的产量及储量中，背斜油气藏仍居首位。据统计，在世界上最终可采储量在 $7100 \times 10^4$ t（$5 \times 10^8$ bbl）以上的200多个大油田中，其中背斜油藏占总数的75%以上，大气田中背斜气藏也占绝对优势（张厚福等，1999）。可见，背斜油气藏一直是油气勘探发现大油气田的最重要类型，尤其在盆地勘探早期，背斜油气藏是勘探家们优先寻找的主要类型。

（二）背斜油气藏的类型

背斜圈闭的存在是形成背斜油气藏的基本条件。从形态上看，背斜圈闭有很多种，如长轴背斜、短轴背斜、箱状背斜、伏卧背斜等。从成因上看，与油气聚集有关的背斜圈闭及背斜油气藏，主要有以下5种类型。

1. 挤压背斜油气藏

挤压背斜油气藏是指以侧压应力挤压为主的褶皱作用而形成的背斜圈闭中的油气聚集。常见于褶皱区，两翼地层倾角陡，常呈不对称状；闭合高度较大，闭合面积较小。由于地层变形比较剧烈，与背斜圈闭形成的同时，经常伴生有断裂。我国酒泉盆地老君庙油田的L层油气藏可作为一个典型实例，如图6-1所示。它是一个不对称的背斜圈闭，南翼倾角为20°~30°，北翼倾角60°~80°；长轴与短轴之比为3：1，并被逆掩断层及横断层所切割。

从区域上看，这种背斜分布在褶皱区的山前坳陷及山间坳陷等构造单位内，常成排成带出现。我国酒泉盆地南部祁连山山前地带的背斜带，可以作为一个典型实例。它是由青草湾、鸭儿峡、老君庙、石油沟等一系列背斜组成的背斜构造带（图5-31）。

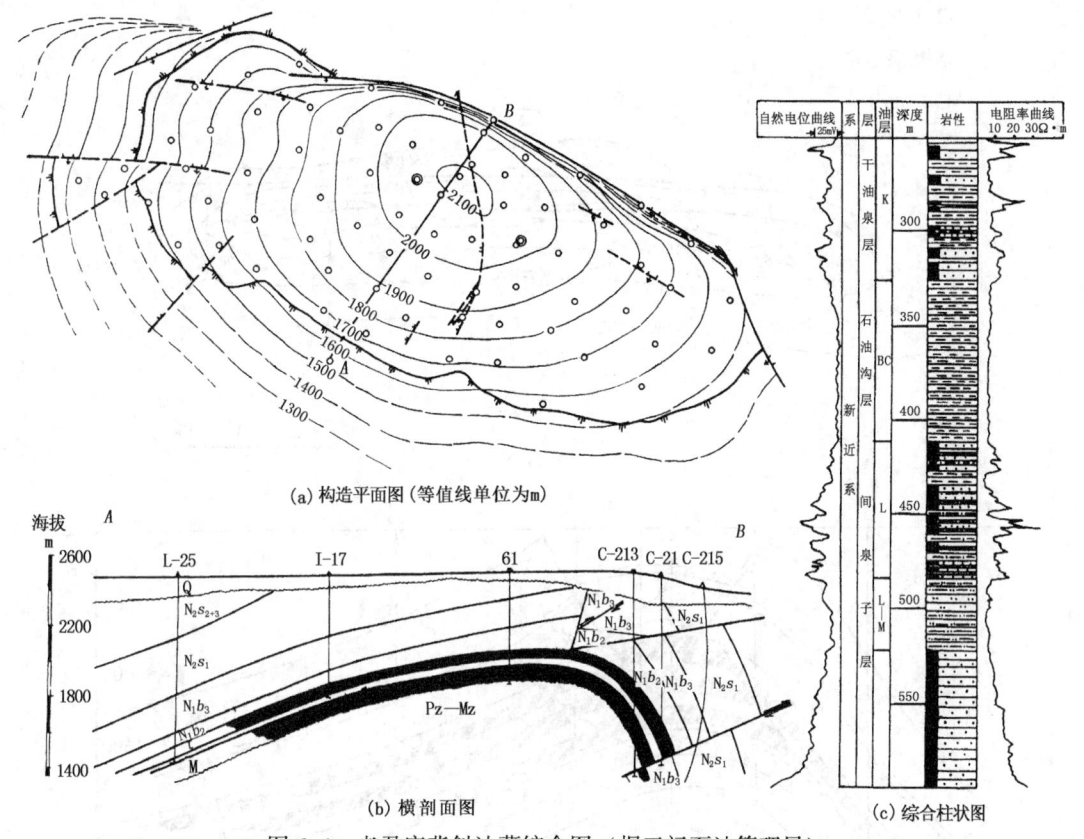

(a) 构造平面图（等值线单位为m）

(b) 横剖面图

(c) 综合柱状图

图 6-1　老君庙背斜油藏综合图（据玉门石油管理局）

挤压背斜油气藏也广泛分布在我国遭受褶皱挤压的其他含油气地区，如四川盆地川东地区的高陡背斜气藏就是典型代表。图 6-2 是川东卧龙河气田构造平面图（嘉五$^1$）和横剖面图，为一长轴背斜，由多条逆断层切割。两翼不对称，西翼陡（倾角为 40°~50°），东翼缓（倾角为 20°~25°），构造轴线由浅向深向缓翼偏移。该气田由多个背斜气藏组成，嘉五$^1$ 气藏为主力气藏（翟光明等，1989）。

在国外许多褶皱区内，也广泛分布这种类型的背斜油气藏。例如，在波斯湾盆地的扎格洛斯山前坳陷、美国的阿巴拉契亚山前坳陷、高加索山前坳陷等，都有很多挤压背斜油气藏。

2. 基底升降背斜油气藏

在沉积过程中，由于基底的差异沉降作用而形成的平缓、巨大的背斜构造，可称为基底升降背斜。一般在地台区常见这种以基底活动为主形成的背斜圈闭。基底活动使沉积盖层发生变形，形成背斜圈闭。其主要特点是：两翼地层倾角平缓，闭合高度较小，闭合面积较大（与褶皱区比较）。从区域上看，在地台内部坳陷和边缘坳陷中，这些背斜圈闭常成组成带出现，组成长垣或大隆起。特别是坳陷中心早期的潜伏隆起带，在油气大规模运移聚集时期与背斜圈闭形成过程相匹配的情况下，这些隆起和长垣就成为油气聚集的最好场所，形成一系列这种类型的油气藏。我国大庆长垣萨尔图等油田中的油气藏，即属于这种类型，如图 6-3 所示。

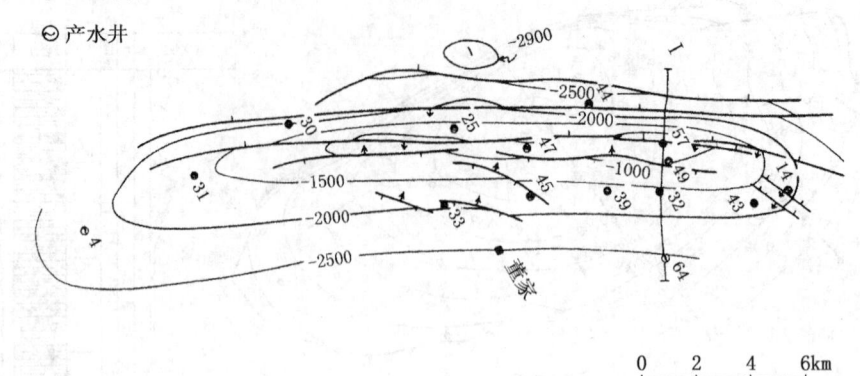

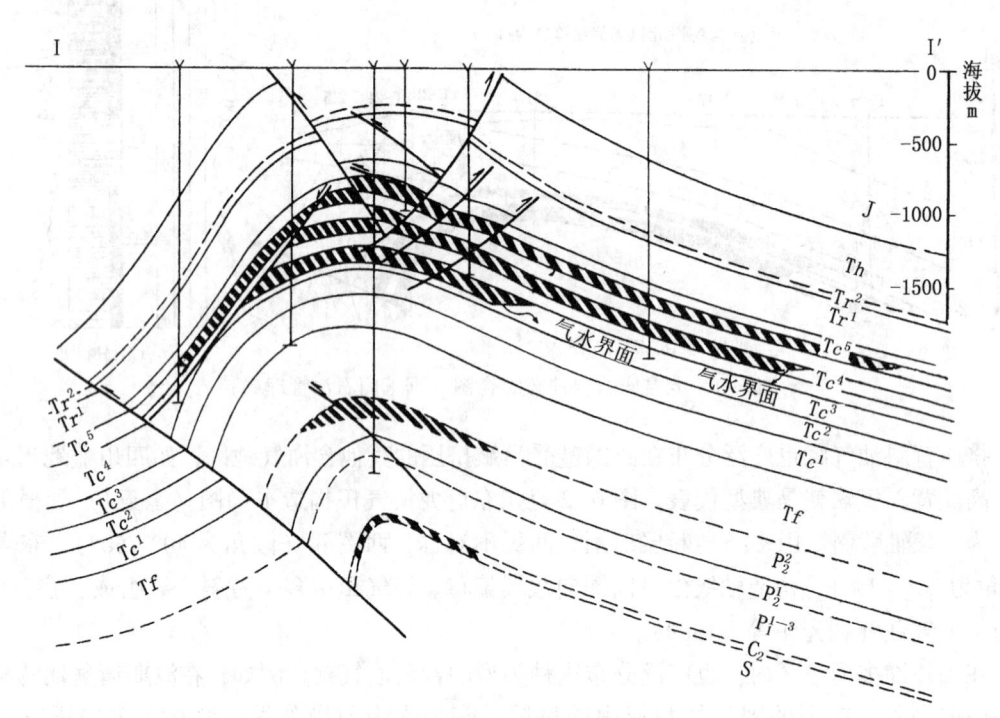

图 6-2　四川盆地卧龙河气田平面及剖面图（据翟光明等，1989）
等值线单位为 m

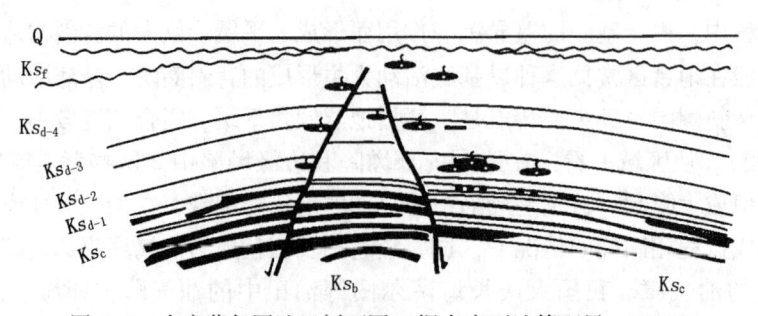

图 6-3　大庆萨尔图油田剖面图（据大庆石油管理局，2000）

在国外的一些地台区，这类油气藏的分布也很普遍，其中包括很多著名的特大油气田。例如波斯湾盆地中产量和储量都居世界第一位的加瓦尔油田，西西伯利亚盆地的萨莫特洛尔大油田和乌连戈伊大气田，它们的油气藏主要是属于与基底活动有关的背斜油气藏。萨莫特洛尔油田位于西西伯利亚盆地的下瓦尔托夫隆起，含油面积 1575km²，原始可采储量 20.6×10⁸t，主要产层为白垩系砂岩，埋藏深度 1610~2700m，主要油藏属于背斜油藏（图 6-4）。

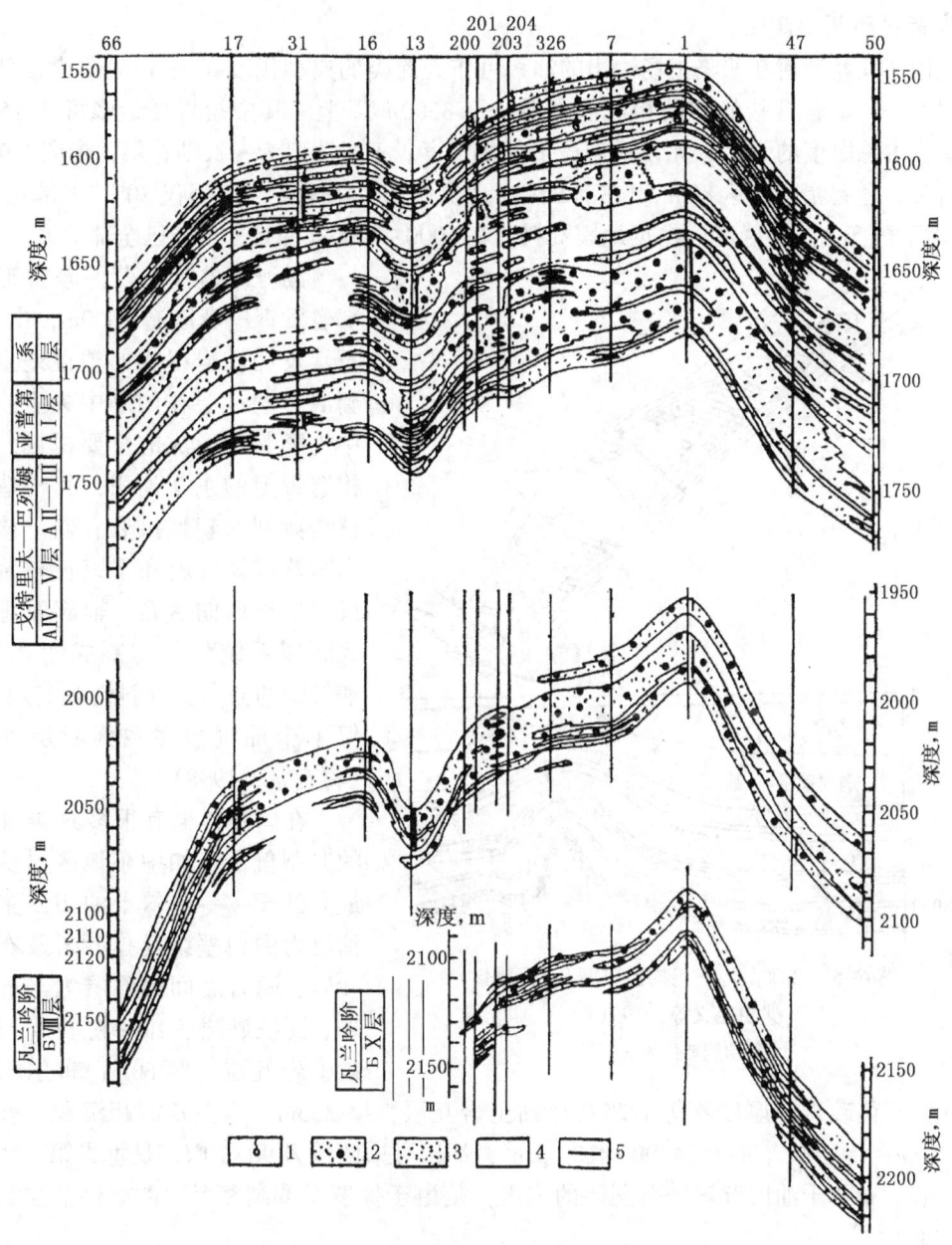

图 6-4　萨莫特罗尔油田油气藏横剖面图（据张厚福等，1999）
1—含气；2—含油；3—含水；4—非储集岩；5—探井射孔井段

### 3. 底辟拱升背斜油气藏

这种圈闭的成因是地下塑性物质活动的结果。坳陷内堆积的巨厚盐岩、石膏和泥岩等可塑性地层，在上覆不均衡重力负荷及侧向水平应力作用下，塑性层蠕动抬升，使上覆地层变形形成底辟拱升背斜圈闭。大多数与油气聚集有关的底辟拱升背斜形成物质是盐岩，或者盐岩与石膏、泥岩组成的混合层，尤以盐丘占主要地位。这种背斜的轴部往往发育堑式或放射状断裂系统，顶部陷落，断层将其复杂化。甚至有的在宏观上呈背斜形态，但具体到油气聚集的基本单元往往已没有完整的背斜圈闭，而是被断层分割成众多的半背斜和断块圈闭。

我国江汉盆地潜江凹陷王场油田的油藏可作为此类的典型代表（图6-5）。潜江凹陷的潜江组为一套富含膏盐的盐湖相泥质岩系，厚3500m以上。其中盐岩层最多可达153层，累计厚度占总厚度的50%，尤以潜四段下部最发育。王场油田为一长轴背斜，走向NW，两翼近对称，隆起幅度高达800m。在剖面上，地层倾角上缓下陡，上部仅20°，下部达60°~70°，地下核部为盐岩隆起。根据地震资料，在6000~7000m深处，构造已全部消失。

渤海湾盆地东营凹陷古近系下部也发育一套厚逾1000m，由盐岩、石膏及泥质岩组成的塑性地层，这套混合塑性层在凹陷中央上拱，是中央隆起带形成的主要机制。在该构造带上的东辛油田，其构造背景就是典型的塑性拱升背斜。该构造由东营穹隆背斜和辛镇长轴背斜组成，呈东西向展布，轴部发育的堑式断裂系统将其切割成堑式背斜，油气藏的分布受背斜构造宏观控制，但单个油气藏多数为断层油气藏（蒋有录，1998）。

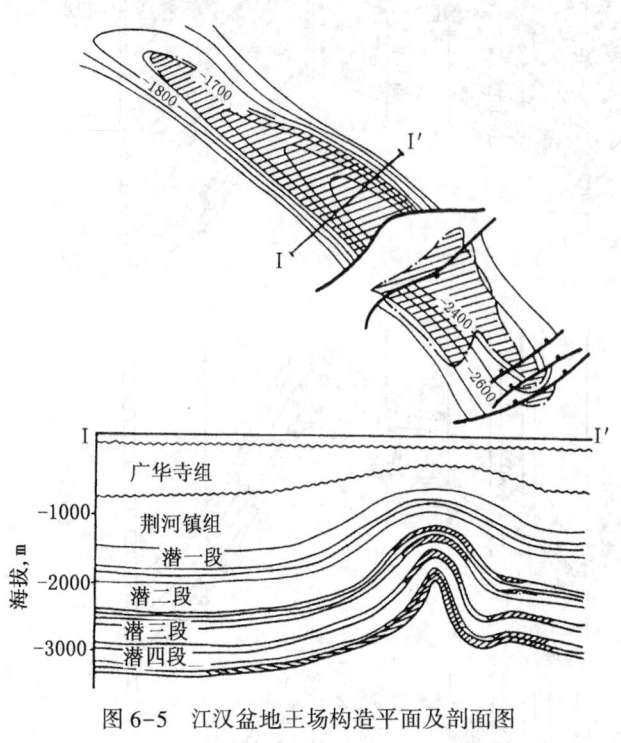

图6-5 江汉盆地王场构造平面及剖面图
（据胡见义等，1991）
等值线单位为m

在国外，也有很多这类油气藏的典型例子。如中东地区科威特的最大油田——布尔干油田，主要含油层为中白垩统瓦拉砂岩及布尔干砂岩，两者之间的隔层为马杜德灰岩。瓦拉砂岩为细—粉砂岩与暗色黏土岩互层，厚60m；布尔干砂岩为中—粗石英砂岩和厚度不等的暗灰色黏土岩互层，厚335m，为三角洲相沉积。孔隙度25%~30%，渗透率$(3000~4000)\times10^{-3}\mu m^2$，油田可采储量为$90\times10^8 t$，是世界第二大油田（图6-6）。布尔干油田背斜构造圈闭的成因，是由于侏罗系潟湖相巨厚的柔性盐层长期活动的结果。

### 4. 披覆背斜油气藏

这类背斜的形成与地形突起和差异压实作用有关。在沉积基底上常存在有各种地形突起，由结晶基岩、坚硬致密的沉积岩或生物礁块等组成。当其上有新的沉积物堆积后，这些

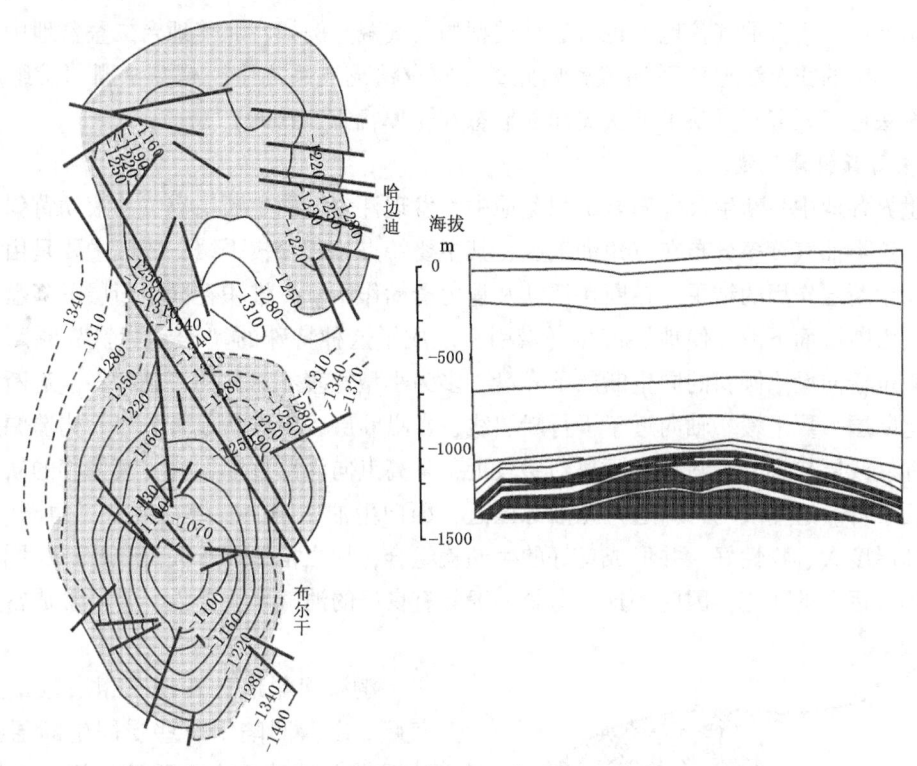

图6-6 布尔干油田油藏的构造图及横剖面图（据李国玉，1997）
等值线单位为m

突起部分的上覆沉积物常较薄，而其周围的沉积物则较厚，因而在成岩过程中，由于沉积物的厚度和岩性不同，所受到的压缩量是不均衡的，古地形突出周围较厚的沉积物压缩程度较顶部的大，结果便在地形突起（潜山）的部位，上覆地层呈隆起形态，形成背斜圈闭。常呈穹隆状，顶平翼稍陡，幅度下大上小。对塑性较大的泥质岩所形成的背斜较明显，倾角稍大；而对较硬的砂岩及石灰岩所形成的背斜常不如前者明显，倾角较平缓。潜山上部的背斜，常反映下伏潜山的形状，但其闭合度总是比潜山高度小，并向上递减，倾角也是向上减小。

这类披覆背斜构造，也有人称为披盖构造或差异压实背斜。如渤海湾盆地济阳坳陷的孤岛油田和孤东油田，都是以披覆背斜油藏为主。它们的"基底"主要是由奥陶系石灰岩或白云岩组成的剥蚀突起（潜山），其翼部超覆沉积有古近系，顶部则被新近系馆陶组及明化镇组覆盖，形成较大规模的披盖构造。特别是馆陶组拥有典型的与剥蚀及差异压实作用有关的背斜油气藏，如图6-7所示。

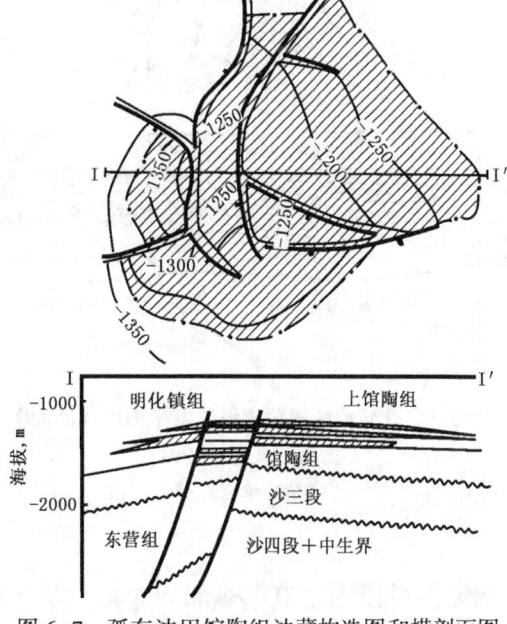

图6-7 孤东油田馆陶组油藏构造图和横剖面图
（据胜利油田，2004）
等值线单位为m

在国外，不少含油气盆地中也有这种类型的油气藏。例如，北美地台二叠盆地中的希莫尔油田，其中的宾夕法尼亚系油藏就属此类。宾夕法尼亚系之下，是一个珊瑚礁组成的突起。宾夕法尼亚系背斜反映了下伏突起的形态（张厚福等，1999）。

### 5. 滚动背斜油气藏

在世界各地中—新生代碎屑岩沉积盆地中，发现许多与同生断层有关的滚动背斜圈闭及油气藏。这类油气藏多分布在三角洲地区，其主要特点是背斜较平缓，成因主要是由于沉积过程中同生断层作用的结果。在断块活动及重力滑动作用下，堆积在同生断层下降盘上的砂泥岩地层沿断层面下滑，使地层产生逆牵引，形成了这种特殊的"滚动背斜"圈闭。这些滚动背斜位于向坳陷倾斜的同生断层下降盘，多为小型宽缓不对称的短轴背斜，近断层一翼稍陡，远断层一翼平缓。轴向近于平行断层线，常沿断层成串珠状成带分布。构造幅度中部较大，深、浅层较小。背斜高点距离断层较近，且高点向深部逐渐偏移，其偏移的轨迹大体与断层面平行。这些滚动背斜通常距油源区近，面向生油凹陷，发育在大型三角洲沉积中，储集砂体厚度大、物性好，并形成良好的生储盖组合，加之构造属于同沉积构造，同生断层可作为油气运移的通道，因此，这类背斜一般具有良好的油气聚集条件，常可形成富集高产的油气藏。

渤海湾盆地已发现有相当数量这类油气藏。东营凹陷中一些受同生断层控制的构造带上的油田，如胜坨油田、永安镇油田皆属之。惠民凹陷的临盘油田、歧口凹陷的港东油田，都是受同生断层控制形成的滚动背斜构造。它们的主要含油层系为渐新世沙河街组，含油气十分丰富。由于同生断层长期活动，涵盖了油气大规模运移聚集时期，致使在纵向上多层系含油气。如东营凹陷的胜坨地区，滚动背斜构造发育时间长、继承性强，并与组成圈闭的储盖层同时形成，而且位于油气运移的通道上，具有极为优越的聚油条件（图6-8）。

在国外也有很多这类油气藏，且常高产。例如尼日利亚的尼日尔河三角洲地区就有近200个这种类型油气藏。如尼日利亚第一个海上油气田——奥坎油田，该油田的油气藏就是典型的滚动背斜型油气藏（图6-9）。

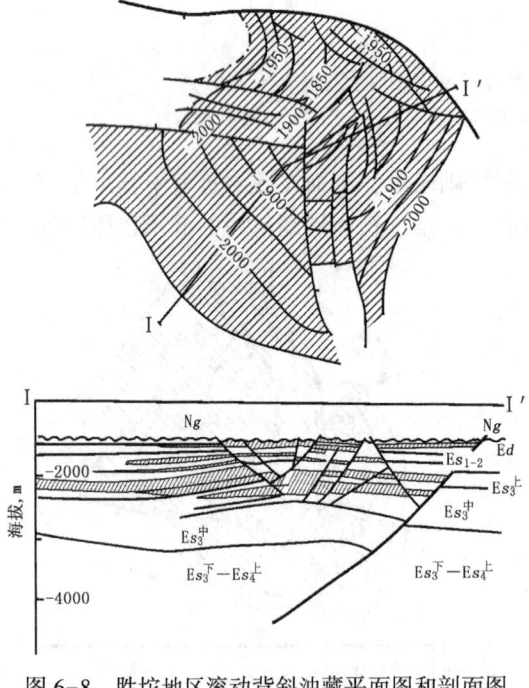

图6-8 胜坨地区滚动背斜油藏平面图和剖面图
（据胡见义等，1991）
等值线单位为m

奥坎油田位于尼日尔河三角洲上，是一个滚动背斜圈闭，在其东北约3km，为一主要同生断层，它与滚动背斜都是同沉积形成的。奥坎背斜长约10km，宽约5km；长轴走向为NW—SE。构造平缓，有三个明显的高点。此外，在美国墨西哥湾等地区也发现相当多的这种类型油气藏。

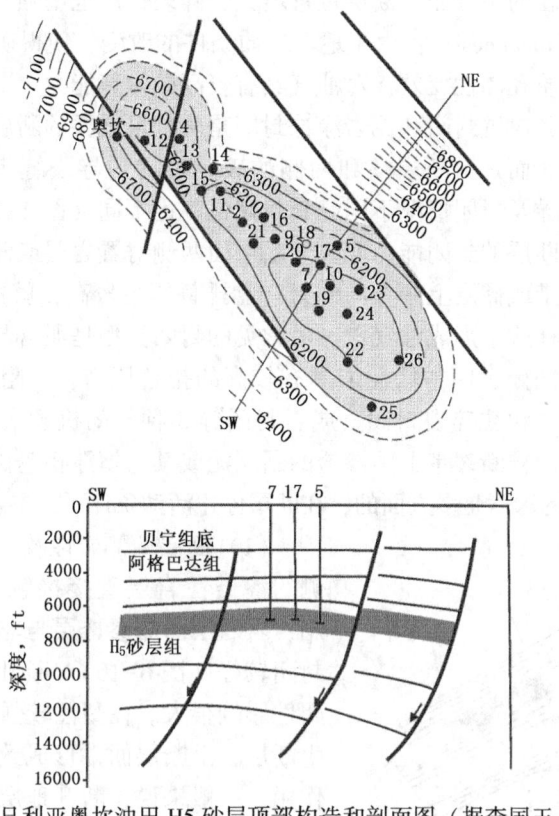

图 6-9　尼日利亚奥坎油田 H5 砂层顶部构造和剖面图（据李国玉，1997）

等值线单位为 ft

### 二、断层油气藏

断层圈闭是指沿储集层上倾方向受断层遮挡所形成的圈闭。在断层圈闭中的油气聚集，称为断层油气藏。这类油气藏是世界各含油气盆地中广泛分布的一种类型。我国油气勘探实践表明，断层油气藏的分布十分广泛。尤其在东部地区，中生代以来断裂运动较活跃，形成很多断陷盆地，同时在盆地的斜坡带以及背斜带上，也产生了大量断层，形成了为数众多的断层油气藏。如在断层十分发育的渤海湾盆地，断层油气藏占主导地位，由于断层的作用，造成纵向上多层系含油气，形成众多复式油气聚集区。

（一）断层圈闭的形成机理

在储集层和盖层条件具备的条件下，断层圈闭形成的前提条件是断层必须是封闭的，即对油气运移起遮挡作用，同时储集层在上倾方向被断层封堵，断层与储集层构成闭合的空间，使油气在封闭空间中聚集形成油气藏。

近20多年来，人们对断层封闭机理有了更全面的认识。目前将断层的封闭机理主要分为以下4种类型：

（1）对置封闭（juxtaposition）：储集层砂岩与具有高排替压力的低渗透泥岩类对置，即储集层砂岩上倾方向与泥岩对接，所谓"砂岩不见面"。

（2）泥岩涂抹封闭（clay smear）：在砂泥岩互层的地层段内，在断层两盘削截的塑性泥岩层沿断裂带涂抹其上，使断裂带本身具有高排替压力。

（3）颗粒碎裂封闭（cataclasis）：碎裂作用使断裂带中颗粒颗级和渗透率大大降低，如砂质颗粒破碎形成细粒的断层泥。断层位移增大，碎裂作用也增强。

（4）成岩封闭（diagenesis）：由于地下地质条件的改变，使得矿物质在断裂带内沉淀胶结，断层带内充填物质孔渗性变差，对油气具有较高的排替能力。

在含油气盆地中，对置封闭和泥岩涂抹封闭是两种最重要的断层封闭机理。实际上，断层不是一个简单的面，而是由断层核和两侧的破碎带（诱导裂缝带）组成的复杂地质体，断层核和破碎带的输导及封闭情况不同，其封闭机制也不同（图4-29）。

从本质上来说，断层的封闭能力取决于断层面两侧对置岩层或储集层与断层岩之间的排替压力差。只要断裂带或储层上倾方向的另一盘排替压力较高，就能起到一定的封闭作用，并在一定的闭合构造样式下形成油气藏。最常见的封闭类型是泥岩与断层另一盘上倾方向的砂岩对置而形成断层圈闭，因封堵泥岩具有较高的排替压力，可阻止油气穿越断层横向运移。而泥岩涂抹封闭、颗粒碎裂封闭、成岩封闭等3种封闭机理实际上都是断裂带形成封闭，储集层在上倾方向被断裂带上不渗透的断层泥或其它填隙物遮挡，形成封闭条件。

影响断层封闭性的因素是多方面的，在断层停止活动条件下，主要可归为以下两大方面：

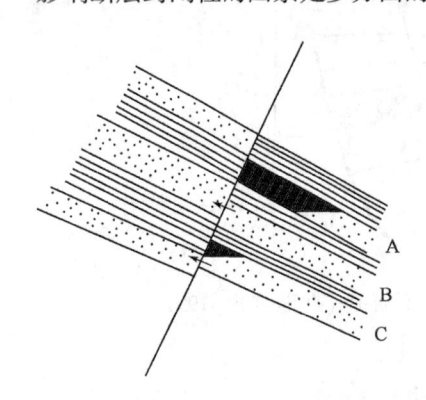

（1）断层两侧岩性及其对置关系：如果断层两侧的渗透性岩层直接接触，则往往不能起封闭作用；若断层两侧渗透层与非渗透层相对置，则断层封闭较好（图6-10）。断开地层的岩性对断层的封闭性影响很大。在塑性较强的地层中（如泥岩）产生断层，沿断层面常形成致密的断层泥，可起封闭作用。一般来说，断开地层中泥岩的厚度越大，其封闭性越好。

图6-10 断层两侧岩性接触情况对断层圈闭封闭性的影响

A层为完全封闭；B层为不封闭；C层为部分封闭

（2）断层的性质及产状：由于所受外力不同，产生不同性质的断层。受压扭力作用产生的断层，断裂带表现为紧密性的，常使断层面具封闭性质。而张性断层的断裂带常不紧密，易起通道作用。但这并不是说张性断层的封闭性一定比压扭性断层的差。断层的走向与区域主应力方向的关系也影响封闭性，走向与区域最大主应力垂直的断层封闭性最好，反之较差。断层面的陡缓也有影响，断面陡，封闭性差；断面缓，封闭性好。随断层埋深增加上覆地静压力增大，封闭性变好。

除此之外，由于地下水中溶解物质（如碳酸钙）沉淀，将破碎带胶结起来；或油气沿开启的断裂带运移过程中，由于石油的氧化作用，形成固体沥青等物质，堵塞了运移通道，都起封闭作用。

在分析我国东部中—新生代裂谷盆地中的大量张性正断层的封闭性时，应重点考虑断层填隙物对封闭性的影响。据研究，断层填隙物是一种普遍的地质现象，若错开岩层以泥岩为主，填隙物也应以泥质成分为主，孔渗性差，则封闭性好；反之，若以砂岩为主，则封闭性变差（吕延防，2013）。

形成断层圈闭的基本条件是断层位于储集层的上倾方向，且断层封闭。因此，在研究断层封闭时，必须注意断层面倾向与地层倾向间的组合关系，正确地判断出究竟是上升盘封闭，还是下降盘封闭。当断层两侧的地层向相反方向倾斜时，则上、下盘都可能形成良好的圈闭条件。

(二) 断层在油气运聚中的作用及聚集模式

1. 断层在油气运聚中的作用

断层破坏了岩层的连续性，断层的性质、断层的破碎和紧结程度，以及断层面两侧岩性组合间的接触关系等，与油气运移、聚集和油气藏的破坏都有密切关系。有时同一断层，不仅在横向上封闭性不同，而且在深部和浅部所起的作用不同。在历史发展过程中，在不同时期内，也可能起着封闭或破坏两种相反的作用。因此，断层对油气藏形成的作用，应从多方面考虑，尤其要深入分析断层的演化史与运聚成藏期之间的关系，分析断层两侧的地层组合关系和断层带的封闭性，这样才能正确认识断层的作用，找出断层与油气聚集的规律。从油气运移和聚集来看，断层对油气藏的形成，既有积极的作用，又有消极的作用，具有封闭和通道及破坏两方面的作用（Hooper，1991）。

(1) 封闭作用。所谓封闭作用，是指由于断层的存在，使油气在纵、横向上都被密封而不致逸散，最后聚集成油气藏。断层的封闭性影响因素如上所述。

(2) 通道和破坏作用。由于断裂活动开启程度高，破坏了原生油气藏的平衡状态，或者油气由烃源岩层系沿断层纵向运移至浅部层系形成次生油气藏，此时断层就成为油气运移的通道。如果遇到断层断至上部某一地层中而消失，且其上部有良好的盖层，则可形成次生油气藏。这种次生油气藏的层位往往与断层断开的最浅层位相吻合。如大港油田，断层断开的最高部位在离地面以下 600~700m 处，浅层次生油气藏也在此深度以下形成。又如东辛油田，纵向上含油气井段跨度逾 2000m 以上，最浅的含气层位明化镇组也是主要断层活动结束的层位。这说明在这些断裂发育的多层系油气富集地区，断层是沟通深部原生油气藏与浅部次生油气藏的重要通道。通常情况下，目的储集层中发育有大量断层，但并不是所有断层均可成为油气向上运移的输导通道，只有连接烃源岩和目的储集层，且在烃源岩大量生排烃期活动的断层，即油源断层，才能成为油气运移的重要输导通道（蒋有录，1999，2023；薛永安，2021）。

有的断层断至地面，油气可以完全逸散而破坏了油气藏，例如柴达木盆地的油砂山油田，原来为一完整的背斜油藏，后因垂直构造轴线发生 1 条大断距的断层，将东侧油层抬高暴露于地面，油藏则全部遭到破坏，如图 6-11 所示。西侧油层下降，被断层封闭仍保留了商业性油藏。

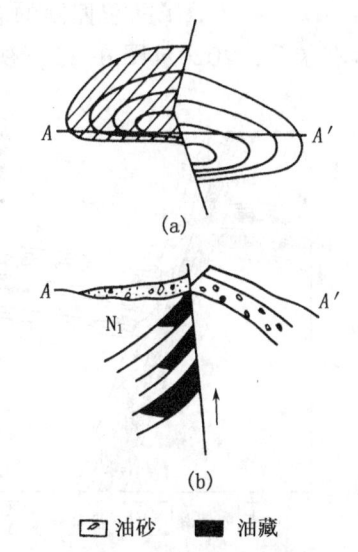

因此，断层对油气藏形成所起的作用具有两重性，既可以起封闭作用，也可以起通道和破坏作用。对一个沉积盆地内的断层，判断它们是起封闭作用，还是通道及破坏作用，应该从断层发育史与油气大规模运聚成藏期关系来研究。在我国东部某些断陷盆地内，有些发育早、断距大的基底断裂，常常控制沉积盆地的边界及生、储、盖组合的沉积范围。在其下降盘的凹陷内沉积厚，生、储、盖组合完整；在其上升盘往往缺失生、储、盖层的沉积，形成秃顶的突起。

伴随着发育早、断距大的断层的不断活动，在盆地的边缘和中间的隆起部分，在盆地不断升降过程中，常发生走向和斜交的两组断裂，使构造带复杂化而成构造

图 6-11 油砂山油田构造图 (a) 及剖面图 (b)（据青海石油勘探局）

断裂带。这些断层有的对油气起封闭作用，有的起分隔作用，也有的起通道和破坏作用。但是，其中的主要断层常常是使油气富集的主要因素之一。例如准噶尔盆地克拉玛依油田的克—乌大断层、东营凹陷胜坨油田的胜北大断层等，都对油气聚集和油气藏的形成，起了极为重要的积极作用。而局部构造上的一些次级断层，往往断距比较小，对油气藏起复杂化的作用，影响含油高度及富集程度，控制油水界面的高低以及作为通道形成浅处的次生油气藏等。

总之，不论哪一级断层，在整个地质历史发展过程中，其变化都是很复杂的，所起的作用也呈现出多样性。实际工作中，可根据断层的性质、断开层位的高低、断层两侧地层岩性厚度的变化、以及断层的活动情况等，来分析它们对油气藏形成所起的作用。如断层活动与油气成藏期的关系，往往决定了断层是建设性作用还是破坏性作用，有的断层发育在成藏期以前，后期停止活动；有的断层发生在成藏期以后；有的断层与成藏期同时发生。在断层发育历史中，有些断层是早期起封闭作用，后期起通道或破坏作用。在纵向上，断层不同部位的封闭性不尽相同，断层可以是上部封闭下部不封闭，或者相反等。总之，每条断层对油气藏形成所起的作用，要具体情况具体分析，不能用静止的观点去主观判断，而是要根据其发展历史全面地进行评价。

2. 油气沿断层运聚模式

在受断裂控制的含油气区，由于断裂带结构和断层活动性的差异，导致断层的封闭性在空间和时间上都差别很大，因此油气沿断层的运移聚集复杂多变。在受断层控制的富油断陷复式油气聚集区，油气从烃源岩运移至浅部储集层经历了断裂垂向运移和断—砂侧向分流的立体运移过程，不同断层的输导和封闭性质不同，油气沿断层的运移表现也不同。沿某条断层富集的油气藏可以是油气沿该断层运移聚集而形成的，也可以是另外一条断层输导的油气，断层的幕式活动和静止期的交替出现，会造成复杂多变的情况。因此，断层活动、断裂带结构及多条断裂的组合，共同控制了断裂控制的含油气区不同断块及纵向层系的油气差异运移和富集（蒋有录等，2020；图6-12，视频6-1）。

视频6-1 油气沿断层运聚模式

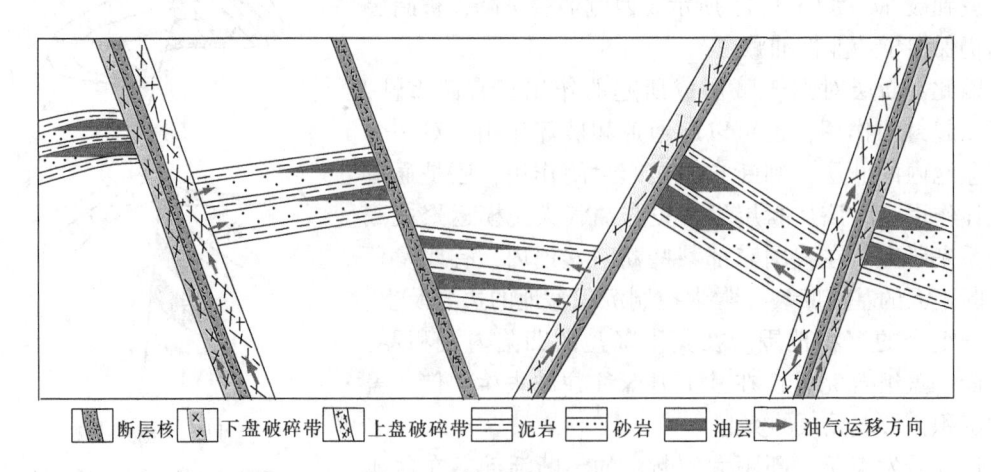

图6-12 富油断陷多断层发育区油气沿断层差异运移聚集模式

### (三) 断层油气藏的主要类型

断层圈闭的类型是多种多样的，可从不同角度进行分类，通常按照断层性质、断层与储集层的组合关系进行分类。

#### 1. 根据断层性质分类

根据断层性质，可将断层油气藏分为正断层遮挡油气藏和逆断层遮挡油气藏。在我国东部中—新生界裂谷盆地中的油气藏几乎均为正断层遮挡油气藏；而西部盆地多发育逆断层遮挡油气藏。

1) 正断层遮挡油气藏

这类油气藏多出现在拉张盆地中，由盆地内多组正断层与储集层结合而形成的各种形态的含油气断块。根据断层倾向与储集层倾向之间的关系，可将其分为同向正断层遮挡油气藏和反向正断层遮挡油气藏（图6-13），前者断层与储集层倾向一致，通常断距大于储集层厚度方能形成圈闭；后者断层与储集层的倾向相反，断层与储集层构成屋脊形式，所形成的油气藏又称为屋脊断块油气藏。屋脊断块圈闭比同向正断层圈闭易于形成，故在断层遮挡油气藏中，大多数为屋脊式油气藏。如渤海湾盆地东辛油田的断层油气藏，屋脊断块油藏约占90%以上（蒋有录，1998）。

2) 逆断层遮挡油气藏

这类油气藏主要分布在挤压盆地的边缘地区，由盆地边缘多组逆断层或逆掩断层与储集层结合而形成的各种形态的含油气断块。在逆掩断层上盘，形成了逆掩断块油气藏，在逆掩断层下盘，常常形成隐藏性掩覆断块油气藏，如准噶尔盆地西北缘地区的油气藏（图6-14）。

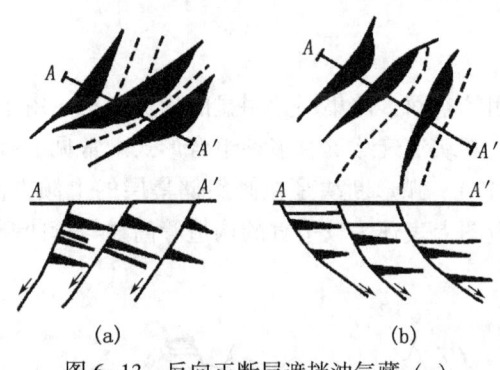

图6-13 反向正断层遮挡油气藏（a）与同向正断层遮挡油气藏（b）示意图

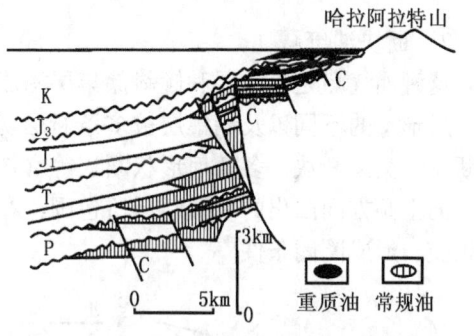

图6-14 准噶尔盆地油藏剖面图（据胡见义，2002）

#### 2. 根据断层与储集层的平面组合关系分类

根据断层与储集层顶面构造形态的组合关系，断层油气藏分为断鼻油气藏和断块油气藏两大类。各类断层油气藏在成因上有着内在的联系，其共性是：它们都是在储集层的上倾方向为断层所遮挡封闭，储集层与断层构成封闭的空间。

1) 断鼻油气藏

形成这种油气藏的圈闭由断层与鼻状构造组成。在区域倾斜的背景上，鼻状构造的上倾方向被断层所封闭，形成断层圈闭。在其中聚集了油气就形成这种类型的油气藏（图6-15）。

渤海湾盆地大量分布这类油气藏，如东营凹陷永安镇油气田永12断块沙二下亚段油气渤海湾盆地大量分布这类油气藏，如东营凹陷永安镇油气田永12断块沙二下亚段油气藏。该油气藏储集层为沙河街组二下亚段块状砂岩，呈一向北抬起的鼻状构造，被近东西向延伸的北掉断层切割，形成断鼻油气藏。由于油气源充足，储集层物性好，断层封堵能力强，因而含油气层厚度很大，最厚可达70m以上（图6-16）。

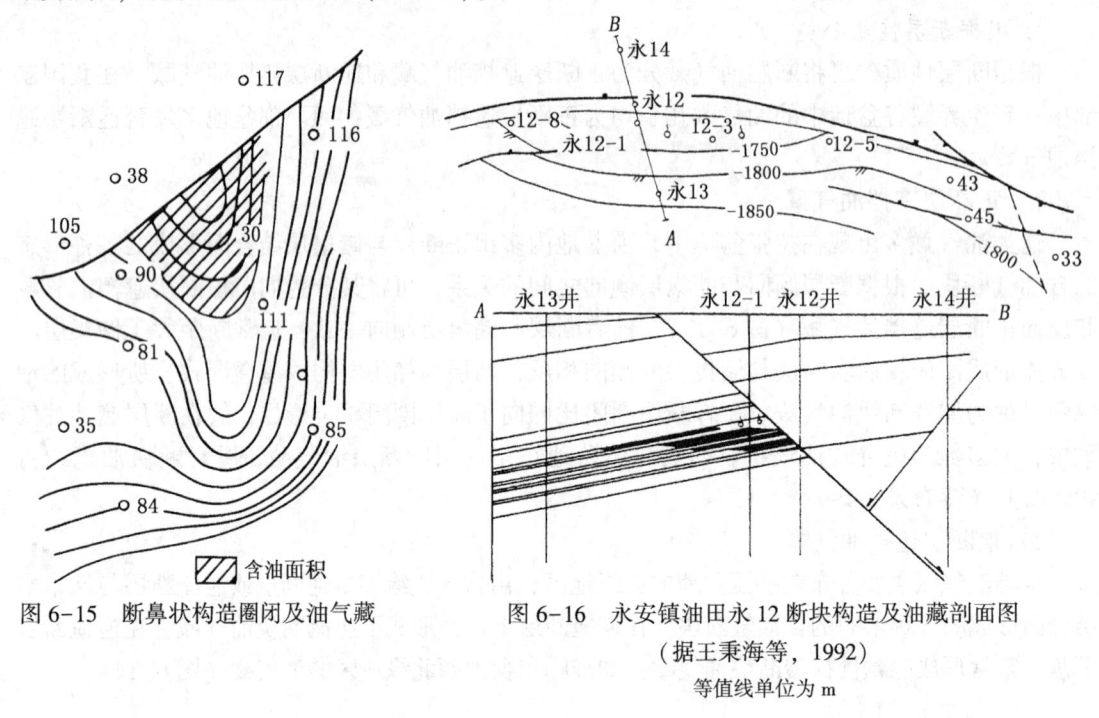

图6-15　断鼻状构造圈闭及油气藏

图6-16　永安镇油田永12断块构造及油藏剖面图
（据王秉海等，1992）
等值线单位为m

2）断块油气藏

这种油气藏是由断层和倾斜储集层构成封闭的空间，储集层无明显的构造形态。由于封闭断层形态的不同以及储集层被多条断层切割，断块油气藏具有多种组合形式。常见的有弧形断块、交叉断块、多几何形状断块等（图6-17）。弧形断块是在倾斜储集层的上倾方向，为一向上倾方向凸出的弧形断层所包围；在构造图上表现为较平直的构造等高线与弯曲断层线相交，形成圈闭条件。

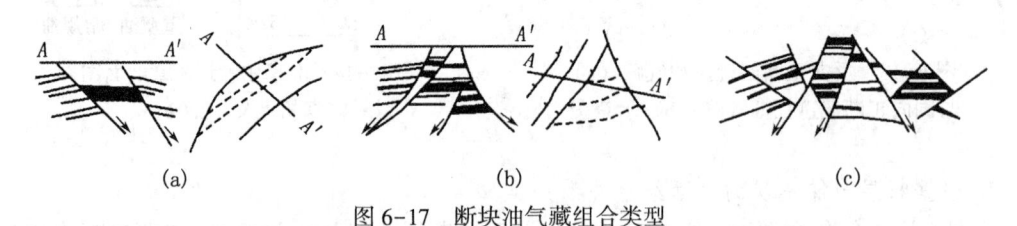

图6-17　断块油气藏组合类型
(a) 弧形断块油气藏；(b) 交叉断块油气藏；(c) 多几何形状断块油气藏

交叉断块是在倾斜储集层的上倾方向，为两条相交叉的断层所包围，在构造图上表现为较平直的构造等高线与交叉断层相交。

渤海湾盆地分布有大量这种类型的油气藏。在许多复杂断块区，往往有多组断层的交叉切割与地层产状相结合，组成各种几何形态的含油气断块，遮挡断层往往是多条，形成复杂断块圈闭，许多成为封闭断块。在储集层上倾方向及侧向被3条或更多的断层切割封闭，形成半封闭或封闭形断块，构造图上表现为多条断层与构造等高线构成闭合区，如东辛油田的营13断块区（图6-18）。

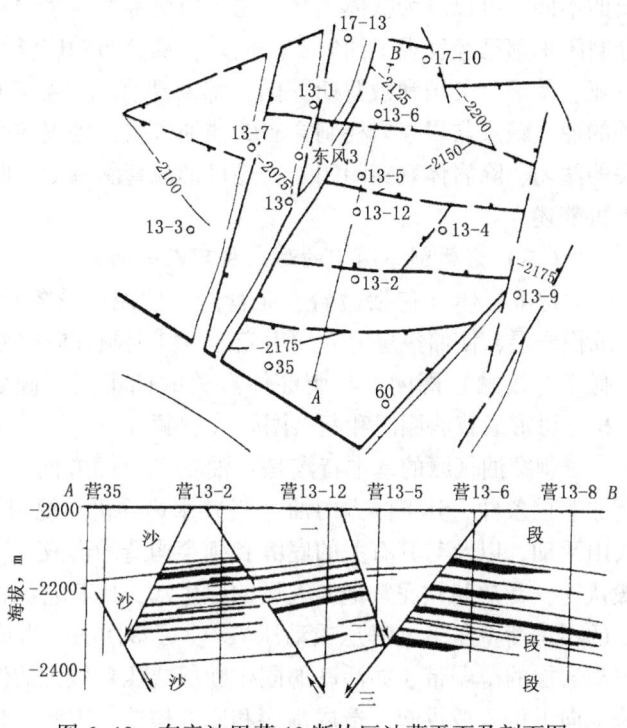

图6-18 东辛油田营13断块区油藏平面及剖面图
等值线单位为m

上述断层圈闭油气藏一个共同点是必须形成一个封闭的空间。从构造图上看，在断层本身是封闭性的前提下，形成断层圈闭的必要条件是：断层线与构造等高线必须是闭合的。反之，不具备上述条件，断层就不能形成圈闭。

我国各含油气地区，尤其在渤海湾盆地，断层与储集层形成各式各样的圈闭组合形式，即形成大小、形态都不一样的断块，许多学者将这类断层油气藏称为断块油气藏，在实际工作中断块油气藏这一名称也广为使用。在不同地区，为了区分不同类型的断块油气藏，又根据断块的形态分为扇形、梯形、三角形、菱形等断块油气藏。

但多数人认为，断层油气藏与断块油气藏不宜作为同义语，后者应是前者的一部分。断块油气藏泛指那些靠封闭断层与不具明显构造形态的倾斜储集层形成的圈闭中的油气聚集，常常是由多条断层将储集层分割成各式各样的断块，或者是由单一弯曲断层与倾斜储集层构成圈闭，单个圈闭小而破碎。而断层与具有一定构造形态的鼻状构造组成的断层遮挡圈闭油气藏称为断鼻油气藏；这类油气藏含油面积往往较规则，储集层上倾方向为断层遮挡，含油气范围常呈半背斜状。

断层油气藏有其自己的特点，特别是其复杂性和多样性，并且随着各个时期构造运动的性质和强弱的变化而变化。因此，油气地质工作者必须在复杂多变的情况下，分析研究其变化规律，才能使油气勘探工作更有成效。

### 三、岩体刺穿油气藏

（一）岩体刺穿油气藏的概念

由于刺穿岩体接触遮挡而形成的圈闭，称为岩体刺穿圈闭；岩体刺穿油气藏则是指油气在岩体刺穿圈闭中的聚集。

按刺穿岩体性质的不同，可以分为盐体刺穿、泥火山刺穿及岩浆岩柱刺穿等。目前世界上在这3种岩体刺穿圈闭中都已经发现了油气藏。但是，从分布的广泛性来看，盐体刺穿更为重要。如在罗马尼亚、德国、美国和俄罗斯等国，都发现有相当数量的盐体刺穿油气藏。而与泥火山刺穿有关的油气藏及与岩浆岩柱刺穿有关的油气藏，则仅在个别地区有所发现。

与刺穿构造有关的圈闭，除岩体刺穿圈闭外，还可形成背斜圈闭、断层圈闭等。后两类油气藏前已阐述，不再赘述。

视频6-2 岩体刺穿圈闭形成过程

（二）岩体刺穿圈闭的形成机理及分布

地下岩体（包括盐岩、泥膏岩、软泥以及各种侵入岩浆岩）侵入沉积岩层，使储集层上方发生变形，其上倾方向被侵入岩体封闭而形成刺穿（接触）圈闭。与刺穿体有关的储集层上倾变形、变位（断裂）相应可形成背斜圈闭和断层圈闭（视频6-2）。

刺穿油气藏的基本特点是：油气在上倾方向一侧被刺穿岩体所限，并以刺穿岩体为圈闭的遮挡条件，其下倾方向油（气）水边界仍与规则等高线保持平行。

关于盐岩和泥火山活动，以及与其有关的底辟和刺穿构造的形成，国内外许多学者做了大量研究工作。一般认为，膏盐和软泥常饱含大量的原生水，比其它沉积岩层的密度低，在上覆密度大的沉积层的不均衡重压下（静压或动压），使可塑性的膏岩或软泥发生流动，在流动过程中，遇到沉积岩层的薄弱带，如活动的同生断层或压差较大的低压区等，这些可塑性的膏盐流或软泥流就向上侵入或拱起，造成刺穿和底辟构造。因此，膏盐和软泥的刺穿或底辟常与同生断层密切联系在一起。

根据上述机理可知，形成刺穿或底辟构造的基本条件是：地下深处存在相当厚度的膏盐或软泥层，厚度越大，形成这种构造的可能性也就越大；其次是上覆岩层存在压差变化比较显著的薄弱带，如同生断层。这两个基本条件控制了刺穿接触圈闭的形成和分布。

（三）岩体刺穿油气藏的实例

1. 盐体刺穿油气藏

地下深处的盐体，侵入并刺穿上覆沉积岩层，形成盐体刺穿圈闭，其中聚集了油气，则称为盐体刺穿油气藏。例如罗马尼亚喀尔巴阡山前带的莫连尼油田的油藏，就属这类油藏。该油田是盐体侵入并刺穿了上覆古近系渐新统和上新统的砂岩储集层，形成了盐体刺穿圈闭及其油气藏（图6-19）。

此外，在美国墨西哥湾地区、前苏联恩巴地区、德国北德意志盆地、西欧北海盆地、西非加蓬等地区都广泛分布有这种类型的油气藏。

图6-19 莫连尼盐体刺穿圈闭油藏横剖面图

2. 泥火山岩体刺穿油气藏

这是由于泥火山刺穿作用，形成圈闭条件，聚集了油气所形成的这类油气藏。例如前苏联阿普歇伦半岛的洛克巴丹油气田中的油气藏，就属此类。该油田为一背斜构造，构造顶部为泥火山所刺穿，新近系上新统储集层沿上倾方向与泥火山刺穿体接触，形成圈闭条件并聚集了油气，就形成了这类油气藏，如图6-20所示。

我国新疆准噶尔盆地独山子油田，也有泥火

山活动。此外，在尼日尔河三角洲、缅甸的阿拉康海岸，以及特立尼达岛等地，也都有泥火山的活动及其有关的油气藏。

3. 岩浆岩体刺穿油气藏

地下深处的岩浆侵入并刺穿上覆沉积岩层，形成岩浆岩体刺穿圈闭，后来油气在其中聚集，就形成这类油气藏。例如在墨西哥曾发现过这样一个油田，如图 6-21 所示。其中的油气藏是属于岩浆岩体刺穿油气藏。这类油气藏比较少见。

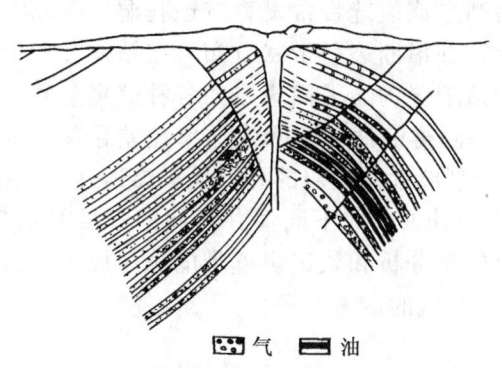

图 6-20 洛克巴丹泥火山刺穿油气藏剖面图（据 Брод，1950）

图 6-21 墨西哥的岩浆岩体刺穿油藏横剖面图（据 Брод，1950）

### 四、裂缝型油气藏

（一）概述

所谓裂缝型油气藏，是指在致密岩层中，油气储集空间和渗滤通道主要为构造裂缝及相关孔洞的油气藏。在各种致密、性脆的岩层中，在受构造作用之前，整体上孔隙度和渗透率均很低，不具备渗滤和储集油气的条件。但由于构造作用，如褶皱作用和断裂作用，在应力作用下产生裂缝或空腔（孔洞），在部分易溶蚀断裂带中，还存在流体对裂缝（孔洞）产生溶蚀作用，使这种本身不具有渗透性的岩层在局部地区的一定深度段产生了裂隙及与此紧密相关的溶孔（洞），具备了流体储集空间和渗滤通道的条件，并与盖层、侧向遮挡物等其它因素相结合，则可形成裂缝型圈闭。油气在其中聚集，即形成裂缝型油气藏。

岩层的裂缝及孔洞往往是多种因素造成的，但构造作用最重要，岩层裂隙的产生和发展，在大多数情况下，都是与褶皱和断裂联系在一起的，故将裂缝型油气藏归为构造油气藏大类。裂缝型油气藏虽然常常与背斜油气藏、断层油气藏有密切关系，但它又有自己的特殊性。裂缝型油气藏主要受构造、溶蚀等作用形成的储集空间控制，油气在致密岩层中局部分布。由于裂缝型油气藏与背斜油气藏、断层油气藏在成因上既有密切联系，又有重要区别，所以将它单独列为构造大类中的一种油气藏类型。

在一些致密、性脆、不易溶的岩层中，如致密砂岩中，断裂作用使得沿断裂带裂缝发育，可形成沿断层分布的断缝体，形成所谓断缝体油气藏。在致密、性脆、易溶的岩层中，如碳酸盐岩中，断裂作用伴生大量裂缝，后期大气降水和地层流体沿裂缝带发生溶蚀作用，可形成受断层控制的断溶体。因此，在致密砂岩层中多表现为断缝体，而在易发生溶蚀作用的致密碳酸盐岩中，则可出现断溶体或断控缝洞体。断溶体是在断裂控制的构造裂缝基础上形成的，故断溶体和断缝体一并可归为裂缝型油气藏。

与经典背斜或断层等构造圈闭中的油气分布不同，裂缝型油气藏受裂缝或断控缝洞的控制，其油气分布并不像背斜、断层油气藏那样受圈闭中储集体顶面构造等高线的控制，常常呈块状或孤立状。在一些背斜构造致密岩层中，构造裂缝的发育，常可把原来互相隔绝的裂隙、孔隙、溶洞等储集空间沟通起来，形成一个统一的储集空间网络，其中聚集油气后所形成的油气藏往往呈块状。而有些受断层控制的断缝体或断控缝洞体圈闭或背斜局部裂缝发育带（如沿受力较大的部位），油气沿裂缝或孔洞发育带分布，往往呈带状或孤立状。在断控裂缝带中，由于沿断层或裂缝带常发育溶蚀孔洞，形成沿断层多层系、串珠状分布的油气聚集，在平面上往往沿断裂呈带状分布。在钻井过程中，常发生钻具放空、钻井液漏失等现象。由于构造裂缝沟通了储集层的各种储集空间，形成一个畅通的渗流系统，实测岩心渗透率与试井测得的油层实际渗透率相差悬殊，试井实际测渗透率往往远高于岩心实测渗透率。由于裂缝性储集层的孔隙性、渗透性变化很大，同一储集层的不同部位，储集性能可以相差悬殊，造成不同油井之间的产量差别甚大。因此，在勘探这种类型的油气藏时，最重要的是分析和认识裂缝带的分布规律，因为正是这些次生裂缝带的分布及发育情况，控制了油气的富集程度。

（二）裂缝型油气藏实例

1. 塔中45井区奥陶系裂缝型油藏及其它裂缝型油气藏

塔中45井区位于塔里木盆地塔中低凸起西倾没端的局部构造带上，是一个典型的背斜构造，圈闭面积48km²、幅度为60m（图6-22）。

该油藏储集层为中—上奥陶统良里塔克组层段，储集空间类型主要为构造裂缝—溶洞型，岩石类型主要为粉晶灰岩、完全胶结的粉屑和生屑灰岩，基质孔隙不发育，孔隙度一般均在2%之下；由于缝洞的产生，其储集层的平均孔隙度约为4.2%，储集条件较好。控制储集层物性的主要因素是构造裂隙的形成和溶蚀作用，溶蚀作用主要沿构造裂隙发生，反映缝—洞系统主体是构造裂缝溶蚀作用而形成的。

伊朗加奇萨兰油气田的古近系阿斯马利灰岩油气藏是典型裂缝型油气藏，具有含油高度大、储量大、产量高等特点，在波斯湾盆地的碳酸盐岩裂缝型油气藏具有重要的代表性。我国陕北延长油田的三叠系延长统的许多油藏，也属于裂缝性砂岩油藏。在美国的加利福尼亚州圣马力诺盆地、得克萨斯州米德兰盆地也分布有这种裂缝性泥岩、粉砂岩储集层的裂缝型油气藏。

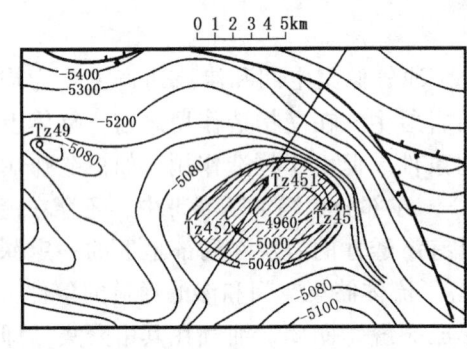

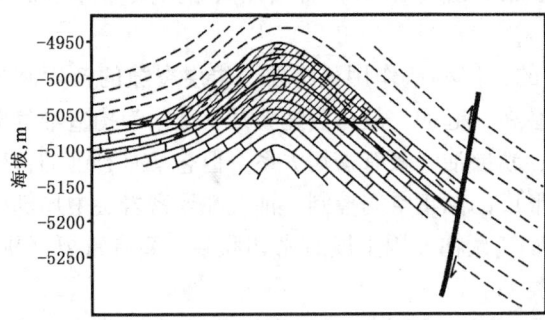

图6-22 塔中45井区油气藏综合图
（据张水昌等，2004）
等值线单位为m

2. 塔里木盆地顺北地区奥陶系断控缝洞型油藏

近年来，塔里木盆地顺托果勒低隆起超深层碳酸盐岩中发现了$10 \times 10^8$t级油气田——顺北油气田，其圈闭类型为断控缝洞型圈闭。在走滑断裂作用下，顺北地区中—下奥陶统碳酸盐岩地层因构造破裂产生了大量裂缝、孔洞与洞穴，形成了沿走滑断裂带展布的碳酸盐岩缝洞型储集体。这些储集体在上覆泥质岩区域盖层和致密碳酸盐岩局部盖层封挡条件下，形成了断控缝洞型圈闭。

顺北地区所在的顺托果勒低隆起长期处于构造较低部位，奥陶系碳酸盐岩地层岩性致密，其顶面不整合相关的岩溶作用与岩溶缝洞型储集体欠发育，但该区发育了不同体系、不同级别、不同期次叠加走滑断裂带，形成了主要受走滑断裂带控制的断控缝洞型储集体。受构造沉积演化控制，该区早寒武世初期发育了1套斜坡相优质烃源岩（玉尔吐斯组）；寒武纪—中奥陶世，发育厚度约3000m的碳酸盐岩地层，后期为走滑断裂改造，可形成规模发育的断控储集体；晚奥陶世，该区沉积厚约500~2500m陆棚相泥岩，与下伏碳酸盐岩断控储集体形成良好的储盖组合。走滑断裂多期活动产生的多期构造破裂为主，叠加后期流体改造为辅，形成断控缝洞型储集体，被致密碳酸盐岩侧封和上覆巨厚泥岩盖层顶封遮挡，形成断控缝洞型圈闭。同时走滑断裂垂向向下断至震旦系，沟通下寒武统玉尔吐斯组烃源岩，油气向上运移至断控缝洞型圈闭内聚集成藏，形成断控缝洞型油气藏。已发现的油气藏主要赋存于奥陶系鹰山组——间房组，埋深7200~8800m，为深层—超深层油气藏。油气藏主要沿区内主干走滑断裂带分布，如图6-23所示（张煜，2022；马永生，2022）。

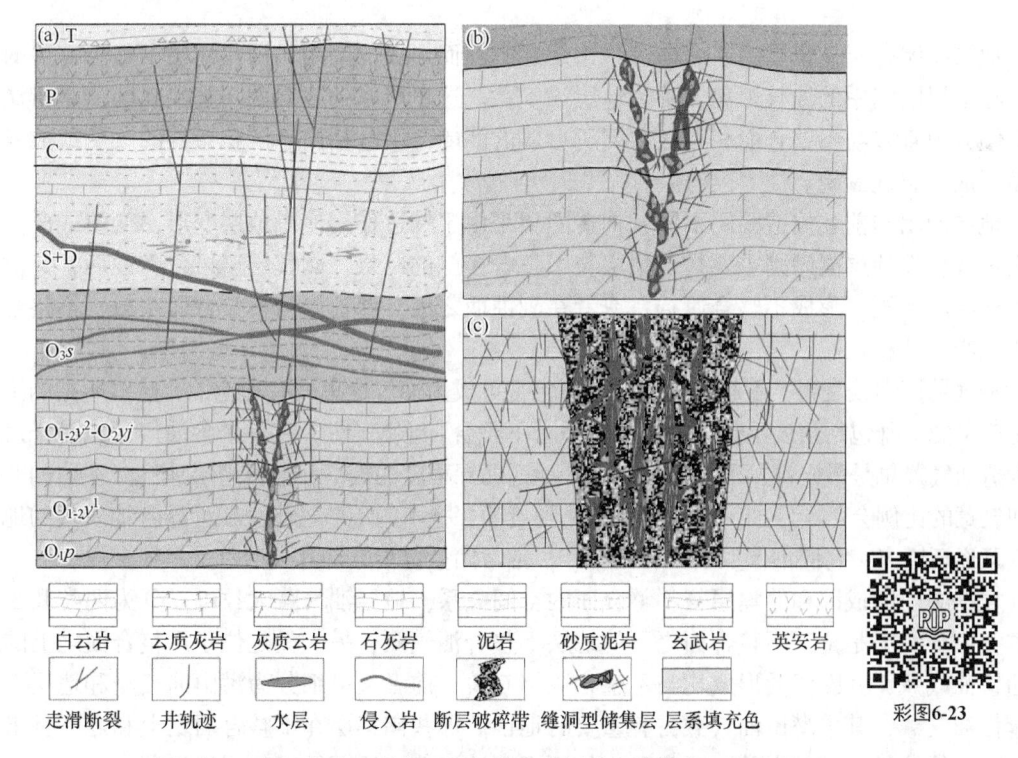

图6-23 塔里木盆地顺北地区断控缝洞型油气藏模式（据张煜，2022）
(a) 顺北超深断控缝洞型油气藏主要目的层位奥陶系—间房组—鹰山组，上覆地层发育雁列断层及多套侵入岩；(b) 图(a)框图的放大，纵向上油气沿断裂带富集，断裂带内部的多条断裂控制储集体的发育与油气藏分布；(c) 图(b)框图的放大，断裂带内部单条断裂内部储集体结构复杂，呈现为复杂"栅状"储集结构的特征

勘探开发成果表明，顺北地区奥陶系油气主要富集在通源的主干走滑断裂带内部及与之连通的分支断裂带上，沿断裂带呈"窄、长"的条带状分布。储集体内部结构复杂，储集层在纵横向上具有极强的非均质性，主要表现在洞穴、孔洞及裂缝发育的多少、大小和洞缝空间组合类型的不同，从而造成储渗性能差异大。储集体内部结构主要受走滑断裂构造样式、活动强度及运动学特征的影响。该区多期构造运动形成了以构造破裂作用为主、多种成因叠加改造的裂缝—洞穴型储集体，储集体沿走滑断裂带呈条带状分布，纵向发育深度大，断裂活动强度控制储集体发育规模。走滑断裂带具有平面分段性，分段处内部储集层不发育，可构成沿断裂带方向侧向隔挡。上覆区域性泥质岩及致密泥晶灰岩可构成油气垂向散失与侧向运移或调整的封盖与遮挡条件。走滑断裂形成机制、构造样式与断裂平面展布特征决定了断控缝洞型圈闭形态。根据走滑断裂的运动学特征、几何形态等将断控缝洞型圈闭划分为压扭型、张扭型、平移型和复合型圈闭（油气藏）4大亚类。其中压扭型断控缝洞型圈闭主要发育于走滑断裂的叠接压扭段。断裂带深层断裂面高陡、直立、狭窄，往浅层受局部正压应力场控制发生正向错断、形成多条高角度逆断层，呈现撒开状的背冲构造，叠接区域的边界断层是主滑移断层，区域内碳酸盐岩破碎程度高，为缝洞系统构成的破碎带（云露等，2022）。

## 第三节　地层油气藏

地层圈闭是指储集层由于纵向沉积连续性中断而形成的圈闭，即与地层不整合有关的圈闭。在地层圈闭中的油气聚集，称为地层油气藏。这里所指的地层圈闭是狭义的，是指储集层上倾方向直接与不整合面相切被封闭所形成的圈闭，不包括由于沉积条件的改变或成岩作用而形成的岩性圈闭。

地层圈闭与前述构造圈闭不同，构造圈闭是由于构造作用使得地层变形、变位或产生裂缝而形成，而地层圈闭则主要是储集层与不整合接触的结果。储集层遭风化剥蚀后，又被不渗透地层所超覆，形成不整合遮挡；或者在剥蚀面之上，渗透层沿不整合面超覆，不整合成为遮挡物。

油气勘探实践表明，不整合面的上、下常常可成为油气聚集的有利地带。这里所指的不整合是广义的，既包括角度不整合，也包括平行不整合（假整合）。在一个含油气区，易于发现的构造油气藏总是最先被发现，但随着一个地区勘探程度的提高，包括地层油气藏在内的非构造油气藏的比例会不断增加。近几十年来，随着勘探技术的不断进步，在世界各地发现的地层油气藏逐渐增多，它们不仅数量多、分布广，常常储量也很大，其类型也是多种多样。

根据圈闭的成因和储集层与不整合面的空间关系，地层油气藏大致可以分为两类和3种基本类型：一类是位于不整合面之下的地层不整合油气藏，另一类是位于不整合面之上的地层超覆油气藏，其圈闭的形成均与不整合遮挡有关。前者又可细分为潜山油气藏和地层不整合遮挡油气藏，其中潜山油气藏占有重要的地位。那些储集层在不整合面之上和之下且未与不整合直接接触，而是由其它因素形成的圈闭及油气藏，均不属于地层油气藏。

如图6-24所示，B、C是位于不整合面之上的地层超覆油气藏，D、E为不整合面之下的地层油气藏，分别为地层不整合遮挡油气藏和潜山油气藏；A、F与地层不整合无关，分别为岩性尖灭油气藏和背斜油气藏。在我国，许多油气地质勘探工作者从油气藏形成特点和勘探评价的角度，常常将潜山内部与不整合面没有直接关系的油气藏统称为潜山内幕油气藏，多为层状油气藏。但从圈闭成因的角度，这些内幕油气藏大多可归为断层、背斜等类型，如在潜山内幕岩层中，层状储集层的顶、底被不渗透层封隔，上倾方向被断层遮挡而形成的断层油气藏。

**一、潜山油气藏**

潜山通常是指被不整合埋藏于年轻沉积盖层之下的盆地基底的基岩突起，包括古地形突起（残丘）和古构造被剥蚀后形成的具有一定构造形态的突起。潜山的形成必须经过较长时期的侵蚀，并被后来新的沉积层埋藏，它相对于周围是一个局部的突（隆）起。潜山油气藏是指这些基岩突起被上覆不渗透地层所覆盖形成圈闭条件，油气聚集其中而形成的油气藏，也可称为"古地貌"油气藏。

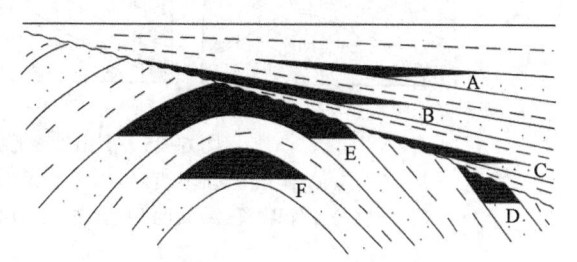

图 6-24　地层油气藏主要类型及其与非地层油气藏之间的区别示意图

盆地基底岩石中的油气聚集也称为基岩油气藏。狭义的基岩油气藏是指聚集于盆地结晶基底岩石中的油气聚集，储集层岩石类型为变质岩和火成岩（侵入岩）。广义的基岩油气藏是指在盆地沉积基底岩石中形成的油气聚集，储集层包括基底结晶岩石和盆地形成前不同时代的沉积岩，即岩浆岩、变质岩和沉积岩均可作为基岩。按广义的概念，基岩潜山油气藏还可划分为潜山古地貌油气藏和潜山内幕油气藏两大类，前者以风化壳储集层为主、不整合面及断层输导、上覆致密沉积岩层遮挡，后者以潜山内幕发育的构造裂缝或溶蚀孔隙为储集空间、断层或裂缝输导、内幕隔层封盖为特征。从圈闭遮挡条件来说，潜山古地貌油气藏为地层不整合遮挡形成圈闭，属于典型地层油气藏大类，但潜山内幕油气藏大多与地层不整合无关，是受断层或其它条件遮挡，故按圈闭成因可归为其它类型。

因基岩本身无生烃条件，不论广义还是狭义的基岩油气藏，其油气均来源于上覆或侧翼新沉积岩层烃源岩，只是赋存油气的岩石类型存在差异，广义的概念包含岩石类型更多。本书基岩油气藏采用狭义的概念，即基岩油气藏是潜山油气藏中的一种类型。

（一）潜山圈闭及油气藏的形成特点

潜山圈闭的形成与区域性的沉积间断及剥蚀作用有关。在地质历史的某一时期，地壳运动使一个区域上升，受到强烈风化、剥蚀的破坏。坚硬致密的岩层抵抗风化的能力强，在古地形上呈现为大的突起；而抵抗风化能力较弱的岩层，则形成古地形中的凹地。因而显示出了高山、丘陵、平原、沟谷、河湖等古地貌的景观。或者原来的背斜构造，其顶部被剥蚀，后来，在该区域尚未被剥蚀成为平原时，又重新下降，同时又被新的沉积物所掩埋覆盖，这样就在原来古地形的基础上，形成了一系列的潜伏剥蚀突起或潜伏剥蚀构造，也称为"古潜山"。这种古地形突起，由于遭受多种地质营力的长期风化、剥蚀，常形成破碎带、溶蚀带，具备良好的储集空间，当其上为不渗透性地层所覆盖时，则形成了地层圈闭，成为油气聚集的有利场所（图 6-25）。

国内外学者从不同角度对潜山进行了大量研究，分类命名体系也复杂繁多。如潜山成因或形成期分类、储集层性质及孔隙类型分类、封闭因素及封闭方式分类、油气藏形态分类、生储盖组合关系分类等（蒋有录等，2021）。按照潜山的形态及形成特点，可将潜山油气藏划分为断块山、古地貌山和褶皱山三大类（图 6-26），它们的形成均受差异风化因素影响，断块山和褶皱山还受断层和古构造控制。

组成潜山的岩石可以是结晶岩，如岩浆岩（侵入岩）及变质岩，也可是沉积岩，如石

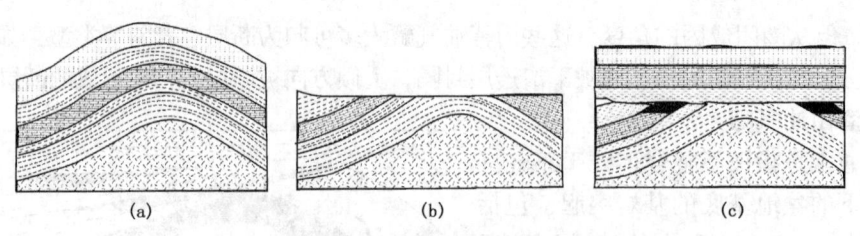

图 6-25 潜山油藏形成过程示意图
(a) 地层隆起形成背斜；(b) 背斜遭剥蚀，顶部储集层被剥蚀掉；
(c) 沉积物覆盖在角度不整合之上，石油向上运移至构造翼部聚集成藏

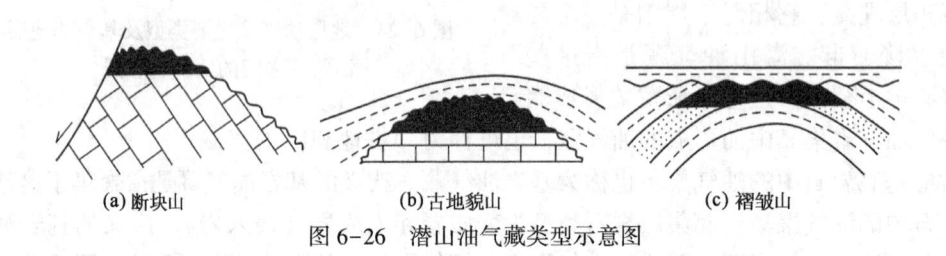

(a) 断块山　　　(b) 古地貌山　　　(c) 褶皱山
图 6-26 潜山油气藏类型示意图

灰岩、白云岩、砂岩，还可以是火山岩等，它们的共同特点是：岩性较致密坚硬，经过长期的风化、剥蚀和地下水的循环作用后，次生孔隙和裂缝发育，具有良好的储集性能。

潜山圈闭及油气藏的类型以及分布特征均受区域地质结构控制。潜山圈闭中的油气主要来源于其上覆烃源岩层，因此，潜山油气储集层的时代通常比烃源岩的时代老，即所谓"新生古储"。但也有的潜山油气藏储集层时代与烃源岩时代相同，或烃源岩时代老于储集层的时代，即所谓"古生新储"。油气运移通道主要包括沟通潜山和烃源岩的油源断层及不整合面两种类型。油气沿不整合面和油源断裂源源不断地运移至潜山圈闭中聚集成藏。

从烃源岩到潜山圈闭之间存在一个复杂的天然流体运移系统。潜山油气藏的形成多是它源、异地成藏，输导体系对潜山油气藏的形成起着桥梁作用。

一般潜山油气藏的地质结构较为复杂，储集层非均质性严重，成藏要素复杂。不同储集层类型的潜山油气藏，其形成特征不尽相同。

(二) 潜山油气藏实例

随着地球物理勘探方法的不断发展，以及深井钻井技术的日益提高，在世界各地发现的与地层不整合有关的油气藏愈来愈多，其中不少属于大油气田。

1. 潘汉得尔砂岩、碳酸盐岩潜山气藏

美国西内部盆地的尼马哈潜山带、维启塔—阿马利罗潜山带、中央堪萨斯隆起等地区，均是潜山油气藏集中分布的地方。例如潘汉得尔油气田就是位于维启塔—阿马利罗潜山带上的一个特大油气田（图 6-27）。

潘汉得尔油气田的含油气面积达 6000km$^2$。该潜山是由前寒武纪花岗岩、长石砂岩及上古生界碳酸盐岩共同组成的一个巨厚的块状储集层。其上为二叠系所覆盖，特别是二叠系盐岩成为良好的盖层，形成一个巨大的块状油气藏，具有统一的油水界面。含油气高度达 400m，含油部分主要位于潜山北侧。

2. 任丘碳酸盐岩潜山油藏

我国任丘油田是一个典型的碳酸盐岩潜山油藏（图 6-28）。该油田是我国在 20 世纪 70

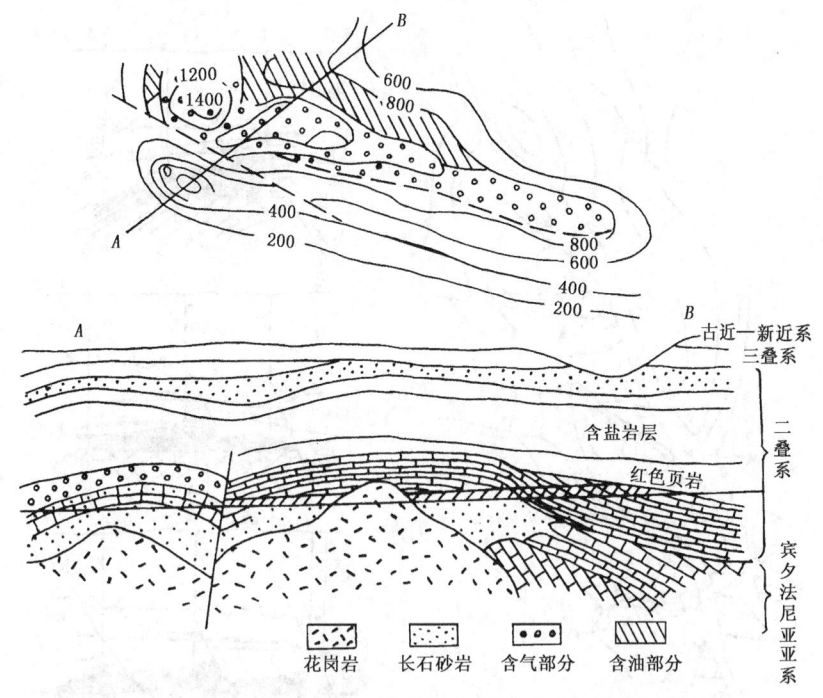

图 6-27　美国潘汉得尔油气田构造图及剖面图（据张厚福等，1999）
等值线单位为 m

年代在渤海湾盆地冀中坳陷发现的高产大油田之一。其潜山主要由中—新元古界雾迷山组硅质白云岩组成，围翼为寒武系、奥陶系的碳酸盐岩地层。该潜山自晚奥陶世到古近纪漫长的地质时期中，一直出露地表，长期遭受风化、剥蚀、溶解以及历次地壳运动的作用，使得裂隙、孔洞十分发育，具备极好的储集性能。后来被古近系沙河街组巨厚的泥质沉积所覆盖，成为良好的盖层，形成了圈闭条件。古近纪末及新近纪，沙河街组烃源岩系生成的石油，进入该圈闭中聚集起来，形成了储量丰富的高产大油田。

3. 王庄变质岩潜山油藏和渤 19-6 变质岩潜山凝析气藏

渤海湾盆地还分布有相当数量的变质岩潜山油气藏，如济阳坳陷王庄变质岩油藏，辽河坳陷的兴隆台变质岩潜山油藏，以及渤中凹陷渤 19-6 变质岩凝析气藏。

王庄潜山油藏位于渤海湾盆地东营凹陷西北部的郑家地区。在陈家庄凸起的南斜坡背景上，由于古断层的发育和风化剥蚀，形成了一个太古宇变质岩残丘，后被沙河街组四段以泥质岩为主的非渗透性地层所覆盖而形成圈闭及油气藏（图 6-29）。变质岩中微裂缝发育，也有一定数量的溶蚀孔、洞及微孔隙，还有矿物裂缝和节理缝。发育的缝、洞和孔隙既是油气的渗滤通道，又是储集空间。

渤中凹陷渤中 19-6 气田是由太古宇基底上发育起来的大型、多层系、多结构潜山复合圈闭群气藏组成，其主要含气层位为太古宇变质岩，为典型潜山气藏。渤中 19-6 构造经历了多期构造运动，太古宇变质岩潜山断裂发育，主要发育三组断裂。根据构造特征，可将渤中 19-6 构造进一步划分为南、北两块。含气储集层主要为二长片麻岩、斜长片麻岩及混合片麻岩等变质岩，靠近大断裂处可见断层角砾岩。太古宇变质岩储集层受印支期以来郯庐断裂持续走滑作用的改造，发育多期次裂缝以及碎裂岩等动力变质岩，在潜山内部形成规模巨大的裂缝型优质储集层。储集层纵向分带性明显，储集空间以裂缝为主亦可见沿缝的溶蚀孔

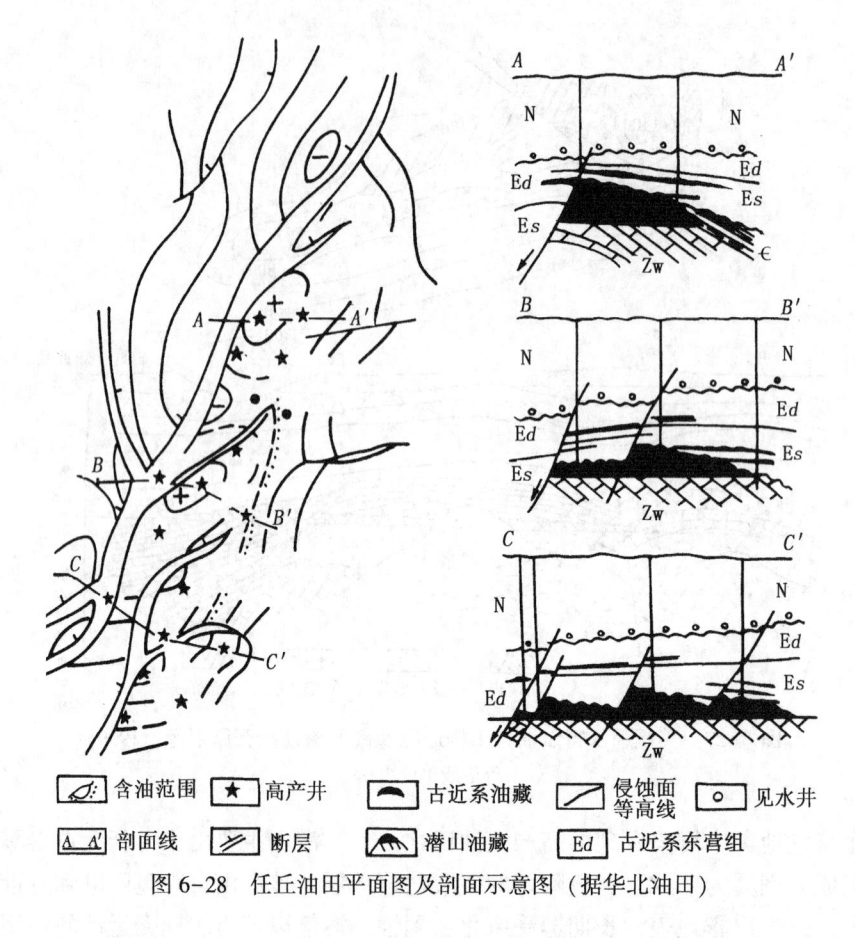

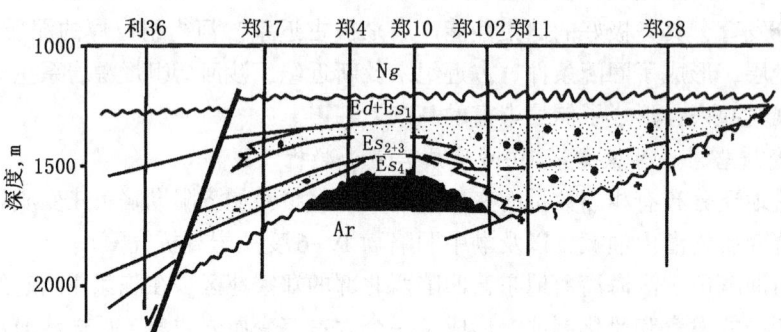

图 6-28 任丘油田平面图及剖面示意图（据华北油田）

图 6-29 王庄潜山油藏剖面图（据胜利油田，2004）

隙（图 3-27）。储集层储集空间类型主要为裂缝，构造高部位发育风化破碎带等孔隙型、孔隙—裂缝型储层。渤中 19-6 为暴露型潜山，2016 年以来分别在渤中 19-6 构造南块和北块钻探多口井均获得了较好的产能，其中南块测试获日产油 168m³、日产气 18.4×10⁴m³，北块测试获日产油 305m³、日产气 31.2×10⁴m³，流体在地层条件下呈凝析气相，探明天然气储量超过 1000×10⁸m³，是渤海湾盆地迄今发现的最大的天然气田。渤中 19-6 潜山凝析气藏的形成主要受控于以下几个关键因素：渤中凹陷深层具有巨大的生气潜力，是大型凝析气田形成的物质基础；区域性稳定分布的东营组和沙河街组巨厚超压泥岩盖层为大型凝析气田的保存提供了良好的封盖条件；多期次动力破碎作用使潜山内幕发育大规模裂缝体系和动力破碎带，是变质岩优质储集层形成的关键，如图 6-30 所示（薛永安等，2018；徐长贵等，2019）。

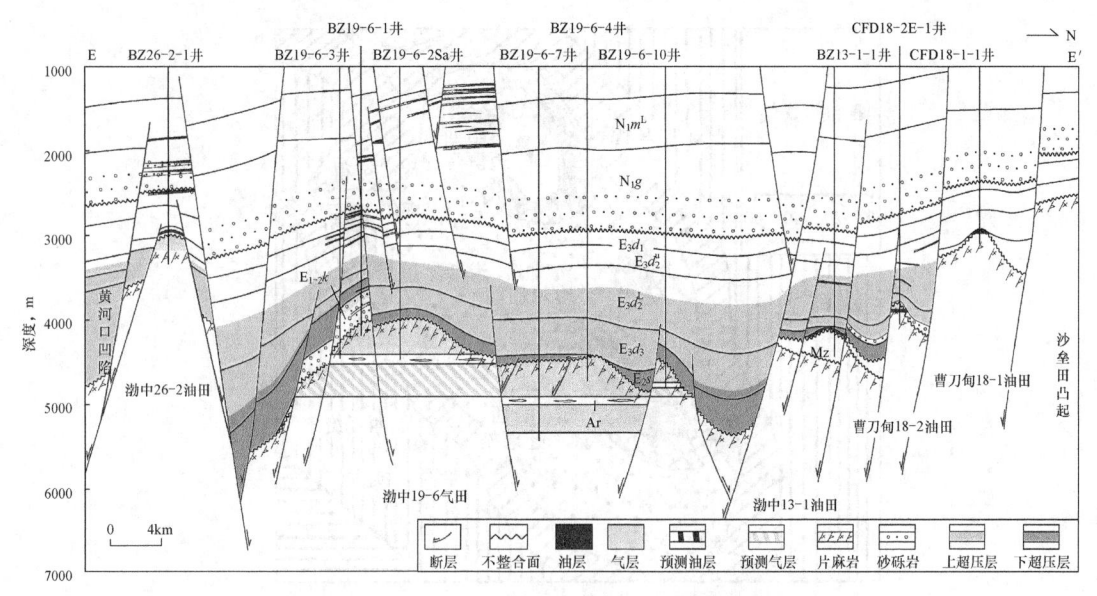

图 6-30  渤中 19-6 气田成藏模式图（据徐长贵等，2019）

Ar—太古宇；Mz—中生界；$E_{1-2}k$—孔店组；$E_2s$—沙河街组；$E_3d_3$—东三段；$E_3d_2^L$—东二段下亚段；

$E_3d_2^U$—东二段上亚段；$E_3d_1$—东一段；$N_1g$—馆陶组；$N_1m^L$—明化镇组下亚段

### 4. 哈西—迈萨乌德剥蚀构造型砂岩潜山油藏

北非阿尔及利亚的哈西—迈萨乌德油田是著名的褶皱型潜山油气藏的实例（图 6-31）。该油田位于阿尔及利亚撒哈拉大沙漠东部，距地中海 560km，油气聚集于顶部遭受剥蚀的大型背斜中，是典型的剥蚀构造圈闭。产油层为寒武系砂岩，深约 3300m，油田含油面积 1300km²，油藏高度 270m。石油地质储量 $34.7×10^8t$，是特大高产油田。

该油田的背斜构造于加里东期上升，长期遭到剥蚀，隆起顶部露出寒武系砂岩；至三叠纪时才开始被盐岩及红色页岩所覆盖，形成良好的潜伏剥蚀构造圈闭条件。同时由于三叠系的沉积，使地下温度、压力升高，距哈西—迈萨乌德西北 40km 凹陷内的志留系黑色页岩具备了二次生油的条件，所生成的石油沿不整合面运移至哈西—迈萨乌德潜伏剥蚀背斜构造圈闭中聚集起来，形成了目前的大油田。

## 二、地层不整合遮挡油气藏

广义的地层不整合遮挡油气藏是指位于不整合面之下，由不整合遮挡形成的地层油气藏，包括上述潜山油气藏。这里所说的地层不整合遮挡油气藏是狭义的，指主要在盆地边缘或在古隆起，在一定的构造背景下，储集层上倾方向被剥蚀，后来又为新沉积的非渗透性岩层遮挡，在不整合之下形成了地层不整合圈闭，油气在其中聚集就形成地层不整合遮挡油气藏。与潜山圈闭不同，该类圈闭的不整合面一般没有明显的地形突起。

### （一）地层不整合遮挡圈闭及油气藏形成特点

地层不整合遮挡油气藏主要分布在盆地边缘粗碎屑岩中。这可能是由于盆地边缘沉积岩系之间沉积间断较多，碎屑储集层上倾部位容易遭受剥蚀，当它们被上覆不渗透地层所覆盖时，就形成了良好的圈闭条件。在褶皱区的沉积盆地中，褶皱、断裂作用显著，不整合现象普遍，同样会发育这种类型的圈闭条件。

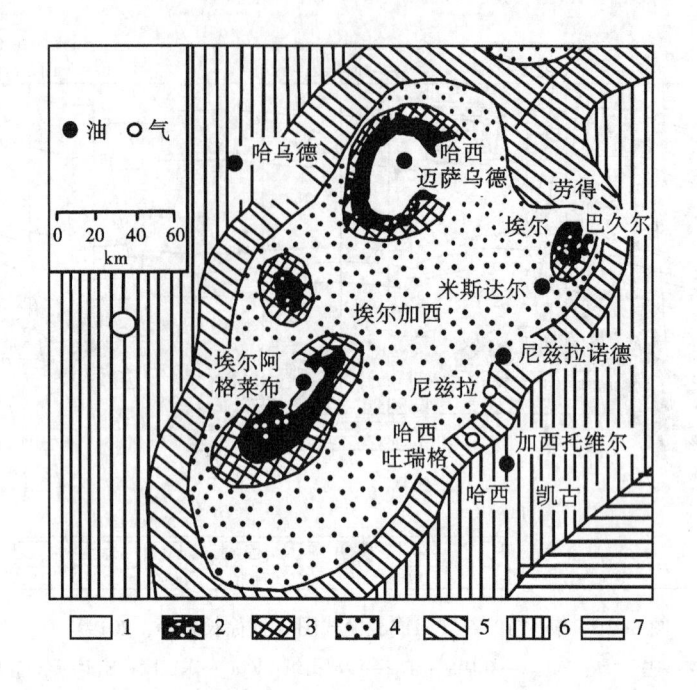

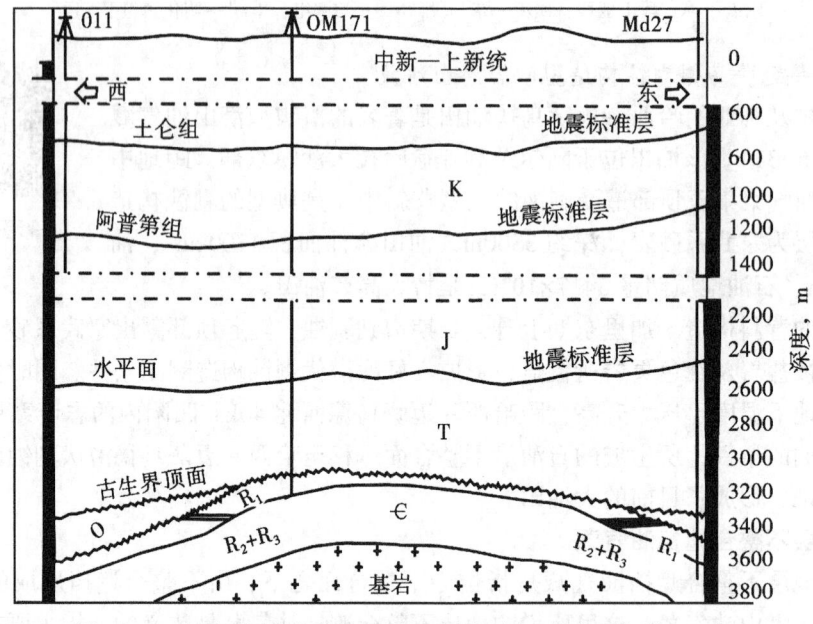

图 6-31  哈西—迈萨乌德油田平面及剖面图（据张厚福等，1999）

1—寒武系；2—埃尔加西砂岩；3—埃尔加西黏土；4—纳姆拉石英岩；
5—上奥陶统；6—志留系；7—泥盆系

  同其它类型油气藏一样，地层不整合遮挡油气藏的形成也需要生、储、盖、圈、运、保等基本成藏条件。地层不整合遮挡圈闭的遮挡物主要有两种，一种是盆地不整合上覆的不渗透性泥质岩层，另一种是原油经氧化而形成的稠油封堵层。由稠油封堵形成的油藏，其原油普遍遭受氧化，油质较重，而远离稠油封堵带油质逐渐变轻。

  地层不整合遮挡油气藏与潜山油气藏均位于不整合面之下，但其形成特点却存在着较大的差异。地层不整合遮挡油气藏多发育在盆地边缘，储集层为沉积岩。与潜山油气藏的形成主要为"新生古储"不同，地层不整合遮挡圈闭中聚集的油气主要来源于下倾方向的同期烃源岩系，也可以来自于古油气藏被改造后重新聚集的油气。该类油气藏主要由盆地边缘的不渗透性泥质岩层和原油经氧化而形成的稠油封堵，储集层多为具有原生孔隙的砂砾岩。而潜山油气藏是一种特殊类型的"基岩"油气藏，其含油气层位于区域不整合面之下，属于盆地的基底岩系，具有一定的构造或古地形突起形态，其油气主要来自上覆及侧向较新的烃源岩系；潜山油气藏的储集层可以是沉积岩，也可是岩浆岩或变质岩，除少数为具原生孔隙的碎屑岩外，大多数是原生孔隙不发育、致密坚硬的岩类，由于各种后生作用的改造，使其发育了次生裂缝及孔隙而具备储集能力。

地层不整合面不是简单的面，而是一个包含多层结构层的"地质体"。理想的不整合常发育三层结构，即不整合面之上的岩石、之下的风化黏土层和半风化岩石，由于受到剥蚀时间、岩性、地形、气候等多种因素的影响，多数不整合缺失风化黏土层。不整合风化黏土层的存在与否、不整合上下岩层岩性配置对接情况、半风化岩石的孔渗发育及组合形式，对油气在不整合附近的运聚具有重要影响（图4-31）。

如果不整合发育较稳定的风化黏土层或半风化岩石之上发育较稳定的非渗透层（如厚层泥岩）作为区域性盖层，则不整合主要起遮挡作用，油气会在不整合面下适合的部位聚集，并形成地层不整合遮挡油气藏。在此情况下，若不整合面下岩石是容易风化的碳酸盐岩类，则油气可沿不整合面下的半风化岩层作较长距离运移；若不整合面下岩石是不易风化的砂岩、泥岩互层，砂岩、泥岩层不能在不整合面下形成连续的输导层，油气很难穿层运移，但由于不整合面上的泥岩层对油气运移起到很好的遮挡作用，油气可在不整合面下各砂层中形成不整合遮挡油气藏（图6-32）。

如果不整合面下的半风化岩石或渗透层之上直接与渗透层（如砂岩层）对接，即在不整合面上、下为渗透层对接的情况下，不整合面之下的渗透层由于缺少盖层而容易形成"天窗"，油气沿"天窗"穿过不整合面进入渗透层并向其上倾方向运移，形成地层超覆油藏（图6-32，视频6-3）。因此，在砂、泥岩互层层系中的不整合，由于不整合面之下的渗透层及顶部非渗透层在横向上连续性差，油气很难沿不整合作长距离运移。

图6-32 油气沿地层不整合运移聚集模式图

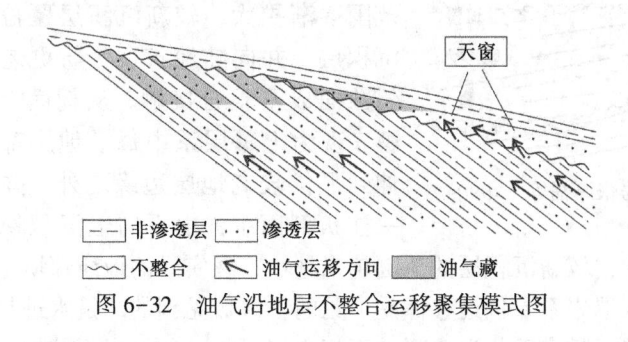

视频6-3 油气沿地层不整合运移聚集模式

## （二）地层不整合遮挡油气藏的实例

我国渤海湾盆地东营凹陷西南斜坡区的金家油田沙河街组油气藏是地层不整合遮挡油气藏的典型代表。该油田位于东营凹陷南部缓坡带，南接鲁西隆起，古近系由南向北倾斜。渐新世末的构造运动形成了沙河街组一段与沙河街组二段、沙河街组三段之间及馆陶组与下伏地层之间的不整合。馆陶组底部发育10~50m厚的泥岩，与鼻状构造背景配合，形成了一系列的地层不整合油气藏。由于油气藏埋藏较浅（800~1200m），原油遭生物降解及氧化而变稠（图6-33）。

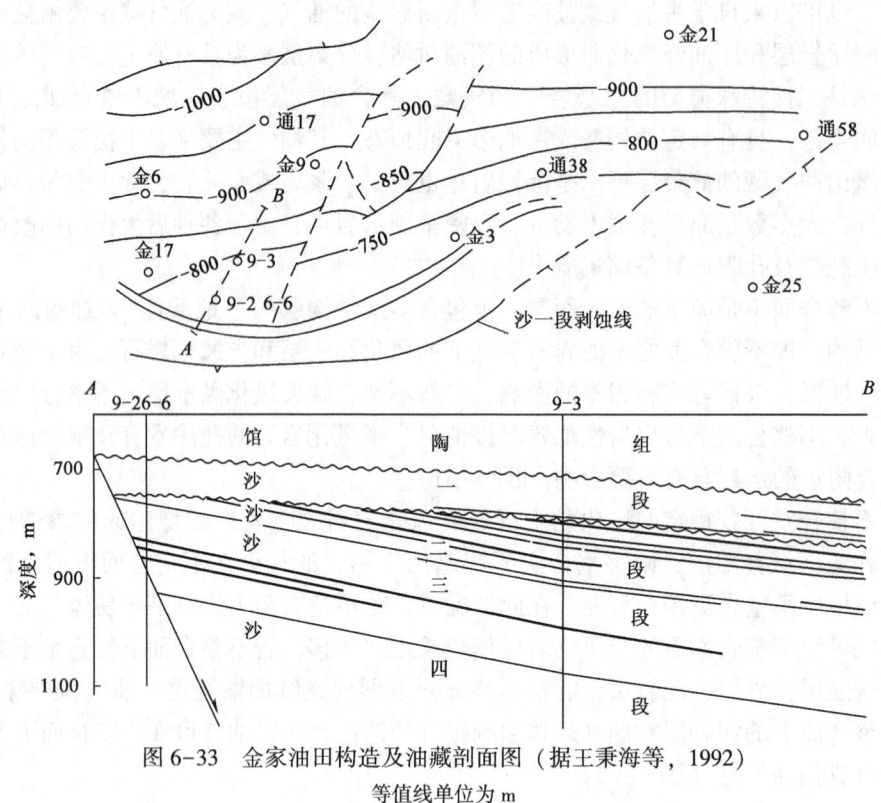

图6-33 金家油田构造及油藏剖面图（据王秉海等，1992）
等值线单位为m

## 三、地层超覆油气藏

地壳的升降运动及其差异性，常可引起海水或湖水的进退。这种水体进退的结果，在地层剖面上就表现为"超覆"和"退覆"两种现象，如图6-34所示。

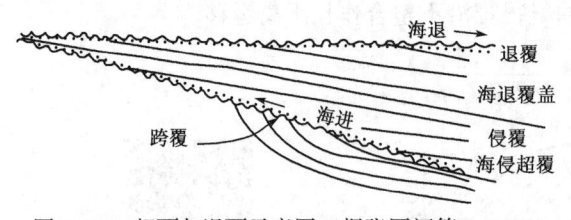

图6-34 超覆与退覆示意图（据张厚福等，1999）

地层超覆是指当水体渐进时，沉积范围逐渐扩大，较新沉积层覆盖了较老沉积层，并向陆地扩展，与更老的地层侵蚀面成不整合接触。从剖面上看，超覆表现为上覆层系中每一地层都相继延伸到下伏较老地层边缘之外，并且在同一柱状剖面中，由下向上沉积物越来越细；退覆是在水体渐退时发生的，较新沉积层的范围越来越小。在实际的地质环境里，单纯的水进岩系层位迁移和单纯的水退岩系层位迁移都是少见的，多数见到的却是水进与水退交替出现，在剖面上则表现为超覆不整合面与退覆削蚀面相交（图6-34）。岩石结构上则是由下向上，颗粒由粗变细再变粗，构成一个完整的沉积旋回。由于地壳运动的方向、速度及幅度不断变化，海水或湖水的进退也就变化多端，在地层剖面上反映出超覆与退覆的交替情况也多种多样。所有这些变化都可以形成各式各样的地层圈闭。因此，在沉积盆地中，详细分析地质历史上水陆变迁情况和各个地质时期的古地理状况，对寻找地层超覆油气藏有着重要意义。

（一）地层超覆圈闭及其油气藏形成特点

水体渐进时，水盆逐渐扩大，沿着沉积坳陷边缘部分的侵蚀面沉积了孔隙性砂岩，分选较好，储集性质也好；随着水盆继续扩大，水体加深，在砂岩层之上超覆沉积了不渗透泥岩，其结果形成地层超覆圈闭，油气聚集其中就形成地层超覆油气藏。

这种地层超覆圈闭，都是在水陆交替地带形成的，特别是在水进的阶段，这里盆底是以稳定下降为主，伴随轻微振荡，常与浅海大陆架或大而深的湖泊的还原环境有联系。因此，在砂层上、下及向深处侧变成泥质沉积，往往富含有机质，是良好的烃源岩层，同时又是良好的盖层。形成旋回式和侧变式的生储盖组合。油气生成后，就近运移至地层超覆圈闭中聚集起来，形成地层超覆油气藏。这种类型的油气藏都集中分布在地质历史上的水陆交替地带，在海相沉积盆地的滨海区、大而深的湖相沉积盆地的浅湖区，都可找到地层超覆油气藏。

地层超覆油气藏一般分布在盆地的边缘地带，其特殊的构造位置决定其有着不同于岩性油气藏的成藏控制要素，如大型超剥带是形成地层圈闭的基础；充足的油源、鼻状构造、油气运聚动力以及由高孔渗的砂体、断层及不整合组成的复合输导体系是油气远距离运移成藏的必要条件；浅层大气水的作用使原生稠油更加稠化。

（二）地层超覆油气藏实例

目前世界上已发现很多这类油气藏，其中比较著名的有美国东得克萨斯油田的油气藏，如图6-35所示。

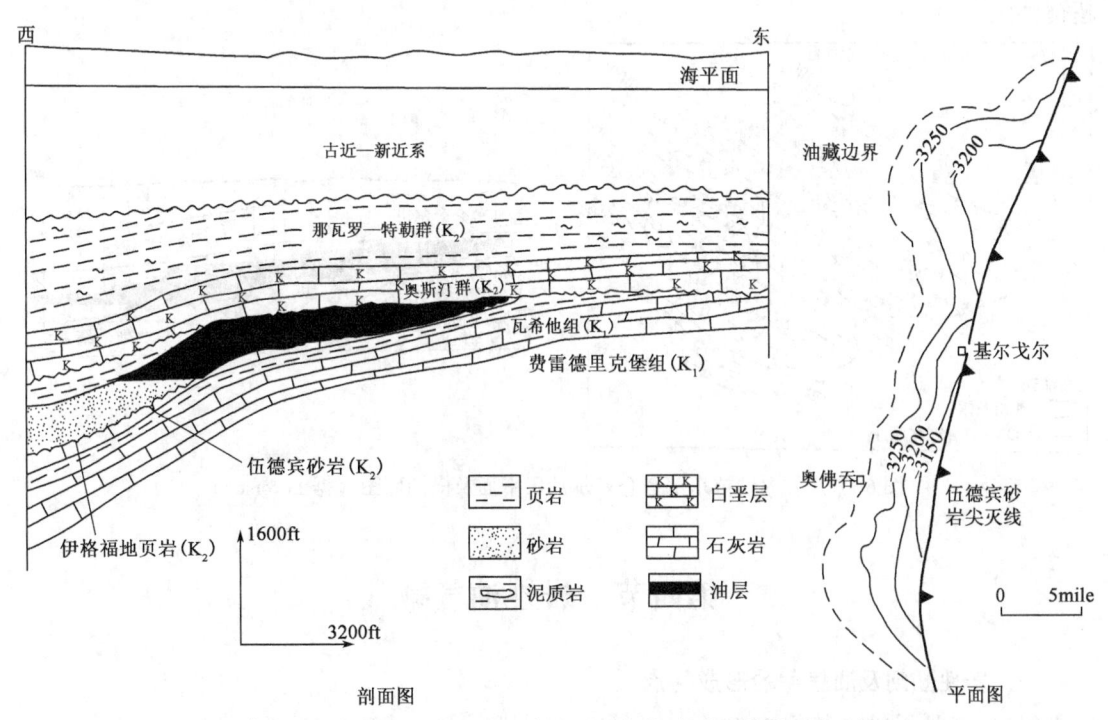

图6-35 东得克萨斯油田乌德宾（白垩系）产油层顶部构造图及横剖面图（据Levorson，1967）
等值线单位为ft

东得克萨斯油田位于墨西哥湾盆地西部萨宾隆起的西侧，上白垩统乌德宾组砂岩超覆沉积在下白垩统不整合面上，向东的上倾方向又被其上不整合接触的奥斯汀群超覆覆盖，砂岩顶、底两个不整合面在上倾方向相交，油气聚集其中，形成地层超覆油气藏。该油田的总可

采储量为 $7.3×10^8$ t, 是美国最大的油田之一。

我国也发现了大量的地层超覆油气藏, 其中东营凹陷的单家寺油田就是一个典型的代表, 如图 6-36 所示。该油田位于东营凹陷西部滨县凸起边缘地区, 古近系沙河街组砂岩超覆沉积在不整合面上, 油气聚集其中, 形成地层超覆油气藏。此外, 在我国东部许多沉积盆地的边缘斜坡, 以及大隆起的斜坡也发现有地层超覆油气藏, 但规模都不大。

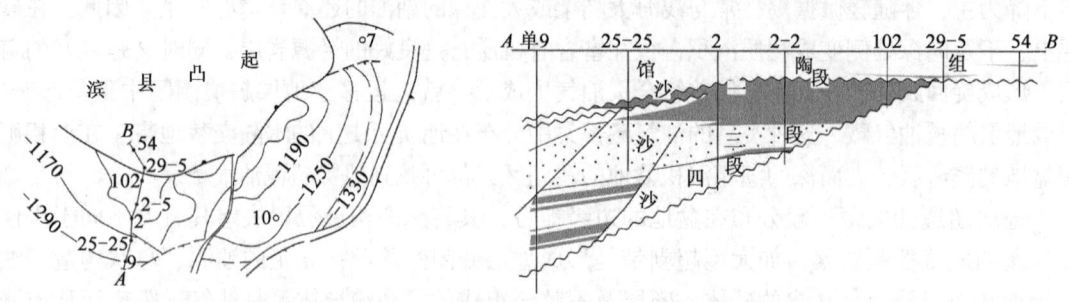

图 6-36 东营凹陷单家寺油田的地层超覆油气藏（据王秉海等, 1992）

委内瑞拉东部的夸仑夸尔油田的油藏是一个典型的大型地层超覆实例（图 6-37）, 该油田是南美洲的大油田之一。上新统—更新统的砂岩超覆沉积在下伏的不整合面上, 其上被不渗透地层超覆覆盖, 形成地层超覆圈闭条件, 油气聚集其中, 形成了巨型地层超覆油藏。

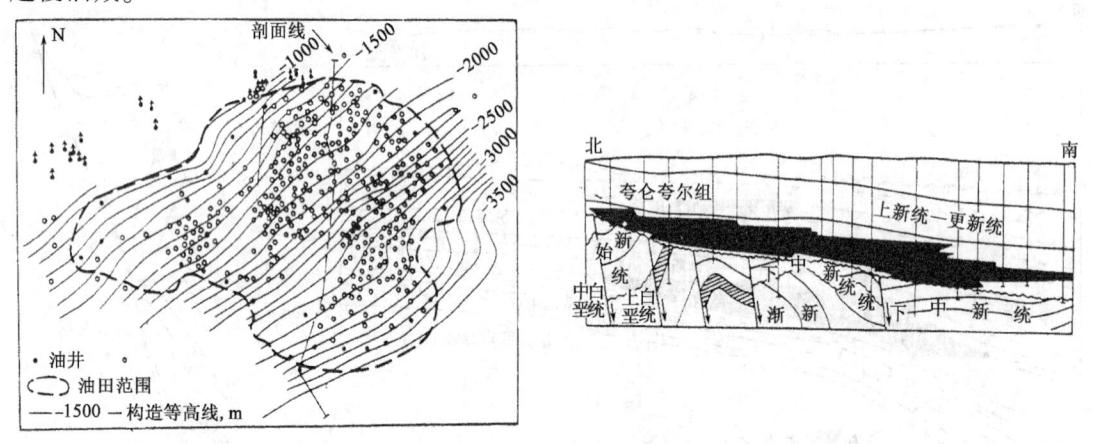

图 6-37 委内瑞拉东部夸仑夸尔油田平面及横剖面图（据 Levorsen）

# 第四节 岩性油气藏

## 一、岩性圈闭及油气藏的形成特点

### (一) 岩性圈闭的形成机理

岩性圈闭是指储集层岩性或物性变化所形成的圈闭, 其中聚集了油气, 称为岩性油气藏。储集层岩性的纵横向变化可以在沉积作用过程中形成, 也可以在成岩作用过程中形成。但大多数岩性圈闭是沉积环境的直接产物。由于沉积环境不同和成岩作用的差异, 导致沉积物岩性或物性发生变化, 形成岩性上倾尖灭体、透镜体及物性封闭圈闭等。

在岩性变化较大的砂、泥岩沉积剖面中, 常见许多薄层砂岩互相参差交错。有的层状砂岩体顶、底均为不渗透泥岩所限，在横向上渐变为不渗透泥岩，砂岩体呈楔状尖灭于泥岩中，这就是砂岩上倾尖灭圈闭，如图6-38（a）所示。有的砂岩体呈透镜状，周围均被不渗透层所限，则为砂岩透镜体圈闭，如图6-38（b）所示。这两种砂岩体（或砾岩体）常常伴生于同一剖面中，因为它们的成因相似，是在同一盆地内，由于沉积环境不同，不同性质的物质同时沉积下来，遂在沉积物的横向上出现岩性变化的结果；或为砂岩渐变为泥岩，或为泥岩渐变为砂岩，或为砂岩的渗透性变化不均匀。在砂岩尖灭体的尖灭端部，以及透镜体的两端，往往泥质含量增多，渗透性变差；而向砂岩体主体，泥质减少，渗透性变好，形成透镜体、岩性尖灭圈闭或物性封闭圈闭等。除砂岩相变形成岩性圈闭外，碳酸盐岩（如粒屑灰岩）也可由于岩性改变而形成岩性圈闭，如生物礁油气藏。

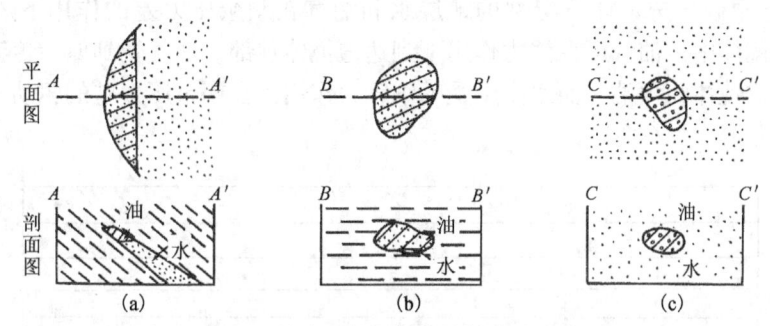

图6-38　砂岩岩性圈闭及油气藏基本类型
（a）砂岩上倾尖灭油气藏；（b）砂岩透镜体油气藏；（c）物性封闭油气藏（低渗透砂岩中的高渗透带）

在成岩和后生作用期间，由于次生作用可使原生的岩性圈闭发生改变，并使储层的一部分变为非渗透性岩层，或使非渗透性岩层中的一部分变为渗透性岩层，形成岩性圈闭。如在厚层砂岩中，由于渗透性不均，也可在低渗透砂岩中出现局部高渗透带，如图6-38（c）所示。在碳酸盐岩地区，由于易于发生溶蚀和次生作用，故容易在成岩阶段形成岩性圈闭。

在古海岸线附近的海岸沙洲、古河道与古三角洲的河道砂层，以及沿单面山古地形陡崖或断层陡坎走向分布的走向谷砂层等，当它们上覆不渗透泥岩时，也可形成砂岩体岩性圈闭。它们在横剖面上呈透镜状，在平面上则呈不规则的条带状延伸。

在陆相沉积盆地中，岩性、岩相变化频繁，储集岩体类型众多，不同类型的储集岩体相互叠置，有利于形成多种类型岩性圈闭。岩性圈闭主要分为储集层（砂岩和碳酸盐岩）上倾尖灭油气藏和透镜状岩性油气藏。它们的共同特征是：（1）储集体往往穿插和尖灭在烃源岩体中，不仅有充足的油气源，还有良好的储盖组合条件；（2）圈闭形成时间早，油气一次运移直接排入储集层，有利于油气的聚集成藏；（3）岩性油气藏的分布多与河湖沉积体系和古地形有关。

岩性圈闭是岩性变化的结果，在成因上主要与沉积环境的变化有关。因此，它们常常成群成组地出现，形成较大的多层岩性圈闭，在实际勘探工作中，若发现一个砂岩尖灭体或透镜体油气藏，就可能在其附近找到更多类似的油气藏。

（二）岩性油气藏的类型及形成机制

根据储集体类型，岩性油气藏可分为4类，即砂岩、泥岩、碳酸盐岩和火成岩岩性油气藏，主要为砂岩类。按圈闭的成因，岩性油气藏可分为砂岩上倾尖灭油气藏、砂岩透镜体油气藏、物性封闭岩性油气藏和生物礁油气藏等4种，其主体是受沉积条件控制形成的砂岩上倾尖灭圈闭、砂岩透镜体圈闭和生物礁圈闭。

根据有效烃源岩与储集体的配置关系，可将岩性油气藏分为两类，即接触源岩的岩性油气藏和不接触源岩的岩性油气藏。前者被烃源岩包围或部分接触，烃源岩生成的油气可通过烃源岩中的层理、裂缝及砂层直接进入储集体；后者烃源岩与储集体之间存在几十甚至几百米厚的泥质岩层，只有通过断层、裂缝等输导通道才有可能成藏。

关于砂岩透镜体油气藏的形成机制问题，England等（1987）认为，在埋藏过程中，由于差异压实作用和泥岩的生烃增压作用，使得周围泥岩比透镜状砂岩具有更高的异常压力，在砂岩透镜体与泥岩之间存在较明显的剩余压力差。该压差指向超压幅度较低的砂岩。由于砂岩透镜体渗透率高，容易在其内部形成压力均衡，最终导致砂岩透镜体下半部的剩余压力低于围岩压力（水势$\Phi_w$等值线下凹），而上半部剩余压力高于围岩压力（水势$\Phi_w$等值线上凸），从而导致砂岩透镜体下半部的地层水和油气在剩余压力差的作用下进入砂岩透镜体。在砂岩透镜体中，油气可在浮力作用下到达透镜体顶部。油气受到储—盖毛细管力差的作用被滞留在透镜体的顶端，而水则不受毛细管力作用，在剩余压力差的驱动下从透镜体上部排出（图6-39）。

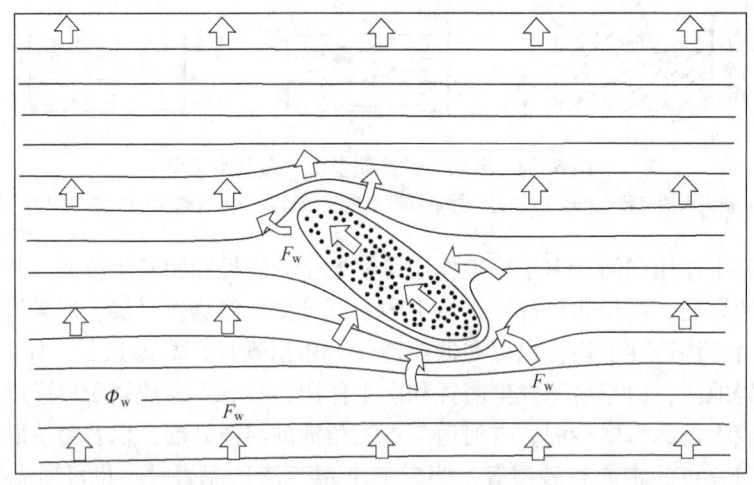

图6-39 砂岩透镜体油藏水势场与受力方向分析图（据England，1987）

因此，砂岩透镜体能否充注成藏，取决于围岩（烃源岩）与砂岩体之间的充注动力与阻力能否达到平衡。油气充注动力来自于毛细管压力差和烃源岩排烃压力，充注阻力来自于砂岩透镜体中孔隙流体排驱所受的毛细管阻力。随地层埋深增大，包围透镜体的烃源岩具有较强排烃能力，油气充注动力大于阻力，则满足了砂岩透镜体的聚烃条件。当埋深增大到一定的深度后，砂岩透镜体逐渐致密，充注动力不足以提供向透镜体内排驱的条件，则透镜体油气充注结束。

根据油气运移和聚集源动力的形成、演化以及积累和释放过程，烃源岩系中岩性油气藏油气充注、运移和聚集方式应以幕式为主，且在整个含油气盆地油气运移和聚集过程中起到"中转站"作用，为大中型构造油气藏、地层油气藏直接提供油气。

勘探实践表明，岩性油气藏含油性差别较大，原因是受成藏主控因素烃源岩、成藏动力和输导类型以及成藏期各要素的空间和时间上有机配置的影响。

### 二、岩性尖灭油气藏

这类油气藏是由于储集层沿上倾方向尖灭而造成圈闭条件，油气聚集其中而形成的。在陆相湖盆中各种类型砂岩体的前缘带与大型隆起或局部构造圈闭相配合，使砂岩上倾尖灭线与储层顶面等高线相交，形成上倾尖灭圈闭。这类油气藏的分布和规模大小决定于砂岩体的不同部位与不同级别的构造相互配置关系。由多个韵律层组合而成的复合砂岩体与凹陷斜坡带或大型隆起带相结合，使多个砂层组上倾尖灭线与构造等高线相切，形成大中型岩性上倾尖灭油藏，具有含油面积大、含油层组多、油气富集程度高等特点。

如泌阳凹陷双河湖底扇砂体前缘尖灭带在斜坡带背景之上，湖底扇砂体的每一个朵叶都相应地形成砂岩上倾尖灭油气藏（图6-40）。

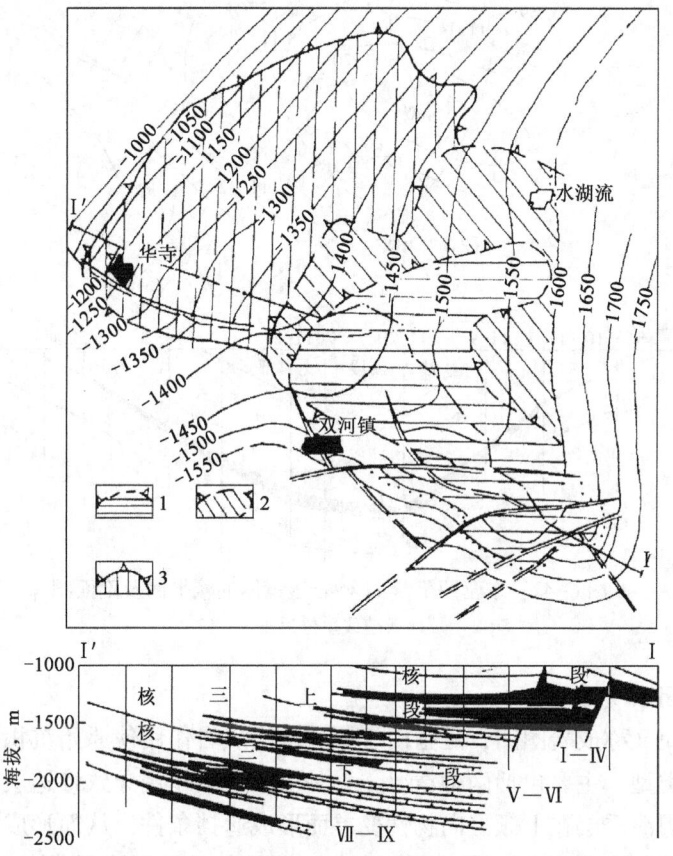

图6-40 泌阳凹陷双河砂岩上倾尖灭油藏平面及剖面图（据胡见义等，1991）
1—Ⅰ—Ⅳ油组含油范围；2—Ⅴ—Ⅵ油组含油范围；3—Ⅶ—Ⅸ油组含油范围；等值线单位为m

松辽盆地西斜坡的富拉尔基地区，白垩系姚家组的砂岩储集层，沿上倾方向渗透性变差，造成圈闭条件，形成了岩性尖灭油气藏。

在国外，岩性尖灭类型的油气藏也很多。例如北高加索迈科普油区卡杜辛油田中的古近系砂岩尖灭油气藏也是典型实例。

### 三、砂岩透镜体油气藏

透镜状或其它不规则状储集层被周围被不渗透性地层所封闭而形成透镜体圈闭条件，其中聚集了油气就形成了透镜体油气藏。最常见的是被泥岩包围的砂岩透镜体圈闭。透镜体油气藏的规模通常均不大。

渤海湾盆地古近系沙河街组三段的大套泥岩中，发育许多砂岩透镜体油气藏。如东营凹陷的东辛构造带西南部的营11地区，分布有我国东部盆地最大的砂岩透镜体岩性油气藏。含油层位为沙河街组三段中部浊积砂体，油藏置于沙河街组三段烃源岩中，原始地层压力较高、油质较轻，反映了原生油藏的特点（图 6-41）。

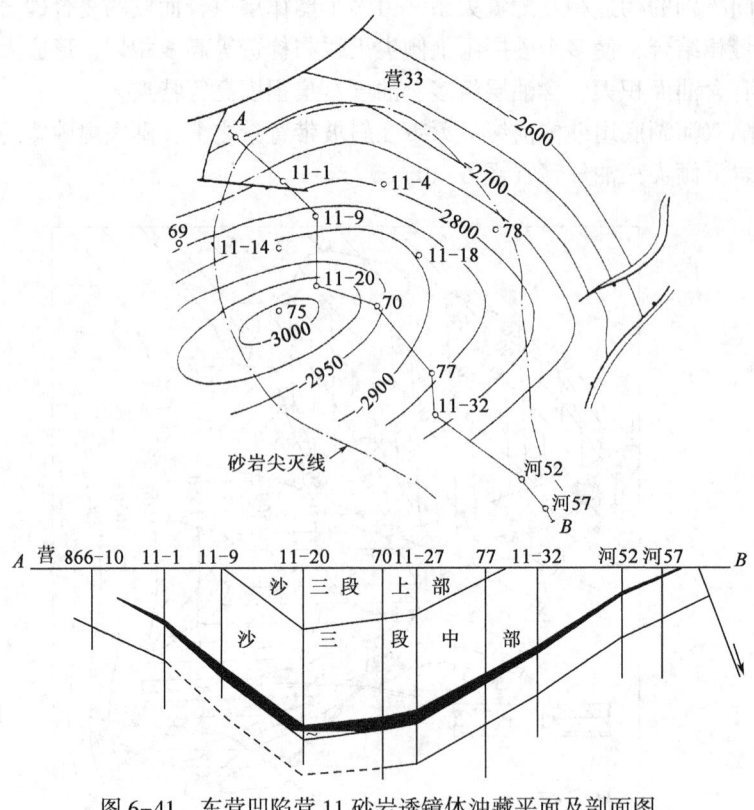

图 6-41　东营凹陷营 11 砂岩透镜体油藏平面及剖面图
等值线单位为 m

### 四、物性封闭油气藏

物性封闭圈闭又称成岩圈闭，是指由于各种次生成岩作用使原始沉积的岩层孔隙性发生变化形成的圈闭类型。主要包括两种情况：一是由于胶结作用导致渗透层上倾部位的孔隙度及渗透性降低，因渗透层在上倾方向物性变差而形成遮挡条件，从而形成物性封闭圈闭；二是由于次生变化（如白云岩化、溶解作用等），使原来不具有渗透性的岩层的一部分孔隙度、渗透率增大，形成低渗透层中的高孔、高渗段，从而形成物性封闭圈闭。在这些由于物性变化而形成的圈闭中的油气聚集就是物性封闭岩性油气藏。

物性封闭油气藏广泛发育于各类砂砾岩扇体中，如水下扇体由于扇根物性致密，在扇体上倾方向形成遮挡。东营凹陷永 921 砂砾岩扇体就是典型的物性封闭油气藏（图 6-42），该砂砾岩体位于盐家和永安镇两个鼻状构造之间的古冲沟前方，为近岸水下冲积扇沉积，扇体顶面呈一向北抬起的鼻状构造，扇体可进一步划分为扇根、扇中和扇端 3 个亚相带。扇根由于砾石颗粒大、成分混杂、分选极差而物性很差，成为不规则的遮挡物，形成物性封闭圈闭及油气藏。

此外，在低渗透岩层中往往存在高渗透带砂体油气藏，储集层的渗透性变化很大，油气聚集在渗透性好的部分，即所谓"甜点"部分，而渗透性不好的部分则为水所充满，也属于物性封闭岩性油气藏。这种油气藏的形状和分布方面都很不规则。美国阿巴拉契亚含油气盆地下石炭统"百尺砂岩"中的油气藏可作为典型实例（蒋有录等，2016）。

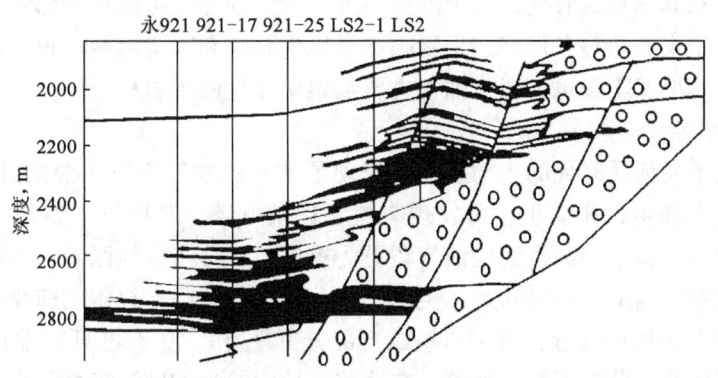

图 6-42 永 921 砂砾岩扇体物性封闭油藏剖面图（据胜利油田，2004）

在我国的一些含油气盆地中，也常见到这种低渗透岩层中的高渗透带油气藏。如陕甘宁盆地的三叠系、侏罗系都有这类油气藏。

### 五、生物礁油气藏

#### （一）生物礁油气藏的形成特点

生物礁圈闭是指具有良好孔隙性和渗透性的生物礁储集岩体被上覆及周围非渗透性岩层封闭而形成的圈闭，在其中形成的油气聚集称为生物礁油气藏。生物礁圈闭及油气藏的形态与礁组合中储集体的形态有关。

生物礁是由珊瑚、层孔虫、苔藓虫、藻类、古杯类等造礁生物组成的、原地埋藏的碳酸盐岩建造。生物礁中除造礁生物外，尚掺有海百合、有孔虫等喜礁生物。不同地质时代有不同的造礁生物。

古代生物礁与现代生物礁在成因上是相似的，生物礁各部分及其岩相分布情况等都可与现代生物礁相对比。图 6-43 表示古代生物礁各部位及其岩相特征（Levorsen，1975）：生物礁后面潟湖沉积的岩相 A，包括白云岩、石灰岩、砂岩、红页岩及硬石膏等蒸发岩的互层，总称后礁相；从后礁相过渡为生物礁的主体 B；生物礁前面向海一侧，紧靠生物礁的岩相为石灰岩及砂岩和生物礁碎屑，称前礁相 C；再向前向海方向则过渡为包括灰色到黑色页岩和石灰岩的岩相，称盆地相 D。

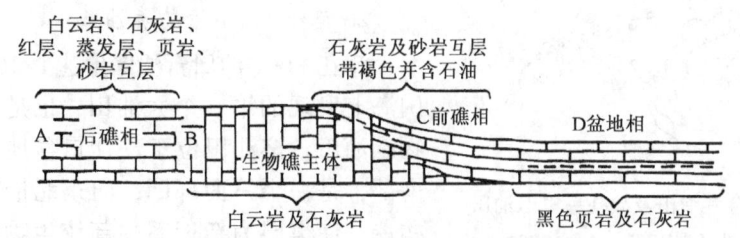

图 6-43 古代生物礁的各部分及其岩相分布特征示意图（据 Levorsen，1975）

有些地区，在一套厚的岩系之内的不同高度及不同层位上，常同时发现古生物礁，形成一个复合生物礁体。这种情况是由于这些适于造礁的地区海进与海退交替造成的。

只要造礁生物发育，无论在海进或海退的条件下，均会形成生物礁，只是在海退时，随着海水退却，合适的造礁条件向海盆中心转移，生物礁向海盆中心方向发育；海进时，随着海水加深，合适的造礁条件向海岸方向转移，生物礁块向着海岸方向发展。

从油气藏形成的条件分析，以生物礁块主体和前礁相最为有利。首先是这两个带具有丰富的油气来源，除其本身具有良好的生油条件外，大量的油气可以从相邻的盆地相中运移过来。其次是这两个带的储集条件好，生物礁本身原生孔隙和次生溶洞都很发育，前礁相也同样具备这个条件。勘探实践也证明，油气主要都集中在这两个岩相带中。

(二) 生物礁油气藏实例

在世界各地不同地质时代的生物礁中，发现了丰富的油气资源。根据目前已有的资料，自古生代志留纪至新生代中新世，都发现有生物礁油气藏，其中以志留纪、泥盆纪、二叠纪、白垩纪和古近—新近纪的生物礁油气藏更为重要。从分布的地区看，生物礁油气藏分布的重要地区有加拿大西部艾伯塔盆地、美国二叠盆地、前苏联乌拉尔山前坳陷、墨西哥湾盆地（包括墨西哥及美国两部分，其中以墨西哥部分更重要）、中东波斯湾盆地、利比亚锡尔特盆地以及印度尼西亚萨拉瓦蒂盆地等。在这些盆地中，生物礁油气藏常成带分布，形成丰富的产油气区。

生物礁油气藏在世界石油储量中占很重要的地位，尤其在墨西哥、加拿大等产油大国。加拿大的油气产量约有60%产自生物礁油气藏，墨西哥全国石油产量约有70%产自生物礁油气藏。

1. 黄金巷环礁带油田群

黄金巷环礁带位于墨西哥坦皮科湾，该环礁带分三部分：圣伊西德罗以北称老黄金巷，其东南陆上部分称新黄金巷，海上部分称海上黄金巷，如图6-44所示。

整个黄金巷环礁带呈椭圆形，长轴为NW—SE向，长约150km，宽约70km；陆上分支向西凸出呈弓背状，长约180km，礁的宽度一般为2km。该油田以拥有3口万吨高产油井而闻名，其中1口井初产量达日产$3.7×10^4$t，为世界单井日产量最高的油井。从20世纪50年代中期到60年代末，陆上发现50多个生物礁油田，海上发现20多个生物礁油气田。

2. 流花11-1生物礁油藏

流花11-1油田石油储量达$1×10^8$t以上，是我国海上发现的第一个大油田，也是我国最大的生物礁油田。该油田位于珠江口盆地东沙隆起的西南部，是一个三面环凹、向东北抬高的大型背斜构造。储集层为新近系中新统生物礁灰岩。礁体内显示礁、滩间互分布的特点。礁灰岩主要为珊

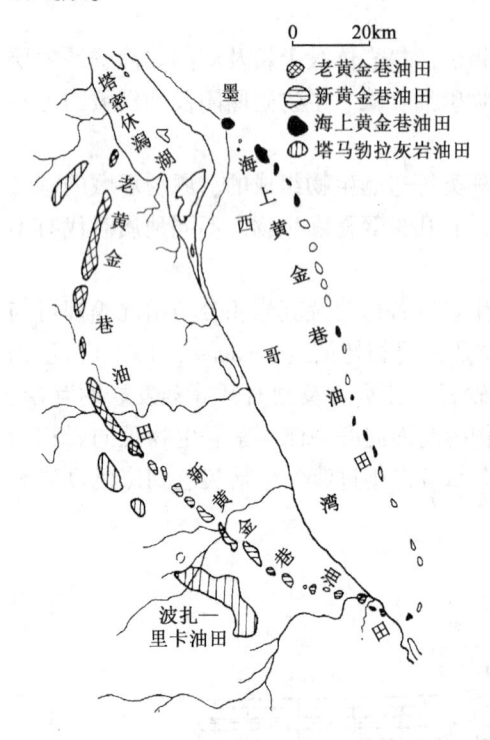

图6-44 黄金巷油田及波扎—里卡油田平面位置图（据Halbouty, 1970）

瑚藻黏结灰岩、泥粒灰岩。礁灰岩在地震剖面上顶界反射振幅强，略呈丘状突起，特征十分明显（图6-45）。构造主体部位较完整平缓，倾角1.5°~2°，翼部变陡，为6°~7°。在翼部发育的小断层对油气分布不起控制作用。

该地区有3个成礁期，经历了多次抬升暴露淋滤的复杂成岩后生作用，使礁块内形成了大段孔洞发育段与相对致密段的间互出现，造成以溶洞—孔隙型为主的多种储集类型。按岩性、电性和物性在纵向上的变化，可将含油层段分为3个高孔渗段和3个低孔渗段。按物性

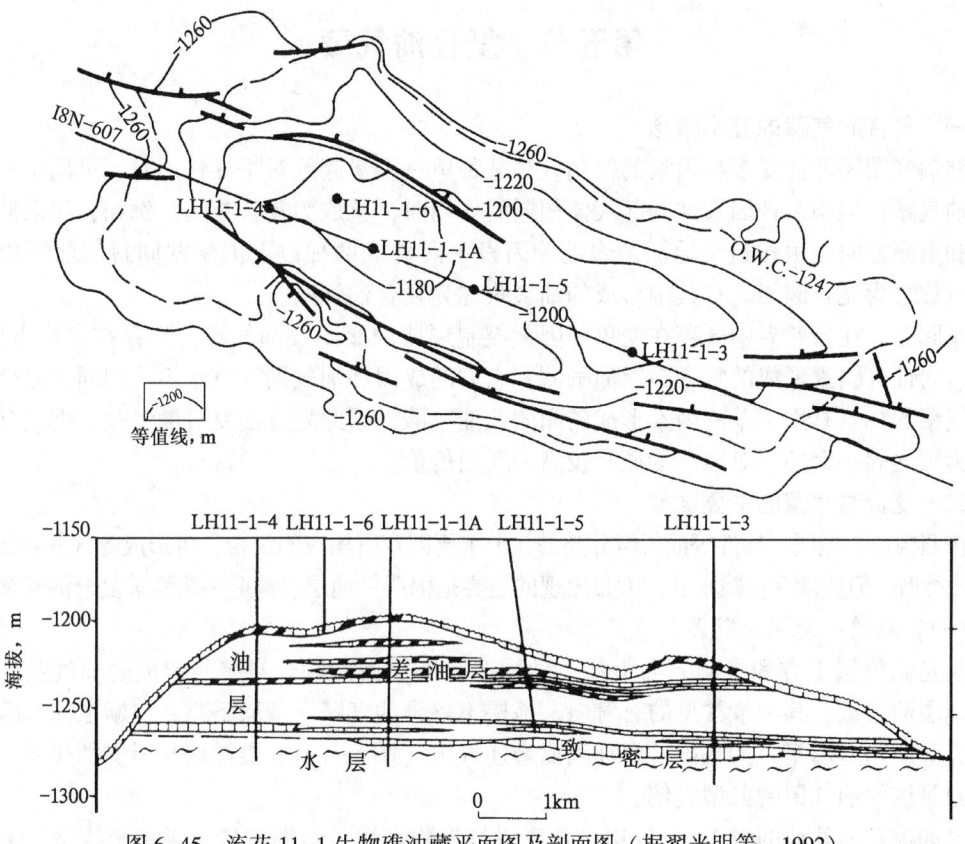

图 6-45 流花 11-1 生物礁油藏平面图及剖面图（据翟光明等，1992）

可划分为 3 类储集层：Ⅰ 类为疏松、孔洞发育的礁灰岩，孔隙度大于 20%，渗透率大于 3000mD；Ⅱ 类为较致密的礁、滩灰岩，孔隙度 15%~20%，渗透率为 50~300mD；Ⅲ 类为致密的礁、滩灰岩，孔隙度小于 15%，渗透率小于 50mD。

流花 11-1 生物礁油藏埋深较浅（1200~1300m），是一个具底水的块状生物礁油藏，具有大致统一的油水界面，油柱高度 74.5m，构造圈闭幅度 75m，礁体基本为油所充满。原油性质较稠，具有高密度、高黏度、低含硫、低含蜡、低凝点的特点。地面原油密度为 0.9182~0.9587g/cm$^3$，黏度为 50~270mPa·s。

需要指出的是，在一个地区第一个生物礁的发现常常是偶然的，因为生物礁不像构造圈闭那样容易辨别。虽然生物礁也能引起构造异常，其中有些可以用地球物理方法识别出来。但是，这些异常往往都很小，不能充分说明存在生物礁圈闭。因此，在一个没有发现过生物礁的地区，通常还不能根据这种异常得出准确的判断。但在一个曾找到过一个生物礁的地区，通常可以找到更多的生物礁。因为生物礁很少是孤立的，它们总是成群成带地分布，而且通常与古海岸线有关。所以，当在某地区找到一个生物礁时，就应该在邻近地区作进一步的探索，以便发现更多的生物礁。

## 第五节 复合油气藏

### 一、复合油气藏的基本概念

储油气圈闭往往受多种因素的控制。当某种单一因素起绝对主导作用时，可用单一因素归类油气藏；但当多种因素共同起大体相同的作用时，就成为复合圈闭。例如，如果储集层上方和上倾方向是由构造、地层、岩性等因素中两种或两种以上因素共同封闭而形成的圈闭，可称之为复合圈闭。在其中形成的油气藏称为复合油气藏。

实际上，在自然界中既存在受单一因素控制形成的圈闭及油气藏，又存在大量由构造、地层、岩性等因素形成的复合圈闭油气藏，它们的成因和油气勘探方法不尽相同。复合圈闭及油气藏的特点有别于单一因素形成的圈闭及油气藏。因此划分出复合油气藏，把复合油气藏作为独立的一大类，对油气勘探有较高的实用价值。

### 二、复合油气藏的主要类型

按照构造、地层、岩性等油气藏分类的3个主要因素所构成的组合，可形成各式各样的复合油气藏类型，但从勘探实践来看，大量出现的主要是构造—地层、构造—岩性等复合油气藏。

（一）构造—地层油气藏

凡是储集层上方和上倾方向由任一种构造和地层因素联合封闭所形成的油气藏称为构造—地层油气藏。其中最常见的有背斜—地层不整合油气藏、地层不整合—断层油气藏。美国得克萨斯州卡尔塞吉大气田、保加利亚奇连气田（图6-46）、美国路易斯安那州罗得沙油田，都是该类油气田的典型实例。

又如琼东南盆地的崖13-1气田，含气层位为陵水组三角洲砂岩，半背斜构造，上覆海

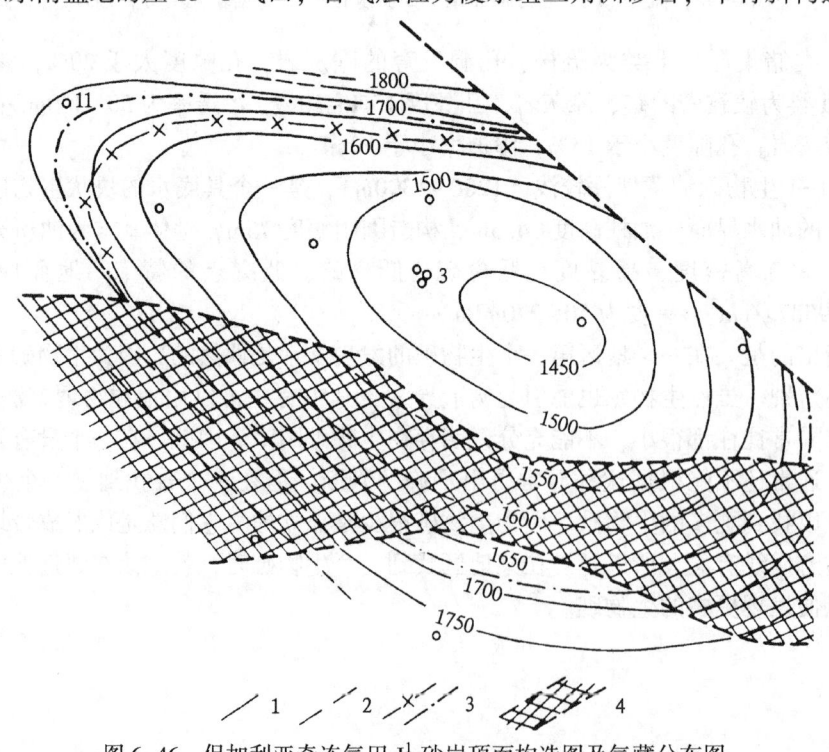

图6-46 保加利亚奇连气田 $J_1^1$ 砂岩顶面构造图及气藏分布图

1—构造等高线，m；2—断层；3—气水界线；4—$J_1^1$砂岩尖灭线

相泥岩不整合封盖，形成构造—地层复合圈闭，来自崖南凹陷的陆相和海相超压气源区的天然气，双源双向运移到常压的崖13-1构造聚集，形成了大型天然气田（图6-47）。

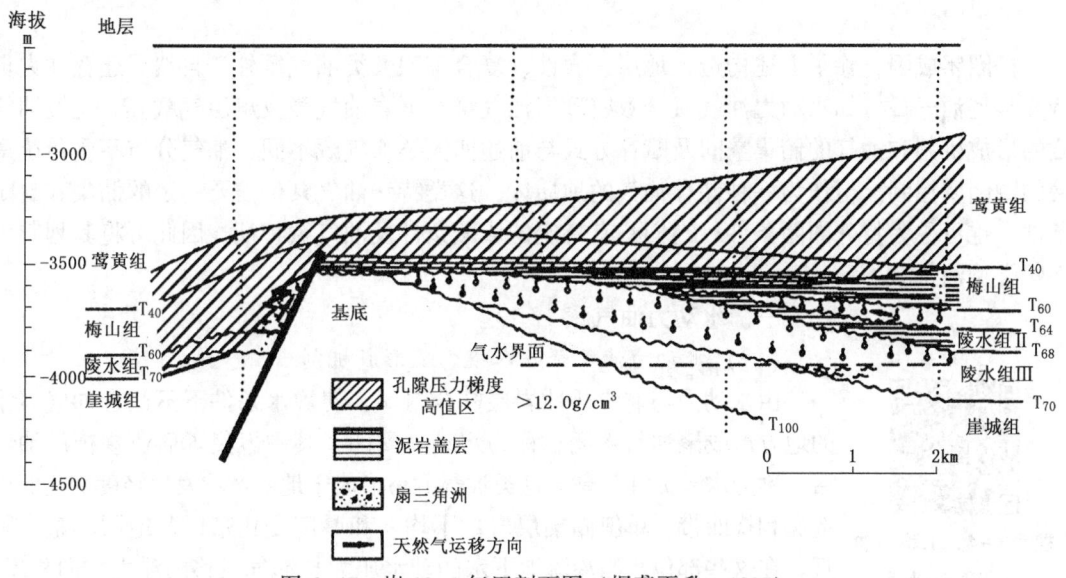

图6-47 崖13-1气田剖面图（据龚再升，1997）

### （二）构造—岩性油气藏

受构造和岩性双重因素控制形成的圈闭即为构造—岩性圈闭，其中聚集了油气即为构造—岩性油气藏。常见的有背斜—岩性油气藏、断层—岩性油气藏等类型，如济阳坳陷的梁家楼油田沙河街组三段构造—岩性油藏。沙河街组三段浊积砂体被断层切割，形成一系列断层—岩性圈闭如图6-48所示（王秉海等，1992）。

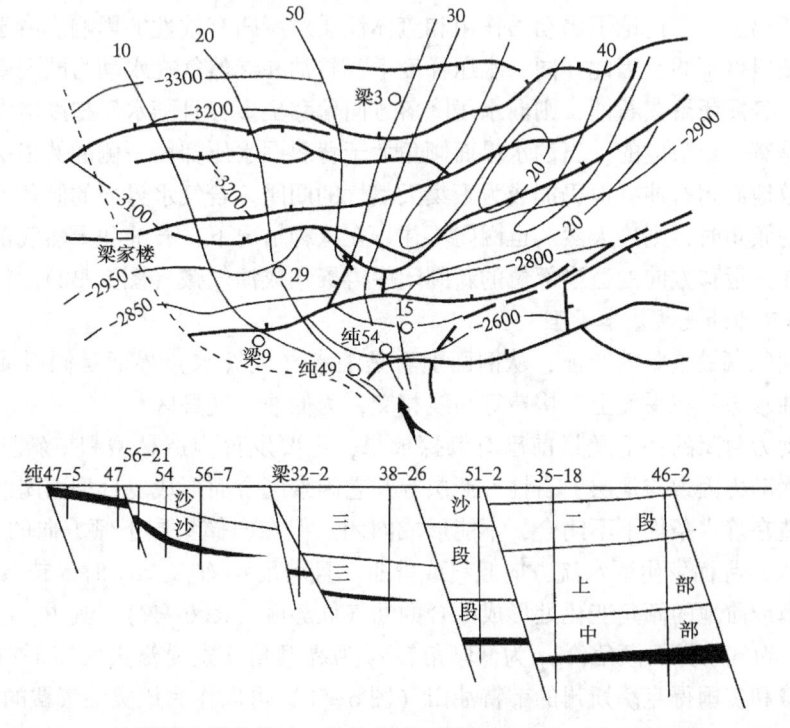

图6-48 济阳坳陷梁家楼沙三段油藏平面图及剖面图（据王秉海等，1992）

# 第六节 特殊类型油气藏

按圈闭成因，除了上述构造、地层、岩性、复合等四大类油气藏外，自然界还存在大量特殊类型油气藏，如水动力油气藏、致密砂岩油气藏、页岩油气藏及煤层气藏等。这类油气藏的形成机制和油气的储集空间及赋存方式与前述四大类油气藏不同，油气分布不受传统意义的圈闭所控制。但作为一种储存油气的地质体，这类特殊油气藏仍需要一定的储集和封闭条件，也可称为特殊圈闭条件，它们具有特定的成藏条件及油气藏特征，因此可将其划归为特殊类型油气藏。

## 一、水动力油气藏

### （一）水动力油气藏基本概念及形成机制

视频 6-4　水动力油气藏形成机理

由水动力与非渗透性岩层联合封闭，使静水条件下不适合油气聚集的地方形成聚油气圈闭，称为水动力圈闭，其中聚集了商业规模的油气后，称为水动力油气藏。这类油气藏易形成于地层产状发生轻度变化的构造鼻和挠曲带、单斜储集层岩性不均一和厚度变化带以及地层不整合附近。在这些部位，当渗流地下水的动水压力与油气运移的浮力方向相反、大小大致相等时，可阻挡和聚集油气，形成水动力油气藏（视频 6-4）。

在水动力作用下，油、气的力场强度应是净浮力与水动力的合力。因此，油、气等势面（垂直油、气力场强度）的方向也相应改变，向水的力场强度方向倾斜（即油水界面向水的力场强度方向倾斜），油、气等势面与储集层顶面构造等高线不再平行。在这种情况下，倾斜或弯曲的等油、气势面可以使静水条件下不存在圈闭的部位，形成聚油气圈闭。圈闭的闭合范围可由闭合的等油气势（或等 $h_o$、等 $h_g$）线圈定（陈荣书，1994）。

在第五章第三节已讨论了水动力作用和流体性质对圈闭有效性的影响。由于油水界面和气水界面的倾斜度不同，因此在同一水压梯度下，石油和天然气在水动力圈闭中的聚集部位也是不同的。若圈闭聚集石油，则向水压降落方向偏移更多，且随水压梯度增大而增大。不过这种偏移是有一定限度的。当油水界面倾角大于背斜顺水压梯度一侧的储集层倾角时，背斜就不能有效地圈闭石油，但仍能成为聚集天然气的圈闭。若气水界面的倾角大于背斜顺水流方向一翼的倾角时，则连天然气也圈闭不住。在这种情况下，石油和天然气都将被驱出该背斜，只能在其运移方向的适当部位的新圈闭中再聚集成油气藏（图 5-32）。

### （二）水动力油气藏基本类型

水动力油气藏最重要的特征，从剖面上看是油水（或气水）界面是倾斜或弯曲的，呈悬挂式；其油水边界在平面上与构造等高线相交，为低油、气势区。

根据水动力封闭的特征及目前已有勘探成果，主要发育构造鼻型和单斜型水动力油气藏。有时，水动力因素与地层、岩性、断层等其它因素配合而形成复合型圈闭油气藏。

这种构造在静水条件下不闭合，不能形成圈闭。但在向储集层下倾方向的流水作用下，油水（或气水）界面发生顺水流方向倾斜或弯曲，且满足 $\alpha_1<\theta_{o/w}<\alpha_2$ 时（或 $\alpha_1<\theta_{g/w}<\alpha_2$），就会在构造鼻或阶地的倾角变化处形成闭合的油气低势区（图 6-49）。其中，$\theta_{o/w}$ 为油水界面倾角，$\theta_{g/w}$ 为气水界面倾角，$\alpha_1$ 为低倾角、$\alpha_2$ 为高倾角。索科洛夫气田下白垩统阿比尔砂岩中的气藏和美国得克萨斯州的韦特油田（图 6-50）可以作为该类油气藏的实例。

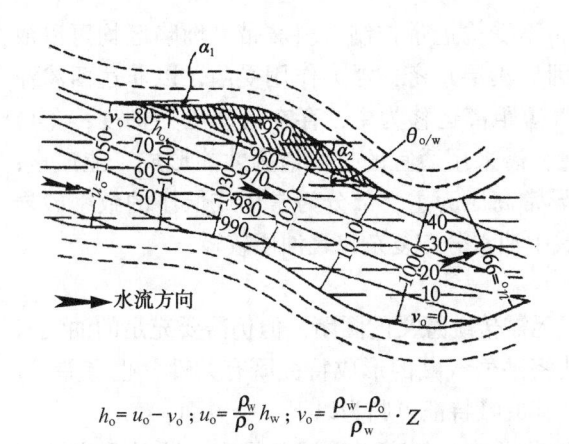

$h_o = u_o - v_o$; $u_o = \dfrac{\rho_w}{\rho_o} h_w$; $v_o = \dfrac{\rho_w - \rho_o}{\rho_w} \cdot Z$

图 6-49　鼻状构造型水动力圈闭形成机理示意图（据 Hubbert，1953）

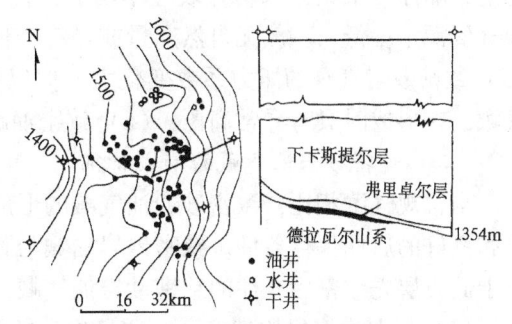

图 6-50　得克萨斯州韦特油田的构造图和横剖面图
等值线单位为 m

索科洛夫气田阿比尔气层顶面等高线图表现为一 NNE 向鼻状构造，水压降落方向近 SN 向，自南向北降落。在鼻状构造轴线偏北的部位形成水动力圈闭。该气藏的水头降落方向与储集层下倾方向并不一致，而且有较大的夹角，仍能形成闭合区。如果两者一致，则可能形成较大的圈闭和气藏。

从上述水动力油气藏的特点可以看出：地下水向储集层下倾方向流动时，使得油、气等势面发生倾斜或弯曲是造成水动力圈闭的主要原因。但在不同类型油气藏中，它们所起的作用和具体方式存在差别。水动力圈闭没有固定的位置，圈闭的具体位置取决于水头梯度的变化。

**二、致密砂岩油气藏**

致密砂岩油气藏、页岩油气藏是非常规油气藏的最重要类型。非常规油气聚集不受明显或固定边界的圈闭控制，呈大面积连续型或准连续型分布。

（一）致密砂岩油气藏的概念及基本特征

致密砂岩油气藏是指赋存于致密砂岩中的油气聚集，油气通常未经过大规模长距离运移，储集层空气渗透率小于 1mD，单井一般无自然产能或自然产能低于工业油气流下限，必须通过技术措施改造储层才能获得工业产能。

赋存于致密岩石中的油气，主要包括致密砂岩油气和致密碳酸盐岩油气。致密碳酸盐岩中的油气多受裂缝和溶蚀孔洞控制，其储集空间和聚集方式与致密砂岩中的油气不同，在此主要讨论致密岩油气藏的主体——致密砂岩油气藏。

致密砂岩油气藏分为致密砂岩油藏和致密砂岩气藏两种基本类型。在广泛使用致密砂岩气藏这一术语前，国内外许多学者提出了很多相关概念来描述这种赋存于致密砂岩储集层中的天然气聚集，影响较大的一些概念如深盆气藏、盆地中心气藏、连续气藏（Masters，1979；Law，2002；张金川，2005）等。20 世纪 50—70 年代，在美国圣胡安、加拿大艾伯达盆地发现多个缺乏边底水的巨型天然气聚集，主要分布在盆地中心或盆地构造的深部，1979 年 Masters 提出深盆气藏（deep basin gas trap）的概念。一般认为，深盆气藏是一种发育在盆地下倾方向或中心区域的致密砂岩储集层中、气水关系倒置的天然气聚集，因早期这类天然气主要发现于盆地中心或下倾方向深部位，故名深盆气或盆地中心气。

致密砂岩油气藏的基本特征为：（1）大面积源储共生，源—藏伴生，多为近源或源储紧密接触；（2）无明显的圈闭界限，油气分布不受构造带控制，斜坡带、坳陷区均可以成为有利区，分布范围广，且局部富集；（3）因储集层致密，浮力作用受限，以非达西渗流为主，非浮力聚集，水动力效应不明显，油气短距离运移为主，存在启动压力梯度；（4）油气资源丰度低，一般无自然产量或经济产量，需采用适宜的技术措施才能形成工业产量；（5）致密砂岩气藏的压力系数变化大，但以异常高压为主，部分为常压或低压的致密砂岩气藏，在形成时具有异常高压；（6）致密油藏中油水分布复杂，且油质较轻。

（二）致密砂岩油气藏的形成特征

与常规气藏相比，致密砂岩油气藏的形成无需传统意义的圈闭，但仍需要充足的油气来源和良好的后期保存条件。致密砂岩油藏与致密砂岩气藏的形成特征既有共性，也有差异。对于储集层先致密后充注的致密砂岩油气藏，其成藏特征可归为以下4个方面：

（1）烃源岩有机质丰度高、质量好、热演化适中—较高、生烃总量大，这是致密油气藏形成的先决条件。通常有效烃源岩 $TOC>2\%$，对致密油藏而言，成熟度适中（$R_o$ 为 $0.7\%\sim1.3\%$）但致密气藏成熟度较高（$R_o>1.3\%$，多数大于 $2.0\%$），不同盆地烃源岩标准存在差异。

（2）与常规储集层不同，低孔、低渗、大面积发育的储集层是致密油气藏形成的重要条件。储集层致密，但仍要求具有一定的孔隙度，致密油藏较致密气藏要求的孔隙度高，储集层分布稳定且分布面积较大，保证具有较大资源规模。在储集层成岩程度高，储集层物性差的情况下，烃源岩排出的油气才能大面积、整体排驱致密储集层中的孔隙水，形成致密砂岩油气藏。储集层内存在"甜点区"也是形成致密油藏的必要条件之一。优质烃源岩和储集层甜点区的匹配关系与分布范围，控制着致密油气藏的规模。致密油气的"甜点区"可理解为致密储集层内部孔隙度、渗透率相对较好且有利于油气聚集的发育区。

（3）源储共生、近源聚集是致密油气规模聚集的有利条件，烃源岩与储集层呈大面积紧邻或紧密接触，垂向上表现为烃源岩与储集层呈互层或上覆、下伏3种接触关系。在油气成藏过程中，由于储集层致密，横向上岩性、物性变化较大，油气在致密储集体中渗流能力较差，浮力作用受到限制，很难发生较大规模、长距离运移并形成富集区，只能短距离、近源成藏，故油气主要在烃源岩层内部及近源储集体中运移富集，且一般呈低丰度、大面积分布。

（4）大型宽缓的构造背景与气集源、储集层、封盖层与构造条件的有利匹配。致密砂岩气藏主体位于含油气盆地的坳陷中部和斜坡区，构造稳定且坡度平缓，受构造带控制有限。原始沉积时构造平缓、坡度较小，现今地层一般较为平缓。大型宽缓的构造背景有利于天然气大面积富集。

在负向构造中，气源岩位于致密储集层下部且两者紧密接触的组合关系，是有利于致密砂岩气成藏的源储组合。同时，良好的顶、底封盖层可减少天然气的散失，有利于天然气聚集成藏。

三、页岩油气藏

（一）页岩油气藏的概念及基本特征

我国对于页岩油气的定义存在狭义和广义两种认识：狭义的页岩油气是指赋存于富有机质页岩及其夹持的粉砂岩、细砂岩、碳酸盐岩等薄夹层（单层厚度小于3m）中的油气；广义页岩油气是指赋存于富有机质页岩层系中的油气，包含狭义页岩油气和致密油气（赵文智等，2020）。根据目前国家标准，页岩油气是指赋存于富有机质页岩层系中的油气，富含有机质页岩层系烃源岩内粉砂岩、细砂岩、碳酸盐岩等单层厚度不大于 5m，累计厚度占页岩层系总厚度比例小于 30%；无自然产能或低于工业石油产量下限，需采用特殊工艺技术措施才能获得工业石油产量。

显然，页岩油气藏主要包括两类储集层，一是烃源岩层系中的致密砂岩或碳酸盐岩等夹层油气藏，另一类是纯页岩中的油气藏，是一种源内油气聚集。根据我国陆相页岩油研究和勘探开发最新进展，依据页岩油储集岩石类型和赋存空间，可将其分为夹层型、裂缝型和纯页岩型（金之钧等，2023）。在整体含油的陆相烃源层系内，相对更富含油、物性更好、更易改造、具商业开发价值的有利储集层即为"甜点"，主要包括夹层型、混积型和页岩型 3 类"甜点"，如图 6-51 所示（焦方正等，2020）。

| "甜点"主要类型 | | 典型实例 | 油藏剖面 | 主要地质特征 |
|---|---|---|---|---|
| 夹层型 | 砂岩型 | 鄂尔多斯盆地长7段湖盆中心 | | 源储共存、页岩层系整体含油，薄层砂岩有利储集层近源捕获石油形成"甜点" |
| | 凝灰岩型 | 三塘湖盆地马朗凹陷条湖组 | | 源储共存、页岩层系整体含油，凝灰质有利储集层源内捕获石油形成"甜点" |
| 混积型 | 砂质云质型 | 准东吉木棋联凹陷芦草沟组 | | 源储共存、页岩层系整体含油，砂质、钙质等有利储集层源内捕获石油形成"甜点" |
| | 白云质型 | 渤海湾盆地沧东凹陷孔二段 | | 源储共存、页岩层系整体含油，白云质等有利储集层源内捕获石油形成"甜点" |
| | 灰质型 | 四川盆地湖盆中部大安寨段 | | 源储共存或一体、页岩层系整体含油，灰质岩有利储集层源内捕获石油形成"甜点" |
| 页岩型 | 纹层型 | 松辽盆地湖盆中部青二段 | | 源储一体、页岩整体含油，砂质、钙质页岩有利储集层源内捕获石油形成"甜点" |
| | 页理型 | 松辽盆地湖盆中部青一段 | | 源储一体、页岩整体含油，砂质、钙质页岩有利储集层原地滞留石油形成"甜点" |

富有机质页岩　物性较好泥页岩　致密砂岩　灰质岩　云质岩　凝灰岩　滞留烃类　石油聚集　油气运移方向

图 6-51　陆相源内石油聚集"甜点"主要类型及地质特征（据焦方正等，2020）

按油气相态，页岩油气藏分为页岩油藏和页岩气藏。页岩油藏中的石油基本未经历二次运移，是原位滞留的结果，以游离态和吸附态存在，一般油质较轻、黏度较低。目前已发现的商业性页岩油绝大多数产自页岩层系中的致密砂岩或裂缝性泥页岩。与致密油气的特点相似，本节重点介绍页岩气藏。

彩图 6-51

页岩气藏是赋存于富有机质泥页岩及其夹层中，以吸附和游离状态为主要存在方式的非常规天然气聚集。主体为自生自储、大面积连续型天然气聚集，是烃源岩中天然气原地大规模滞留的结果，包括赋存于纯泥页岩中和粉砂岩、碳酸盐岩等薄夹层中的天然气。

作为具有一定规模和商业开采价值天然气聚集的页岩储集体，页岩气藏主要具有以下特征：

（1）源储一体，原地滞留。富含有机质的暗色泥页岩既是烃源岩，也是储集层，自生自储，自身形成封闭储集体，天然气没有或有极短距离运移，基本为原地滞留聚集，为典型的源储一体、持续聚集、连续富集的天然气。

（2）储集层致密，微裂缝发育。页岩气储集层以富有机质黑色页岩为主，普遍具有较低孔隙度和超低渗透的特点，纳米级孔隙构成页岩的主要孔隙。微裂缝可为页岩气提供充足的储集空间，也可作为运移通道。

(3) 以吸附和游离为主要赋存方式。页岩气主要赋存方法有 2 种，即吸附态和游离态，主要在天然裂缝和孔隙中以游离方式或在干酪根和矿物颗粒表面以吸附状态存在。影响页岩储集层中吸附气和游离气含量的因素主要包括岩石矿物含量、有机质含量、地层压力、裂缝发育程度等。

(4) 天然气大面积连续分布，无明显圈闭界限。页岩气分布不受构造控制，且没有圈闭界限，含气范围受烃源岩面积和良好封盖层控制。富有机质暗色页岩是页岩气源岩，有效气源岩的分布通常就是页岩气的有利远景区分布范围，往往大面积连续分布于盆地中心或斜坡区。

(5) 地层压力大，易于流动和开采。页岩气广泛富集于成熟的暗色有机质泥页岩层中，地层能量充足，压力系数一般大于 1.2，地层异常压力越大，泥页岩储集层对油气的吸附能力越强，有利于开采。

(6) 无自然产能，需要大型压裂开采。页岩气藏单井一般无自然产能，需要通过一定技术措施才能获得工业气流。天然气产出以非达西流为主，存在解吸、扩散、渗流等相态与流动机制的转化。页岩气早期以产出游离气为主，类似于常规油气的开发，其后的产出与煤层气类似，以吸附气的解吸、扩散为主。

(二) 页岩气藏的形成特征

页岩气藏与致密砂岩气藏的形成相似，充足的气源和良好的保存条件是关键。我国学者根据南方海相页岩气富集规律及涪陵页岩气田的勘探开发实践，提出了页岩气"二元富集"理论，即深水陆棚优质泥页岩发育是页岩气"成烃控储"的基础，良好的保存条件是页岩气"成藏控产"的关键。页岩气富集的基础是生成和储集，生烃强度高，有机质孔发育，有利于储集层改造，而良好的页岩顶底板从页岩生烃开始就能有效阻止烃类纵向散失而滞留聚集，后期构造作用的强度与持续时间决定了页岩气保存条件，保存条件好是页岩气"成藏控产"的关键地质因素（郭旭升，2014）。

由于页岩成分对储集层技术改造产生裂缝有决定性影响，故页岩矿物成分也是能否形成商业性页岩气藏的重要条件。页岩气成藏特征可概括为以下四方面：

(1) 烃源特征：具有一定厚度和广泛分布的富有机质泥页岩是页岩气生成及赋存的基础。富含有机质页岩中天然气的生成主要取决于以下三个因素：岩石中原始有机质的丰度、类型及原始生气能力、有机质转化成天然气的程度。据美国富页岩气盆地统计，页岩有机质丰度高，产气页岩的平均有机碳含量下限值大约为 2%~3%（Bower，2007），明显高于常规油气烃源岩有机质丰度下限；干酪根类型以Ⅰ型、Ⅱ型为主，Ⅲ型较少；高产富集页岩气烃源岩成熟度 $R_o$>1.4%，尤以 $R_o$>2.0%部分为页岩产气的主体。可见，烃源岩丰富的有机质及高演化程度是页岩气藏形成的必要条件。

(2) 储集特征：页岩层既是烃源岩层又是储集层，因此页岩气具有典型的"自生自储"成藏特征，这种气藏是在天然气生成之后在烃源岩内部或附近就近聚集的结果。由于储集条件特殊，天然气在其中以游离、吸附、溶解等多种相态赋存，主要为游离和吸附状态。通常足够的埋深和厚度是保证页岩气储集的前提条件。页岩具有较低的孔隙度和渗透率，但天然裂缝的存在会改善页岩气藏的储集性能。

(3) 圈闭及封盖保存特征：页岩气藏是一种连续型天然气聚集，主要以岩性变化等形成封闭条件。由于致密页岩具有很低的孔隙度和渗透率，页岩体可以形成一个封闭不渗漏的储集体将页岩气封存在页岩层中，相当于常规油气藏中的圈闭。页岩气藏无统一的气水界限，没有明显的圈闭界限，含水少，大面积层状含气，但要形成高产富集，区域性盖层和顶底板的封闭条件必不可少。生气页岩是一种致密的细粒沉积岩，页岩层本身可以作为盖层，但生气页岩上覆及下伏的致密岩石对页岩气藏的形成和保存至关重要。

（4）矿物含量：脆性矿物含量是影响页岩基质孔隙和微裂缝发育程度、含气性及压裂改造方式等的重要因素，也是影响页岩气藏商业开发的重要因素。岩石矿物组成对页岩气后期开发至关重要，一般要求脆性矿物含量大于40%，黏土矿物含量小于30%。页岩中黏土矿物含量越低，石英、长石、方解石等脆性矿物含量越高，岩石脆性越强，在人工压裂外力作用下越易形成天然裂缝和诱导裂缝，有利于页岩气开采。而高黏土矿物含量的页岩塑性强，易吸收能量，不利于页岩储集层改造。

### 四、煤层气藏

#### （一）煤层气的基本概念

煤层气是一种在煤化过程中生成并主要以吸附形式储集在煤层中的自生自储式的天然气。由于这类天然气的主要成分是甲烷，故又称煤层甲烷。在我国煤炭工业中称为煤层瓦斯。

煤层气是煤型气的一部分，是残留在煤层中的煤成气。煤本身是一种资源，同时又是一类可产生天然气的烃源岩，如果含有一定品位的煤层气，又成为天然气储集层。煤层气不同于"煤型气"（或称煤成气、煤系气），后者是煤及煤系热演化成熟后生成并运移聚集到非煤储集层中的天然气，是在非煤层中呈游离状态的常规天然气。

煤层气的赋存不依赖于是否有圈闭存在，这与常规储集层中天然气的储集机理有本质上的区别。煤层气以甲烷为主，属干气。在地质条件下，煤层气可以吸附态、游离态和溶解态赋存于煤层中。一般情况下，吸附态可占70%~95%，游离态约占10%~20%，而溶解态所占比例极小。煤层气自生自储、原地聚集，不发生明显运移，煤岩既是气源岩，又是储集层。

煤层气的运移大多与煤层压力的变化有关，其运移方式主要有分子扩散和渗流两种。因此，煤层气的开采需要降低压力，使大量吸附状态的天然气转化为游离态并发生运移。当煤层压力降低时，煤层甲烷从基质内表面解析下来，在浓度差作用下通过在微孔（<100nm）中的分子扩散进入割理、裂缝和较大孔隙（>100nm）中成为游离气体，在势差作用下发生单相或气、水两相渗流而被采出或散失。所以，煤层气的运移过程主要是基质微孔中的解吸扩散与割理、裂缝中的渗流排出（图6-52）。

从煤的内表面上解吸 → 穿过基质和微孔扩散比例增大 → 在天然裂隙中流动

图6-52 煤层气解吸—扩散—渗流的运移过程（据骆祖江等，1997）

#### （二）煤层气藏的类型

煤层气藏是指受相似地质因素控制、含有一定资源规模、以吸附状态为主的煤层气，具有相对独立流体系统的煤岩体。这一概念，一是强调煤层含有一定资源规模的煤层气，而不是泛指一般含气的煤岩体，二是强调煤岩体具有相对独立的流体系统，即经历了相同的演化过程和相似的地质作用下的基本流体单元。

与致密气藏、页岩气藏不同，煤层气藏通常具有较明显的边界与周围地质体分隔。煤层气藏主要具有6种地质边界类型：经济边界、水动力边界、风氧化带边界、物性边界、断层边界及岩性边界，这些边界类型是煤层气藏划分的重要依据。

以吸附态为主的煤层气，其赋存主要受温度、压力和煤的性质控制。其中温度在空间上的变化规律性明显；煤的性质是地质历史时期各种因素共同作用的结果，目前状态基本稳定；现今唯一不断变化的是压力，它随地下水的补给、运移、排泄而不断变化。因此，以压力为主线，并结合边界类型及煤层气藏自身的构造特征，宋岩等（2010）提出了一套煤层气藏的分类方案。

该分类方案首先根据煤层气藏的压力形成机制，将其分为水动力封闭型[图6-53(a)~(h)]和自封闭型煤层气藏[图6-53(i)~(k)]两大类。水动力封闭型可进一步区分为水动力封堵型和水动力驱动型煤层气藏[图6-53(f)~(h)]两个亚类。结合边界类型将水动力封堵型煤层气藏细分为5种类型，根据构造特征将水动力驱动型细分为3种类型，而自封闭型可进一步划分为3种类型（图6-53）。

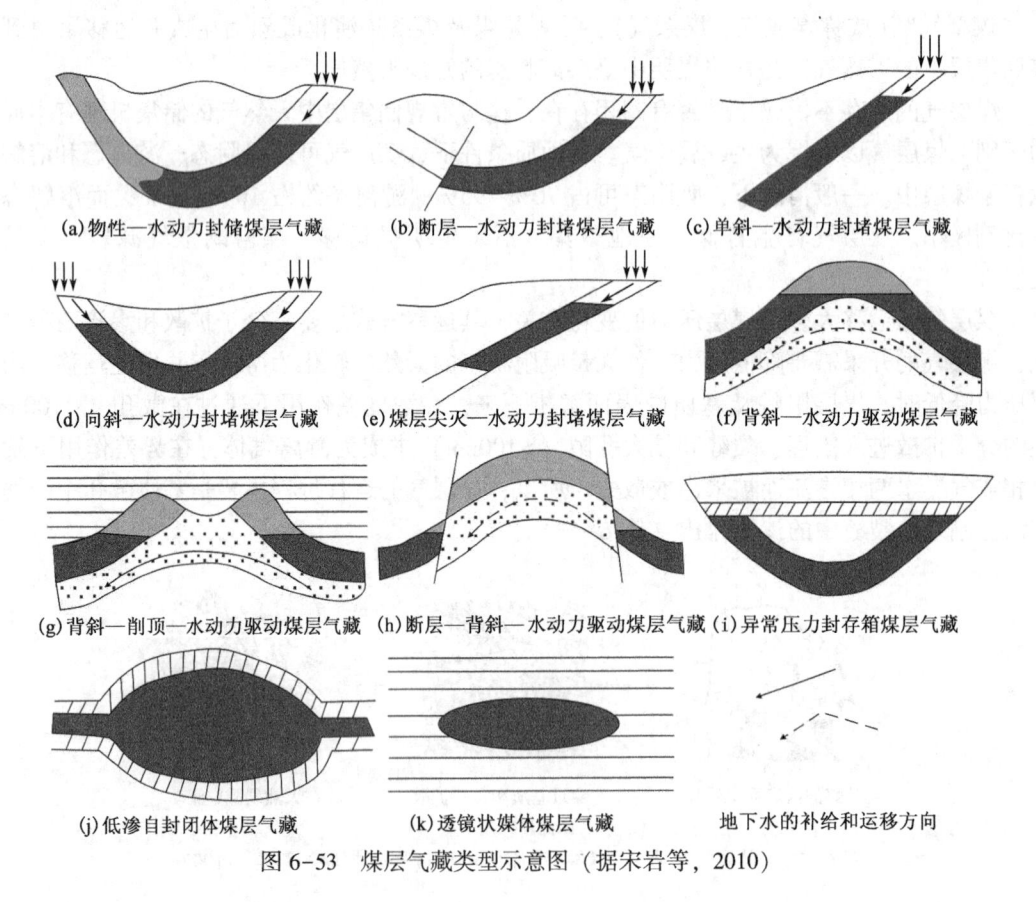

(a) 物性—水动力封储煤层气藏　(b) 断层—水动力封堵煤层气藏　(c) 单斜—水动力封堵煤层气藏
(d) 向斜—水动力封堵煤层气藏　(e) 煤层尖灭—水动力封堵煤层气藏　(f) 背斜—水动力驱动煤层气藏
(g) 背斜—削顶—水动力驱动煤层气藏　(h) 断层—背斜—水动力驱动煤层气藏　(i) 异常压力封存箱煤层气藏
(j) 低渗自封闭体煤层气藏　(k) 透镜状媒体煤层气藏　地下水的补给和运移方向

图6-53　煤层气藏类型示意图（据宋岩等，2010）

（三）煤层气藏的形成条件

煤层气藏的形成条件主要包括煤层厚度、含气性、渗透性、保存条件、水文地质条件等，这些条件的有机结合，才能形成煤层气藏。

1. 煤层厚度、分布与含气性

煤层气藏作为一种具有商业开采价值的相对富气煤岩地质体，拥有良好的煤层气生成和赋存条件是关键，而一定厚度的煤层是煤层气藏形成的物质基础，它既提供气源，又提供储集空间。因此，煤层越厚对气藏形成越有利。现有技术条件下，具有商业性开采价值煤层气的煤层厚度为1~30m，埋藏深度为45~2730m，煤阶可从褐煤到无烟煤。根据国内外经验，单层煤厚度大于3m才具有高产的可能；从资源潜力而言，总厚度需大于10m才具有较大的资源潜力。

含气性是煤层气藏最重要的一个综合条件，包括含气量、解吸条件和储集层压力梯度。含气量是资源评价的重要基础参数，也是煤储集层可采性评价的必要参数。考虑含气量对应的临界解吸压力值不能过低，一般将含气量下限确定为大于$8m^3/t$，由此确定单煤层厚度最低应为4m。

解吸条件对煤层气产能的影响主要体现在两个方面，即含气饱和度和兰氏压力（煤内表面对气体吸附，吸附量达到最大吸附量一半时对应的压力）。它们制约着煤层气产出的难易和产出速率的大小。含气饱和度低（地解压差大），很难或无法获得产能；一般而言，兰氏压力大于3MPa，煤层才具有高产条件。

一个地区煤层气资源的丰富程度与煤系地层的分布、厚度及含气量呈正相关关系。煤系连续分布面积广、厚度大、含气量大，在良好的封盖层条件下，有利于形成富集高产的煤层气藏。

2. 煤层渗透性

煤层渗透率是控制产能大小的关键参数。煤层渗透率高，说明裂缝系统的导流能力强。若气体运移通道受到矿物质充填的影响或者地应力的增加，致使通道禁闭，煤层渗透率就会大大降低，气流量也将大为减少。评价储集层渗透率应以试井或历史拟合获取的渗透率数据为准。我国和美国的煤储集层渗透率差异大，美国的煤储集层渗透率普遍较好，一般为0.1~100mD，而我国含煤区煤层气储集层渗透率普遍偏低，多小于10mD。

煤储集层渗透率受控于多种复杂地质因素，其中天然裂缝发育特征对渗透率的影响至关重要。所以在煤层渗透率数据缺乏的情况下，可采用构造应力场、主应力差法预测煤层渗透性。

3. 封盖保存条件

制约煤层气保存的地质因素主要包括上覆地层的有效厚度、煤层顶底板特征、构造条件及水文地质条件。

构造升降运动可改变煤层的温压条件，打破原有煤层气吸附平衡状态，从而影响煤层气的保存，由于构造抬升，煤层的上覆地层剥削变薄，使煤层气散失。

良好的煤层顶底板则可以减少煤层气的向外渗流运移和扩散散失，并可以保持地层压力和煤层气的吸附量，阻止地层水的交替，维持三者之间的平衡关系，使气体以吸附状态存在，从而使其在煤层中得以保存和富集。

4. 水文地质条件

除了良好的封盖条件，煤层气的富集和保持还需要有利的水文地质条件，即水动力封闭和地层水超压。交替的水动力条件将打破吸附与溶解和游离气之间的平衡，使吸附气逐渐减少，影响煤层气的保存；同时流动的地下水对煤层气的含量和地球化学特征影响显著，水动力条件强的地区，煤层气的含量小、甲烷碳同位素轻。水文地质条件处于承压区，承压水有助于阻止煤层气的逸散，含气量高，煤层气易于产出。

### 思考题

1. 根据圈闭成因、油气藏形态、烃类相态等，油气藏可划分为哪些类型？其主要特点是什么？
2. 何谓构造圈闭及油气藏？构造油气藏包含哪些具体类型？
3. 背斜圈闭及油气藏的成因类型和主要特点是什么？
4. 断层圈闭形成的条件是什么？断层在油气藏形成中的作用是什么？
5. 何谓岩体刺穿油气藏和裂缝性油气藏？其形成机制如何？
6. 何谓地层圈闭及油气藏？地层油气藏包含哪些具体类型，它们有何主要特点？
7. 地层不整合在油气运移聚集中起何作用？潜山油气藏有何主要特点？
8. 潜山油气藏与不整合遮挡油气藏形成特点共同点和差异性是什么？
9. 何谓岩性圈闭及油气藏？岩性油气藏包含哪些具体类型，它们有何主要特点？
10. 何谓复合圈闭及油气藏？有何主要特点？圈闭的形成机理是什么？
11. 何谓水动力圈闭及油气藏？其形成机理如何？
12. 何谓致密砂岩油气藏、页岩油气藏、煤层气藏？其主要地质特征是什么？

# 第七章 油气聚集单元与分布规律

油气藏是地壳上油气聚集的基本单元。地壳上油气的分布，常常受到区域地质构造及岩性、岩相等地质条件的控制而成群、成带、成区出现，有明显的规律可循。受单一局部构造控制的同一面积内若干个油气藏可组成一个油气田；油气田也不是孤立存在的，常受一定地质条件限制成群、成带出现，构成油气聚集带；有些油气聚集带往往具有同样的油气来源，具有统一的地质发展史和油气生成聚集条件的沉积坳陷构成同一含油气区；具有统一的地质发展历史、一个或若干个含油气区，可组成一个含油气盆地。

20世纪90年代发展起来的"含油气系统"，将油气藏形成的静态要素及动态作用过程有机地结合起来进行研究，用系统论的思想研究盆地演化历史和油气藏的形成，从生、储、盖、运、圈、保等油气藏形成的静态条件研究发展到动态分析油气藏的形成过程。

## 第一节 油气田

### 一、油气田的基本概念

油气田是指受构造、地层或岩性因素控制的，同一面积内的油藏、气藏、油气藏的总和。如果只有油藏，称为油田；只有气藏，称为气田。

油气田的基本概念中包括以下涵义：

(1) 油气田是指石油和天然气现在聚集的场所，与它们的生成地无关。

(2) 油气田的控制因素可以是单一的构造、地层或岩性因素，也可以是多种地质因素。

(3) 油气田占有一定的面积，在地理上包括一定范围。独立油气田间的面积大小相差悬殊，小者仅有几平方千米，大者可达上千平方千米。

(4) 同一面积，是指不同层位的产油气层叠合连片的总面积。油气田中不同层位的产油气层，可以存在于同一构造或地层因素所控制的单一地质体中，也可以存在于受多种因素控制的复合地质体中。有些油气田的若干个产油气面积并不直接相连，只是位置接近，而且产油气层位、储集层类型和特征，以及圈闭形成机理都相似，也常可看作1个油气田。

(5) 一个油气田可以包括1个或若干个油藏或气藏。

图7-1是一个主要受盐体刺穿构造背景所控制的油气田。该油气田既有油藏又有气藏，在剖面上包括多个层系多个圈闭类型的油气藏，而且这些油气藏在平面上叠合连片，其最大包络线范围即构成一个油气田（视频7-1）。

### 二、油气田的主要类型

油气田的类型有多种划分方案。张厚福等（1992）以岩性和构造为依据，首先强调碎屑岩与碳酸盐岩两种岩类油气田形成条件的差别，将油气田分为砂岩油气田类和碳酸盐岩油气田

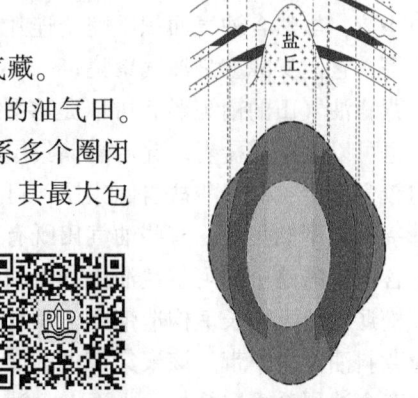

视频7-1 油气田概念的实例展示

图7-1 同一油气田的剖面、平面示意图

类；其次考虑单一局部构造单位的成因特点进行详细分类，具体分类见表7-1。

表 7-1 以岩性和构造为依据划分的油气田类型

| | |
|---|---|
| 砂岩油气田 | 背斜型砂岩油气田 |
| | 单斜型砂岩油气田 |
| | 刺穿构造型砂岩油气田 |
| | 不规则带状砂岩油气田 |
| | 砂岩潜山油气田 |
| 碳酸盐岩油气田 | 大型隆起碳酸盐岩油气田 |
| | 裂隙型碳酸盐岩油气田 |
| | 生物礁型碳酸盐岩油气田 |
| | 碳酸盐岩潜山油气田 |

根据控制产油气面积的地质因素，油气田可分为构造油气田、地层油气田、岩性油气田和复合油气田等四大类型，其中最主要的构造油气田大类又可分为背斜油气田和断层（断块）油气田，复合油气田可分为若干亚类。

（一）构造油气田

所谓构造油气田，指产油气面积上受单一的构造因素（如褶皱或断层）所控制的油气田。在通常情况下，褶皱常伴生断层，但以褶皱为主，称为背斜油气田；有时则主要受断层控制，称断层或断块油气田。

1. 背斜油气田

背斜油气田中控制产油气面积的地质单位，是褶皱变形所形成的背斜构造。背斜的褶皱变形一般可以垂直穿过很厚的多层沉积岩层，在背斜范围内的储集层只要上方被盖层所封盖，具有良好的封闭条件，都可形成背斜圈闭。因此，多油气层在垂向上叠合，形成巨厚的含油气层组常常是背斜油气田最显著的特点之一。由于巨厚的含油气层组可以补偿含油气面积的不足，可使一些面积不太大的背斜油气田成为大油气田。世界上许多特大油气田往往都是背斜油气田。

必须指出，在不同的埋藏深度，背斜的构造形态并非都是一致的，背斜的高点位置及褶皱的形态可以随深度而改变。而且，背斜油气田的含油面积由背斜的闭合面积所控制。一般来说，它是受单一背斜的闭合面积所控制的，但有时若干个相邻的、在成因上有密切联系的背斜构造，虽然含油气面积不完全连片，我们也把它当作同一油气田，如布尔干油田、大庆油田等，它们实际上是油气聚集带。

背斜油气田的褶皱形态可以是多种多样的。背斜油气田储集层的岩石类型可以是碎屑岩，也可以是碳酸盐岩。碎屑岩储集层以中—细砂岩为主，且具有良好的孔隙性、渗透性，横向较为稳定；而碳酸盐岩储集层，可以是孔隙型的粒屑灰岩，但大多数是孔隙—裂缝型或裂缝—孔隙型储集层。有些油气田既有碳酸盐岩储集层，又有碎屑岩储集层，如伏尔加—乌拉尔含油气盆地中的阿尔兰油田和库列绍夫油田（图7-2）。

松辽盆地大庆长垣构造带上，发育有喇嘛甸、萨尔图、葡萄花等7个背斜油气田，构成长垣背斜油气聚集带。该聚集带中的储集层主要为湖泊三角洲砂岩体，储油物性较好，剖面上多套含油层系垂向叠加，平面上含油面积连片分布，如图7-3所示。

背斜油气田中的油气藏类型，通常以背斜油气藏为主，但常伴有其它类型的油气藏，如

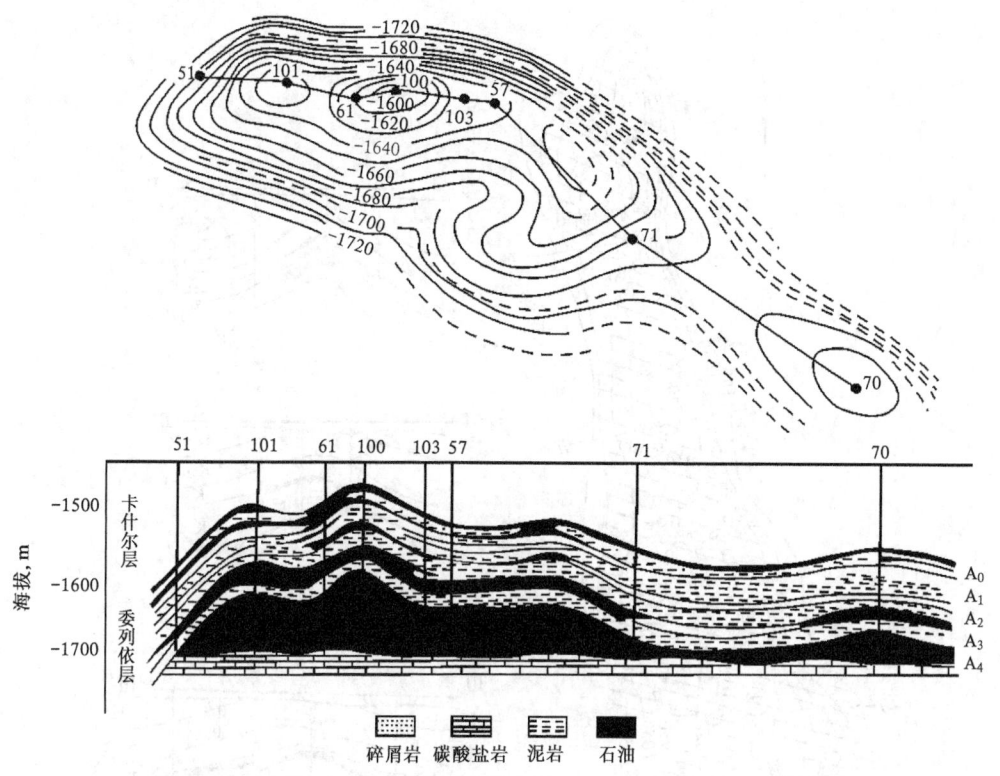

图 7-2 库列绍夫油田构造平面图及剖面图（据 Максимов，1970）
等值线单位为 m

断层、岩性等类型油气藏；有些油气田仅由单一的背斜油气藏所组成。但无论哪一种情况，不同层位的含油气面积，往往在垂向上叠置，在平面上叠加连片。

2. 断层（断块）油气田

断层（断块）油气田，指由多条断层所控制的同一含油面积上油气藏的总和。有代表性的分类主要有以下几种。

（1）地堑或半地堑型断陷（或裂谷）盆地，如阿曼地堑、莱茵地堑、马格达莱纳盆地以及我国渤海湾盆地中的断层（断块）油气田；

（2）盆地斜坡带或挠曲带，如墨西哥湾沿岸的断裂挠曲；或同生断层带，如尼日尔三角洲的同生断层带。

这种油气田中的主断层常常是同生断层，它不仅构成油气田的一侧边界，而且对烃源层、储集层和油气圈闭的形成都起着重要的控制作用。

断层（断块）油气田一般以中小型为主，但有些在背斜背景上发育的断块油气田也可形成大油气田，如渤海湾盆地的东辛油田和临盘油田。油气藏主要为断层油气藏，也有少量的不整合油气藏和岩性油气藏。

（二）地层油气田

地层油气田是指受不整合控制的同一含油面积内油气藏的总和。这类油气田多受不整合面控制，其构造背景多为区域性的单斜，多分布在盆地的边缘和大型隆起斜坡部位，由于水体频繁进退，形成了各种与不整合面有关的油气藏。油气藏类型主要为不整合油气藏和岩性油气藏，也有少量的断层油气藏。美国的东得克萨斯油田即属此类油田。

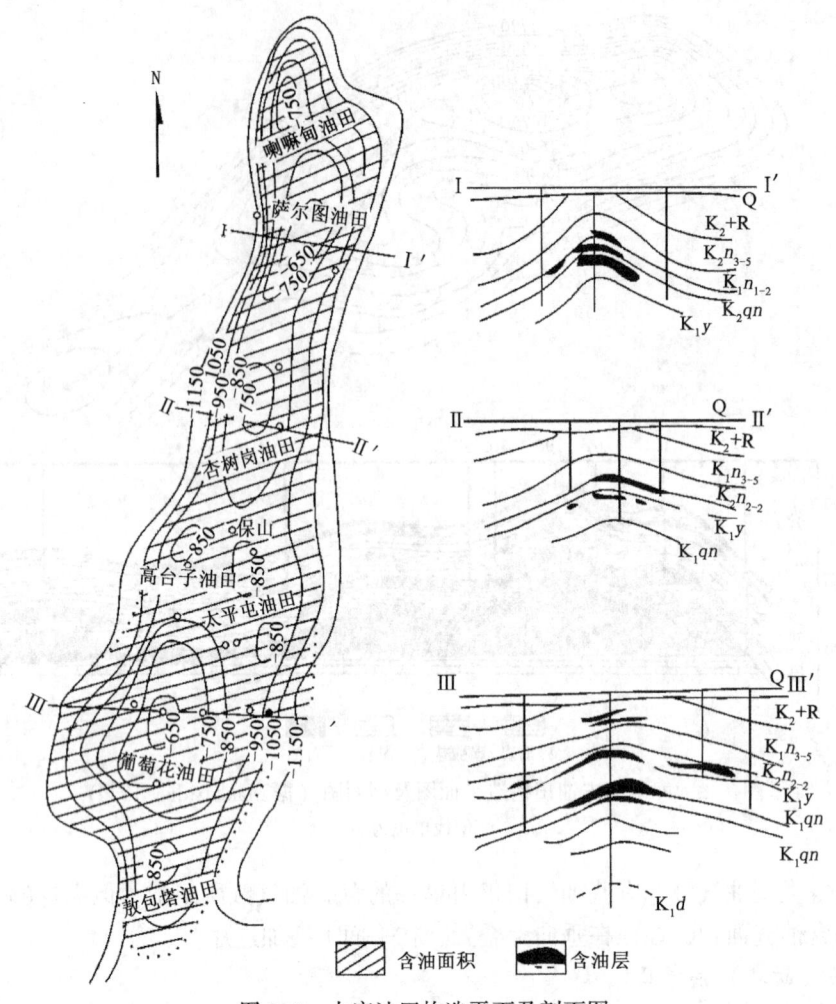

图 7-3　大庆油田构造平面及剖面图

等值线单位为 m

### （三）岩性油气田

岩性油气田是指受沉积条件控制的同一含油面积内的岩性油气藏的总和，主要包括砂岩透镜体油气田、岩性尖灭油气田和生物礁油气田。如美国堪萨斯州格林乌德县及勃特勒县的鞋带状油田。该油田由许多岸外沙坝组成，这些沙坝形成许多狭长的透镜体，每个透镜体的厚度为 50~100ft（15.24~30.48m），长为 2~6mile（约 3.22~9.66km），宽达 1.5mile（约 2.41km），断续地一个接一个地排成长达 25~45mile（约 40.23~72.42km）的带状（图 7-4）。

### （四）复合油气田

复合油气田是指在油气田范围内不同层位和深度的油气藏受构造、地层和岩性等诸因素中两种或多种因素控制的油气田。主要有以下 4 种类型。

1. 盐（泥）丘型复合油气田

在刺穿的盐（泥）丘油气田中，由于盐核刺穿油气层，除形成盐核、盐帽遮挡以及盐帽内的透镜体油气藏外，常使储集层断裂、尖灭，甚至削蚀，可形成断层、不整合和岩性等多种油气藏；这是一种典型的复合油气田。隐刺穿还可在盐丘上方形成背斜。无论刺穿或隐刺穿盐（泥）丘构造，只要存在构造、地层等油气藏复合而形成油气田，都称为盐（泥）丘型复合油气田。如果只在单一构造因素控制下形成多种油气藏，则不能称为复合油气田。

2. 礁型复合油气田

在礁型油气田中，有些深部为礁型油气藏，浅部（礁上方）为礁生长过程形成的同生背斜或压实背斜油气藏，或褶皱背斜中形成的背斜油气藏，这种在生物礁背景下不同层系发育多种成因油气藏形成的油气田即礁型复合油气田。其中以美国二叠纪盆地中斯库瑞县的斯奈德—斯克雷礁型复合油气田较为典型。若仅有礁型油气藏，而礁上方没有构造类油气藏，则属于岩性型礁型油气田。

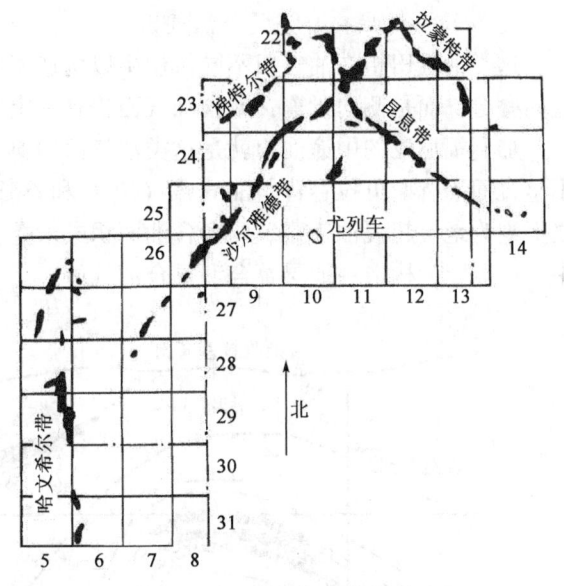

图 7-4 美国堪萨斯州鞋带状油气田平面图（据 Cadman, 1927, 转引自潘忠祥, 1976）

3. 潜山型复合油气田

潜山型复合油气田的深部为一潜山油气藏，而其上覆岩层则可能由于披覆、压实形成背斜油气藏、断层油气藏，在不整合面之上还可能伴有向潜山尖灭或超覆的岩性或地层型油气藏。

不整合面下的潜山和其上的油气藏，其地质结构和油气藏类型均有很大差别。如果仅有叠合的地质体，而没有不同类型油气藏的叠合，则不能称为潜山型复合油气田。有些油气田在潜山上方（即不整合面之上），存在不同类型（如地层和构造）油气藏的叠合，但潜山中不存在油气藏的，也不能称为潜山型复合油气田。潜山型复合油气田的模式剖面，如图 7-5 所示。

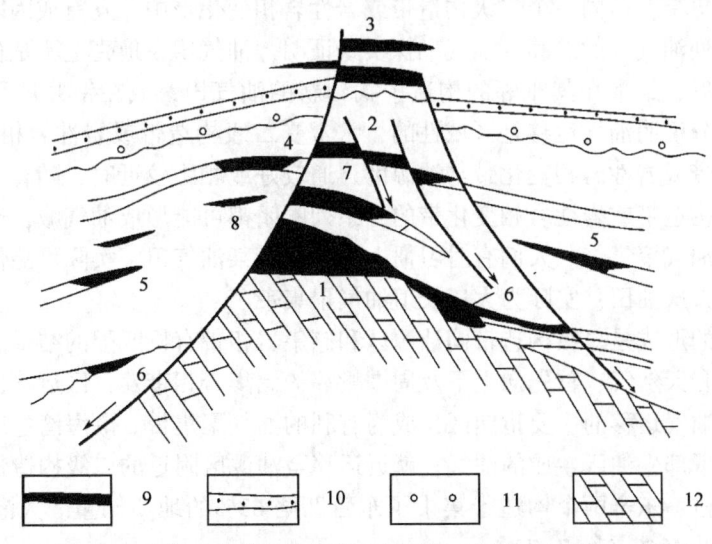

图 7-5 与潜山有关的油田模式剖面图（据华北油田, 1982）

1—潜山油气藏；2—潜山上被断层切割的压实背斜油气藏；3—浅层背斜和断层油气藏；4—断阶或逆牵引背斜油气藏；5—岩性油气藏；6—地层油气藏；7—潜山上方压实背斜油气藏；8—岩性油气藏；9—油藏；10—砂岩；11—砾岩；12—石灰岩

4. 构造—地层叠合型复合油气田

这类油气田指在油气田不同层位中以构造型为主的油气藏和以地层型为主的油气藏不是垂向叠合，而是侧向毗连，或含油气面积有一定的叠合，而构成统一的油气田。

加利福尼亚的中途油田就是这类油气田的典型实例之一（图7-6）。该油田的西南部在不整合面下有斯贝拉塞背斜油气藏（$N_1^1$）和不整合遮挡油气藏（$N_1^2$，次要），而不整合面之上则为地层超覆油气藏。两者含油面积虽未叠合连片，但却紧相毗连，存在于统一地质体中，可以定为构造—地层叠合型复合油气田。

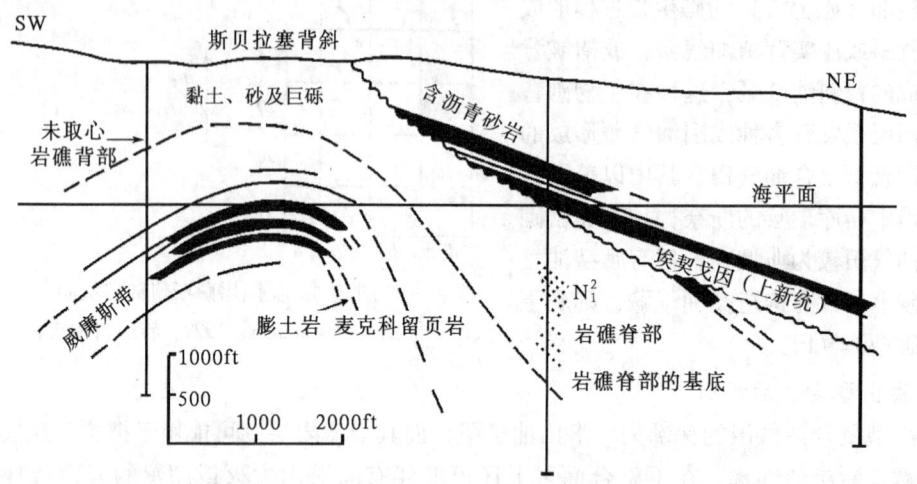

图7-6 美国加利福尼亚中途油田威廉斯及二十五山区构造剖面图（据Levorsen，1954）

## 第二节 油气聚集带及含油气区

### 一、油气聚集带的概念

所谓油气聚集带，指同一个二级构造带或岩性岩相变化带中，互有成因联系、油气聚集条件相似的一系列油气田的总和。油气勘探实践证明，油气田在地壳上不是孤立存在的，在发现某个油气田后，经常在其毗邻的构造中找到新的油气田，或在钻井过程中遇到油气显示。这个现象充分说明油气运移是区域性的，常常受二级构造带或岩性岩相变化带所控制。当这些二级构造带或岩性岩相变化带与油源区连通较好或相距较近时，随着油气源源不断地供给，整个二级构造带或岩性岩相变化带的一系列圈闭都可能形成油气藏，造成油气田成群成带出现，成为油气聚集带。人们有时习惯上称呼的某某油气田，实际可能代表的是某一油气聚集带，例如大庆油田，实际为大庆长垣油气聚集带。

油气聚集带的形成是二级构造带同油源区和储集岩相带有机匹配的结果。沉积盆地内油源区生成的石油和天然气，首先向上下及周围毗邻的储集岩相带发育区运移，因此这里的二级构造带往往是油气运移的主要指向区，成为有利的油气聚集带。渤海湾盆地东营凹陷及黄骅坳陷沙河街组下部生油区生成的油气，就近运移至油源区附近的二级构造带中优先聚集起来，坨庄—胜利村、东辛两个构造带集中了东营凹陷63%的地质储量。大港油田地质储量占整个黄骅坳陷的60%（图7-7）。

如果在沉积盆地的凹陷区，烃源层与储集层间互成层、彼此穿插，油源区就是储集区，这里的二级构造带大有"近水楼台先得月"之势，成为最有利的油气聚集带，容

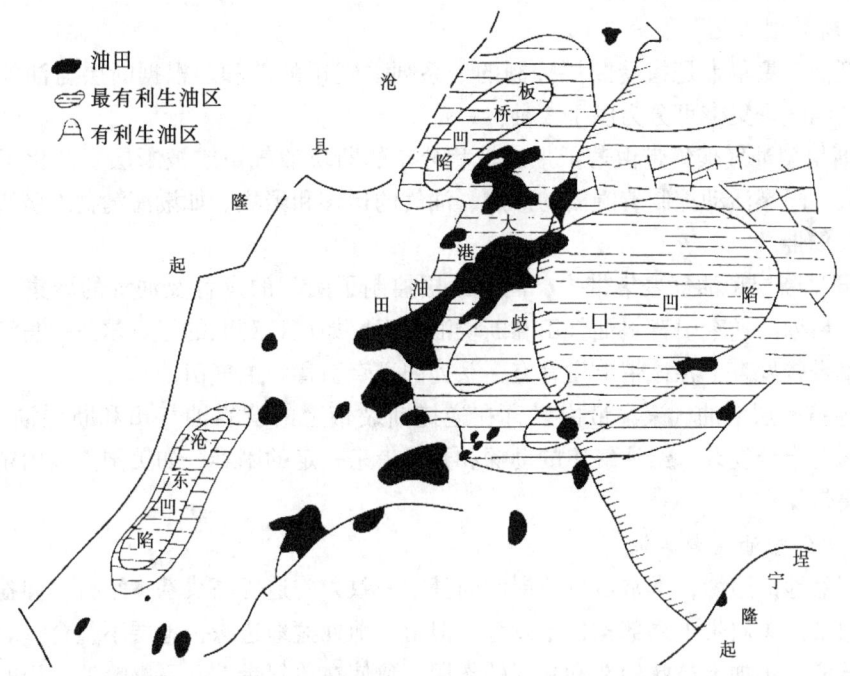

图 7-7　黄骅坳陷油气田分布与生油区的关系图（据石油勘探开发科学研究院，1977）

易形成特大型油田，例如大庆长垣油气聚集带约集中了松辽盆地 80%以上的地质储量（图 7-8）。

在地壳上不同大地构造单位的沉积盆地中，由于区域地质构造条件的差别，可以形成各种二级构造带，因此，油气聚集带也就随所处大地构造位置的不同而呈现各种类型。

**二、油气聚集带的类型**

根据控制油气聚集带的主要地质因素，可将油气聚集带划分为以下 4 种类型。

（一）背斜型油气聚集带

背斜型油气聚集带是指受背斜带控制的一系列背斜油气田的总称。有的是与基底隆起有关的背斜型油气聚集带，如松辽盆地大庆长垣油气聚集带、波斯湾盆地加瓦尔长垣油气聚集带。这类油气聚集带一般褶皱较平缓，两翼倾角小，含油面积大，油气相当丰富。也有的是与褶皱作用有关的背斜型油气聚集带，褶皱较强烈，两翼倾角陡，闭合高度大，各背斜油气田多呈线状或雁行状排列，延伸可长达数百千米。波斯湾盆地扎格罗斯坳陷中就分布着一系列这种类型的油气

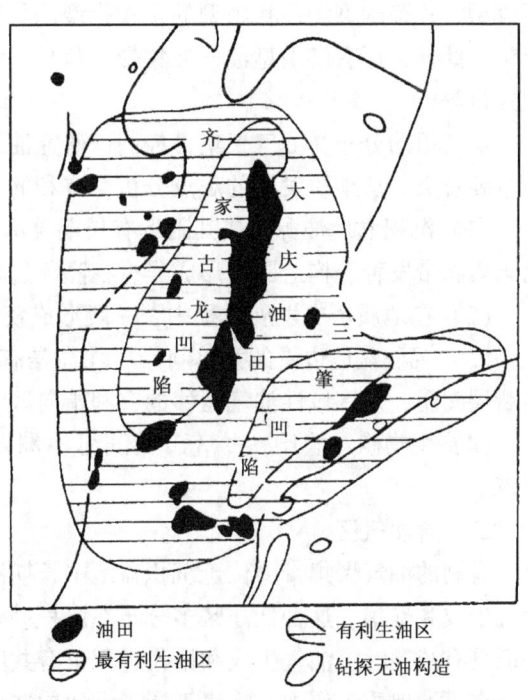

图 7-8　松辽盆地油气田分布与生油区的关系图
（据石油勘探开发科学研究院，1977，有修改）

聚集带，油气储量也相当丰富。

（二）断裂型油气聚集带

断裂型油气聚集带是指受断层控制的一系列油气田的总和。根据断层与油气聚集的关系，断裂型油气聚集带可分为以下3种：

（1）断块型油气聚集带由若干个成带状分布的断块油气田或被断层复杂化了的背斜油气田所组成，断裂活动控制着圈闭的形成、油气的运移和聚集。如渤海湾盆地济阳坳陷东辛断块油气聚集带。

（2）同生断层型油气聚集带中，同生断层控制了圈闭的发育及油气的聚集，在聚集带中分布了一系列的逆牵引背斜油气田和断块油气田。如尼日利亚的尼日尔河三角洲，同生断层油气聚集带较发育，在该带上发育有一系列的逆牵引背斜油气田。

（3）逆掩断层型油气聚集带由发育在逆掩断裂带上的背斜油气田和断层油气田组成。该带地质构造十分复杂，给油气田的勘探和开发带来一定的困难，如美国落基山东侧逆掩断层油气聚集带。

（三）单斜型油气聚集带

在沉积盆地的边缘，常常可见地层倾向基本一致，构造等高线基本平行，向盆地中心倾没的大单斜带。单斜带上局部构造不发育，但由于地处盆地边缘，地层不整合、岩性尖灭等现象非常普遍，再加上鼻状构造和断层的作用，致使在单斜带上，不整合油气田、岩性油气田相当发育，并且成群、成带分布，形成单斜型油气聚集带，如委内瑞拉马拉开波盆地东部玻利瓦尔单斜油气聚集带。

（四）生物礁型油气聚集带

在一定沉积环境中，成群、成带分布的生物礁，控制了生物礁型油气田的分布，形成呈环礁型、马蹄礁型和线状礁型的生物礁型油气聚集带。如墨西哥黄金巷环礁型生物礁油气聚集带。此外，还有潜山型油气聚集带，盐丘、泥火山型油气聚集带，以及砂岩透镜体型油气聚集带等。

油气田的分布受油气聚集带控制，研究油气聚集带的分布规律及其特点，对油气勘探具有重要意义。从地质发展的观点分析，有利的油气聚集带应当是：

（1）沉积盆地油源区或其附近有长期继承性隆起背斜型油气聚集带。该带离油源区近、储集岩相带发育、构造圈闭形成早，在隆起过程中，已生成的油气便可就近聚集。

（2）在地质历史发展过程中，一般形成较早的油气聚集带含油气较为有利。

（3）沉积盆地边缘的大单斜带，往往是有利的储集岩相带发育区，且易形成各种地层和断层圈闭，是区域性油气运移的有利指向区，有利于形成大单斜油气聚集带。

（4）生物礁、盐丘、古潜山及滨海沙洲发育地带，可以形成各种相应类型的油气聚集带。

三、含油气区

有利的油气聚集带多位于沉积盆地中长期沉降并接受沉积的低洼区内，有利于石油和天然气生成和聚集。这种低洼区多分布在沉积坳陷中，坳陷内的地质发展历史和沉积岩系发育特征具有统一性，油气生成和聚集过程也有共同的规律性。

在石油地质工作中，将属于同一大地构造单位，有统一的地质发展历史和油气生成、聚集条件的沉积坳陷，称为含油气区。

# 第三节 含油气盆地

## 一、含油气盆地的概念与结构要素

### （一）含油气盆地的概念

在某一地质历史时期内，地壳上那些曾经稳定下沉，并接受了巨厚沉积物的统一沉降区称为沉积盆地。在沉积盆地中，如果发现了具有工业价值的油气田，这种沉积盆地就可视为含油气盆地。凡是地壳上具有统一的地质发展历史，发育着良好的生、储、盖组合及圈闭条件，并已发现油气田的沉积盆地，称为含油气盆地。可见，含油气盆地首先必须是一个沉积盆地，在漫长的地质历史期间，曾不断下降接受沉积，具备油气生成和聚集的有利条件，存在着油气田。

对于含油气盆地的理解，包含以下几个方面的涵义：

(1) 具有统一的地质发展历史。

(2) 在地壳上曾经是一个长期发育的低洼区，发育巨厚的沉积岩层，并且在相当长的地质历史时期中保持一定水下环境的持续下沉状态，以形成巨厚的沉积岩和对生油有利的环境。

(3) 经受一定程度的构造运动，有利于油气运移和形成圈闭。当然，构造运动不能过度强烈，否则会破坏油气生成和聚集。

(4) 含油气盆地的范围大小不一，差别很大，面积从几十平方千米到上万平方千米。如世界上最大的含油气盆地——波斯湾盆地，面积达 $305 \times 10^4 km^2$；我国最大的含油气盆地——塔里木盆地，面积为 $55.7 \times 10^4 km^2$；我国西部的民和盆地，面积仅 $9000 km^2$；美国西部的洛杉矶盆地，面积仅 $3900 km^2$。

(5) 含油气盆地内部可以进一步划分为不同的大地构造单元，各单元的沉积过程和油气生成、聚集条件在具有全盆地共性的基础上，可以有一定的差异性。如渤海湾新生代含油气盆地，不同凹陷的油气富集程度存在很大差异。

### （二）含油气盆地的结构要素

盆地的基底、周边和沉积盖层是组成盆地结构的三大要素。

(1) 基底：含油气盆地赖以存在的基础，它由盆地形成之前的岩系组成；既可以由古老的结晶岩或变质岩组成，也可以由沉积岩系组成，还可以由二者混合组成。

(2) 周边：盆地周围的边界。盆地周边同其边界地质体的接触关系主要有超覆接触和断层接触两种。盆地周边的性质决定了盆地的基本类型，按照盆地周边的性质，把盆地分为坳陷盆地和断陷盆地（又可分为单断式和双断式两类）。

(3) 沉积盖层：在基底之上发育的沉积岩层。

含油气盆地的基底和周边的地质特征对盆地的形态、沉积岩系及地质构造的发育都有着重要的控制作用。

盆地基底最老的为前震旦系（国外多为前寒武系），属结晶变质基底，岩性坚硬。这类盆地面积一般较大，属坳陷型者常近圆—椭圆形，属断陷型者则近长方形或菱形，周缘受大断裂控制。盆地内沉积岩系以古生界为主，有时也发育有中—新生界，厚度一般较小，约 $2000 \sim 4000 m$，最厚可达上万米。盆地的构造活动性一般较小，盖层构造多受基底活动控制，褶皱平缓，小型正断层发育。另一类盆地基底属年轻基底，包括加里东期、海西期或中生代基底，多呈长条形，坳陷内的沉积特征和构造特征多受毗邻的褶皱带控制，沉积岩系厚度大，一般6000~7000m，最厚超过10000m；褶皱及各种断裂均较剧烈。

## 二、含油气盆地的类型与构造单元

### （一）含油气盆地的类型

不同类型的盆地具有不同的含油气概率、不同的含油气丰度和寻找大油气田的可能性，因此在进行盆地含油气远景评价时，首先要明确其类型。自20世纪50年代以来，国内外出现了多种沉积盆地分类方案，划分的理论依据主要包括活动论、地球动力学等。

以活动论（板块构造学说）为基础的分类，代表人物有Halbouty、Dickinson、Klemme、Bally、陈发景、Kingston等。如Dickinson（1976）从板块构造观点出发，将盆地分为裂谷环境和造山环境2大类共16种盆地（表7-2），其中裂谷型盆地以离散板块运动和张性构造为主，由于地壳变薄发生下沉作用所致；而造山型盆地以聚敛板块运动和压性构造为主，由于板块俯冲而引起地壳下沉，也可能由于沉积负荷加大而促使地壳下降所致。

表7-2 以活动论（板块构造学说）为基础的盆地分类（据Dickinson，1976）

| 盆地大类 | 盆地类型细分 | 盆地基本特征 |
| --- | --- | --- |
| I. 裂谷环境盆地 | $I_1$. 内克拉通盆地 | 大陆内部的裂谷盆地，盆地基底变薄 |
| | $I_2$. 边缘坳拉谷 | 大陆边缘凹入部分向大陆内部延伸的夭折裂谷，基底为洋壳或过渡壳 |
| | $I_3$. 原始大洋裂谷 | 两大陆块之间开始形成的狭长洋壳，沉积作用仍受两侧大陆的影响 |
| | $I_4$. 冒地斜沉积棱柱体 | 沿大陆与海洋过渡带的陆阶、陆坡及陆隆上发育的沉积复合体 |
| | $I_5$. 陆堤 | 张裂大陆边缘外沿形成的逐渐向海洋推进的沉积物 |
| | $I_6$. 新生大洋盆地 | 洋中脊与陆块之间，大洋岩石圈增长和下沉形成的新生盆地 |
| | $I_7$. 扭张性盆地 | 沿复杂转换断层系，在地壳局部变薄部位发育的拉张或楔形断陷盆地 |
| | $I_8$. 弧间盆地 | 因岩浆弧裂开，不活动残留弧与活动性前弧间洋壳下降形成的小洋盆 |
| II. 造山环境盆地 | $II_1$. 海沟 | 板块俯冲的消减带形成的深海槽 |
| | $II_2$. 斜坡盆地 | 海沟轴与海沟斜坡折点之间的断陷盆地 |
| | $II_3$. 弧前盆地 | 海沟斜坡折点与岩浆岛弧之间间隙中的盆地 |
| | $II_4$. 周缘前陆盆地 | 大陆陆块周缘与碰撞造山缝合线带相接处形成的盆地 |
| | $II_5$. 弧后前陆盆地 | 大陆陆块边缘岩浆弧后面，与岛弧造山带相邻的前陆盆地 |
| | $II_6$. 破裂前陆盆地 | 造山带前陆盆地，周缘或弧后因基底变形和块断所形成的构造凹地 |
| | $II_7$. 扭压性盆地 | 沿复杂转换断层系形成的扭动褶皱和断坳盆地 |
| | $II_8$. 残余海洋盆地 | 沿岛弧—海沟系一侧，由于老岩石圈的消减而产生的收缩海洋盆地 |

以地球动力学为基础的分类，以刘和甫、陆克政、Allen等为代表。许多学者根据含油气盆地在不同地质历史时期遭受各种应力作用，将含油气盆地划分出4种地球动力学环境，即张裂环境、挤压环境、重力环境、剪切环境，对应的4大类盆地分别泛称为裂陷盆地（裂谷盆地）、压陷盆地（前陆盆地）、克拉通盆地、走滑盆地（表7-3）。刘和甫（1986）认为从盆地形成的动力学系统来看，主要有三种应力环境：（1）裂陷盆地，其最大主压应力轴是垂直的；（2）压陷盆地，其最大主压应力轴是水平的；（3）走滑盆地，其最大主压应力轴与最小主压应力轴都是水平的（图7-9）。这种分类与板块边界的三种基本类型和盆地边界的控盆断层是一致的。盆地形成的地球动力学环境不仅控制了盆地的式样、盆地内沉积物的特征、盆地内生储盖的特征及其组合关系，更重要的是控

制了盆地的构造格局、盆地内油气的运移方向和有利的聚集位置，因此以地球动力学为基础的分类方案在目前的含油气盆地分析中被广泛应用。

表 7-3 以地球动力学为基础的沉积盆地分类（据刘和甫，1987，有修改）

| 盆地大类 | 盆地类型 | 实例 |
| --- | --- | --- |
| Ⅰ. 裂陷盆地 | 1. 大陆裂谷盆地 | 北海盆地 |
|  | 2. 陆间海盆地 | 红海盆地 |
|  | 3. 张裂陆缘盆地 | 大西洋近海盆地 |
|  | 4. 边缘海—弧后盆地 | 安达曼海盆地 |
|  | 5. 拗拉谷盆地 | 南俄克拉荷马盆地 |
| Ⅱ. 压陷盆地 | 1. 深海沟盆地 | 秘鲁—智利海沟 |
|  | 2. 弧前盆地 | 大谷盆地 |
|  | 3. 残留盆地 | 黑海盆地 |
|  | 4. 前陆盆地 | 艾伯达盆地 |
|  | 5. 山间盆地 | 费尔干纳盆地 |
| Ⅲ. 走滑盆地 | 1. 走滑—拉分盆地 | 美国死谷、中国依兰—伊通盆地 |
|  | 2. 走滑挠曲盆地 | 中国百色盆地、塔西南坳陷、柴达木西北坳陷 |
| Ⅳ. 克拉通盆地 | 1. 克拉通内盆地 | 西西伯利亚、威利斯顿、鄂尔多斯盆地 |
|  | 2. 克拉通边缘盆地 | 二叠盆地 |

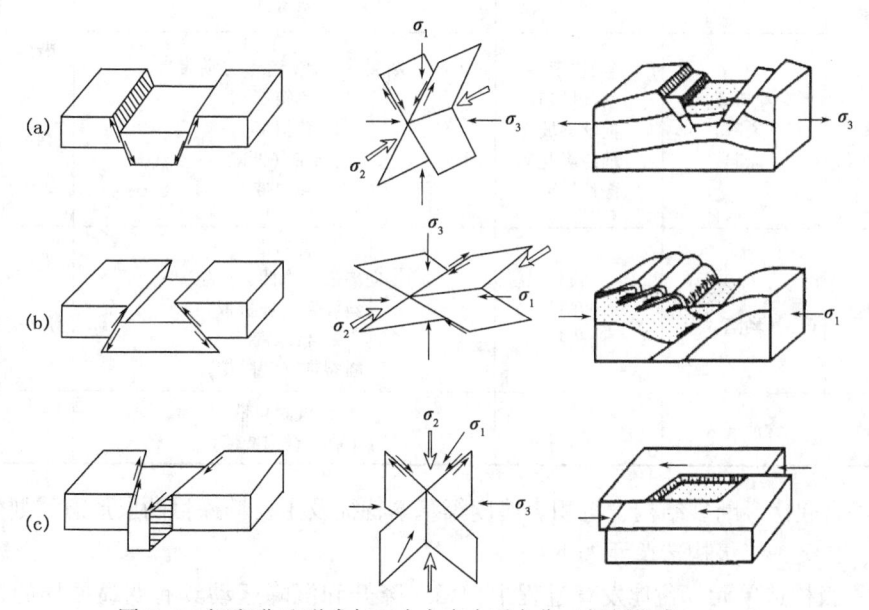

图 7-9 沉积盆地形成与 3 个主应力系方位（据刘和甫，1986）
(a) 正断层与裂陷盆地；(b) 冲断层系与压陷盆地；(c) 走滑断层与走滑盆地

总体上，盆地演化是在板块相对运动进程中发生、发展、成熟、反转和消亡等系列的连续过程，其中包含了盆地动力学性质的转化和复合。其中在单一地球动力学系统下或单旋回构造阶段所产生的盆地，属于原型盆地或单旋回盆地，而在多种地球动力学系统下或再旋回构造所产生的盆地，属于复合盆地或再旋回盆地，也称为叠合盆地，实际上包含盆地在横向上复合和纵向上的复合或叠加。沉积盆地在发展历史上显现出的阶段性发育特征，也使含油气盆地在沉积发育史上，表现为少时代单相生油层系组合和多时代多相生油层系组合等不同类型。

（二）含油气盆地的构造单元

含油气盆地整体上是一个统一的沉降区，但就其内部来说，无论是基底还是沉积盖层，并非是一个简单的光坦凹面或平面，其基底不仅有起伏，沉积盖层也常有各种变形。由于基底和盖层的性质不同，含油气盆地的构造特征也较复杂。因此，其内部又可进一步划分为若干个次级构造单元，而且不同类型含油气盆地的构造单元划分还存在差异，见表7-4。

表7-4 盆地内各级构造单元与含油气单元划分表（据SY/T 5978—2016《含油气盆地构造单元划分》，有修改）

| 含油气盆地 | 一级构造单元 | 二级构造单元 | 亚二级构造单元 | 三级构造单元 |
| --- | --- | --- | --- | --- |
| 断陷盆地 | 隆起<br>坳陷 | 凸起<br>凹陷<br>低凸起 | 背斜带（次凸、低凸）<br>向斜带（次凹、洼陷）<br>斜坡带（陡坡带、缓坡带、坡折带、单斜带）<br>断裂带（断阶带、断鼻带）<br>转换带（枢纽带） | 背斜（断背斜）<br>向斜<br>鼻状构造（断鼻）<br>断块<br>潜山 |
| 坳陷盆地 | 隆起<br>坳陷<br>斜坡 | 凸起<br>凹陷<br>低凸起 | 背斜带（长垣）<br>向斜带<br>斜坡带（阶地、陡坡带、缓坡带、坡折带、单斜带）<br>断裂带（断阶带、断鼻带）<br>超覆带 | 背斜（断背斜）<br>向斜<br>鼻状构造（断鼻）<br>断块 |
| 前陆盆地 | 冲断带<br>坳陷<br>隆起 | 楔顶带<br>前陆坳陷<br>前陆斜坡<br>前缘隆起<br>隆后坳陷 | 断裂（逆掩带、断阶带）<br>单斜带<br>背斜带<br>向斜带（凹陷）<br>超覆带 | 背斜（断背斜）<br>向斜<br>单斜<br>鼻状构造（断鼻）<br>断块<br>推覆体 |
| 克拉通盆地 | 隆起（台地）<br>坳陷 | 凸起<br>凹陷<br>低凸起 | 背斜带<br>向斜带（次凹、洼陷）<br>斜坡带（坡折带）<br>台缘带<br>断裂带（裂陷带） | 背斜（断背斜）<br>向斜<br>鼻状构造（断鼻）<br>断块 |
| 含油气盆地 | 含油气区 | | 油气聚集带<br>（亚二级构造带） | 油气田 |

依据基岩起伏、断裂结构、沉积岩厚度等基本特征及主要勘探目的层形态，划分含油气盆地一级、二级、三级构造单元如下：

（1）一级构造单元：盆地发育过程中，相对隆升和沉降运动具有明显差异的构造单元组合区。基底起伏形成的隆起与坳陷为最主要的一级构造单元。隆起以相对上升占优势，沉积盖层较薄且往往发育不全，沉积间断较多，在毗邻坳陷的翼部容易出现地层超覆和岩性尖灭带，有利于油气聚集。坳陷是盆地内基底埋藏最深的区域，沉积盖层发育齐全，厚度大、岩性岩相稳定，是有利于油气生成的区域，成为含油气盆地的油源区。

（2）二级构造单元：上述一级构造单元中，地质结构具有明显差异的成带状分布的构造单元组合。在坳陷等一级构造单元内部，基底起伏或主干断裂两盘差异升降等原因造成一级构造单元内部的带状起伏变化，以凹陷、凸起或低凸起等构造单元为主，其中凹陷为沉积盖层厚度最大的区域，也是坳陷内部的主要油源区。凸起或低凸起等构造属于正向构造，为有利的油气运移聚集方向。

（3）亚二级构造单元：上述一级或二级构造单元中，相邻的成因相似、形态相似的局部构造群。根据二级构造单元的构造差异，可以进一步划分为多个亚二级构造单元，包括背斜带（次凸、低凸）、向斜带（次凹、洼陷）、斜坡带（陡坡带、缓坡带、坡折带、单斜带）、断裂带（断阶带、断鼻带）等，为最直接的油气生成区和运聚区，其中正向构造控制油气聚集带的形成。

（4）三级构造单元：构成上述二级构造单元的单个局部构造或圈闭，也称为三级构造，包括背斜（断背斜）、向斜、鼻状构造（断鼻）、断块、潜山等，是形成油气田的构造单元。

### 三、主要类型含油气盆地的油气地质特征

不同类型含油气盆地具有不同的区域构造和沉积充填特征，决定了不同类型盆地的油气地质特征的差异。在含油气盆地类型中，前陆盆地、克拉通盆地、裂谷盆地最为重要，单纯的走滑盆地数量较少，而且含油气盆地的走滑现象往往发生在前三类含油气盆地中。对于复合或叠合盆地，则是由不同时期不同类型的盆地叠加复合形成的，具有多种类型盆地的复合油气地质特征。所以，这里主要阐述前陆盆地、克拉通盆地和裂谷盆地三类含油气盆地的油气地质特征。

（一）前陆盆地

1. 前陆盆地的概念与特点

前陆盆地是指发育在收缩造山带与相邻克拉通之间，平行于造山带呈狭长带状展布的不对称冲断挠曲盆地，它是由造山带逆冲负荷引起挠曲并沉降而形成的。压陷盆地、山前坳陷、山前坳陷—地台边缘坳陷、山前坳陷—地台斜坡等概念都属于前陆盆地范畴。前陆盆地一般有如下特点：（1）盆地毗邻的褶皱—冲断层带的构造负荷促使盆地弯曲下沉；（2）在盆地演化期间靠造山带一翼遭受较强变形作用；（3）靠克拉通一翼较宽缓，逐渐与地台层序相合并；（4）盆地平行于造山带呈狭长带状延展，大致与相邻造山带前缘的冲断—褶皱带的长度相当；（5）盆地横剖面结构明显不对称，由造山带往克拉通方向，多数具有冲断褶皱带→前渊深坳陷→斜坡带和前隆的四元结构特点。

2. 前陆盆地油气地质特征

前陆盆地是世界上油气资源最丰富的含油气盆地类型之一。国外许多著名的含油气盆地，如波斯湾盆地、伏尔加—乌拉尔盆地、西加拿大盆地、落基山盆地、东委内瑞拉盆地、马拉开波盆地、阿拉斯加北斜坡盆地、阿巴拉契亚盆地等都是前陆盆地。我国的前陆盆地主要发育于西部地区，包括塔北库车石炭纪—三叠纪及新生代盆地、川西中生代盆地、塔西南志留纪—泥盆纪及新生代盆地、准南和准西北二叠纪及新生代盆地、柴北新生代盆地、酒西新生代盆地、鄂西中生代盆地等。

受前陆盆地之前和前陆盆地演化阶段等多期沉积充填影响，前陆盆地一般发育被动大陆边缘沉积型和前陆坳陷型两套沉积体系。与沉积体系相对应，该类盆地主要发育两套烃源岩层系，前者为海相碳酸盐岩层系烃源岩，岩性以泥页岩、泥灰岩和石灰岩为主，后者为碎屑岩层系烃源岩，以泥页岩为主。烃源岩成熟的生油气中心靠近深坳带一侧，受造山期间的挤压以及地层负荷的作用，深坳陷部位的油气沿断层、不整合面或渗透性岩层向上或向克拉通一侧进行运移。

该类盆地同样发育两套储集岩层系，包括以台地相碳酸盐岩为主体的储集体系和以陆相碎屑岩为主体的储集体系。在两大沉积体系中，也存在台地相碳酸盐岩为主体和陆相碎屑岩为主体的盖层体系，岩性以蒸发岩、泥页岩和褐煤为主，与储集体系相对应构成多套有利的储盖组合。

前陆盆地内最为普遍也最为重要的圈闭类型是背斜圈闭、断层圈闭和地层圈闭。背斜圈闭主要为一些与逆冲断层相关的褶皱，分布在靠近盆地冲断褶皱带一侧，常平行于逆冲带呈带状分布。断层圈闭既有早期形成的断块圈闭，也有后来造山期逆掩冲断作用形成的圈闭，在冲断褶皱带及其它构造带早期沉积层系相对发育。前渊深坳陷、斜坡带由于构造变形较弱，且盆地地层总是向克拉通方向逐渐超覆，地层、岩性油气藏为主要油气藏类型，但也存在低幅度的构造油气藏。在构造复杂的前陆盆地或受晚期冲断作用较强的前陆盆地前缘坳陷，除岩性圈闭外，构造油气藏及构造—岩性复合油气藏也比较普遍。前缘隆起是前陆盆地的重要组成部分，整体为拱张背斜与断块圈闭，也有与不整合有关的地层油气藏。

前陆盆地是流体异常压力普遍存在的一类盆地，有异常高压和异常低压，以异常高压为主，如美国落基山油气区粉河盆地和绿河盆地均属于超压盆地，白垩系是两个盆地的主要产油气层，也是异常高压出现的含油气层系，超压分别主要出现于2700～3500m、2800～6100m，最大压力梯度分别达17.55kPa/m、±18.48kPa/m。我国四川盆地川西、塔里木盆地库车和塔西南、准噶尔盆地南缘、柴达木盆地北缘和吐哈等前陆盆地均见有异常压力。超压是前陆盆地一些气藏形成的关键条件，泥页岩为主烃源岩生成的天然气在超压的驱动下可以直接向相邻的储集层充注，或者通过断裂充注到未与烃源岩直接接触的上部储集层中，特别是对于致密砂岩储集层，异常高压的作用更为重要。

前陆盆地的油气分布主要受圈闭展布特点的控制（图7-10）。在靠近冲断带一侧或冲断带内，主要是背斜和断层油气藏，如酒西盆地的老君庙构造带就是一个受冲断层控制的断层褶皱带，在其中发现了老君庙、鸭儿峡等背斜油田；在靠近克拉通一侧的前缘斜坡带和前缘隆起带主要分布砂岩体上倾尖灭或地层超覆油气藏以及与张性或张扭性断层有关的断块油气藏；在靠近前渊坳陷的斜坡带和前渊坳陷带主要分布岩性和地层有关的油气藏。在平面上，前陆盆地内的油气围绕生油气中心呈条带状分布于平行造山带的构造带上。

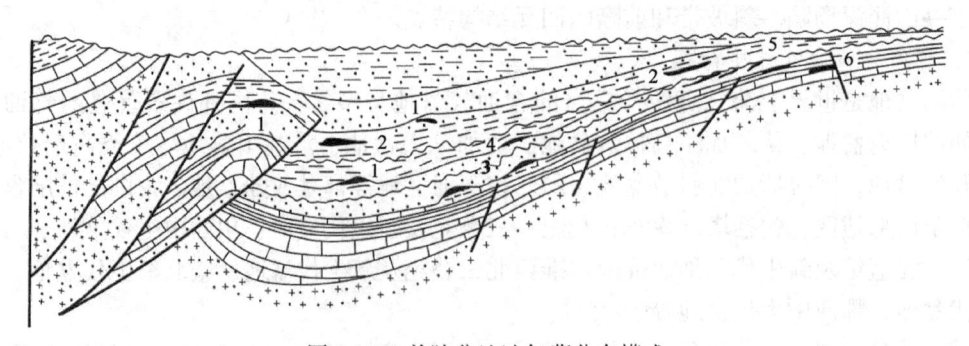

图7-10 前陆盆地油气藏分布模式
1—挤压背斜油气藏；2—岩性油气藏；3—生物礁油气藏；4—披覆背斜油气藏；5—地层油气藏；6—断块油气藏

由于造山带活动以及冲断带不断挤压，盆地内油气藏会受构造运动而不断调整、改造和再分布，因此，前陆盆地也是油气藏遭破坏比较严重的一类盆地，如西加拿大盆地、东委内瑞拉盆地都是世界上典型的重质油和沥青砂盆地。

3. 典型实例——波斯湾盆地

波斯湾盆地位于阿拉伯板块内，介于北纬 13°～38°、东经 35°～60°之间，涵盖了也门、阿曼、沙特阿拉伯、阿联酋、卡塔尔、巴林、约旦、以色列、巴勒斯坦、黎巴嫩、叙利亚、伊拉克、科威特、土耳其东南部和伊朗西南部等，总面积 $305 \times 10^4 km^2$。波斯湾盆地油气资源极其丰富，截至 2017 年，共发现油气田 1692 个，油气探明储量占全球储量超过 40%。

波斯湾盆地是古生代—中生代陆缘盆地与新生代大型前陆盆地的叠合盆地，由阿拉伯地台东部边缘斜坡和扎格罗斯造山带西南麓的山前坳陷带组成，盆地结构不对称，盆地轴线走向北西—南东，大致与现今的幼发拉底河及底格里斯河谷地相符，延至波斯湾。在前寒武系的结晶基底之上，波斯湾盆地沉积了一套巨厚的古生界至新生界盖层，西薄东厚，沉积厚度在阿拉伯地盾周缘小于 1500m，在扎格罗斯山前可达 13000m，如图 7-11 所示。古生界沉积盖层以碎屑岩为主，中—新生界则以碳酸盐岩为主。

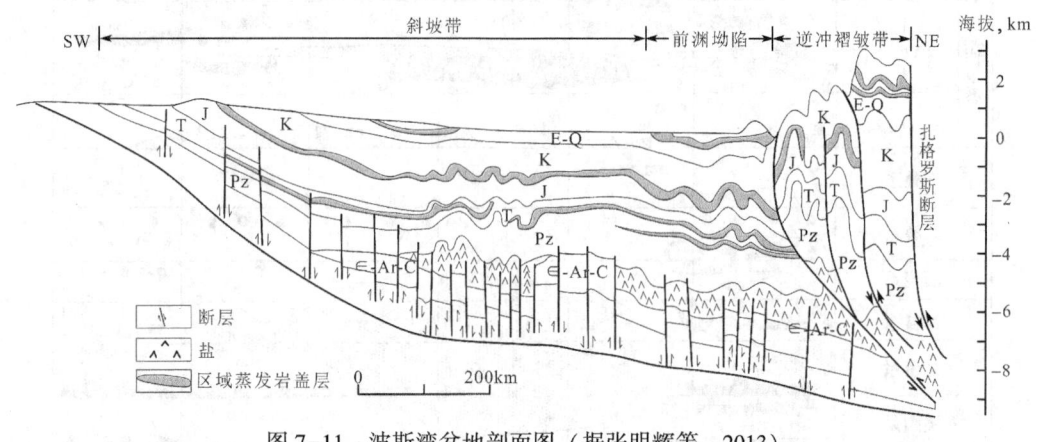

图 7-11　波斯湾盆地剖面图（据张明辉等，2013）

波斯湾盆地前寒武、古生界、中生界和新生界均发育烃源岩。由于新生界烃源岩成熟度较低，盆地内的主力烃源岩为前寒武—寒武系、古生界下志留统和中生界中侏罗—下白垩统烃源岩，累计有数十套烃源岩层系（图 7-12）。盆地在被动陆缘期环境整体表现为海侵环境，发育深海/浅海碳酸盐岩，沉积了广阔的烃源岩层系。前寒武—寒武系烃源岩分布于阿曼境内的盐盆中，发育层位为 Huqf 群 Nafun 组和 Ara 组；志留系热页岩在盆地内广泛但不连续分布，层位包括下志留统 Qalibah 组 Qusaiba 段及其等时地层；中生界烃源岩分布于波斯湾海域附近的侏罗—白垩系陆架内盆中，发育层位以中侏罗统 Sargelu 组、中—上侏罗统 Tuwaiq Mountain/Hanifa 组和上侏罗统 Diyab 组、下白垩统 Garau 组和 Kazhdumi 组为主。横向上，烃源岩分布随时代渐新而自西向东迁移；纵向上，自下而上有机质类型由腐泥型向腐殖型转变；三套主力烃源岩的 TOC 普遍大于 2%，成熟烃源岩（$R_o > 0.7\%$）分布广泛，构成了波斯湾盆地油气富集的物质基础。

盆地储集层也发育有十几套，纵向叠置（图 7-12），碳酸盐岩储集层典型代表包括下白垩统舒艾拜（Shuaiba）组和上白垩统米什里夫（Mishrif）组；砂岩储集层典型代表包括下白垩统祖拜尔（Zubair）组、上白垩统奈赫尔欧迈尔（NahrUmr）组和布尔干（Burgan）组。无论碳酸盐岩储集层或是碎屑岩储集层，储集层的物性都好。在山前坳陷带以古近—新近系渐新至中新统裂缝性石灰岩为主，它们的原始组构和储集层特性已被构造作用强烈改造，储集能力及产能与原始的沉积相已基本没有联系，而取决于与褶皱有关的裂缝化作用。

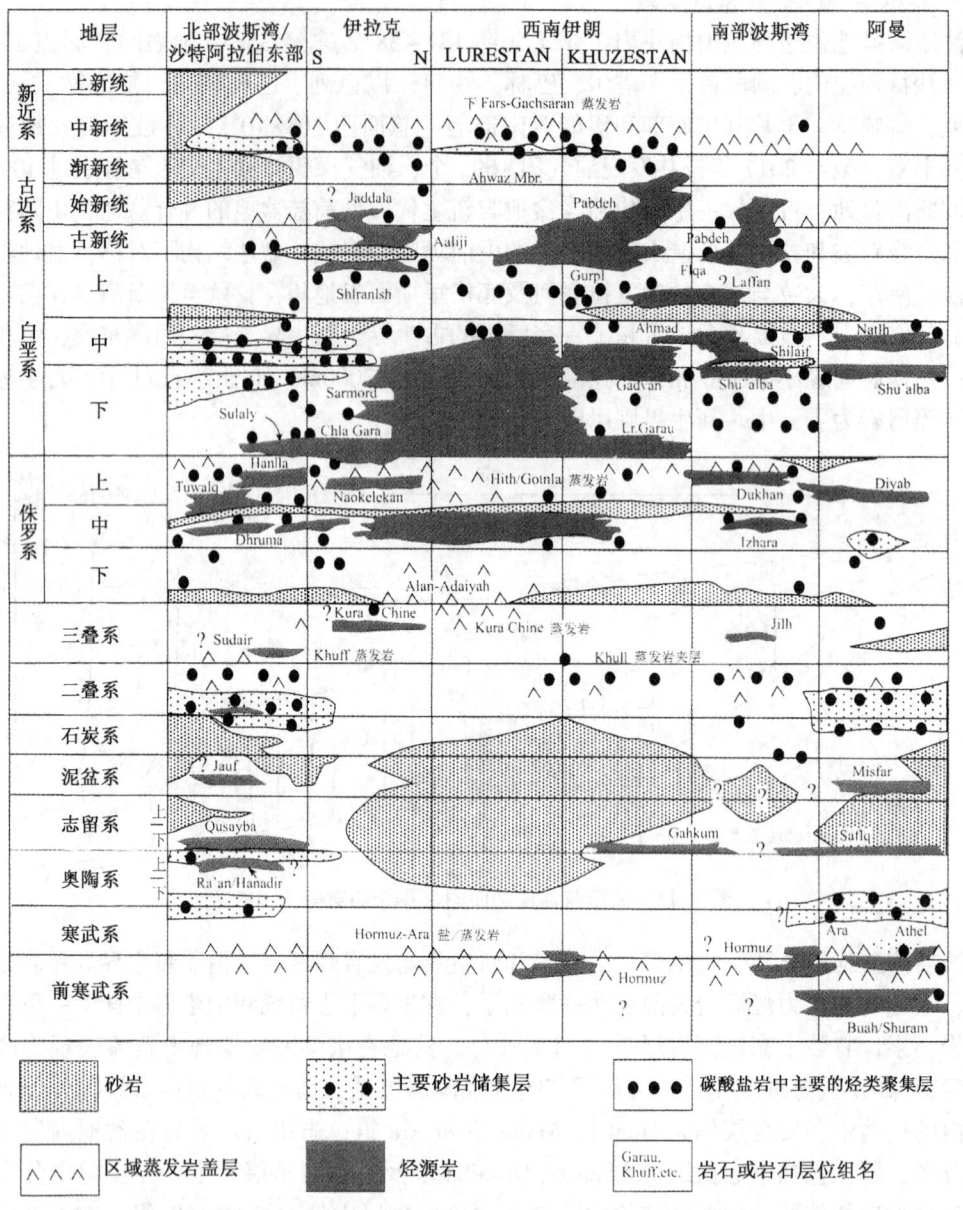

图7-12 波斯湾富油气区主要生储盖层系（据Beydoum，1998；Ramsey等，2008）

如伊朗西南部的阿斯马利石灰岩孔隙度平均不到7%，但构造裂缝非常发育，出油裂缝宽度为0.5~5cm，连通长度可达32~100km。在伊拉克北部的基尔库克和伊朗西南部的加奇萨兰等油田为生物礁块灰岩储油层，前礁相的石灰岩重结晶形成蜂窝状结构，孔隙度平均为18%~36%，渗透率高达5~1000mD。在坳陷边缘也发现中—上白垩统孔隙—裂缝性碳酸盐岩储油层。向地台区，伊拉克南部、科威特以下白垩统孔隙砂岩为主，再往东南至沙特、巴林岛、卡塔尔则变为以上侏罗统碳酸盐岩为主要储集层，这些地台边缘斜坡的砂岩储集层和碳酸盐岩储集层都以孔隙储油为主。

盖层条件好也是该盆地的重要特征，盆地内发育多套膏盐岩盖层、碳酸盐岩和泥页岩盖层，其中下三叠统苏代尔（Sudair）组、上侏罗统希瑟（Hith）组及中新统加奇萨兰组

（Gachsaran）等为三套典型蒸发岩区域盖层。盆地山前坳陷带由极厚的蒸发岩、泥灰岩及石灰岩构成，形成厚达200~1500m的区域盖层，地台边缘区也有几十米厚的硬石膏层和泥岩层作为盖层。空间上，区域性盖层与局部性盖层叠合连片分布，联合封盖波斯湾盆地的油气，具有很好的封盖性能。

在盆地不同的地带和层位，上述生储盖层组合不同。伊朗西南部的渐新—中新统阿斯马利石灰岩本身既是烃源层也是储油层，为自生自储组合；伊拉克北部则常见侧变式组合，如阿因—扎拉油田是中—下白垩统放射虫泥灰岩和泥岩生成的油气经侧向运移进入中白垩统石灰岩储集层中的；在阿拉伯地台边缘上侏罗统阿拉伯层储油石灰岩与其下伏的祖巴依层烃源岩则呈旋回式组合。

波斯湾盆地发育断层、裂缝等多种输导要素，下部烃源岩生成的油气经短距离侧向运移和垂向运移至上部储集层，并由区域盖层封堵。其中，来自前被动陆缘期烃源岩的油气通过断层运移至上二叠统—下三叠统储集层中聚集；来自被动陆缘期烃源岩的油气，经前陆期形成的裂缝网络聚集于渐新统—中新统，并由上覆盖层封堵。

波斯湾盆地内已发现的油气藏以构造油气藏为主，大油气田主要分布于斜坡带和前渊坳陷带。如在阿拉伯地台边缘斜坡带和前渊坳陷带，紧靠波斯湾的哈沙构造内地区域内发现了许多世界最大的油田，它们都是面积巨大的穹隆和短轴背斜，走向近南北，倾角平缓，很少超过6°~7°。隆起高度300~700m，局部为断层所破坏。沙特阿拉伯和科威特的最大油田都属于这些隆起带，如沙特阿拉伯的安—纳拉含油构造带（加瓦尔大背斜油田就是由该构造带的哈拉德、候依亚、依特马尼亚、谢德吉姆及阿英达尔等高点组成的长垣）、阿布卡依克—卡替夫含油构造带。这些隆起构造可能与基底断裂和盐隆有关。扎格罗斯前渊坳陷带和逆冲褶皱带，油气田呈沿北西—南东向分布的条带状展布，油气田轴向多与构造走向一致，以构造挤压形成的背斜和断层圈闭为主，如著名的加奇萨兰油田就是在侧向挤压形成的构造圈闭中形成的，该油田在地表表现为一个明显不对称的倾伏背斜构造。

综合来看，波斯湾盆地是古生代—中生代陆缘盆地与新生代大型前陆盆地的叠合盆地，油源极其丰富，储集层条件好，厚层致密盖层区域分布，储油构造巨大且数量多。正是这些有利条件同时具备，才形成了油气资源极为丰富、无与伦比的巨大含油气盆地。

（二）克拉通盆地

1. 克拉通盆地的概念与特点

板块构造概念中的克拉通主要是指可以近似作为刚性块体的大陆板块部分，是稳定的大陆块体。在克拉通基础上形成的面积广泛、形状不规则、沉降速率相对较慢并以坳陷为主要特征的沉积层序称为克拉通盆地（Craton basin）。

克拉通盆地按其所处的大地构造位置可划分为两大类：克拉通内部盆地和克拉通边缘盆地。按其发育又可划分为克拉通单旋回盆地和克拉通多旋回盆地。前者是指以古生代海相沉积为主，其上缺少中—新生界覆盖，如鄂西、滇黔桂等地；后者以古生界海相沉积为第一旋回，中—新生界为第二旋回，如鄂尔多斯、四川、塔里木等盆地。古生代原型盆地多受后期变形改造，现今保留的多是残留盆地。大型克拉通盆地常常是多期的，各期发育着不同类型原型盆地的复合。

2. 克拉通盆地油气地质特征

世界油气25%左右分布在克拉通盆地中，且天然气储量的比例远大于石油储量。目前发现较大规模油田的克拉通盆地包括俄罗斯西西伯利亚盆地、北美伊利诺伊盆地、威利斯顿盆地、密歇根盆地、非洲伊利兹盆地、古德米斯盆地、欧洲西北德国盆地、亚太库珀盆地等。我国四川、鄂尔多斯和塔里木盆地的主体都属于克拉通盆地。

克拉通盆地的地质条件决定了其具有复杂的油气聚集历史。多套烃源岩、多套储集层和多种圈闭类型，以及多套含油气组合是克拉通盆地油气区的重要特征。

这类盆地从寒武系到白垩系都有烃源岩分布，岩性主要为泥岩、页岩和碳酸盐岩等，烃源岩厚度变化较大，一般为20~1000m。不同盆地的有机质分布差别较大。

在下方无裂陷的克拉通盆地，沉积与沉降保持同步；在盆地发育期间，较快的沉降速率形成饥饿型内克拉通盆地，其四周为碳酸盐滩和三角洲边缘，快速沉降导致储集层沿盆地周缘分布，并在盆地边缘形成典型的三角洲和海岸砂岩以及与生物礁有关的碳酸盐滩和台地。在下伏有裂谷分布的克拉通盆地，裂谷作用形成地堑和倾斜的地块，它们均分布有储集层。此外，盆地中的裂隙储集层也很重要，裂隙程度加剧，使储集层孔隙度或渗透率增加。

克拉通盆地的快速沉降期常为盖层岩石的沉积期，在纵向上，盖层与储集层构成多种储盖组合形式；在侧向上，储集层可相变为非渗透性岩层，形成侧向储盖组合。

克拉通盆地中的油气圈闭以地层—构造复合型圈闭为主，还有与基底隆起有关的潜山圈闭、基底隆起之上的（新）构造圈闭以及岩性圈闭等。而在断裂系统存在及海平面相对快速变化条件下，往往发育大量横向不连续储集层，使克拉通盆地中的油气相对分散和分隔。

克拉通盆地油气往往发生了较长距离运移，并表现出辐射状、垂向以及长距离侧向等多种油气运移方式。盆地内沉积压实、地形起伏以及长距离运移的运载层三个因素共同作用，是促使油气发生长距离横向运移的主要原因。

克拉通盆地油气聚集规律复杂，存在聚集最佳时效问题，油气成藏之后，相对稳定的构造条件、区域性盖层和封闭性水文地质条件是其有效保存的基本条件。

3. 典型实例——西西伯利亚盆地

西西伯利亚盆地位于亚洲西北部乌拉尔山与叶尼塞河之间，是世界上最富含油气盆地之一，也是已知最大的克拉通含油气盆地，盆地面积约 $350×10^4 km^2$。西西伯利亚盆地是俄罗斯现今的主要油气基地，油田主要分布在中区和南区，而气田主要分布在北区和西区，该盆地的石油产量约占全俄石油产量的70%，天然气产量约占全俄天然气产量的90%。在盆地内已发现的天然气田中，超过万亿立方米的大气田有8个，其中乌连戈伊气田储量为 $10.2×10^{12} m^3$，是全球第二大天然气田，还有杨堡气田、梅德维日气田、博瓦涅科夫等巨型气田。

在大地构造上，西西伯利亚盆地西侧是乌拉尔和新地岛隆起，东侧是西伯利亚克拉通和泰梅尔隆起，南缘是哈萨克和阿尔泰—萨彦岭隆起，北缘是喀拉海，是一个整体向北倾斜的台向斜。盆地基底由贝加尔到海西期的元古宇—古生界地层组成，周缘褶皱山系从不同方向向盆地内部延伸，构成不同时期的基底；盆地在基底基础上经历了中—新生代稳定的地台型沉积（图7-13）。盆地的主力产层以白垩系为主，产出深度分布较广，其中1500~3000m深度集中了该盆地98%以上的大型油田的石油可采储量。

西西伯利亚盆地主要发育下—中侏罗统、上侏罗统和上白垩统等多套成熟的泥质烃源岩。侏罗系—白垩系烃源岩属于陆缘海盆沉积，受沉积环境和沉积物来源影响，自盆地边缘至中部，烃源岩有机质丰度、类型逐渐变好。盆地北部下部层系烃源岩成熟度较高，达到了生气阶段；盆地南部烃源岩的有机质含量高、成熟度适中、厚度大，是石油富集的重要原因。

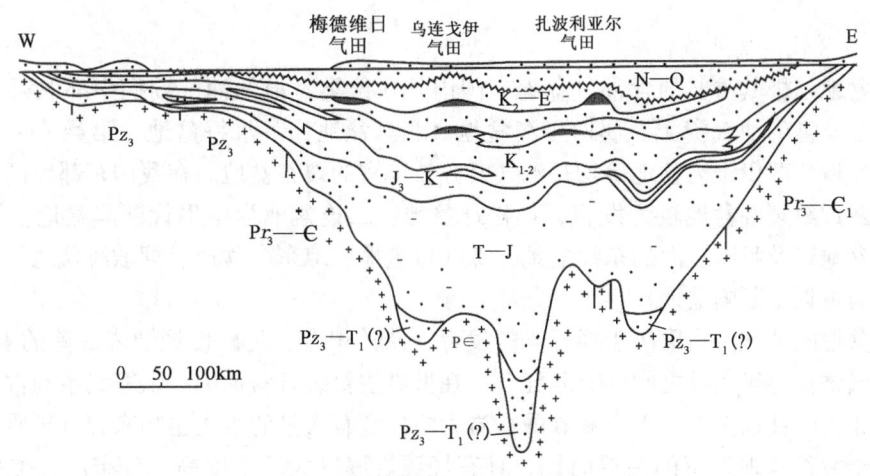

图7-13 西西伯利亚盆地北部剖面图

受沉积环境和成岩次生作用影响，盆地形成多种类型储集岩体，如大型三角洲砂岩体、沿岸沙坝等，埋藏适中，储集体物性好，有利于高产特大型油气田形成。泥盆系—下石炭统海相碳酸盐岩，经历侏罗纪次生风化淋滤，形成溶洞—裂缝型碳酸盐岩储集体，储集条件好。下—中侏罗统为一套陆相砂泥岩互层，地层厚度0~800m，岩性变化大，属于中孔、低渗砂岩和粉砂岩层。白垩系为一套砂泥岩间互层，地层厚度300~600m，全区都有分布。

盆地在中—新生代发育多套泥岩盖层，其中上侏罗统的泥岩和上白垩统—古近系的泥岩构成盆地的区域性盖层。

盆地内部的有利构造包括大型隆起区、长垣背斜带和局部构造区，其中盆地中部隆起区和长垣构造带油气富集程度最高，是巨型油气田形成的主要场所。在同生构造中，有的储集层在构造顶部或其翼部缺失，形成构造—岩性复合圈闭，代表性大气田乌连戈伊、博瓦涅科夫、杨堡气田等皆属于此类。盆地在纵向上主要发育下—中侏罗统、上侏罗统、下白垩统和上白垩统等四个含油气组合，前两个含油气组合都是在盆地中部以油藏为主，边缘带为气藏和凝析气藏；下白垩统是该盆地最重要的含油气组合，南部以产油为主，北部以产气为主；而上白垩统是盆地北部主要的含气组合。

(三) 裂谷盆地

1. 裂谷盆地的概念与特点

裂谷盆地 (rift basin) 是指岩石圈板块作背向水平运动或地幔隆起时地壳中发育的、在地貌上表现为对称或不对称的中央深凹的谷地，是由于地幔上涌、地壳减薄、水平拉张和走滑作用产生的。板块运动过程中可能使大陆岩石圈板块内部某些特定区域受到引张，从而导致大陆岩石圈减薄并形成裂陷—坳陷盆地或裂陷盆地。如果引张作用使整个大陆岩石圈裂开则形成大陆裂谷。大陆裂谷进一步扩张和伸展，扩展中心形成新的洋壳时，大陆裂谷将向着陆间裂谷、被动大陆边缘和大洋裂谷演化。发生在三叉裂谷系中的一支在伸展过程中可能受到其它两支裂谷的扩张和伸展的限制，这一支大陆裂谷就衰退而演化成为坳拉槽。

裂谷盆地在不同级别的断裂作用影响下，一般多出现坳隆相间、凹凸相邻的构造格局，并且均经历过快速沉降到稳定沉降的转换。通常快速沉降的裂陷期充填了巨厚的沉积物，在具备良好的生储盖条件下，生成的油气进入背斜、断块、不整合及岩性等圈闭中，形成油气藏。

2. 裂谷盆地油气地质特征

裂谷盆地是极其重要的含油气盆地，国内外在该类盆地的油气勘探中都取得了重大进展，探明了丰富的油气资源。墨西哥湾盆地、北海盆地、锡尔特盆地、第聂伯—顿涅次盆地、库泰盆地、苏伊士湾盆地等均是油气资源较丰富的裂谷盆地。在我国东部地区，中生代及古近—新近纪裂谷盆地较为发育，如松辽盆地、二连盆地为中生代断陷盆地，渤海湾盆地、江汉盆地以及我国近海的东海盆地、珠江口盆地、琼东南盆地、莺歌海盆地和北部湾盆地等主要为古近纪断陷盆地。

裂谷盆地的油气潜力取决于烃源岩的发育、储盖组合、足以使烃源岩成熟的上覆岩系、圈闭和油气藏保存等条件之间的有利配合。在世界主要裂谷盆地中，从寒武系到古近系都有烃源岩分布，岩性以泥岩、页岩和碳酸盐岩为主，含有大量的水生生物来源有机质的烃源岩主要形成于裂谷盆地发育的主要时期，具有烃源岩厚度大、丰度高、分布广、类型多的特点；由于具有较高的地热背景，有机质演化成烃所需时间相对较短，生油门限深度相对较浅（一般小于2700m）。

裂谷盆地沉积特征受控于盆地构造演化及发育程度。坳陷型裂谷在稳定沉积环境下储集层发育规模大、横向稳定、成熟度高。断陷盆地在块断运动作用下储集层发育规模小、横向变化大、储集层成因类型多。裂谷盆地盖层岩石类型主要有泥岩、页岩、盐岩、石膏及致密碳酸盐岩。在裂谷盆地发育的不同阶段生储盖组合差别较大，裂谷前期以"新生古储"式组合为主，裂谷断陷期以"自生自储"式组合为主，而裂谷后期以"古生新储"组合为主。

裂谷盆地中的油气运移整体以垂向运移为主、侧向运移为辅，正向构造带往往以垂向运移为主，凹陷和斜坡区以侧向运移为主。断陷型裂谷盆地断裂体系发育，油气垂向运移十分活跃，有多期运移聚集、重新分配、多期成藏的特点，油气往往沿断裂向上运移，在断裂两侧富集，纵向上含油气井段长，一般可达几十米到几百米，甚至超过2000m，从而在正向构造带形成复式油气聚集。

裂谷盆地油气藏类型多，包括背斜油气藏、断块油气藏、岩性油气藏、地层不整合油气藏、地层超覆油气藏等。差异性沉降和沉积的多旋回性决定了裂谷盆地凹陷及斜坡区地层岩性圈闭广泛发育，在富油气盆地凹陷及斜坡区往往形成多层系、大面积地层岩性油气藏复合连片叠置产出，与正向区复式油气聚集带一同构成了满凹含油、复式叠合成藏的油气分布格局。

3. 典型实例

1）坳陷型裂谷盆地实例——松辽盆地

坳陷型裂谷盆地基底较稳定，多为长期发育坳陷、稳定下降的区域；浅层常发育中生界烃源层系，深层多有古生界或中—新元古界海相烃源层系，与盆地周缘出露的结晶基岩多呈逐层超覆接触。盆地中发育有大型的背斜、长垣、隆起、斜坡等二级构造带。由于受周缘影响，一般陡背斜位于盆地边部，平缓隆起和长垣位于盆地中部，斜坡和挠曲则多分布在大单斜带。在盆地中心或边缘斜坡，都可形成巨大油气田。

松辽盆地是中国东北最大的含油气盆地，呈 NNE 向展布，面积约 $26\times10^4 km^2$。盆地基底主要由古生界变质砂岩、大理岩、板岩和千枚岩等组成，并有大面积印支—早燕山期、海西期和加里东期花岗岩侵入。沉积盖层主要是中—新生代沉积岩，累计最大厚度达万米。沉积盖层自下而上为上侏罗统、白垩系、古近系和新近系。

松辽盆地属于坳陷型为主的裂谷盆地。盆地在晚侏罗世断陷发育阶段，形成了一系列地堑式断陷带，发育一套河流—沼泽相含煤建造，处于高温演化阶段，具有一定的生烃能力。早白垩世进入大规模坳陷发育阶段，嫩江组沉积时期是湖盆发育的极盛时期。该盆地在早白垩世主要有三个沉积体系，规模达数千甚至万余平方千米，沉积体系以河流—三角洲—湖泊体系为主体，储集层以河流相砂体和三角洲前缘砂体为主。大型三角洲围绕湖盆，向中心伸展，提供了广泛分布的储集层条件。多旋回沉积导致盆地内发育以下白垩统青山口组一段、嫩江组一段、嫩江组二段主力生油气源岩为中心的多套生储盖组合。在裂谷发育期经历多次构造运动，形成了多种构造带或局部构造，其中背斜圈闭形态宽缓，面积大，为油气聚集提供了大型圈闭条件。另外，还有多种类型的鼻状构造圈闭、地层圈闭和岩性圈闭。

在松辽盆地发育多个生油凹陷，各种类型的油气藏多围绕凹陷呈环状分布，大庆长垣位于两凹陷之间，是油气聚集的最佳场所。每个凹陷自中心到边缘，油气藏呈规律分布：凹陷中部为岩性油气藏，向外以断鼻构造油气藏、断层—岩性复合油气藏为主，凹陷边部为背斜、断块油气藏或气藏（图7-14）。断层油气藏主要受复杂断裂带控制，呈带状分布。

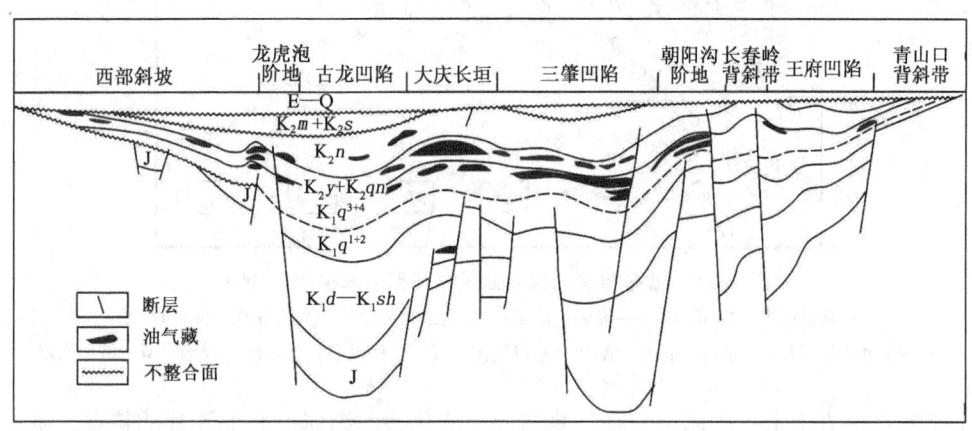

图7-14 松辽盆地油气藏分布模式（据赵文智等，2004）

2）断陷型裂谷盆地——渤海湾盆地

渤海湾盆地位于中国东部渤海海域及其沿岸，地跨辽宁、河北、河南、山东和北京、天津等省市。北至沈阳，南近开封，西到北京—石家庄一线，东达潍坊—营口一线，外围环以燕山、太行山、鲁西和胶辽山地，南北长2600km，东西宽1200km，总面积约$20 \times 10^4 \text{km}^2$（图7-15），包括冀中、黄骅、临清—东濮、辽河、渤中、济阳等坳陷。

渤海湾盆地属于典型的断陷型裂谷盆地，在断陷发育阶段，盆地分割性强，具多隆、多坳、多凸、多凹相间的构造格局。凹陷间多为凸起分隔，各凹陷多为独立的成油单元。

凹陷内断裂活动十分强烈，往往是一侧主干断裂强烈活动控制凹陷发育，形成箕状凹陷。内部又为次级断层切割，呈现许多基底翘倾断块体，它们数量多，起伏大，有利于地层超覆、不整合及潜山圈闭的形成。

凹陷小、沉降幅度大是渤海湾盆地的重要特征之一。在长期发育演化过程中，凹陷内的派生断裂控制沉积、二级构造带及其局部构造的形成，如披覆背斜、滚动背斜、盐（泥）拱背斜等。而多期、多组不同产状的正断层，将已有的背斜圈闭都改造为断背斜或断块群，因此，断块圈闭是最广泛发育的基本类型。

由于盆地分割性强，以凹陷为单元，发育多种类型的沉积体系，每个体系规模不大，仅

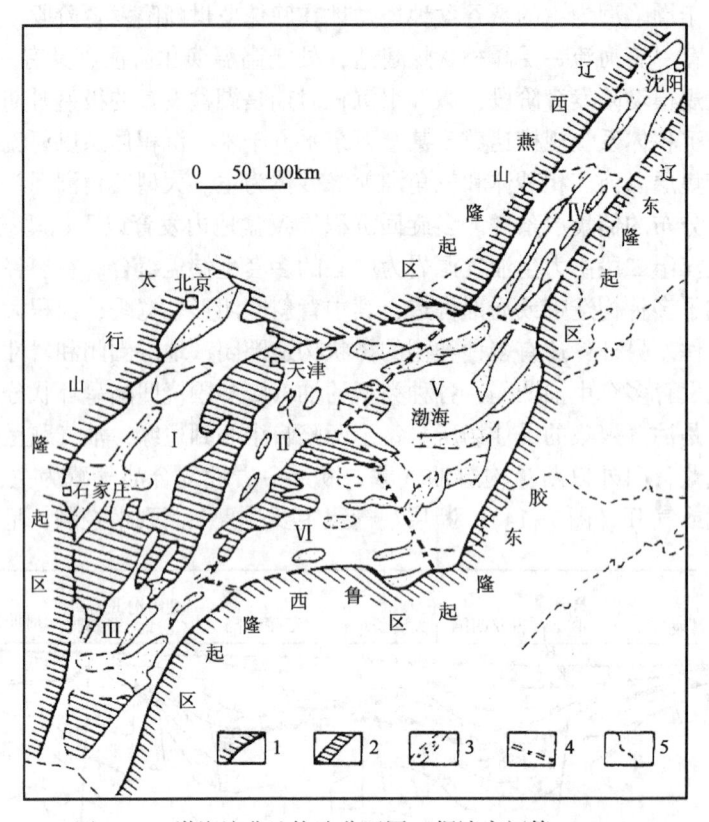

图 7-15 渤海湾盆地构造分区图（据漆家福等，1994）
1—盆地边界；2—隆起；3—坳陷内凸起；4—构造单元之间的大致界线；5—海岸线；
Ⅰ—冀中坳陷；Ⅱ—黄骅坳陷；Ⅲ—临清—东濮坳陷；Ⅳ—辽河坳陷；Ⅴ—渤中坳陷；Ⅵ—济阳坳陷

为数十至几百平方千米，砂体小，往往具横向上变化大、纵向上叠加连片的特点，主要沉积相类型为冲积扇、扇三角洲、三角洲、滩坝、湖底扇、浊流相等。多期的块断活动、湖盆频繁的水进水退，导致多套生、储油岩系大面积发育和有利生储盖组合的形成。而多物源、近物源、快速堆积的各类沉积体系由边缘向湖盆中心伸展，插入生烃区，形成了大面积、多层叠置的储集层分布特征，出现了多种类型的岩性圈闭。这些地质因素的相互配置，使丰富的有机质成烃后，通过短距离运移，即可聚集成藏，形成多种类型油气藏的广泛分布。而新近纪整体坳陷沉积又为古近系油气藏起到很好的保存作用，使渤海湾盆地油气藏不仅类型多、分布广，而且十分富集。

盆地陡坡带、凹陷带和缓坡带油气成藏特征各有特点（图 7-16）。陡坡带是凹陷带与凸起的突变带，靠近物源区，水下扇和冲积扇发育，地层超覆现象普遍，断层发育；内侧同生断裂下降盘分布滚动背斜带和岩性上倾尖灭带，外侧断块圈闭和地层型圈闭发育，油源条件好，有利于多种类型圈闭油气藏形成。边缘地带分布地层超覆油气藏、潜山油气藏、断块—岩性油气藏。

凹陷带是断陷内部油源条件最有利的地带，内部发育的正向构造带不仅具备有利于油气聚集的构造圈闭及垂向断层运移通道，而且具备来自周边多个洼陷的丰富油气来源，十分有利于油气藏的形成。油气藏类型主要包括各类背斜油气藏、断层油气藏、断层—岩性油气藏、潜山油气藏等。洼陷带油源条件最佳，砂岩透镜体、断层—岩性等隐蔽性圈闭较为发

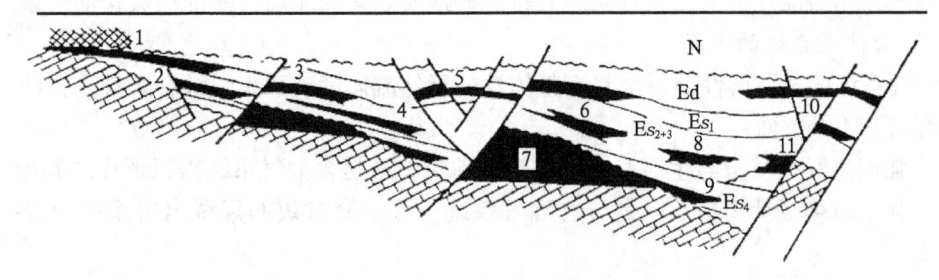

图 7-16 断陷盆地油气藏分布模式（据胡见义等，1991，有修改）
1—地层不整合遮挡（或沥青封闭）油气藏；2—断块油气藏；3—披覆背斜油气藏；
4—岩性上倾尖灭油气藏；5—挤压背斜油气藏；6—岩性上倾尖灭油气藏；7—潜山油气藏；
8—砂岩透镜体油气藏；9—地层超覆油气藏；10—滚动背斜油气藏；11—断层—岩性油气藏

育，有利于形成油气丰度高的油气藏。

缓坡带为断陷中基底埋藏较浅、沉积盖层较薄的部位，往往基底断裂和同沉积断裂共存，深部常见潜山油气藏和披覆背斜油气藏；同沉积断裂外侧发育地层不整合油气藏或沥青封闭不整合油气藏，内侧下降盘往往发育滚动背斜油气藏，次为断层—岩性油气藏和地层超覆油气藏。

## 第四节 含油气系统

含油气系统的概念自问世以来，已经成为有效预测和发现油气资源的重要思维方式和工具。含油气系统用系统论的思想研究盆地演化历史和油气藏的形成，从生、储、盖、运、圈、保等油气藏形成的静态条件研究发展到动态分析油气藏的形成过程，在减少风险、降低成本、提高勘探效益方面显示了重要作用。

### 一、含油气系统的概念及内涵

（一）含油气系统的概念

在国外，含油气系统的概念由 W. D. Dow 于 1972 年在 AAPG 年会上首先提出，称为"石油系统"。W. D. Dow 以油—源相关性为基础，提出生—储油系统，认为每个石油系统包含一套烃源岩和一组储集岩，被盖层封闭而与其它石油系统分隔。1987 年，L. B. Magoon 提出含油气系统（petroleum system）概念，首次使用了"要素"（elements）这一术语，并解释这些要素"必须有适当的时空配置，才能使石油聚集"。1994 年 Dow 和 Magoon 主编的《含油气系统：从烃源岩到圈闭》一书出版，较系统地介绍了含油气系统的概念、分类、研究内容、研究方法及其应用。

早在 20 世纪 60 年代中期，我国学者就提出了"成油系统"的概念，指出"成油系统"是由各时期统一的油气运移、聚集过程联系在一起的油源、储集层、盖层、圈闭等成油要素所组成的整体（胡朝元，1997），包含了国外含油系统的基本内涵。

含油气系统是指成熟的烃源岩及所有已形成的与该烃源岩有关的油气藏，并包含油气藏形成过程中必不可少的一切地质要素及作用。其中"油气"包括一切高度聚集、任何状态的烃类物质；"系统"指成油过程中相互依存的地质要素和作用；"地质要素"包括油气源岩、储集岩、盖层及上覆岩层等静态要素；而"地质作用"则指的是圈闭的形成及烃类的生成、运移和聚集等过程。这些基本要素和作用在时间上和空间上相互配合，以便烃源岩中的有机质能转化为油气聚集，只有同时具备这些地质要素和作用，才能构成含油气系统。

（二）含油气系统的内涵

含油气系统的本质属性是一个具有整体性的天然流体运动系统。综合来看，含油气系统的内涵有以下4个方面：

（1）强调生烃灶质量与生烃有效性的重要地位，这是含油气系统得以形成的基础。

（2）强调以生烃灶为核心，划分含油气系统，即一套有效的烃源岩层系就形成一个含油气系统。

（3）认为含油气系统是介于含油气盆地和含油气区带之间的一个油气地质单元（图7-17）。它具有一定的空间展布范围，也具有一定的演化时间。该地质单元以有效烃源岩为中心，单元的边界就是该烃源岩生成油气运移的最大外边界（蒋有录等，2002）。

（4）强调含油气系统划分的目的是确定油气资源评价的基本单元，提高油气地质评价的可靠性，研究结果可作为油气勘探战略选区的依据。

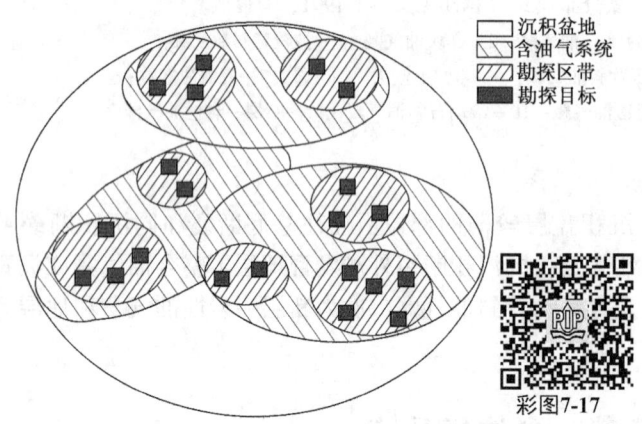

图7-17 油气调查的四个层次（据蒋有录等，2002）

## 二、含油气系统的研究内容

含油气系统是自然界客观存在的烃类流体系统，发生并存在于特定的地质体中，它具有空间和时间的概念。含油气系统有其特定的区域、地层展布及时间范围，其研究内容可以概括为静态地质要素的描述、地质作用过程的描述及其相互关系的建立。

（一）静态地质要素的描述

含油气系统的静态地质要素主要包括烃源岩、储集层、盖层、输导体和上覆地层，它们是油气成藏的基本地质要素。烃源岩、储集层、盖层是含油气系统存在的最基本要素。上覆岩层是指关键时刻之前沉积的位于有效烃源岩之上的所有岩层，它不仅可以作为烃源岩热成熟的必要条件，而且对其下地层中运移通道和圈闭的几何形态具有一定的影响。

（二）地质作用过程的描述

基本要素是含油气系统的物质基础，而把静态要素在时空上的组合关系建立起来，即是对含油气系统地质作用和过程的描述。含油气系统的地质作用指"从烃源岩到圈闭"所发生的油气成藏过程，包括油气的生成和排出过程、油气的运移和聚集过程、圈闭的形成和演化过程以及油气藏形成后的改造过程等分析。这些过程可以通过盆地模拟的方法、有机地球化学的方法、流体历史分析方法等进行研究。

油气地质要素与地质作用过程之间的分析要选择一个时间进行参照，即含油气系统的关键时刻。关键时刻是指含油气系统中大部分油气生成—运移—聚集的时间，是主要油气藏的形成期。它以地层的埋藏史曲线图为依据，计算时间—温度指数（TTI值）可显示大部分烃类的生成时间，从地质角度看，油气的运移和聚集发生在短暂的时间段内，它通常在烃源岩处于最大埋深稍晚的时刻，即为关键时刻。

(三) 含油气系统研究的关键图件

含油气系统研究的关键图件有含油气系统的埋藏史曲线图、含油气系统在关键时刻的平面和剖面展布图、含油气系统事件图。

1. 含油气系统的埋藏史曲线图

埋藏史曲线图可用来阐述给定位置的关键时刻、时代和基本要素。时代指含油气系统的时代；基本要素指源岩、储集岩、盖层及上覆岩层。

图 7-18 为 Deer-Boar（*）含油气系统的埋藏史曲线图，图中所有岩层均为虚构的，Deer 页岩为烃源岩，Boar 砂岩为储集岩，George 页岩为盖层，而 Deer 页岩以上的岩石均为上覆岩层。图中显示了烃源岩在二叠纪的距今 260Ma 时进入生油窗，最大埋深为距今 255Ma，关键时刻是距今 250Ma，油气生成、运移、聚集的时间从 260～240Ma，这也就是含油气系统的时间。

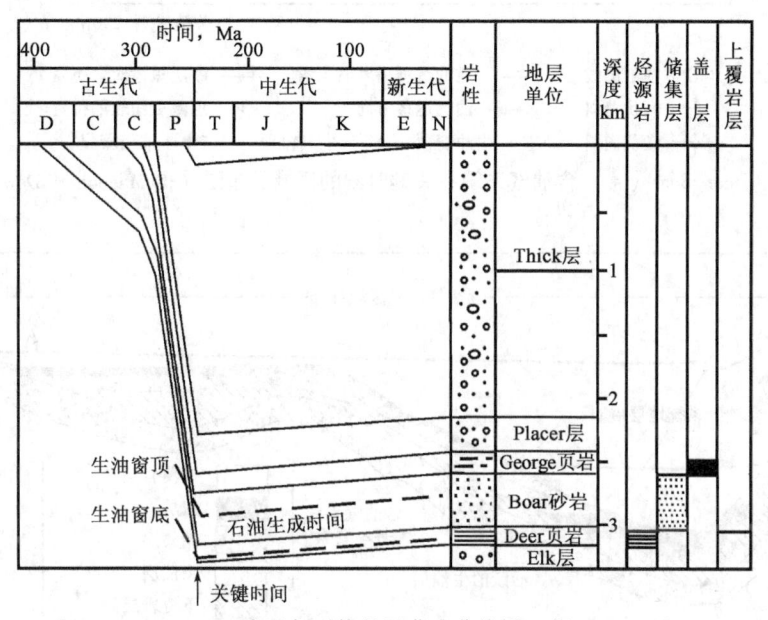

图 7-18　Deer-Boar（*）含油气系统的埋藏史曲线图（据 Magoon 和 Dow，1994）

2. 含油气系统平面和剖面展布图

关键时刻的含油气系统，其区域展布范围由活跃烃源岩及所有来自该源岩的常规和非常规油、气藏及油气显示的界线所圈定。

图 7-19 为 Deer-Boar（*）含油气系统在关键时刻古生代末的平面图，位于生油、气窗之内的为有效烃源岩，其外为未成熟的烃源岩，含油气系统的区域展布范围由一条线来圈定，这条线圈定了有效烃源岩及所有有关的已发现的油气显示。

图 7-20 为横切含油气系统区域展布范围的剖面图，图中显示了 Deer-Boar（*）含油气系统的地层展布及关键时刻的源岩、储集岩、盖层及上覆岩层等基本要素的空间关系。生油窗顶之下的源岩为活跃烃源岩，之上的为未成熟烃源岩，油气赋存于储集岩中，上面有盖层起封闭作用。

3. 含油气系统事件图

图 7-21 为 Deer-Boar（*）含油气系统事件图，图中显示 8 种不同的事件：前 4 种事件记录了几个基本要素的地层沉积时间，接下来两个事件记录了含油气系统形成过程的时

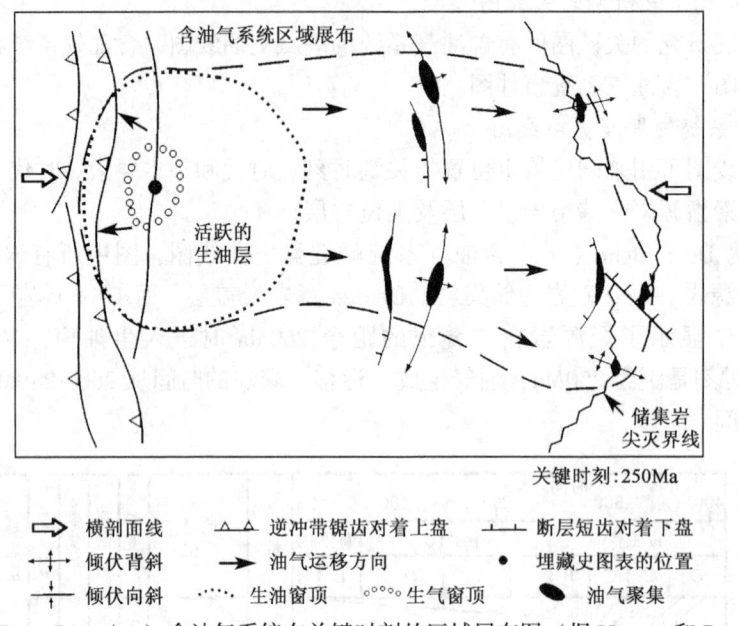

图 7-19 Deer-Boar（*）含油气系统在关键时刻的区域展布图（据 Magoon 和 Dow，1994）

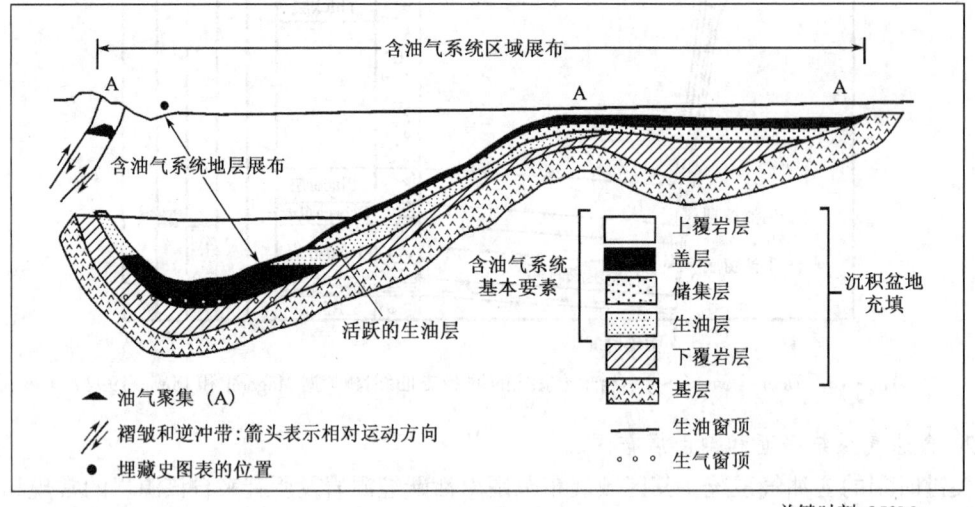

图 7-20 Deer-Boar（*）含油气系统在关键时刻的地层展布图（据 Magoon 和 Dow，1994）

间。圈闭的形成时间是根据地球物理资料、各种地质数据和构造地质分析来确定的，油气的生成—运移—聚集或者说含油气系统的时间是根据地层和油气地球化学研究及埋藏史图来确定的。

（四）含油气系统的划分及评价

1. 含油气系统的划分

按照经典的含油气系统划分方法，一个盆地中含油气系统的划分主要以有效烃源岩体的分布为依据，以该套烃源岩体所提供的油气可以到达的最大范围为边界，每一烃源岩层与其相关的储集层之间都构成一个独立的含油气系统。

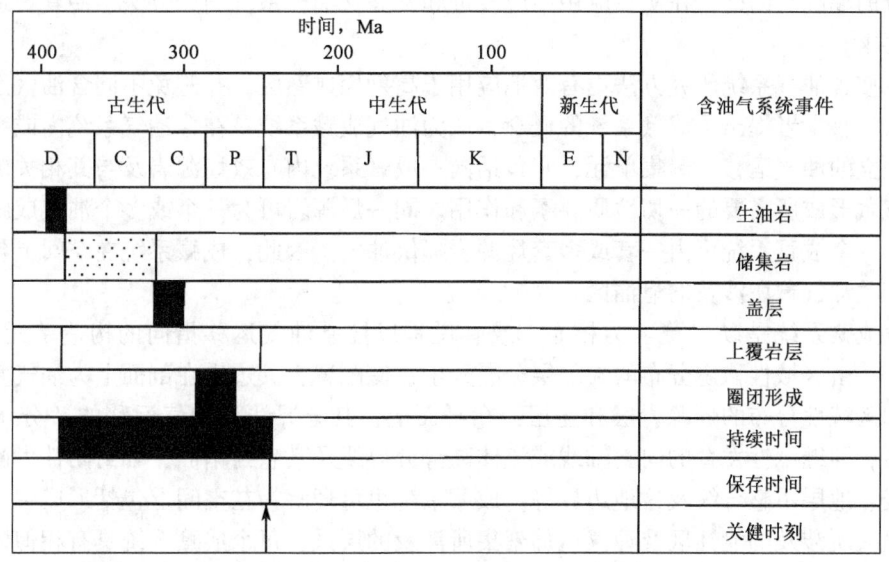

图 7-21　Deer-Boar（*）含油气系统事件图（据 Magoon 和 Dow，1994）

### 2. 含油气系统的可靠性等级

可靠性等级实质上是一个油源可靠性问题，它指明了一个油气藏中的油气源于某一成熟烃源岩的可靠程度。Magoon 根据生油并形成聚集的可靠性将含油气系统分为 3 个等级：已知的、假想的和推测的。

（1）已知的含油气系统：油气藏与烃源岩之间有良好的地球化学匹配关系，用（!）表示。

（2）假想的含油气系统：利用地球化学资料可以确定烃源岩存在，但油气藏与烃源岩之间缺乏对比依据，用（*）或（·）表示。

（3）推测的含油气系统：仅根据地质及地球物理资料推测得到，用（?）表示。

### 3. 含油气系统的命名

含油气系统的名称包括烃源岩名称，然后是主要储集层名称，中间用连号连起来，最后是表示其可靠性等级的符号。如塔里木盆地库车坳陷侏罗系—古近系—新近系（!）含油气系统，渤海湾盆地东营凹陷沙三段—沙二段、沙三段（!）含油气系统等。

含油气系统的划分与评价已成为有效预测油气资源潜力与分布的重要方法。它强调以源为核心的源藏关系，通过油气运移、聚集过程将油气成藏基本要素连接为一个整体，研究油气地质要素与地质作用在时间、空间上的组合关系。在一个含油气盆地或含油气区内，可有若干含油气系统重叠分布；在平面上，不同的含油气系统则可展现在一个或若干个油气聚集带中。

### （五）油气成藏系统

#### 1. 油气成藏系统的概念及内涵

尽管含油气系统研究以其严密的逻辑性和方法的科学性受到油气地质及勘探家们的重视，但这种方法比较适用于油气勘探的早、中期。在勘探程度较高的地区，烃源岩与已知油气藏的成因关系较为明确，对油气藏形成与分布的基本地质规律已有相当的了解，简单地套用含油气系统已很难对这类地区的油气勘探起指导作用。另外，当同一个油气藏有两个或多个有效烃源岩体向其提供油气时，该油气藏分属于两个或多个含油气系统，从而造成含油气系统划分的混乱。因此，在实际应用中应改进和发展含油气系统划分方法，使其更适应勘探评价的要求。

为了使含油气系统研究方法更有效地应用于高勘探成熟区，并避免不同含油气系统出现叠加现象，有学者提出了成藏系统的概念，认为油气成藏系统是在含油气系统内或其间的一个相对独立的油气运移、聚集单元，它包括同一成藏系统内有效烃源岩及与其相关的油气藏以及油气藏形成所需要的一切地质要素和作用。同一烃源岩可为一个或多个油气成藏系统供给油气，一个成藏系统可由一套或多套烃源岩提供油气。因此，成藏系统在空间上包括一个或一组相关油气藏所涉及的泄油区。

油气成藏系统是以"藏"为核心，或者说是以控制油气运移指向的构造单元为核心。在纵向上，由区域性稳定分布的封隔层分隔开生、储配置，其边界在剖面上为油气垂向运聚边界，即区域性分布的烃源岩层和盖层；在平面上，其分界线为油气运移的"分水岭"或终止边界，即继承性发育的向斜轴线或流体高势分界线及其它封堵面，如封闭性大断层、岩性尖灭线、地层不整合线及盆地边界等。成藏系统也可理解为在空间上包括形成一个或一组相关油气藏所涉及的泄油区及油气运移聚集所涉及的层系，每个成藏系统具有相似的油气运聚特征。

2. 油气成藏系统的划分原则

成藏系统与油气运聚单元的概念很相似，也可称作油气运聚系统，它是在含油气系统研究基础上划分和评价的。也就是说，为了更好地评价区带含油气远景，使勘探目标更加明确，可在含油气系统研究的基础上，进一步划分为若干个成藏系统，进而定量评价成藏系统的油气潜力。

图7-22阐述了含油气系统与油气成藏系统概念的差异。按照含油气系统的定义及划分方法，图中被封盖层分隔的两套生、储、盖组合可分为4个含油气系统，它们在平面上叠置，但不完全重合。而每套生、储、盖组合中，又可分出3个油气成藏系统，因此共有6个成藏系统。从图中可清楚地看到，含油气系统强调"源"与"藏"的成因关系，以"源"为中心，将某一有效烃源岩体及与其有关的油气藏划在同一个系统中，一个油气来自A、B

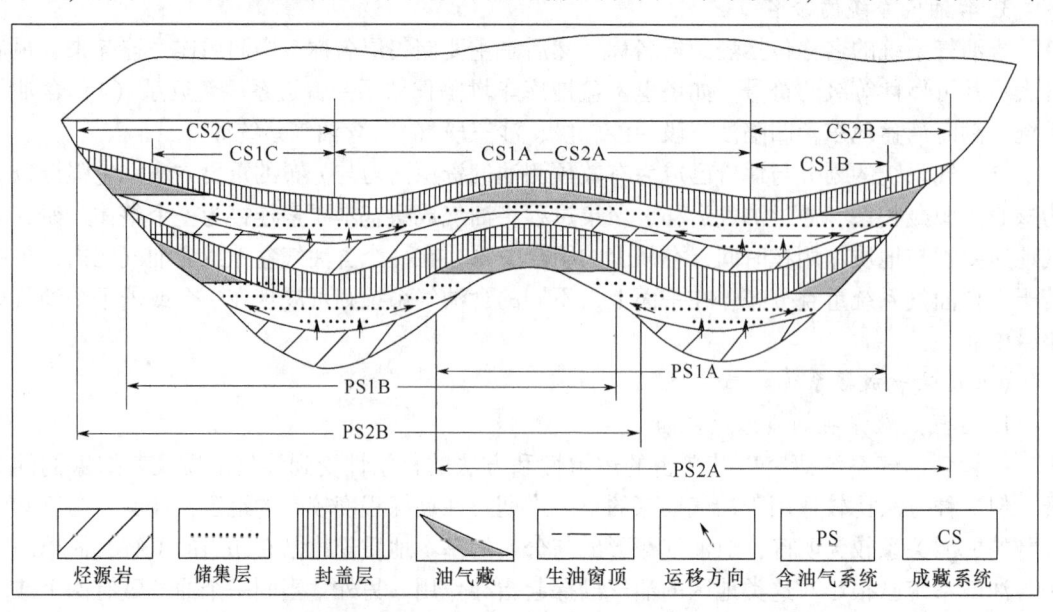

图 7-22 含油气系统与油气成藏系统的关系（据蒋有录等，2002）

两个有效烃源岩体的油气藏，既可归属于 A 系统，又属于 B 系统，这样的划分显然较混乱。而油气成藏系统强调以"藏"为核心，空间上包括与"藏"有关的泄油区。可见，成藏系统可理解为是相对独立的油气生成、运移、聚集单元。

油气成藏系统主要是依据油气在纵向上和平面上的运移聚集特征来划分的，一个成藏系统就是一个相对独立的油气运聚单元。在纵向上，油气成藏系统是以区域性展布的盖层为封隔层；在平面上，是以流体运移的分隔槽及油气可到达的运移外边界为界。在油气来源为多源的复式油气聚集区，不同层系或地区的油气来源不尽相同。在此情况下，可以正向构造带为核心，以该带油气藏所涉及的泄油气区为边界来划分和评价成藏系统。

### 三、全油气系统

#### （一）全油气系统的概念及内涵

非常规油气的发展，使人们寻找油气的思路和目光从"圈闭"重新回到了"烃源岩"，认为常规—非常规油气为统一的油气聚集体系，从而赋予了含油气系统等油气地质理论新的内涵，并提出了全油气系统的概念。

全油气系统（whole petroleum system）是在各种含油气系统、成藏体系等概念的基础上完善和发展起来的，它是含油气盆地内一个包括由相互关联的烃源岩层形成的全部油气、油气藏、油气资源，以及其形成条件、演化过程和分布特征在内的自然系统（贾承造等，2023）。全油气系统除了强调经过生成、排出、运移、聚集、保存过程后聚集成藏的油气资源，同时还强调滞留于烃源岩内和充注于近源致密层中的油气，包括长距离运移烃、近距离运移烃、滞留烃等常规与非常规两种油气资源的聚集成藏。全油气系统研究包括烃类生成演化全过程、常规油气运移成藏及调整破坏、非常规油气原地成藏或运移成藏及调整，统一的常规与非常规油气分布富集规律等。可见，全油气系统是所有成藏要素、成藏作用、成藏过程、成藏产物及其时空领域的总和。

与"含油气系统"相比，全油气系统主要有以下特点：（1）储集体不仅包括聚集终端的甜点储集体，也包括生烃层系、运移路径上的储集体，聚焦供烃范围内的所有储集空间；（2）油气资源不局限于常规圈闭油气、部分非常规天然气等，而是关注全类型的常规、非常规烃类资源，包括页岩气、页岩油、致密油等；（3）不局限于"从烃源岩到圈闭"的视角，而是从"源储耦合、有序聚集"的新视角，进行油气生运聚全过程分析，油气资源全类型发现，勘探、开发、工程、集输全板块整合，整体研究评价，立体勘探开发，最终实现整个含油气单元内常规—非常规油气最大限度的经济性采出。

#### （二）全油气系统控制的油气分布模式

全油气系统既适用于研究常规油气藏的形成分布，也适合于研究各类非常规油气藏的形成分布，为复杂地质条件下油气勘探开发提供了新的理论框架和方法指导。全油气系统控制的常规和非常规油气藏有序分布的基本模式（图 7-23）如下：页岩类油气资源（S）主要形成分布于系统下部的源岩层内，向上形成与其紧密接触或交互叠置的致密类油气资源（T），再向上形成与源岩层分离的常规油气资源（C），在地表附近还可能形成调整改造后的稠油沥青和天然气水合物等异常特征的油气资源（A），可用 S\T-C-A 表示其自下而上的分布特征。在复杂地质条件下，全油气系统内油气（藏）资源有序分布的形式会有所变化，呈现出 3 种有序分布的特殊模式：（1）页岩油气与致密油气彼此分离，展示出"S-T-C-A"的分布特征，可见于准噶尔盆地；（2）油气自烃源岩层向上和向下呈两个方向有序分布，展示出"C-T\S\T-C"的分布特征，可见于鄂尔多斯盆地；（3）油气的侧向有序分布，呈现出"S\T-C"的分布特征，可见于松辽盆地。

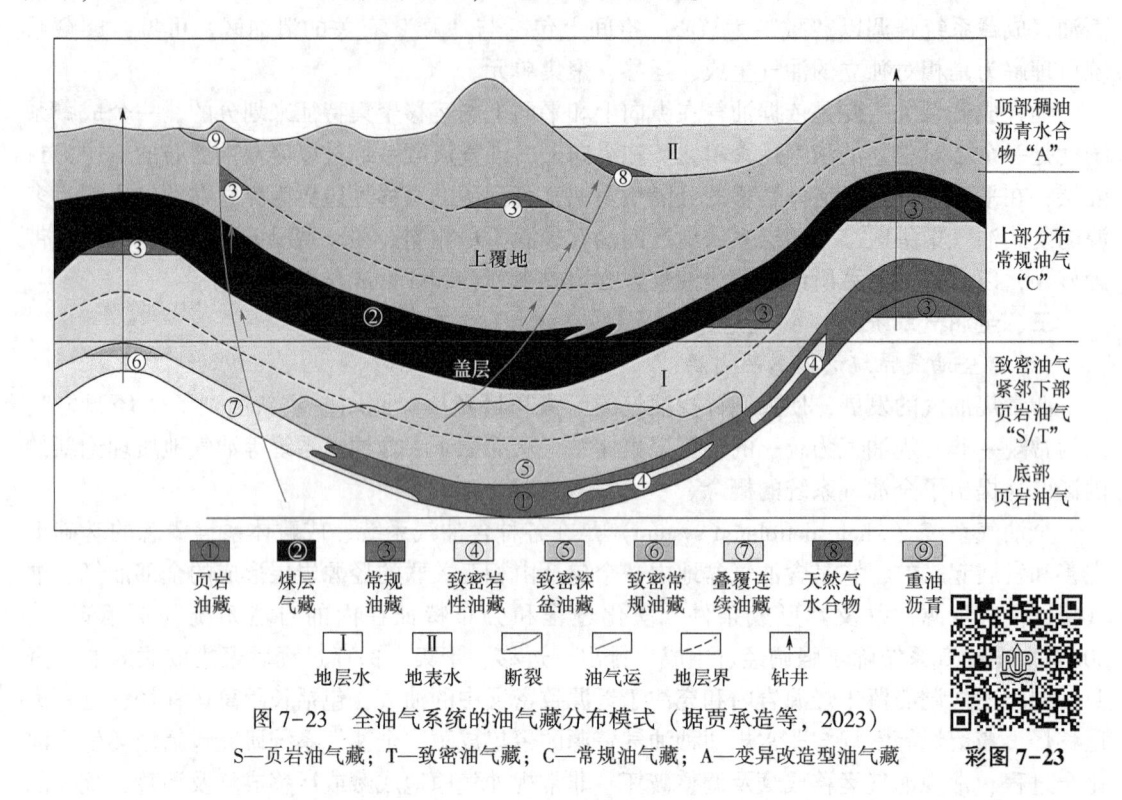

图 7-23 全油气系统的油气藏分布模式（据贾承造等，2023）

S—页岩油气藏；T—致密油气藏；C—常规油气藏；A—变异改造型油气藏

### （三）全油气系统研究的意义

未来石油天然气地质学应该是一个新的全油气系统理论模型，全油气系统研究的意义主要表现在：（1）从各类油气藏或油气资源之间的关联性出发，研究全油气系统的形成演化，有利于深入剖析常规与非常规油气藏之间的关联性，建立统一的成因模式和分类方案，完善和发展油气地质理论，为复杂地质条件下的油气勘探提供新的理论指导；（2）从油气藏或油气资源之间的差异性出发，研究全油气系统的形成演化，有利于揭示不同类别油气藏或油气资源的成因特征、动力机制、主控因素和分布规律，并确定各自形成分布的边界条件和领域范围，为复杂地质条件下的油气资源预测评价提供新的技术支持；（3）从油气藏或油气资源之间的聚散平衡原理出发，研究全油气系统的形成演化，有利于预测评价油气的生成总量、损耗总量、聚集总量以及不同技术条件下的剩余资源潜力，为未来油气勘探开发指明方向。

## 第五节 我国及世界油气资源分布特点

### 一、我国油气资源分布特点

（一）我国油气资源在不同大地构造单元的分布

我国油气资源的分布直接受区域大地构造特征所控制。由于印度洋板块向北俯冲和太平洋板块向西北俯冲的长期作用，造成中国板块的地壳结构和大地构造性质东西差异悬殊。

西部构造线以 NWW 向为主，构造活动性大，构造线排列越向南越趋紧密，构造活动及岩浆活动均有向南增强之势。

东部构造线，古生代以EW向为主，中—新生代以NNE向为主。古生代构造活动性弱，沉积较稳定；中—新生代以来，整个东部地区受燕山及喜马拉雅运动影响，NE向及NNE向构造线发育，呈现出5个沉陷带，形成了块断作用分割明显、大小悬殊的沉积盆地，接受了厚薄不均的中—新生界陆相为主的沉积。

根据大地构造特征，中—新生代以来中国板块可分成西部聚敛区、东部拉张区、中部过渡区3种不同的构造格局，相应地可将我国的含油气盆地划分为三大类，归属3个含油气大区，参见《中国含油气盆地图集》（李国玉等，2002，石油工业出版社）。

（1）西部造山带挤压型盆地（有些具压扭型），属西部含油气大区。由于印度洋板块向北推挤，挤压聚敛作用明显，导致地壳增厚，造成一系列NWW向挤压造山带与大型盆地相间排列。在造山带前缘前陆盆地与中间地块或陆块组成大型复合型盆地，油气资源丰富，如准噶尔、塔里木、柴达木及藏北羌塘等盆地；在造山带内部则形成山间盆地，如吐哈盆地、河西走廊盆地群。

（2）东部裂谷带拉张型盆地（有些具张扭型），属东部含油气大区。由于太平洋板块向西俯冲和中国大陆仰冲，地壳减薄，地幔上拱，热力构造作用明显，以大陆裂谷式或大陆边缘裂谷式、断陷—坳陷型为特色，基性岩浆活动频繁，形成一系列NNE向或NE向岩浆弧为主的扩张隆起带和扩张沉降带，在这些沉降带中发育了松辽、渤海湾、江汉等含油气盆地及南黄海—苏北、北部湾、莺歌海、琼东南、珠江口、东海、台湾西部、南海中央、太平—礼乐滩等东南沿海大型沉积盆地。

（3）中部克拉通过渡型盆地，属中部含油气大区。自北向南有二连、鄂尔多斯、四川等大型盆地，由于印度洋板块向北推挤，在这些盆地西缘形成了一系列近SN向的挤压推覆构造带，如贺兰山、桌子山、龙门山、哀牢山等，向东从山前带很快过渡到稳定的克拉通大型盆地，既有挤压机制，又有拉张（或张扭）机制。

（二）我国油气资源分布特点

根据2019年公布的中国石油第四次油气资源评价结果，中国常规石油地质资源量为$1080.31 \times 10^8$t，其中陆上为$792.16 \times 10^8$t，占比73%。中国常规天然气地质资源量为$78.44 \times 10^{12}$m³，其中陆上地质资源量为$41.00 \times 10^{12}$m³，占比52%。对于非常规油气，石油（包括致密油、油砂油、油页岩油）地质资源量为$672.08 \times 10^8$t，天然气（包括致密气、页岩气、煤层气）地质资源量为$284.95 \times 10^{12}$m³。

我国油气资源分布广泛，归纳起来具有下列特点：

（1）由于印度洋板块和太平洋板块俯冲作用的影响，在我国形成数量众多、类型较全的含油气盆地。在燕山—喜马拉雅运动作用下，接受了巨厚中—新生代陆相沉积，中—新生界成为我国目前最重要的一些含油气区域，拥有石油可采资源量占全国石油可采资源量的85.9%，天然气可采资源量占全国天然气可采资源量的66%。

（2）海相与陆相生（储）油气层系在我国都很发育，在中—新生界陆相沉积之下，还有古生界及中—新元古界海相地层，构成多时代生（储）油气层系重叠的多层结构。因此，产油气地层时代延续很长，从中—新元古界至第四系几乎都拥有较丰富的油气资源。

（3）我国石油资源的地理分布主要在东部、西部、近海及中部，天然气资源的地理分布主要在西部、中部及近海（表7-5）。从不同地理条件分析，陆上的平原+草原、黄土塬、丘陵+山地、沙漠+戈壁、沼泽+滩海、高原和海域的浅海、深海均有油气分布。其中陆上平原+草原的常规石油地质资源量为 $390.9×10^8$t，占 45.1%；其它复杂地形区为 $475.9×10^8$t，占 54.9%；海域中浅海和深海的常规石油地质资源量分别为 $143.7×10^8$t 和 $64.5×10^8$t，分别占 69.0% 和 31.0%。我国常规天然气地质资源量在陆上平原+草原地区为 $5.2×10^{12}m^3$，占 11.7%；其它复杂地形区为 $38.8×10^{12}m^3$，占 88.3%，其中丘陵+山地达 $21.6×10^{12}m^3$，占 48.8%；海域中浅海和深海的常规天然气地质资源量分别为 $1.2×10^{12}m^3$ 和 $37.2×10^{12}m^3$，主要分布于海域深水区。

表 7-5 全国油气资源的地理分布表（据中国石油第四次油气资源评价结果，2019）

| 盆地（油气区） | 盆地（油气区）面积 km² | 发现油气田，个 | 石油地质资源量，$10^8$t 探明储量 | 石油地质资源量，$10^8$t 总资源量 | 天然气地质资源量 $10^{12}m^3$ 探明储量 | 天然气地质资源量 $10^{12}m^3$ 总资源量 |
|---|---|---|---|---|---|---|
| 东北油气区 | 552860 | 油田：108 气田：29 | 82.10 | 149.55 | 0.44 | 3.41 |
| 华北油气区 | 648043 | 油田：329 气田：13 | 166.82 | 351.08 | 0.96 | 5.23 |
| 西北油气区 | 1115037 | 油田：107 气田：39 | 60.57 | 214.57 | 2.31 | 17.71 |
| 华南油气区 | 408605 | 油田：55 气田：123 | 4.86 | 12.00 | 2.16 | 13.17 |
| 青藏油气区 | 428972 | 油田：0 气田：0 | 0 | 64.96 | 0 | 1.48 |
| 陆上合计 | 3153517 |  | 314.36 | 792.16 | 5.86 | 41.00 |
| 渤海湾（海域） | 61800 | 油田：66 气田：2 | 33.14 | 110.29 | 0.07 | 1.30 |
| 北黄海 | 24000 |  | 0 | 4.24 | 0 | 0 |
| 南黄海 | 145000 |  | 0 | 2.98 | 0 | 0.18 |
| 东海 | 250000 | 油田：6 气田：10 | 0.27 | 7.23 | 0.32 | 3.64 |
| 南海海域北部 | 566439 | 油田：79 气田：27 | 12.35 | 47.61 | 1.01 | 9.73 |
| 南海海域南部 | 550313 |  | 47.36 | 115.80 | 7.26 | 22.58 |
| 海域合计 | 1597552 |  | 93.12 | 288.15 | 8.65 | 37.44 |
| 全国合计 | 4751069 |  | 407.48 | 1080.31 | 14.51 | 78.44 |

（4）从资源深度分布看，我国常规石油资源 47% 分布在浅于 2000m 的深度范围内，占 34.4%；其次为 3500~4500m 范围，占 12.3%；其余主要分布在大于 4500m 的深度范围（吴晓智等，2022）。相对来说，东部盆地石油资源埋深浅于西部，但是随着勘探程度的加强，深部发现的储量将会逐渐增加。

近十几年来，我国西部深层（4500~6000m）、超深层（>6000m）油气勘探工作越来越多，并相继在塔里木盆地、四川盆地和鄂尔多斯盆地的海相深层、超深层取得重要进展。据统计，这三大盆地海相层系的油气总资源量为356.63×10$^8$t油当量，而这其中有相当大一部分分布于深层、超深层。例如，塔里木盆地油气资源主要分布在深层（4500~6000m）和超深层（大于6000m），其中超深层石油、天然气资源量分别占盆地石油和天然气资源量的46%和51%（杨学文等，2021）。塔里木盆地每年在深层、超深层发现的油气储量所占比例从2000年的66%上升到2013年的92%，2020年超深层井比例高达84%。所以，我国深层油气资源勘探潜力较大，是未来油气勘探的重要领域。

## 二、世界油气资源分布特点

目前世界上共发现了约160个含油气盆地，其分布普遍受各大板块及其间褶皱带的大地构造特征所控制。从世界油气分布轮廓来看，地壳上油气资源的分布非常普遍，无论是在大陆、海洋、沙漠或湖沼，都有油气田的分布。但是，地壳上的油气分布是不均衡的，在空间分布和时间分布上都不均衡。

### （一）油气资源在平面上的分布

在全世界产出了商业石油的238个盆地中，已发现的油气田数量达29225个，其中陆上、海上油气田数量分别占72.8%和27.2%。世界13个巨型（油当量大于68.49×10$^8$t）和43个大型（油当量为13.7×10$^8$t~68.49×10$^8$t）含油气盆地的油气可采储量分别占总储量的67.3%和19.7%。世界70%以上的石油储量集中在300多个大油田中，这些大油田相对集中在波斯湾、墨西哥湾和加勒比海区、西西伯利亚、伏尔加—乌拉尔、前高加索—滨里海诸盆地、北海、加拿大艾伯塔、美国中央地台诸盆地、北非诸盆地、中国东部、南海诸盆地等含油气盆地之中（图7-24）。

图7-24 世界大油气田地理分布图

全世界剩余油气可采储量主要富集在39个盆地内（10×10$^8$t油当量以上），阿拉伯、东委内瑞拉、西西伯利亚和扎格罗斯盆地4个盆地的剩余油气可采储量占全球剩余可采储量的64.2%（图7-25）。

全世界42个特大油气田仅分布在10个盆地中，其中波斯湾盆地中有20个，西西伯利

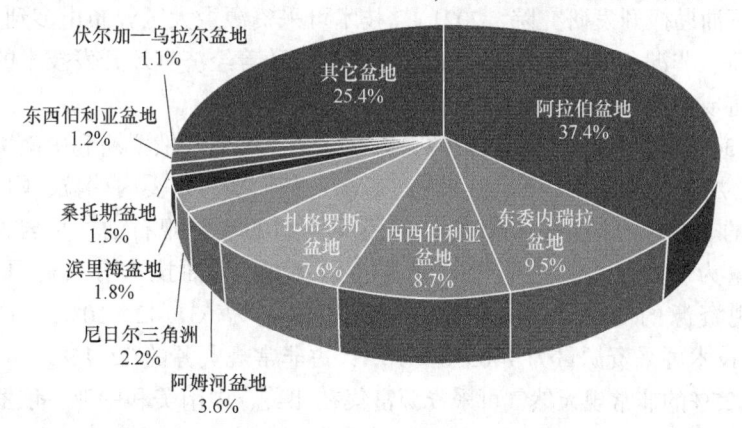

图7-25 全世界主要盆地剩余可采储量饼状图（据马新华等，2021）

亚盆地中10个。42个特大油气田石油储量占全世界总储量的1/2。加瓦尔和布尔干两油田的储量之和占全世界石油储量的1/5。乌林戈伊和帕雷斯两气田占全世界天然气储量的1/8。

剩余油气可采储量代表了未来开发的潜力。据BP石油公司统计（表7-6），截至2020年底，全世界剩余探明石油可采储量2444×10⁸t，其中中东地区占48.3%，中、南美地区占18.7%，北美洲地区占14.0%，中亚—俄罗斯地区占8.4%，非洲地区占7.2%，欧洲、亚太地区累计占3.4%。全世界剩余探明天然气可采储量188.1×10¹²m³，其中中东地区占40.3%，中亚—俄罗斯地区占30.1%，亚太和北美地区分别占8.8%和8.1%，非洲地区占6.9%，中南美洲、欧洲地区累计占5.9%；陆上和海域占比分别为59.8%和40.2%。

表7-6 世界不同地区油气资源分布

| 地区 | 石油 剩余探明可采储量 10⁸t | 占比 % | 石油 待发现可采资源量 10⁸t | 占比 % | 天然气 剩余探明可采储量 10¹²m³ | 占比 % | 天然气 待发现可采资源量 10¹²m³ | 占比 % |
|---|---|---|---|---|---|---|---|---|
| 北美 | 361 | 14.0 | 160.08 | 12.22 | 15.2 | 8.1 | 24.58 | 12.69 |
| 中、南美 | 508 | 18.7 | 404.57 | 30.89 | 7.9 | 4.2 | 15.57 | 8.04 |
| 欧洲 | 18 | 0.8 | 56.41 | 4.31 | 3.2 | 1.7 | 9.56 | 4.93 |
| 中亚—俄罗斯 | 199 | 8.4 | 199.05 | 15.20 | 56.6 | 30.1 | 71.02 | 36.66 |
| 中东 | 1132 | 48.3 | 295.55 | 22.57 | 75.8 | 40.3 | 39.11 | 20.19 |
| 非洲 | 166 | 7.2 | 133.26 | 10.17 | 12.9 | 6.9 | 21.89 | 11.30 |
| 亚太 | 61 | 2.6 | 60.77 | 4.64 | 16.6 | 8.8 | 11.99 | 6.19 |
| 合计 | 2444 | 100.0 | 1309.69 | 100.0 | 188.1 | 100.0 | 193.72 | 100.0 |

资料来源：剩余探明可采储量数据源自BP公司2021年发布的报告；待发现可采资源量数据源自中国石油勘探开发研究院编写的《全球油气资源潜力与分布》（石油工业出版社，2021），统计数据参考了USGS、IEA等发布的资料。

待发现油气可采资源量主要代表了未来风险勘探的潜力与方向。全世界待发现石油可采储量和天然气可采储量分别为1309.69×10⁸t和193.72×10¹²m³。主要分布于俄罗斯、巴西、美国等国家；富集于阿拉伯、西西伯利亚、扎格罗斯等盆地；陆上和海域占比分别为50.9%和49.1%（表7-6）。

全世界非常规油气技术可采资源量为6352.3×10⁸t油当量，其中非常规石油技术可采资源量为4049.3×10⁸t，占比63.7%；非常规天然气技术可采资源量269.5×10¹²m³，占比36.3%（中国石油勘探开发研究院，2021）。技术可采资源量大区分布由多到少依次为北美、中南美、俄罗斯、非洲、欧洲、中东、亚太、中亚。随着经济有效开发技术的持续进步，非常规油气未来将成为现实的接替资源，特别是页岩油气资源。

全世界75.34%的非常规石油可采资源分布在北美、中亚—俄罗斯和中南美洲（表7-7）。美国、俄罗斯、加拿大等前五个国家占比超过66%；艾伯塔、东委内瑞拉、阿拉伯等前20个盆地富集70%的非常规石油可采资源量。对不同类型的非常规石油，页岩油（含致密油）技术可采资源量为738×10⁸t，占非常规资源的11.6%；重油技术可采资源量为1274.79×10⁸t，占非常规资源的20.1%；油砂技术可采资源量为631.42×10⁸t，占非常规资源的9.9%；油页岩技术可采资源量为1405.07×10⁸t，占非常规资源的22.1%。

全世界64.25%的非常规天然气可采资源富集在北美、中南美和中亚—俄罗斯（表7-8）。美国、俄罗斯、加拿大等前五个国家占比超过63%；艾伯塔、美国海湾、阿巴拉契亚等26个盆地富集80%的非常规天然气资源。对不同类型的非常规天然气，页岩气技术可采资源量为 $223.81\times10^{12}m^3$，占非常规资源的 30.1%；煤层气技术可采资源量为 $38.68\times10^{12}m^3$，占非常规资源的 5.2%；致密气技术可采资源量为 $7.0\times10^{12}m^3$，占非常规资源的 0.9%。

表7-7 世界不同地区主要非常规石油可采资源分布

| 地区 | 页岩油 资源量 $10^8$t | 页岩油 占比% | 重油 资源量 $10^8$t | 重油 占比% | 油砂 资源量 $10^8$t | 油砂 占比% | 油页岩 资源量 $10^8$t | 油页岩 占比% | 合计 资源量 $10^8$t | 合计 占比% |
|---|---|---|---|---|---|---|---|---|---|---|
| 北美 | 313.59 | 42.49 | 324.7 | 25.47 | 403.39 | 63.89 | 544.53 | 38.75 | 1586.21 | 39.17 |
| 中、南美 | 89.38 | 12.11 | 418.2 | 32.81 | 0 | 0.00 | 153.23 | 10.91 | 660.81 | 16.32 |
| 欧洲 | 23.63 | 3.20 | 84.24 | 6.61 | 17.93 | 2.84 | 200.09 | 14.24 | 325.89 | 8.05 |
| 中亚—俄罗斯 | 146.87 | 19.90 | 133.53 | 10.47 | 185.07 | 29.31 | 338.18 | 24.07 | 803.65 | 19.85 |
| 中东 | 59 | 7.99 | 180.59 | 14.17 | 0 | 0.00 | 62.65 | 4.46 | 302.24 | 7.46 |
| 非洲 | 63.35 | 8.58 | 64.77 | 5.08 | 25 | 3.96 | 69.68 | 4.96 | 222.8 | 5.50 |
| 亚太 | 42.21 | 5.72 | 68.76 | 5.39 | 0.03 | 0.00 | 36.71 | 2.61 | 147.71 | 3.65 |
| 合计 | 738 | 100 | 1274.79 | 100 | 631.42 | 100 | 1405.07 | 100 | 4049.31 | 100 |

资料来源：数据为油气技术可采资源量，源自中国石油勘探开发研究院编写的《全球油气资源潜力与分布》（石油工业出版社，2021），其统计数据参考了 USGS、IEA 等发布的资料。

表7-8 世界不同地区主要非常规天然气可采资源分布

| 地区 | 页岩气 资源量 $10^{12}m^3$ | 页岩气 占比% | 煤层气 资源量 $10^{12}m^3$ | 煤层气 占比% | 致密气 资源量 $10^{12}m^3$ | 致密气 占比% | 合计 资源量 $10^{12}m^3$ | 合计 占比% |
|---|---|---|---|---|---|---|---|---|
| 北美 | 74.32 | 33.21 | 16.98 | 0.08 | 5.41 | 77.62 | 96.71 | 35.89 |
| 中、南美 | 40.48 | 18.09 | 0.03 | 5.20 | 0.11 | 1.58 | 40.62 | 15.07 |
| 欧洲 | 16.69 | 7.46 | 2.01 | 33.89 | 0.73 | 10.47 | 19.43 | 7.21 |
| 中亚—俄罗斯 | 22.34 | 9.98 | 13.11 | 0.00 | 0.34 | 4.88 | 35.79 | 13.28 |
| 中东 | 16.08 | 7.18 | 0 | 1.53 | 0.18 | 2.58 | 16.26 | 6.03 |
| 非洲 | 31.66 | 14.15 | 0.59 | 15.41 | 0 | 0.00 | 32.25 | 11.97 |
| 亚太 | 22.24 | 9.94 | 5.96 | 100.00 | 0.2 | 2.87 | 28.4 | 10.54 |
| 合计 | 223.81 | 100 | 38.68 | 100 | 6.97 | 100 | 269.46 | 100 |

资料来源：数据为油气技术可采资源量，源自中国石油勘探开发研究院编写的《全球油气资源潜力与分布》（石油工业出版社，2021），其统计数据参考了 USGS、IEA 等发布的资料。

(二) 油气资源在地史上的分布

石油和天然气在地史上分布是很广泛的，从最老的太古宇到最新的第四系，都发现有工业性的油气藏，而且有资料表明，从中—新元古界到第四系都发现有原生的油气藏。但是世界上已知的油气储量，在地史上的分布是很不均衡的，在中—新生界分布最多，其中石油占 80% 左右，天然气占 60% 左右。古近—新近系石油储量约占世界石油储量的 26.9%，白垩系石油储量约占世界石油储量的 28.21%。侏罗系石油的储量也比较丰富，约占世界石油储量的 14.33%。世界大气田（储量不小于 $850\times10^8m^3$）中天然气的分布主要是集中在二叠系和白垩系中，前者天然气的储量约占世界天然气储量的 32.41%，后者约占 29.85%。古近—

新近系中天然气储量也比较丰富，约占世界天然气储量的15.12%（据何生等，2010）。

全世界的剩余油气可采储量主要分布于白垩系、侏罗系、二叠系、古近系和新近系中，占比分别为27%、18.9%、17.5%、14.4%和11.7%，其它地层剩余可采储量相对较少，合计占比仅为10.5%（中国石油勘探开发研究院，2021）。白垩系剩余可采储量主要分布于阿拉伯盆地、西西伯利亚盆地、扎格罗斯盆地、桑托斯盆地和锡尔特盆地等；侏罗系剩余可采储量主要分布于阿拉伯盆地、阿姆河盆地、西西伯利亚盆地、东巴伦支海盆地、北海盆地等；二叠系剩余可采储量主要分布于阿拉伯盆地、扎格罗斯盆地、阿拉斯加北坡、伏尔加—乌拉尔盆地等；前寒武系剩余可采储量主要分布于东西伯利亚盆地、阿曼盆地以及一些盆地的前寒武系基岩储集层中。

对于非常规油气，全世界非常规石油技术可采资源主要分布于白垩系、侏罗系、古近系、新近系、石炭系，其占比分别为32%、15.8%、15.7%、12.5%和7%，其它层系中资源潜力相对较小，合计占比为17%；全世界非常规天然气技术可采资源由多到少主要分布于白垩系、侏罗系、泥盆系、石炭系、志留系中，其占比分别为29.9%、19.8%、17.3%、9.8%和9.4%，其它层系资源潜力相对较小，合计占比为13.8%（据中国石油勘探开发研究院，2021）。

（三）油气资源在纵向上的分布

油气田勘探实践证明，从地表到地下深处都发现有油气藏。已探明油藏的最大深度已超过8500m，凝析气藏和气藏的最大深度均超过8700m。油气储量沿埋藏深度的分布也不是均一的。

统计结果表明，世界上已发现油藏的平均埋藏深度为1465m，80%的油气储量分布在深度600~3000m之间，储量最高峰在800~1900m之间。随着埋藏深度的增加，油气藏将被凝析气藏和干气藏所代替。在5000m以下，主要为气层，油层仅占油气层总数的1/5。目前，国内外深层、超深层油气勘探发展很快，先后找到了一批深层、超深层的油气藏，正不断为人类提供更多的油气资源。

从产油气层的岩石类型来看，以砂岩、石灰岩及白云岩最为重要，占世界油气总储量的99%以上，在砂岩和碳酸盐岩中几乎各占一半，只有极少量储存在其它类型岩石中。据统计，全世界剩余油气可采资源中，碎屑岩和碳酸盐岩储集层各占49.3%和50.7%。碎屑岩储集层剩余可采储量为$2101.5 \times 10^8$t油当量，主要分布于东委内瑞拉、西西伯利亚、阿拉伯和尼日尔三角洲等盆地，其剩余可采储量均超过$100 \times 10^8$t油当量。碳酸盐岩储集层剩余可采储量为$2161.2 \times 10^8$t油当量，主要分布于阿拉伯、扎格罗斯、阿姆河和滨里海等盆地，其剩余可采储量均超过$100 \times 10^8$t油当量（中国石油勘探开发研究院，2021）。

综上所述，世界油气资源的分布，在时间及空间上既具有普遍性，又具有明显的不均衡性。油气资源的分布，总体上具有一定的规律，这主要受大地构造条件及岩相古地理条件的控制。对含油气盆地中的油气生成、运移、聚集、保存等条件进行深入研究，就能够正确地做出含油气远景评价，有效地指导油气勘探。

## 第六节　油气分布的控制因素

油气的分布具有广泛性和不均性，无论从空间上还是时间上都是极不均衡的。同样，在同一盆地或同一含油气系统内部油气的分布也具有明显的不均衡性。

## 一、宏观上油气分布的主控因素

从宏观上看，油气分布的不均衡主要是由于大地构造条件、古地理条件及古气候等条件的不同而引起的。大地构造条件主要影响了地壳活动程度和活动方式，导致沉积盆地类型、沉降速率、地热历史的不同；而古地理和古气候条件则影响了生物繁殖、有机质保存及其向油气转化程度等。这些条件的差异决定了油气在地壳上大的区域范围内以及大的地层时间单元内分布的不均衡性。

### （一）大地构造条件

大地构造条件是导致宏观上油气分布差异的关键问题。一般来说，具有长期持续的构造活动和多构造旋回的盆地，有利于形成巨厚沉积物和多套生储盖组合，有利于油气的生成与演化，从而利于油气多层系富集。

世界上油气富集区往往是长期沉降为主的地区，具有巨厚沉积岩地层，生储盖层发育。盆地只有持续下沉，才能保持相对稳定的沉积环境并形成巨厚的沉积物，这是形成油气的物质基础。盆地长期持续下沉，水体加深，盆地扩大，并形成封闭的水体环境，产生还原的水体介质，生物大量繁殖，有机物质丰富，有利于油气的生成与演化。

多构造旋回使沉积作用具有多旋回性，导致多套生储盖组合发育，是多含油气层系形成的地质基础；盆地各部分构造演化史不同，导致不同的生储盖岩系时代，使不同地区含油气层系分布特点各异。

### （二）岩相古地理条件

有利于生物繁衍和有机质保存的沉积环境是水体相对较稳定的浅海、深湖—半深湖相，长期、大面积发育这种环境，可形成巨厚的生烃层系，是形成大油气田的基本条件。反之，不能形成油气富集区。

### （三）古气候条件

沉积盆地中有机物质的多少取决于沉积物形成时古气候和古水介质条件。一般在潮湿、半潮湿气候的沉积环境中，有机质含量高，而在半干旱和干燥气候环境下，古湖盆不断咸化，有机质含量显著降低。

## 二、盆地内油气分布的主控因素

盆地成油论提出，油气的生成、演化、运移、聚集、保存、破坏，都以沉积盆地作为基本的地质构造单元。含油气盆地的类型、构造和发展对油气在平面上和纵向上分布都有控制作用。盆地或含油气凹陷内部油气分布的不均衡主要与盆地内部不同构造单元之间的地质条件（烃源岩供烃能力、油气运移、油气聚集和油气保存等）差异有关，从而导致盆地内部不同构造部位的油气富集程度也各不相同。

### （一）烃源岩发育特征控制油气的分布

烃源岩是油气形成的物质基础，是油气分布的第一控制因素。国内外大量油气勘探实践表明，盆地内油气的分布与烃源岩的发育层系、成熟度、生排烃中心等具有密切关系。

#### 1. 烃源岩生排烃中心控制油气平面分布

含油气凹陷内烃源层的沉积中心决定了生油区（油源区）的分布，而烃源层和有效生油凹陷又基本控制了油气田分布的范围。从油气藏分布来看，主要围绕生烃中心分布，且大部分油气藏都出现在烃源岩的有效排烃范围以内。

平面上，油气田一般分布在有效生油区之内或其邻近地区，而远离有效生油区的地带往往很少有油气田分布。如松辽盆地的中央坳陷为该盆地的有效生油区，已发现的油气田基本处于有效生油区范围或邻近地区,如图7-8所示;又如渤海湾盆地东营凹陷,油气田环绕洼陷中心即生油中心分布,尤其是生油条件最好的利津洼陷控制了大油田的分布。

1959—1962年,在松辽盆地油气勘探的工作中,我国学者总结出生油区基本控制油气分布的规律,提出了油气运移距离短,油源区控制油气分布的理论,即"源控论"(胡朝元等,1982)。"源控论"的基本思想是有效烃源岩分布区基本控制了油气田的大致分布范围,油气自烃源岩生成排出后,就近聚集在生油有利区或其邻近地带。在20世纪60—80年代渤海湾盆地油气勘探中,进一步丰富和发展了源控论,在此理论指导下取得了一系列重大勘探成果(胡见义等,1991)。近20年来,油气分布源控论得到进一步发展,提出了"富油凹陷满凹含油论"(赵文智等,2004)、"洼槽控油论"(赵贤正等,2011)等,有效指导了成熟探区的油气勘探。

"源控论"不仅适用于陆相沉积盆地,而且也适用于海相沉积盆地。因为它从客观上反映了烃源岩在油气藏形成中的物质基础作用。Tissot于1971年研究巴黎盆地中侏罗统烃源岩时,发现所有的油田及出油点均位于有利生油区内,而生油率低于500g/t的地区,只有干井。波斯湾盆地的大油气田,特别是特大型油气田(指可采储量超过$6.85 \times 10^8$t油当量的油气田)主要分布于波斯湾及其周缘地区。这些地区发育着数套空间上相互叠置的主力烃源岩,分别聚集了占盆地总储量94.1%的石油和96.5%的天然气,油气具有围绕烃源岩就近聚集成藏的分布特点(白国平等,2007)。

一个沉积盆地的生油范围仅局限在盆地洼陷中较深的区域,属于盆地长期持续下沉阶段的沉积地层。由于深水相的沉积环境稳定,具有封闭条件和还原条件,生物繁殖量大,有机质丰富,有利于有机物质堆积保存并向油气转化。在一个含油盆地内,生油有利区只占全盆地的一部分。盆地面积大、生油范围小,这是陆相沉积盆地的一个特征,但富油气凹陷有效烃源岩面积都较大,可占凹陷的一半以上。例如准噶尔盆地二叠系有效烃源岩面积占盆地的51%,鄂尔多斯盆地三叠系有效烃源岩面积占盆地的60%,东营凹陷古近系有效烃源岩面积占凹陷的69%(赵文智,2004)。

2. 烃源岩层位控制油气分布的层位

烃源岩和有效生油凹陷在纵向上对油气田(藏)分布也具有控制作用。纵向上,含油气层普遍位于生油层之内或与其相邻,换句话说,生储盖组合在剖面上控制了主力油气藏的分布。

在构造活动比较频繁、断层发育的盆地,由于油气垂向运移作用强,这种油气分布的分层性可能会发生变化,油气主要分布层系可以位于烃源岩层系之上较远的地方,能在上覆地层哪套层系分布取决于油源断层的输导能力和纵向盖层的匹配程度。

以渤海湾盆地为例,由盆地边缘凹陷到盆地中心的渤中凹陷,随着沉降沉积中心的迁移,不同凹陷的主力烃源岩层系呈现出逐渐增多、变新的迁移趋势,上部沙一段、东营组烃源岩层系的贡献逐渐增大(图7-26)。不同凹陷主力烃源岩层系的迁移性也造成了各凹陷含油气层系的迁移性,由盆地边缘凹陷到盆地中心的渤中凹陷,含油气层系也逐渐变新,且总体上生油气层系之内及其相邻的层系为主要含油气层系。

3. 烃源岩成熟度控制油气的相态

烃源岩成熟度对盆地油气的相态和分布起着关键作用。烃源岩经受的热历史和成熟度不同,导致油气相态也各不相同。四川盆地和鄂尔多斯盆地过成熟海相古生界只能找气,而塔里木盆地海相石油主要分布在盆地中部南北延伸的长方形区块内,东西两侧以气为主(张

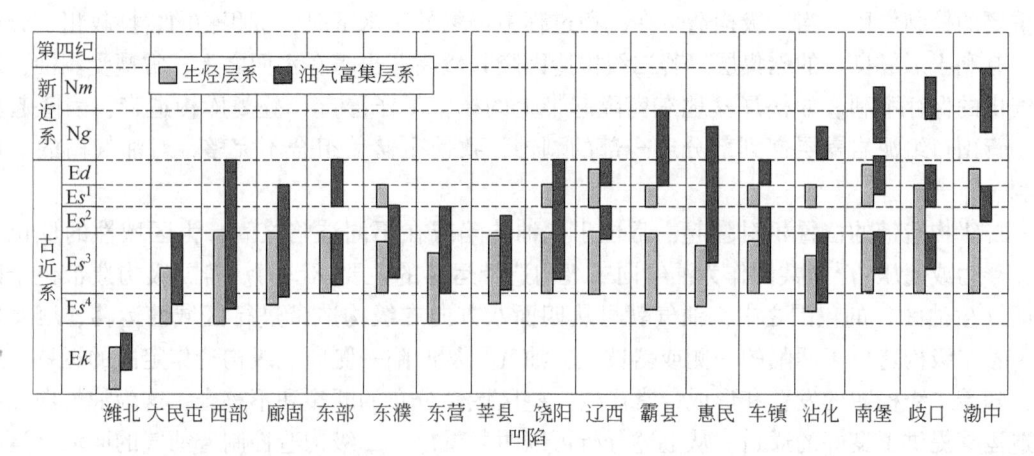

图 7-26  渤海湾盆地不同凹陷主力烃源岩层系与富油气层系关系图（据蒋有录等，2021）

永昌等，2007）。

（二）二级构造带控制着油气聚集

我国学者非常重视"油气聚集带"的研究，结合我国陆相含油气盆地的成油特点，在 20 世纪 60 年代提出了"二级构造带是油气聚集带"的观点。60 年代后期和 70 年代初期，在系统总结我国东部地区断陷盆地油气分布规律的基础上，提出了"复式油气聚集带"的观点（胡见义等，1991），指出在二级构造带的背景下，可以形成不同层系、不同圈闭类型相互叠置的含油气地带。

二级构造带作为含油气凹陷内次一级构造单元，对油气区域运移和聚集具有明显的控制作用，是凹陷内油气聚集的重要基础和地质背景。特别是那些位于生排烃中心内部或附近的长期继承性二级构造，对盆地内储集层的发育、圈闭的形成以及油气的运移和聚集有重要的控制作用，常形成构造类、构造—岩性类和地层类油气藏（图 7-27）。据统计，渤海湾盆地二级构造带聚集的石油地质探明储量为 $90.2 \times 10^8 \text{t}$，占总石油资源量的 48%（田在艺等，2002）。

二级构造带在盆地的发展过程中，某一时期或长期继承性处于相对隆起状态，对沉积具

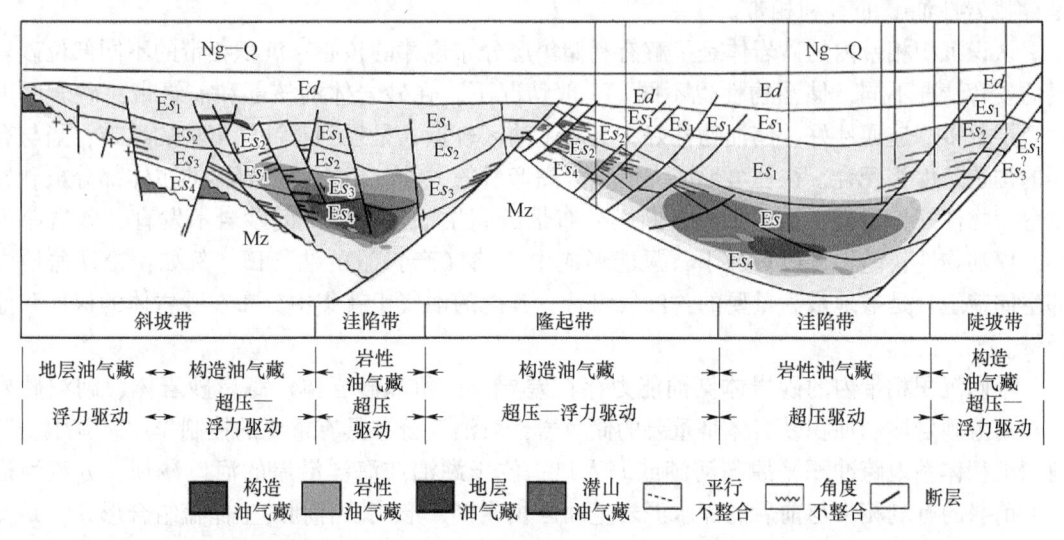

图 7-27  典型断陷盆地二级构造带与油气藏形成、分布关系图（据胜利油田，有修改）

有重要的控制作用。当二级构造带在沉积过程中仍然处于水下时，沉积物的岩性较粗，分选好，有利于形成良好的储集层。若二级构造因隆起较高，出露在水面之上，常遭受剥蚀，对油气田的保存不利。如松辽盆地东南隆起带上的杨大城子隆起、登娄库构造带，因隆起较高，青山口组泥岩盖层遭到部分或全部的剥蚀，致使生储盖组合不完整，对油气田的形成不利。

二级构造带的位置相对隆起，常位于生油洼陷或在不同洼陷之间，为区域性的低位能区，浮力或超压-浮力共同作为油气向二级构造带运移的主要驱动力。若二级构造带位于凹陷区（生油区）的包围之中，油气就可从四面八方向二级构造带进行区域性运移、聚集成藏。若二级构造位于凹陷的一侧或斜坡上，油气则从凹陷一侧向二级构造作定向的运移。此外，随着二级构造的发育和形成，常产生一些区域性分布的断裂和不整合，这为油气向二级构造运移提供了良好的通道。从上述分析可以明显看出，二级构造控制着油气的区域性运移和聚集。

（三）有利沉积相带对油气分布的控制作用

沉积相带既对某些类型的油气聚集带的形成具有控制作用，也对油气田的形成具有控制作用。在碎屑岩沉积盆地中，沉积相带控制着砂岩体的发育，进而控制着储集层的发育。盆地边缘相带，水下隆起相带，隆起侧翼斜坡相带，河流三角洲相带以及深水中浊积岩相带是油气聚集的有利相带，也是寻找高产油气田的有利地区。

从各含油气盆地的沉积相带来看，从盆地边缘到中心，常常形成一个完整的相带变化；由边缘向内部依次为河流相、沼泽相、三角洲相、滨湖相、湖相等。在平面上围绕湖区常常形成一个环状相带。盆地中部生油，边缘隆起区的有利相带是油气运移的指向，常常形成大的油气田，如大庆长垣、克拉玛依油田、胜坨油田等，表明油气运移严格受相带控制。水下隆起以及隆起两侧斜坡地区，在沉积过程中，由于地壳运动控制的基岩起伏，导致水体浅，沉积薄，相带粗，物性好；若是海相环境，则形成生物礁、鲕状灰岩。如果曾暴露水面，可能由于淋滤作用形成溶洞、裂缝，对储存油气更为有利。这些古老水下隆起区由于长期存在，隆起与坳陷在长期成岩过程中形成一定的压差，因而利于早期油气的运移和聚集。深水湖相的浊积岩位于生油深坳陷中，有利于早期油气聚集，是寻找岩性油藏的有利相带。

认识沉积相带内的砂岩体是了解有利储集层分布规律的核心。沉积相带的不同部位砂岩层的发育情况不同，储油物性也不同。一般情况下，在砂岩体的核部和前缘带，砂岩厚度大、层数多、连通性好、储油物性好，又离生油区较近，是最利于油气富集的地带；当与有利的构造条件相配合，往往可形成大储量、高产量的大油气田；而砂岩体的主体部分虽砂岩发育、物性好，但离生油区太远；断续分布带虽离生油区最近，但砂岩不发育，砂岩厚度小，储油物性较差，一般情况下，只能形成中等储（产）量的油气田。例如：松辽盆地中部生储盖组合是盆地最为重要的含油气组合，其内的油气田就集中分布在砂岩体的核部和前缘带。

不同沉积相带内的砂岩体储油能力存在差异，三角洲砂岩体、海岸砂岩体、湖泊砂岩体、河流砂岩体和浊积砂岩体是重要的储集岩，对油气分布具有重要的控制作用。其中，三角洲沉积体系地跨冲积平原与河湖或海入口，位于湖泊或海洋沿岸的河口沙坝、分流河道砂，前缘的有利相带与前后的深水泥岩生油区相连接，形成了有利的生储盖组合形式，是油气田分布的有利地区。世界上有许多与三角洲相有关的油气田，其中很多是大型和特大型油气田。如科威特的布尔干油田和委内瑞拉马拉开波盆地的玻利瓦尔湖岸油田，可采储量分别为 $94\times10^8t$ 和 $42\times10^8t$，为世界第二和第三特大型油田。三角洲之所以拥有丰富的油气聚集，是各种有利的成藏条件良好配合的结果。首先，三角洲沉积体系中的前三角洲亚相和邻近的深湖—半深湖相泥岩是有利的烃源岩，可提供丰富的油气来源。其次，三角洲沉积区发育多种良好的砂岩体，如三角洲平原亚相的分流河道砂岩体、三角洲前缘亚相的水下分流河道砂岩体、河口坝砂岩体、远沙坝砂岩体、前缘席状砂岩体等是常见的良好储集层。再者，位于三角洲平原亚相的泥岩可以作为良好的盖层。由于三角洲区的前积和水浸作用交替发生，不同类型沉积物有规律的排列，加上同生断层发育，可形成各种有利的生储盖组合，具有良好的输导油气能力，为充分排烃、就近聚集创造了有利条件。在陆相盆地中往往是一个大型三角洲体系控制了一个大油田和若干个油田和富集区。例如：松辽平原北部巨型三角洲体系，近万平方千米，控制了大庆油田的形成；东营凹陷永安镇三角洲控制了胜坨、永安镇油田的形成；辽河西部斜坡带4个近源三角洲控制了曙光、欢喜岭油田的富集区等。

（四）断层对油气的生成、运移和聚集具有重要控制作用

油气勘探实践证明，大多数含油气盆地（尤其是断陷盆地）中油气藏的形成和分布均与断层有着密切的关系，它们的形成与分布大都受断层的控制。断层在油气藏形成中具有控制储层发育和改造储集物性、控制油气运移方向和时期、控制不同类型圈闭的形成和控制油气藏分布等方面的作用。断层既对一些类型盆地生烃中心形成具有重要的控制作用，也是油气藏或油气田的集中分布带。断裂的形成演化与盆地、凹陷、构造带乃至圈闭等构造单元的形成演化相伴生，因此，不同级别的断裂在油气生成、运移和聚集中的作用存在差异。

一级、二级大断裂为控制盆地、凹陷发育的边界断裂，断距大、延伸距离远，活动时间长，其下降盘一侧形成深洼陷，是油气生成、聚集的有利场所。作为油气垂向运移的主要通道，油气可以沿大型断裂运移和重新分配，在上部地层中可以形成次生的大油田。在断陷盆地中，大型控凹断层为生长性断层，断层边沉积边活动，在其下降盘形成深洼陷，地层厚度在下降盘明显增大。例如，在渤海湾盆地的断层一侧的深洼陷中古近系具有快速沉降和巨厚沉积的特点，最大沉降幅度达 $6000\sim9000m$。这些深洼陷区以深湖—半深湖亚相为主，形成了巨厚的烃源岩，东营、霸县、饶阳、辽河西部等凹陷的烃源岩厚度达 $1500\sim2000m$ 以上。渤海湾盆地受生长性断层控制形成的凹陷中，平均每平方千米探明的地质储量达 $(10\sim15)\times10^4t$。同理，对于前陆盆地中的大型逆掩断层带，也是控制油气生成、运移和聚集的有利场所。美国1975年在落基山逆掩断裂带发现了第一个油田，以后陆续在怀俄明州和犹他州之间的逆掩断裂带的寒武系和奥陶系中找到了20多个油气田。我国准噶尔盆地西北缘的克—乌逆掩断层带，集中了该盆地油气储量的一半以上，且烃源层、含油层均倾伏于逆掩断裂带之下。

三级断裂为控制凹陷内各构造带的断层，它们是油气运移的重要通道，对油气垂向运移具有明显的控制作用，制约着油气沿断裂的垂向分布层系。通常情况下，盆地中发育大量的三级断裂，但并不是所有这些断裂均可成为油气向上运移的输导通道，只有连接烃源岩和上覆储集层，且在烃源岩大量生排烃期活动的断裂，即油源断裂，才能成为油气运移的输导通道。三级断裂中的油源断裂是控制源上圈闭油气富集的重要因素。一般，主干油源断层活动时间长，纵向上切割层位较浅，成藏期活动性较大，对于油气向上的输导非常有利，可在源上形成油气的富集。另一方面，源上油气富集的凹陷断裂数量也较多，平面上发育多个油源断层，油源断裂发育密度较大，且油源断裂在平面的展布较为均匀，在凹陷各个部位均有分布，能够有效地垂向输导生烃层系中各个部位的油气。剖面上油源断层呈包心菜形、复合Y

字形等多种组合样式,在空间上形成了多级断层阶梯输导模式,这些断裂体系在纵向上连接烃源岩与浅部储集层,有效地沟通了深层烃源岩和浅部储集层,为油气的垂向运移提供了运移通道,是源上油气富集的重要条件。如东营凹陷东辛地区的营8断裂,控制着东辛构造带的形成、演化,同时也控制着油气的分布(图7-28),断裂带活动性较强,断层最深达沙三下亚段烃源岩层系,利于油气的向上运移,形成了多层系油气藏沿断裂分布的特征,并沿主干油源断层形成了断裂带沥青(蒋有录和刘华,2010)。

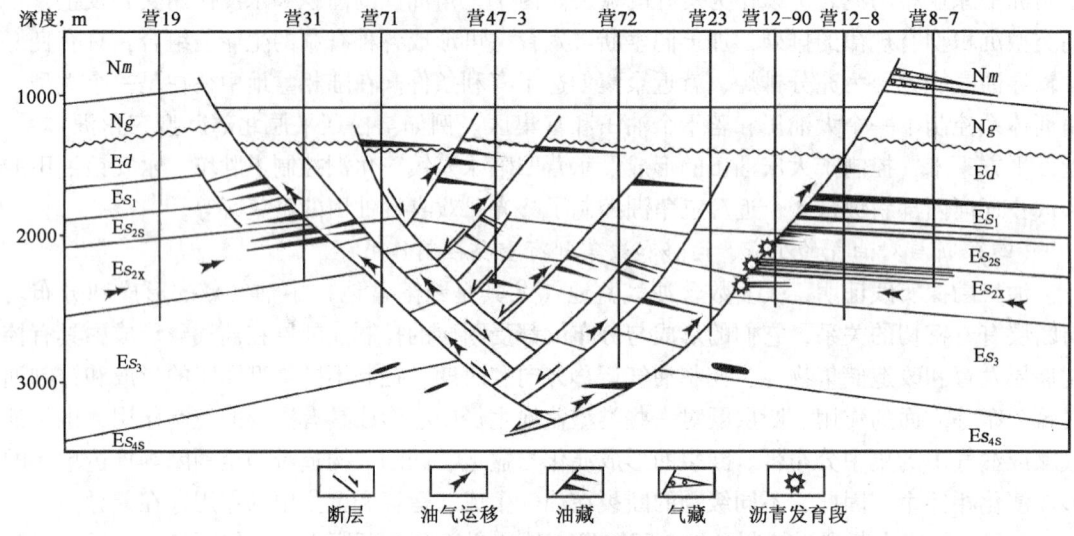

图 7-28 东营凹陷东辛地区断层控藏模式图(据蒋有录,2010)

四级断裂对各构造带局部构造(如圈闭)具有控制作用,它一方面为圈闭的形成提供了遮挡条件,另一方面控制着油气的富集程度。四级断裂在封闭时期可以为油气提供遮挡条件,形成断块圈闭、断层遮挡圈闭和断层—岩性等复合圈闭类型;当断层活动时,它不仅可以作为油气垂向运移通道,还可以伴生滚动背斜圈闭和反转背斜圈闭(吕延防等,2013)。这些断层类圈闭中封堵油气的资源量则取决于四级断层作为遮挡条件的封闭能力。

(五)区域性盖层控制油气的纵向分布

区域盖层可对油气从源岩到圈闭整个成藏系统进行封盖,因此,区域盖层对油气的富集层位起到重要的控制作用。大量的油气勘探实践表明,几乎所有油气田之上都有巨厚的暗色泥、页岩或膏盐层作为盖层,形成良好的保存条件。这种巨厚的泥、页岩,往往使断层形成封闭,断层消失在巨厚泥岩之中,或断距减小,阻止油气的纵向运移和重新分配。如大庆油田的油气终止在嫩江组巨厚泥岩之下,三肇凹陷岩性复式大油田青山口组巨厚烃源岩又是盖层,油气主要向下运移进入扶杨油层。

厚度大、分布广并且较稳定的区域盖层对盆地或者凹陷的油气运移和聚集起到重要的作用,它们与烃源岩、储集层、断层相结合,共同控制着油气藏在纵向上的分布层位。勘探实践表明,紧邻优质区域盖层之下的储集层往往是油气最富集的层位。波斯湾盆地阿拉伯次盆地的上二叠统裂隙碳酸盐岩储集层和上覆的下三叠统含膏页岩盖层、上侏罗统阿拉伯组颗粒碳酸盐岩储集层和上覆的希瑟组膏盐盖层属于这类储盖组合。其中,储于上二叠统的天然气储量占天然气总储量的78.8%,储于上侏罗统的石油储量占石油总储量的33.6%。塔南凹陷发育南一段上部和大一段两套泥质岩区域性盖层,厚度大,泥地比高,控制了油气的富集层位（图7-29）。此外，勘探实践证明，构造活动区的油气成藏和保存需要高品质的膏盐岩盖层。

图7-29 塔南凹陷盖层与油气分布关系图（据付晓飞等，2011）

以上油气分布的控制因素是基于常规油气勘探提出的，随着非常规油气勘探的日益加深，人们逐渐认识到影响非常规油气分布的因素有所差异。如有机质丰度和热演化程度是页岩油气富集主控因素，岩石的脆性系数是勘探开发的关键；广覆式有效成熟烃源岩和源储一体或紧密接触是致密岩油气分布的主要控制因素。

## 思考题

1. 简述油气田、油气聚集带、含油气区、含油气盆地的基本概念及相互联系。
2. 何谓含油气盆地？有哪些主要的分类方法？
3. 前陆盆地、克拉通盆地、裂谷盆地的主要油气地质特征有哪些？
4. 何谓含油气系统？含油气系统研究主要包括哪些内容？
5. 何谓油气成藏系统？与含油气系统的区别是什么？
6. 何谓全油气系统？非常规与常规油气分布的序列如何？
7. 世界和我国油气资源分布有哪些主要特点？
8. 控制宏观油气分布的主要因素是什么？
9. 控制盆地内油气分布的主要地质因素是什么？

# 第八章　油气勘探理论与技术方法

## 第一节　油气勘探理论

### 一、油气勘探理论的形成与发展

人类发现并利用石油和天然气经历了一个漫长的过程，与之相伴随的油气勘探理论的形成与发展大致可以划分为三个阶段。

（一）初期阶段——原始找油理论（19世纪40年代以前）

在早期的油气勘探活动中，由于缺乏对地质规律的认识，没有相应的理论指导，人们主要依赖对自然现象的直观感觉寻找油气，如根据地表的油气苗判断地下油气田的存在，或通过"观龙脉""看风水"等方法勘定井位，充满了迷信色彩。

（二）中期阶段——圈闭找油理论（19世纪40年代至20世纪40年代）

随着勘探活动的不断发展，人们开始对油气聚集规律有了一些初步的认识。1861年，美国地质学家White第一次明确提出"背斜是油气聚集的场所"。1875年，背斜聚油理论传到欧洲，得到广泛采用，取得了显著的勘探效果。通过进一步的勘探实践，人们发现油气聚集的场所不仅包括背斜，还包括地层圈闭等其它场所，于是提出了圈闭找油理论，后来又逐渐提出复合圈闭、隐蔽圈闭等概念。

（三）快速发展阶段——盆地找油理论（20世纪中叶以后）

20世纪中叶，由于油气田的大量发现，人们开始将油气田同更大规模的地质构造单元联系起来，提出了"含油气省"或"含油气区"的概念。苏联地质学家布罗德和耶列明科明确指出"含油气省"就是沉积坳陷，即沉积盆地，并力图从盆地的发展历史出发，从本质上将沉积坳陷同成烃成藏过程联系起来。除此之外，Leforsen、Perrodon等也都先后提出了沉积盆地与油气的成因联系；我国著名地质学家朱夏也提出了"将盆地作为一个整体，率先考察它的全貌，进一步按构造、沉积等方面的特征把盆地划分为若干个不同含油气远景区"的找油方针。特别是70年代以来，板块构造学说的发展带动了沉积盆地的研究，使人们进一步认识到油气与沉积盆地的密切关系。Chapman在其所著《石油地质学》中写道："石油地质学大部是沉积盆地地质学，因为重要的石油聚集都存在于沉积盆之中。"Perrodon在其所著《石油地球动力学》一书中更是直截了当地提出"没有盆地就没有石油。"

沉积盆地找油理论的提出，是石油地质学从实践到认识的一次重要飞跃。从沉积盆地整体出发，系统分析油气形成的基本地质与地球化学条件、油气源与圈闭在时间和空间上的配置关系，是正确认识油气藏分布规律，逐渐缩小勘探靶区，提高油气勘探成功率和勘探效益的必由之路，也是现代找油理论的重要标志。

### 二、我国现代油气勘探理论

自新中国成立后，我国的石油工业飞速发展，油气勘探理论也在实践、研究中不断发展，日臻完善，包括：继大庆油田发现后建立的陆相沉积盆地生油理论，以渤海湾盆地为代表的源控论、复式油气聚集理论和隐蔽油气藏勘探理论，继任丘油田发现后形成的古潜山油气勘探理论，以及正在发展和完善的以四川盆地为代表的页岩油气勘探理论等。这些理论的提出和发展，不仅有力地指导了我国的油气勘探工作，同时也是对世界油气勘探理论的重要补充。

（一）陆相沉积盆地生油理论

陆相生油理论的发展，大致经历了地质推测、岩石化学、有机地球化学三个主要阶段。

1. 20 世纪 60 年代以前

20 世纪 30—40 年代，石油地质学家孙健初在酒泉西部盆地调查了石油沟古近—新近系油苗后，指出其生油层是陆相白垩系。1941 年，潘钟祥教授根据四川、延长等地区中生界发现油气田的事实，在美国石油地质家协会（AAPG）会议上宣读了《中国陕北和四川白垩系陆相生油》的论文，首次提出"中国陆相生油"，指出"陕北的石油产自陆相三叠系及侏罗系，四川产天然气的自流井无疑也是陆相地层"。40 年代后期，王尚文、田在艺等地质学家通过对陕北、新疆、甘肃等地的油田或油气苗的大量研究，指出陆相沉积的侏罗系、白垩系、古近系是这些西部地区的生油岩。

20 世纪 50 年代中期，我国石油地质学家根据准噶尔、塔里木、鄂尔多斯、四川、柴达木及酒泉西部等盆地油气地质条件的研究成果，总结出形成陆相生油岩系的基本条件：沉降幅度大的中—新生代坳陷、封闭的沉积环境以及湿润气候下的湖相沉积。

2. 20 世纪 60—70 年代

陆相生油理论的研究从地质推测进入岩石化学分析阶段。通过中国西部、东部油气勘探的实践，我国的石油地质学家在 1960 年 11 月系统提出了陆相生油的地质和地球化学指标，提出了"长期坳陷有利于生油"的观点，指出陆相生油的有利条件是有一定量的生油有机质，并且具有有利于有机质向油气转化的还原环境。

这一阶段，中国陆相生油理论的有关要点为：（1）中国具有丰富的陆相油源——中国克拉通自晚三叠世海水从华北退出和中三叠世海水从南方退出之后，中生代陆相盆地广泛分布，湖相沉积发育，规模大，时间长，类型多，沉积厚，有机质丰富，形成了丰富的陆相油源；（2）油源条件的好坏在很大程度上受控于古气候、古沉积环境；（3）中国陆相含油气盆地的一个明显特征是高沉积速率，这一沉积速率与油气富集程度成正比；（4）陆相沉积盆地中，碎屑岩沉积占绝对优势，含油层系主要是不同类型的砂岩，储集层连通性差，基本为非重力流盆地，区域性油气运移距离受到限制，但陆相储集层与油源层交互或交叉接触，也能形成大型油气田或大型油气聚集带。

3. 20 世纪 70 年代以来

20 世纪 70 年代后，我国建立了陆相生油岩评价标准，以及不同盆地（凹陷）的有机质演化模式，确定了油/岩和油/油之间的成因关系，提出了生烃量的定量计算方法。陆相生油的研究开始步入以有机地球化学为基础的理论化、系统化、定量化的新阶段。在此基础上，认为陆相盆地的油源区往往是以相互分离的"生油凹陷"的形式存在，只要具备了有效的生油岩体积和良好的转化条件，就可以形成大的油气田。

20 世纪 80 年代以后提出的煤成烃、未成熟—低成熟油、超压盆地生烃动力学等陆相重要生烃理论，进一步丰富了我国陆相生油理论的内涵。陆相生油理论是随着勘探实践逐渐发展起来的，在我国陆相地层油气勘探中发挥了重要作用，同时也进一步发展、完善了世界石油地质理论。

（二）源控论

油气勘探表明，绝大多数含油气单元包括盆地、坳陷、凹陷，只发生过短距离的油气运移过程，油气就近聚集在烃源岩分布区内或其邻近地带，生烃区基本上控制了油气田的分布范围，这就是源控论的主导思想，油气运移距离较短是源控论的核心。

1. 源控论的起源和发展

源控论的思想萌芽于20世纪60年代初期，由胡朝元首先提出松辽盆地的油田分布受油源区制约，80年代初他将源控论的适用范围推广到中国东部各陆相盆地；80年代中后期，又将该规律推广到中国西北及近海和国外少数盆地及天然气区。20世纪60年代末以来，国外也相继出现了与"源控论"相近的观点，并在勘探实践中得到了广泛的验证。Halbouty认为，形成大油气田最主要的原因是生油岩，接近大圈闭，并有良好的运移通道。Tissot和Welte认为，靠近大量生油区的圈闭比远离生油区的圈闭更有油气聚集的可能性。可见，"源控论"不仅适用于陆相沉积盆地，而且也适用于海相沉积盆地。"源控论"从客观上反映了烃源岩在油气藏形成中的物质基础作用，因此，烃源岩条件的研究是油气资源评价和油气勘探的基础。

2. 源控论的内涵和勘探实践

源控论明确指出有利生油深坳（凹）陷控制了油气的形成和分布。有利生油深坳（凹）陷具备了油气形成的区域条件：埋深大，富含大量有机质（生油体积大），具备良好的热转化条件、保存条件和压力体系，因此有利于油气的富集。在陆相沉积盆地中，油气田一般围绕生油坳（凹）陷中心呈半环状、环状、多环状分布，一个生油凹陷就是一个含油区，不论凹陷的大小，只要具备了良好的生油条件，即使只有几百平方千米的小凹陷也可以形成丰富的油气聚集。

松辽盆地的主要生油区面积达$5 \times 10^4 km^2$，盆地中的油气均分布于生油深陷附近（图7-8）。通过勘探，1962年正式提出了围绕生油坳陷找油的观点，取得了良好的勘探效益。渤海湾盆地的东营凹陷、歧口凹陷等，有利生油区面积占凹陷面积的一半左右。已发现的油气田具有围绕有利生油深洼陷环状分布的特点，大多数已发现的石油储量集中分布在生油区内及附近（图5-28，图7-7）。

国外油气勘探同样也证明了生油深坳陷控制了油气藏的形成和分布。1971年，Tissot在研究巴黎盆地侏罗系生油问题时，发现所有油田及孤立的油流井均位于生油层最好的地区之中，而生油潜力小于$500g/t$的地区只钻遇了干井。苏联地质学家罗诺夫的研究也表明，伏尔加—乌拉尔油区的上泥盆统的有机碳含量平均为$1.6\%$，远高于非油区的$0.51\%$。

（三）复式油气聚集理论

复式油气聚集带是指位于同一构造单元之上，具有相同的油气地质背景和成因联系的若干个油气藏的集合，其中以一种油气藏类型为主，而以其它类型油气藏为辅，具有成群成带分布的特点，在平面上和剖面上构成了不同层系、不同类型油气藏叠加连片的含油气带。

以拉张断陷为特征的渤海湾盆地地质结构十分复杂，断裂构造带多且多期活动，不整合发育，岩性、岩相变化快，储集岩体类型多，油气藏类型多，造成油气生成、输导、聚集的纵横向上的多样性，进而形成复式聚集带，即由不同层系、不同圈闭类型及成因上互相联系的油气藏，形成叠合连片的油气聚集带。不同的凹陷，或凹陷中的不同部位，复式油气聚集带的类型有一定的差异。

复式油气聚集带主要受二级构造带、区域性断裂、物性变化带、地层超覆带和地层不整合等多种因素控制，其中某一种因素在油气富集过程中起主导作用。因此，复式油气聚集带常常是以一种油气藏类型为主，其它类型为辅的多种类型油气藏的集合体（图8-1）。

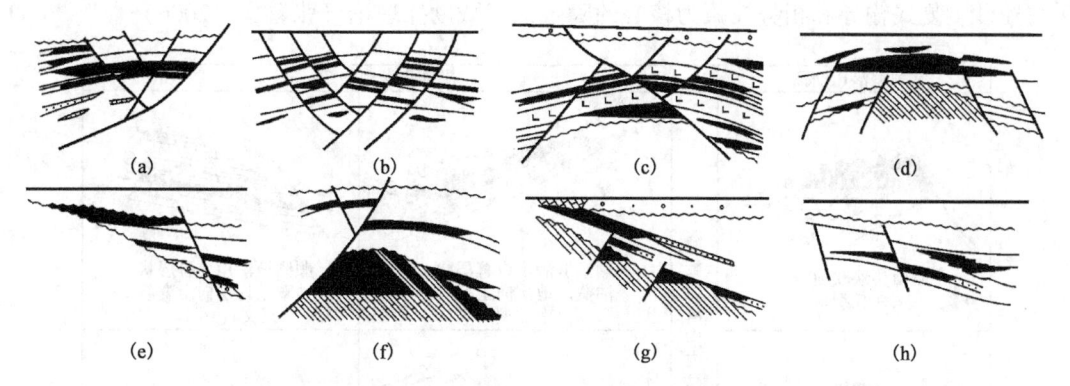

图8-1 渤海湾盆地复式油气聚集带类型（据邱中建，1999）

(a) 以逆牵引背斜带为主体的复式油气聚集带；(b) 以挤压构造带为主体的复式油气聚集带；(c) 以底辟隆起为主体的复式油气聚集带；(d) 以披覆构造带为主体的复式油气聚集带；(e) 以地层超覆带为主体的复式油气聚集带；(f) 以地层不整合"基岩"潜山为主体的复式油气聚集带；(g) 以地层不整合为主的复式油气聚集带；(h) 以砂岩上倾尖灭带为主的复式油气聚集带

复式油气聚集理论的提出，在我国东部地区的油气勘探中发挥了重要作用，提高了勘探成效，为盆地或凹陷的不同部位开展勘探工作指明了方向，同时也说明，在一个较大区域内开展勘探工作，要同时兼顾多层系、多种油气藏类型。

（四）古潜山油气勘探理论

20世纪70年代，随着任丘古潜山油气田的发现，我国陆续开展了古潜山油气勘探的综合研究，将古潜山油藏划分为块断山油藏（如任丘古潜山）、褶皱山油藏（如高阳低凸起）、残山油藏（板深7井潜山）3种主要类型；指出"早期抬升、中期埋藏、晚期稳定"是"新生古储"型古潜山油气藏的成藏关键；通过系统研究潜山及潜山内幕的地球物理响应特征，提高了潜山圈闭的钻探成功率。

从1996年开始，以济阳坳陷为代表的断陷盆地的潜山勘探取得了大的发展。李丕龙等（2004）系统研究了潜山类型的多样性和分带性及与断陷湖盆形成演化的成因联系，从理论上阐述了不同类型潜山带形成的动力学机制，提出了潜山带内幕层状油气成藏理论，建立了多样性潜山带的储集系统模式及成藏模式。此外，应用现代地球物理技术对潜山形态及内幕结构进行了系统研究，形成了多样性潜山的勘探配套技术及勘探方法。

近年来，随着勘探程度的不断深入，勘探方向逐步转向埋藏深、识别难度大、成藏条件复杂的隐蔽型潜山油藏（图8-2）。冀中坳陷的勘探成果表明，埋藏深度大于3500m的隐蔽型深潜山的储集空间以孔洞、裂缝为主，物性受埋深影响小，具有较好的储集能力；而潜山内幕成藏受控于储盖组合的有效性、储集层物性与油气运移通道输导能力的耦合关系，具有良好封堵能力的内幕盖层、良好储集物性的内幕储层以及优势的油气运移通道是潜山内幕成藏的关键（赵贤正等，2012）。

（五）隐蔽油气藏勘探理论

隐蔽油气藏（subtle reservoir）通常是指以地层、岩性为主要控制因素，常规技术手段难以发现的油气藏。该类油气藏主要发育在层序格架的特殊部位、特定的沉积相带、构造或断裂的突变部位、流体或层序变化较大的地质体中，多属岩性油气藏、地层油气藏以及其它复合型油气藏。以胜利油田为代表的我国东部油区经过多年的勘探实践和科技攻关，提出了断坡控砂、复式输导和相势控藏为核心的隐蔽油气藏勘探理论（张善文，2006）。

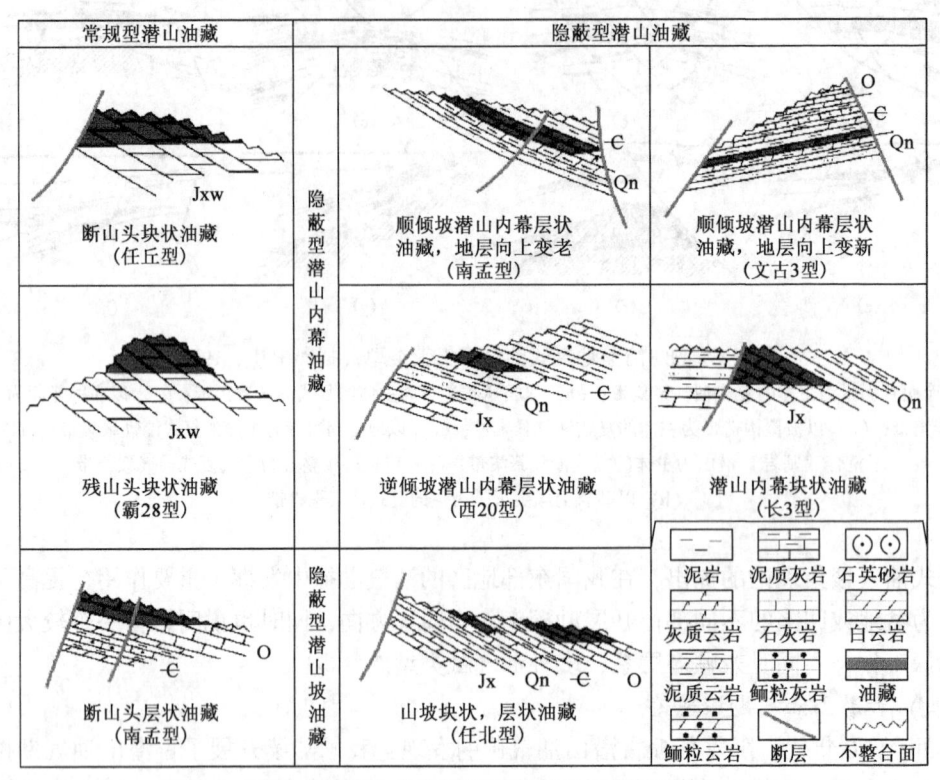

图 8-2　冀中坳陷潜山油藏类型示意图（据赵贤正等，2012）

1. 断坡控砂

所谓断坡，是指由断裂为主导的陆相断陷盆地构造活动所造成的沉积古地貌突变。断裂等构造活动的差异性和有序性，决定了断坡的发育程度和分布的规律性。在断陷盆地（如济阳坳陷）中，不同类型和成因机制的断坡在平面上构成了环绕盆地沉积中心分布的断坡"圈带"。从盆地边缘到沉积中心，分别发育凸缘坡折、陡坡断阶、缓坡断阶和盆内坡折。断坡通过改变沉积古地貌而控制沉积作用的方式与发生的地点，从而进一步控制盆地沉积体系的类型和时空分布，造成储集岩类型的多样性。

2. 复式输导

断陷盆地多期次构造运动形成了广泛分布、不同级次和组合样式的断裂网络，而断坡控制了储集体的分布，二者相互依存、影响和补充，形成了纵横交错的运移通道。按照组合方式，可将断陷盆地的油气输导体系分为网毯式、"T"形、阶梯形和裂隙形四种基本类型（图 4-32）。陆相断陷盆地构造活动和沉积作用决定了输导要素的时空配置规律，也就决定了不同类型输导体系的空间分布。受控于特定的地质结构，断陷盆地陡坡带常发育"T"形输导体系，中央断裂背斜带以网毯式输导体系为主，洼陷带以裂隙型输导体系为特征，缓坡带主要分布阶梯型输导体系。

3. 相势控藏

油气藏的形成和分布受"相""势"双重要素的联合控制。宏观上，它们控制着油气藏的时空分布；微观上，控制着油气藏的含油气性。如从岩性透镜体油气藏到岩性尖灭油气藏、地层超覆油气藏、不整合遮挡油气藏，其空间展布主要受控于"相"，即沉积体系类型，而其含油气性则主要受控于"势"，即油气运聚的动力条件，从以异常高压为主转变为以浮力为主。

断坡控砂、复式输导、相势控藏构成了陆相断陷盆地隐蔽油气藏勘探的理论体系。其中，断坡控砂是基础、复式输导是条件、相势控藏是关键。近年来，随着勘探程度不断提高，断陷盆地构造转换带、不同沉积体系的结合部及不整合控制的地层突变带等已成为隐蔽油气藏勘探的新领域。

（六）页岩油气勘探理论

页岩油气已成为全球石油与天然气产量增长的主力，正改变着全球油气供给格局。针对页岩油气复杂地质特征，我国石油高校、油气企业的专家学者探索形成了系列特色理论技术，有效推动了页岩油气的勘探开发，成为国内油气稳产增产的关键领域。

1. 页岩气勘探理论

与北美海相页岩气相比，中国页岩气形成的资源基础具有多样性。中国页岩气分布于海相、海陆过渡相和陆相3类富有机质页岩中，具有"一深、二杂、三多"的特点。"一深"是埋藏深度较深，深度超过3500m的页岩气资源占比65%；"二杂"是页岩构造复杂、有机质热演化史复杂；"三多"是页岩类型多、分布层位多和构造运动期次多（邹才能等，2022）。

国内学者针对我国海相页岩气富集特征陆续提出了"二元富集"、"构造型甜点"、"连续型甜点"、"源—盖控藏"、"建造—改造"和"三高一保一适中"等富集模式。这些理论指出深水陆棚相页岩具有"高TOC、高孔隙度、高含气量、高硅质"四高特征，生烃强度高、有机质孔发育，有利于储集层改造，是页岩气"成烃控储"的基础；适中的热演化程度有利于海相页岩有机质孔的形成，为页岩气的富集提供了有利的储集空间；良好的保存条件是页岩气"成藏控产"的关键地质因素，建立了"超压富气、常压含气和负压贫气"等页岩气富集和贫化模式，为我国南方复杂构造区页岩气高效勘探提供了理论支撑。

在上述理论指导下，我国涪陵、威荣、威远、长宁、昭通等页岩气区（田）不断扩大，志留系、寒武系、震旦系、二叠系和石炭系等勘探层系不断增多，勘探深度不断加深（从3000m中浅层向4000~5000m发展），在四川盆地及周缘地区合计探明地质储量$1.81 \times 10^{12} m^3$，建成约$200 \times 10^8 m^3$年产能。近期又陆续在盆缘复杂构造区和盆外常压区等南方外围地区试获页岩气工业气流，逐步呈现出多层系并举的勘探趋势，页岩气具备再上产$200 \times 10^8 m^3$以上的条件。

2. 页岩油勘探理论

我国页岩油主要发育于长期持续沉降的陆相富油湖盆，明显受长尺度的区域构造、中短尺度的气候、水动力条件、水介质性质、生物活动等因素控制，在淡水和咸水湖盆中均形成了复杂岩石类型和沉积构造，进而导致沉积、成烃、储集层、流体物性等方面与北美海相页岩油存在较大差异（郭旭升等，2023）。经过多年技术攻关和实践，在充分认识中国陆相页岩油地质开发特征基础上，初步形成了囊括富集规律认识、岩相评价、储集性表征、可动性评价、可压性评价、产能评价及地质建模—数值模拟一体化"甜点"分析技术等陆相页岩油开发评价方法与技术，推动了中国陆相页岩油开发突破。

页岩油能否富集成藏并具备有效开发的潜力受多个因素控制：一是滞留烃的数量；二是滞留烃的品质以及流动性，页岩油在地下呈组分流动特征，轻组分越多，就可以和更多的重组分形成混相流动，页岩油的流动量和产量就会越高；三是页岩油赋存的地层中孔隙体积和结构（赵文智等，2023）。

稳定且具有一定规模和适宜热成熟度的富有机质页岩是重要的物质基础。富有机质优质烃源岩的存在是页岩油形成富集的地质基础。统计发现，要形成经济性偏好的页岩油，以 $TOC>2\%$、母质类型Ⅰ型和Ⅱ$_1$型为主且 $R_o>0.9\%$（咸化环境大于0.6%）或更高为页岩油Ⅰ型甜点段选择标准。同时富有机质页岩分布面积要大，具备一定的工业规模。

此外，页岩油富集也需要足够大的储集空间，以保持足够多的滞留烃数量。从页岩油主生产区统计看，有效孔隙度需超过3%，最佳超过6%。不同探区因热成熟度不同，对储集层孔隙度的要求也不尽一致。较高成熟度页岩油具有较低的密度和黏度，轻烃组分含量高，滞留烃具有较好的流动性，对孔隙度下限的要求可以低一点。我国松辽盆地古龙凹陷青山口组页岩，有效孔隙度取值范围为 3.5%~6.9%（孙龙德等，2023）。

## 第二节 油气勘探技术

油气田勘探是一项技术密集的高科技产业，它的发展在很大程度上受制于勘探技术的进步。油气勘探史上的任何一次重大飞跃无不与新技术、新工艺的出现有关（视频8-1）。

视频8-1 我国页岩气勘探开发潜力

油气勘探技术随着科技的发展而变化和（或）改进，基本可以分为三大类：地质调查技术（地面地质勘查、油气资源遥感、非地震物化探、地震勘探）、井筒技术（钻井、录井、测井、地层测试等）、实验室分析技术。这些技术基本上都是以采集各种数据和信息为主要方法，并通过资料的处理与解释，从不同的侧面再现地下地质情况。

### 一、地质调查技术

（一）油气地面地质勘查

地面地质勘查是获得区域地质资料最直接和最可靠、经济的方法，具有技术简单、成本低的优点。作为一种最古老的地质调查技术，油气地面地质勘查在世界和我国油气勘探历史中曾经发挥了重要作用。它主要是通过野外地质露头的观察、油气苗的研究，结合地质浅钻和构造剖面井等手段，查明生油层和储油层的地质特征，落实圈闭的构造形态和含油气情况。该方法是在地层露头区或者薄层覆盖区找油的一种经济有效的方法。

地面地质勘查的主要任务：一是观察、丈量主要的沉积地层剖面，从地表露头和其它施工坑道、钻孔取样进行分析鉴定，重点解决地层时代、生储油条件；二是进行油气苗调查，确定其产层，取得油气分析数据，以便分析油气苗的成因和油源；三是参照遥感解译成果，确定盆地边界，并有针对性地收集有关资料，了解盆地的地质结构、区域构造轮廓与大断裂展布；四是通过地面地质调查了解地面地理条件，为部署物化探做准备。

在确定盆地的地层层序、生储盖组合及其分布，进行生储盖评价，建立盆地地质模型的过程中，地面地质勘查是一种不可缺少的重要环节。我国早期发现的几个主要油气田，如老君庙油田、克拉玛依油田以及柯克亚凝析气田等都与地面地质勘查紧密相关。

（二）油气资源遥感

油气资源遥感是在利用卫星遥感获得的大量数据的基础上，应用图像处理、统计分析和地理信息系统等手段，在现代石油地质理论指导下，解译并分析含油气盆地的地质构造、烃类微渗漏现象，并结合地质、物化探等资料，评价盆地含油气性，预测含油气远景区。

油气资源遥感主要有两大技术：构造信息提取与分析技术、烃类微渗漏遥感直接检测技术。

构造信息提取与分析是遥感在石油勘探中最早应用并逐步发展起来的，也是国内外应用最广泛、最成功、最有效的方法，包括地貌构造解译分析、地质动力解译分析等。卫星遥感影像可以通过不同的纹线、色线、色带以及色界线识别各种活动构造，如断裂构造在遥感影像上通常以线性体的形式出现，部分则以环形体或其它特殊纹理形式出现，而不同力学性质的断裂构造在遥感影像上又表现为不同的线性体形式。隐伏的断裂构造虽然在遥感图像上比较隐晦，但其活动会对上覆盖层的变形方式起到明显的控制作用，影响地表松散沉积物，引起微地貌、水系和色调异常，从而在遥感图像上也有所反映。尽管遥感影像包含了丰富的地质构造信息，但由于其容易受到其它地物信息的干扰掩盖，因此，必须通过遥感解译才能提取有用的构造信息，即根据遥感影像的光谱特征（色）、影纹特征（影）和形态特征（形）建立相应的解译标志，利用类比的方法进行识别。

烃类微渗漏遥感直接检测技术是根据烃类微渗漏机理、微渗漏速率、微渗漏地表组分和地表标志，建立一系列探测关于岩石褪色、蚀变和地面植被病变等引起的电磁波特征变化的遥感模型，采用各种图像处理方法增强和提取烃类微渗漏信息，从而圈定含油气范围，其实质就是应用遥感技术探测烃蚀变带，即地表物质中的物理、化学异常带，包括土壤吸附烃异常、红层褪色异常、黏土矿物异常、碳酸盐矿物异常、地面植物异常和放射性异常等。

油气资源遥感技术技术自20世纪60年代起广泛应用于区域地质调查，以其概括性、综合性、宏观性、直观性的技术特点，成为油气勘探中的一种低成本、省时的技术方法，特别是对于交通不便及环境恶劣地区或缺乏地震、钻井资料的地区，可以快速高效地获取多种地质信息。20世纪90年代以后，随着新型遥感传感器的不断推出、遥感探测分辨率的不断提高、高光谱技术的推广应用以及图像处理技术的长足进步，油气资源遥感进入了新的发展阶段。

我国油气资源遥感始于1978年，石油系统率先组织开展塔里木盆地及西部其它盆地的油气资源评价，先后在柴达木、准噶尔、二连、四川盆地以及我国东部各盆地进行了油气遥感地质研究，预测了一批有勘探远景的含油气构造带。油气资源遥感已从间接性、辅助性逐渐迈入直接性、综合性发展阶段，成为油气勘探早期不可缺少的重要手段之一。

（三）非地震物探

非地震物探是重力、磁力和电法勘探的总称，主要以岩石密度差、磁性差和电性差为依据，通过观测地表或地表上空的地球重力场、电场和磁场特性的变化，来反映地下地质特征。重磁电方法是地球物理调查的重要手段，因其设备轻便、勘探时间短、数据处理提交结果快而无法取代。其作用主要有三个方面：一是反映地壳深部结构及其特点；二是反映基底顶面深度与起伏状态，以及基底断裂与岩性；三是在有利条件下，反映沉积盖层的构造特征。因此，重力、磁力和电法勘探是研究区域构造的重要方法，互相配合使用既能提供大地构造单元划分的依据，也能在一定程度上圈定有利的构造，具有快速经济的优点。

1. 重力勘探

地壳中各种岩石和矿物的密度（质量）不同，根据万有引力定律，其引力也不相同。因此，利用重力测量仪测量地面上各个部位的地球引力（重力），并排除区域性引力（重力场）的影响，从而得到局部的重力差异，发现异常区，这种勘探方法称为重力勘探。

1975年，任丘潜山油气田的发现，重力勘探做出了重大贡献。由于古潜山与上覆沉积岩之间存在明显的密度界面，根据重力异常，特别是重力异常的微商分析，可以对古潜山做出定性解释。

2. 磁法勘探

磁法勘探是利用地壳内各种岩（矿）石间的磁性差异所引起的磁场变化（磁异常）来寻找矿产资源和查明地下地质构造的一种物探方法。当地下存在磁性物质时，它会对地磁场产生扰动，改变周围的磁场强度和方向，形成异常磁场。通过测量地面上的磁场数据，并进行数据处理和解释，就可以推断出地下磁性物质的性质和分布，从而对地下的地质构造和矿产资源进行勘探。目前国内外磁测已经发展为地面磁测、航空磁测、海洋磁测、井中磁测和卫星磁测五大类，广泛应用于区域地质调查、储油气构造和含煤构造勘查、成矿远景预测、工程环境调查以及考古等多个领域（廖桂香，2013）。

20世纪50年代末期，松辽盆地的航空磁测显示异常。根据磁异常分布，将松辽盆地划分为6个构造单元，中央坳陷区的沉积盖层最厚，为正磁力异常，其中的隆起（大庆长垣）为负磁力异常，被定为最有希望的油气聚集区。

目前，重磁信息提取与识别方法研究经过多年的发展形成了很多成熟的技术，如滑动迭代趋势分析法、灰色预测理论、高阶统计量、插值切割法、小波分析法和人工神经网络等，都取得了一定的效果。欧拉反褶积方法、重磁响应函数方法和数字信号分析等技术的应用也推动了重磁勘探的发展。

3. 电法勘探

电法勘探是根据岩石或矿石之间的电磁性质差异，通过观测天然的或由人工激发的电磁场的分布来研究地下地质构造，寻找油气资源和各种矿产资源，解决环境、工程、灾害等地质问题。

目前电法勘探新技术主要包括高密度电阻率法、海洋可控源电磁法和时频电磁法。高密度电阻率法是一种阵列勘探方法，相对于常规电阻率法而言，成本低、效率高、信息丰富、解释方便、勘探能力显著提高；海洋可控源电磁法利用水平电偶极子源和布置于海底的电磁采集站采集来自地下地层的电磁信号，通过一定的处理解释技术得到地下电阻率分布，用于油气检测；时频电磁法是通过观测电磁场的衰减曲线来研究地下地质构造，且一次观测可同时得到时间域和频率域资料，激发场源强，可直接探测油气藏。

在我国大庆油田发现井——松基3井井位拟定过程中，电法勘探就发挥了重要的作用。当时的电法勘探表明，中央凹陷的大同镇存在一个电法隆起，被认为是很有希望的"凹中隆"。这一发现与后来新的地震资料绘制的构造图吻合，为松基3井的井位拟定和勘探部署提供了充分的依据。

（四）地震勘探

在油气勘探中，地震勘探已成为一种最直接、最有效的方法。地震勘探的基本原理就是通过人工方法激发地震波，研究地震波在地层中的传播情况，如地震波的传播时间、传播速度、振幅、频率、相位等，得出地下不同地层分界面的埋藏深度、岩性及油气分布等，进而查明地下地质构造，为寻找油气田或其它矿产资源提供帮助。

地震勘探包括地震采集、处理和解释三部分。地震采集技术的发展主要体现在数字单分量单点接收技术、井发地震技术、可控震源技术等。近年来国内外的地震处理新技术发展迅速，如复杂地表静校正技术、三维地震处理技术、岩石物理分析技术、多波多分量处理技术、四维地震技术等。同时，地震解释也不断涌现各种新技术，如测井资料和地震资料联合预测压力、基于波形反演获取的纵横波速度预测超压区。处理解释的逐步一体化可以有效提高钻井的成功率。人机交互技术、可视化技术的发展带来了解释技术的革命，使得解释人员能在较短的时间内高精度地解释更多的地震资料。

由于地球物理反演多解性强，基于不同物性的重磁电震联合反演已经成为一种趋势，利用不同地球物理方法的特点，扬长避短，减少反演的多解性。

（五）油气地球化学勘探

油气藏中的烃类物质在各种动力作用下沿着裂隙网络垂向运移至近地表形成地球化学效应、物理效应和生物效应，因此可以借助测试手段从土壤、岩石、气体、水体及植物等介质中检测烃及其伴生物和蚀变产物，研究油气藏与周围介质（大气圈、水圈、岩石圈、生物圈）之间的相互关系。这种根据浅层地球化学效应特征，结合石油地质和地球物理成果，预测和评价有利的含油气远景区带，指出油气勘探靶区和钻探目标的勘探方法就是油气地球化学勘探，简称油气化探。

运移至近地表的烃类形成的异常一般有多种形态，包括串珠状（线状）、面状（块状）、环状和多环状。串珠状异常是透镜状或条带状异常沿控油断裂按一定的方向断续分布造成的，是拉张型盆地内常见的一种异常模式，通常有较高的幅度。面状异常是连片的高含量区或集中分布于一定范围内的高含量区所构成的异常，它往往是烃类沿油气藏上方微裂隙运移的结果，一般位于油气藏顶部或稍有偏离的部位。环状异常是晕圈状高含量带，中央为低值或背景值，高含量带表现为连续或不连续的环，晕圈呈圆形、半圆形、椭圆形等各种形态。环状异常是"烟囱效应"及"微生物作用"的结果，油气藏中的烃类沿着垂直通道向上运移。由于氧化过程中伴随着次生碳酸盐的析出，导致油气藏上方形成致密层，阻碍后续烃类向上运移，从而形成环状异常；或者是在油气藏边部因逸散的烃类减少，满足不了微生物生存的最低浓度，微生物不能生存，造成边部异常值比油气藏顶部高，微生物作用结果形成环带异常（图8-3）。

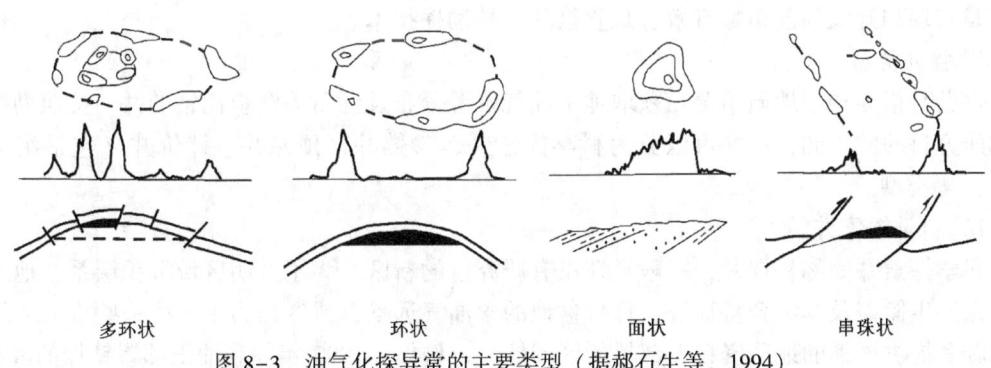

多环状　　　　　环状　　　　　面状　　　　　串珠状

图8-3　油气化探异常的主要类型（据郝石生等，1994）

油气化探自1933年正式问世，经历了探索、低潮，至20世纪70年代初，随着分析测试技术的飞速发展，油气化探开始复兴，形成了丰富多样的方法和技术，取得了卓有成效的勘探成果。因其具有直接、快速、有效及成本低的特点，便于在各种地表条件下使用，作为一种重要的直接找油技术，油气化探具有其它方法和技术无法取代的优势。

（六）地热分析技术

油气的形成与聚集是一个漫长的地质过程，在此过程中区域热状态随之变化，生油母质往往经历了一个相当复杂的受热过程。现代油气成因理论和油气勘探实践证明，地温是控油气生成、运移和聚集的重要因素之一。沉积盆地的热历史控制着盆地内烃源岩的热演化以及油气生成过程、赋存状态和分布规律。因此，通过盆地热史的研究，结合地质资料可以分析盆地的油气类型、含油层系及含油气远景。

（1）直接寻找油气藏。由于石油、天然气的低热导特征及氧化放热等过程，油气田上方的地温一般比不含油气的构造中要高。如前喀尔巴阡带的滨别斯坳陷中，深1000~1500m的含油构造比"空"构造的温度高5~10℃。这种现象不仅在背斜油藏中存在，在克拉斯诺达尔地区宽沟油田的，岩性遮挡油藏中也同样发现了热异常现象，根据这一现象可以大致推测含油区范围。

（2）研究深部地质构造。在沉积盆地中，受地层热导率的影响，大地热流往往向基底隆起、背斜、断层上升盘等部位聚集，因此地温、地温梯度、大地热流等地热参数分布能够反映深部构造特征。如东营凹陷内中央隆起带、北部陡坡带、南部缓坡带等正向构造的地温梯度均高于相邻的民丰洼陷、利津洼陷等次级洼陷，可利用浅部的地温资料分析深部构造。

（3）判断含油层系、油气类型。地温是地层内有机质成熟并向烃类转化过程中的关键因素之一。通过恢复盆地的热史，结合盆地各地层构造史，可以揭示烃源岩层的生烃史和"烃源灶"的位置，从而判断生油层系、生油时期、油气类型及生油量，为油气资源评价和油气勘探决策提供重要基础。

## 二、井筒技术

井筒技术是以钻井工程为代表的系列勘探技术，以钻井工程为作业主体，配置有钻井液、测井、中途测试、录井、试油等诸多的井筒服务技术部门。由于它们直接接触油气层，因而是一种相对直接的油气勘探技术。

### （一）钻井技术

钻井是采用专门的钻探设备或装置，将地层钻穿，直接探测地下地层中油气的存在与分布，是发现和开发油气田最有效、最直接的一种勘探技术。

1. 探井类型

探井是指为探明地质情况、获取地下油气资源分布及性质等资料而钻的井。按照勘探阶段和研究目的的不同，探井可以分为科学探索井、参数井、预探井、评价井（包括滚动评价井）等类型。

1）科学探索井

科学探索井简称科探井，一般是在没有研究过的新区，为了查明区域沉积层系、地层接触关系、生储盖及其组合特征等，评价盆地的含油气远景，或者是为了解决一些重大地质疑难问题和提供详细的地质资料而部署的区域探井。例如，1997年胜利油田部署钻探的郝科1井就是一口探索整个渤海湾盆地深层含油气性的科探井，而2001年在江苏省东海县开钻的科钻1井则是为了研究大别—苏鲁超高压变质带而设计的一口科探井。

科探井的钻探深度一般较大，研究项目比较齐全，钻井难度大、要求高。第一，通常要求连续取心，至少在重点层段全部取心；第二，以探地层为主要任务之一，要求钻在盆地中地层较全的部位；第三，要求分布均匀，对盆地有较好的控制作用。

2）参数井

参数井也是一种区域探井，但是它比科探井更常用。它是在地震普查的基础上，为查明一级构造单元的地层发育、沉积剖面、接触关系、生烃能力、储盖组合，并为物探、测井解释提供参数为主要目的的探井。

参数井的研究项目没有科探井齐全，一般不要求连续取心，但取心进尺通常不少于总进尺的3%。同时，要求全井段声波测井、地震测井。参数井一般以盆地或坳陷为单元进行统一命名，取探井所在盆地或坳陷的第一个汉字加"参"字为前缀，后加盆地参数井布井顺序号命名，如塔里木盆地的塘参1井，就是部署在塔里木盆地塘古孜巴斯凹陷的第一口参数井。

3) 预探井

预探井是在地震详查的基础上，以局部圈闭、新层系或构造带为对象，以揭示圈闭的含油气性、发现油气藏、计算控制储量（或预测储量）为目的的探井。根据其钻探目的的不同，又可分为新油气田预探井（在新的圈闭中以寻找新油气田为目的）和新油气藏预探井（在已探明油气藏的边界之外或者已探明浅层油气藏之下以寻找新的油气藏为目的）。

预探井井号一般是以区带名称或者圈闭所在地名称的第一个汉字为前缀，后加1~2位阿拉伯数字构成，如塔里木盆地塔中凸起上的塔中1井、塔中4井。

4) 评价井

评价井又称详探井，它是在已经证实具有工业性油气的构造、断块或其它圈闭上，在地震精查或三维地震的基础上，在预探所证实的含油面积上，为进一步查明油气藏类型，确定油气藏特征（原油性质、油气水界面、构造、油层厚度），评价油气田规模、生产能力、经济价值，落实探明储量为目的所部署的探井。

评价井命名方法是在区带预探井汉字后加3位数字，如塔中401井就是一口以评价塔中4油田为目的的评价井。

2. 钻井技术的发展

近年来，超深井钻井技术、深水钻井技术、水平井钻井技术、大位移井钻井技术、分支井钻井技术、欠平衡钻井技术、旋转导向钻井技术、自动垂直钻井技术等已经日臻成熟，大大提升了油气资源的勘探和开发水平；套管钻井、连续管钻井、膨胀管钻井、自动化（闭环）钻井、三维可视化钻井、地质导向钻井、精细控压钻井、地热钻井、极地钻井等也取得了突破性进展；激光钻井、微小井眼钻井、负压脉冲钻井、连续管超高压射流钻井、等离子钻井、微波钻井等超前钻井技术的开发与试验也取得了阶段性的成果，展示了良好的应用前景。

(二) 录井技术

应用地球化学、地球物理、岩矿分析等方法，观察、收集、分析随钻过程中的固体、液体、气体返出物的信息，以此建立地下地质剖面、发现油气显示、评价油气层，为石油工程提供钻井信息服务的过程称为地质录井，简称录井。录井是油气田勘探工作中不可缺少的一项基础工程，它以多参数、大信息量、现场快速、实时为特点，为识别和及时发现油气层、评价油气性质、选择试油层段、评价烃源岩和储集层、预测产能等提供依据。

地质录井方法按其发展阶段和技术特点可分为常规录井、综合录井、特殊录井三大类：

(1) 常规录井主要包括岩屑录井、岩心录井、钻井液录井、钻时录井、荧光录井等。常规录井以其经济实用、方便快捷和获取现场第一手实物资料的优势，在整个油气田勘探开发中一直发挥着重要的作用。

(2) 综合录井主要包括随钻检测全烃组分、非烃组分、工程录井信息等。其特点是实现了仪器连续自动检测与记录，实现了录取资料的定量化，参数多，有专门的解释方法和软件，油气层的发现和评价自成系统。这一录井技术系列现已成为录井工作的主体。

（3）特殊录井主要包括岩石热解地化录井、定量荧光录井、轻烃色谱分析、罐装气轻烃录井、核磁共振录井、PK录井等，属于实验室技术的推广应用。其特点是灵敏度高、定量化，获取的资料不仅用于发现和评价油气层，还可用于生油层、储集层、盖层的研究评价。

（三）测井技术

地球物理测井是应用地球物理学的一个分支，简称测井。它是指在钻孔内放置一些特定仪器，沿钻井剖面测量岩层的导电性、声学特性、放射性、电化学特性等地球物理参数，间接获取井眼周围地层和井眼信息，以解决油田勘探、开发中的各类地质和工程技术问题的一门应用技术（学科）。测井作为井中地球物理勘探的主要方法，与地面地球物理勘探（重磁电勘探和地震勘探等）相比，具有自己的优势和特点。地面物探主要是用来进行盆地、区域或局部的构造分析，以寻找有利的油气聚集场所和局部圈闭为目标，在平面上覆盖面广，信息连续；而测井技术的主要特点是垂向上提供数量大、分辨率高、信息连续的资料，为认识地下地层的岩性、物性、含油性，研究沉积相，探测裂缝，确定地层异常压力，进行储量计算，检测井眼工程质量等提供可靠的依据。

1. 测井的类型

测井按完井方式分为裸眼井测井和套管井测井。

测井按勘探开发阶段分为勘探测井和开发测井（生产测井），勘探测井以发现和评价油气层为主，开发测井则包括工程测井、生产动态测井、产层评价测井等。

测井按测量原理和物理方法又可分为四类。

（1）电法测井：以岩石电学性质为基础的测井方法，包括以岩石导电性质为基础的普通电阻率测井、侧向测井、感应测井、微电阻率测井等，及以岩石电化学性质为基础的自然电位测井、人工电位测井等。

（2）声波测井：以岩石弹性为基础的测井方法，如声波速度测井、声波幅度测井、声波全波列测井等。

（3）放射性（核）测井：以岩石的核物理性质为基础的测井方法，如自然伽马测井及自然伽马能谱测井、密度测井及岩性密度测井、中子测井、同位素示踪测井、核磁测井等。

（4）其它测井方法，如地层倾角测井、温度测井、气测井等。

2. 测井技术的新进展

随着油气勘探开发向着更深更复杂储集层的推进，常规测井技术逐渐难以满足当前地层评价的需求。近年来，越来越多的石油公司和服务公司致力于改进、提升测井探测和评价能力，在成像测井、核磁共振测井、地层测试及油藏监测等领域已取得显著进展（王丽忱等，2015）。

1）电缆测井测量精度大幅提升，功能得到扩展

近年来，电缆测井技术在原有电、声、核等测量原理的基础上，发展了许多新的测量方法、新技术和新工艺，如新型高分辨率岩性扫描成像测井仪Litho Scanner、新型多分量多阵列感应测井仪MCI等，以成像化（阵列化）、集成化、方位化等为特点，电缆测井技术的测量精度得到大幅提升，功能也越来越完善。

2）随钻测井系列不断完善，探测深度和数据传输率逐步提高

随钻测井既能用于地质导向，指导钻进，又能对复杂井、复杂地层的含油气情况进行评

价。近年来，斯伦贝谢、哈里伯顿等公司不断研发或改进随钻测井技术，包括远探前探、声电成像以及高速数据传输等，能够指导钻井决策，优化钻井轨迹，增加油藏接触面积，有利于有效提高作业效率、降低作业成本。

3）地层测试与采样技术、光纤监测技术快速发展，应用效果良好

以三维流体测试与采样系统 Saturn 3D、地层流体采样系统 RCX Sentinel 为代表的采样技术既提高了仪器在恶劣地层条件（低渗透、重油、未固结地层、不规则井眼、高温高压等）下的安全性，也节省了作业时间。而随着分布式光纤传感技术的发展，其不仅应用于监测油井生产和储集层优化，还能够检测井筒完整性风险和其它完井故障。

（四）地层测试技术

地层测试是在钻井过程中或完井后对油气层进行测试，获得动态条件下地层和流体的各种特性参数，从而及时准确地对产层作出评价，是确定地层有无工业生产能力的一次暂时性完井。由于地层测试具有测试时间短、录取资料多、成本低、见效快等特点，所以在国内外受到普遍重视并得到广泛应用。

1. 地层测试的分类

地层测试根据地层测试井的类型分为钻井中途测试和完井测试。

（1）钻井中途测试：探井钻进过程中，钻遇油气层或发现重要油气显示时，中途停钻对可能的油气层进行测试。其优点是能及时发现油气藏、降低钻井成本、为完井试油提供依据。

（2）完井测试：完井后进行的地层测试，又称为试油（试气）。通常在套管井中进行，开井时间长，地层参数齐全，可靠程度高。

根据井眼的类型还可分为裸眼井测试和套管井测试。

2. 地层测试方法

1）钻杆地层测试

钻杆地层测试（DST）是指在钻井过程中或完井之后，以钻柱作为地层流体流到地面的导管对油气层进行测试，获得在动态条件下地层和流体的各种特性参数，从而及时准确地评价地层的潜在产能。

2）电缆地层测试

电缆地层测试（WFT）是在钻井过程中发现油气显示后，用电缆下入地层测试器取得地层中流体的样品和测量地层压力。这种测试方法比较简单，可以多次重复进行，是目前求取地层有效渗透率和油气生产率最直接有效的测井方法。同一般的钻杆测试相比，它具有简便、快速、经济、可靠的优点，在油田开发中有重要作用。

**三、实验室分析技术**

实验室测试分析技术是以实验室仪器设备、测试工具、模拟装置为手段，对油气地质研究中所关注的岩石、沥青、油气水等样品进行直接分析，为油气勘探提供所关注的地质信息。

（一）烃源岩分析测试技术

受益于非常规油气勘探开发的突破，烃源岩分析测试是目前油气地质实验分析技术最活跃的领域之一。其代表性的技术包括有机质抽提技术（索氏抽提、加速抽提和超临界抽提等）、有机岩石学分析测试技术、岩石热解分析测试技术、生烃热模拟技术、碳同位素分析测试技术、显微红外分析技术等，主要用于研究烃源岩中有机质显微组分的化学组成和结构，确

定各显微组分的丰度、类型及成熟度，评价其生烃潜力和过程。此外，岩石热解分析还能对储层岩石进行含油气性和油气性质的评价，而单体碳同位素的测定则对油气源对比、形成环境研究具有重要意义。

（二）储集层分析测试技术

针对储集层的地质研究主要集中在岩相划分、孔隙结构表征和可压裂性评价等方面。岩相划分通常考虑样品的沉积构造和岩性等，分析技术包括岩心和薄片观察、阴极发光分析、XRF 和 XRD 等。孔隙结构表征以图像分析法、流体注入法和射线探测法三大类为代表，其中图像分析法包括扫描电镜、场发射电镜、聚焦离子束电镜、透射电镜、原子力显微镜、CT 技术等；流体注入法包括压汞法（高压和恒速）、气体吸附法（氮气和二氧化碳）、核磁共振法（饱水法、离心法、二维谱、成像法、冻融法等）和流体示踪剂（ICP-MS）法等技术。射线探测法以 X 射线散射法和中子散射（小角和超小角）法为代表。

（三）盖层分析测试技术

盖层作为油气聚集成藏的要素之一，其评价测试技术近年来也得到了一定的发展，目前主要测定盖层的常规物性、突破压力、扩散系数等。无锡石油地质研究所开发了一套盖层评价和分析技术，包括压汞—吸附法、驱替法、扩散系数测定和常规物性分析等。压汞—吸附法联合测定盖层微孔隙结构分析技术，可以直接得到 0.75~14000nm 范围内的孔径分布直方图，从毛细管压力曲线的特征点所判读的突破压力可以直接反映盖层的封盖能力。驱替法可以在模拟地层条件下测定突破压力，测得的参数更符合实际地质情况。

（四）流体分析测试

油气勘探中流体分析测试的对象既包括地层中的石油和天然气，也包括与之相伴生的地层水。人们可以根据地层中流体（油、气、水）物理化学性质的差异，判断油气的成因，进行油气源追溯，指导油气勘探；也可以分析判断油气在储集层中的流态，采取合理的开发方案和开采措施，以达到高效快速开发油气的目的。

原油的常规分析测试包括相对密度、黏度、凝点、含蜡量、含硫量以及原油的组分组成和馏分组成等。高阶的原油分析测试包括原油中的碳、氢、氧、硫、氮的同位素分析，原油的全烃色谱分析，原油的生物标志化合物分析，金属元素含量分析和傅里叶变换离子回旋共振质谱（FT-ICR MS）等。

天然气的常规分析测试主要包括气体的相对密度、黏度、溶解性，烃类和非烃类气体的含量。非常规分析测试项目包括碳、氢稳定同位素测定，汞蒸气含量测定和天然气生物标志化合物检测等。

油田水的常规分析化验包括矿化度、主要阴离子和阳离子含量测定、水型划分等。非常规分析测试包括微量元素和有机组分的分析化验。

# 第三节　油气资源评价

## 一、油气资源与储量

（一）基本概念

根据 GB/T 19492—2020《油气矿产资源储量分类》，对油气资源量和储量的定义如下。

油气矿产资源：在地壳中由地质作用形成的、可利用的油气自然聚集物。以数量、质量、空间分布来表征，其数量以换算到 20℃、0.101MPa 的地面条件表达，可进一步分为资源量和地质储量两类。

资源量是待发现的未经钻井验证的，通过油气综合地质条件、地质规律研究和地质调查，推算的油气数量。而地质储量则是在钻井发现油气后，根据地震、钻井、录井、测井和测试等资料估算的油气数量，包括预测地质储量、控制地质储量和探明地质储量，这三级地质储量按勘探开发程度和地质认识程度依次由低到高。

（二）油气资源分级

从各国油气资源的分类历史可以发现，资源分类原则主要体现在四个方面：地质把握程度、资源的经济价值、资源发现与否及近期可采性。实际上，油气资源和储量是一个与地质认识、技术和经济条件有关的变量，油气勘探开发的全过程，是油气资源量不断向储量转化，储量精度逐步提高，不断接近实际的过程。不同国家、不同时期可能存在不同的理解和分类方法。

1. 国外油气资源分级

1）俄罗斯石油资源与储量分类

1997年俄罗斯联邦自然资源委员会批准的《石油、天然气储量和资源分级》根据地质认识程度和经济价值将石油资源分为7级。

A级探明储量：按照已批准的开发方案，投入或部分投入开发油气藏的储量。

B级探明储量：按照已批准的开发工艺方案或气田工业试生产方案，完成部署井网，投入或部分投入开发油气藏的储量。

$C_1$级探明储量：根据勘探成果计算的储量，即根据工业油气流井，以及录井和测井有良好含油气显示井资料计算的储量。

$C_2$级初算储量：已知油气田内根据地质、物探资料论证存在的储量，包括油气藏已知高级别储量的延伸部分，以及油气田已知高级别储量以上或中间的录井和测井有良好油气显示，但未试油的地层所含有的储量。

$D_0$级远景资源：同一油气聚集带上，地质与物探成果确定的圈闭，通过与本带已知油气田类相比得出的油气量。

$D_1$级推测资源：油、气区内查明或未查明圈闭，经区域研究并与区内已知油、气藏（田）类相比得出的油气量。

$D_2$级推测资源：远景区的油气量，是通过与相邻油气区类相比得出的数量概念。

2）麦氏资源分类方案

美国联邦地质调查所（USGS）的麦凯尔维（V. E. McKelvey）于1972年提出了包括其它矿产在内的资源分类方法，该方法主要是根据油气的经济性分为经济的、次经济的、非经济的三类，根据其把握性，分为已验证的资源和待发现的资源两级，称为"麦氏方箱"（表8-1）。

该分类体系将总资源量定义为经济资源和次经济资源的总和，将储量定义为已验证了的经济资源。对于非经济部分的矿藏，不管是已验证的还是待发现的，都不算作资源。

该分类方案既考虑了资源存在的落实程度，又考虑了资源的数量与质量，更表达了可采性与经济可行性，因此许多国家根据该分类体系进行局部修订，作为资源量—储量分级的方法。

表 8-1　麦氏资源分类方箱（据 USGS，1973）

| 经济价值分类 | 已验证的 | 待发现的 | |
|---|---|---|---|
| 经济的 | 资源（储量） | 资源 | 经济价值增加 → |
| 次经济的 | 资源 | 资源 | |
| 非经济的 | 非资源 | | |

← 地质保证程度增加

3）新的石油资源分类框架

世界石油大会（WPC）、美国石油工程师协会（SPE）、美国石油地质家协会（AAPG）和美国石油评估师协会（SPEE）在 1997 年至 2001 年间陆续发表的石油资源分类和定义、储量定义和储量/资源评估标准的基础上，参照了中国、俄罗斯等国的 8 个主要资源分类体系，最终于 2007 年联合提出了新的石油资源分类框架（图 8-4），反映了全球石油界在该领域进行的最新探索（查全衡，2008）。

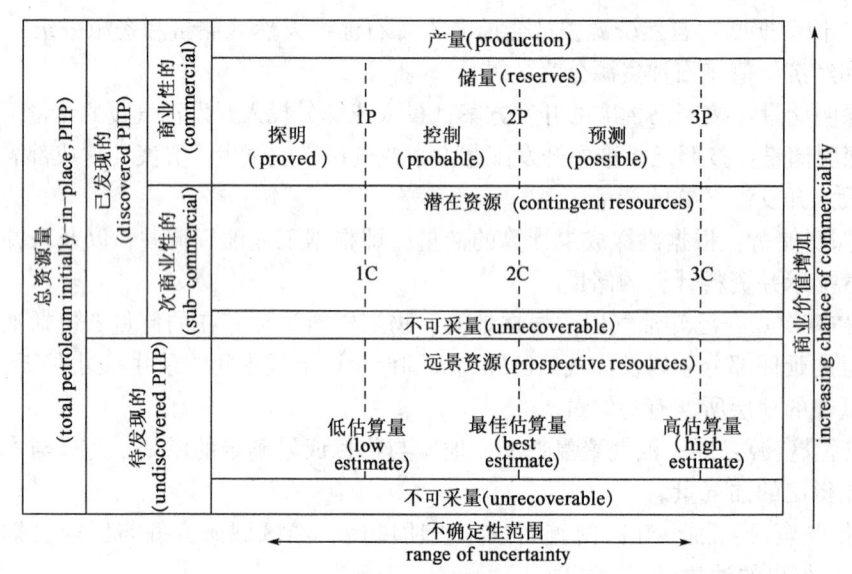

图 8-4　石油资源分类框架（据查全衡，2008）

2. 我国油气资源分级

我国 20 世纪 50 年代、60 年代采用的是 A、B、C 级的油气储量分类系统，70 年代末到 80 年代则采用一、二、三级油气储量分类系统，基本与苏联的油气储量属于同一分类系统。为了使我国储量分级、分类可与世界对比，我国的石油天然气资源/储量规范，在经历了多次修改、讨论和补充完善之后，于 1988 年由国家标准局正式发布，后于 2004 年进行了修订，目前最新版本为 2020 版（图 8-5）。

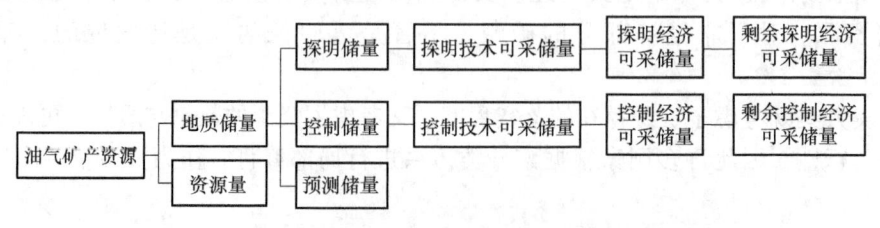

图 8-5　我国油气矿产资源和地质储量类型及估算流程图

相关的术语定义如下：

（1）预测地质储量。钻井获得油气流或综合解释有油气层存在，对有进一步勘探价值的油气藏所估算的油气数量，其确定性低。

（2）控制地质储量。钻井获得工业油气流，经进一步钻探初步评价，对可供开采的油气藏所估算的油气数量，其确定性中等。

（3）探明地质储量。钻井获得工业油气流，并经钻探评价证实，对可供开采的油气藏所估算的油气数量，其确定性高。

**二、油气资源评价**

（一）油气资源评价的目的

油气资源评价实质是一种预测。油气勘探始终追求以最小的投入获得最大的利润。油气资源评价就是通过不同级次的地质单元的逐级评价，明确盆地中油气资源的分布规律，找出油气资源丰度相对高的区域，以利于优选区带和圈闭，为寻找油气田提供有利证据和参考。

通过油气资源评价，可以把油气勘探工作中储量准备工作的初级阶段，一步步推向高级阶段，以达到油田开发，完成产量的要求。油气勘探过程在某种意义上来说，是决策者的评价过程。通过油气资源评价，可解决三方面的问题：（1）不同油气勘探阶段的目标在哪里？（2）这些目标的各类、各级资源量及其可能性如何？（3）最佳的近、中、远期勘探方案是什么？因此，油气资源评价的核心任务是为有效地寻找和评价油气田提供依据。

（二）油气资源评价的内容

油气资源评价以发现和探明油气田为宗旨，研究内容主要包括地质评价、资源量估算、经济评价、部署规划。油气资源评价以地质评价为基础，定量评价为重点，决策及部署规划为结果。

油气资源地质评价的研究对象为盆地、油气区、区带、圈闭和油气藏。勘探任务是提交不同级别的资源量和储量（推测资源量、潜在资源量、预测储量、控制储量和探明储量）。主要研究内容为：以油气聚集规律研究为中心，进而对勘探目标的各项石油地质条件进行具体的综合分析，并进行不同资源级别及类型的定量估算；最后进行地质风险分析与勘探策略研究。

（三）油气资源评价方法

油气资源评价已成为油气勘探决策分析中必不可少的工作，一个国家要发展必须掌握一定数量的油气能源；一个油公司要获得利润，就必须要有油气资源与储量。资源量估算是评价研究区的油气资源量的大小，是油气资源评价的核心。资源量估算是油气勘探决策的基础，其评价结果影响着油气的勘探方向和投资方向，同时其所提供的信息及其可靠程度也影响着研究区的勘探进程。

油气资源评价（预测）的方法很多。查全衡（1999）将其归纳为丰度法、成因法、经验和历史外推法、勘探目标分析法和主观直接法。丁贵明等（1997）将其总结为体积统计法、成因评价法、油气藏或圈闭规模概率分析规律法、资源评价的发现过程模型法、历史统计外推法、特菲尔法与专家系统。金之钧（2002）将其划分为体积统计法、成因评价法和历史—统计外推法。使用这些方法可以对任何勘探程度和资料级别的盆地进行资源量估算，每种评价方法的应用均有其适应性和局限性，分别适应不同的勘探阶段和开发程度。

本书重点介绍成因法、类比法、统计法等油气资源评价方法的基本思路。

1. 成因法

成因法，也称为体积生成法或地球化学物质平衡法，是根据油气的生成、运移、聚集过程的基本理论，来估算生烃量、运移量和聚集量。该方法是区域普查阶段常用的资源评价方法，主要包括氯仿沥青"A"法、有机碳法、热模拟法、盆地模拟法等。

1）氯仿沥青"A"法

烃源岩中氯仿沥青"A"的含量既与有机质丰度有关又与有机质成熟度有关，因此可以利用氯仿沥青"A"评价岩石中有机质的数量或生油气能力，评价计算公式为

$$Q_{总} = S \cdot H \cdot \rho \cdot M \cdot A \cdot K_A \tag{8-1}$$

式中　$Q_{总}$——评价目标的总生油量，t；

　　　$S$——有效烃源岩的面积，km²；

　　　$H$——有效烃源岩的厚度，m；

　　　$\rho$——烃源岩的密度，g/cm³；

　　　$M$——泥岩占比，%；

　　　$A$——残余氯仿沥青"A"含量，%；

　　　$K_A$——氯仿沥青"A"恢复系数。

2）有机碳法

烃源岩中的总有机碳含量（$TOC$）含量越大，有机质丰度越高，表明烃源岩的生油条件越好，因此可以根据有机碳的含量计算烃源岩的生烃量：

$$Q_{总} = S \cdot H \cdot \rho \cdot M \cdot C \cdot K_C \cdot X \tag{8-2}$$

式中　$C$——残余有机碳，%；

　　　$K_C$——有机碳恢复系数；

　　　$X$——烃产率，%。

3）热模拟法

根据干酪根热降解的热动力反应规律，利用各种烃源岩模拟实验，求得气态烃、液态烃的产率曲线以及不同演化阶段的气态烃、液态烃产率，据此计算油气的总生成量，再乘以排聚系数，得出油气总资源量：

$$Q_o = (1/1000) \cdot [C_o/(C_o+C_g)] C_a C_t \cdot S \cdot H \cdot d \cdot K_e \cdot K_a \tag{8-3}$$

$$Q_g = [C_g/(C_o+C_g)] C_a C_t \cdot S \cdot H \cdot d \cdot K_e \cdot K_a \tag{8-4}$$

式中　$Q_o$——石油资源量，t；

　　　$Q_g$——天然气资源量，m³；

　　　$S$——有效烃源岩的面积，km²；

　　　$H$——有效烃源岩的厚度，m；

　　　$d$——烃源岩密度，g/cm³；

　　　$C_o, C_g$——不同演化阶段液态烃、气态烃产率，%；

　　　$C_a$——有机质的原始产烃潜量，kg/t；

　　　$C_t$——不同演化阶段累计产烃率，%；

　　　$K_e$——排烃系数；

　　　$K_a$——聚集系数。

4）盆地模拟法

盆地模拟是以油气形成的石油地质理论为建模基础，将复杂的石油地质过程模型化、定量化，从而实现盆地动态分析模拟的一种方法和手段。首先在盆地分析的基础上建立描述和表征盆地内与油气生成、运移、聚集有关的各基本地质过程的概念模型（或地质模型）。然

后，根据概念模型的特点，用适当的物理、化学和动力学等方程来描述相关的地质过程，即建立相应的数学模型。最后，根据盆地类型及地质特征确定定解条件、选择合理的数值解法，输入恰当的模拟参数，从时间—空间上对盆地的地质演化、有机质热成熟以及油气的生成、排驱、运移乃至聚集过程进行历史分析和定量描述。下面简单介绍一下生烃量的计算过程。

根据干酪根热降解生烃和化学动力学理论将生烃过程视为一级或总包一级反应过程，其基本模型为

$$-\frac{dC_o}{dt} = kC_o \tag{8-5}$$

式中　$C_o$——生烃岩中干酪根的浓度；
　　　$t$——反应时间；
　　　$k$——反应速度常数。

根据化学动力学原理，可建立以下数学模型计算生烃量：

$$\begin{cases} \dfrac{dX_i}{dt} = -k_{1i}X_i \\ \dfrac{dU_j}{dt} = k_{2j}Y \\ Y = \sum_{i=1}^{n} Y_i \\ \sum X_{i0} + \sum Y_{i0} + \sum U_{j0} = \sum X_i + \sum Y_i + \sum U_j \end{cases} \tag{8-6}$$

其中，$k_{1i}$，$k_{2j}$ 按阿伦纽斯方程计算：

$$\begin{cases} k_{1i} = A_{1i}\exp\left(-\dfrac{E_{1i}}{RT}\right) \\ k_{2j} = A_{2j}\exp\left(-\dfrac{E_{2j}}{RT}\right) \end{cases} \quad i,j = 1,2,\cdots,6 \tag{8-7}$$

式中　$X_i$——在 $t$ 时刻干酪根中第 $i$ 种活化能的物质的数量；
　　　$k_{1i}$，$k_{2j}$——不同演化阶段的反应速率；
　　　$A_{1i}$、$A_{2j}$——频率因子；
　　　$E_{1i}$、$E_{2j}$——活化能；
　　　$Y_i$，$U_j$——生油和生气量；
　　　$X_{i0}$，$Y_{i0}$，$U_{j0}$——时间 $t=0$ 时干酪根、液态烃和气态烃数量的初值。

由式(8-6)可求出各生油层在地史时期 $t$ 的瞬时生油率 $Y(t)$、剩余干酪根含量 $X_i$、生气率 $U(t)$、降解率 $R_t(t)$ 和生成速度等。用体积法计算 $t$ 时刻的累积生油（气）强度（单位面积生烃量）$Q_G(t)$，最后根据网格密度和 $Q_G(t)$ 计算各生油层的生油（气）量和盆地的总生烃量：

$$Q_G(t) = H \cdot C_o \cdot \rho \cdot R_t(t) \tag{8-8}$$

式中　$H$——某点有效生油岩厚度；
　　　$\rho$——生油岩密度；
　　　$C_o$——生油岩原始有机碳含量，它是有机质类型和成熟度的函数。

## 2. 类比法

类比法的主要理论依据是具有相似的地质成因与结构的地质对象之间，其油气资源潜力也具有相应的可比性。基本思路为：首先对要评价对象进行地质特征分析，并且选定已知的类比对象，然后确定类比对象和评价对象的具体参数指标值之间的相似性和相似系数，从而确定出评价区的资源丰度值，最后利用得到的资源丰度值，采用对应的面积丰度或体积丰度计算出评价对象的总资源量。类比法主要包括类比系数法（体积丰度或面积丰度等）、评分法、比分法等（武守诚，2005）。该方法是在对低勘探程度地区进行评价时通常采用的一种方法。

体积丰度类比法首先假设，评价某一预测目标与另一高勘探程度目标有类似的成藏地质条件，因此，其含油气体积丰度也大致类似：

$$Q = \gamma \cdot Q_m \cdot V/V_m \text{ 或 } Q = \gamma \cdot q_m \cdot V \tag{8-9}$$

式中 $Q$——预测目标的资源量，t；

$Q_m$——类比区的资源量，t；

$V$——预测目标的沉积岩体积，km³；

$V_m$——类比区的沉积岩体积，km³；

$q_m$——类比区的单位体积资源量，t/km³；

$\gamma$——相似率，即预测目标与类比区的相似程度。

## 3. 统计法

统计法，也称作历史—统计外推法，是一类利用历史经验的趋势推断法，即利用历史勘探成果资料（包括发现率、钻井进尺、油气产率、油气田规模分布等），通过数学统计分析方法将历史资料按趋势合理地拟合成资源储量的增长曲线，将过去的勘探与发现状况有效地外推至未来或穷尽状态，据此对资源总量进行求和计算。该类方法通常适用于成熟或较成熟勘探地区的中后期评价阶段，不宜直接运用于早期的未勘探或未开发阶段。

### 1）统计趋势预测法

该方法是通过对油气勘探中信息收集行为（重力、磁力、地震）和行动（钻井）及油气储量的发现等过程的描述，建立勘探时间或勘探工作量与油气储量增长之间的关系，进而预测和估算未发现的油气资源量（图8-6）。统计趋势预测法适用于盆地发现高峰已经过

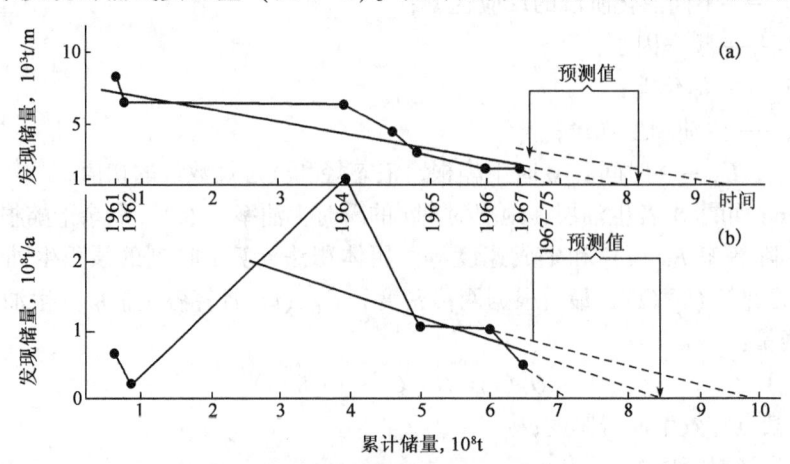

图8-6 中国东部某凹陷资源预测（据武守诚，2005）

(a) 进尺发现率曲线；(b) 年发现率曲线

去、随着储量发现年限（时间）或钻井进尺的累积增长而曲线呈现下降趋势的油田的评价。

2）油气田（藏）规模概率分布法

该方法是国外油气资源评价中最常用的方法，尤其是常用于高勘探程度地区的评价。该方法的主要思路是：假设某一地区内的所有油气田（藏）的规模与其发现概率（或数目）服从一定的数学统计（或分布）规律，则根据已发现的油气藏大小或发现序列来修改、调节油气田（藏）规模的分布模型，从而推断出未发现油气田（藏）的大小及数量，进而得出总资源量。该方法又可以细分为很多种方法，其中常用的方法有油气田（藏）规模序列法、发现过程模型法、Arps-Robert模型法和分形预测模型法等。

## 思考题

1. 我国现代油气勘探理论主要包括哪些？
2. 如何理解陆相生油理论、源控论、复式油气聚集理论等勘探理论的内涵？
3. 油气勘探技术主要包括哪些？
4. 什么是油气资源量和油气地质储量？
5. 我国的油气资源是如何进行分类、分级的？
6. 油气资源评价方法主要包括哪几种？

# 第九章 油气勘探程序与任务

油气勘探的任务就是寻找油气田、查明油气田。油气在地壳中的分布无论在平面上还是在纵向上都是不均衡的,油气分布的不均衡性决定了油气勘探的特性。油气勘探工作主要具有下列特点:

(1) 差异性:不同地区、不同盆地的油气地质条件千差万别,从而导致勘探难度相差很大,勘探方法也不尽相同。

(2) 循序性:为了合理调配勘探力量,节约勘探资金,油气勘探遵循"勘探范围从大到小、勘探精度由低到高、勘探投入由分散到集中"的循序渐进的原则。

(3) 综合性:油气勘探工作是一项按照项目管理组织,应用多学科、使用多工种协同作业、分阶段实施的系统工程。

(4) 风险性:油气勘探涉及的因素复杂多变,面临各种各样的风险,包括地质风险、工程风险、环境风险、政治风险等。

(5) 经济性:油气勘探的目的是发现具有商业价值的油气田,属于商业经营活动。为了有效地进行勘探,必须用最小的投入对勘探对象做出正确的评价。

(6) 科学性:油气勘探的认识过程不是盲目的、随意的,必须遵循油气地质的基本理论,具有科学性。

## 第一节 油气勘探程序

为了高效地完成油气勘探任务,油气勘探必须遵循科学的勘探程序和规范,即依据勘探对象和勘探任务的不同划分不同的勘探阶段,并选用合适的勘探技术和方法。

### 一、油气勘探程序的概念

油气勘探是一个连续的过程,在这个过程中,往往需要根据勘探对象和勘探目标的不同,将其划分为若干个阶段,各阶段既相互独立,同时又保持一定的连续性。通常我们将油气田勘探各阶段之间的相互关系和工作的先后次序称为勘探程序。勘探程序主要包括两个方面:一是勘探阶段的划分,其主要依据是勘探对象、最终地质目标;二是不同阶段的勘探部署,即针对不同阶段的对象、任务和目标,选择性地使用经济有效的勘探技术和研究方法,进行科学勘探。

勘探程序必须随着勘探技术与勘探对象的变化而变化。现有的勘探程序只是当前技术条件下勘探思路的概括。勘探技术的发展,尤其是直接找油技术的发展,必然会大大简化勘探程序。例如,早期的油气藏扩边任务主要依靠钻大量的评价井来完成。而现在,由于地震、测井、油藏工程新技术的发展,一些规模小、地质条件相对简单的油气藏,完全可以应用油藏工程方法,结合测井、地震信息完成油藏的扩边任务。

不同国家、不同企业由于经济制度、管理体制、自然地理条件、勘探地质背景的差异,往往采用不同的油气勘探程序。我国、苏联在国家计划经济指导下从事的油气勘探程序,与美国等西方国家在油公司管理体制下制定的油气勘探程序存在较大的区别(表9-1)。

## 二、国外油气勘探程序

### (一) 前苏联的油气勘探程序

根据地质目标的差别，前苏联勘探程序划分为调查和勘探两个阶段（表9-1）：第一阶段的任务是发现油气田，并对油气田做出初步的地质经济评价；第二阶段的任务是进一步探明油气田，并获取必要的参数，为油气田开发做好准备。其中根据勘探任务的差别，调查阶段可细分为三个主要时期，即区域地质地球物理工作时期、钻探地区的准备时期、油气藏调查钻探时期。

表9-1　中国、苏联、美国勘探程序对照表（据丁贵明，1997）

| 国家 | 中国 | | | 苏联 | | 美国 |
|---|---|---|---|---|---|---|
| | 原地质矿产部 | | 中国石油天然气集团公司 | | | |
| 勘探阶段和任务 | 普查阶段 | 区域概查 | 通过区域性概查、重点面积的普查和有利构造的详查，发现油气藏 | 区域勘探 | （1）大区勘探：在一个大区域展开勘探，划分和优选含油气盆地，提交盆地远景资源量。<br>（2）盆地勘探：对优选出的含油气盆地开展勘探，划分和优选含油气系统，搞清远景资源量空间分布 | 调查阶段 | （1）区域地质地球物理工作时期：对盆地进行区域调查；研究预测油气聚集带。<br>（2）钻探地区的准备时期：对各构造层中的各类圈闭进行准备，对提供钻探的圈闭要计算出$C_2$级和$D_1$级储量。<br>（3）油气藏调查钻探时期：在新区发现油气田或在老区发现新的油气藏，计算出$C_1$和$C_2$级储量 | 初步勘探阶段 | （1）盆地评价：研究盆地结构，确定构造模式和沉积模式，作盆地模式类比，进行含油气远景评价和分区，估算盆地远景资源量。<br>（2）区块评价或圈闭评价：对圈闭进行分类排队，计算圈闭资源量并作风险分析。<br>（3）地震精查：再作一次评价，进一步探发现油气田和油气藏，初步算出一定数量的商业储量或潜在储量 |
| | | 面积普查 | | 圈闭预探 | | | | | |
| | | 构造详查 | | | | | | | |
| | 勘探阶段 | | 探明油气藏 | 油气藏评价勘探 | 对已获工业油气流的圈闭进行勘探，提交控制储量和探明储量 | 勘探阶段 | 进一步探明油气田，并获取必要的参数资料，计算$C_1$级和B级储量，准备出开发面积 | 勘探阶段 | 第二步钻探：扩大油田面积，计算探明储量 |

**1. 区域地质地球物理工作时期**

该时期的总体任务是对盆地进行区域地质调查，预测油气聚集带，其主要任务有三项：(1) 确定盆地的边界和沉积盖层的总厚度，研究生油条件及油气藏形成的一般条件；(2) 研究盆地基底，进行盆地构造单元和构造层的划分，编制盆地不同构造层的分区构造图；(3) 进行含油气盆地的石油地质分区，预测油气聚集带，包括与不整合和岩相变化有关的油气聚集带的预测，确定聚集带上主要的圈闭类型，提供调查钻探的准备对象。

2. 钻探地区的准备时期

其总体任务是对各个构造层中发现的各类远景圈闭作好钻探前的准备工作，包括选择最有希望而且具备经济可行性的圈闭，进一步查明和落实圈闭的基本要素；对可能遗漏圈闭的有利地带进行地震测网加密，以发现新的圈闭；对上部构造层勘探程度已经很高的地区，继续查明深部构造层的圈闭，确定深部钻探的远景区。

3. 油气藏调查钻探时期

该时期以发现油气田或者在老油区发现新油气藏为最终目标，主要任务包括：（1）发现油气藏，确定主要的产油气层位；（2）通过初步的地质及经济分析，如油气藏埋深、油气储量、油气物理化学特征、地区经济发展状况等，做出合理的进行勘探的结论或者提供补做地球物理工作的方案；（3）在经钻探发现缺少工业性油气聚集的情况下，做出进一步的分析与评价，提出终止或者继续勘探的理由。

（二）美国的油气勘探程序

美国的油气勘探工作是在各大石油公司垄断的情况下进行的，勘探重点以局部圈闭为中心，区域勘探部署工作少，很难划分明确的勘探阶段，可以大致划分为初步勘探阶段和勘探阶段。初步勘探阶段是指盆地评价、区块评价或圈闭评价；勘探阶段是指进一步钻探，扩大含油面积。由于美国的陆地勘探程度很高，已进入了勘探晚期，近年来油气勘探方向主要是海洋油气藏和隐蔽油气藏。

1. 美国陆地油气勘探

美国陆地油气勘探主要分为5个阶段：盆地评价阶段、钻探井前的准备阶段、钻探井阶段、钻评价井阶段以及开发阶段。

美国陆地油气勘探程序具有下列特点：（1）将油气勘探工作、资源评价工作和综合研究工作三者紧密地结合在一起，其中油气资源评价工作起主导作用；（2）在盆地评价阶段，采用现代化测量方法，进行区域地质基础工作，同时特别重视盆地模式研究（确定盆地构造模式和沉积模式），通过大量收集、购买世界含油气盆地资料，开展盆地模拟，进行盆地各项参数的对比；（3）局部构造的评价是整个勘探流程中最关键的一步，这不仅表现在对局部构造的准备上精益求精，而且还要对局部构造进行风险评价，这也是各石油公司进行投资（钻探）决策的重要依据之一。

2. 美国海上油气勘探

美国海上油气勘探阶段大致划分为初步勘探阶段和进一步勘探阶段。初步勘探阶段包括盆地评价、区块评价与圈闭评价，目的是发现油气藏；进一步勘探阶段则以钻探井和评价井为主，其目的是扩大含油气面积，增加探明地质储量。

（1）盆地评价阶段：部署40~80km稀测网的地震测量，结合重力勘探、磁力勘探资料，进行区域性大地构造分析，深入研究盆地构造，建立盆地构造样式和沉积模式，进行盆地的类比分析，评价盆地的含油气远景，计算盆地的远景资源量，做出是否继续勘探的评价。

（2）区块评价和圈闭评价阶段：通过地震加密和高精度非地震物探，进行勘探区块的划分和评价；以区块为对象，对圈闭进行分类排队，计算圈闭的资源量并进行风险分析；通过地震精查，做出新一轮的评价后，实施圈闭初步勘探，发现油气田（藏），初步评价储量的商业价值。

（3）进一步勘探阶段：通过进一步的钻探工作，扩大含油气面积，并计算油气田的探明储量。

由此可见，美国海上油气勘探程序具有三个显著的特点：一是在盆地勘探早期，重视同世界各国含油气盆地之间的类比分析；二是强调资源评价的重要性，把其视为整个勘探工作的核心；三是在局部构造的准备上精益求精，并进行风险分析。

### 三、中国的油气勘探程序

（一）原地矿系统的油气勘探程序

我国原地质矿产部门在油气勘探工作中主要承担区域地质调查任务，经该阶段工作发现工业油气藏以后，一般再经过短暂的勘探，便移交给石油部。因此，其油气勘探程序侧重于油气资源的调查，把油气勘探划分为普查和勘探两大阶段。油气田普查阶段的主要任务是调查油气藏存在的条件，而不能一开始就去找油气藏。根据任务不同，普查阶段可进一步细分为区域概查、面积普查、构造详查三个亚阶段。勘探阶段的主要任务是采用钻探井的方法证实油气藏存在与否，也就是直接寻找和探明油气藏。

（二）现行的油气勘探程序

中国石油天然气集团公司现行的油气勘探程序是1996年在原石油部油气勘探程序的基础上经过多次修订后制定的，它将油气勘探工作明确划分为区域勘探、圈闭预探、油气藏评价勘探3个阶段。各阶段的勘探任务和技术方法见表9-2，这也是本教材所采用的划分方案。

表9-2 油气勘探程序

| 勘探阶段 | 区域勘探阶段 | 圈闭预探阶段 | 油气藏评价勘探阶段 |
| --- | --- | --- | --- |
| 勘探对象 | 含油气区<br>含油气盆地 | 区带<br>圈闭 | 油气田 |
| 勘探主要任务 | 选盆选坳（凹） | 定带、发现油气田 | 探明油气田 |
| 勘探技术 | 地质调查<br>非地震物探、化探<br>地震普查<br>钻科探井<br>综合勘探<br>盆地分析模拟 | 地震详查<br>钻预探井 | 地震精查<br>钻评价井<br>油藏描述 |
| 研究重点 | 地层、构造研究、烃源岩特征（生烃、排烃条件）、评价二级构造带及有利聚集带准备 | 生储盖组合特征、圈闭特征评价（一是评价圈闭封闭条件、大小、高度；二是确定主力油气层类型、产能） | 储集层与流体特征，油气富集条件等研究，重点突出含油气范围、油气水分布、驱动类型、预测产能等研究 |
| 资源—储量目标 | 盆地或凹陷资源量 | 预测或控制储量 | 控制和探明储量 |

1. 区域勘探

区域勘探是指在大的油气区内评价各盆地的含油气远景，优选出有利的含油气盆地。在盆地内重点分析油气生成条件，查明油气资源的空间分布，从而预测有利的油气区带。

2. 圈闭预探

圈闭预探的最终目标是发现油气田，是在优选出的有利含油气区带的基础上，进行圈闭准备，通过圈闭评价，优选出最有利的圈闭，开展以发现油气藏为目的的钻探工作，揭示圈闭的含油气性，对出油的圈闭计算预测储量和控制储量。

3. 油气藏评价勘探

油气藏评价勘探阶段的任务是在已发现的工业性油气藏的基础上探明油气田，提交探明储量和控制储量，并为油田顺利投入开发做准备。

该勘探程序的主要特点是：（1）各阶段的勘探对象和勘探任务明确，采用的勘探技术和方法切实有效；（2）勘探范围由大到小，但依次又迅速地缩小靶区范围，逼近最终目标——油气藏；（3）各阶段相互关联，前一阶段是后一阶段的准备和基础，后一阶段验证前一阶段的成果，资源量、储量逐步升级。

## 第二节 区域勘探

区域勘探阶段是指从盆地的石油地质调查开始到优选出有利含油气区带的全过程。

一、区域勘探的任务

区域勘探是对整个盆地、坳陷（凹陷）或其中一部分进行整体地质调查，查明区域地质和石油地质基本条件，进行早期含油气远景评价和资源量估算；评选出最有利的坳陷（凹陷）和构造带，预测可能存在的油气圈闭类型，进行早期远景资源量估算；提供参数井井位，提出预探方案，为进一步开展油气勘探工作做好准备。

该阶段主要解决下列石油地质基本问题：

（1）盆地基底：基底岩石性质、时代、埋深及起伏状况、盆地周边的地质情况。

（2）地层：沉积岩时代、厚度、岩性、岩相及分布概况，建立完整的综合地层剖面。

（3）构造：区域构造单元的划分和区域构造发展史、主要二级构造单元和面积较大的圈闭的基本形态、上下构造层间的关系及主要断裂分布情况。

（4）生油条件：生油层层位、岩性、厚度、生烃能力。

（5）储盖层及生储盖组合类型：储盖层岩性、物性、厚度分布及生储盖组合类型。

（6）油气水情况：地面和地下油气显示、油气水物理及化学性质、区域水文地质条件。

（7）含油气远景。

二、区域勘探的工作程序

区域勘探可进一步划分为两个亚阶段：一是大区勘探，主要是大区域地质调查，识别和优选有利含油气盆地；二是盆地勘探，主要在优选出的盆地内进行勘探，优选出有利含油气区带。

（一）大区勘探

大区勘探是指在一个大的未进行过勘探评价的区域，从石油地质调查开始，到优选出有利含油气盆地的全过程。进行大区勘探首先要收集所选未评价区的已有资料，研究大地构造性质、基底时代和特征、可能存在的盆地及盆地的成因，进行相似盆地的对比，初步预测其含油气性，作出对比评价。

1. 地面地质调查

（1）观察、丈量主要沉积地层剖面，对地面露头和其它单位施工的钻孔岩心进行系统选样，提出分析鉴定项目，重点解决地层时代、生储油条件、岩石物性等问题。

（2）进行油气苗调查，描述产出层位及地质构造特征，取得油气分析数据，分析油气苗形成原因。

（3）参照遥感解译成果，确定盆地边界，有针对性地收集资料，了解盆地的地质结构、区域构造轮廓和大断裂的展布。

（4）了解自然地理条件，为部署物探和化探工作做准备。

2. 非地震物探、化探

主要任务是进一步圈定盆地范围，明确基底起伏、埋深、结构和性质，确定各密度界面和磁性界面的起伏和内部构造，划分区域构造单元，确定大断裂的展布，对盆地沉积盖层厚度作出初步解释，圈定区域化探异常区。

1）重力勘探和磁力勘探

根据盆地的地质特点，一般在高精度航空磁测或地面重力测量中先开展一种，再根据测量结果有针对性地部署另一种。在数据采集和基础数据整理的基础上，结合地面地质、航空照片、卫星照片等资料，从已知区和岩石出露区开始，建立各种典型地质体的解释标准，开展未知区和覆盖区隐蔽地质体的解释工作。

2）电法勘探

电法勘探的主要任务是验证基底深度，特别是坳陷区的沉积岩厚度。探测断裂带位置及其延伸情况，进一步查明盆地的构造形态及特征。根据电测深曲线特征，解释存在几套电性层和地层剖面特征，从而判断盆地内有利的生储油相带的分布状况。对沉积盖层中的高电阻不均匀体分布范围作出解释，并了解高电阻层或大片火山岩覆盖的沉积岩发育状况，进一步修正对盆地的评价。

3）油气化探

该方法在大区勘探阶段是一种周期短、投资小、见效快的有效勘探方法。主要任务是查明区域化探异常背景值、求准区域化探异常、作出地质解释。应根据不同地区和测量精度，选择合适的取样类型及分析参数。

3. 地震概查和普查

在收集、分析前人资料的基础上，进行区域构造、地层沉积特征研究，初步预测盆地的含油气性并进行对比评价。选择有利的盆地部署地震大剖面概查或有针对性的地震概查，确有必要情况下作稀测网的地震普查。

4. 科探井钻探

（1）井位设计：充分考虑航磁力、重力、电法、化探、地质调查等各方面的资料，以地震概查、普查资料为主，从一个盆地或凹陷的勘探全局着眼，选择对这个盆地或凹陷的含油气远景评价有决定意义的部位部署科学探索井，以建立盆地地层层序为主，兼顾其它任务，完钻井深一般需钻达基底。

（2）资料录取：以岩心为主，岩屑为补充，建立系统的分析化验剖面。对重点含油气层位和关键部位进行系统取心，同时进行综合录井及全套数控测井，并增加中途完井测井、地层倾角测井和垂直地震剖面测井。

（3）单井评价：对科探井所取得的录井、测井、测试、分析化验等资料进行深入的综合研究，并配合地层、沉积、构造、生油、储油等进行专题研究。不但应提交钻井、录井、测井、测试等完井报告，还应提交地层、沉积、构造、生油、储集层等专题评价报告以及单井评价总报告，并对盆地下一步勘探工作提出建议。

5. 盆地早期评价

以地球物理资料和参数井资料为主，在专题研究和方法研究的基础上，进行盆地早期评价。通过对已知盆地类比，对多个盆地进行比较，分类排队，优选出具有含油气远景的盆地，并进行勘探规划部署和技术经济可行性论证，提交综合研究报告。

（二）盆地勘探

盆地勘探是指对优选出的含油气盆地进行勘探，直到优选出有利含油气区带的全过程，主要采用地震勘探、非地震物化探、参数井钻探技术及盆地模拟方法。

1. 非地震地质调查

首先进行盆地的重力、磁力普查，有针对性地进行电法普查，根据情况补作地面地质调查，开展油气化探或油气资源遥感解译，在部分地区可使用地质浅钻以了解地层及构造情况。

2. 地震概查和普查

大型盆地概查一般以 10~32km 的测线距做地震大剖面，目的是结合重力、磁力和电法资料划分一级、二级构造单元，并初步查明区域隆起（凸起）、坳陷（凹陷）的构造情况；普查一般以 8~16km 的测线距进行面积连片测量，查明坳陷（凹陷）、隆起（凸起）内二级构造带的形态、类型及展布范围。海域及中小型盆地或复杂构造地区测线距可根据情况适当加密。当然，测网不能一成不变，要根据勘探目标，把区域测网和局部加密相结合，尽快逼近勘探目标。

3. 参数井钻探

在盆地分析评价的基础上，掌握区域构造和二级构造带，以及储集岩体分布情况，部署参数井。主要任务是了解盆地一级、二级构造单元的地层层序、岩性岩相及厚度、生油层及生油条件、储集层、盖层及其组合类型，并为物探解释提供参数。在部署参数井时，要从全区着眼，统筹安排。设计深度应以揭露较多的地层剖面，特别是生储盖层组合为目的，力求钻达基底或可钻达的最大深度。井位应设计在该构造单元有利的含油气部位，或者能解决地质问题的关键部位。为取得生油层和生油指标、储油层和物性参数资料，应间断取心，并要求钻井、录井、测井与试油工作配套，全面、系统地收集资料。

4. 盆地模拟

根据连片地震资料和区域探井资料，对盆地的构造演化、生排烃史等进行定量模拟，预测各含油气区带的资源远景，最后进行综合评价，优选出有利的含油气区带，提交综合研究报告。

三、区域勘探的工作部署原则

工作部署是油气勘探各个阶段所采用的一套工作方法和实施步骤，目的是有效发现油气田。区域勘探，特别是盆地勘探阶段，应遵循以下工作部署原则。

（一）从区域出发，整体解剖，着重查明区域地质构造和石油地质基本条件

在一个沉积盆地内，油气的形成条件主要受区域地质和石油地质条件控制，并受多种地质因素的制约。不掌握总的控制因素，不认识地层、沉积、构造、烃源岩、储集层、水文地质条件等多因素对油气藏形成所起的作用，就不能高效地寻找油气资源。从区域出发，整体解剖盆地（坳陷）的油气成藏条件，既可以避免勘探工作的盲目性，更有利于逐步缩小勘探靶区，尽快发现油气田。

松辽盆地的勘探就是一个很好的例证。在 20 世纪 40 年代，由于没有在整个盆地进行区域普查工作，对盆地全貌认识不清，油气勘探工作集中在东南部油苗较多的地区，当时没有查明最有利的生油岩分布区域，因此，勘探未见成果。20 世纪 50 年代，进行了全盆地的区域勘探工作，通过地震概查和普查部署了全盆地的综合大剖面，对盆地构造单元、生油坳陷

分布有了清楚认识，在盆地中部部署了松基 3 井，获得工业油气流，很快便查明了大庆油田，取得了很好的勘探效果。

（二）重视各种类型的储盖组合，正确选择勘探目的层

区域勘探阶段，应重视多种类型的储盖组合，选择主力生储盖组合作为主要勘探目的层系，才能及早获得勘探突破，早日找到大油气田。例如，墨西哥的雷佛尔玛油区，从 1911 年勘探古近—新近系油层开始，至 1972 年找到中生界高产石灰岩主力油层为止，经历了 60 年漫长曲折的勘探历程。而我国鄂尔多斯盆地的油气勘探，过去长期以中生界三叠系、侏罗系作为勘探目的层系，20 世纪 80 年代的后期及 90 年代初期，在下古生界的奥陶系，以及上古生界的石炭—二叠系先后发现了大型气藏。

（三）因地制宜选择工种，加强综合勘探

在不同的地质条件下，各种油气勘探技术方法解决的可靠程度、工作速度和经济效果都是不一样的。即使在相似的条件下，同一工种的效果也有差别。因此，既不能只采用单一工种，也不能主次不分、滥用各种方法技术，应因地制宜地采取主要方法和辅助技术配合使用的综合勘探方法。

综合勘探是针对具体勘探对象，选择多种勘探技术进行最优化组合，既能降低勘探成本，又能获得更多的勘探对象信息。例如在地形平缓的覆盖区应选用地球物理方法（地震）和少量区域探井相互配合为主的工作方法；在地形复杂的露头区以地质调查为主。重力勘探和电法勘探在构造稳定地区能够解决区域构造、基底隆起、盐丘等局部构造等问题，效果好，成本低。

## 第三节 圈闭预探

在区域勘探阶段查明了各二级构造带的形态和类型，并根据资源规模、经济特征优选出有利的勘探目标后，便可以进入以发现油气藏为主的圈闭预探阶段。圈闭预探是指在优选出的有利区带上，从圈闭准备开始，到圈闭预探发现油气田的全过程。因此，圈闭预探的整体对象是一个区带，其最终目标是尽可能揭示区带上所有圈闭的含油气性，发现油气田并提交预测储量和控制储量，为评价勘探提供目标。

### 一、圈闭预探的任务

（一）落实圈闭规模和基本要素

主要通过地震的普查、详查，找到更多的圈闭，包括构造圈闭和非构造圈闭，进一步落实圈闭的形态、闭合面积、闭合高度、高点埋藏深、断层和次高点的分布等。

（二）研究油气藏形成与保存条件

确定圈闭形成的雏形期、发展期、定型期、破坏期，以及它们与构造运动期次、油气生成、运移和聚集的关系，从而预测油气藏的形成、演化和保存状态。

（三）预测圈闭内油气富集程度

重点研究圈闭内储集层类型、物性特征、空间分布。通过储集层沉积学的分析和地震储集层横向预测，研究圈闭范围内储集层的平面和剖面展布；利用烃类直接检测技术，预测可能的含油气范围；通过类比和参数分析，确定油气充满系数、含油饱和度、原油物性。

### 二、圈闭预探的工作程序

通过地震资料的处理与解释，识别出各种类型的圈闭，同时进行可靠性分析，进行圈闭

的初选；开展圈闭的地质评价、资源量估算、经济评价，确定成藏可能性、资源量规模、勘探经济效益，在此基础上开展圈闭综合排队和优选，为预探提供有利钻探目标，同时加强圈闭描述和预测，为井位拟定和井身设计提供依据。圈闭钻探后，要利用钻探成果进行再评价，评价为较有利的圈闭可以再度纳入储备，而评价为不利的圈闭在进行深入研究之后可以进行核销（图9-1）。

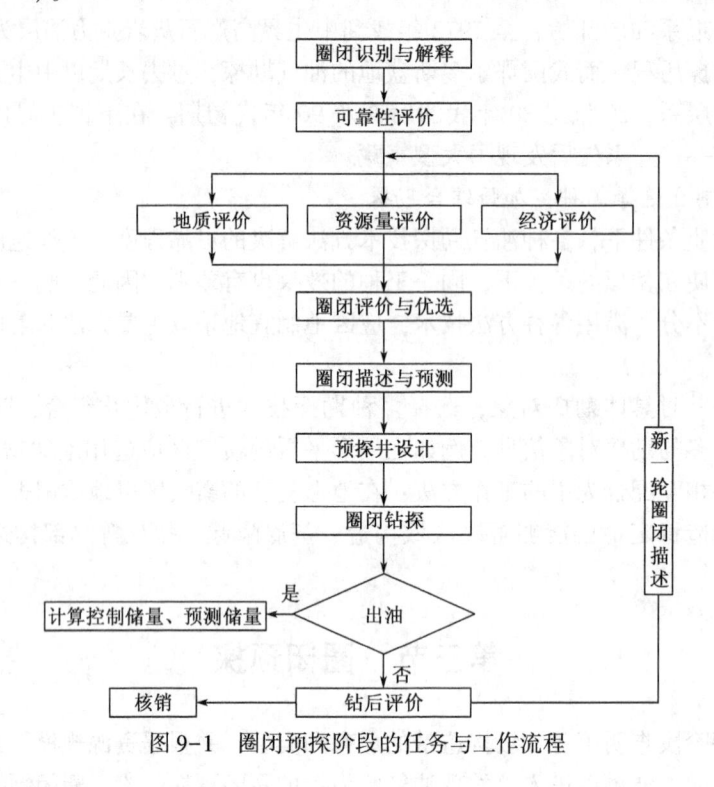

图 9-1　圈闭预探阶段的任务与工作流程

（一）进一步地震详查

实际上，圈闭准备工作在区域勘探阶段就已经开始了，但是由于测网密度勘探工作量的限制，对圈闭条件的掌握并不十分清楚。例如4km×8km的地震普查虽然可以不漏掉主要圈闭，但是高点的位置不太确定，至于非构造圈闭可能就更不清楚了。因此，在圈闭勘探阶段，要进行进一步的地震普查与详查，测线网密度一般要求达到2km×4km～1km×2km，以期发现更多的圈闭；对于重点圈闭的详查，测线网密度要达到1km×2km～0.5km×1km，才能提高圈闭的准备质量。

圈闭识别包括构造圈闭的识别和非构造圈闭的识别。构造圈闭相对比较容易识别，对于非构造圈闭，则需要根据物探资料进行一系列特殊处理，充分运用地震地层学技术研究地层尖灭线、超覆线、不整合面等地质现象，才能确定其分布范围、类型及规模等。此外，在圈闭识别的基础上还要进行圈闭发育史等方面研究。

（1）构造圈闭解释：绘制各地震反射层的构造圈闭平面图、关键部位的构造剖面图，按规定落实圈闭和断层的基础数据，并进行主要目的层的地震相分析、沉积相分析、储集层预测、特殊地质体解释和圈闭发育史分析。

（2）非构造圈闭解释：绘制反映非构造圈闭形态的平面图、控制形态的地质剖面图等，根据构造等高线、地层超覆线、地层剥蚀线、储集层尖灭线、断层线的形态特征和组合关系，确认非构造圈闭，并按规定落实圈闭基础数据，完成目的层的地震相、沉积相、储集层预测和圈闭发育史分析。

（3）其它解释：作出反映地层、岩性、储集层物性及是否有烃类存在等各种相关解释，并绘制平面、剖面图。

#### （二）圈闭评价与优选

圈闭评价与优选是在圈闭可靠性评价的基础上，对评价为可靠和较为可靠的圈闭进行地质有效性评价，计算圈闭资源量，进行勘探经济效益的综合分析，并采用各种风险评价方法，对圈闭进行综合排队，其最终目的是优选出有利的若干个圈闭作为下一步钻探的对象，便于及早发现油气田。

#### （三）待钻圈闭描述与预探井设计

1. 进一步地震详查或精查

在选出的圈闭上，迅速开展地震详查，测线网密度一般要求达到1km×1km、0.5km×1km。在圈闭比较复杂的情况下，开展地震精查。对所取资料使用时应做特殊处理，进行岩性、地震地层学研究。查明构造内渗透层（砂体）的分布情况，提高圈闭准备质量。

2. 圈闭精细描述

根据勘探总体部署和勘探项目总体设计的安排与工作可行性分析，对每个评价为Ⅰ类和Ⅱ类的部分圈闭进行描述，提出预探井井位设计方案。

（1）圈闭形态特征描述：通过所需地震资料可重新确定处理流程和处理参数，进行重新处理，并作必要的目标处理工作。用邻近（邻区）探井的井间资料，重新对地震剖面进行层位、速度、深度、岩性、物性、含油气性等的标定与解释，以提高地震资料的解释精度，编制准确反映目的层顶面埋深的精细构造图。

（2）储盖层描述：对储集层进行地震相、沉积相及目的层岩性预测，追踪其纵、横向展布，确定目的层厚度，预测储集层孔隙度和地层压力；分析盖层发育状况，综合评价盖层封闭性。

（3）含油气性预测：利用地震信息，结合非地震物化探资料，或用已知井信息进行烃类检测。描述圈闭发育情况、断裂形成及发育史、沉积史、生储盖组合特征，描述及模拟油气运移的时间、通道、距离，描述油气藏的形成、保存与破坏史，并预测圈闭的规模、圈闭含油气的可能性及油气藏的类型。

（4）保存条件描述：包括断层的位置、延伸长度、断开层位、断距、断层性质、活动性及活动时期、断层两盘岩性配置关系，综合评价断层对目的层的封堵性；描述地层水活跃层位、活跃程度及对油气藏的影响。

（5）圈闭资源量重新估算：以圈闭精细描述成果来修正原圈闭资源量计算参数，重新计算圈闭资源量。

3. 预探井设计

从控制整个区带或圈闭的主要含油气层系的油气藏类型、含油气范围、储量计算参数考虑，进行圈闭预探井的总体部署。对经过圈闭精细描述的有利圈闭，根据描述结果进行预探井井位设计，并从地质目的和地面施工条件出发，进行井位论证，完成预探井井位设计论证报告。定向井、水平井要进行钻头最佳轨迹设计，另外还必须要进行预探井井位经济技术可行性论证。

（四）圈闭钻探与钻后再评价

1. 圈闭钻探

在圈闭钻探过程中，要及时收集预探井的录井、测井、测试及分析化验等井筒信息，用于标定地震资料，修正原有参数，建立新的判别标准和判别模式；要取全取准油、气、水层资料，准确划分油、气、水层；要开展单井油层评价。

2. 钻后再评价

对已获油气流的圈闭，要应用新资料进行油气藏早期描述，计算预测储量和控制储量。对邻近地区的未钻探圈闭，也应进行新一轮的圈闭描述评价工作，以修正优选圈闭可钻性的评价和预探井井位设计方案，提交预测储量。对于钻探无发现的圈闭，经过钻后的反馈评价，做出继续勘探或放弃勘探的决策。

### 三、圈闭预探的工作部署原则

（一）着眼于整个区带，选择有利的三级构造为突破口，迅速突破出油关

为什么预探井部署要从区带出发，从三级构造入手呢？原因在于：（1）区带聚油面积大，控制了油气的运移、聚集，能够形成大油气田，因此要重视区带的整体解剖工作，在地质条件认识比较清楚的情况下，可以采用甩开勘探的做法，迅速控制整个区带；（2）区带决定或控制了三级构造的类型、形成及圈闭条件，区带上的三级构造往往有着类似的聚油条件；（3）由于受人力、物力条件的限制，预探工作必须且只能从解剖局部构造入手，突破一点，从而带动整个区带的找油工作。因此，从区带全局着眼，首先把预探的主要力量集中在含油气远景最好的重点三级构造上，迅速查明其含油气性，见油后，再在整个区带上全面铺开。

（二）通过地震详查，提高圈闭准备质量，保证预探工作的顺利进行

圈闭准备质量的高低，将直接影响油气田的发现速度。如渤海湾盆地东濮凹陷濮城油田的发现就是一个代表性的实例，由于进行了高质量的圈闭准备工作，地震工作确定的构造比较准确，主要断层平面误差小于200m，因而在勘探初期准确地部署了14口探井，很快拿下了油田。任丘油田的勘探效果也很好，根据其地震资料编制的古潜山构造顶面构造图的质量甚佳，经后来钻探证实，其形态、深度、断层、高点都基本准确，保证了任丘古潜山"稀井广探"的顺利进行。

勘探实践表明，许多情况下，预探井钻探失利的主要原因还是由于圈闭准备不充分。如华北油田的河间古潜山，根据1975年地震提供的古潜山顶面构造图，首先确定了马12井预探古潜山高点，但钻探结果表明由于构造图不准确，致使该井于井深3179m穿过断层，远离高点进入古潜山下部，首次钻探失败。1976年重做构造图，发现高点及断层位置都与老图不同，高点位置向西南偏移了180m，断层位置向东偏移了1200m。在新图上，布井3口（马19、马20、马21），其任务是钻探高点和探边。钻探结果，马19井、马20井分别于2993m和2533m进入古潜山，钻遇高于庄组白云岩，未见油气显示。1977年对新处理的地震剖面进行分析，认为马19井、马20井仍偏离断棱过远，所以未见成效。这样，第三次在距马20井西北200m处的断棱上选定了马38井（图9-2）。钻探证实，马38井基本打到了断棱，于井深2308m进入古潜山，揭开了厚17m的白云岩含油层，酸化后日产千吨高产油流，终于突破了河间古潜山的高产出油关。

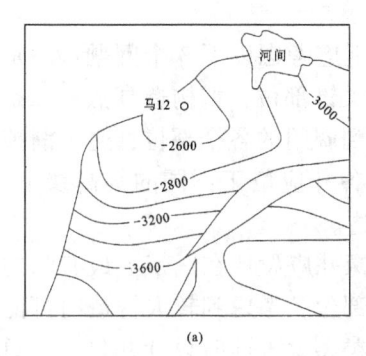

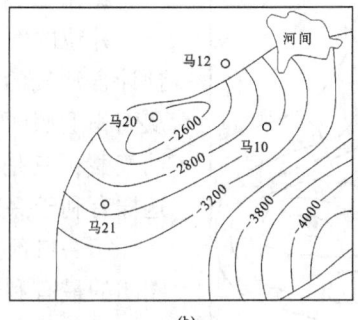

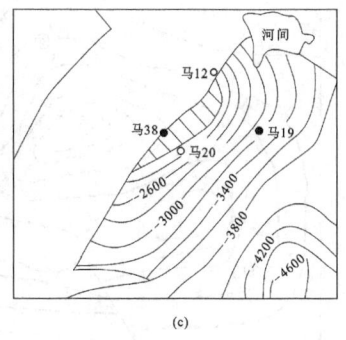

图 9-2 河间古潜山预探部署图（据华北油田）

(a) 1975 年构造图；(b) 1976 年构造图；(c) 1977 年构造图；等值线单位为 m

### （三）合理布置预探井，高效地发现油气田

#### 1. 布井系统的选择

布井系统是指井与井之间的组合关系，为保证将井设计在构造上油气聚集的有利部位，同时便于钻后地下地质研究。常用的布井系统包括十字剖面系统、平行剖面系统、放射状剖面系统、环状剖面系统等（图 9-3）。布井系统的选择主要依据圈闭形态与复杂条件以及可能存在的油气藏类型。

（1）十字剖面系统：将探井部署在两个近于垂直的剖面上，这种布井系统广泛适用于穹隆和短轴背斜。

（2）平行剖面系统：将探井部署在近于平行的若干剖面上，适用于长垣、背斜带、单斜带及长轴背斜、断裂带等线性圈闭，以及探寻地层或岩性类型的隐蔽油气藏。

图 9-3 几种常见的探井布井系统（据张一伟，1981）

(a) 十字剖面系统；(b) 平行剖面系统；
(c) 放射状剖面系统；(d) 环状剖面系统

（3）放射状剖面系统：将探井部署在由某个中心点（如高点）向周围放射的剖面上，适用于地台区较大的不规则隆起。

（4）环状剖面系统：将探井部署在某一环或者数环上，适用于秃顶油藏及刺穿构造。

（5）网状剖面系统：将探井排列成规则的三角网及方形网，适用于不规则的岩性油藏（礁、砂体）的勘探。一定规格的网状系统，普遍适用于任何类型的油田详探，以便与今后的开发井网相符合。

目前在实践中还广泛采用"临界方向布井"方法，其思路是把井部署在最能说明问题的临界关键点。如对具有多个高点的二级构造带来说（图 9-4），第 1 口井部署在构造顶部的最高点，以解决最有利的局部高点是否含油的问题；若见油气，第 2 口井部署在局部高点之间的鞍部，解决几个局部高点是否连片含油的问题；再见油后，第 3 口井则部署在整个二级构造带最低等高线附近，其目的是解决整个二级构造带是否含油的问题。这种布井方法适用于大型构造及油藏类型比较简单的情况，对复杂类型的构造油藏则不适用。

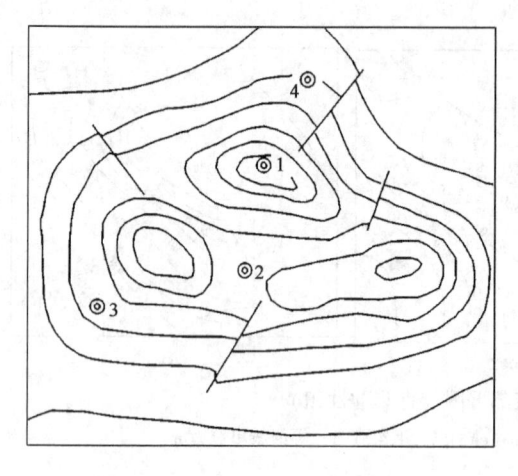

图 9-4　临界方向布井系统图（据张一伟等，2003）

## 2. 井位的确定

井位的确定应考虑以下 3 个问题：一是预计含油气的关键部位，如构造高点；二是从面积上照顾到圈闭的各个部位，避免漏掉油气藏；三是各井应位于不同的等高线上，这样有利于探边。

第一口预探井应设计在区带上最有利的圈闭的最有利部位，考虑到较大构造内可能存在的油气藏类型，可同时设计几口井，组成一个布井系统。当第一口井失利时，用布井系统解剖这个构造，以便发现不同类型的油气藏。

## 3. 预探井的类型和数量

预探井的数量主要取决于油气藏的类型和地层、构造的复杂程度，以及对含油面积的研究程度。一般情况下，首先开钻的井，应部署在最常见、最有利的圈闭上，如背斜圈闭的顶部、断层圈闭的最高位置。随后，根据这 1~2 口井的资料，再调整其它将要钻井的位置、深度。其最终目的是用最少的探井，高效率地发现油气藏。

根据开钻的先后次序和钻探的必要程度，常常将预探井在设计时分为 3 类：第一类是独立井，其位置和深度已经确定，彼此之间无依赖关系，属于必须要钻探的井；第二类是附属井，也是必须要钻的井，但其位置、深度可以根据独立井资料进行调整；第三类是后备井，是否进行钻探以及其位置、深度都要根据前两类井的结果而定。

在预探过程中，由于预计的地质条件（如油藏类型等）与实际情况不符合，布井系统及井数可以进行调整。但是任何改变必须遵循一个原则，即尽量用最少的钻井完成预探任务，达到科学打井、少打探井、多拿储量的要求。

（四）兼顾多层系、多类型油气藏的勘探，全面完成预探任务

对于某一个圈闭的预探而言，其任务是查明圈闭范围内不同部位、不同层系内的油气藏类型，并进行初步的探边，为油气田评价勘探准备面积。如果圈闭规模小、油气藏类型简单，一口井发现工业油气流后，就可以结束预探工作。但是对于一个大型的或者复杂的圈闭来说，一口出油井所提供的有关油层、油气藏的资料还很少，完成不了预探任务。一口井获得工业新油气流并不等于找到了一个油气田，仍需要再部署一定数量的预探井，以查明圈闭不同部位、不同层系内油气藏类型。同理，一口井没有发现油气，并不能作出全盘否定的评价，一定要按照设计的布井系统、探井类型和井位，及时调整、逐步实施，才能全面完成预探任务。

### 四、常见圈闭的预探方法

（一）长垣和大隆起的预探

长垣、大隆起这类多高点构造的预探，可以分两步来完成。第一步，在重点的三级构造（高点）上部署单井，主要查明整个二级构造带的含油气情况，以及油气受哪一级构造的控制。如果各井全部落空，则说明含油气情况复杂，大型背斜油藏存在的可能性不大；如果个别高点见油，则说明含油气远景有限，三级构造控制油气的可能性大；如果高点全部含油，则说明油气丰富，二级构造带控制油气的可能性很大，可能找到大油田。第二步，以证实二级构造带整体含油和解剖三级构造为目的，选择二级构造带的关键部位（鞍部、倾没端）

和所有三级构造布井。如果鞍部与高点都含油，则证实二级构造带整体含油。重点三级构造的解剖，除了查明背斜油藏外，还要查明是否存在其它类型的油气藏及油气藏的大致范围。

例如，对穹隆—短轴背斜进行预探时，多采用十字剖面布井系统。一般情况下，不超过 5 口井就可查明构造的含油气性（图 9-5）。图中的布井系统不仅考虑到层状背斜油藏，也考虑到翼部可能出现的岩性油藏和秃顶油藏。其中 1、3 号井为独立井，2、4、5 号井为附属井，6 号井为后备井。

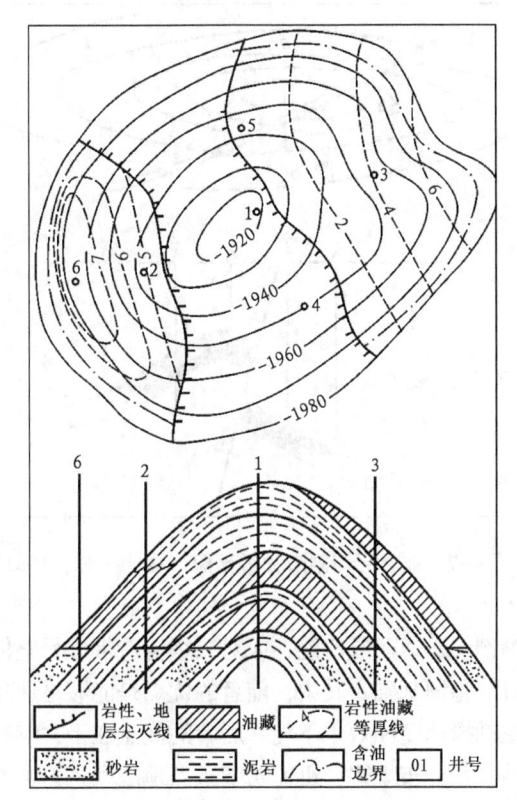

当穹隆—短轴背斜的顶部发生位移时，可以采用另外一种布井方案（图 9-6）。根据深、浅两层构造顶部位移的情况，为了兼顾深浅两层的预探，部署了 1、2、3 号井，而且要钻到下层的深度。1 号井主要钻探浅层构造顶部的背斜油藏和深层构造翼部油藏，3 号井与 1 号井相似，是针对深层顶部和浅层构造翼部而设计的钻井。当 1、3 号井相距较远时，为了不漏掉深、浅层构造的翼部油藏，可加钻 2 号井。当 1、2、3 号井出油后，根据出油井号及油藏情况再钻探 4~9 号井。

图 9-5　穹隆—短轴背斜预探布井（据张一伟，1981）
等值线单位为 m

### （二）背斜构造带的预探

简单背斜构造带油藏的预探部署与长垣相似，多采用单井、十字剖面系统或平行剖面系统，差别在于：一是平行剖面是短剖面，井距较近；二是沿长轴井数略有增加。

受断裂复杂化的背斜带，预探井部署比较复杂。勘探此类构造时，应详细研究构造的地质和地震资料，研究断裂分布、发育及其封闭性。图 9-7 示意了一个被一条逆断层切割的简单断层遮挡油藏。该断层断距较大，把储集层切割为具有独立油水系统的两个油藏，因此，需要对这两个油藏分别进行预探部署。上盘部署了 3 口井，其中 1 号井部署在构造的最高部位，如有可能则尽量钻到下盘目的层。当 1 号井不能钻穿下盘时，则要部署 4 号井来完成任务。

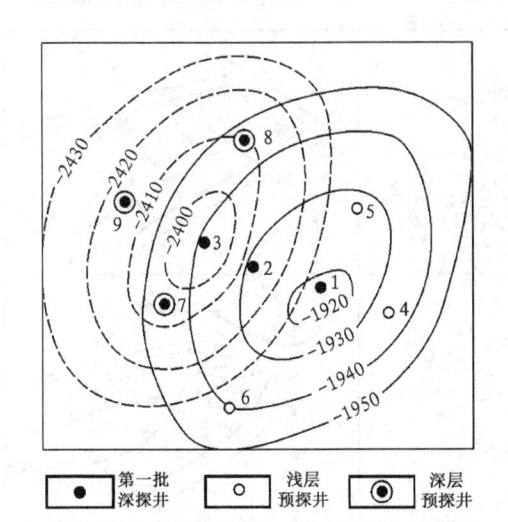

图 9-6　深、浅层兼探布井图（据张一伟，1981）
等值线单位为 m；1—9 表示井号

此外，在预探背斜构造时，还要考虑裂缝

359

性油气藏的存在。不同构造部位的岩石变形强度不同，裂缝发育程度也有所差异，因此需要根据地面、地下和邻区资料确定裂缝发育的部位和断层发育情况。

### （三）断裂带的预探

断裂带的勘探要遵循两个基本原则。第一，要从断裂带整体出发，第一批预探井定在不同断块的高点上，以了解二级构造带的含油气性，打开突破口。井数要根据断裂带的规模和复杂程度确定，多数情况下需要3~7口井，特别是地震准备不充分、构造面貌不清楚时，往往需要多打预探井才能获得成功。如辽河油田高升—西八千断裂带就是在钻了第4口井后才取得突破的。第二，要以出油的断块区为对象进行解剖，迅速建成产能；或对二级构造带进行整体解剖，深入了解整个二级构造带，为下一步工作打下稳固基础。其中，前者的优点是能够迅速建产能，但由于尚未掌握整个油田的情况，可能导致勘探速度和效果不佳。后者的优点在于，继续对二级构造带整体解剖，有助于掌握构造特征及油气水分布规律，迅速明确重点地区和主力含油气层段，提高勘探效率。

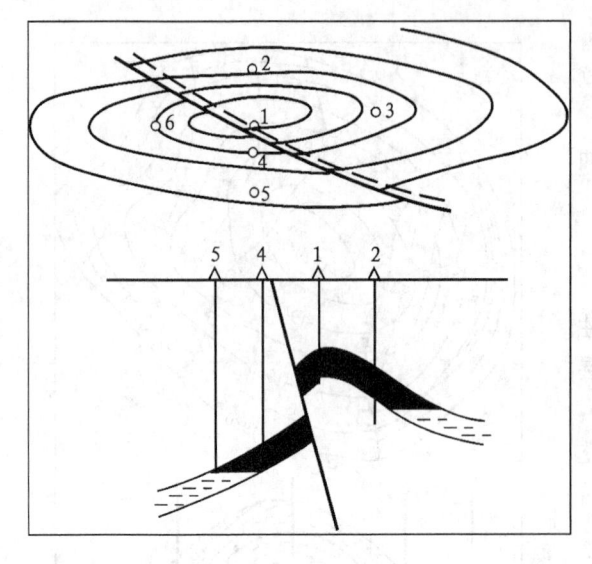

图 9-7  被断层切割的背斜预探（据张一伟，1981）

以东辛油田为例，该油田的勘探从断裂带出发，由断块区入手，沿主断层钻探主要断块高点，共部署26口探井，组成6条剖面，以期基本了解整个二级构造带的含油情况、构造面貌、地层发育以及油气藏类型，同时用较少的工作量，在较短时间内查明油气富集区。而实际勘探效果证实，一次布井，不利于对断块区复杂构造的认识和油气富集规律的分析，勘探效果相对欠佳，且周期较长。图9-8为东辛油田辛50断块区不同时期的构造图及井位部署，该断块共部署14口探井，分两批实施，前后花了不到半年时间。14口井中钻至主力断

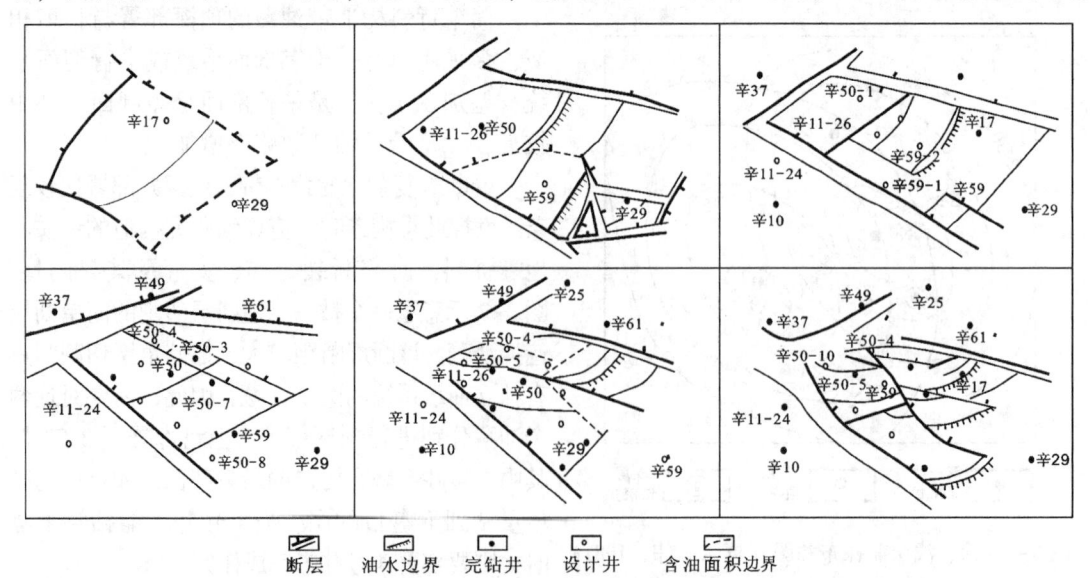

断层　　油水边界　　完钻井　　设计井　　含油面积边界

图 9-8  东辛油田辛50断块区构造及探井部署图（据胜利油田）

块的有9口井，占64.3%，钻至非主力断块5口井。钻探结果说明，分批钻井有助于掌握地下地质情况，缩短勘探周期。

（四）古潜山的预探

1. 大中型碳酸盐岩古潜山勘探

大中型古潜山的勘探应依据下述步骤进行：（1）第一口预探井要部署在古潜山的最高部位；（2）整体部署，全面解剖，迅速控制含油范围和油藏高度。根据碳酸盐岩块状油藏的特点，第二口预探井要打穿全部油层，穿过油水界面，并与探边井相结合，确定油水界面，按准确的古潜山顶面构造图，再确定含油范围。一般，大中型碳酸盐岩块状古潜山油藏，在预探井获油后，再打2~3口探井就可以探明油田规模。

如济阳坳陷的富台油田，1969年钻探了第一口探井——车3井，受当时认识的限制，主要目的层为沙三段砂砾岩体，未见油气显示。1978年部署了车古1井等15口井，但仅在奥陶系潜山发现微弱的油气显示（图9-9）。后于1992年部署化探详查，1995年部署三维地震，1997年又在构造高部位部署了车古20井，该井于1998年在奥陶系上马家沟组完钻，在沙三段、石炭—二叠系、奥陶系均见到良好的油气显示。为了进一步查明下古生界的含油气情况，1999年又对三维地震资料进行处理解释，通过古潜山顶面形态的精细解释及成藏条件综合分析，建议正钻探的车古201井加深至太古宇，该井在下古生界、太古宇见到良好的油气显示，特别是奥陶系下部的冶里组—亮甲山组，折算日产油255.12t，从而使潜山突破了高产关。

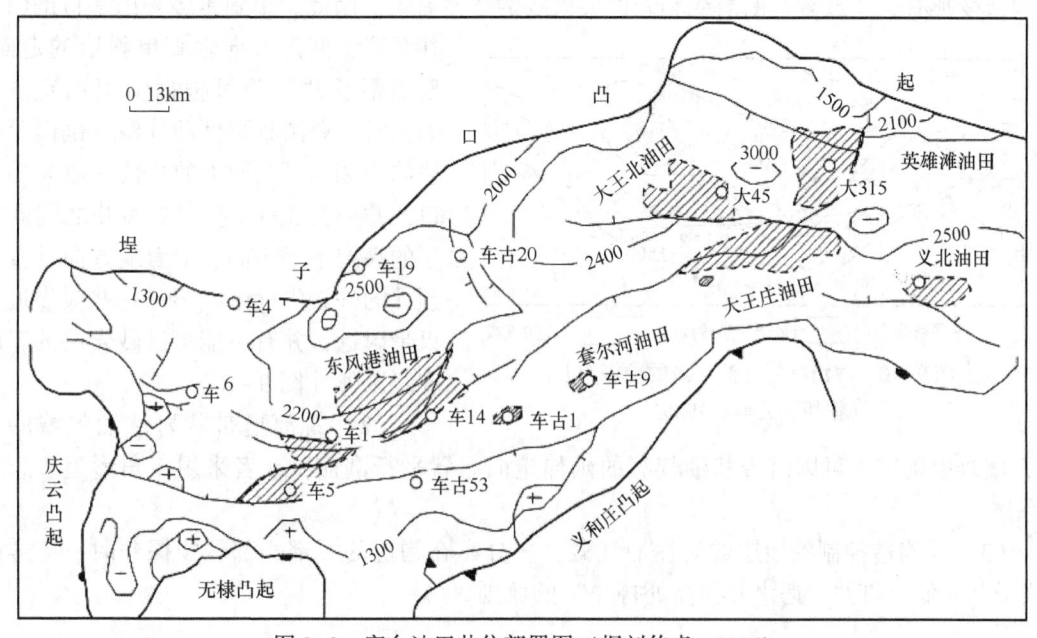

图9-9 富台油田井位部署图（据刘传虎，2006）

2. 小型碳酸盐岩古潜山勘探

小型碳酸盐岩古潜山油气藏，圈闭面积小，勘探难度较大，预探井成功率较低，容易落空，一般需要2~3口探井钻探，才能获得成功。预探井发现油田后，可采用勘探与详探相结合的方法，布井顺序应由里向外，井距不宜过大，这样才能见效。

3. 多层系古潜山勘探

古潜山内幕结构复杂，由非渗透层和薄层碳酸盐岩间互层组成的多含油层系、多种油藏类型叠合连片的古潜山油田，其油水界面差异较大。勘探过程中应立足多套储盖组合，采用将古潜山顶面油藏与内幕结合起来布井的方法，遵循"专井专层，精雕细刻"的部署原则，尽快探明各层系的含油范围，提高勘探效率。

由于该类古潜山的峰顶与古潜山内幕高点往往不一致，要沿主断层找内幕高点。按照古潜山内幕目的层的不同，预探井位置要稍向断棱外侧偏移，预探井应采用中途测试方式，确定产能。如果无油气显示，还应继续往下钻探，尽量打穿全部含油目的层，以了解古潜山不同层系的含油气性。预探井见油后，应立足于多个含油目的层，采用"专井专层"的布井原则，探明不同类型油藏的含油性。布井顺序应沿主断层或沿地层倾向由高到低向外钻探，井距不宜太大。

（五）隐蔽圈闭的预探

隐蔽圈闭主要是指难以识别、勘探难度大的岩性圈闭和地层圈闭。该类圈闭难以勘探的主要原因是：圈闭形态不规则，分布状态复杂；圈闭边界条件复杂；岩性、地层变化梯度远小于构造幅度变化梯度。

由于隐蔽圈闭的复杂多样性，其布井系统很难确定，目前尚无成熟的方法。第一口出油的预探井为发现井。此后的布井系统，包括预探、详探、开发的界限不明显，井位的确定要根据对油藏的预测与实际钻探的结果逐步进行。主要包括以下3种情况：

（1）单斜带常发育断层遮挡油气藏和岩性上倾尖灭油气藏，圈闭的形成往往与单斜带的构造变形有关，或者与断层线和岩性尖灭线的弯曲有关。因此，单斜带多采用平行剖面布井系统，剖面方向垂直单斜层的走向，剖面距及井间距可根据情况而定。例如，对于海湾状岩性油气藏，剖面距一般约为2km，剖面上的井数一般为3~4口，井距为500m左右或两井之间同一层的高差小于50m。剖面线方向垂直于预计的砂岩尖灭带，第一批井应靠近尖灭带附近，并有可能穿过砂岩层的零厚度线以外（图9-10）。

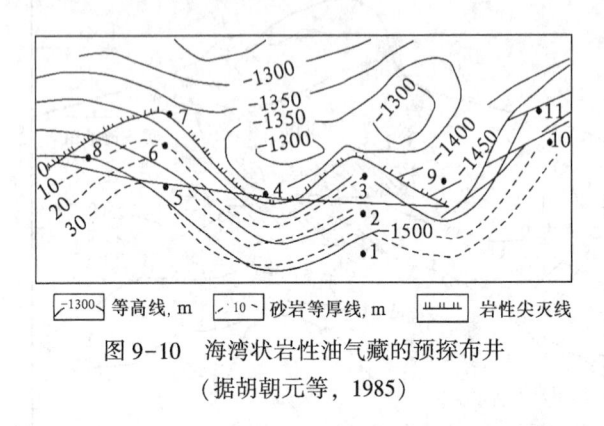

图9-10 海湾状岩性油气藏的预探布井
（据胡朝元等，1985）

（2）古河道带状岩性油气藏的布井方案难以确定，可以沿带状油气藏的延伸走向布置平行剖面，或者采用三角形追索布井系统。

（3）受构造控制的地层或岩性油气藏，多分布在构造的翼部，部署预探井时，应遵循"从干井向低处打井，遇水井往高处打井"的原则。

## 第四节 油气藏评价勘探

圈闭预探发现工业油气流后，接下来的任务就是对油气藏进行评价，明确含油气地质体的外部形态、内部结构及油气水性质与分布状况，建立含油气地质体模型，对油气藏进行综合评价，为编制开发方案提供依据。因此，油气藏评价勘探阶段是指从圈闭预探获得工业油气流开始到探明油气田的全过程。

## 一、评价勘探阶段的任务

(1) 明确各主要目的层的构造形态、断层在平面上的分布和纵向上切割的层位、局部高点和断块的分布。

(2) 查明各含油层段的储集层分布和变化特征，包括成岩作用、孔隙结构、润湿性，油气层的岩性、物性、电性特征，油层连通状况等。

(3) 分析不同构造部位、不同层系油气水的地面和地下物理、化学性质及其变化情况。

(4) 确定含油气边界、含油气面积、含油饱和度，分析油气性质及其变化规律，计算控制储量和探明储量。

(5) 确定地层温度、地层压力、油气藏类型和驱动类型，为编制开发方案和油田投入开发做准备。

该阶段的主要任务是探明油气田，先提交控制储量，最终提交探明储量，并进行技术经济评价，为油气田开发准备条件。

## 二、评价勘探阶段的工作程序

油气藏评价勘探工作是以地震精查为先导，迅速查明油气藏构造形态，提供评价井井位，然后以地震、地质、测井等资料为依据开展油气藏描述与评价工作，准确计算油气储量。

### (一) 地震精查或三维地震

地震精查或部署三维地震勘探的目的在于提交各类圈闭的构造要素和详细的分层构造图，开展储层横向预测，进行烃类检测，并提供评价井井位。

地震精查测网密度要达到 0.5km×1km 或 0.5km×0.5km，满足最终成图比例 1：5 万或 1：2.5 万的精度要求。针对复杂油藏安排三维地震、抽稀的三维或 0.5km×0.5km 测网的地震精查，满足最终成图比例尺 1：2.5 万或 1：1 万的精度要求。在此阶段，着重进行构造解释、储集层解释及烃类检测。

1. 构造解释

查明圈闭（油气藏）的准确形态，落实断层、高点分布等构造细节，提高构造图的准确度，提交接近油气藏顶面的精细构造图。

2. 储集层解释

完成主要含油层系的砂岩厚度或砂岩百分比预测图、储集层孔隙度解释预测图，并根据新钻井资料及时进行校正，经过反复多次的精细目标处理解释，提高预测准确性。特别要重视垂直地震剖面、地层倾角测井的应用，并对砂体发育状况、延伸方向等进行补充解释。

3. 烃类检测

烃类检测解释应将不同层位、不同类型、不同可靠程度的异常标定到构造图上，并对其作出初步解释。利用钻探资料进行验证和修改，进而圈出预测的含油气范围。若有化探资料，应将不同指标、不同强度的异常区标注到图上，并作出合理解释。

4. 评价井设计

评价井设计是在构造综合解释、储集层预测、油气水预测的基础上，进行评价井数目、位置、井深剖面、完钻深度、井眼轨迹、取样要求等方面的地质设计以及与之配套的钻井工程设计。

评价井设计所需资料包括：

(1) 两条以上利用合成地震记录标定的地震剖面，其中一条必须是过井剖面；

(2) 1：1 万或者 1：2.5 万的含油气层段精细的构造平面图、含油气范围预测图；

(3) 储集层岩性分布图、物性参数分布图及油层综合评价平面图;
(4) 油气层对比图、栅状图、油气藏剖面图。

评价井的井距一般为1~2.5km,除了在预测砂岩发育区、预测烃类检测的异常区和构造有利部位外,还应在高点之间的鞍部、低断块、断块的较低部位、预测砂岩的不发育区、预测烃类检测异常区范围以外的部位部署一定数目的评价井。

（二）评价井钻探

评价井是在已经证实有工业性油气的圈闭上,在地震精查的基础上,以查明油气藏类型、评价油气田规模、生产能力以及经济价值为目的的探井。

评价井钻探的主要目的在于:
(1) 确定油气水边界、油气水界面,探明含油气范围;
(2) 查明油气层的分层厚度、岩性与物性特征,明确储集层四性关系;
(3) 采集油气藏内部流体特征资料;
(4) 取得油气层的试油试采资料,如温度、压力、开发特性资料,划分开发层系,确定合理的开采方式。

（三）油气藏评价

(1) 地质评价:评价圈闭特征、储集层特征、流体特征,建立油气藏构造模型、储集层结构模型、储集层参数模型、流体分类模型。
(2) 储量与经济评价:包括储量评价、储集性能和产能评价,确定合理的采油速度。
(3) 开发特征评价:包括温度特征、压力特征、驱动类型、生产特性,制定合理的开发措施和开发方案。

### 三、评价勘探阶段的部署原则

评价勘探的目的在于探明油气藏的工业价值,提交探明储量。评价勘探部署中必须紧紧围绕这个根本的出发点。

（一）科学部署评价井,快速、有效、经济地评价油气藏

评价勘探阶段,探井成本占整个成本比例很高,科学部署评价井,尽量减少探井费用是实现评价勘探工作快速、有效、经济运行的重要保证。

第一,要根据油气藏类型和地质特征,确定评价井合理的井数、井距、井位。

对于地质条件相对简单的油气藏类型,可采用大井距、少井数,甩开勘探。对于地质条件复杂的油气藏,可根据次高点、断块的分布等,多部署评价井。对于特别复杂的断块油气田、裂缝性油气田等,则应该实行滚动勘探开发,简化评价阶段过程,从而降低勘探风险。

由于气田和油田在成藏条件上存在一定的差异,因此,气田的勘探应遵循"预探不打顶、详探不打边"的原则。在发现工业气流后,利用烃类检测,如亮点、平点、空白带、极性转换等方法和高精度压力计测试求得气藏边界,以获得气田最高的勘探效益。

第二,在评价井部署中要科学、合理地处理取心、试油及勘探速度三者间的关系,把三者有机地统一于整个评价方案的总体部署中。

要全面查明油气藏,获取资料,就需要部署钻井、大量取心和分层试油,其结果将必然导致勘探时间延长,投资过大。为了达到快速有效评价油气藏的目的,根据钻探目的和作用,可将评价井分为三种类型,即快速钻进井、分层试油井和重点取心井。不同的井承担不同的勘探任务,从而达到"快、好、省"的勘探成效。

快速钻进井一般不取心,不进行系统的分层试油,但要进行全套测井、录井和井壁取

心，通过大段合层试油或主力层试油取得压力和产能资料。分层试油井一般不取心或很少取心，快速钻进，了解含油层系的分层情况（层数、厚度、压力、油水关系等），但必须进行分层试油。重点取心井除取心外，仍要进行测井、录井工作。

（二）取全取准各项数据，为油气藏评价提供第一手资料

评价井钻探的目的主要在于录取资料，在钻探过程中应注意以下5个方面的问题：

（1）资料录取要全面，包括录井资料、测井资料、测试与试油资料、测温测压资料等。评价井钻探的主要目的就在于取全、取准第一手资料，查明已发现油气田的工业价值，提交探明储量，为油田顺利投入开发作好准备。

（2）较大规模的油田必须有油基钻井液取心或密闭取心资料，并安排高压物性资料，以求得可靠的储量计算参数。

（3）在油田范围内要分井、分段取心，以建立主要含油气层段的完整岩性剖面，并进行全套常规分析和某些特殊项目的分析。

（4）要有一批单层试油井，以确定工业油气流的有效厚度下限标准，有条件的情况下要进行探井试采，以求得可靠的单井油气产能。

（5）在测井、试油及岩心分析过程中，应注意录取一批工程地质参数，如岩石力学性质、黏土矿物成分与含量、储集层敏感性等。

（三）始终采用油气藏描述方法，实现少打井多拿储量

油气藏描述是正确认识和评价油气藏的重要手段和技术方法，油气藏描述成果是评价井部署的重要依据。但是由于评价勘探是有计划、分步骤滚动进行的，因此油气藏描述也必须随着资料的增加滚动进行。

根据资料的掌握程度和评价任务的差别，油气藏描述可分为两个阶段：第一阶段以发现井和预探井取得的各项资料为依据，在过井地震时间剖面上进行标定，以地震信息为主展开油气藏框架描述，最终提交控制储量和评价井井位意见；第二阶段以评价井取得的各项资料为骨架，在多井评价的基础上，与地震资料结合开展油气藏描述，提交探明储量。因此，随着勘探程度的提高和资料积累，油气藏描述要滚动进行，不断提高精度。

**四、不同类型油气藏评价方法**

（一）长垣带的评价勘探

以大庆长垣为例，当预探工作完成后，由于构造面积大，它的评价工作是以局部构造高点为对象逐步完成的。首先勘探的是萨尔图构造，该构造为一短轴背斜，闭合面积和闭合高度大，油藏类型以层状背斜为主（图9-11），油层总厚度和单层厚度也大。在此构造上钻探评价井，不但可以取得经验，而且还可以迅速拿下一块生产面积，建立一定的产能。依据这些特点，在整个面积上部署了10条平行剖面，剖面间距相差不大，但是井距因构造及油层变化的复杂程度而有所不同，介于2.5~4.0km之间。钻探结果迅速探明了含油边界，确定了油藏规模，而且还取

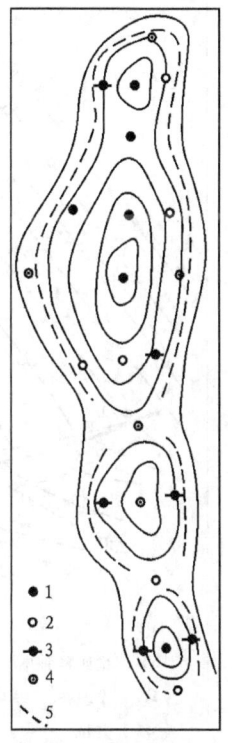

图9-11 大庆长垣构造评价井布井示意图（据张一伟，1981）
1—预探井；2—快速钻进井；3—重点取心井；4—重点试油井；5—油藏边界

得了油层变化和物性、产能资料,圆满完成了任务。

(二)复杂断块油气藏的评价勘探

位于黄骅坳陷中北部的北大港构造带,区内共发育90条断层,分为106个断块,其中小于 0.5km² 的有57块。该构造带自1955年开始勘探,1964年港东港5井获工业油气流。为了夺高产、建产能,部署了28口评价井,组成7条剖面,剖面距3~5km,井距约2km。原计划只要用一到两年时间即可完成,但是实际上从1964—1966年共钻井107口,才基本探明了储量及面积,其中至少有73口井属于评价井。造成钻井过多的原因,除了地质因素复杂、井位甩开程度不够外,更重要的是地震精查工作没有走在评价井钻探的前面,导致井数、井位的选择带有一定的盲目性,从而造成经济效益低下、油田开发时间延长。因此,对于这种复杂的断块油气藏,在短时间内很难查明油气水的分布,为迅速建成一定的产能,加快勘探资金的周转,可以采用滚动勘探开发程序,边开发边勘探,才能达到速度与效益的综合平衡。

(三)岩性油气藏评价勘探

以泌阳凹陷双河油田为例,该油田位于泌阳凹陷西斜坡的鼻状构造带上,由东南向西北,构造形态渐变为平缓,成为单斜。主要目的层是核桃园组三段,为湖底扇砂体沉积,砂岩体共有9个油组,其形态是由三个朵叶组成的扇形体。双河水下扇砂体由东南向西北延伸,砂岩尖灭线与其相反方向倾没的双河鼻状构造的等高线呈正向交切,形成了砂体上倾尖灭油藏(图9-12)。

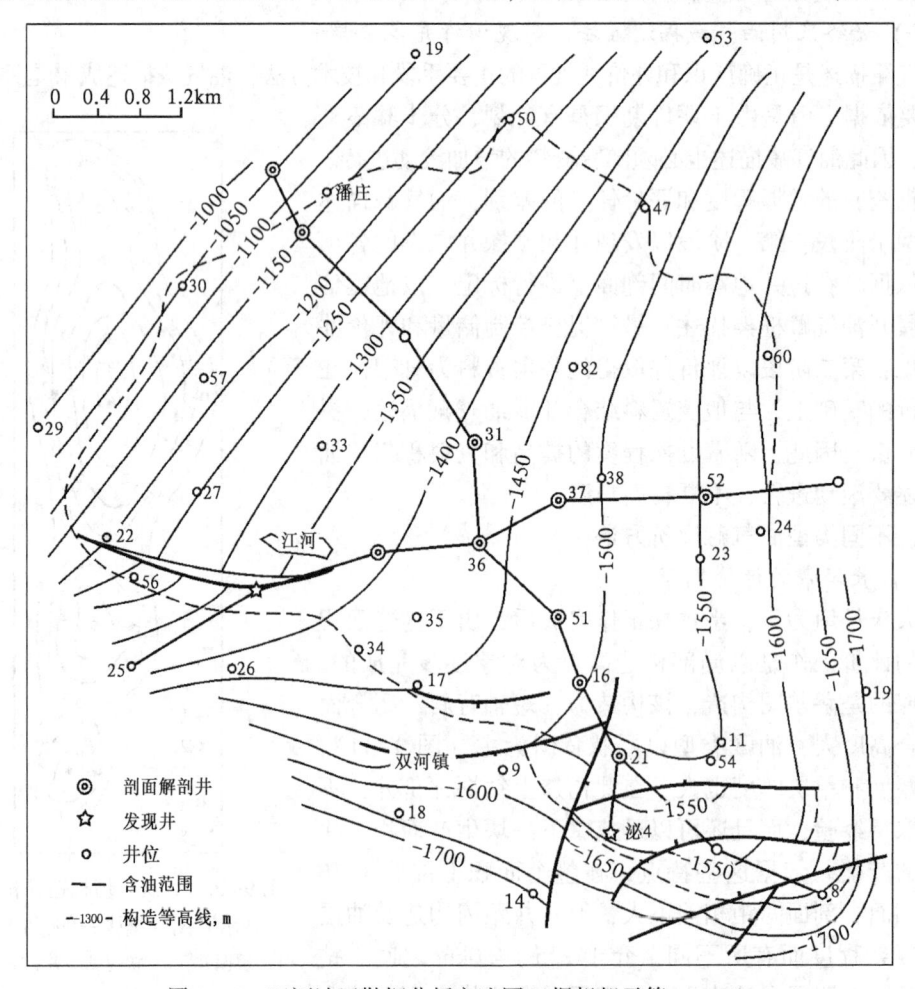

图9-12 双河油田勘探分析方法图(据胡朝元等,1985)

油田9个油层组含油范围自下向上由西北向东南迁移，圈闭内所有砂岩都含油，油气充满每个砂层上倾尖灭部位，叠合含油面积为30km²。含油高度一般为100~200m，单层含油高度一般为30~60m。每个油层都有自己的油水界面。虽然砂体形态各异，但在平面上都互相叠加连片，油田规模较大。

勘探初期，根据凹陷南部边缘油苗和部分重力、磁力资料，对凹陷进行区域性地震普查，发现了双河镇鼻状构造带。为了确定凹陷含油性，钻了少数探井，进行"定凹选带"。第一口探井（泌1井）定在"凹中隆"上，查明生油条件，见到了油流；在第4口井（泌4井）发现了油田后，用稀井距（600m）的三角形井网进行评价。一年后完成评价钻探，基本探明了油田范围，确定了油藏类型，明确了双河和江河地区油层是互相连通的，且含油面积大、油层厚、油层组多，是一个大型的砂岩上倾尖灭油田。

## 第五节　滚动勘探开发及成熟探区勘探

一般评价勘探工作结束，探明储量已经落实，油气田即可转入开发阶段。但是，国内外油气勘探实践表明，复杂油气田被发现后，必须经历一段相当长的勘探开发过程，才能探明油气田的地质储量。这类油气田，由于含油层系多、油气富集程度不均、油水关系复杂，造成同一油田范围内，各区块之间的油气地质特征差别很大。因此，不可能一次性或在短期内认识清楚地下地质情况。正是在这种情况下，我国石油科技工作者提出了一套针对复杂油气田勘探开发的工作程序——滚动勘探开发。

**一、滚动勘探开发的概念及特点**

（一）滚动勘探开发的概念

滚动勘探开发是一种针对地质条件复杂的油气田而提出的一种简化评价勘探、加速新油田产能建设的快速勘探方法（胡朝元等，1985）。对地质条件复杂的油气田，预探获油气流后，短时期难以完成评价勘探，为了少打评价井，尽快投入开发，提高经济效益，实行勘探开发循序渐进、交叉进行、边勘探边开发的工作方法，即滚动勘探开发。

油气勘探实践表明，复杂油气田不宜采用简单的勘探程序，而应采取滚动勘探开发，否则就可能会事倍功半。例如辽河兴隆台油田一区，含油面积5km²，1970—1971年按常规探明油藏情况要求，共钻了34口探井，结果仍未查清一些重要的地质情况，不能编制正式开发方案，只勉强规划部署了31口开发井，风险性比较大。而辽河西部凹陷西斜坡锦99区块，在第1口井见油后就进行了滚动勘探开发。先规划500m基础井网，选钻2口评价井，岩心中见油砂后，又选打了第二批评价井，在此基础上，再次布井50口。经过一年的滚动勘探开发，探明含油面积3.9km²，建成产能30×10⁴t，钻井成功率也很高，实现了快速探明油田、迅速投产的高经济效益。

（二）滚动勘探开发的基本特点

1. 勘探开发紧密结合、增储上产一体化，是滚动勘探开发的基本做法

油气勘探的最终目标是储量，而油气开发要解决的是如何提高油气的产量和采收率，二者具有一定的独立性。滚动勘探开发的一个重要特点就是"勘探中有开发、开发中有勘探"，勘探开发紧密结合，"增储上产"一体化。

具体到滚动勘探开发实施过程中的评价井和开发井，其作用虽有明显的区别，但又都具有勘探开发的双重特性。滚动评价井一方面承担着查明油藏地质特征、计算油气地质储量、

为编制初步开发方案提供依据的任务；另一方面，它又是一次开发井网的一部分，肩负着油气生产的任务。早期滚动开发井承担着深化地质认识、核实油气资源、增储上产的任务，因此兼有探井的性质。

2. 立足整体经济效益、实现速度和风险的综合平衡，是滚动勘探开发所追求的目标

将油气勘探工作严格划分为区域勘探、圈闭预探、油气藏评价勘探的油气勘探程序具有阶段明显、步骤清晰、由大到小、由粗到细的基本特点，对于保证勘探工作有条不紊地进行具有十分重要的意义。但是这种将勘探与开发严格区分开的做法所引发的问题也是不容忽视的，主要表现为勘探周期过长、勘探效率低下、勘探投资积压、经济效益差，最终导致油田产量上不去，满足不了国民经济发展的要求。

滚动勘探开发与常规勘探程序不同之处在于，它是本着"阶段不能逾越、程序不能打乱、节奏可以加快、效益必须提高"的原则，简化评价勘探，加速油田投产。一方面，它加快了开发建设的速度，但同时也增加了开发井（特别是早期部署的开发井）的风险性。因此，开发井有一部分（20%～30%）落空，是允许的，也是正常的。由于需要在开发过程中部署一定数量的评价井去逐步深化地质认识，解决勘探中的遗留问题，必然会造成勘探总周期的延长，但是这一做法却大大降低了勘探的风险性，提高了探井的成功率。

3. 开发方案的反复调整、地面建设的多期次性，是滚动勘探开发的必然结果

常规整装油气田开发层系和开发井网的设计一般在初期就可以确定，并且能够稳定一定的时间，但是对于滚动勘探开发的复式油气田和复杂断块油气田，只能在滚动运作中伴随着地质认识程度的加深来逐步完善，不可能一开始就有系统的井网及层系设计，而是一个井网由稀到密、层系划分由粗到细的逐步实施过程。

复杂油气田的油气性质变化很大，油气水分布不完全清楚，需要多次反复认识其地质规律，多次调整开发方案，这必然会导致地面建设的多期次性。随着新的含油区块的不断发现，新层系的勘探不断取得进展，开发生产能力逐步提高，多期的地面建设是不可避免的。因此，油气处理、油气集输等地面工程不能一次配套、超前完成，否则就会造成资金的积压与巨大浪费。

**二、滚动勘探开发程序**

滚动勘探开发程序通常可以划分为两个阶段：早期滚动勘探开发和晚期滚动勘探开发。前者是指在地震精查或三维地震解释成果的基础上，在预探或短期的评价勘探之后，由于油田地质条件非常复杂，在短时间内难以完成逐块逐层落实探明储量，为了少打评价井，缩短从获得工业油流到油气田投入开发的时间，提高经济效益，实行开发向前延伸。在落实基本探明储量的油气富集区块，开辟生产实验区，用生产井代替部分评价井，深化对油气藏地质特征的认识，同时研究油气田的驱动类型、开采方式、计算未开发探明储量和可采储量，编制一次开发方案。晚期滚动勘探开发则是在对已经提交未开发探明储量的地区实行一次开发方案实施过程中，利用少量的评价井对开发过程中所认识到的新层系和新区块进行评价勘探，旨在继续扩边连片，为开发提供新的接替区。

不同的油田，由于地质条件不同，滚动勘探开发的具体做法有一定的差别。以东营凹陷东辛油田为例，1964年完钻第一批探井后，虽然多数见到工业油流，但是各井的含油情况差别很大。通过这一批探井的钻探，初步判断该带属于复杂的断块型油田。在初探查明油田的性质后，随即通过地震精查划分断块区，并从整带出发，统一部署了以解剖断块区为对象的探井剖面，利用两年多的时间基本查明了主要的油气富集区。1967年开始，本着"整体

设计、分批实施、及时调整、逐步完善"布井原则，进行富集区内各断块的详探工作。第一批井以落实富集区块的边界、查明主力含油断块为目标；第二批井主要是控制主力断块，初步形成开发井网。然后按照一定的开发方式，进行层系划分、井网划分、注水准备，再部署为数不多的补充井，以完善注采系统，形成初期的开发系统。

通过对该油田勘探经验的总结，认为针对这种复杂的断块构造带，其滚动勘探开发大致可划分为四个主要阶段，即滚动勘探阶段、滚动评价阶段、滚动开发阶段、滚动调整阶段，前三个阶段总体上相当于前面提到的早期滚动勘探开发时期。

（一）滚动勘探阶段

滚动勘探阶段是指在复杂断裂带发现工业油气流后，通过进一步的预探工作，确定有利的油气富集区块；并在三维地震部署的基础上，落实圈闭，部署第一轮评价钻探，力争获得高产工业油流。

该阶段主要任务包括：（1）部署二维地震或三维地震工作，确定主要断层的分布和断块构造形态；（2）根据相邻断块区资料，预测含油层系、目的层和钻探深度；（3）预测断块的圈闭面积、可能的含油面积和地质储量；（4）确定最有利的第一批评价井井位，实施钻探，并按照评价井实施要求和滚动勘探开发的需要取全取准全套资料。

（二）滚动评价阶段

在第一轮评价井获工业油气流之后即进入滚动评价阶段。通过早期油藏评价后，进行滚动开发设想，并通过第二批评价井钻探，对滚动开发设想方案进行验证，其目的是解决地质问题、落实储量并提供可开发的区块。

1. 早期油藏评价

油藏的早期评价是在评价井见油以后，充分利用所掌握的资料深化对地下地质条件的认识，并对资料的符合程度加以验证，这是滚动勘探开发能否少走弯路、避免失败的关键。评价内容包括：（1）断层和构造形态的落实程度；（2）主要目的层在纵向上和横向上的分布和变化；（3）油藏产能参数；（4）预测含油面积和地质储量；（5）油藏驱动类型。

2. 评价井钻探

第二批评价井的部署与钻探是对早期油藏评价和滚动开发设想方案的验证，要求严格取全取准各项资料，一般要求取心、中途电测和地层倾角测井等。对井位、地下靶点和井轨迹要严格复测复查，所取资料要达到计算Ⅲ级探明储量的要求。

3. 跟踪对比和滚动作图

评价井完钻后，要做好钻井跟踪对比工作。根据所获得的各种资料，检验钻井与地震剖面的符合程度，对构造和断层、油层变化以及储层参数、含油面积、地质储量和驱动能量进行重新认证，对构造图、断面图和剖面图的正确性进行验证。如果评价井与原有认识有较大出入，则需要根据新的资料再次进行评价，重新编制各种图件，并调整原设想方案。如果评价井与原有认识基本一致，则对设想方案略加调整即可转为正式方案加以实施。

（三）滚动开发阶段

在第二批评价井钻探达到预期目的并与原有认识基本一致时，即可转入以完成上报探明储量和尽快建成生产能力为目标的滚动开发阶段。该阶段需要完成以下任务：（1）断块的分层构造图、砂体连通图、油藏剖面图、断面图及小层数据表；（2）分析落实各项地质参数和油藏参数，计算出断块含油面积和地质储量；（3）根据动态资料和数字模拟确定注采井网、注水方式和开采方式；（4）编制正式的滚动开发方案。

在编制正式滚动开发方案的基础上，还应同时编制地面建设方案、采油工艺方案，进行经济效益测算，然后统一加以实施，以尽快建成生产能力。

需要注意的是，由滚动评价阶段过渡到滚动开发阶段是进行滚动勘探开发的关键时期，在这一过程中，要尽量缩短过渡时间，力争做到少反复和不反复，才能达到滚动勘探开发的高效益。

(四) 滚动调整阶段

在富集区块全面投入开发一段时间以后，要针对开发过程中暴露出来的矛盾，进行再认识。其目的是提高储量的动用程度和水驱控制程度，改善开发效果，提高油田的采收率。该阶段的主要工作包括精细的构造描述和储量复算、注采井网对储量的控制程度及适应性分析、储集层水淹特征及剩余油分布规律分析、地面管网和工艺技术的调整等多个方面。经过这一轮的评价，就可以编制综合调整方案。

在早期滚动勘探开发阶段取得成功以后，要利用评价井及开发井的资料，对在开发过程中所认识到的新领域、新层系和新区块进行评价，实现滚动扩边连片，为已开发区块提供新的储量接替区。

### 三、滚动勘探开发的部署原则

(一) 重视整体地质评价，做好滚动勘探开发规划

为了高质量地勘探开发一个复杂油气聚集带，首先必须作好整个构造带的滚动勘探开发规划，尤其要重视以下三方面的工作。

1. 精细综合构造图的编制

对地震资料要进行不同时期地震测线的重新处理，包括常规处理和特殊处理。要改变传统的以地震资料单因素成图的做法，重视开发过程中动态资料的应用，提供准确的构造图。

2. 区块分类评价

根据精细综合构造图，将各断块区的断块按已开发和未开发进行分类，重点对未开发断块进行断块油气富集条件、油藏类型和资源预测研究，并完成断块综合构造图、剖面图、断面图。同时根据断块所处的构造部位、构造形态、复杂程度、储量预测及可能富集高产程度进行分类。

3. 滚动勘探开发规划制定

在上述分类评价的基础上，制定区带滚动规划，即在一个区带内，对不同断层分别进行滚动勘探（Ⅲ类）、滚动评价（Ⅱ类）及滚动开发（Ⅰ类），根据分类评价的结果确定各断块滚动勘探开发的顺序与工作内容。对Ⅰ类断块主要是编制滚动开发的设想方案，逐步投入滚动开发；对Ⅱ类断块重点是在有利部位设计关键井，根据关键井的钻探结果进行综合评价并编制设想方案；对Ⅲ类断块应加强地震研究，可钻少量的评价井，逐步了解断块的地质条件。

胜利油田1986年通过对3000余千米地震剖面的重新解释，在综合了1100余口井的钻井资料和动态资料的基础上，编制了东营中央背斜带1∶10000精细构造图，初步划分出32个断块区，399条断层，各种大小断块301个。其中有138个已投入开发，占总数的46%，163个未开发断块，占总数的54%。通过对163个未开发断块的综合地质研究和分类评价，从中优选出108个有利断块，预测含油面积43.4km$^2$。通过上述综合分析评价，共设计各类井128口，编制了整带滚动勘探开发规划，为东营中央背斜带的增储上产、持续发展奠定了基础。

(二) 加强组织管理，及时进行滚动开发方案调整部署

由于断块油田的地质情况十分复杂，滚动勘探开发虽有规划方案，但在实施过程中待认

识、要研究、需决策的新问题层出不穷。因此需要随时根据新钻井的情况，进行跟井分析，及时进行调整，实施快速决策，否则就会造成工作的延误和损失。在滚动开发阶段，钻井的总体原则是"总体设计、分批实施、断块交叉、逐步蔓延、及时调整、分区完善"。既不能超越程序，又要使得认识周期尽可能缩短，滚动节奏尽可能加快，只有这样才能实现高效益。

**（三）地面、地下统筹安排进行油田建设**

预探井出油后，经过单井评价及区带评价，确定可能的开发意向，并对地面建设规划进行前期可行性研究。同时，通过调查和资料收集，对方案进行经济技术评价，为确定投资计划提供依据。

需要注意的是，油田地面建设要总体规划，分批实施。选择合适的富集区块，优先建设，先建骨干工程，再一片一片地逐步扩大成果，形成总的生产能力。在整带资源不完全清楚的情况下，总体规划中要留下扩建的位置。

最后，根据总体规划进行项目设计，按照对地下、地面的认识程度和条件成熟情况划分先后次序，逐个进行项目设计。随着认识的深化，对规划要逐步调整，并按调整后的规划进行新的项目设计。

**（四）推广使用新技术，提高滚动勘探开发水平**

由于地质条件复杂，断块等复杂油气田对高新技术的依赖性更加明显。我国多年的滚动勘探开发实践表明，理论的创新突破和新技术的推广应用总会带来储量和产量的大幅提升。例如胜利油区的郝家—现河油田，通过采用三维地震资料的精细处理解释技术、以储集层地震学为基础的砂体横向预测技术、预测油气富集区块的模式识别技术、重复地层测试技术（RFT）、试井探边技术等一整套勘探开发技术，陆续发现了一些产能高的油气富集区块和层段，油田的动用储量和原油产量逐年增长。

## 四、成熟探区勘探

随着油气勘探程度的不断提高，以渤海湾盆地为代表的我国东部复杂断陷盆地面临钻探程度高、发现构造油藏规模越来越小、原油产量逐年递减的困难局面。尽管这些盆地已进入高探明率和高勘探程度的"两高阶段"，但是不同区带、层系之间仍存在明显的不均衡性，如地层、岩性等隐蔽油藏、深层—超深层、洼槽带和负向区等勘探程度较低。针对这种情况，胜利油田、华北油田等提出了一系列深化勘探程度较高的成熟探区（富油凹陷）油气勘探的新思路，即二次勘探工程（赵贤正等，2015），并取得了显著成效。

**（一）二次勘探工程的内涵**

二次勘探工程是以勘探程度高但剩余油气资源依然丰富的富油凹陷为对象，以覆盖全凹陷的三维地震数据体为基础，以"洼槽聚油"等理论新认识为指导，以岩性、地层油藏为主体的所有油藏类型为目标，以测井、钻井和储集层改造等工程新技术为重要支撑，开展新一轮次的"整体认识、整体评价、整体部署"的全面勘探过程，目的是进一步实现高勘探程度富油凹陷的持续规模增储。

**（二）二次勘探工程关键技术**

富油凹陷二次勘探工程开展过程中，勘探对象发生明显变化，由构造油藏转为地层油藏、岩性油藏，由厚层砂岩油藏转为薄互层砂岩油藏，由简单储集层油藏转向复杂储集层油藏，都需要关键技术的突破和支撑。

1. 全凹陷整体连片三维地震勘探技术

开展富油凹陷新一轮次整体研究工作，首先进行老三维地震资料品质的精细评价分类，在有利成藏区实施必要的二次三维地震采集和空白区的三维地震采集，然后在此基础上再进行整体连片三维地震精细处理，最终为高分辨率地层层序格架的建立、构造的精细研究和沉积砂体的精细刻画等奠定良好的资料基础。

2. 相控储集层精细预测技术

富油凹陷二次勘探工程面临的勘探对象以地层圈闭、岩性圈闭为主，对地震储集层预测的要求更高。相控储集层精细预测技术是基于高精度三维地震资料，在建立构造—层序格架的基础上，通过地质相、地震相的联合研究，划分不同的沉积体系类型，在此基础上进一步划分无井/少井早期预测阶段和多井高精度预测阶段，优选不同的地球物理方法开展岩性预测、砂体预测、物性预测和含油气性预测，最后对各预测结果进行综合评价，去伪存真，得出符合客观实际的储集层预测结论，用于指导勘探部署。应用上述技术方法，可以实现对多变复杂沉积相带储集层空间分布的精细刻画，提高钻探成效。

3. 复杂储集层改造和高效钻井配套技术

富油凹陷二次勘探工程实施过程中，（超）深层潜山及潜山内幕油藏、低孔低渗储集层油藏等新领域逐步成为重要的勘探对象，与之相适应，发展形成了深潜山碳酸盐岩、低孔低渗砂岩储集层压裂改造技术、欠平衡钻井、大位移钻井等先进适用的勘探技术，极大地提高了单井油气产量。

通过在渤海湾盆地冀中坳陷和二连盆地的富油凹陷实施二次勘探工程，不断创新勘探方法（图 9-13），取得了多区带多领域规模增储。2009 年以来保持了每年亿吨级的储量高峰增长，实现了油气勘探的良性循环，探索出了成熟老探区深化勘探的新思路。

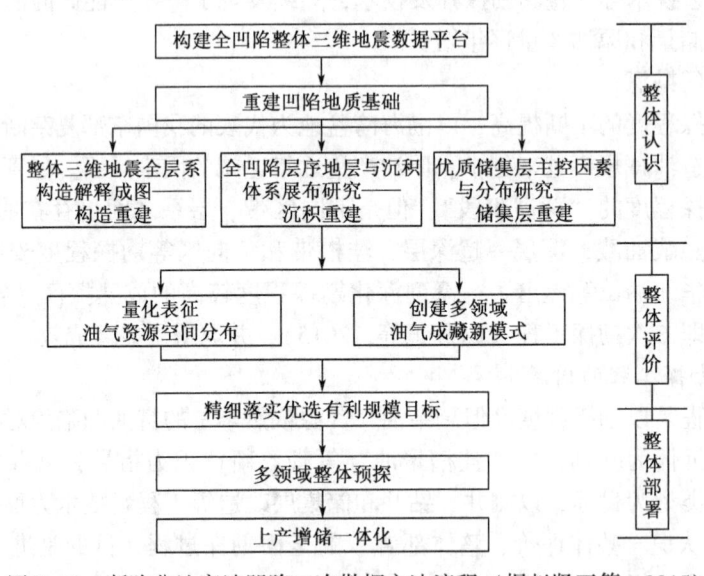

图 9-13 断陷盆地富油凹陷二次勘探方法流程（据赵贤正等，2015）

## 第六节 页岩油气勘探

**视频 9-1 页岩气勘探**

以页岩油气为代表的非常规油气，因其勘探对象与常规油气存在较大差异，因此，其勘探程序、工作部署、评价方法等也有所不同，需要做出有针对性的调整（视频 9-1）。

## 一、评价方法

依据我国页岩油气资源特点，将页岩油气分布区划分为远景区、有利区和目标区三级。对于页岩油气不同的分布区评价和优选时采用不同的评价方法及体系。

（一）远景区的优选评价

选区基础：从整体出发，以区域地质资料为基础，了解区域构造、沉积及地层发育背景，查明含有机质泥页岩发育的区域地质条件，初步分析页岩油气的形成条件，对评价区域进行定性—半定量为主的早期评价。

选区评价方法：基于沉积环境、地层、构造等研究，采用类比、叠加、综合等技术方法，选择具有页岩油气发育条件的远景区。

（二）有利区的优选评价

选区基础：结合泥页岩空间分布，在进行了地质条件调查并具备了地震资料、钻井（含参数浅井）及相关测试等资料，掌握了页岩沉积相特点、构造模式、页岩地化指标及储集特征等参数基础上，依据页岩发育规律、空间分布及含油气量等关键参数在远景区内进一步优选出有利区域（李玉喜等，2016；Hu 等，2017）。

选区评价方法：基于页岩分布、地球化学特征及含气性等研究，采用多因素叠加、综合地质评价、地质类比等多种方法，开展页岩油气有利区优选及资源量评价。

（三）目标区的优选评价

选区基础：基本掌握页岩空间展布、地球化学特征、储集层物性、裂缝发育、试验测试、含油气量及开发基础等参数，有一定数量的探井实施，并已见到了良好的页岩油气显示。

选区评价方法：基于页岩空间分布、含气量及钻井资料研究，采用地质类比、多因素叠加及综合地质分析技术，优选出具有商业开发价值的地区。

## 二、工作程序

页岩油气勘探开发可分为四个阶段：勘探阶段、评价阶段、先导性试验阶段、产能建设和生产阶段（庞雄奇，2020）。

（一）勘探阶段

首先在区域地质调查基础上，结合地质、地球化学、地球物理等资料，优选出具备页岩油气形成地质条件的有利区带。在此基础上对有利区带进行地球物理勘探和探井钻探，建立完整的目的层取心剖面，查明储集层厚度、埋深、含气性、有机质含量、物性等特征，并进行压裂改造达到页岩气井产量起算标准，优选出有利的评价区，初步了解评价区的页岩油气聚集特征，同时计算资源量。

（二）评价阶段

对评价区进行地球物理勘探，查明构造形态、断层分布、储集层分布、储集层物性变化等地质特征。进行评价井（直井和水平井）钻探，开展直井和水平井压裂改造达到页岩气井产量起算标准，通过评价井（直井和水平井）和地震资料基本圈定页岩油气富集范围，取全相关资料，查明页岩油气藏类型、储集类型、驱动类型、流体性质及分布，并优选出建产核心区，提交预测储量和控制储量。

（三）先导性试验阶段

对建产区进行地球物理勘探，精确查明建产核心区构造特征、应力分布、岩石力学参数和 TOC 平面分布等特征。开展直井和水平井组先导性试验，并达到页岩气井产量起算标准，落实产能和开发井距等关键开发参数，完成初步开发设计或正式开发方案，根据井控面积的范围，提交建产区探明储量。

（四）产能建设和生产阶段

实施开发方案，油气田投入生产，补取必要的动态资料，进一步评价储量区，并进行储量复算、核算等动态管理和更新。

### 三、页岩油气勘探典型案例

近十余年，参照美国非常规油气革命发展新路径，我国页岩油勘探开发取得重要进展。页岩气快速发展，实现了从"铁板一块"的页岩到页岩气革命。2013 年以来，四川盆地发现了南部和东部五峰组—龙马溪组大型页岩气富集区，一批页岩气井获得高产稳产，形成涪陵、威远、长宁、昭通等商业页岩气生产区。页岩油中高成熟风险勘探和中低成熟科学研发平行探索，截至 2021 年底，在鄂尔多斯、松辽、四川、准噶尔等盆地发现多个规模储量区，正在建设鄂尔多斯盆地陇东、准噶尔盆地吉木萨尔、渤海湾盆地济阳、松辽盆地古龙等国家级页岩油示范区/基地，多层系页岩段取得重要突破。下面就以涪陵页岩气田（视频 9-2）为例，介绍我国页岩油气勘探开发历程和现状。

视频 9-2　涪陵页岩气田现场

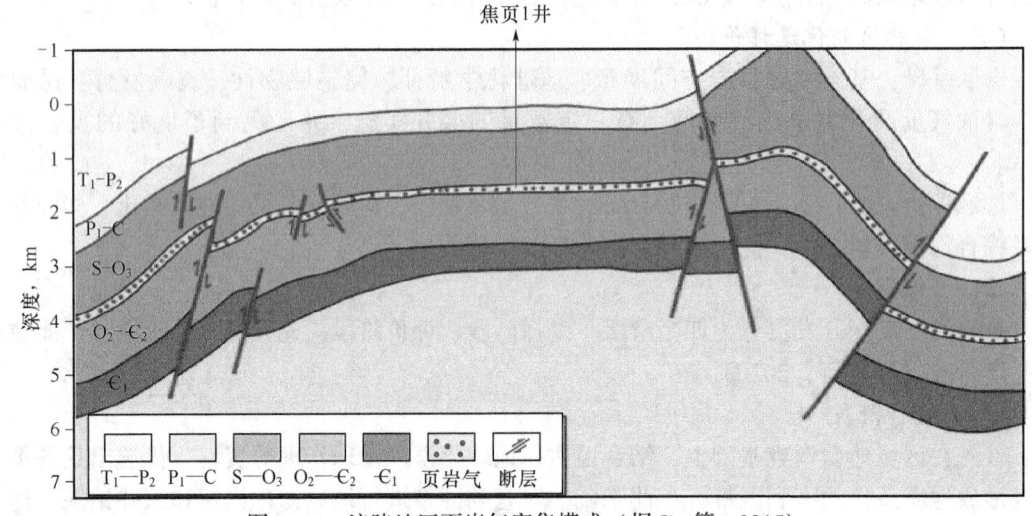

图 9-14　涪陵地区页岩气富集模式（据 Jin 等，2015）

涪陵页岩气田位于四川盆地东部川东隔挡式褶皱带、盆地边界断裂—齐岳山断裂以西，目前主产气区位于焦石坝构造。该气田于 20 世纪 50 年代开展了地面石油调查等工作，至今油气勘探工作可分为四个重要阶段（郭旭升等，2016）。

(1) 常规天然气勘探阶段（1950—2009 年）。

涪陵地区的地质调查及石油天然气勘探工作由来已久。20 世纪 50 年代到 90 年代，原地质矿产部开展了石油普查和地质详查，发现和落实了焦石坝、大耳山、轿子山等背斜构造。中国石化自 2001 年开始在川东南涪陵、綦江、綦江南等区块从油气地质条件等方面进行了区带评价，评价认为包鸾—焦石坝背斜带—石门坎背斜带是该区海相下组合油气勘探的较有利勘探区，但由于勘探潜力不明确，在此期间区块内基本无实物工作量投入。

(2) 选区评价、优选目标钻探阶段（2009—2012 年）。

受美国页岩气快速发展和成功经验的影响，中国石化正式启动了页岩气勘探评价工作，将发展非常规资源列为重大发展战略，加快了页岩油气勘探步伐。2009年，中国石化勘探分公司以四川盆地及周缘为重点展开页岩气勘探选区评价，相继完成了25条露头剖面资料研究，进行了大量分析测试。初步明确了该地区海相页岩气形成的基本地质条件，认识到相对于北美商业页岩气田，我国南方海相页岩气具有多期构造运动叠加改造、热演化程度高、保存条件复杂、含气性差异大的特点，不能简单套用北美地区现成的理论和勘探技术方法，明确了在中国南方构造复杂地区加强页岩气保存条件评价十分必要。因此提出了南方复杂构造区高演化海相页岩气"二元富集"理论认识，即"深水陆棚相优质页岩是海相页岩气富集的基础，良好的保存条件是海相页岩气富集高产的关键"，并建立了三大类、18项评价参数的南方海相页岩气目标评价体系与标准，在此基础上，优选出了焦石坝、丁山、屏边等一批有利勘探目标。

为了研究涪陵地区页岩气形成基本地质条件并争取实现页岩气商业突破，中国石化勘探分公司于2011年9月在焦石坝区块论证部署了第一口海相页岩气参数井——焦页1HF井，2012年2月14日焦页1HF井开钻，涪陵页岩气田勘探从此拉开序幕。

（3）勘探突破、展开评价阶段（2012—2013年）。

焦页1井为焦页1HF井导眼井，该井于2012年5月18日完钻，完钻井深2450m，完钻层位中奥陶统十字铺组。该井钻遇五峰组—龙马溪组页岩气层89m，其中，$TOC \geq 2.0\%$的优质页岩气层38m。焦页1井完钻后决定不开展直井压裂测试，直接实施水平井钻探，评价产能。选择焦页1井2395~2415m优质页岩气层作为侧钻水平井水平段靶窗，实施侧钻水平井——焦页1HF井，2012年9月16日水平井完钻，完钻井深3653.99m，水平段长1007.90m。同年11月，对焦页1HF井水平段2646.09~3653.99m分15段进行大型水力压裂，2012年11月28日，测试获日产$20.3 \times 10^4 m^3$工业气流，从而宣告了涪陵页岩气田的发现。

焦页1HF井获得商业发现后，在焦页1HF井南部又甩开部署了3口评价井，压裂测试均获得中高产工业气流，实现了焦石坝构造主体控制。与此同时，在焦石坝构造有利勘探区（埋深小于3500m）整体部署594.50km²三维地震，为涪陵页岩气田一期建产奠定了扎实的资料基础。继焦石坝主体控制后，2014年针对不同构造样式和深层页岩气积极向外围甩开部署实施了5口探井，其中焦页5井、焦页6井、焦页7井、焦页8井分别试获日产$4.5 \times 10^4 m^3$、$6.68 \times 10^4 m^3$、$3.68 \times 10^4 m^3$、$20.8 \times 10^4 m^3$页岩气流，扩大了涪陵页岩气田的勘探开发阵地。

（4）勘探开发一体化阶段（2013年至今）。

在焦页1HF井获得商业发现基础上，为加快涪陵页岩气田"增储上产"步伐，2013年初在焦页2井、焦页3井、焦页4井钻探的同时，为探索气田开发方式、评价气藏开发技术指标，优选焦页1井区28.7km²部署开发试验井组进行产能评价，部署钻井平台10个，钻井26口，新建产能$5 \times 10^8 m^3/a$。2013年9月3日国家能源局批准设立重庆涪陵国家级页岩气示范区。2013年11月28日，中国石化通过涪陵页岩气田一期$50 \times 10^8 m^3$产能建设方案。2014年4月21日原国土资源部批准设立重庆涪陵页岩气勘查开发示范基地。截至2018年10月，涪陵页岩气田累计开钻438口井，投产321口，累计生产页岩气超$200 \times 10^8 m^3$，顺利完成了$100 \times 10^8 m^3/a$产能建设目标。

## 思 考 题

1. 油气勘探的任务、特点及程序是什么？
2. 什么是区域勘探、圈闭预探、油气藏评价勘探？
3. 区域勘探、圈闭预探、油气藏评价勘探各阶段的主要任务是什么？工作步骤如何？
4. 如何针对不同类型的构造带或局部构造来部署预探井？
5. 什么是滚动勘探开发？其工作程序和特点是什么？
6. 如何在成熟探区开展二次勘探工作？
7. 页岩油气勘探应采取何种勘探程序？

# 主要参考文献

包茨，1988. 天然气地质学. 北京：科学出版社.

贝克曼 H，1984. 石油地质勘探《石油地质勘探》翻译组，译. 北京：地质出版社.

查普曼 R E，1989. 石油地质学. 李明诚，等译. 北京：石油工业出版社.

陈荣书，1994. 石油及天然气地质学. 武汉：中国地质大学出版社.

陈义才，沈忠民，李延军，等，2002. 塔里木盆地轮南低隆凝析气藏特征及成藏机理分析. 成都理工学院学报，29（5）：481-486.

陈章明，吴元燕，吕延防，2003. 油气藏保存与破坏研究. 北京：石油工业出版社.

戴金星，裴锡古，戚厚发，1992. 中国天然气地质学（卷一）. 北京：石油工业出版社.

戴金星，倪云燕，吴小奇，2012. 中国致密砂岩气及在勘探开发上的重要意义. 石油勘探与开发，39（3）：257-264.

邓运华，2005. 断裂—砂体形成油气运移的"中转站"模式. 中国石油勘探，10（6）：14-17.

邓运华，薛永安，于水，等，2017. 浅层油气运聚理论与渤海大油田群的发现. 石油学报，38（1）：1-8.

翟光明，等，1996. 中国石油地质志（卷一、卷六、卷十）. 北京：石油工业出版社.

丁贵明，张一伟，吕鸣岗，等，1997. 油气勘探工程. 北京：石油工业出版社.

杜鹏，何登发，张光亚，2011. 西西伯利亚盆地北部大气田的形成条件和分布规律. 中国石油勘探，16（3）：23-30.

方朝亮，蒋有录，黄志龙，等，2003. 典型油气藏地质特征与成因模式. 北京：石油工业出版社.

付广，陈章明，吕延防，等，1998. 泥质岩盖层封盖性能综合评价方法探讨. 石油实验地质，1：80-86.

付广，张博为，吴伟，2016. 区域性泥岩盖层阻止油气沿输导断裂运移机制及其判别方法. 中国石油大学学报（自然科学版），40（3）：36-43.

付晓飞，方德庆，吕延防，等，2005. 从断裂带内部结构出发评价断层垂向封闭性的方法. 地球科学—中国地质大学学报，30（3）：328-336.

付晓飞，王勇，渠永红，等，2011. 被动裂陷盆地油气分布规律及主控因素分析：以塔木察格盆地塔南坳陷为例. 地质科学，46（4）：1119-1131.

郭彤楼，张汉荣，2014. 四川盆地焦石坝页岩气田形成与富集高产模式. 石油勘探与开发，41（1）：28-36.

郭旭升，2014. 南方海相页岩气"二元富集"规律：四川盆地及周缘龙马溪组页岩气勘探实践认识. 地质学报，88（7）：1209-1218.

郭旭升，胡东风，魏志红，等，2016. 涪陵页岩气田的发现与勘探认识. 中国石油勘探，21（3）：24-37.

郭旭升，黎茂稳，赵梦云，2023. 页岩油开发利用及在能源中的作用. 中国科学院院刊，38（1）：38-47.

郝芳，等，2005. 超压盆地生烃作用动力学与油气成藏机理. 北京：科学出版社.

郝芳，邹华耀，2006. 超压环境有机质热演化和生烃作用机理. 石油学报，27（5）：9-18.

郝石生，陈章明，高耀斌，1995. 天然气藏的形成和保存. 北京：石油工业出版社.

何登发，1996. 克拉通盆地的油气地质理论与实践. 勘探家，1（1）：18-24.

何生，叶加仁，徐思煌，等，2010. 石油及天然气地质学. 武汉：中国地质大学出版社.

何治亮，金晓辉，沃玉进，等，2016. 中国海相超深层碳酸盐岩油气成藏特点及勘探领域. 中国石油勘探，21（1）：3-14.

胡见义，黄第藩，等，1991. 中国陆相石油地质理论基础. 北京：石油工业出版社.

胡圣标，汪集旸，1995. 沉积盆地热体制的研究方法原理和进展. 地学前缘，2（3~4）：171-180.

胡文瑄，陆现彩，范明，等，2019. 泥页岩盖层研究进展：类型、微孔特征与封盖机理. 矿物岩石地球化学通报，38（5）：885-896.

胡朝元，廖曦，1996. 成油系统概念在中国的提出及其应用. 石油学报，17（1）：10-16.

胡朝元，张一伟，查全衡，等，1985. 油气田勘探及实例分析. 北京：石油工业出版社.
刘方槐，颜婉荪，1991. 油气田水文地质学原理. 北京：石油工业出版社.
华北石油勘探开发设计研究院，1982. 潜山油气藏. 北京：石油工业出版社.
黄第藩，秦匡宗，王铁冠，等，1995. 煤成油的形成及成烃机理. 北京：石油工业出版社.
黄志龙，高岗，等，2016. 油气成藏综合研究方法与实例. 北京：石油工业出版社.
贾承造，庞雄奇，郭秋麟，等，2023. 基于成因法评价油气资源：全油气系统理论和新一代盆地模拟技术. 石油学报，44（9）：1399-1416.
贾承造，赵文智，邹才能，等，2007. 岩性地层油气藏地质理论与勘探技术. 石油勘探与开发，34（3）：257-272.
贾东，武龙，闫兵，等，2011. 全球大型油气田的盆地类型与分布规律. 高校地质学报，17（2）：170-184.
姜振学，庞雄奇，曾溅辉，等，2005. 油气优势运移通道的类型及其物理模拟实验研究. 地学前缘，12（4）：507-516.
蒋有录，1998. 油气藏盖层厚度与所封盖烃柱高度关系问题探讨. 天然气工业，18（2）：20-23.
蒋有录，苏圣民，刘华，等，2021. 渤海湾盆地油气成藏期差异性及其主控因素. 石油与天然气地质，42（6）：1255-1264.
蒋有录，谭丽娟，荣启宏，等，2002. 油气成藏系统的概念及其在东营凹陷博兴地区的应用. 石油大学学报（自然科学版），26（6）：12-16.
蒋有录，刘华，等，2005. 东营凹陷含油气系统的划分及评价. 石油学报，26（5）：33-37.
蒋有录，刘华，2010. 断裂沥青带及其油气地质意义. 石油学报，31（1）：36-41.
蒋有录，刘华，2023. 渤海湾盆地油气富集差异性及主控因素. 青岛：中国石油大学出版社.
蒋有录，刘景东，苏圣民，2021. 断陷盆地潜山油气藏形成机理. 青岛：中国石油大学出版社.
蒋有录，刘培，宋国奇，等，2015. 渤海湾盆地新生代晚期断层活动与新近系油气富集关系. 石油与天然气地质，36（4）：525-533.
蒋有录，王鑫，于倩倩，等，2016. 渤海湾盆地含油气凹陷压力场特征及与油气富集关系. 石油学报，37（11）：1361-1369.
蒋有录，查明，2016. 石油天然气地质与勘探. 2版. 北京：石油工业出版社.
蒋有录，张煜，1999. 控制复杂断块区油气富集的主要地质因素：以渤海湾盆地东辛地区为例. 石油勘探与开发，26（5）：39-42.
蒋有录，张一伟，2000. 天然气藏与油藏形成机理及分布特征的异同. 地质科技情报，19（1）：69-72.
焦方正，邹才能，杨智，2020. 陆相源内石油聚集地质理论认识及勘探开发实践. 石油勘探与开发，47（6）：1067-1078.
金之钧，胡宗全，高波，等，2016. 川东南地区五峰组—龙马溪组页岩气富集与高产控制因素. 地学前缘，23（1）：1-10.
金之钧，王冠平，刘光祥，等，2021. 中国陆相页岩油研究进展与关键科学问题. 石油学报，42（7）：821-835.
金之钧，张金川，2003. 天然气成藏的二元机理模式. 石油学报，24（4）：13-16.
莱复生ＡＩ，1975. 石油地质学. 张更，等译. 北京：地质出版社.
李国玉，金之钧，等，2005. 新编世界含油气盆地图集. 北京：石油工业出版社.
李国玉，唐养吾，2002. 中国含油气盆地图集. 2版. 北京：石油工业出版社.
李建忠，郑民，郭秋麟，等，2019. 第四次油气资源评价. 北京：石油工业出版社.
李明诚，2013. 石油与天然气运移. 4版. 北京：石油工业出版社.
李丕龙，等，2004. 陆相断陷盆地隐蔽油气藏形成：以济阳坳陷为例. 北京：石油工业出版社.
李阳，金强，钟建华，等，2016. 塔河油田奥陶系岩溶分带与缝洞结构特征. 石油学报. 32（6）：928-936.
李玉喜，张大伟，2016. 页岩气地质分析与选区评价. 上海：华东理工大学出版社.

刘传虎，2006. 潜山油气藏概论. 北京：石油工业出版社.
刘和甫，1993. 沉积盆地地球动力学分类及构造样式分析. 地球科学，18（6）：699-724.
刘华，蒋有录，等，2011. 冀中坳陷新近系油气成藏机理与成藏模式. 石油学报，32（6）：928-936.
刘可禹，Julien，Bourdet，等，2013. 应用流体包裹体研究油气成藏：以塔中奥陶系储集层为例. 石油勘探与开发，40（2）：171-180.
刘树根，孙玮，宋金民，等，2015. 四川盆地海相油气分布的构造控制理论. 地学前缘，22（3）：146-160.
柳广弟，2018. 石油地质学. 5版. 北京：石油工业出版社.
鲁雪松，宋岩，柳少波，等，2012. 流体包裹体精细分析在塔中志留系油气成藏研究中的应用. 中国石油大学学报：自然科学版，36（4）：45-50.
陆克政，等，2003. 含油气盆地分析. 东营：石油大学出版社.
罗晓容，雷裕红，张立宽，等，2012. 油气运移输导层研究及量化表征方法. 石油学报，33（3）：428-436.
罗晓容，张立宽，雷裕红，等，2018. 油气运移—定量动力学研究与应用. 北京：科学出版社.
罗晓容，张立强，张立宽，等，2020. 碎屑岩输导层非均质性与油气运聚成藏. 石油学报，41（3）：253-272.
吕延防，付广，付晓飞，等，2013. 断层对油气的输导与封堵作用. 北京：石油工业出版社.
吕延防，付广，2021. 断裂控藏机制及其研究方法，北京：科学出版社.
马新华，窦立荣，史卜庆，2021. 全球油气资源潜力与分布. 北京：石油工业出版社.
马永生，蔡勋育，云露，等，2022. 塔里木盆地顺北超深层碳酸盐岩油气田勘探开发实践与理论技术进展. 石油勘探与开发，49（1）：1-17.
马永生，田海芹，1999. 碳酸盐岩油气勘探. 东营：石油大学出版社.
聂海宽，刘全有，党伟，等，2023. 页岩型氦气富集机理与资源潜力：以四川盆地五峰组—龙马溪组为例. 中国科学：地球科学，53（6）：1285-1294.
庞雄奇，2020. 油气田勘探. 北京：石油工业出版社.
佩罗东A，1993. 石油地质动力学. 冯增模，等译. 北京：石油工业出版社.
邱楠生，胡圣标，何丽娟，2004. 沉积盆地热体制研究的理论与应用. 北京：石油工业出版社.
寿建峰，张惠良，沈扬，等，2006. 中国油气盆地砂岩储层的成岩压实机制分析. 岩石学报，22（8）：2165-2170.
宋国奇，宁方兴，郝雪峰，等，2012. 骨架砂体输导能力量化评价：以东营凹陷南斜坡东段为例. 油气地质与采收率，19（1）：4-6.
宋岩，刘洪林，等，2010. 中国煤层气成藏地质. 北京：科学出版社.
宋岩，李卓，姜振学，等，2017. 非常规油气地质研究进展与发展趋势. 石油勘探与开发，44（4）：638-648.
隋风贵，王学军，赵乐强，2009. 济阳坳陷不整合油气成藏与勘探. 油气地质与采收率，16（6）：1-7.
孙龙德，赵文智，刘合，等，2023. 页岩油"甜点"概念及其应用讨论. 石油学报，44（1）：1-13.
田作基，吴义平，等，2019. 全球主要沉积盆地常规油气资源评价. 北京：石油工业出版社.
童晓光，等，1989. 区域盖层在油气聚集中的作用. 石油勘探与开发，16（4）：1-8.
王秉海，钱凯，1992. 胜利油区地质研究与勘探实践. 东营：石油大学出版社.
王红军，马锋，等，2017. 全球非常规油气资源评价. 北京：石油工业出版社.
王铁冠，何发岐，李美俊，等，2005. 烷基二苯并噻吩类：示踪油藏充注途径的分子标志物. 科学通报，50（2）：176-182.
王铁冠，钟宁宁，侯读杰，等，1995. 低熟油气形成机理与分布. 北京：石油工业出版社.
王震亮，陈荷立，1999. 有效运聚通道的提出与确定初探. 石油实验地质，21（1）：71-75.
吴时国，等，2015. 天然气水合物地质概论. 北京：科学出版社.
武守诚，2005. 油气资源评价导论. 北京：石油工业出版社.
徐长贵，杜晓峰，刘晓健，等，2020. 渤海海域太古界深埋变质岩潜山优质储集层形成机制与油气勘探意义. 石油与天然气地质, 41（2）：235-247, 294.

徐长贵, 于海波, 王军, 等, 2019. 渤海海域渤中19-6大型凝析气田形成条件与成藏特征. 石油勘探与开发, 46（1）：25-38.

徐永昌, 等, 1994. 天然气成因理论及应用. 北京：科学出版社.

薛永安, 牛成民, 王德英, 等, 2021. 渤海湾盆地油气运移"汇聚脊"控藏与浅层勘探. 北京：科学出版社.

薛永安, 王德英, 王飞龙, 等, 2021. 渤海海域凝析油气藏、轻质油藏形成条件与勘探潜力. 石油学报, 42（12）：1581-1591.

杨绪充, 1993. 含油气区地下温压环境. 东营：石油大学出版社.

杨学文, 田军, 王清华, 等, 2021. 塔里木盆地超深层油气地质认识与有利勘探领域. 中国石油勘探, 26（4）：17-28.

杨跃明, 文龙, 罗冰, 等, 2016. 四川盆地乐山—龙女寺古隆起震旦系天然气成藏特征. 石油勘探与开发, 43（2）：179-188.

姚根顺, 2019. 深层油气地质理论与勘探实践. 北京：石油工业出版社.

袁崇谦, 周建勋, 2010. 卫星遥感技术在油气勘探中的应用. 海相油气地质, 15（2）：69-70.

云露, 朱秀香, 2022. 一种新型圈闭：断控缝洞型圈闭. 石油与天然气地质, 43（1）：34-42.

曾溅辉, 王捷, 等, 2002. 油气运移机理及物理模拟. 北京：石油工业出版社.

查明, 1997. 断陷盆地油气二次运移与聚集. 北京：地质出版社.

查明, 曲江秀, 张卫海, 2002. 异常高压与油气成藏机理. 石油勘探与开发, 29（1）：19-23.

查明, 张一伟, 邱楠生, 等, 2003. 油气成藏条件及主要控制因素. 北京：石油工业出版社.

查全衡, 2008. 代表性石油资源分类的比较研究. 石油学报, 29（6）：810-812.

张光亚, 田作基, 王红军, 等, 2019. 全球油气地质与资源潜力评价. 北京：石油工业出版社.

张厚福, 方朝亮, 高先志, 等, 1999. 石油地质学. 3版. 北京：石油工业出版社.

张金川, 金之钧, 等, 2004. 页岩气成藏机理和分布. 天然气工业, 24（7）：15-18.

张金川, 金之钧, 2005. 深盆气成藏机理及分布预测. 北京：石油工业出版社.

张金川, 王志欣, 2003. 深盆气藏异常地层压力产生机制. 石油勘探与开发, 30（1）：28-31.

张立强, 2023. 油气田地下地质学. 北京：中国石化出版社.

张善文, 2006. 济阳坳陷第三系隐蔽油气藏勘探理论与实践. 石油与天然气地质, 27（6）：732-739.

张水昌, 等, 2004. 塔里木盆地海相油气的生成. 北京：石油工业出版社.

张煜, 李海英, 陈修平, 等, 2022. 塔里木盆地顺北地区超深断控缝洞型油气藏地质—工程一体化实践与成效. 石油与天然气地质, 43（6）：1466-1480.

赵靖舟, 张金川, 高岗, 2013. 天然气地质学. 北京：石油工业出版社.

赵孟军, 鲁雪松, 卓勤功, 等, 2015. 库车前陆盆地油气成藏特征与分布规律. 石油学报, 36（4）：395-404.

赵文智, 2003. 中国含油气系统基本特征与评价方法. 北京：科学出版社.

赵文智, 如凯, 刘伟, 等, 2023. 中国陆相页岩油勘探理论与技术进展. 石油科学通报, 8（4）：373-390.

赵文智, 邹才能, 汪泽成, 等, 2004. 富油气凹陷"满凹含油"论：内涵与意义. 石油勘探与开发, 31（2）：130-142.

赵贤正, 金凤鸣, 王权, 等, 2011. 陆相断陷盆地洼槽聚油理论及其应用：以渤海湾盆地冀中坳陷和二连盆地为例. 石油学报, 32（1）：18-24.

赵贤正, 王权, 金凤鸣, 等, 2015. 渤海湾盆地富油凹陷二次勘探工程及其意义. 石油勘探与开发, 42（6）：724-731.

周兴熙, 李绍基, 陈义才, 1996. 塔里木盆地凝析气形成. 石油勘探与开发, 23（6）.

朱光有, 杨海军, 张斌, 等, 2013. 油气超长运移距离. 岩石学报, 29（9）：3192-3212.

朱如凯，吴松涛，苏玲，等，2016. 中国致密储层孔隙结构表征需注意的问题及未来发展方向. 石油学报，37（11）：1323-1336.

朱伟林，白国平，李劲松，等，2014. 中东含油气盆地. 北京：科学出版社.

卓勤功，赵孟军，李勇，等，2014. 膏盐岩盖层封闭性动态演化特征与油气成藏：以库车前陆盆地冲断带为例. 石油学报，35（5）：847-856.

邹才能，董大忠，王玉满，等，2016. 中国页岩气特征、挑战及前景（二）. 石油勘探与开发，43（2）：166-178.

邹才能，陶士振，侯连华，等，2014. 非常规油气地质学. 北京：地质出版社.

邹才能，杨智，朱如凯，等，2015. 中国非常规油气勘探开发与理论技术进展. 石油学报，89（6）：979-1007.

邹才能，杨智，董大忠，等，2022. 非常规源岩层系油气形成分布与前景展望. 地球科学，47（5）：1517-1533.

Bernard S, Wirth R, Schreiber A, et al. 2012. Formation of nanoporous pyrobitumen residues during maturation of the Barnett Shale (Fort Worth Basin). International Journal of Coal Geology, 103：3-11.

Catalan L, et al., 1992. An experimental study of secondary oil migration. AAPG Bull, 76 (5)：638-650.

Chapman R E, 1982. Effects of oil and gas accumulation on water movement. AAPG Bulletin, 66 (3)：368-374.

Curtis J B, 2002. Fractured shale-gas system. AAPG Bulletin, 86 (11)：1921-1938.

Curtis M E, Cardott B J, Sondergeld C H, et al., 2012. Development of organic porosity in the Woodford Shale with increasing thermal maturity. International Journal of Coal Geology, 103：26-31.

Dahlberg E C, 1982. Applied hydrodynamics in petroleum exploration. New York：Springer-Verlag.

England W A. et al., 1987. The movement and entrapment of petroleum fluids in the subsurface. Jour. of the Geol. Soci., 144：327-347.

Gale J F, Fall A, Yurchenko I A, et al., 2022. Opening-mode fracturing and cementation during hydrocarbon generation in shale: An example from the Barnett Shale, Delaware Basin, West Texas. AAPG Bulletin, 106：2103-2141.

Gou Q, Xu S, Hao F, et al., 2019. Full-scale pores and micro-fractures characterization using FE-SEM, gas adsorption, nano-CT and micro-CT: A case study of the Silurian Longmaxi Formation shale in the Fuling area, Sichuan Basin, China. Fuel, 253：167-179.

Gou Q, Xu S, Hao F, et al., 2021. The effect of tectonic deformation and preservation condition on the shale pore structure using adsorption-based textural quantification and 3D image observation. Energy, 219：119579.

Gussow W C, 1954. Differential entrapment of oil and gas：a fundamental principle. AAPG Bulletin, 38：816-853.

Hantschel T, Kauerauf A I, 2009. Fundamentals of basin and petroleum systems modeling. Heidelberg：Springer-Verlag Berlin：476.

Hao F, Zou H, Lu Y, 2013. Mechanisms of shale gas storage：Implications for shale gas exploration in China. AAPG Bulletin, 97 (8)：1325-1346.

Hindle A D, 1997. Petroleum migration pathways and charge concentration：a three-dimensional model. AAPG Bulletin, 81 (9)：1451-1481.

Hooper E C D, 1991. Fluid migration along growth faults in compacting sediments. Journal of Petroleum Geology, 14 (2)：161-180.

Hu T, Pang X Q, Wang Q F, et al., 2017. Geochemical and geological characteristics of Permian Lucaogou Formation shale of the well Ji174, Jimusar Sag, Junggar Basin, China：Implications for shale oil exploration. Geological Journal, 53 (5)：2371-2385.

Hu T, Pang X Q, Jiang S, et al., 2018. Oil content evaluation of lacustrine organic-rich shale with strong heterogeneity: A case study of the Middle Permian Lucaogou Formation in Jimusaer Sag, Junggar Basin, NW China. Fuel, 221: 196-205.

Hubbert M K, 1953. Entrapment of petroleum under hydrodynamic conditions. AAPG Bulletin, 37 (6): 1954-2026.

Hunt J M, 1979. Petroleum Geochemistry and Geology. San Francisco: W H Freemme and Company.

Hunt J M, 1990. Generation and migration of petroleum from abnormally pressured fluid compartments. AAPG Bulletin, 7 (1): 61-69.

Jiang Y L, Zhao K, Imber J, et al., 2020. Recognizing the internal structure of normal faults in clastic rocks and its impact on hydrocarbon migration: A case study from Nanpu Depression in the Bohai Bay Basin, China. Journal of Petroleum Science and Engineering, 184: 106492.

Jin Z, Li M, Hu Z, et al., 2015. Shorten the learning curve through technological innovation: a case study of the Fuling shale gas discovery in Sichuan basin, SW China. Unconventional Resources Technology Conference. URTEC, URTEC-2152994-MS.

Katz B J, 2005. Controlling factors on source rock development-a review of productivity, preservation, and sedimentation rate//Harris N B. The deposition of organic carbon rich sediments: models, mechanisms, and consequences. Society of Sedimentary Geology, 7-16.

Katz B J, Arango I, 2018. Organic porosity: a geochemist's view of the current state of understanding. Organic Geochemistry, 123: 1-16.

Law B E, Curtis J B, 2002. Introduction to unconventional petroleum systems. AAPG Bulletin, 86 (11): 1851-1852.

Levorsen A, 1967. Geology of Petrdeum. San Francisco: W. H. Freeman and Company.

Losh S, Eglinton L, Schoell M et al., 1999. Vertical and lateral fluid flow related to a large growth fault, South Eugene Island Block 330 Field, Offshore Louisiana. AAPG Bulletin, 83 (2): 244-276.

Loucks R G, Reed R M, Ruppel S C, et al., 2012. Spectrum of pore types and networks in mudrocks and a descriptive classification for matrix-related mudrock pores. AAPG Bulletin, 96 (6): 1071-1098.

Macgregor D S, 1996. Factors controlling destruction or preservation of giant light oil field. Petroleum Geoscience: 2.

Magara K, 1978. Geological model predicting optimum sandstone percent for oil accumulation. Bull. Can. Pet. Geol., 26 (3).

Magoon L B, Dow W G, 1994. The petroleum system: from source to trap. AAPG Memoir, 60: 3-24.

Mastalerz M, Schimmelmann A, Drobniak A, et al., 2013. Porosity of Devonian and Mississippian New Albany Shale across a maturation gradient: Insights from organic petrology, gas adsorption, and mercury intrusion. AAPG Bulletin, 97 (10): 1621-1643.

McAuliffe C D, 1979. Oil and gas migration: Chemical and physical constraints. AAPG Bulletin, 63 (5): 767-781.

Meng Q, Hao F, Tian J, 2021. Origins of non-tectonic fractures in shale. Earth-Science Reviews, 222: 103825.

Milton N J, Bertram G T, 1992. Trap styles: a new classification based on sealing sufaces. AAPG Bulletin, 76 (7): 983-999.

Neglia S, 1979. Migration of fluids in sedimentary basin. AAPG Bulletin, 63 (4): 460-471.

Richard C, 2015. Elements of Petreoleum Geology, London: Academic Press.

Sales J K, 1997. Seal strength VS trap closure: a fundamental control on the distribution of oil and gas. AAPG Memoir, 67: 57-83.

Schmoker J W, Fouch T D, Charpentier R R, 1996. Gas in Unita basin, Utah-resources in continuous accumulations. The Mountain Geologist, 33 (4): 95-104.

Schowalter T T, 1979. Mechanics of secondary hydrocarbon migration and entrapment. AAPG Bulletin, 63 (5): 723-760.

Surdam R C, 1997. A new paradigm for gas exploration in anomalously pressured "tight gas sands" in the Rocky Mountain Laramide basins//Surdam R C. Seals, Traps, and the Petroleum System. AAPG Memoir, 67: 283-298.

Tian H, Xiao X, Wilkins R W, et al. , 2008. New insights into the volume and pressure changes during the thermal cracking of oil to gas in reservoirs: Implications for the in-situ accumulation of gas cracked from oils. AAPG Bulletin, 92: 181-200.

Tissot B P, Welte D H, 1978. Petroleum formation and Occurrence. New York: Springer-Verlag.

Wang T G, He F, Wang C, et al. , 2008. Oil filling history of the Ordovician oil reservoir in the major part of the Tahe Oilfield, Tarim Basin, NW China. Organic Geochemistry, 39 (11), 1637-1646.

Waples D W, 1980. Time and temperature in petroleum formation: application of Lopatin's method to petroleum exploration. AAPG Bulletin, 64: 916-926.

Welte D H, Schaefer R G, Stoessinger M, et al. , 1984. Gas generation and migration in the deep basin of western Canda//Master J A. Elmworth: Case Study of a Deep Basion Gas Field. AAPG Memoir, 35-47.

Xu S, Gou Q, Hao F, et al. , 2020. Shale pore structure characteristics of the high and low productivity wells, Jiaoshiba shale gas field, Sichuan Basin, China: Dominated by lithofacies or preservation condition?. Marine and Petroleum Geology, 114: 104211.

Yang S, Horsfield B, 2020. Critical review of the uncertainty of $T_{max}$ in revealing the thermal maturity of organic matter in sedimentary rocks. International Journal of Coal Geology: 225.

Yielding G, Freeman B, Needham D T, 1997. Quantitative fault seal prediction. AAPG Bulletin, 81: 897-917.